U0953242

中国轻工业“十三五”规划教材

食品包装学

李　良　主编

中国轻工业出版社

图书在版编目（CIP）数据

食品包装学/李良主编．—北京：中国轻工业出版社，2025.8
中国轻工业“十三五”规划教材
ISBN 978－7－5184－1168－9

Ⅰ.①食…　Ⅱ.①李…　Ⅲ.①食品包装—高等学校—教材
Ⅳ.①TS206

中国版本图书馆CIP数据核字（2017）第046809号

责任编辑：伊双双　钟　雨　责任终审：滕炎福　　整体设计：锋尚设计
策划编辑：伊双双　　　　　责任校对：吴大朋　　责任监印：张京华

出版发行：中国轻工业出版社（北京鲁谷东街5号，邮编：100040）
印　　刷：三河市万龙印装有限公司
经　　销：各地新华书店
版　　次：2025年8月第1版第8次印刷
开　　本：787×1092　1/16　印张：24
字　　数：550千字
书　　号：ISBN 978－7－5184－1168－9　定价：54.00元
邮购电话：010－85119873
发行电话：010－85119832　010－85119912
网　　址：http：//www.chlip.com.cn
Email：club@chlip.com.cn
版权所有　侵权必究
如发现图书残缺请与我社邮购联系调换
251498J1C108ZBQ

本书编委会

主　　编　李　良（东北农业大学）

副 主 编　许　倩（塔里木大学）

　　　　　马凤鸣（沈阳农业大学）

　　　　　冷进松（重庆文理学院）

编　　委（以汉语拼音为序）

　　　　　成培芳（内蒙古农业大学）

　　　　　刘滨城（东北农业大学）

　　　　　宋丽军（塔里木大学）

　　　　　邢　明（华南农业大学）

主　　审　江连洲（东北农业大学）

前言 | Preface

近些年，食品工业的快速发展激发了食品包装业的发展，食品包装业已经成为食品工业的重要组成部分。包装是食品制造的重要环节，对食品的质量、贮藏和销售有很大影响，因此食品包装学也成为食品相关专业本科生的必修课程。

食品包装还是一门涉及多学科交叉的综合应用技术学科，包括食品科学、材料科学、包装技术方法、标准法规、质量控制及包装设计等相关知识领域和技术问题。本书重点讲述包装材料、包装容器、包装技术、包装法规及各类食品包装的实例等，适合食品科学与工程专业及其他相关食品专业本科生进行学习。

本书的编写分工：第一章、第九章、第十章第三、四、五节由东北农业大学李良编写；第二章及第七章由内蒙古农业大学成培芳编写；第三章由重庆文理学院冷进松编写；第四章和第十章第一、二节由塔里木大学许倩编写；第五章和第八章由沈阳农业大学马凤鸣编写；第六章由华南农业大学邢明编写；第十一章由塔里木大学宋丽军编写。全书由东北农业大学李良、刘滨城统稿。

本书在编写过程中参考了大量的相关教材和期刊文献，在此向帮助本书编写和出版的专家、相关文献的作者和中国轻工业出版社的工作人员表示深深的谢意，如发现引用的内容在参考文献中未标注，请告之。

由于编者经验及知识所限，书中难免存在不妥之处，敬请广大读者批评指正。

编者

2017 年 5 月

目录 Contents

CHAPTER 1

第一章 绪 论

第一节 包装的历史

包装的出现，是人类社会发展的必然产物。伴随着中华民族悠久的历史，我国的包装同样经历了由原始到文明、由简易到繁杂的发展进程。

从原始社会到中古时期，世界包装的发展经历了漫长的时代，从打制石器发展到磨制石器，再发展到陶器。陶器的发明大约在公元前15000年。不透明的有色玻璃最早产生于公元前2500年，约公元前700年起，玻璃瓶传入地中海地区，法老王朝时期玻璃制造技术传入希腊，使希腊工匠发明吹制玻璃容器的技术。古希腊是铁器出现较早的地区，大约在公元前1500年—公元前1200年，传入地中海沿岸以及古埃及、两河流域。在之后漫长的中世纪，国外包装发展非常缓慢，直到公元1400年欧洲才开始出现活版印刷，1495年英国建成造纸厂。1609年美国建成玻璃瓶厂，到19世纪，人造包装材料不断代替天然包装材料，机制包装产品不断代替手工业包装产品，为现代包装的发展奠定了坚实的基础。1795年在法国首次出现用玻璃瓶封装加热食品后，玻璃瓶罐头、马口铁罐头和冷冻食品包装相继获得专利。19世纪末20世纪初，塑料问世，标志着商品包装进入现代化阶段。

中国是世界上最早产生传统包装工业与包装科技的国家。中国传统包装工业的产生，可以追溯到12880年前左右。考古学证明当时的中国先民已制造陶质包装容器，开创了人类生产人造包装材料与包装容器的新纪元。古埃及的玻璃工艺也是从中国的釉料工艺中发展起来的，人造包装材料的第二大发明是中国人发明的纸。与包装工业有关的第三项伟大发明是印刷术，印刷术发明于中国。考古证实中国不仅是活字印刷、雕版印刷的发祥地，也是彩色套印技术的发祥地。

我们的祖先除了广泛使用陶器之外，还普遍使用竹、珠草纸、锦帛和兽皮等包装材料，用以盛装物品或贮藏、挑带、运物及日用。在各个社会时期的各个阶层，都离不开这些材料制成的传统容器和日用品。直到现在，这些古朴、大方、经济、实用的传统包装容器仍然是我们的伴侣。

远古时代，我们的祖先由简单利用植物叶、枝条、兽皮包裹物品发展到使用编制筐、篮等来储物；新石器时期产生陶器；商周时期纺织和古铜器等手工业生产非常发达；战国、秦汉时期社会百业、百艺的兴盛，使得包装技术得到了长足的发展；唐朝统治阶层崇尚金银，因而出现了大量造型别致、纹饰精巧的金银器包装，纸的用途已由最初的书写发展到食物、茶叶及中草药的包装上，茶叶的包装纸被称为“茶衫子”。

汉代，海陆交通发达，对外贸易远达中亚、欧洲。东汉时蔡伦发明了纸，纸包装遍布各种商品。各种精美的纸张用来包装茶叶、药品、食品等。

明清两代，工商业更加繁荣，资本主义萌芽产生，人们的商品意识增强，推销商品、扩大市场的积极性很高，商品包装日益精美。现代科技的发展，各种塑料制品的包装纸、袋、箱、盒充斥整个商品领域。

改革开放30年来，中国包装行业的发展取得了辉煌的成就，进入21世纪，中国包装行业在全体包装工程技术人员的共同努力下，中国逐步成为包装大国。

第二节　食品包装的现状与发展趋势

随着食品工业的飞速发展，也激活了食品包装市场。健康、绿色以及环保成为包装业一个永恒的主题。食品包装质量的提高，解决了其背后隐藏的卫生安全问题。

在无菌包装中采用高科技和分子材料，保鲜的功能将成为食品包装技术开发重点，无毒包装材料更趋安全，塑料食品包装将逐步代替玻璃制品；采用纸、铝箔、塑料薄膜等包装材料制作的复合柔性包装袋（真空包装袋），将出现高级化和多功能化的趋势。

（一）食品包装材料

食品包装材料直接与食品接触，其材料选择是否得当关系到企业的生产成本和人们的身体健康。传统食品包装材料主要有玻璃、金属、塑料、纸和纸板等，已不能满足环境保护的要求。目前我国广泛使用的一次性塑料制品大多由石油加工而成，而石油属于不可再生资源，石油基食品包装材料存在食品安全隐患。石油基食品包装材料在加工过程中，为了改善制品应用性能，常加入多种加工助剂，包括增塑剂、稳定剂、润滑剂、交联剂等。食品包装塑料中的增塑剂大多为环境内分泌干扰物，它们能够改变人体内分泌系统的正常功能，并对相应的器官和后代产生负面影响（非降解塑料包装材料也遭遇了国际贸易壁垒）。因此在技术层面上，应加大科研力度，研制出绿色、安全、环保的食品包装材料才是根本。唯有人们增强意识，精诚团结，全链条地精心编制质量安全网络，才能营造食品质量安全大环境。

1. 绿色食品包装材料

评价一件产品包装是否是绿色食品包装，一个重要因素在于其是否采用了绿色包装材料，绿色包装材料必须符合绿色环保的要求。绿色包装材料的特征是废弃后的包装能够回收处理、再生利用或重复使用，不会对生态环境造成污染和损害；不易回收的包装材料应当能够在短期内腐蚀、降解，回归自然；在满足包装功能的要求下，以能够减少自然资源的消耗及能源消耗，减少包装废弃物的产生为准则；包装材料生产成本低，有合理的性价比，可以生产和推广使用。目前应用最多的绿色包装材料就是纸质包装材料、可降解包装材料、可食性包装材料和其他新型材料。可降解塑料是指在生产过程中加入一定量的添加剂（如淀粉、改性淀粉或其他纤维素、光敏剂、生物降解剂等），使其稳定性下降，较易在自然环境中降解的塑料。它一般可以分为三大类：光降解塑料、生物降解塑料、光和生物结合降解塑料。可食性包装是指当其包装功能实现后，即将成为“废弃物”时，可转变为一种食用原料。目前可降解塑料及天然大分子材料制成的可食性膜已成为食品加工和包装领域的一大热点，它主要可以分为五大类：淀粉类、蛋白质类、多糖类、脂肪类和复合类。

绿色食品包装材料的研究与开发，在一定程度上减少了包装材料的用量，缓解了包装废弃物对生态环境的污染，但目前其途径存在着局限性。光降解材料，存在着光降解速度与光降解聚合物使用性能的矛盾，并且光降解产物的降解能力非常小，对生态环境仍然存在着影响；天然高分子材料具有完全生物降解性，但是它的热学、力学性质差，不能满足工程材料的性能要求；可食性包装的性能有待进一步提高，其质材较软，不能满足市场需求，工艺有待完善，成本相对较高等。总之，绿色包装材料的研究，对环境保护和国民经济的发展有重大意义，具有十分广阔的前景。

2. 纳米材料

随着纳米材料加工技术的不断提高，纳米材料以其优良的特性越来越多地被应用于食品包装领域。所谓“纳米包装材料”是指运用纳米技术，将颗粒大小为 1 ~ 100nm 的分散相纳米粒子与传统包装材料通过纳米合成、纳米添加、纳米改性等方式加工成为具有某一特性或功能的新型食品包装材料。

与传统包装材料相比，纳米包装材料的结构体系更加细微、更加分散，会因为纳米颗粒的小尺寸效应、表面效应、量子尺寸效应和宏观量子隧道效应等使得纳米包装材料具有传统复合包装材料无法比拟的一些特殊性能。①较高的机械性能。纳米包装材料具有较高的韧性、耐磨性和可塑性，作为包装材料，可靠性更好、使用寿命更长。②优异的物理化学性能。纳米微粒由于粒径小、比表面积大，具有不寻常的物理、化学性能，如高耐热性、好的光泽和透明度、高阻隔性、抗磁防爆等特性，可用于特种包装如耐蚀包装、防静电防电磁包装、防火防爆包装、迷彩包装、高阻包装、隐身包装及危险品包装等。③优良的加工性能。由于纳米包装材料具有较高的弹性、韧性和屈挠度等，在吹塑、压延、浇铸、注塑等成型中表现出较好的加工性能。

根据纳米材料具有的特点，可以开发很多纳米包装材料。如目前应用较广的抗菌薄膜，在聚烯烃薄膜中加入纳米高性能无机抗菌剂和增效剂，其抗菌机制是金属离子作用和光催化作用，能使菌体变性或沉淀。防腐功能的纳米包装材料是通过采用添加纳米 TiO_2 制成的塑料薄膜来包装食品，既可以防止紫外线对食品的破坏，又可以使食品防腐保鲜；纳米涂层包装材料是以纳米硅基陶瓷制成的特种无污染耐磨透明涂料，涂在玻璃、塑料等物体上，具有防污、防尘、耐刮、耐磨、防火等功能，可用于食品接触表面的涂层包装材料中。防静电功能的纳米包装材料在包装材料中添加纳米掺锑二氧化锡微粒时，涂层的导电性能才明显改善；可以消除的静电现象，使得包装表面不再吸附灰尘，可减少因摩擦而导致的擦伤。

纳米材料和纳米技术在食品包装领域的应用和开发，对食品工业的发展具有巨大的促进作用。虽然在制备各种新型的具有不同特性的纳米包装材料领域取得了一定的成果，但是要更清醒地认识到，当前世界范围内还没有任何研究机构对纳米材料安全性进行过全面和系统地评价，因此在纳米粒子的迁移和安全性评价等领域还需要继续探索。

（二）包装技术

随着人们对食品质量和安全的重视，以及食品生产、销售、贮存方式的变化和科学技术的进步，包装技术也随之发生进步和改变。在传统包装技术进行了技术革新的同时，也出现了一些新的包装技术。

1. 抗菌食品包装技术

抗菌包装是通过使用具有杀菌作用的包装材料，可抑制贮藏过程中食品微生物的生长并避免食品的二次污染，从而延长食品的保质期。因此抗菌包装对确保食品安全以及延长食品货架期具有更为突出的作用。未来抗菌包装的研究主要集中于获得能与聚合物和抗菌剂相容的涂膜材料、物理处理使材料表面功能化以及新的与包埋相偶连的印刷技术。在聚合物材料成型后再将抗菌剂进行涂膜，可以避免高温等加工过程对抗菌剂的破坏，使用的抗菌剂种类更加广泛；电子束、粒子束、等离子体和激光照射等物理手段对PE、PET、PP、PS的处理可赋予这些材料表面抗菌性能；通过胺基、羧基等基团的键合接枝可将抗菌蛋白、酶固定化在高密度聚乙烯（HDPE）和线性低密度聚乙烯（LLDPE）等材料上。

2. 智能包装技术

智能包装是指能监测并指示包装内部食品周围环境变化的包装技术，它可以提供食品在存储和运输过程中的相关质量信息。智能包装根据功能可以分为时间温度指示卡、新鲜度指示卡、泄露指示卡、病原体指示卡、生物传感器等。安装在包装外部的指示卡属于外用指示卡（时间-温度指示卡），安装在包装内部（如放置于包装的顶隙内、贴在瓶盖内）的指示卡属于内用指示卡（泄漏指示卡、新鲜度指示卡、病原体指示卡）。通过智能包装可以获取如新鲜度、微生物污染、温度变化、包装完整性等产品信息。

3. 活性包装技术

活性包装又被称为AP包装，其原理是通过改变被包装食品的存储环境从而达到延长保质期、保持食品的口感和特性的目的。主要方法是在包装袋内加入各种吸收剂和释放剂，用于消除过多的氧气、水蒸气、乙烯等，同时适时地补充二氧化碳用来维持包装袋内食品新鲜，保持适宜的气体环境。

（三）食品包装机械

我国的食品包装机械行业自20世纪80年代后逐步发展和完善，商品流通的范围进一步扩大，包装机械产业的应用范围越来越广泛，作用也越来越大。然而，不可忽视的是，我国包装机械行业起步晚、发展快的发展模式，造成了我国包装机械发展基础薄弱，产品档次不高，以及质量、安全、技术、效率等方面都不到位的局面。与发达国家相比，我国食品包装机械和包装技术在竞争中还明显处于弱势。我国的食品包装机械多以单机为主，科技含量和自动化程度低，在新技术、新工艺、新材料方面的应用少，满足不了我国当前食品企业发展的要求。一些食品企业为了技术改造，不得不花费大量的资金从国外引进一些技术先进、生产效率高、包装精度高的成套食品包装生产线，导致很大一部分国内的市场份额被国外品牌所占领。我国的食品包装机械发展空间依然广阔，食品包装机械包装技术的水平有待提高。由于中国市场庞大，包装机械在市场的需求也相应增加，目前我国除了一些小型全自动包装机械，半自动包装机械有一定规模和优势外，其他包装机械几乎不成体系和规模，特别是市场上需求量大的一些成套包装生产线，在世界包装市场中均被几家大型包装机械企业（集团）所垄断。对于市场需求大、技术难度大的包装机械设备，应当集中行业优势力量，走产、学、研结合的道路，有组织、有针对性地进行消化吸收，科研攻关，开发出拥有知识产权的包装机械，打破国外的技术垄断，加速提升我国包装的技术水平与自给能力。

在新技术、新工艺、新理念的推动下，食品包装行业正呈现出蓬勃发展的势头，但是仍然存在一些隐患，如食品包装行业安全意识薄弱、管理水平有待提高等，这严重阻碍了食品包装行业前进的步伐，因此，全行业还需加强对食品包装的重视程度，以共同促进食品包装行业健康、有序地发展。

第三节 食品包装的基础知识

包装是为了在流通过程中保护产品、方便储运、促进销售，按一定技术方法而采用的容器、材料及辅助物等的总称。也指为了达到上述目的而在采用容器、材料和辅助物的过程中施加一定方法等的操作活动。与包装有关的基本概念有包装功能、包装材料、包装容器和包装机械等。包装的功能，它具有唤醒消费者购物潜意识的功能，当由卖方市场变为买方市场的时候，包装在这里就显示它的优越性。人们不是因为饥饿而不加选择地购买，而是因为包装吸引了消费者，使其决定购买，当然这只是包装功能的一个方面，总的来说包装应该具备保护、方便和传递三个基本功能。包装是通过材料和容器来实现其功能的，包装材料是指用于制造包装容器和构成产品的材料总称。包装容器是为储存、运输或销售而使用的盛装物品的容器总称。包装机械是指完成全部或部分包装过程的机器。包装过程包括成型、充填、封口、裹包等主要包装工序，清洗、干燥、杀菌、贴标、捆扎、集装、拆卸等前后包装工序，转送、选别等其他辅助包装工序。

食品包装可以说是整个包装体系中最复杂、最多样的包装。食品包装的分类一般按照材料、容器等进行分类。《食品包装容器及材料 分类》（GB/T 23509—2009）将食品包装按照材料分为塑料包装材料、纸包装材料、金属包装材料、复合包装材料四大类。其中塑料包装材料按形态可分为塑料膜、塑料片；纸包装材料按材料可分为纸张和纸板；复合包装材料按材质可分为纸/塑复合材料、铝/塑复合材料、纸/铝/塑复合材料、纸/纸复合材料、塑/塑复合材料和纸/塑复合材料等。

食品包装容器分为塑料包装容器、纸包装容器、玻璃包装容器、金属包装容器、陶瓷包装容器、复合包装容器和其他包装容器七大类。塑料包装容器按形态可分为塑料箱、塑料袋、塑料杯、塑料盘、塑料盒、塑料罐、塑料桶、塑料盆、塑料碗、塑料筐、塑料易拉罐等；纸包装容器按照形态和功能可以分为纸袋、纸箱、纸碗、纸杯、纸罐、纸餐具、纸浆模塑制品等；玻璃包装容器按容器形状分为玻璃瓶、玻璃罐、玻璃碗、玻璃盘、玻璃缸等；陶瓷包装容器按容器形状可分为陶瓷瓶、陶瓷罐、陶瓷缸、陶瓷坛、陶瓷盘、陶瓷碗等，按照材料分为陶器、瓷器等；金属包装容器按照材料可分为铝制、钢制等金属容器，按照形状可分为金属罐、金属桶、金属盒、金属碗、金属盆等；复合包装容器按材料可分为纸/塑复合容器、铝/塑复合材料容器、纸/铝/塑复合材料容器；其他包装容器还包括木质包装容器、竹材包装容器、搪瓷包装容器和纤维包装容器。

第四节 食品包装课程学习的主要内容

食品包装学是一门广泛联系各学科、综合性强的专业必修课。通过本课程的教学，要求学生掌握包装材料和包装技术的选用，了解包装标准，食品机械设备的构造、工作原理、性能特点。通过学习本课程将对食品包装工程有基本的概念和必要的基础知识有一定了解并掌握一定解决工程问题的能力。本课程以学习乳品、肉制品和农产品包装为主，通过课堂讲授、工厂参观等实践教学环节，把学生培养成既懂包装工艺又懂包装机械的食品工程的技术人员。

通过本课程的学习，应掌握食品包装的基本知识和技能，熟练掌握包装材料的选用、包装技术和包装工程性能特点。掌握国内食品包装标准和熟悉国外包装标准。了解食品包装机械设备的构造和性能特点。重点掌握包装材料、包装技术、包装机械种类和性能特点。难点是如何在实际工作选用包装材料、包装技术种类和设备选型。

思考题

1. 简述包装的概念及分类。
2. 简述食品包装材料的发展趋势。

参考文献

[1] 陈先枢．世界包装发展简史［J］．湖南包装，2001（3）：3－6.

[2] 刘志一．中国古代包装考古［J］．中国包装，1993（4）：64－66.

[3] 韩景平．中国传统包装材料史话［J］．中国包装，1987（3）：7.

[4] 赵扬．上古至明代的包装历史［J］．收藏家，2009（1）：4－6.

[5] 刘宝河．古代包装漫谈［J］．价格与市场，1999，31（12）：45.

[6] 韩锦平．中国包装行业30年发展的历史回顾［J］．包装学报，2009（1）：1－4.

[7] 周利永．简析食品包装行业持续发展的三大因素［J］．包装世界，2012（1）：95.

[8] 肖艳．探秘食品包装材料发展的新视点［J］．湖南包装，2013（4）：7－10.

[9] 梅瑜，活泼，谢国建．国内外食品包装材料的研究进展［J］．浙江农业科学，2013（11）：1490－1497.

[10] 罗春连．食品包装材料法规现状及其对食品安全产生危害的控制措施建议［J］．化学工程与装备，2013（11）：159－163.

[11] 尹守军，梁芳．浅论绿色包装材料的选择与应用［J］．科技资讯，2012（27）：246.

[12] 单方方，唐浩国，魏晓霞，等．食品绿色包装材料的研究进展［J］．包装与食品机械，2009，27（5）：76－79.

[13] 赵素芬．绿色包装材料的开发与研究进展［J］．中国包装，2008，27（6）：23－25.

[14] 郭筱兵，丁利，李节，等．纳米包装材料及其安全性评价研究进展［J］．食品与机

械，2013，29（5）：249－251.

［15］罗辉甲．新型纳米包装材料研究进展［J］．新材料产业，2010（2）：63－65.

［16］黄晓英，刘天模．纳米包装材料及其应用［J］．包装工程，2006，27（5）：304－305.

［17］李学红，金征宇，徐学明，等．抗菌食品包装技术研究与应用进展［J］．食品研究与开发，2008，29（10）：115－119.

［18］都凤军，孙彬，孙炳新，等．活性与智能包装技术在食品工业中的研究进展［J］．包装工程，2014，35（1）：135－140.

［19］黄志刚，刘凯，刘科．食品包装新技术与食品安全［J］．包装工程，2014，35（13）：161－166.

［20］周瑾．我国食品包装机械行业发展分析［J］．农产品加工：创新版，2012（4）：39－40.

［21］汪选．我国食品包装机械发展现状［J］．上海包装，2013（6）：49.

［22］洪桂香．食品包装机械创新发展的新途径［J］．湖南包装，2014（2）：17－22，43.

［23］宋慧慧．蓬勃发展的食品包装行业［J］．印刷技术，2011（16）：13.

［24］汪冰．食品包装和食品包装机械［J］．食品机械，1985（4）：23.

CHAPTER 2

第二章 包装对食品品质的影响及控制

食品的品质特征主要表现为食品的质地、风味、颜色、外观和营养价值，而这些特征在加工及贮藏的过程中都会发生变化（表2－1）。随着人们生活水平和健康意识的不断提高，食品从原料加工到最终消费的整个流通过程中，包装成为了一种必不可少的手段，通过包装这种手段能够使食品品质变化的速率和程度降低。然而，在食品从包装到最终消费的整个流通环节是复杂多变的，它会受到生物性和化学性的浸染；受到流通过程中出现的如光、氧气、水分、温度等各种环境因素的影响；同时还会受到如微生物等生物因素的影响。这些环境因素和生物因素的变化势必会对食品品质的变化产生很大的影响，因此，要做好食品包装。研究这些因素对食品品质的影响规律是非常必要的，同时也是进行食品包装设计的重要依据。

表2－1　食品在加工和保藏过程中的品质变化

特征	不良变化	特征	不良变化
质地	溶解性损失	颜色	变暗
	持水性损失		漂白
	老化		产生其他不良变色
	软化	外观	粒径增大（结块）
风味	腐臭产生（水解或氧化）		粒径减小
	烹饪或焦糖味		粒径非均匀化
	其他变味	营养价值	维生素、矿物质、蛋白质、脂质等的损失

资料来源：摘自参考文献［2］。

第一节　环境因素对食品品质的影响

环境因素主要包括光、氧气（O_2）、水分和温度，包装食品在流通过程中因环境因素影响可能发生的品质变化如图2－1所示。

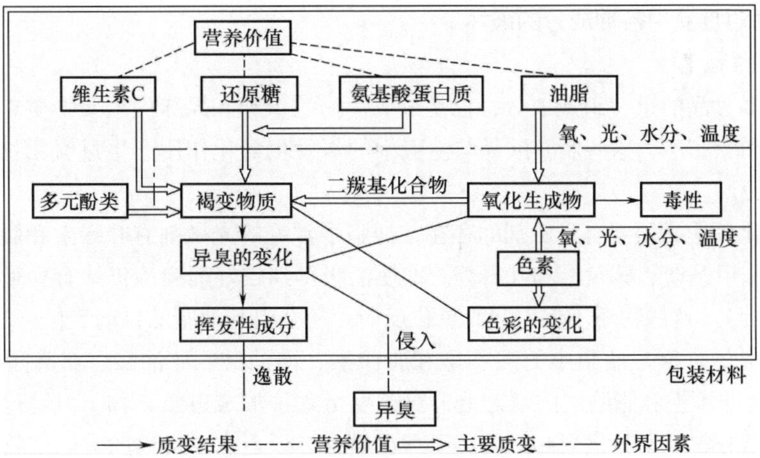

图2－1　包装食品在流通过程中可能发生的品质变化

资料来源：摘自参考文献［5］。

一、 光对包装食品品质的影响

食品在加工、贮藏、包装、运输过程中会受到太阳光和各种灯光的照射，这些光会对食品的品质产生不良影响，造成食品品质的下降，这不仅影响消费者的身体健康，同时对整个食品工业也会造成一定的经济损失。能使食品品质发生变化的光大多数为紫外光谱和可见光谱中波长较短的光。光的密度和波长是引起包装食品变色和变味的重要因素。

现代食品包装除了保护性能外，已经越来越重视包装的促销性能，目前食品包装的趋势是向透明化方向发展，因为它可以让消费者直接看到产品的一些外观品质，给消费者更多选择的机会，同时透明的包装增加了产品的展示性，有利于产品的销售。但是当食品存放在货架上，光线可能透过包装引起食品的光氧化，使食品中的油脂、蛋白质、维生素和一些色素氧化降解，导致异味的产生、风味和营养物质的损失及色泽的改变，从而引起食品品质的下降。随着食品包装向透明化方向发展，光对食品的影响将显得越来越突出，因此，研究如何避免光对食品的影响就显得越来越重要。

（一） 光氧化机制

国外许多研究资料都报道，光对食品中的一些重要的营养成分具有破坏作用，并产生不良的风味。其主要作用机制是光氧化作用。

氧分子可以分为基态氧$^3O_2$、游离态$^2O_2$和单线态$^1O_2$三种。基态氧$^3O_2$可生成为游离态氧$^2O_2$，后者可参加游离基反应。单线态氧$^1O_2$不能生成游离态$^2O_2$，不能进行游离基反应，但它可以直接氧化含烯物生成氢过氧化物。光敏剂是一类能够吸收紫外光能量使基态氧$^3O_2$最终生成单线态$^1O_2$的物质，反应机制如图2－2所示。

$$\text{光敏剂（基态）} \underset{\text{紫外光}}{\rightleftharpoons} \text{光敏剂（激发态）}$$

$$\text{光敏剂（激发态）} + {}^3O_2\text{（基态）} \rightleftharpoons \text{光敏剂（基态）} + {}^1O_2\text{（激发态）}$$

图2－2　光氧化机制图

（二）光对食品中各种成分的破坏

1. 对油脂的氧化

油脂是许多食品的重要组成成分，也是形成食物的口感和风味的重要物质。由于油脂中常含有许多不饱和脂肪酸，这些脂肪酸易与空气中的氧发生氧化作用产生过氧化物，引起油脂的酸败和食品的变质。

发生光氧化反应必须要有光敏剂的存在，油脂中常见的光敏剂有叶绿素和脱镁叶绿素。此外还有酸性红、甲基蓝、核黄素和叶琳等。即使油脂得到较好的精炼仍然有少量的光敏物质存在（如叶绿素等）。这些物质不仅引起光氧化反应，还会引起油脂的自动氧化。

光氧化的主要对象是油脂中的多不饱和脂肪酸，如油酸、亚油酸、亚麻酸和花生四烯酸等。$^1O_2$作用于这些不饱和脂肪酸的双键上，双键发生移位形成过氧化物。但是这些过氧化物非常不稳定，容易分解，尤其是当有金属离子存在时分解得更快。最终的分解产物是许多挥发或者不挥发的物质，包括醛、酮、乙醇、酸、碳水化合物、内酯、呋喃和酯。产生不良气味的大多数物质都是羰基化合物。脂肪族醛是过氧化物分解产物中最重要的一种产物，因为它们是导致食品不良气味的主要因素。

2. 对蛋白质的作用

光线对蛋白质的作用主要分为两种情况：一是光线直接对蛋白质造成破坏；二是由于食品中光敏剂的存在，由光氧化造成蛋白质的破坏。

蛋白质中的芳香族氨基酸、色氨酸、酪氨酸和苯基丙氨酸等在波长小于310nm的紫外线照射下，可能会吸收紫外光的能量，引起一些肽链的断裂，使蛋白质发生变性。肽链断裂还可能产生一些有异味的物质或者色素。

波长大于310nm的光一般在光敏剂的存在时，会发生光氧化作用从而破坏食品中的蛋白质。Jung等（1998）报道，牛乳在光的照射下，其中的光敏剂核黄素吸收波长在400～550nm的光的能量，产生单线态的$^1O_2$，$^1O_2$将蛋氨酸氧化成硫醇、硫化物和二甲基二硫化物等。其中，二甲基二硫化物是牛乳中产生异味的重要物质。

3. 对维生素C的破坏

食品中含有的各种维生素在光敏剂存在时，在光的照射下也会发生光敏氧化。光敏剂吸收光能产生单线态$^1O_2$，$^1O_2$作用于维生素分子上的—C═C—引起氧化破坏，使食品的营养价值降低。

Satter和Deman（1997）发现，将牛乳暴露在阳光下仅1h就会损失80%～100%的维生素C。牛乳中80%～90%的维生素C在400～550nm的荧光下照射24h会全部损失，这是因为光敏剂核黄素对这个波长段的光有最大吸光率（450nm时吸光率最大）。Jung（1998）和Yang（1994）等发现，在光线照射的条件下，牛乳中核黄素的含量越多，维生素C的损失就越快。当牛乳中的核黄素含量达到0.0006%时，在光线下暴露12min维生素C就会全部被破坏，而没有核黄素的牛乳只破坏了2%。Yang和Jung等的研究结果显示，牛乳中维生素C的损失主要原因是核黄素产生的单线态氧$^1O_2$。

4. 光对维生素D的破坏

维生素D对骨骼生长具有十分重要的作用。当维生素D水解成1,25－二羟维生素D_3时，能促进肠道对钙的吸收。当牛乳暴露在阳光下时，牛乳中的维生素D会很快被破坏。

Rinken和Watherson（1993）研究发现，当维生素D处于无核黄素的环境中，光照时维生素D并没有被破坏，而含有核黄素的脱脂牛乳中的维生素D在光照下却很快被破坏。King和Min（1998）报道：在没有核黄素存在或没有光线的环境中，维生素D不会被氧化破坏。

对此的解释是核黄素吸收光能激发产生单线态氧$^1O_2$，$^1O_2$将维生素D氧化破坏，其主要产物是5，6－环氧化物，氧化速度大约为$2.2\times10^7 m^{-1}\cdot s^{-1}$。

5. 对维生素B_2的破坏

食品中的维生素B_2在烹饪或者储藏在黑暗的地方时是相当稳定的，但是维生素B_2即核黄素是很好的光敏剂，在光的照射下很容易将基态氧$^3O_2$激发产生单线态氧$^1O_2$，核黄素有一个三键和许多双键，这些键很容易与$^1O_2$反应。Wishner（1964）发现，牛乳中的维生素B_2在光照下30min会损失掉30%，而烹饪相同时间的牛乳只损失了12%，所以在光照条件下维生素B_2损失得相当快，尤其是当光的波长在450nm时维生素B_2损失得最快，因为它在这个波长下对光的吸收率最大。

Saner和Deman（1997）发现，包装材料不同，维生素B_2损失程度也不同，包装材料的透光率越小维生素B_2损失越少。Uunkley等曾报道盛放在完全透光的玻璃容器中的牛乳在荧光照射下，维生素B_2的损失速率为0.1～0.4mg/（L·h）。

6. 对色素的破坏

食品的色泽是通过它们对可见光的选择吸收及反射而产生的。食品中能够吸收和反射可见光进而使食品呈现各种颜色的物质统称为食品色素，食品中的色素包括天然含有的色素、加工过程中由原料成分转化的有色物质和外加的食品着色剂。

食品中的色素都是有机物，具有发色团和助色团结构，常见的发色团是由多个—C═C—构成的共轭体系，其中还可能有几个—C═O—、—N═O—和—C═S—等杂原子双键。很多色素本身就是很好的光敏剂（如叶绿素），它们吸收一定的光能产生单线态氧$^1O_2$，$^1O_2$与发色团上的双键作用，使色素颜色改变。

例如，与光和氧气作用就会导致叶绿素不可逆地褪色。$^1O_2$和羟基自由基是反应活性中间体，它们在有氧及光照下生成，一旦生成就与叶绿素和吡咯链作用，进一步生成过氧基（—O—O—）和其他自由基，最终造成吡咯环与吡咯链分解和褪色。

可见光还能使火腿、香肠等肉类腌制品发生褐变。这些腌制品中添加了硝酸盐或亚硝酸盐作为发色剂，使原来肉中的色素肌红蛋白、高铁肌红蛋白和肌色原转变成氧化氮肌红蛋白、氧化氮高铁肌红蛋白和氧化氮肌色原，所以腌制品的颜色更鲜艳诱人。可见光可以促使腌制品中的色素重新转变成肌红蛋白和肌色原，而肌红蛋白和肌色原被氧化后转变成高铁肌红蛋白和高铁肌色原，于是这些腌制品发生了褐变。

食品中的叶绿素、叶黄素、血红素、花色素、原花色素、甜菜红素、红曲色素及一些类黄酮色素在光照条件下都易被氧化褪色，因此食品的避光保存十分重要。

（三）影响光氧化的因素

影响光氧化的因素有很多，如光照时间和强度、光的波长范围、包装中的残氧量及包装材料等。增加光对食品的照射时间会增加光对食品的破坏作用，因此在食品的生产、流通和销售过程中应尽量减少食品与光的接触时间。不同的食品成分（主要是光敏剂）对不同波长的光的敏感程度不同，如核黄素对波长为450nm的光有最大吸收峰，叶绿素对波长为408nm和655nm的光都有吸收峰，因此这些波长的光对含有核黄素和叶绿素的食品具有最大的破坏作用。包装食品中的残氧量主要来源有以下三个：①包装时抽真空不够；②包装袋透气；③食品中溶解的氧气释放出来。当残氧量达到一定值，在光的照射下就会发生光氧化反应。Moller 对采用气调包装的切片火腿做了研究报道。他发现把这种包装的火腿存放在光照条件下 27d，当残氧量小于 0.1% 时，火腿的颜色和风味都不会发生变化，当残氧量为 0.1% ~0.5% 时，火腿的颜色会发生改变而风味不会发生变化，当残氧量大于 0.5% 时，其颜色和风味都发生了变化。包装材料对光具有遮挡、反射和散射作用，对食品具有一定的保护作用。根据 Lambert - Beer 定律可知，包装材料的厚度会影响透光性，其越厚越不易透光。不同颜色的包装材料对光的防护能力不同，其防护能力为：黑色 > 棕色 > 绿色 > 蓝色 > 红色 > 黄色 > 无色。

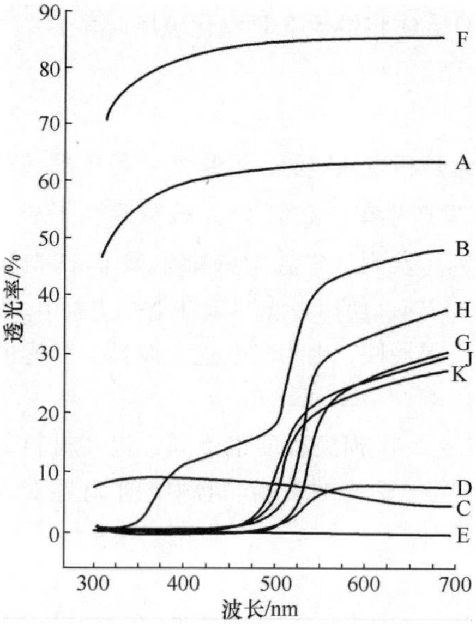

图 2 -3 不同包装材料的透光性比较

注：A、B、C、D 表示纸基；E 表示铝箔；F、G、H、J、K 表示聚乙烯类包装材料。

资料来源：摘自参考文献［2］。

不同包装材料的透光性差异显著，且在不同的波长范围内，也有不同的透光率，同一材料内部结构不同时透光率也不同，如图 2 -3 所示。羊皮纸（A）的透光率为 46% ~64%，而黄色羊皮纸（B）在 300 ~500nm 波长范围内，其透光率下降至 1% ~17%，且在高波长范围内，透光率低于 50%。镀铝纸（D）的透光率低于 10%，铝箔材料（E）几乎不透光。因此，选用不同成分和不同厚度的包装材料，可以达到不同程度的遮光效果。

二、 气体对包装食品品质的影响

食品包装内的气体对食品品质有很大的影响，其中主要的影响气体有氧气、二氧化碳、一氧化碳和氮气等。

（一） 氧气 （O_2） 对食品品质的影响

O_2 是人类生存的必备条件，同时对食品品质也产生着相当大的影响。大气中的 O_2 可使食品中的油脂发生氧化，这种氧化即使在低温条件下也能进行。油脂氧化产生的过氧化物不但会使食品失去食用价值，而且会发生异臭或产生有毒物质；O_2 能使食品中的维生素和多种氨基酸失去营养价值；O_2 还能使食品的氧化褐变反应加剧，使色素氧化退色或变成褐色。对于食品微生物，大部分细菌由于氧的存在而繁殖生长，造成食品的腐败变质。但是，O_2 对于新鲜果蔬的作用则属于另一种情况，由于生鲜果蔬在储运流通过程中仍在呼吸，为保持其正常的代谢作用，需要吸收一定数量的 O_2 而放出一定量的二氧化碳和水，并消耗一部分营养；此外，为了新鲜红肉的色泽，包装内也需要一定浓度的 O_2；海产品气调包装中，O_2 的存在可防止厌氧性致病菌和梭状芽孢杆菌的繁殖；鲜切蔬菜气调包装中，高浓度的 O_2 能抑制许多厌氧菌的繁殖，抑制蔬菜内源酶引起的褐变，从而获得比普通包装更长的保质期。

食品受 O_2 作用发生酸败、褐变等变质的程度与食品所接触环境中的氧分压和接触程度有关。亚油酸的相对氧化速率随氧分压变化的规律和食品与氧接触面积的关系如图 2 -4 所示。从图中可以看出，环境氧分压越高，O_2 与食品的接触面积越大，油脂氧化的速率越快。

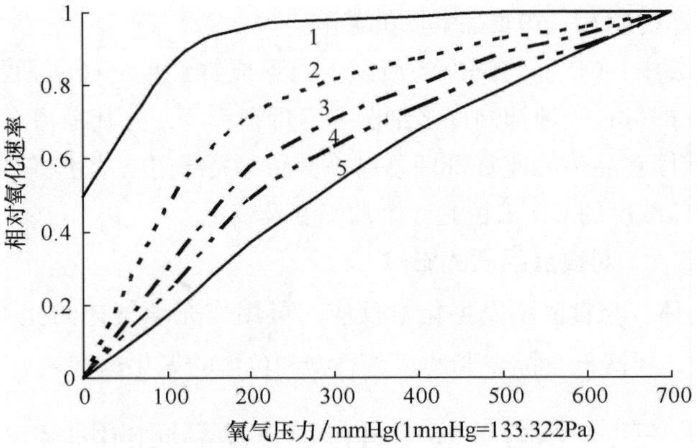

图 2-4　亚油酸相对氧化速率与氧分压和接触面积的关系

1—温度为 45℃，摇动样品；2—温度为 37℃，表面积为 12.6cm^2；

3—温度为 57℃，表面积为 12.6cm^2；4—温度为 37℃，表面积为 3.2cm^2；

5—温度为 37℃，表面积为 0.515cm^2。

资料来源：摘自参考文献［7］。

（二）二氧化碳（CO_2）对食品品质的影响

CO_2 是一种气体抑菌剂，低浓度的 CO_2 能促进微生物的繁殖，高浓度的 CO_2（>30%）能阻止引起食品腐败的大多数需氧微生物的生长繁殖。它能延长微生物生长繁殖的停滞期，延缓其对数生长期。CO_2 易溶于食品中的水生成碳酸而降低食品的 pH，从而有利于食品的保藏。如图 2-5 所示是翡翠贻贝在 4℃的冷藏条件下，不同的 CO_2 气调比例对总挥发性盐基氮（TVB-N）的影响。从图中可以看出 5 种不同的气调包装比例，以空气包装的效果最差，货架期为 5d，高浓度 CO_2（50%）组的包装效果最好，货架期可以达到 8d。同时从测定结果还可以看出，气调包装对抑制蛋白质的分解和某些腐败菌的繁殖有明显效果。贮藏过程中的 TVB-N 的增加主要是由于细菌的作用和氨基酸等含碳化合物的分解产生氨和各种胺类化合物引起的。由于 CO_2 能抑制需氧菌丝网生长，还能降低细菌的非蛋白物质氧化脱氨能力，因此，在贮藏过程中，较高 CO_2浓度包装的 TVB-N 明显低于其他包装。

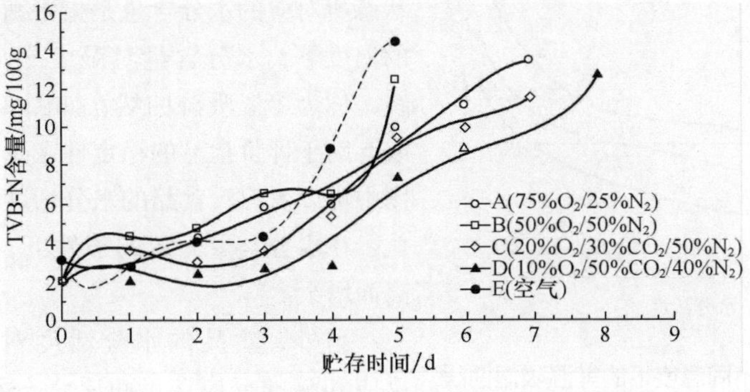

图 2-5　气调比例对翡翠贻贝 TVB-N 值的影响

资料来源：摘自参考文献［2］。

（三） 一氧化碳 （CO） 对食品品质的影响

在鲜肉的保鲜包装中，CO 能与鲜肉的肌红蛋白形成鲜红色的碳氧肌红蛋白而保持肉的色泽。据报道 1% 的 CO 即可有效地抑制许多细菌、酵母和霉菌，尤其是嗜冷性细菌。但是，由于 CO 有较高的毒性，我国食品药品监督管理总局等食品相关部门已禁止将 CO 用于食品的气调包装，但美国允许采用低浓度的 CO 来控制叶菜的褐变及变色。

（四） 氮气 （N_2） 对食品品质的影响

N_2 是一种惰性气体，与食品不发生化学反应，可用作充填气体防止 CO_2 逸出后包装的塌落。N_2 在气调包装中，可降低食品中脂肪、芳香物和色泽的氧化速度。

三、 水分或湿度对包装食品品质的影响

水是许多食品的基本成分之一，一般食品都含有不同程度的水分，这些水分是食品维持其固有性质所必需的，但水分对食品品质的影响很大。一方面，水能促使微生物的繁殖，使酶的活性增强，加速油脂的氧化分解，促使褐变反应和色素氧化；另一方面，水的存在会使食品发生某些物理（质构）变化，如有些食品受潮继而产生结晶，使食品干结硬化或结块，从而失去脆性和香味等。

食品中所含的水分根据其理化性质可分为结晶水和自由水。结晶水具有不易结冰（冰点约 -40℃）和不能作为溶剂的特点，并可使植物种子和微生物孢子在很低的温度下保持其生命力。但食物组织结构所含水分大部分都是自由水，这部分水在某种程度上决定了微生物对某种食品的侵袭而引起食品变质的程度，用水分活度（A_W）表示。水分活度是指食品在密闭容器内测得的水蒸气压力（P）与同温度下测得的纯水蒸气压力（P_0）之比。其物理意义在于表征生物组织和食品中能参与各种生理作用的水分含量与总含水量的定量关系。根据食品中所含水分的比例，一般可将食品分为三大类：$A_W > 0.85$ 的食品称为湿食品，$A_W = 0.6 \sim 0.85$ 的食品称为中等含水食品，$A_W < 0.6$ 的食品称为干食品。食品具有的 A_W 值越低，食品越稳定，越不易出现变质现象。但同时吸水性越强，食品对环境湿度的增大越敏感。因此控制环境湿度是保证食品品质的关键。

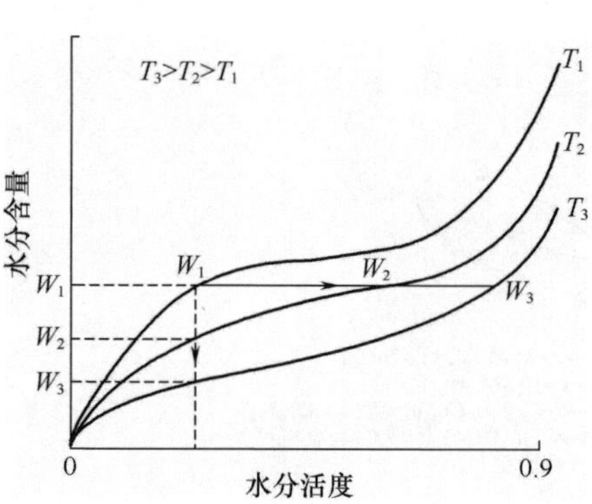

图2-6 物料在不同温度下的等温吸湿曲线

资料来源：摘自参考文献［2］。

当食品处于一个温度和相对湿度稳定的环境中时，其水分含量最终会与环境达到平衡，其平衡状态所对应的水分含量是指平衡水分含量。在一定的温度下，水分含量对湿度或水分活度变化的曲线，称为等温吸湿曲线，如图 2-6 所示。这类曲线有助于评价食品的稳定性和选择有效的包装。从图中可以看出，食品的水分活度随温度的变化而变化，在水分含量一定的条件下，A_W 随着温度的升高而增大。

另外，食品的水分活度对于控制各种化学反应和酶的反应速度也是十分重要的，如图 2-7 所示，A_W 的细微变化可导致反应速度的巨大变化。

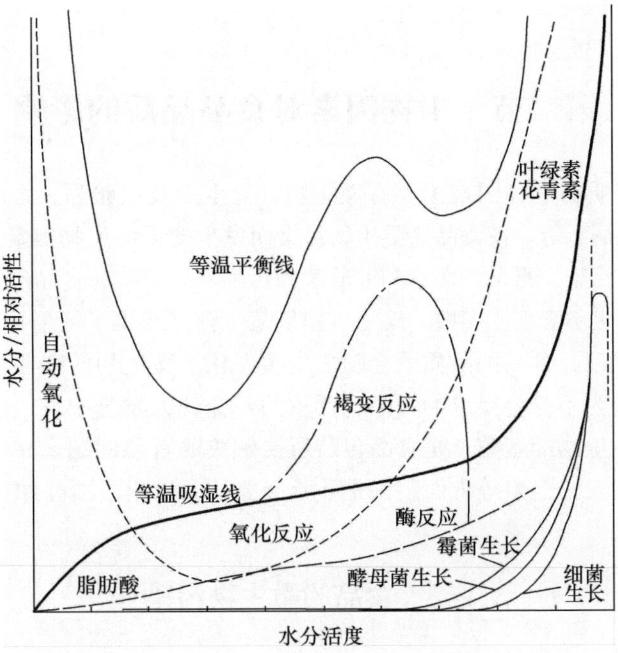

图2－7　水分活度对各类反应速率的影响

资料来源：摘自参考文献［2］。

四、温度对包装食品品质的影响

温度是决定腐败反应速度的关键因素，在某些条件下，包装材料能够影响食品的温度，尤其是具有绝热性质的包装材料，这类典型的包装材料主要用于冷藏及冷冻食品。贮藏于冷柜中的包装大多靠传导和对流来制冷，同时，照明用的荧光灯通过辐射产生热输入，在此条件下，铝箔因具有较高的反射率和传导率而具有很大优势，然而，这类包装材料极少用于冷藏冷冻食品。

温度对包装食品品质的影响主要有生物性和非生物性两方面，在适当的湿度和氧气等条件下，温度对食品中微生物繁殖和食品腐败反应速度的影响都是相当明显的。一般来说，在一定温度范围内，食品在恒定水分含量条件下，温度每升高10℃，其腐变反应速度加快4～6倍。为了有效减缓温度对食品品质的不良影响，现代食品工业中采用了食品冷藏技术和食品流通中的低温防护技术，可有效延长食品保质期。

温度对食品的影响还表现在某些食品由于温度的升高而发生软化或低温冻结，结果都将使食品失去应有的物态和外形，或破坏食品的内部组织结构，严重破坏其品质。例如，含巧克力的糖果食品在贮运时应避免温度的波动，否则会使巧克力产生霜斑等品质变化。

光、氧气、水分、温度等环境因素对食品品质的影响是相辅相成、共同存在的，采用科学有效的包装技术和方法避免或减缓这种有害影响，保证食品在流通过程中的质量稳定，可有效延长食品保质期，这是食品包装科学所要研究解决的主要课题。

第二节 生物因素对食品品质的影响

导致食品发生变质的生物因素主要有微生物、寄生虫及虫卵等。而食品微生物主要有细菌、酵母菌、霉菌和病毒等。使食品遭受生物污染而发生变质的生物因素主要是微生物，其中有代表性的是细菌的污染、霉菌的污染和酵母菌的污染。如果某一食品经过彻底灭菌或过滤除菌，则食品长期保藏也不会发生腐败。反之，如果某一食品污染了微生物，一旦条件适宜，这些微生物就会开始繁殖，食品的品质就会随之发生变化。微生物的存在会使食品失去原有或应有的营养价值，转为不符合要求的食品，严重的还会使人发生中毒。因此，在食品生产和流通过程中，控制微生物的繁殖，是食品包装所要解决的首要问题。在食品保质保鲜、保持食品营养、保证食品安全卫生等方面，都是非常必要的。这里主要介绍微生物对食品品质的影响。

一、食品的微生物污染

（一）细菌对食品品质的影响

与食品相关的细菌种类较多，其特点也各不相同，食品一旦受到细菌的污染，通常会发生腐败变质。食品中常见的细菌如下。

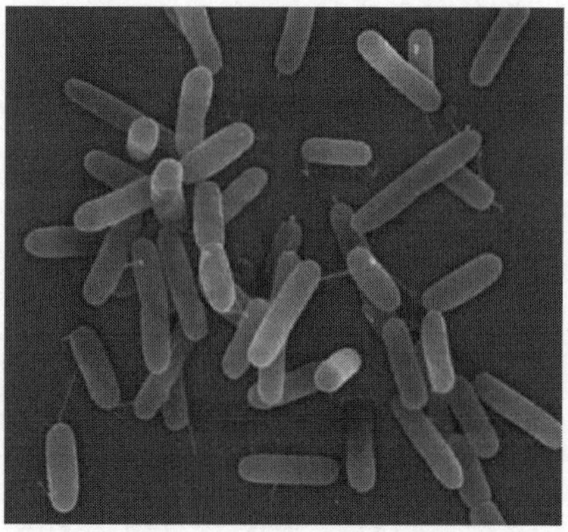

图2-8 假单胞菌属

（1）假单胞菌属 假单胞菌属于需氧革兰氏阴性菌，在自然界中分布非常广，存在于水、土壤和各种植物体内，其微观结构如图2-8所示。

假单胞菌污染食品会对食品造成很大的危害，一旦环境适宜，便会在食品表面迅速生长繁殖，繁殖后一般会产生荧光色素、氧化物和黏液等，从而引起食品的变质变味；此外，某些菌株还具有分解蛋白质和脂肪的能力；该菌株还有一个特点就是在低温下也可以很好地生长繁殖，因此，还可能引起冷藏食品的腐败变质。该菌属的种类繁多，现列出其中几种不同菌株对食品品质的危害，如表2-2所示。

表2-2 假单胞菌主要菌株对食品的危害

菌株名称	主要危害
荧光假单胞菌	能在低温下生长，使肉类食品腐败变质
生黑色腐败假单胞菌	能在动物性食品上产生黑色素
菠萝软腐假单胞菌	可使菠萝果实腐烂，被污染的组织变黑并枯萎

资料来源：摘自参考文献［2］。

（2）醋酸杆菌属　醋酸杆菌属在初期为革兰阴性菌，随着菌体成熟转为革兰阳性菌，属于需氧菌。

最常见的菌株有纹膜醋酸杆菌、白膜醋酸杆菌和许氏醋酸杆菌。常见的醋酸杆菌结构如图2－9所示。

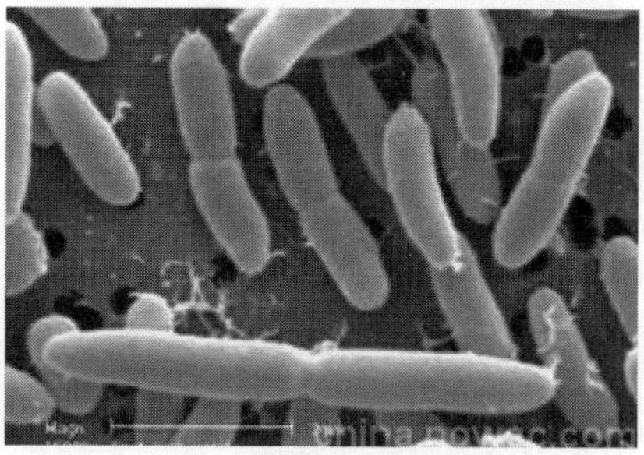

图2－9　醋酸杆菌属

醋酸杆菌的一个特点就是具有较强的氧化能力，它可使粮食发酵、水果腐败、蔬菜腐烂、酒类和果汁变质。另外，醋酸杆菌最大的特点是可以将乙醇氧化成醋酸，这对于食醋生产是非常有利的，但是对酒类和饮料的生产是极为不利的。

（3）芽孢杆菌属　该菌属为革兰阳性菌，需氧。常见于土壤和空气中。该菌属中的炭疽杆菌是毒性很大的病原菌，能引起人、畜患炭疽病。该菌属中的枯草芽孢杆菌、罩状芽孢杆菌是食品中常见的腐败菌。

（4）梭状芽孢杆菌属　该菌属为革兰阳性菌，厌氧或弱需氧菌。此菌属中毒性最大的病原菌是肉毒梭状芽孢杆菌。糖解嗜热梭状芽孢杆菌分解糖类专性嗜热菌，常引起蔬菜罐头等食品的变质，另外，腐败梭状芽孢杆菌等可引起蛋白质食品发生变质腐败。

（5）黄色杆菌属　该菌属为革兰阴性菌，可运动，能在低温下生存产生脂溶性色素，颜色有黄、橙、红等，对糖类的作用较弱，对蛋白质有较强的分解能力，可引起多种食品（如乳、禽、鱼、蛋等）的腐败变色。

（6）产碱杆菌属　该菌属为革兰阴性菌，分布很广，主要存在于水、土壤、饲料和人畜肠道内。该菌能产生灰黄色、棕黄色或黄色色素，但不能将糖类分解成酸。能引起乳制品及其他动物性食品产生黏性和碱性而发生变质。

（7）无色杆菌属　该菌属为革兰阴性菌，主要存在于水和土壤中。该菌属多数能分解葡萄糖和其他糖类，产酸而不产气。禽、肉和海产品等食品受污染后会变质发黏。

（8）沙门氏菌属　该菌属为革兰阴性菌，系肠杆菌科的1属。此菌属是人类重要的肠道病原菌，它们可引起痢疾、伤寒、副伤寒等肠道传染病或食物中毒。其病原菌可在水、乳、肉制品中生存数日，特别是在病死的牲畜肉体中生存能力极强。人们吃了被其病原菌感染（不新鲜）的鱼、肉、蛋、乳就有可能引起沙门氏菌中毒。

（9）葡萄球菌属　该菌属为革兰阳性菌，需氧或兼性厌氧。广泛存在于空气、水和不洁器具以及动物的体表。某些菌株能产生色素，其中金黄色葡萄球菌的致病性最强，可引起化脓性病灶和败血症。受这些菌株污染后的食品会发生变色。此外，金黄色葡萄球菌还可产生肠毒素，从而引起食物中毒，能引起肠毒素中毒的食品主要有肉、乳、蛋、鱼类及其制品等多种动物性食品。

（二）霉菌对食品品质的影响

霉菌多以寄生或腐生的方式生长在阴暗、潮湿和温度较高的环境中，在一定的条件下，常引起基质的腐败变质，对食品的品质有着极大的影响与危害。食品一旦受到霉菌污染，其正常的营养成分就会改变；而且会在食品上累积毒性并形成致癌的霉菌毒素，直接危害人、畜健康和生命安全。因此，霉菌是食品包装与贮藏中应重点研究和解决的问题之一。

霉菌的种类繁多，目前经人工培养并查明的霉菌毒素已有100多种，因此，在食品生产、贮藏、运输和销售中应加以防止和控制，特别是在食品包装这一环节加以防止显得尤为重要，现列举几种常见的霉菌及其对食品品质的危害。

1. 毛霉属

毛霉菌是接合亚门接合菌纲毛霉目毛霉科真菌中的一个大属，以孢囊孢子和接合孢子繁殖。普遍在泥土或植物的表面生活，特别是在腐烂的蔬果中。毛霉喜欢高温环境，其孢子萌发的最低水分活度为0.88~0.94，因此，在水分活度较高的食品和原料上容易分离得到，该菌有很强的分解蛋白质和糖化淀粉的能力，因此，常被用于酿造、发酵食品等工业。

2. 根霉属

根霉属广泛分布于酒曲、植物残体、腐败有机物、动物粪便和土壤中。在工业中有重要的应用，如米根霉（*Rhizopus oryzae*）的淀粉酶可用于制曲、酿酒，华根霉（*Rhizopus chinensis*）、少根根霉（*Rhizopus arrhizus*）等可产乳酸，匐枝根霉（*Rhizopus stolonifer*，旧称黑根霉）等还能转化甾族化合物。其中匐枝根霉是食品的主要的污染源，分布广泛，常出现于发霉的食品上，瓜果蔬菜等在运输和贮藏中的腐烂及甘薯的软腐都与其有关。匐枝根霉（ATCC6227b）是目前发酵工业上常用的微生物菌种。匐枝根霉的最适生长温度约为28℃，超过32℃停止生长。

3. 曲霉菌

常见的为黄曲霉（*Aspergillus flavus*）属于半知菌类，是一种常见腐生真菌。常见于发霉的粮食、粮食制品及其他霉腐的有机物上，菌体由许多复杂的分枝菌丝构成。黄曲霉的某些菌系能产生黄曲霉毒素，黄曲霉毒素不仅能引起禽畜中毒致死，也有致癌作用。

4. 芽枝霉

该霉菌属又称枝孢霉素，多为腐生菌。水分含量高的粮食及肉类在低温贮藏时极易被此霉菌污染而腐烂变质。

5. 地霉属

该菌属中最常见的是白地霉，多见于泡菜、动物粪便、有机肥料、腐烂的果蔬及其他植物残体内，该霉属可引起果蔬霉烂。

6. 枝霉属

该霉属主要分布在土壤和空气中，常存在于冷藏的肉和腐败的蛋中（最常见的有美丽枝霉），美丽枝霉在空气中和各种粪便中也存在，它是冷藏肉和蛋的危害菌类。

7. 分枝孢属

该霉属又称侧孢霉属，是一种低温、高湿霉菌。常存在于冷藏肉中，在肉上生长，形成白斑。

（三）病毒与酵母菌对食品品质的影响

1. 病毒对食品品质的影响

病毒是一类个体微小（只有借助显微镜才能看到其形状），结构简单，只含单一核酸（DNA/RNA），必须在活细胞内寄生并以复制方式增殖的非细胞型微生物。由于其缺乏完整的酶系，所以不能独立存活，不能在人工合成的培养基上生长，只能靠寄生生长。根据寄生对象，病毒可分为细菌病毒（噬菌体）、植物病毒、人工及动物病毒。

（1）细菌病毒对食品品质的影响　细菌病毒在食品工业生产中有很大的危害，如食品原料中制造干酪、酸乳用的乳酸杆菌、乳酸链球菌一旦受到噬菌体的污染很快就会失去发酵能力，这样干酪、酸乳等食品的发酵就会被破坏，从而影响食品的品质。

（2）植物病毒和动物病毒对食品品质的影响　植物在栽培和种植的过程中，因施肥与灌溉水的原因，很有可能受到寄生虫和虫卵的污染，是植物病毒。食品在运输、贮藏、销售的过程中可能会接触脏水、灰尘和不洁器具，都可能受到诸如寄生虫和虫卵的植物病毒的影响。这些植物和动物病毒一旦污染食品，人、畜食后会导致很多的病害，如人的天花、麻疹；禽兽的鸡瘟、猪瘟、口蹄疫等。

2. 酵母菌对食品品质的影响

酵母菌是一种单细胞真菌，在有氧和无氧环境下都能生存，属于兼性厌氧菌。酵母菌是人类文明史中被应用得最早的微生物。目前已知有1000多种酵母，根据酵母菌产生孢子（子囊孢子和担孢子）的能力，可将酵母分成两类：形成孢子的株系属于子囊菌和担子菌。不形成孢子但主要通过出芽生殖来繁殖的称为不完全真菌，或者称为“假酵母”（类酵母）。

大多数酵母菌的菌落特征与细菌相似，但比细菌菌落大且厚，菌落表面光滑、湿润、黏稠，容易挑起，菌落质地均匀，正反面和边缘、中央部位的颜色均一，菌落多为乳白色，少数为红色，个别为黑色。

酵母菌在自然界分布广泛，主要生长在偏酸性、潮湿的含糖环境中，如果实、花蜜、谷物及果园的土壤中。

大多数酵母菌都是有益菌，可用于酿酒、焙烤工业；同时还可以用作食品添加剂；在婴儿食品、健康食品中作为食品营养强化剂；由酵母自溶浸出物制得的5－核苷酸与味精配合可作为强化食品风味的添加剂；从酵母中提取的浓缩转化酶用作夹心巧克力的液化剂；从以乳清为原料生产的酵母中提取的乳糖酶，可用于牛乳加工以增加甜度，防止乳清浓缩液中乳糖的结晶，适应乳糖不耐症消费者的需要。现对几种有害的酵母菌做简单介绍。

（1）红酵母　以粘红酵母和胶红酵母为代表的红酵母在空气中极为常见，常附着在肉和泡菜的表面形成红斑而污染食品。另外，在粮食表面也可以分离得到红酵母。

（2）鲁氏酵母和蜂蜜酵母　这两种酵母菌通常在高浓度糖溶液中生长，可引起高糖食品（如果酱）的变质；同时也能抵抗高浓度的盐类，如出现在酱油中，酱油的表面即生成灰白色粉末状的皮膜，随着时间的延长，皮膜逐渐变厚并且变为黄褐色，这对酱油的品质是极为有害的。

（3）汉逊氏酵母　该酵母菌是酒类、饮料等食品中常见的污染菌，它可在饮料表面生长形成干皱的菌疤，同时该菌也是酒精发酵工业的有害菌。

二、环境因素对食品微生物的影响

影响食品微生物生长繁殖的环境因素主要有食品的营养成分、水分活度、pH、环境的温度及气体成分等。

（一）食品的营养成分

食品除了含有一定的水分外，还含有丰富的蛋白质、脂类、糖类、维生素和无机盐等营养成分，而这些营养成分又都是微生物生长的良好培养基，所以食品一旦被微生物污染，微生物就很容易在其上生长，从而导致食品变质。由于各种微生物分解各类营养物质的能力不同，因此引起食品腐败的微生物的类别也不同。例如，肉类和鱼类等富含蛋白质的食品，易于受到变形杆菌、霉菌等微生物的污染而发生腐败变质；大米等含糖量较高的食品，易受曲霉菌、根霉菌、乳酸菌、啤酒酵母等微生物的污染而变质；而蛋糕、点心等脂肪含量较高的食品，易受黄曲霉菌和假单胞杆菌等的污染而发生腐败变质。

（二） 水分活度

食品有固体状、半固体状和液体状，不论是原料、半成品或成品，都含有一定量的水分，食品中的水分总是以结合水和游离水两种状态存在。微生物在食品上生长繁殖，除需要一定的营养物质外，还必须有足够的水分，微生物能利用的水分是游离水。游离水是很好的溶剂，能使食品中的一些物质如糖、盐等溶解；而有些水溶性物质也只有经过微生物酶的转化作用后，才能被微生物吸收。有些不溶性物质，也必须通过微生物酶作用使其转变成小分子的可溶性物质，才能被微生物吸收。所以微生物必须在有游离水存在的条件下，才能进行一系列代谢活动，即微生物必须在含有营养物质的水溶液中才能生长繁殖。通常使用水分活度来表示食品中可被微生物利用的游离水。各种不同类型的微生物都有适宜生长的水分活度范围，即使是同一类型的微生物，在不同条件下生长发育所需要的最低水分活性值也有差异，比较细菌、酵母菌、霉菌三大类微生物，一般是细菌 > 酵母菌 > 霉菌。不同种类的微生物生长的最低 A_W 值范围如表 2-3 所示。从表中可以看出，除了嗜盐性细菌的最低 A_W 在 0.75 以下外，绝大多数的细菌要求 A_W 在 0.94 以上。酵母菌生长所需 A_W 要比细菌低一些，但比霉菌要高一些，除了耐渗透压酵母菌外，一般酵母菌生长的最低 A_W 范围在 0.94 ~ 0.88。霉菌与细菌和酵母菌相比，能在较低的 A_W 范围内生长。一般在低于 0.64 的 A_W 下，任何霉菌均不能生长。但在 A_W 值为 0.65 时，有少数霉菌尚能生长，故称其为干性霉菌。

表 2-3　食品中主要微生物类群生长的最低 A_W 值范围

微生物类群	最低 A_W 值范围	微生物类群	最低 A_W 值范围
大多数细菌	0.99 ~ 0.94	嗜盐性细菌	0.75
大多数酵母菌	0.94 ~ 0.88	耐高性酵母菌	0.60
大多数霉菌	0.94 ~ 0.73	干性霉菌	0.65

资料来源：摘自参考文献 [5]。

食品微生物在水分活度较低的干燥环境中不能繁殖，但值得注意的是干燥食品从环境中吸收水分的能力较强，一旦吸湿，A_W 又将提高而适宜微生物繁殖。因此，要想降低食品的水分活度，需使食品干燥或在食品中添加盐、糖等易溶于水的小分子物质。

（三） pH

食品的 pH 对微生物的生命活动有很大影响，pH 可影响细胞正常物质代谢活动。在一定的 pH 下，微生物的酶系统才能发挥最大的催化作用，如果 pH 发生改变，酶的催化作用就会减弱或消失，必然影响到微生物的正常代谢。

各种食品都具有一定的 pH，动植物食品原料的 pH 几乎都在 7 以下，有的可低至 2.0 ~ 3.0。根据食品 pH 不同，一般将食品分为酸性食品（pH < 4.5）和非酸性食品（pH > 4.5）两大类。动物食品的 pH 为 5.0 ~ 7.0，蔬菜的 pH 为 5.0 ~ 6.0，一般为非酸性食品；水果的 pH 为 2.0 ~ 5.0，一般为酸性食品。由于食品中的氢离子浓度可影响菌体细胞膜上电荷的性质，从而改变氢离子吸收机制，影响细胞正常物质代谢活动和酶的作用，因此，调节食品的 pH，可控制微生物的生长繁殖。

不同种类的微生物都有自己最适生长的 pH 范围，如表 2-4 所示。大多数细菌最适生长 pH

是7.0左右，所以多数非酸性食品适宜各种细菌生长，因而食品的pH越偏酸性，可以生长的细菌种类就越少，即使细菌能生长，其生长能力也较弱。

当食品pH在5.5以下时，多数腐败细菌生长被抑制，只有少数细菌，如大肠杆菌和一些耐酸细菌（LAB）仍能继续生长。但在酸性食品中，酵母菌和霉菌可以生长。

表2-4 各种微生物生长的最适pH及pH范围

微生物种类	最低pH	最适pH	最高pH
细菌	5.0	7.0~8.0	10.0
酵母菌	2.5	3.8~6.0	8.0
霉菌	1.5	3.0~6.0	10.0

资料来源：摘自参考文献[5]。

适合微生物繁殖的pH在1.0~11.0，其中，细菌为3.5~9.5，霉菌和酵母菌为2.0~11.0。大多数细菌最适宜的pH为7.0左右，霉菌和酵母菌在6.0左右。在酸性条件下微生物繁殖的pH下限为：细菌为4.0~5.0，乳酸菌为3.3~4.0即可繁殖，霉菌和酵母菌为1.6~3.2，因此，酸性食品的腐败变质主要表现为酵母菌和霉菌的生长繁殖。

（四）温度

微生物生存的温度范围较广，一般在-10~90℃，表2-5列出了几种微生物繁殖的温度范围。根据微生物对温度的适应性，可将微生物分为嗜冷细菌（0℃以下），嗜温细菌（0~55℃）和嗜热细菌（55℃以上）三类。每一类型的微生物都有其最适宜的温度生长范围，一般在20~30℃时细菌增殖最快。

表2-5 三种微生物的繁殖温度

种类	最低生存温度/℃	最适温度/℃	最高生存温度/℃	微生物
嗜冷细菌	-10~5℃	10~20℃	20~40℃	水生菌、腐败菌的部分霉菌，酵母菌
嗜温细菌	-10~15℃	25~40℃	40~50℃	细菌，大部分病原菌
嗜热细菌	40~45℃	55~75℃	60~80℃	生活于温泉、堆肥中的菌类

资料来源：摘自参考文献[7]。

食品在贮存、运输和销售过程中所处的环境温度一般在50℃以下，这一温度范围正处在嗜冷细菌和嗜温细菌繁殖生长的最适温度，而且侵入食品的细菌随温度的升高而加快繁殖速度。

（五）气体成分

微生物的繁殖与氧气的关系非常密切，氧气的存在有利于需氧微生物的繁殖，例如，当A_W值是0.86时，无氧条件下金黄色葡萄球菌不能生长或生长极缓慢；而在有氧情况下则能良好生长。另外，H_2和CO_2等气体对微生物的生长也有一定的影响。食品贮藏于含有高浓度CO_2的环境中，可以防止需氧性细菌和霉菌所引起的变质。当环境中含有1%的CO_2时，可以防止水果、蔬菜霉变。但有些微生物如乳酸菌和酵母菌对CO_2有较强的耐受力，果汁装瓶时充入CO_2可抑制霉菌的生长，但对酵母菌的抑制作用很差。个别微生物对CO_2非常敏感，如曲霉菌等，在其呼吸过程中产生CO_2，若不迅速排出，只要CO_2含量积累到一定浓度，就能抑制曲霉菌的繁殖和酶的产生，所以酱油、食醋、黄酒等的制曲生产一定要注意CO_2的及时排出。

臭氧（O_3）对微生物的生长有抑制作用，将 O_3 加入到食品贮藏空间中，达到一定浓度，即可有效地延长一些食品的保存期。

第三节　包装食品的质量变化与控制

一、 包装食品的褐变、 变色与控制

（一） 食品的主要褐变及变色

食品的色泽不仅给人以美感和消费倾向性，同时某些色素还是营养素。食品所具有的色泽好坏，已经成为食品品质的一个重要衡量方面。事实上，食品色泽的变化往往伴随着食品内部维生素、氨基酸、脂类等营养成分及香味的变化。因此，食品包装必须有效控制其色泽的变化。褐变是食品中比较普遍的一种变色现象，尤其是天然食品在进行加工、贮藏或受到机械损伤时，都会使食品褐变，或较原来的色泽变暗，这种变化统称为褐变。食品褐变根据其反应机制不同，主要分为由酶促氧化引起的酶促褐变和非酶氧化或脱水反应引起的非酶褐变两大类。

1. 酶促褐变

酶促褐变多发生在浅色的水果和蔬菜中，例如，马铃薯、苹果、桃、香蕉等，当它们受到机械损伤及处于异常环境（受冻、受热）时，酶促氧化而呈褐色，称为酶促褐变。

（1）酶促褐变的机制　酶促褐变的机制是植物组织中含有的酚类物质，在完整的细胞中作为呼吸传递物质，在酚—醌之间保持着动态平衡，当新鲜植物组织被损伤（通常含有多酚氧化酶），氧大量侵入，造成醌的形成，平衡受到破坏，于是发生醌的积累，醌再进一步氧化聚合形成褐色色素称为黑色素或类黑精。

（2）酶促褐变的防止　酶促褐变必须具备三个条件，即有多酚类物质、酚酶和氧，缺一不可。除去基质中的多酚类物质来防止酶促褐变是不现实的。所以一般都以降低酚酶活性或驱氧来防止。降低酶活性的方法虽很多，但由于受味变、臭变以及毒性等不易解决的问题所限制，因而真正用于食品加工中的却不多，能用于食品方面抑制酶活性的方法有以下四种。

①加热处理。升高温度并对食品进行适当时间的处理，可使其中所有的酶失去活性。蔬菜在冷藏或脱水前的预处理以及果汁和果酱在制作中分别用烫漂和高温短时的巴氏消毒等。虽然来源不同的酶对热的敏感度并不相同，然而在 70～95℃加热 7s 可使大部分酶失去活性。但果蔬经加热后，会影响原有的风味，所以必须严格控制加热时间，以达到既能抑制酶的活性，又不影响产品风味。采用微波加热法，热的穿透力强，可使组织内外均匀迅速地受热，对产品风味的变化影响不大，能获得较好效果。

②调节 pH。多数酚酶最适宜的 pH 范围是 6.0～7.0，pH 在 3.0 以下，酚酶几乎完全失去活性。如苹果 pH 在 4.0 时能发生褐变，pH 在 3.7 时褐变速度大减，pH 在 2.5 时褐变完全制止；杏最适褐变的 pH 在 7.0，pH 为 3.0 时，酚酶活动降低 10%，pH 在 2.5 时活性完全停止。用降低 pH 来抑止果蔬褐变，一般多采用柠檬酸、苹果酸、抗坏血酸以及其他有机酸的混合液。

③用化学药品抑制酶的活性。二氧化硫、亚硫酸钠、亚硫酸氢钠和偏亚硫酸钠等都是酚酶

的强抑制剂。如加工桃和苹果时，可用气态的二氧化硫，也可用稀释的亚硫酸盐水溶液等。实验表明，使用2.9×10^3mg/L 的二氧化硫可降低20% 酶活性；浓度达到2.9×10^4mg/L 时，几乎可以完全抑制酶的活性。

④驱氧法。是将果蔬浸在水中与氧隔离以抑制酶促褐变。但当果蔬重新暴露在空气中时，又能发生酶促褐变。为此，可采用表面处理的办法。即把切开的果蔬先用浓度较高的抗坏血酸浸泡，抗坏血酸在自动氧化过程中会消耗果蔬切开组织表面的氧，形成一层阻氧扩散层，以防止果蔬组织的酶促褐变。

2. 非酶褐变

非酶褐变就是不需要酶作为催化剂就可以进行的褐变。

（1）非酶褐变的类型

①羰氨反应。凡是氨基（$—NH_2$）与羰基（—C ═O—）经缩合，聚合生成黑色素的反应都称为羰氨反应（美拉德反应）。

②焦糖化反应。糖类受高温（150～200℃）影响发生降解作用，降解后产物经过聚合、缩合而生成黏稠状的黑色物质，称为焦糖化作用。

③抗坏血酸反应。抗坏血酸氧化作用也会引起食品褐变。

（2）非酶褐变对食品质量的影响　非酶褐变不仅改变食品的色泽，而且对食品营养价值和风味也有一定影响。如氨基酸因形成色素和在反应中破坏而损失；色素以及与糖结合的蛋白质，不易被酶所分解，所以氮的利用率降低，尤其是赖氨酸在非酶褐变中最易损失；水果加工品的维生素 C，也因氧化褐变而减少；乳粉和脱脂大豆粉中加糖贮存，随着褐变蛋白质溶解度也随之降低。此外，由于非酶褐变过程中伴随有二氧化碳的产生会造成罐头食品出现不正常现象，如乳粉、粉末酱油等装罐密封发生非酶褐变后，会出现“膨胀”现象等。为防止食品的非酶褐变，可采取调整水分含量、降低贮藏温度、除去反应活性成分和添加亚硫酸之类的褐变防止剂等。然而，由于非酶褐变的发生，在食品中会产生香气或抗氧化性能，因此也有在食品加工中利用此非酶褐变反应的情况。如焙烘面包产生的金黄色，烤肉所产生的棕黄色，酿造啤酒的黄褐色，酱油、熏醋的棕黑色，花生、瓜子焙炒，面包、饼干的烘烤，酱油加热灭菌时的香味增强等均与这些反应有关。另外，葡萄糖与赖氨酸混合物加于饼干中，适度烘烤后，有稳定油脂的效果，当赖氨酸添加量达2% 时，其抗氧化性最大。

食品的变色主要是食品中原有颜色在光、氧、水分、温度、pH、金属离子等因素影响下的褪色和色泽变化。

（二）影响褐变及变色的因素

1. 光线

光线对包装食品的变色和褪色有明显的促进作用，特别是紫外线的作用更显著。天然色素中叶绿素和类胡萝卜素是两种在光线照射下较易分解的色素。图 2－10 和图 2－11 所示为光的波长对β－胡萝卜素和叶绿素分解的影响。由图可知，波长 300nm 以下的紫外线对色素分解的影响最为显著。

玻璃和塑料包装材料虽能阻挡大部分的紫外线，但所透过的光线也会使食品变色和褪色，缩短食品保质期。因此，为减少光线对食品色泽的影响，选择的包装材料必须能阻挡使色素分解的光。

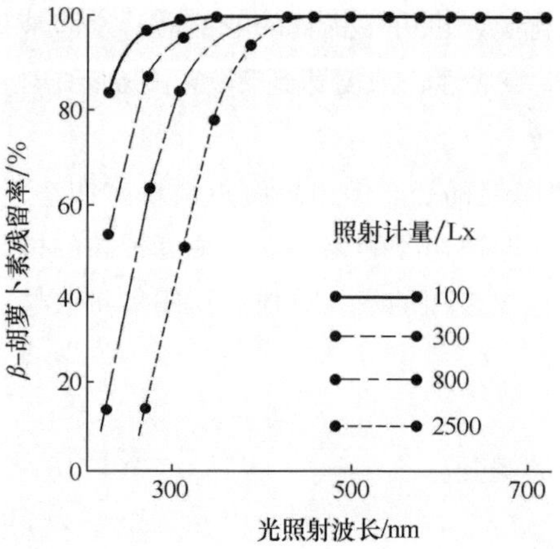

图2-10 光的波长对 β-胡萝卜素的影响

资料来源：摘自参考文献［6］。

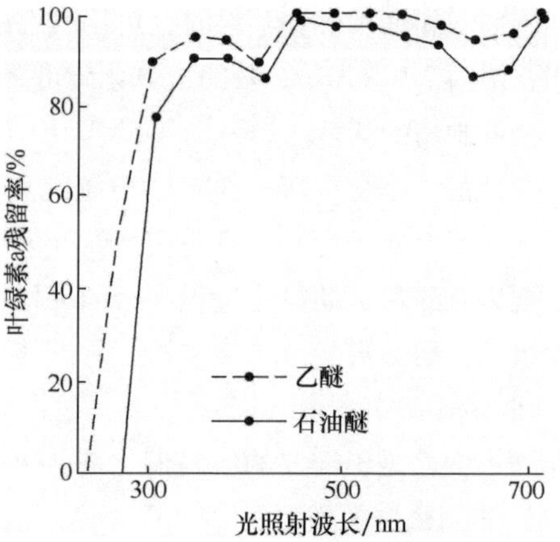

图2-11 光的波长对叶绿素的影响

资料来源：摘自参考文献［6］。

2. 氧气

氧是氧化褐变和色素氧化的必须条件。色素是容易氧化的，类胡萝卜素、肌红蛋白、还原血红色素、醌类、花色素等都是易氧化的天然色素，苯酚化合物中，如苹果、梨、香蕉中含有绿原酸、白花色等单宁成分，还原酮类中的维生素C、氨基还原酮类，羰基化合物中的油脂、还原糖等，这些物质的氧化会引起食品的褐变、变色或褪色，随之而来的是风味降低、维生素等微量营养成分的破坏。因此，包装食品对氧化的控制是至关重要的保质措施。除去或减少食品体系中氧气含量常用的机械方法是真空脱气法。如生产果肉浑浊汁、鲜榨汁的现代大型企业，都采用瞬时高温灭菌和真空脱气防止褐变。在果蔬贮藏中如果完全去氧，反而会造成果蔬二氧化碳中毒，所以常采用气调贮藏。孔凡春等在用气调包装贮藏去壳雷竹笋发现，在气体比例为2% O_2、5% CO_2和93% N_2，贮藏温度为10℃的条件下，气调贮藏能明显抑制丙二醛（MDA）的含量和过氧化物酶（POD）、苯丙氨酸解氨酶（PAL）的活性，从而抑制了雷竹笋的褐变。

3. 水分

褐变是在一定水分条件下发生的，一般认为，多酚氧化酶的酶促褐变的水分活度为 A_W = 0.4以上，非酶褐变 A_W = 0.25以上，反应速度随 A_W 上升而加快，在 A_W = 0.55～0.90的中等水分活度下反应最快。若水分活度再增加时，其基质浓度被稀释而不易引起反应。

水分对色素稳定性的影响因色素性质不同而有较大差异，类胡萝卜素在活体中非常稳定，但在干燥后暴露在空气中就非常不稳定；叶绿素、花色素系色素在干燥状态下非常稳定，但在水分含量达6%～8%以上时，就明显地迅速分解，尤其在光、氧气存在条件下很快褪色。

4. 温度

温度也会引起食品的变色，温度越高变色反应越快。目前认为大多数酶都属于蛋白质，温度的升高能使蛋白质变性、酶失活。多酚氧化酶（PPO）不耐热，最适温度一般为30℃或25℃。对无核白葡萄PPO的耐热性研究表明，PPO在70℃以下，随时间延长酶活性下降幅度较小，而在80℃时仅1min酶活性就基本消失。但是有些果实（如香蕉、苹果、梨等）中多酚氧化酶热稳定性较高，加工时酶不易失活。香蕉一般在90～100℃的热水中处理10min酶的活性才能完全丧失。过氧化物酶（POD）是果蔬中耐热性最强的酶。工厂一般通过检测过氧化物酶活性来检测钝化酶的效果，即将浓度为1.5%的愈创木酚乙醇溶液与30% H_2O_2 等体积混合，在果蔬切片上滴加 1 ~ 2 滴，若切片呈红褐色，则酶未失活；若切片保持原色，则酶已失活。

果蔬尤其是热带亚热带果蔬，在贮藏时易受到低温伤害，伤害发生时首先损伤细胞膜，使膜收缩、破裂，从而破坏了膜的选择透过性，引起细胞内的物质外渗，底物与酶的区域化遭到破坏，酶与底物接触，导致组织褐变。当荔枝果实处于冷害温度环境下，果皮细胞膜系统透过性持续增大，细胞区域化被解除，可能导致花色苷、酚类从液泡中渗漏，在糖苷酶、多酚氧化酶（PPO）、过氧化物酶（POD）等的作用下，酚类物质氧化成醌，醌进一步聚合成褐色物质，同时，破坏了花色苷的正常呈色结构，使花色苷含量下降，最终果皮呈现褐色症状。

5. pH

植物中多酚氧化酶（PPO）的最适 pH 一般在 5.1 ~ 7.1，随着 pH 的下降，PPO 的活性直线下降，特别是 pH 在 3.1 以下时，强酸性环境会使酶蛋白上的铜离子解离下来，导致 PPO 逐渐失活，酶活性趋于最低。从中等水分活度到高水分活度的食品中，pH 对色素的稳定性影响很大，叶绿素和氨基酸随 pH 下降，分子中 Mg^{2+} 和 H^{+} 换位，变为黄褐色脱镁叶绿素，色泽变化显著；偶氮素系和蒽醌系色素，pH 对色素稳定性的影响各异，红色素在 pH5.5 ~ 6.0 以上时易变成青紫色，檀色素、青色素等在 pH4 左右的环境中时变成不溶性而不能食用，所以包装食品的色泽保护应考虑 pH 的影响。葡萄贮藏过程中，随着贮期的延长，有机酸、维生素 C 的含量降低对 PPO 的抑制作用减少，使其活性增加，导致单宁等物质被氧化，产生褐变。有机酸常用作酸化剂来防止芦荟制品褐变，其中最常用的是柠檬酸。事实上，柠檬酸在抑制酶促褐变方面具有双重作用，不但可作为酸味剂降低体系 pH，还可作为络合剂，与从多酚氧化酶上解离下来的铜离子作用，形成络合物，降低酚酶的活性。

6. 金属离子

一般地，Cu、Fe、Ni、Mn 等金属离子对色素分解起促进作用，如番茄中的胭脂红，橘子汁中的叶黄素等类胡萝卜素只要有 1 ~ 2mg/kg 左右的铜、铁离子就能促进色素氧化。

（三） 控制包装食品褐变及变色的方法

食品变色是食品变质中最明显的一项，尽管褐变及变色的因素很多，但通过适当的包装技术手段可有效地对其褐变及变色进行控制。

1. 阻氧包装技术

在常温下，氧化褐变反应速度比加热褐变反应速度要快得多，因此，对易褐变食品必须进行隔氧包装。对于浓缩肉汤和调味液汁类风味食品，即使包装内有少量的残留氧，也能引起褐变及变色，降低食品的风味和品质。常用的阻氧包装技术主要有真空包装、充气包装和脱氧剂封存包装。真空包装和充气包装能将包装内的氧气浓度降到 2% ~ 3%；而脱氧剂封存包装则可通过化学反应除去包装内部的氧，特别是吸附在食品上的微量氧，将氧气浓度降到 0.1%，几乎是“无氧”的状态。这样可长期保持包装内部的低氧状态，有效地抑制食品氧化褐变。

目前，食品阻氧包装大部分采用高阻隔性的软塑复合包装材料，如采用以 PET、PA、PVDC、铝箔等为主要阻隔层的复合包装材料。

2. 避光包装技术

避光包装技术的关键是选用优良的避光包装材料。利用包装材料对一定波长范围内光的阻隔性，防止光线对包装食品的影响，且选用的包装材料既不失内装食品的可视性，又能消除紫外线等对食品的影响。

根据食品的光谱敏感性来选择包装材料的颜色，可达到不让或尽可能少让临界波长的光通过包装材料（如表 2－6 所示）。如类胡萝卜素的最大吸收波长在 450nm 左右，在蓝光下的分解速度最大，所以选择黄色的包装材料可以滤去蓝色光线；而用褐色容器包装婴儿食品，即使在 20℃条件下用强光照射，也不会破坏维生素 A 和维生素 B_2。

表 2－6　不同波长光的吸收色与保护色

波长范围/nm	吸收色	保护色	波长范围/nm	吸收色	保护色
380～4450	浅紫	绿黄	570～575	绿黄	浅紫
450～480	蓝	黄	575～580	黄	蓝
480～490	绿蓝	橙	580～590	黄橙	蓝
490～500	蓝绿	红	590～595	橙	绿蓝
500～530	绿	深紫红	595～620	红橙	蓝绿
530～570	黄绿	深紫红	620～780	红	蓝绿

资料来源：摘自参考文献［2］。

现代食品包装，除了调整包装材料的颜色外，还可采用阻光、阻氧、阻气兼容的高阻隔包装材料，如铝箔、金属罐等防止光、氧气对食品的联合影响，以大大延长食品的保质期。并且对于罐藏食品，应使用涂料罐，以防止食品变色。

3. 防潮包装

水分对食品色泽的影响包括两方面含义：一是对一定水分含量（20%～30%）的食品，如半带馅的点心等糕点食品，由于脱水而发生变色；二是干燥食品会因吸湿而增大食品中的水分含量而变色。前者防止变色的方法是采用适当的包装材料保持其原有水分含量，而后者主要是保持食品干燥而使色素处于稳定状态，采用阻湿防潮性能较好的包装材料或采用防潮包装方法，能较好地控制因水分发生的褐变含量变色。

二、 包装食品的香味变化与控制

香味是食品本身具备的或在加工过程中产生的，为人们所欢迎的挥发性成分或芳香物。在食品的感官指标中，香味或滋味是评判一种食品优劣的重要指标，包装食品的风味变化是由于内部食品的变质或包装材料本身所产生的异味造成的，如图 2－12 所示。控制食品的香味变化是食品包装所要研究和解决的一大课题。

（一） 包装食品由于化学性变化产生的异味与控制

由于食品包装材料选择不当，使其阻气、阻湿、遮光性不足和包装工艺不良，造成包装材料封口不严或封口破损，致使内充气体外泄及外部空气、细菌进入包装袋内部等原因，都会使包装食品的油脂、色素、还原糖和氨基酸等成分氧化或褐变而产生异味，从而导致食品风味的劣变。

以上食品的这种氧化、褐变主要是由残留在包装内部或透过包装材料的氧所引起的，因此，应采用高阻隔性，尤其是高阻氧性包装材料来对食品进行包装，还可采用真空包装、控制气体包装、避光包装及脱氧剂封存包装等技术来控制氧化和褐变的产生。

（二） 食品微生物或酶作用产生的异味与控制

食品由于在杀菌阶段所采用的温度、时间等工艺条件不符合要求或运输、贮藏的温度过高

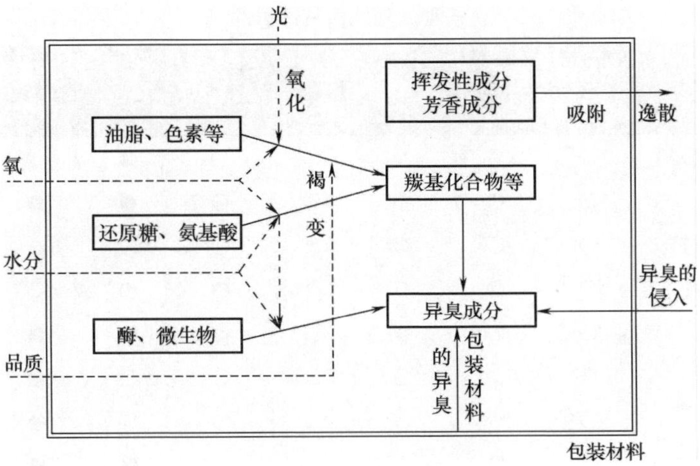

图2－12　包装食品的风味变化

资料来源：摘自参考文献［6］。

以及包装袋破裂等因素，均会导致微生物和酶的破坏作用，从而产生“异味”。这种因素可以根据食品的性质和状态选择加热杀菌、低温贮藏、调节气体介质、加入添加剂等各种适当的食品质量保全技术和包装方法来加以抑制和避免。

（三）包装材料本身的异味与控制

在食品包装袋的生产阶段，包装材料的印刷和复合等工序均会导致“异味”的产生。具体表现在以下几方面。

在塑料复合软包装袋凹版印刷和溶剂型干式复合工序中需要使用大量的有机溶剂，如甲苯、乙酸乙酯、丁酮等。在实际生产中，由于各种原因总会有或多或少的溶剂没有被完全挥发掉，即所谓的“溶剂残留”。残留的溶剂在消费者打开食品包装袋时，就可能闻到与食品发霉、腐烂不同的“异味”。要解决这一问题，就应在复合薄膜加工的过程中，尽量选用无异味溶剂或易挥发、低残留的溶剂，同时，在加工和印刷后应及时进行彻底干燥，使溶剂挥发之后再用于食品的包装。

（四）包装食品香味的散逸与异味的浸入

包装食品香味的散逸是由于挥发性芳香物对不同包装材料的渗透性造成的，与玻璃和金属包装材料相比，塑料包装材料在这方面有很大的缺陷，不同塑料薄膜对挥发性芳香物的渗透性有很大差异。表2－7所示为塑料薄膜对各种香精的渗透性比较，它是用塑料薄膜把香精包装后，用人体器官功能判断气味残留情况而得到的。表2－8所示为各种包装材料对乙醇的渗透率。由表可知，PVDC/PA/LDPE、OPP/EVOH/LDPE等复合包装材料对挥发性芳香物有较高的阻隔性，有利于香味的保留。

渗透性物质与塑料薄膜的亲和性不同，其透过的难易程度也不同。PE、PP等疏水性的薄膜容易透过酯类等疏水性分子；尼龙（PA）等亲水性薄膜易透过乙醇等亲水性分子而不易透过酯类等疏水性分子。由此可知，风味食品选择包装材料时应考虑挥发成分的性质，以此来选择适当的包装材料。由于环境温度、湿度对挥发性物质的透过性有较大的影响，对亲水性物质的透过性影响显著，因此，为防止湿度带来的影响，可采用PVDC、PE等多层复合薄膜来包装含有一定水分的风味食品。

表2-7 各种薄膜的香气透过性

香精种类	低密度聚乙烯	高密度聚乙烯	聚丙烯	氧化乙烯基	聚酰胺	聚酯	聚碳酸酯	聚氯乙烯	防潮玻璃纸
华尼拉（香草）香精	○	○	◎	⊙	○	●	◎	◎	○
熏制香精	○	○	◎	◎	○	●	●	◎	○
杨梅（草莓）香精	○	○	◎	◎	○	⊙	◎	◎	○
橘香精	○	○	◇	◇	○	○	◎	○	○
柠檬香精	○	○	◎	◎	○	◎	●	○	○
咖喱香精	○	○	⊙	⊙	○	⊙	●	⊙	⊙
姜香精	○	◎	⊙	⊙	○	◎	●	◎	○
大蒜香精	○	○	○	⊙	○	●	●	◎	◇
咖啡香精	○	○	◎	◎	○	●	●	⊙	●
可可茶香精	◎	◎	⊙	⊙	○	●	●	◎	●
辣酱油香精	○	○	◎	⊙	○	⊙	◎	◎	○
酱油香精	○	○	◎	◎	○	⊙	◇	◎	○
咸辣椒	○	○	○	◎	○	●	⊙	◎	◎

资料来源：摘自参考文献［7］。

注：○表示1h内；◎表示1d内；⊙表示1周内；●表示2周以上。

表2-8 各种包装材料对乙醇蒸汽的渗透率

包装材料的组成	乙醇蒸汽渗透率 /［g/（m^2.24h.30℃）］	包装材料的组成	乙醇蒸汽渗透率 /［g/（m^2.24h.30℃）］
PVDC/PA/LDPE	0.7	OPP/PP	2.0
OPP/EVOH/LDPE	0.8	HDPE	4.1
PVDC/PET/PP	0.9	OPP	4.7
PVDC/OPP/PP	1.0	PP	8.0
AL/PET/LDPE	1.2	LDPE	19.0
PP/PVDC/PP	1.5	EVAL/LDPE	56.1
PET/PP	1.8		

资料来源：摘自参考文献［2］。

（五）包装食品的油脂氧化与控制

现代加工食品大多含有油脂成分，油脂不仅能改善食品的风味，且在营养方面其单位重量能提供更多的热量，对人体发育和生理机能也起着重要作用。油脂一旦氧化变质会产生异臭，不仅失去食用价值，其氧化生成物即过氧化物（POV）对人体也有一定的毒害作用。

1. 油脂的氧化方式

根据氧化的条件和机制可分为以下三类。

（1）自动氧化　这是油脂在常温下放置在空气中的氧化现象，是其中的不饱和脂质在环境条件（光、水分、金属离子）作用下的一个连锁复杂的反应过程，从而使油脂分解生成有害的氧化产物。自动氧化在低温环境中也会缓慢进行。

（2）热氧化　油脂在与空气中的氧接触条件下加热所产生的氧化现象，此时明显产生有较强毒性的羰基化合物和聚合物，且不饱和脂肪酸和饱和脂肪酸一起被氧化。

（3）酶促氧化　酶促氧化主要是指食品中的脂肪酸和不饱和脂肪酸在脂肪氧化酶、棒曲霉、镰刀霉和酒曲霉的各属作用下发生的氧化反应。

2. 油脂类食品变质的影响因素及控制方法

（1）光线　光能明显地促进油脂的氧化，其中紫外线的影响最大。对于包装食品，直接暴露在阳光下的机会是很少的，主要受到橱窗和商店内部荧光灯产生的紫外线照射。表 2－9 为光波长和油脂氧化的关系，波长 500nm 以下的光线对氧化的影响极大，为防止包装食品因透明薄膜引发的光氧化，最好采用红褐色薄膜或者采用铝箔等作为富含油脂食品的包装材料。

表 2－9　使用各种波长的光照玉米油和棉籽油以后的过氧化值

滤纸的透过性范围/μm	过氧化值/（meq/kg）			
	玉米油		棉籽油	
	试料 1	试料 2	试料 1	试料 2
360～420	20.9	20.2	17.6	17.3
420～520	8.7	8.5	12.4	12.5
490～590	4.5	4.9	8.1	7.9
590～680	1.1	1.4	3.1	3.4
680～790	1.0	1.2	2.1	1.8

资料来源：摘自参考文献［7］。

表 2－10 所示为荧光灯照射对低温保存的奶油、干酪氧化的影响。奶油、干酪对空气中的氧是相对稳定的，当受到荧光照射时就会迅速氧化，当用 5000lx 荧光灯照射时仅几小时，奶油、干酪就会产生异味，但使用蛋白质的奶油、干酪可抑制光氧化，这是因蛋白质阻挡了部分光线的作用。

因此，对光氧化敏感的食品，必须采用避光包装材料和包装方法。近年来铝箔及其复合包装材料的大量采用，使光线对食品氧化的作用减弱了，但为了提高包装食品的透视性以便吸引消费者，大部分食品依然采用透明包装，所以光线对食品氧化变质的影响一直存在着，解决这个问题的方法只能局部或大部分地牺牲包装食品的可视性，采用装潢印刷，制成完全避光的包装材料来保全光氧化敏感食品的风味和品质。

表 2－10　低温保存的奶油干酪的过氧化值受荧光灯照射的影响　单位：mmol/kg

照度/lx	1000			3000			5000		
照射条件	1d	3d	5d	1d	3d	5d	1d	3d	5d
奶油干酪	2.52	3.77	6.18	4.80	9.58	12.36	7.89	13.67	25.33
使用蛋白的奶油干酪	1.33	1.69	2.43	1.93	3.41	4.72	2.08	4.60	6.57
猪油混合奶油干酪	1.89	3.37	4.65	4.12	7.81	11.00	4.94	12.10	17.70

注：保存温度：10℃，每天荧光灯照射时间为 10h，使用油脂的 AOM 稳定度；奶油 27h、猪油 85h。

资料来源：摘自参考文献［7］。

（2）氧气　食品中油脂氧化与氧分压密切相关，当 O_2降至 2% 以下时，氧化速度明显下降，所以油脂食品常采用真空或充气包装。

食品油脂氧化还与接触面积和油脂稳定性有关，若食品中油脂稳定性差则极易氧化变质，这时可采用封入脱氧剂的包装方法，使包装内的氧浓度降低到 0.1% 以下。

（3）水分　食品中的水分以游离水和结合水两种形式存在。干燥食品其结合水的存在对保护食品质量稳定是非常重要的，过度干燥并失去了化合水的食品，其氧化速度很快；水分的增加又会助长水分解而使游离脂肪酸增加，并且会使霉菌和脂肪氧化酶增殖，所以应尽可能保持食品的较低水分活度。水分对油脂氧化的影响是复杂的，对油脂食品的包装，一般以严格控制其透湿度为保质措施，即不论包装外部的湿度如何变化，采用的包装材料必须使包装内部的相对湿度保持稳定。

（4）温度　油脂的氧化速度随温度的升高而加快，低温贮藏能明显减缓食品中油脂的氧化。

思考题

1. 光对食品品质有哪些影响？
2. 氧对食品品质有哪些影响？
3. 食品主要的褐变及变色有哪些？
4. 简述控制包装食品褐变及变色的方法。
5. 包装食品的香味变化有哪些？如何控制其变化的发生？
6. 油脂氧化有几种方式？分别有什么特点？

参考文献

[1] 杨福馨. 食品包装实用新材料新技术. 北京：化学工业出版社，2001.

[2] 杨福馨. 食品包装学. 北京：印刷工业出版社，2012.

[3] 杨洁彬. 食品安全性. 北京：中国轻工业出版社，2002.

[4] 江汉湖. 食品微生物学（第二版）. 北京：中国农业出版社，2010.

[5] 任发政. 食品包装学. 北京：中国农业大学出版社，2009.

[6] 章建浩. 食品包装技术. 北京：中国轻工业出版社，2001.

[7] 章建浩. 食品包装大全. 北京：中国轻工业出版社，2000.

[8] Jung, M. Y., Yoon, S. H., Lee, H. O., & Min, D. B. Singlet oxygen and ascorbic acid effects on diethyl disul. dean d off – . a – vor in skim milk exposed to light. Journal of Food Science, 1998, 63: 408 – 412.

[9] Sattar, A., de Man, J. M., & Alexander, J. C. (1977). Wave – length effect on light – induced decomposition of vitamin A and beta – carotene in solutions and milk fat. Journal of the Canadian Institute of Food Science and Technology, 10: 56 – 60.

[10] Mot tar, J. (1984). the effect of light on the quality of milk and milk products. Deutsche M ilchwirt schaft, 1984, 591: 587 – 588.

［11］Skibsted，L. H. （2000）. Light induced changes in dairy products. In Packaging of Milk Products. Bullet in of the International Dairy Federation，Brussels：International Dairy Federation 2000，346：3 -9.

［12］王凤玲，等. 脂类的催化氧化. 中国油脂［J］，1998，23（4）：52 -54.

［13］周胜强. 油脂氧化酸败的主要诱因——光氧化. 粮油储藏［J］，2003，（2）：28 -30.

［14］钱伟光. 油脂光氧化机理及迷迭香抗光氧化的研究. 四川粮油科技［J］，2000，（1）：25 -27.

［15］徐航，等. 翡翠贻贝气调保鲜包装研究. 中国食品学报［J］，2006，6（1）：187.

第三章

食品用纸类包装材料及容器

CHAPTER 3

第一节　概　　述

纸是一种古老的包装材料，自从公元105年中国发明造纸术后，纸不仅带来了文化的普及繁荣，也促进科学技术的发展。根据《GB/T 4687—2007 纸、纸板、纸浆及相关术语》中纸的定义：所谓纸，就是从悬浮液中将植物纤维、动物纤维、矿物纤维、化学纤维或这些纤维的混合物沉积到适当的成形设备上，经过干燥制成的平整、均匀的薄页。在现代包装工业体系中，纸与纸容器占有非常重要的地位。在我国，纸包装材料占包装材料总量的40%左右，从发展趋势来看，纸包装的用量会越来越大。纸包装材料之所以在包装领域中独占鳌头，是因为它有一系列独特的优点，例如，加工性能好、印刷性能优良、具有一定的机械性能、便于复合加工、卫生安全性好、原料来源广泛、容易大批量生产、品种多样、成本低廉、重量较轻、便于运输、废弃物可回收利用；而塑料用做包装材料是现代技术发展的重要标志，原材料来源丰富、成本低廉、性能优良，成为近40年来世界上发展最快、用量巨大的包装材料。

食品用纸包装、容器等制品是指用于包装、盛放食品或者食品添加剂的纸制品和复合纸制品以及食品或者食品添加剂生产、流通、使用过程中直接接触食品或者食品添加剂的纸容器、用具、餐具等制品。

第二节　纸类包装材料的特性及其质量指标

一、 纸类包装材料的性能

纸作为现代包装材料主要用于制作纸箱、纸盒、纸袋、纸质容器等包装制品，其中瓦楞纸板及其纸箱占据纸类包装材料和制品的主导地位；由多种材料复合而成的复合纸和纸板、特种加工纸已被广泛应用，并将部分取代塑料包装材料在食品包装上的应用，以解决塑料包装所造成的环境保护问题。

用作食品包装的纸类包装材料，其性能主要体现在以下几方面。

（一）印刷性能

纸和纸板吸收和黏结油墨的能力较强，印刷性能好，因此，在包装上常用作印刷表面。纸和纸板的印刷性能主要决定于表面平滑度、施胶度、弹性及黏结力等。

（二）卫生安全性能

在纸的加工过程中，尤其是化学法制浆，通常会残留一定的化学物质（如硫酸盐法制浆过程残留的碱液及盐类），因此必须根据包装内容物来正确合理选择各种纸和纸板。

（三）阻隔性能

纸和纸板属于多孔性纤维材料，对水分、气体、光、油脂等具有一定程度的渗透性，且其阻隔性受温湿度的影响较大。单一纸类包装材料一般不能用于包装水分、油脂含量较高及阻隔性要求高的食品，但可以通过适当的表面加工来满足其阻隔性能的要求。

（四）机械力学性能

纸和纸板具有一定的强度、挺度和机械适应性，它的强度大小主要取决于纸的材料、质量、厚度、加工工艺、表面状况及一定的温湿度条件等；另外纸还具有一定的折叠性、弹性及撕裂性等，适合制作成包装容器或用于裹包。

环境温湿度对纸和纸板的强度有很大的影响，空气温湿度的变化会引起纸和纸板平衡水分的变化，最终使其机械性能发生不同程度的变化（图3－1）。由于纸质纤维具有较大的吸水性，当湿度增大时，纸的抗拉强度和撕裂强度会下降而影响纸和纸板的使用性。在测定纸和纸板的机械性能指标时必须保持一个相对的温湿度条件。我国采用的是（65±2）%相对湿度、（20±2）℃温度的试验条件；ISO标准采用（50±2）%相对湿度、（23±1）℃温度的试验条件。

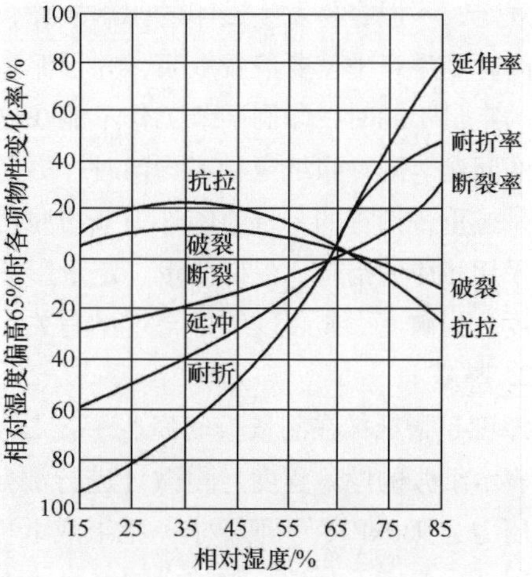

图3－1　纸的机械力学性能随湿度变化的规律

资料来源：摘自参考文献［2］。

（五）加工性能

纸和纸板具有良好的加工性能，可折叠处理，并可采用多种封合方式，容易加工成具有各种性能的包装容器，容易实现机械化加工操作，目前已经有成熟的生产工艺。良好的加工性能为设计各种功能性结构（如开窗、提手、间壁及设计展示台等）制造了条件。另外，通过适当的表面加工处理，可以为纸和纸板提供必要的防潮性、防虫性、阻隔性、热封性、强度及物理性能等，扩大其使用范围。

二、纸和纸板的主要性能指标

从实际需要出发，纸和纸板的主要性能指标大体上可以归纳为下列七个方面：外观质量、物理性能、吸收性能、光学性能、表面性能、适印性能及其他方面的特殊质量要求。

（一）外观质量

外观质量是指尘埃、孔洞、针眼、透光点、透帘、皱纹、折子、筋道、网印、毛毯痕、斑点、浆疙瘩、鱼鳞斑、裂口、卷边、色泽不一致等肉眼可以观察到的缺陷。对各种纸和纸板都应该提出一定的外观质量要求。纸的外观质量，是根据纸用途，对各种外观纸病加以限制或不允许存在，外观纸病依靠感官鉴别。纸病是指凡不包括在纸张技术要求内的纸张缺欠。

（1）尘埃　是指用肉眼可见的与纸张表面颜色有显著差别的细小的斑点。

（2）孔洞、针眼　指纸张上完全穿透的窟窿，大的叫孔洞，小的叫针眼。

（3）透光点和透帘　迎光照看纸张，若纤维层较纸页其他部分薄一些，而又没有穿透迹象，小的称为透光点，大的称为透帘。

（4）皱纹　纸面出现凸凹不平的曲皱，破坏纸张的平滑均匀，妨碍印刷。

（5）折子　纸张本身折叠过产生的条痕，能伸展开的（仍有折痕）叫活折子，不能伸展开的叫死折子。

（二）物理性能

1. 定量

定量是指纸或纸板每平方米的重量，以 g/m^2 表示。定量是纸最基本的一项物理指标，它的高低及其均一性，影响着纸张所有的物理、机械、光学和印刷性能。一般印刷纸的各种性能指标，如厚度、抗张强度、耐破度、不透明度等都与定量密切相关。如果纸张定量明显低于其标准规定，不但容易发生透印的印刷故障，而且会因机械强度不够而发生断线。反之，如果定量偏高，则生产中就要浪费纸浆，并且保证不了用户每吨卷筒纸的实用面积。当一张纸与下一张纸的定量不同时，印刷调节工作不能在这种纸张间隔中进行，就会发生套印不准和印迹深浅不一的问题。同一张纸定量不均匀时，更易导致文字字迹不清和图片色泽不一致。因为大多数纸张是按重量销售的，目前国外为节约原材料，纸张在向低定量方面发展。为此生产及印刷部门都采用相应的措施，保证质量。定量影响纸张物理、光学和电气性能。一般的物理性能如抗张强度、耐破度、撕裂度等都与定量有关。

2. 厚度

厚度是指纸样在测量板间经受一定压力所测得的纸样两面之间的垂直距离，单位为 mm。厚度表示纸张的厚薄程度。测微计进行测定，以一定的面积一定的压力下测定纸张厚度大小，一般压力为 980kPa，一般要求一批纸或纸板的厚度一致，否则制成物品的厚薄就不一致。如印图书因纸张厚度不一致，则印成的书厚薄不均，对读者及印刷部门皆不适宜，经济上也不合理，所以印刷纸的厚度是一项重要的物理指标，同时厚度也能影响印刷纸的不透明和压缩性。所以要控制厚度，以使纸张的其他物理性能得到适当控制。

3. 紧度

紧度又称表观密度，是指每立方厘米的纸或纸板的重量。它是由定量和厚度计算而得，单位为 g/cm^3。紧度是衡量纸或纸板结构的松紧程度的指标，是纸和纸板的基本性质。因为同体积的重量越大，纸的结构就越紧密，反之纸页较松。紧度能在相当程度上表示纸张的结构。它与纸张的多孔性、吸收性，刚性和强度有密切的关系。并且影响到纸和纸板的光学性能，印刷性能、物理性能。测定纸张的紧度，并联系其强度性能，可以提供关于纸张有价值的资料。例如，纸张的耐破度高、而紧度低，这种纸张很可能是用强韧的长纤维浆料制造的；纸张的耐破度高而紧度很大，这种纸张很可能是用切断和水化很好的浆料制成的；后一种纸张与长纤维浆材制成的纸张相比，撕裂度和耐折度较低。因而，对各种纸张和纸板应根据使用要求来确定纸与纸板合理的紧度。

4. 成纸方向

成纸方向由造纸机成型的质和纸板都有一定的方向性。与造纸机运行方向同向的是纸的纵向，垂直于纵向的是纸张的横向。纸与纸板的许多性能都有显著的方向性，如抗拉强度和耐折度，纵向大于横向，撕裂度则横向大于纵向。

5. 纸面

纸面与造纸机铜网接触的一面为反面，另一面为正面。纸的反面有网纹，比较粗糙，比较疏松；正面比较平滑、紧密。

6. 抗张强度（裂断长）

抗张强度是纸与纸板的一项重要性能指标，它是指一定宽度（15mm）的试样所能承受的最大张力，单位为 kN/m。抗张强度更普遍地以裂断长表示，裂断长与抗张强度的关系为：

$$L = \frac{G_r}{b \cdot W} \tag{3-1}$$

式中，L——裂断长，m；

b——试样宽度，m；

G_r——试样的绝对抗张强度，kN/m；

W——试样的定量，g/m^2。

抗张强度是物理特性中的重要参数之一，又是一种基本检验。抗张强度是比较复杂的，它是耐破度、抗撕力和耐折度等的一个组成部分，裂断长系抗张强度、厚度和定量的函数。构成纸的抗张力有四个主要因素：纤维结合强度、纤维平均长度、纤维内部组织方向交错系数和纤维原来的强度。纤维结合力的大小和性质是影响有效抗张强度的最重要的条件。抗张强度指标对新闻组和供轮转印刷机印刷用纸等是很重要的，因为较高的抗张强度有助于承受印刷机的牵引力。抗张强度也是纸袋纸和包装纸的重要性能。沥青浸渍纸需要有高的抗张强度，以承受浸渍后的纸张在漂浮干燥中所承受的压力。其他纸绳纸和电缆纸的抗张强度也特别重要。

7. 纸和纸板的伸缩率

伸缩率是指纸张浸于一定温度的水中起出并风干后尺寸的相对变化。以尺寸的增减对原试样尺寸的百分率表示。纸张的伸缩性是当纸张水分发生变化时纸张的尺寸发生变化的情况。所有的纸张基本上都在水分含量增加时伸长，而在水分含量降低时收缩，但其变化的速度。当紧度越大时，则伸缩率越大，形稳性也越差。反之伸缩率越小，行稳性也越好。用于胶版印刷（胶版印刷纸，凹版印刷纸等）和某些特殊用途的纸张（如地图纸、海图纸、制图纸、水彩画纸、记录纸、邮票纸等）要具有较低伸缩率（高的形稳性）。因此，纸的伸缩率是一项很重要的使用性能。

8. 伸长率

伸长率指纸或纸板受到拉力直到拉断，长度的增加与原试样长度之比。伸长率是衡量纸张强韧性的一项重要指标。伸长率是纸张吸收功的重要组成部分，也是纸张耐破度和原始抗撕力的一项因素。实际上是纸张拉断时的极限应变。伸长率越大，表示纸的弹性越好，纸张就越不易破损。它是纸绳纸、手巾纸、薄页纸、电缆线、瓦楞芯纸、纸袋纸、包装纸、扑克牌纸和其他类似的纸张品种的重要性能。伸长率测定并不是真正的变形测定，是在完全破损时延伸长度，其中包括纸张的弹性与非弹性伸长率。

9. 耐破度

耐破度是指一定面积的纸或纸板在匀速加压直至破裂时所能承受的最大压力，以液压力或气压力表示，单位 kPa。耐破度是纸张的耐破强度，它代表纸张的总强度与均匀性。也可以说耐破度决定于纸张强度的总和与均匀性，决定于它的伸长率和纸张结构方面的某些特点。它的性质与抗强力的机械性质间有一定的关系，但也受到纸张伸长率的影响，因而它也反映了纸张的强韧性。抗张力是一定宽度的纵横平均值，纵横差别可能很大，而耐破度是一定面积的强度总和。耐破度直接与纸袋纸、包装纸和纸盒纸板的用途直接有关系。这些纸张在使用过程中受到耐破度检验过程中类似的应力，然而，对于大多数的纸张来说，耐破纸与纸张用途之间并无直接联系。

10. 耐折度

耐折度是指纸和纸板在一定张力下，所能经受 180°的往复折叠次数。以往复折叠次数表示。耐折度表示纸张的耐柔折叠的能力，它和纸的撕裂度有一定的关系。凡是在使用时需要时常折叠的纸，对耐折度的要求较为严格。如对钞票纸、箱纸板的耐折度要求很高，对描图纸、书写纸、凸版印刷纸、书皮纸、包装纸等一般的文化印刷用纸的耐折度都有一定的要求。耐折度对于表达纸袋纸和纸盒衬里纸的使用性能很有意义。如折叠纸板是要刻划和折成纸盒的，制盒板纸常放在手指之间平折检验，每种方向折一次，并与纤维顺向成 45°折一次。如果表面纤维并未裂开，这是一种相当坚强的纸板。耐折度主要决定于纤细的平均长度，其次是纤维结合力。纸和纸板的纵向耐折度一般比横向耐折度大，这是因为纤维倾向于纵向排列，纵向纤维间的结合力也较大。

11. 撕裂度

撕裂度是指将预先切口的纸或纸板，撕至一定长度所需力的平均值，单位为 mN。纸的断裂度就是纸与纸板抗衡裂的能力。与纸的耐折度有一定的关系。也取决于纤维长度及其内部组织方向和纤维本身的强度。也与纸的结合强度和交织情况有关。撕裂度的检验对于使用过程中受到断裂作用的纸张如纸袋纸、条纸、建筑纸板、薄页纸、邮封纸及有些纸盒纸特别有用。

12. 戳穿强度

戳穿强度是指在流通过程中，突然受到外部冲击时所能承受的冲击力的强度，单位用冲击能 J 表示。

13. 挺度

挺度是衡量纸和纸板抗弯曲能力的强度性能，也表示其挺硬或柔软的程度。挺度与纸和纸板的厚度关系很大，如果紧度保持一定，则挺度与厚度的三次方成正比；在一定的厚度下，挺度与紧度成正比。挺度随料浆的性质变化而变化，打浆度升高，挺度增大，半纤维素含量高的纸或纸板，其挺度较大。挺度是箱板纸及瓦楞原纸的重要指标。

14. 环压强度

环压强度是指在一定速度下，使环形试样平行受压，压力逐渐增加至使试样压溃时的压力称为环压强度。测试标准试样宽（12.7 ±0.1）mm，长（152 ±0.5）mm，插入样品的环形沟槽外径（49.3 ±0.05）mm，深度（6.35 ±0.1）mm。环压强度常用于纸板的测量。

15. 边压强度

边压强度是指在一定加压速度下，使矩形试样的瓦楞垂直于压板，平均受压时所能承受的最大力。

16. 透气度（或称气孔度）

透气度是指在一定面积、一定真空度下，每分钟透过纸张的空气量或透过100mL空气所需的时间，单位为mL/min。透气度是鉴别纸层中间的空隙程度，也是检验纸张防潮能力的指标之一，透气度是随着纸张的紧密度大小而增减的。纤维交织紧密，纸的透气度就小，反之则越大，而纸张的防潮能力也越低。透气度是水泥袋纸、纸袋纸、卷烟纸，电缆纸、拷贝纸及工业滤纸等的主要物理特性，都需要测定其透气度的大小。

（三） 吸收性能

1. 施胶度

施胶度又称抗水度或耐水度，表示纸和纸板抗湿润的性能，是以用标准墨水划线时，不扩散也不渗透的线条最大宽度，单位mm；或以纸与纸板的一面与水接触，经过一定时间，表面吸收水后能增加的重量，单位g/m^2。施胶度主要能反映纸面上渗透和扩散的程度，是纸张物理检验中重要项目之一。各种不同用途的纸张，对吸收性能的要求也是不相同的。有的纸张要求较大的吸水性能，有的纸张则要求较大的抗水性能，因此，随着纸张种类的不同，对施胶度的要求也有所不同，一般分为重施胶、中等施胶、轻施胶和不施胶四类。要求重施胶的纸张有纸袋纸、书写纸等；要求中等施胶的有画报印刷纸、电报纸等；要求轻施胶的有凸版印刷纸、有光纸、打字纸、火柴纸等；要求不施胶的有新闻纸、电容器纸、电话纸、羊皮纸原纸、钢纸原纸、滤纸、皱纹卫生纸等。

2. 吸水性

吸水性是指单位面积的纸和纸板在一定压力、温度下，在规定时间内表面所吸收的水量，单位为g/m^2。纸和纸板吸收性测定仪是纸和纸板表面吸水性试验的常规仪器，亦称为纸张表面吸收重量测定仪。常采用吸收性试验多种方法中的可勃（Cobb）试验法，因此也称为可勃吸收性测定仪。具体公式如下：

$$C = (G_2 - G_1) \times 100 \tag{3-2}$$

式中，C——可勃吸水值；

G_2——吸水后称出之试样质量，g；

G_1——吸水前称出之试样质量，g。

3. 吸墨性

吸墨性是用来描述纸张对油墨的吸收能力，或者说是油墨对纸张的渗透能力。目前常采用K&N值表征纸张的吸墨性能或利用IGT印刷适性仪测量油墨的印刷渗透性，IGT印刷适性仪测量就是：通过一滴油在一定压力和速度下碾在纸面上形成的油痕长短来确定纸张的吸墨性。纸张对油墨的吸收性是纸与墨双方共同作用引起的。纸张的吸墨性过强或者过弱对印刷产品影响较大，纸张的吸墨性太强，油墨中的连接料将被纸张大量吸收，虽然加速了印迹的干燥，但容易造成印迹不牢，“脱色”和“透背”等弊端，导致印刷产品光泽暗淡等不良的后果；相反，纸张的吸墨性太弱，油墨中的连结料不能得到正常的吸收，致使印迹不能如期干燥，延缓了墨层干燥，容易造成印刷产品背面蹭脏。

（四） 光学性能

1. 亮度

亮度是指在特定光源条件下，试样对主波长（457±0.5）nm蓝光的内反射因素。

2. 白度

白度是指白色或接近白色的试样表面对蓝光的反射率，以相对蓝光照射氧化镁标准板表面的反射率百分率表示。白度是所有白色纸及部分加工的淡色纸所必须具备的条件。白皮是根据使用的要求来规定的，白度对于印刷纸和书写纸特别重要。但随着用途的不同。对于白度的要求也有所不同。特别是凹版印刷纸，白卡纸、特号薄页纸等纸张要求白度在90%以上，胶版印刷纸、证券纸、高级书写纸、画报纸、高级打字纸等纸张要求白度在80%以上，凸版印刷纸、一般书写纸、有光纸要求白度在60% ~70%，新闻纸要求白度为45% ~50%。对于印刷画报、美术图片等的纸张，一股要求较高的白度，而对于印刷书籍杂志的纸张则白度不宜过高。又如加工鹅黄色、浅蓝色蜡光纸，如果原纸白度差，上色后往往呈灰暗色，而使色泽不鲜明。所以纸张必须根据用途和标准规定，注意检查以衡量其使用效果。

3. 光泽度

光泽度是指纸张镜面反射光能力与完全镜面反射能力的接近程度，也即纸张表面受入射光照射后，按一定角度反射的程度。

4. 透明度

透明度是指可见光透过纸的程度，以清楚地看到底样字迹或线条的试样层数来表示。

5. 不透明度

不透明度是纸张的一种光学性质，是指单张试样垫一个全吸收的黑色衬垫时对绿光的反射率与完全不透明的若干试样的相应的反射率之比。纸张的不透明度对于印刷纸来说是很重要的。只有纸张具有一定的不透明度才能够防止纸张透显现象，以保证印刷的质量。对于书写纸来说，也要求有一定的不透明度，以利于纸张的两面书写。对于某些特殊的纸张（如不透明光纸）不透明度也是非常重要的。不透明度是印刷纸、证券纸和书籍纸等一项重要物理特性。

（五）表面性能

纸及纸板的表面性能包括平滑度和表面强度，这些性能对纸制包装的实施有着很重要的影响，它们都须用专用仪器进行测定。

1. 平滑度

平滑度用来衡量纸张表面的光滑程度。指在规定真空度下，使一定量空气从纸样表面和玻璃板之间通过所需的时间（s）。纸张表面平滑度越高，空气流入的时间就短；反之，平滑度低，空气流入的时间就长。平滑度决定于纸张的表面状况，如果纸面凹凸不平，纸的平滑度很差。表面上有皱纹、压花、硬纸块、折子、透帘、斑点、尘埃以及铜网和毛毯的印痕，或有掉粉、掉毛现象，纤维间隙等都会降低纸张表面的平整情况，从而降低纸的平滑度。因此，一般平滑度与纸张外观有联系。对印刷纸来说，纸张的平滑度愈大，表面愈均一时，在印刷过程中，印刷效果好。这点对印刷图片是特别重要的。

2. 表面强度

表面强度是指纸张表面能承受油墨墨膜与印版之间分开时，对纸张表面所施加之垂直拔力，而纸张不致被剥皮或损坏表面的能力。表面强度的测试为检验纸张所含纤维与添加物，在印刷时表面脱落剥离的程度。测试的方法是采用标准蜡棒（Denison Wax），标准蜡棒编号越大，表示纸张的表面强度越佳，此外也可用 IGT 印刷适性测性仪器，来测试纸张的表面强度，所取得的资料数据更详细，更能可靠预测纸张表面强度。

（六）适印性能

纸制包装大多需要印刷装潢和标志，适印性能是印刷纸的一项重要质量要求。无论采用哪一种印刷方式，都要求纸与纸张具有良好的吸墨性、印刷平滑度、表面均一性、可压缩性、不透明度、尺寸稳定性、表面强度及抗水性等。纸和纸板的适印性能主要取决于平滑度、施胶度、可压缩性、不透明度、尺寸稳定性、机械强度、掉毛性能、掉粉性能等，适印性能问题比较复杂。

（七）其他方面的特殊质量要求

1. 水分

水分指纸或纸板在100～105℃的烘干温度下，烘至恒重时，所减少的质量与试样原质量之比，单位为%。水分是检测纸张的重要指标，任何纸张的产品标准都有水分百分比的规定。纸张的水分影响纸张的重量、强度、耐久性、规格稳定性、油墨接受能力、整饰度、柔软度和纸张的整个印刷性能和电气性能等。含水量增大，会导致纸的强度下降；纸的水分过少，会使纸张发脆，易产生静电。纸的含水量变化还会导致纸张尺寸出现伸缩。因此，水分是纸张的重要指标。

2. 灰分

灰分是指纸灼烧后残渣的质量与绝对试样质量之比，以百分率表示，用来检验纸中填料的含量是否适合纸的使用性能。纸与纸板的灰分主要是由纸中所填充物质等杂质量多少而异，一般为0.1%～0.9%。根据灰分的含量，纸可以分为四类：无灰纸、少灰纸、中灰纸和多灰纸。

3. 酸碱度

酸碱度是指加工过程中使用的化学药剂使纸张呈酸性或碱性。对于包装用纸来说，残留的酸性或碱性物质越少越好。

4. 吸湿度

吸湿度指单位面积的试样在规定的温度条件下，浸水60s吸收的实际水分，单位为 $g/(m^2 \cdot h)$。环境温湿度对纸和纸板的强度有很大的影响，温湿度变化会引起纸和纸板平衡水分的变化，最终使其机械性能发生不同程度的变化。由于纸质纤维有较大的吸水性，当湿度增大时，纸的抗拉强度和破裂强度会下降而影响纸和纸板的使用性。在测定纸和纸板的机械性能指标时必须保持一个相对的温湿度条件。我国采用的是（65±2）%相对湿度、（20±2）℃温度的试验条件；ISO 标准采用50%±2%相对湿度、（23±2）℃温度的试验条件。

5. 电性能

电性能是指在实际使用过程中的时纸具有一定的导电性或绝缘性，如电器绝缘纸、导电纸、电池用纸等。

第三节　包装用纸及纸板

一、纸、纸板的规格

纸与纸板可分为平板和卷筒两种规格，其规格尺寸要求：平板纸要求长和宽，卷筒纸和盘纸只要求宽度。国产卷筒纸的宽度尺寸为1940mm、1600mm、1220mm、1120mm、940mm等规格；进口的牛皮纸、瓦楞原纸等的卷筒纸，其宽度为1600mm、1575mm、1295mm等规格；平板纸和纸板的规格尺寸主要有787mm×1092mm、880mm×1092mm、850mm×1168mm等规格。规定纸和纸板的规格尺寸，对于实现纸类包装容器规格尺寸的标准化和系列化具有十分重要的意义。

二、 食品包装用纸、 纸板分类

纸类产品分纸与纸板两大类，凡定量在225g/㎡以下或厚度小于0.1mm的称为纸，定量在225g/㎡以上或厚度大于0.1mm的称为纸板。但这一划分标准不是很严格，如有些折叠盒纸板、瓦楞原纸的定量虽小于225g/㎡，通常也称为纸板；有些定量大于225g/㎡的纸，如白卡纸、绘图纸等通常也称为纸。根据用途，纸可分为文化用纸、工农业技术用纸、包装用纸、生活用纸等几种。纸板也分为包装用纸板、工业技术用纸板、建筑用纸板及印刷与装饰用纸板等几种。在包装方面，纸主要用于包装商品、制作纸袋、印刷装潢商标等，纸板则主要用于生产纸箱、纸盒、纸桶等包装容器。

（一） 食品包装用纸分类

1. 牛皮纸

牛皮纸（Kraft paper），用作包装材料，强度很高，通常呈黄褐色，半漂或全漂的牛皮纸浆呈淡褐色、奶油色或白色。定量在80~120g/m^2，分优等、一等、合格三个等级，可经纸机压光或不压光。裂断长一般在6000m以上。抗撕裂强度、破裂功和动态强度很高。多为卷筒纸，也有平板纸。采用硫酸盐针叶木浆为原料，经打浆，在长网造纸机上抄造而成。

牛皮纸通常保持其黄褐色的本色，适合作袋子和包装纸等。依性质与用途的不同，牛皮纸又有各种不同的用途。牛皮纸是一种纸的统称，并没有一定的规范，一般根据其性质和用途的不同加以分类。

按照颜色的不同可以分为：原色牛皮纸、赤牛皮纸、白牛皮纸、平光牛皮纸、单光牛皮纸、双色牛皮纸等。

按照用途的不同可以分为：包装牛皮纸、防水牛皮纸、防潮牛皮纸、防锈牛皮纸、打版牛皮纸、制程牛皮纸、绝缘牛皮纸板、牛皮贴纸等。

按照材质的不同可分为：再生牛皮纸、牛皮芯纸、牛皮原纸、粗面牛皮纸、牛皮蜡纸、木浆牛皮纸、复合牛皮纸等。

牛皮纸被应用于化工、机械等各行业，特别广泛应用于食品包装行业。

牛皮纸用途：牛皮纸广泛适用于各种包装用品，纸袋、手提袋牛皮纸、彩盒、礼品盒牛皮纸、印刷牛皮纸、笔记本牛皮纸、作业本牛皮纸、信封专用牛皮纸。

食品的包装要遵循方便、便携的原则，牛皮纸抗拉伸优势使它非常适合包装的需求。为了防止消费者提外带食品时袋子被拉断，包装材料要求有良好的抗拉强度。饮料包装要求制作材料有一定的抗湿不变形能力，防止吸水变形破损。

对于冰冻食品的包装，使用高强度的材料作为包装也是考虑的关键，这种材料必须能承受得住低温冰冻和高温融化时的热胀冷缩，防止出现变形、扭曲、打皱以及吸湿过度不能装食物的情况。从这些方面看，原色牛皮纸甚至比SBS纸更适用。牛皮纸主要技术指标如表3-1所示。

表3-1　　牛皮纸主要技术指标 （GB/T 22865—2008）

指标名称		单位	规定		
			优等品	一等品	合格品
定量[a]		g/m^2	40.0±2.0 50.0±2.5 60.0±3.0 70.0±3.5 80.0±4.0 90±4.5 100±5.0 120±5.0		
耐破度≥	40.0g/m^2	kPa	135	120	80
	50.0g/m^2		175	155	110
	60.0g/m^2		215	190	145
	70.0g/m^2		255	225	185
	80.0g/m^2		305	265	225
	90.0g/m^2		345	305	260
	100g/m^2		390	345	295
	120g/m^2		470	420	360
纵向撕裂度≥	40.0g/m^2	mN	290	245	135
	50.0g/m^2		435	380	225
	60.0g/m^2		580	495	335
	70.0g/m^2		725	610	450
	80.0g/m^2		900	705	545
	90.0g/m^2		1080	815	650
	100g/m^2		1220	910	740
	120g/m^2		1480	1130	950
吸水性（cobb，60s）≤		g/m^2	30		
交货水分		%	80±2.0		

注：本表规定外的定量，其指标可就近按插入法考核。

2. 羊皮纸

羊皮纸（Parchment paper）又称工业羊皮纸，是一种半透明的包装纸，它主要供包装机器零件、仪表、化工药品等。制造羊皮纸的主要原料是化学木浆和破布浆，把原料抄成纸页后再送入72%浓硫酸浴槽内处理几分钟，这道工序称为“羊皮纸”作用。羊皮纸的特征是结构紧密、防油性强、防水、湿强度大、不透气、弹性较好，该纸经过羊皮化，具有高强度及一定的耐折度，可作半透膜。

羊皮纸可分为食品羊皮纸和工业羊皮纸。食品包装用羊皮纸定量为45.60g/m^2，工业品包装的标准定量为45.60g/m^2和75g/m^2。羊皮纸经过处理后，防潮性、气密性、耐油性和机械性能明显提高，适用于油性食品、冷冻食品、防氧化食品的防护要求，可以用于乳制品、黄油、糖果点心、茶叶和肉制品等食品的包装，还可用作铁罐的内衬包装材料，但应注意羊皮纸酸性对金属制品的腐蚀作用的影响。羊皮纸主要技术指标如表3-2所示。

表 3-2　　羊皮纸主要技术指标（GB/T 24696—2009）

指标名称		单位	规定		
			优等品	一等品	合格品
定量		g/m^2	45.0±2.5 60.0±3.0		
抗张指数（纵横平均）	≥	N·m/g	54.0	47.0	42.0
耐破指数	干 ≥	$kPa \cdot m^2/g$	4.50	4.00	3.50
	湿 ≥		3.00	2.50	2.00
耐折度（纵横平均）	≥	次	250	220	200
透油度	≤0.25mm	个/$100cm^2$	2		
	>0.25mm		不应有		
尘埃度	0.2~1.5mm^2 ≤	个/m^2	20	30	50
	>1.5mm^2		不应有		
水抽提液 pH		—	7.0±1.0		
交货水分		%	7.0±2.0		

3. 鸡皮纸

鸡皮纸（Machine glazed wrapping paper）是一种单面光的平板薄型包装纸，定量为40g/m^2，不如牛皮纸强韧，故戏称"鸡皮纸"。鸡皮纸纸质坚韧，有较高的耐破度、耐折度和耐水性，有良好的光泽。可供包装食品、日用百货等，也可印刷商标。

鸡皮纸生产过程和单面光牛皮纸生产过程相似，要施胶、加填和染色。用于食品包装的鸡皮纸不得使用对人体有害的化学助剂，要求纸质均匀、纸面平整、正面光泽良好及无明显外观缺陷，其卫生要求应符合《食品包装用原纸卫生标准》（GB 11680—1989）的规定，根据订货要求可生产各种颜色的鸡皮纸。鸡皮纸主要技术指标如表 3-3 所示。

表 3-3　　鸡皮纸主要技术指标（QB/T 1016—2006）

指标名称		单位	规定
定量		g/m^2	40.0±2.0（或根据用户的要求）
湿抗张强度（纵横向平均）	≥	kN/m	0.157
吸水性（cobb60）	≤	g/m^2	24.0
耐破度	≥	kPa	118
耐折度	≥	次	80
交货水分	≥	%	5.0~8.0
光泽度	≥	%	22

4. 玻璃纸

玻璃纸（Glassine paper）又称赛璐玢，一种透明度高并有光泽的再生纤维素薄膜。有平板纸和卷筒纸，定量 30~60g/m^2，无色，也可染成各种颜色。纸质柔软、透明光滑，无孔眼，不透气、不透油、不透水，有适度的挺度。具有较好的拉伸强度、光泽性和印刷适性。生产方法与造纸不同，与人造丝工艺相近。采用 α－纤维素含量高的精制化学木浆或棉短绒溶解浆为原料，经碱化（18%氢氧化钠）、压榨、粉碎等过程制得碱纤维素，再经老化后加入二硫化碳使之黄化成纤维素黄原酸酯，用氢氧化钠溶液溶解即制成橘黄色的纤维素黏胶。该黏胶在 20～30℃温度下进行熟成处理，并经过滤除去杂质和脱除气泡，然后在拉膜机中由一个狭长的缝隙中挤出，流入硫酸和硫酸钠混合液的凝固浴槽中，形成薄膜（再生纤维素薄膜），再经水洗、脱硫、漂白、脱盐和塑化（甘油和乙二醇等）等处理，最后经干燥制成。用于药品、食品、香烟、纺织品、化妆品、精密仪器等商品的包装。

玻璃纸的透明性使消费者对内装商品一目了然，其分子链结构使其具有微透气性，可以让商品像鸡蛋透过蛋皮上的微孔一样进行“呼吸”，这对商品保鲜和保存活性十分有利；对油性、碱性和有机溶剂有强劲的阻力；不产生静电，不自吸灰尘，又具有防潮、不透水 、不透气、可热封等性能，对商品起到良好保护作用，可分为一等品和合格品两个等级，适用于机械高速包装和制袋。玻璃纸有白色，彩色等，可作半透膜。

防潮玻璃纸是在造纸过程中添加具防潮性能的化学药品，如聚乙烯、聚偏二氯乙烯（K 型涂覆）、醋酸乙烯共聚物（MST 型涂覆）等制成，在原有材料性能的基础上添加一定的防潮性能，适合于食品、肉类及机械工具的包装。

由于防潮玻璃纸源于天然纤维，所以在垃圾中能吸水而被分解，不至于造成环境污染。用聚乙烯和 K 型涂覆的防潮玻璃纸加工工艺不仅污染少、易操作，而且很经济。鉴于用塑料作食品包装存在着潜在危害，传统的塑料食品包装在许多发达国家正面临着被逐步淘汰的命运，取而代之的新型包装——防潮玻璃纸。防潮食品包装用玻璃纸主要技术指标如表 3－4 所示。

表 3－4　　防潮食品包装用玻璃纸主要技术指标（GB/T 24695—2009）

指标名称		单位	规定			
定量		g/m^3	≤40		>40	
定量偏差			一等品	合格品	一等品	合格品
			±2	±3	±3	±4
厚度横幅差　≤	平板	μm	3	4	4	5
	卷筒		2	3	3	4
抗张强度　≥	纵	N/15mm	35	30	40	35
	横		15	10	20	15
伸长率　≥	纵	%	10		10	
	横		20		20	
交货水分		%	8.0±2.0			
透湿度　≤		$g/(m^2 \cdot 24h)$	60			
热封强度　≥		N/37mm	1.764		1.5	
抗粘性　≥		%	70			
含硫量　≤		%	0.03			
小于 0.5mm 的气泡　≤		个/m^2	0	5	0	5

5. 茶叶袋滤纸

茶叶袋滤纸（Tea bag paper）是专供自动包装机包装袋泡茶的专用包装纸，是一种低定量专用包装纸，用于袋泡茶的包装，要求纤维组织均匀，无折痕皱纹，无异味，具有较大的湿强度和一定的过滤速度，耐沸水冲泡，同时应有适应袋泡茶自动包装机包装的干强度和弹性。

非热封型通常采用全木浆抄造，也有采用木浆和马尼拉麻浆混合抄造的；热封型的纸中含有低熔点的化学纤维如聚丙烯纤维、ES 纤维等。

茶叶袋滤纸国外多用马尼拉麻生产。我国用桑皮纤维经高游离状打浆后抄造，再经树脂处理，也可用合成纤维（即湿式无纺布）制造。热封型茶叶滤纸主要技术指标如表 3－5 所示。

表 3－5　　热封型茶叶滤纸主要技术指标（GB/T 25436—2010）

指标名称		单位	规定					
			16.5g	17.5g	18.5g	21.0g	22.0g	23.0g
定量		g/m²	16.5±0.8	17.5±0.9	18.5±1.0	21.0±1.1	22.0±1.1	23.0±1.2
紧度 ≥		g/cm³	0.20	0.20	0.21	0.21	0.21	0.21
抗张强度 ≥	纵向	kN/m	0.45	0.50	0.52	0.52	0.60	0.60
	横向	kN/m	0.10	0.11	0.12	0.12	0.12	0.12
纵向湿抗张强度 ≥		kN/m	0.10	0.11	0.11	0.11	0.12	0.12
热封强度 ≥		kN/m	0.080	0.080	0.080	0.090	0.10	0.10
透气度[a] ≥		CU	10 000	6 000	6 000	5 000	4 000	3 000
滤水时间[a] ≤		s	2.0	2.0	2.0	3.0	3.0	3.0
交货水分 ≤		%	8.0					
异味		—	合格					
漏茶末		—	合格					

注：a. 选择透气度和滤水时间中的一项进行测定，有一项合格即为合格。

6. 食品包装纸

食品包装纸是一大类纸种，若指具体纸的名称，则应冠以该食品的名称，如糖果纸、冰棍纸、糕点纸等，除此之外，用于包装直接入口食品的纸包装材料都包括在内。在材料形式上包括涂蜡和非涂蜡的纸包装材料、淋膜和非淋膜的纸包装材料涂塑和非涂塑的纸包装材料。《（QB/T 1014—2010）食品包装纸》规定按用途可分为Ⅰ型和Ⅱ型两类，Ⅰ型为糖果包装原纸，为卷筒纸，经印刷上蜡后供糖果包装和商标用纸，分为一等品和合格品两个等级。Ⅱ型为普通食品包装纸，有两面光和单面光两种，分为一等品和合格品两个等级。食品包装纸主要技术标准如表 3－6 和表 3－7 所示。

表 3-6 Ⅰ型（糖果包装原纸）主要技术指标（QB/T 1014—2010）

指标名称			单位	规定	
				一等品	合格品
定量			g/m^2	24.0±1.0 28.0±1.2	24.0±1.2 28.0±1.5
抗张指数 纵横平均		≥	N·m/g	40.4	23.2
撕裂指数（纵向）		≥	$mN·m^2/g$	6.96	4.00
尘埃度	0.3~2.0mm^2	≤	个/m^2	100	160
	1.0~1.5mm^2 黑色尘埃	≤		8	12
	大于1.5mm^2 黑色尘埃或			不应有	
	大于2.0mm^2 尘埃			不应有	
交货水分			%	6.0~8.0	

表 3-7 Ⅱ型（普通食品包装纸）主要技术指标（QB/T 1014—2010）

指标名称			单位	规定	
				一等品	合格品
定量			g/m^2	40.0±2.0 50.0±2.5 60.0±3.0	
耐破指数		≥	$kPa·m^2/g$	2.00	1.25
抗张指数 纵横平均		≥	N·m/g	31.4	26.5
吸水性 Cobb60		≤	g/m^2	30.0	
尘埃度	0.3~2.0mm^2	≤	个/m^2	160	
	2.0~3.0mm^2 的黑色尘埃	≤		10	
	大于3.0mm^2			不应有	
交货水分			%	5.0~9.0	

食品包装的好坏直接影响到食品工业产品的质量、档次和市场销售。食品包装虽然不能代表食品的内在质量，但良好的包装可以保证和延长食品的保质期、货架期，优秀的包装可以为产品赢得声誉，成为消费者的优先选择。随着人们生活水平的提高，传统单一的食品包装纸材料已经不能满足多元化的包装要求，纸包装材料正在向复合多元化的方向发展。近年来，在我国软包装生产中，各类复合纸包装材料发展迅猛，尤其是在食品软包装领域几乎占据半壁江山。糖果、饼干、瓜子、食盐等各种食品和牛乳类液态饮料，所用包装大多是复合纸包装材料，其中液体无菌包装作为复合纸包装材料中技术含量较高的一种包装，在我国饮料和牛奶包装市场中的运用越来越广泛。初步预计，国内液体食品对纸盒包装的需求量已经达到近200亿只，其中液体食品无菌纸盒的年消耗量已经超过了150亿包，占据了全球市场约10%的份额，并且预计每年还将以20%~30%的速度递增。但是，目前我国自行生产的此类材料所占市场份额并不多，一直依靠国外进口，国内市场还有待进一步开发。

我国的快餐业起步较晚，自1987年4月美国肯德基快餐连锁店在我国落户，现代快餐的概念才引入我国。但我国快餐业发展迅速，仅短短十几年，就已呈现出传统与现代、中式与西式、高档与低档快餐竞争与并存的市场格局。随着快餐业的快速发展，快餐食品包装业也取得了长足的进步，快餐纸质包装品的需求量将快速提升。随着快餐食品种类的日益繁多，快餐纸质包装品在应用功能上将会随着科技的进一步发展更加与之匹配，快餐纸质包装业也将会得到迅速的发展。

此外，包装设计合理化及包装整体轻型化，提高包装材料的性能和功能，减少包装材料用量，降低包装成本，采用纸、铝箔、塑料薄膜等制造的复合柔性包装将更高档化和多功能化，微波炉专用托盘的研制开发等都为食品包装纸的发展指明了方向。

7. 半透明纸

半透明纸（Semitransparent paper）是一种防油性包装纸。也称蜡光纸，也是一种薄型包装纸，多为平板纸，定量为22 ~43g/m^2。无色或染成各种颜色。纸质坚实光滑、细腻柔软、有光泽、呈半透明状（透明度为70% ~80%），具有良好的防油性和不透气性。以漂白化学木浆为原料，经高黏状打浆、重施胶，在薄页型造纸机上抄造，并经超级压光而制成。用作各种食品、药品、精密仪器仪表零件、丝绸织物的保护性包装材料。半透明纸主要技术指标如表3 -8所示。

表3 -8 半透明纸主要技术指标（GB/T 22812—2008）

指标名称			单位	规定		
				优等品	一等品	合格品
定量	20.0g/m^2 ~26.0g/m^2		g/m^2	±1.0		
	>26.0g/m^2			±5.0%		
透明度（白色纸）	≤26g/m^2	≥	%	72.0	67.0	63.0
	>26g/m^2 ~34g/m^2	≥		60.0	55.0	50.0
	>34g/m^2	≥		45.0	45.0	45.0
耐破指数		≥	kPa · m^2/g	2.40	2.20	2.00
撕裂指数（纵向）		≥	mN · m^2/g	3.00	2.60	2.40
尘埃度	0.1 ~1.0mm^2	≤	个/m^2	36	48	80
	>1.0 ~1.5mm^2	≤		不应有	4	8
	>1.5 ~2.0mm^2			不应有		
交货水分			%	8.0 ±2.0		

半透明纸印刷与普通纸印刷具有明显的差异。半透明纸印刷的效果奇特，文字信息更加清晰，产品外观更具吸引力。半透明纸通常比其他非涂料纸硬。制造过程中的高效率烘干使其含有更多的纤维和更少的填充料，且更加透明。有人认为，半透明纸印刷具有最小的网点增大和精确的套准优势。但由于半透明纸独特的制造和烘干方式，其生产厂家较少，因此价格通常也比较昂贵。

8. 复合纸

复合纸（Compound paper）用黏合剂将纸、纸板与其他塑料、铝箔、布等层合起来，得到复合加工纸。复合加工纸不仅能改善纸和纸板的外观性能和强度，主要的是提高防水、防潮、耐油、气密保香等性能，同时还会获得热封性、阻光性、耐热性等。常用的复合材料有塑料及塑料薄膜、金属箔等。复合方法有涂布、层合等。

1999 年，我国重新制定了《液体食品复合软包装材料》（QB/T 3531—1999），该标准适用于以原纸、高压低密度聚乙烯、铝箔等为原料经挤压复合而成，专供瑞典利乐公司无菌灌装机包装液体食品的材料。液体食品复合软包装材料主要技术指标如表 3－9 所示。

表 3－9　液体食品复合软包装材料主要技术指标（QB/T 3531—1999）

指标名称		单位	规定值	试验方法
定量		g/m^2	$175.0^{+15.0}_{-9.0}$	按 GB/T 451.2 进行测定
厚度		μm	270±20	按 GB/T 451.3 进行测定
挺度	纵向	mN	≥100	按 GB/T 2679 进行测定
	横向	mN	≥38.0	
抗张强度	纵向	kN/m	≥15.0	按 GB/T 453 进行测定
	横向	kN/m	≥4.00	
伸长率	纵向	%	≥1.5	按 GB/T 453 进行测定
	横向	%	≥3.0	
粗糙度	正面	mL/min	≤1600	按 GB/T 2679.4 进行测定
	反面	mL/min	≤2200	
白度		%	≥72.0	按 GB/T 8940.1 进行测定
水分		%	6.0±1.0	按 GB/T 462 进行测定
内结合力		J/m^2	≥145	取 25.4mm×177.8mm 的试样 5 个，在斯柯特 B 型内结合力测量仪进行测量夹紧压力为 $3.5kg/cm^2$，从刻度板上读取结果后乘以 2.1
边湿水 23℃		kg/m^2	≤0.8	取 25mm×75mm 的试样 5 个，用防水胶带将试样两面贴紧后称重，放入 1% 的乳酸溶液中浸泡 1h，拿出称重，最后按下列公式计算结果 $边湿水=\frac{浸后重量-浸前重量（mg）}{试样周长（m）×试样厚度（m）}$
表面强度		丹尼森值	≥12	用 12 号蜡棒在酒精灯上烧化，立即轻放在试样上，冷却 15min 后垂直拔起若有纸毛粘起，则为不合格

9. 涂布纸

涂布纸（Coated paper）是在原纸上涂上一层涂料，使纸张具有良好的光学性质及印刷性能等。其主要用途有：印刷杂志、书籍等出版用纸和商标、包装、商品目录等印刷用纸。涂布纸大致可分为：铜版纸、涂布纸、轻量涂布纸，除此之外还有烙光涂布纸等特殊涂布纸。涂布纸主要技术指标如表 3－10 所示。

表 3-10　　涂布白卡纸主要技术指标（GB/T 10335.3—2004）

技术指标		单位	规定						
			优等品			一等品		合格品	
			双面光	单面光 Ⅰ型	单面光 Ⅱ型	单面光 Ⅰ型	单面光 Ⅱ型	单面光 Ⅰ型	单面光 Ⅱ型
定量		g/m^2	170 180 190 200 210 220 230 250 270 280 300 330 350 400 450						
定量偏差 ≤		%	±3.0			±5.0			
横幅定量差 ≤		%	3.0			4.0		5.0	
厚度偏差 ≤		μm	±15			±20		±25	
厚度 ≤	<$250g/m^2$	g/cm^2	1.10	0.79	0.80	0.82	0.84	0.84	0.86
	≥$250g/m^2$		1.00	0.75	0.78	0.80	0.82	0.82	0.84
亮度 ≥	正面	%	88.0	88.0	88.0	85.0	86.0	82.0	82.0
	反面		88.0	75.0	80.0	75.0	80.0	70.0	75.0
光泽度 ≥		%	60	50		45		—	
印刷光泽度 ≥		%	90	88		85		80	
印刷表面粗糙度 ≤		μm	2.00	1.70		2.00		3.00	
油墨吸收性		%	15~28						
印刷表面强度[a] 中粘油墨 ≥		m/s	1.4						
吸水性（cobb，60s）≤	正面	g/m^2	40			50		60	
	反面	g/m^2	40	100		100		100	
尘埃度 ≤	（0.2~1.0）mm^2	个/m^2	16	12		20		32	
	>1.0~1.5mm^2		不许有	不许有		不许有		2	
	>1.5mm^2		不许有	不许有		不许有		不许有	
交货水分[b]	（170~230）g/m^2	%	6.0±1.0						
	>（230~330）g/m^2		7.0±1.0						
	>$330g/m^2$		8.0±1.0						
横向挺度[b] ≥	$170g/m^2$	mN·m	0.70	1.30	1.20	1.10	1.00	0.90	0.80
	$180g/m^2$		0.80	1.50	1.40	1.30	1.20	1.00	0.90
	$190g/m^2$		0.90	2.00	1.80	1.70	1.50	1.40	1.20
	$200g/m^2$		1.40	2.30	2.00	1.90	1.70	1.50	1.30
	$210g/m^2$		1.60	2.80	2.40	2.40	2.10	1.90	1.70
	$220g/m^2$		1.80	3.20	2.80	2.70	2.40	2.20	1.90
	$230g/m^2$		2.00	3.70	3.30	3.10	2.80	2.50	2.20
	$250g/m^2$		2.60	4.60	4.20	3.90	3.50	3.10	2.80
	$270g/m^2$		3.20	5.60	5.20	4.80	4.20	3.80	3.40
	$280g/m^2$		3.50	6.40	6.00	5.40	5.00	4.30	4.00

续表

技术指标		单位	规定						
			优等品			一等品		合格品	
			双面光	单面光Ⅰ型	单面光Ⅱ型	单面光Ⅰ型	单面光Ⅱ型	单面光Ⅰ型	单面光Ⅱ型
横向挺度[b] ≥	300g/m²	mN·m	4.40	7.50	7.10	6.40	6.00	5.10	4.80
	330g/m²		5.80	9.50	9.00	8.00	7.50	6.40	6.00
	350g/m²		7.40	11.0	10.0	9.40	8.50	7.50	6.80
	400g/m²		10.0	16.0	14.5	13.5	12.0	11.0	10.0
	450g/m²		14.0	22.0	20.0	19.0	17.0	16.0	14.4

注：a. 用于凹版印刷的产品，可不考核印刷表面强度，挺度指标可降低5%。

b. 因地区差异较大，可根据具体情况对水分作适当调整。

（二）包装用纸板的分类

1. 白纸板

白纸板（White board）具有2~3层结构的纸板，主要用于销售包装。白纸板有单面和双面两种，其结构由面层、芯层、底层组成，定量为200~400g/m²。

白纸板的品质主要决定于所使用纤维原料的结构，由此可分为四类。

（1）全化学浆制造的　如象牙纸板，适于印刷长期保存的精美印刷品，如画册等。

（2）化学浆和机械浆制造的　用于制造高级折叠纸盒，如食品、药品、化妆品盒等。

（3）化学浆和脱墨浆，或废纸浆制造的　如灰底白纸板及普通白底白纸板，作为一次性使用的包装材料。

（4）全废纸浆制造的纸板　如C板，用于水果、建筑材料的包装盒及包装纸箱贴面材料等。

白纸板具有印刷功能、加工功能、包装功能。经彩色印刷后制成各种类的纸盒、箱，起着保护商品、装潢美化商品的促销作用，也可以用于制作吊牌、衬版和吸塑包装的底版。用于印制儿童教育图片和文具用品、化妆品、食品、药品的商标。薄厚一致，不起毛、不掉粉、有韧性、折叠时不易断裂。

白纸板主要用于销售包装，经彩色印刷后可制成各种类型的纸盒、纸箱，起着保护商品、装潢美化商品的促销作用。随着社会经济的不断发展，白纸板的需求量会越来越大，主要体现以下优点。

（1）具有较高的加工成型性和力学性能；

（2）良好的挺度和耐折性、抗变形及机械适应性；

（3）具有优良的印刷性能；

（4）具有较好的缓冲性能；

（5）可回收性好，废旧纸板可再生利用；

（6）复合性好，白纸板作为基材可与其他材料复合。

涂布纸和纸板涂布白纸板主要技术指标如表3-11所示。

表 3－11　　白纸板主要技术指标（GB/T 10335.4—2004）

技术指标		单位	规定					
			优等品		一等品		合格品	
			白底	灰底	白底	灰底	白底	灰底
定量		g/m^2	200 220 250 300 350 400 450 500					
定量偏差 ≤		%	+5.0，－3.0					
横幅定量差 ≤		%	3.0		4.0		5.0	
紧度 ≤	≤300g/m^2	g/cm^2	0.88	0.85	0.90	0.87	—	—
	>300g/m^2		0.85	0.82	0.87	0.84	—	—
亮度 ≥	正面	%	80.0	80.0	78.0	78.0	75.0	75.0
	反面		70.0	—	70.0	—	70.0	—
印刷表面粗糙度[a] ≤		μm	2.50	2.00	3.00	2.60	4.00	
平滑度[a] ≥		s	70	150	50	80	30	50
印刷光泽度 ≥		%	88		80		60	
油墨吸收性		%	15～28					
印刷表面强度[b] ≥	中黏油墨	m/s	1.40		1.20		0.80	
	低黏油墨		4.00		3.80		2.50	
吸水性(cobb,60s) ≤	正面	g/cm^2	50		50		50	
	反面		120		120		120	
横向挺度[b] ≥	200g/m^2	mN·m	1.80	2.00	1.60	1.80	1.50	
	220g/m^2		2.20	2.50	1.80	2.00	1.70	
	250g/m^2		2.90	3.00	2.30	2.50	2.00	
	300g/m^2		4.80	5.20	4.10	4.50	3.40	
	350g/m^2		7.00	7.60	6.20	6.70	5.00	
	400g/m^2		9.60	10.6	8.70	9.40	7.00	
	450g/m^2		12.5	14.5	10.0	12.0	9.00	
	500g/m^2		17.0	19.0	14.0	16.0	12.0	
尘埃度 ≤	0.2～1.0mm^2	个/m^2	12		20		40	
	>1.0～2.0mm^2		不许有		2		4	
	>2.0mm^2		不许有		不许有		不许有	
交货水分[c]	≤300g/m^2	%	7.5±1.5					
	>300g/m^2		8.5±1.5					

注：a. 仲裁时将印刷表面粗糙度作为考核项目，平滑度可不考核。

b. 用于凹版印刷的产品，可不考核印刷表面强度，挺度指标可降低5%。

c. 因地区差异较大，可根据具体情况对水分作适当调整。

本行业在发展中仍存在一些问题有待克服和改善。

2. 黄纸板

黄纸板（Yellow straw board）又称草纸板，马粪纸。一种呈粪黄色、用途广泛的纸板。定量 120～400g/m^2，具有一定的强度。主要由半化学浆和高得率化学浆在圆网纸机上抄造。通常使用稻麦草以烧碱或石灰法制浆，轻度打浆。根据厚度不同，可以使用具有 2～4 个或更多的圆网笼的造纸机抄造。生产工艺简单，成本和产品质量要求不高。主要用作普通纸盒包装鞋生产的黄纸板原料是 100% 的本色石灰法稻草浆或麦草浆以及废纸。主要用于制作低档的中小型食品纸盒，讲义夹、皮箱衬垫、书籍封面的内衬，五金制品和一些价廉商品，用一层印刷精美的标签纸贴面后，也用来包装服装和针织品等。

3. 箱纸板

箱纸板（Liner board）是一种专供制作外包装纸箱用的比较坚固的纸板。有一般的和高级的两种。表面平滑，色泽淡黄浅褐，有较高的机械强度、耐折性和耐破性。水分应适当控制（通常不超过 14%），以避免商品受潮变质或纸板起拱分层等现象。一般的用化学未漂草浆为原料，高级的则掺用褐色磨木浆、硫酸盐木浆、棉浆或麻浆等。纸浆顺经妥善蒸煮，使质地柔软，并经充分洗涤和适当打浆，然后在多网纸板机上抄成，经过机械压光。也有在其表面涂布聚乙烯薄膜，以提高其防潮性能。

广泛用于食品、包装书籍、百货用品等。定量为 200g/m^2、310g/m^2、420g/m^2 和 530g/m^2，表面平整，机械强度好。普通箱纸板主要技术指标如表 3－12 所示。

表 3－12　　普通箱纸板主要技术指标（GB/T 13024—2003）

指标名称		单位	规定		
			普通箱纸板和牛皮挂面箱纸板		
			优等品	一等品	合格品
定量[a]		g/m^2	125±7　160±8　180±9　200±10 220±10　250±11　280±11　300±12 320±12　340±13　360±14		
横幅定量差　≤	幅宽≤1600mm	%	6.0	7.5	9.0
	幅宽＞1600mm		7.0	8.5	10.0
紧度　≥	≤220g/m^2	g/cm^2	0.70	0.68	0.65
	＞220g/m^2		0.72	0.70	0.65
耐破指数　≥	＜160g/m^2	kPa·m^2/g	3.30	3.00	2.20
	(160～＜200)g/m^2		3.10	2.85	2.10
	(200～＜250)g/m^2		3.00	2.75	2.00
	(250～＜300)g/m^2		2.90	2.65	1.95
	≥300g/m^2		2.80	2.55	1.90

续表

指标名称		单位	规定 普通箱纸板和牛皮挂面箱纸板 优等品	一等品	合格品
横向环压指数[a] ≥	<160g/m^2	N·m/g	8.60	7.00	5.50
	(160～<200)g/m^2		9.00	7.50	5.70
	(200～<250)g/m^2		9.20	8.00	6.00
	(250～<300)g/m^2		10.6	8.50	6.50
	≥300g/m^2		11.2	9.00	7.00
横向短距压缩指数[b] ≥	<250g/m^2	N·m/g	20.2	19.2	18.2
	≥250g/m^2		16.4	15.4	14.2
横向耐折度 ≥		次	60	35	12
吸水性（正/反） ≥		g/m^2	35.0/70.0	40.0/100.0	60.0/200.0
交货水分		%	8.0±2.0	9.0±2.0	

注：a. 本表规定外的定量，其指标可就近按插入法考核。

b. 横向短距压缩指数，不作为考核指标。

4. 瓦楞原纸

瓦楞原纸（Corrugating medium），是一种低定量的薄纸板，具有一定的耐压、抗拉、耐破损、耐折叠的性能。瓦楞原纸经轧制成瓦楞纸后，用黏合剂与箱纸板黏合成瓦楞纸板，可用来制造纸盒、纸箱和作衬垫用。此外对水分指标要加以控制，水分过小，纸脆，瓦楞加工时会发生破裂；水分过大，纸软，会给加工成型带来困难。一般纸的含水量应控制在10%左右为宜。国产瓦楞原纸分为A、B、C、D四个等级。瓦楞原纸的纤维组织应均匀，纸幅间厚薄一致；纸面应平整，不许有影响使用的褶子、窟窿、硬杂物等外观纸病。瓦楞原纸切边应整齐，不许有裂口、缺角、毛边等现象。瓦楞原纸主要技术指标如表3－13所示。

表3－13 瓦楞原纸主要技术指标（GB/T 13023—2008）

指标名称	单位	规定 等级	优等品	一等品	合格品
定量（80、90、100、110、120、140、160、180、200）	g/m^2	AAA	（80、90、100、110、120、140、160、180、200）±4%	（80、90、100、110、120、140、160、180、200）±5%	
		AA			
		A			
紧度 不小于	g/cm^2	AAA	0.55	0.50	0.45
		AA	0.53		
		A	0.50		

续表

指标名称		单位	规定			
			等级	优等品	一等品	合格品
横向环压指数 ≤90g/m^2 >90～140g/m^2 ≥140～180g/m^2 ≥180g/m^2	不小于	N·m/g	AAA	7.5 8.5 10.0 11.5	5.0 5.3 6.3 7.7	3.0 3.5 4.4 5.5
			AA	7.0 7.5 9.0 10.5		
			A	6.5 6.8 7.7 9.2		
平压指数[a]	不小于	N·m^2/g	AAA	1.40	1.00	0.80
			AA	1.30		
			A	1.20		
纵向裂断长	不小于	km	AAA	5.00	3.75	2.50
			AA	4.50		
			A	4.30		
吸水性	不超过	g/m^2	—	100	—	—
交货水分		%	AAA AA A	8.0±2.0	8.0±2.0	8.0±3.0

5. 标准纸板

标准纸板（Standard board）是一种经压光处理的纸板，颜色为纤维本身。其实，标准纸板只是一种比较坚硬的纸板，并没有特别与众不同。它的用途主要是重要纪念品的包装，有时也可用作书籍的封面纸板。一般为平板纸板，其尺寸为1350mm×920mm、1300mm×900mm，或按订货的要求生产。标准纸板分为A、B两等，厚度为1～5mm，横向强度为（随厚度而定）15～78kN/m，交货水分约为10%。标准纸板主要技术指标如表3-14所示。

标准纸板一般是用褐色机木浆和未漂硫酸盐木浆为原料，后者采取圆柱磨浆机打浆（成浆为36～38°SR、纤维湿重7～9g），再与前者按不同配比、调料，重施胶，在纸板机上以30m/min的车速抄造完成。

表3－14　　标准纸板主要技术指标 （QB/T 1314—1991）

指标名称		单位	规定		试验方法
			A 等	B 等	
厚度		mm	1.0 ±0.10 1.5 ±0.15 2.0 ±0.15 2.5 ±0.20 3.0 ±0.20 4.0 ±0.25 5.0 ±0.25		GB/T 451.3
紧度	不小于	g/m^3	0.75	0.75	GB/T 451.2
横向抗张强度	不小于	kN/m			GB/T 453
厚度　1.0mm			15.0	12.0	
1.5mm			22.0	18.0	
2.0mm			29.0	24.0	
2.5mm			37.0	29.0	
3.0mm			44.0	35.0	
4.0mm			59.0	47.0	
5.0mm			78.0	59.0	
横向伸长率	不小于	%	5.5	5.0	GB/T 453
灰分	不小于	%	2.0	2.0	GB/T 463
水抽提液酸度	不小于	%	0.05		GB/T 1545.1
交货水分		%	10.0 ±2.0		GB/T 462

第四节　食品包装用纸类新材料

一、 转移金卡纸

（一） 真空镀铝卡纸的特性

真空喷铝转移卡纸俗称转移金卡纸。这种金卡纸不但光泽度可与玻璃卡纸相媲美，而且具有亚光色和亮光色，因而转移金卡纸以其高品质更易被利用等优点成为国际市场流行的环保包装材料。目前，国内包装行业应用较多的金卡纸有印刷型和复合型两种，而作为新型环保包装材料的真空铝转移卡纸，其生产工艺的引进和改进已引起国内包装材料生产企业和包装印刷公司的密切关注。喷铝纸生产所用原辅材料无气味、无毒、符合食品卫生方面的要求（符合美国 FDA 标准）。可广泛用于烟、酒、茶叶、食品、化妆品、工艺品等产品的精美包装，也可用于建筑装潢材料；光洁度好、平滑度高、色泽鲜艳、外观靓丽，视觉冲击力强，能很好地提升产品包装档次；具有优良的阻隔性，防潮、抗氧化效果显著；印刷性能和机械加工性能极佳，适应凹版、凸版、胶版、柔版、丝网印刷，也可压纹、模切、甚至压凹凸；降解回收性能好，容易处理和再生利用，符合环保要求，是出口产品必备的包装材料。而目前市场上应用很广的铝箔复合纸，既无法作为铝制品回收，也无法作为纸类回收。

喷铝纸用铝量少，降解性好，可节约成本，同时不会造成环境污染，属于环保型绿色包装材料，喷铝纸因光泽度和平滑度好，柔韧性好，喷铝牢度高，同时具有良好的印刷性能和机械加工性能，可广泛用于食品、化妆品、工艺品等的精美包装。

这种纸色泽光亮、金属感强、印品亮丽高雅，可以代替印刷品的大面积的烫金，为商品的美化起到了锦上添花的作用。真空镀铝卡纸区别于裱铝卡纸和PET复膜卡纸，裱铝卡纸是直接采用铝箔与卡纸的复合，PET复膜卡纸是采用电化铝薄膜与卡纸的复合扫描，卡纸的表面的铝箔和塑料无法达到可降解、可回收的环保属性，不能作为绿色包装在世界通行；而真空镀铝纸是在20世纪80年代起在国际上广泛应用于包装行业的新颖绿色包装材料。由于它采用真空镀铝的方法，在卡纸表面仅覆盖一层0.25～0.3μm薄又紧密光亮的铝层，仅是裱铝卡纸铝箔层的五百分之一，这样它既有高贵美观的金属质感，又具有可降解、可回收的环保属性，是一种绿色包装材料。

真空镀铝纸按其生产工艺可分为直接蒸镀法（纸面镀铝）和转移蒸镀法（膜面镀铝）两种，直接法是将纸直接置于真空镀铝机进行镀铝的方法，转移法是将PET膜置于真空镀铝机镀铝后，涂胶与纸复合数码印刷，再将PET膜剥离，铝分子层通过胶黏作用转移到纸板表面上去。直接蒸镀法生产的镀铝纸，镀铝层和每涂层沿着纸面纤维的疏松结构，表面呈细微孔，粗糙、平滑度较差，高保真印刷，其平整度还不适应包装的印刷。转移蒸镀法生产的镀铝纸，镀铝层是用PET膜转移与纸黏合的，铝膜平整性好，金属光泽强，平滑度较高，包装装潢，比较适应包装的印刷。相比直接蒸镀法，转移蒸镀法还具有可以生产任意厚度的镀铝卡纸，可以充分利用PET膜的平整度使纸面金属光泽更加光亮，可以生产各种图案的镭射防伪真空镀铝卡纸的特点。

（二）真空镀铝卡纸包装的设计与制作适性

应用真空镀铝卡纸设计制作包装，应了解镀铝纸的印刷性能和印后加工以及客户包装过程的要求，充分利用镀铝纸金属光泽色的特点，从本企业的工艺、设备等实际出发，设计印刷出符合客户要求的具有特色的包装产品来。

（1）包装的图案文字力求简洁醒目，尽量避免采用大面积不透明墨作底色，要多用露底效果，以表现出镀铝卡纸特有的金属光泽色。

（2）有四色叠印的网点图像时，应设计较小面积为佳，色彩管理不宜使用大面积的四色叠印，应采用非彩色结构法或专色印刷，提高色彩饱和度。

（3）色彩表现上应突出考虑镀铝卡纸的金属色泽倾向和光泽度的影响，折痕处可不进行印刷油墨处理，应了解镀铝卡纸印刷的特殊性，一般应有极色搭配，以突出设计效果。

（4）设计时注意金属色对油墨呈色效果的影响，不同的镀铝卡纸底色会产生不同颜色效果。

（5）细小文字和线条图案的设计制作避免互相套色叠印，以免套印困难造成金属色露底或错色。

（三） 镀铝卡纸的印刷与印后适性

镀铝卡纸属于非吸收性纸张，由于表面的镀铝层不吸收油墨原稿，直接影响了印品墨层的干燥和印后加工的成型。为了满足包装的印刷和印后加工，采用合适的印刷方法，选用合适的印刷材料，控制印制过程中的变化因素，才能加工出色泽亮丽的包装。

1. 合理选用镀铝卡纸的印刷油墨

为了体现镀铝卡纸对光线反射极强的特点，应选用透明度高的合成纸油墨和 UV 油墨，提高金属色彩的效果。专色墨的调配也应注意选用透明度相同或接近、着色力高的品种，以便深色薄印，使印刷时墨色稳定和保持彩度，提高透明度和干燥性。同时注意不同色偏的镀铝卡纸对油墨呈色影响印刷检测，因此调墨时应考虑底色的减色效应和干燥后的色相变化，使印刷批量包装的色相控制在规定范围内。同时在印刷过程中合理使用油墨辅助剂，改善成膜性和固着性，提高印迹牢度和光泽度。

2. 合理安排的印刷色序

为了保证镀铝卡纸的印刷过程中质量，合理安排印刷色序是非常重要的。不同的印刷色序会得到不同的印刷效果，如小面积的文字和线条应先印，颜色深、面积小的图案先印等。

3. 严格控制印刷过程中的墨量、水分、压力、温湿度等变化因素

针对镀铝卡纸表面平滑度高、吸收性差的特点，在印刷包装的生产过程中，应严格控制生产环境的温湿度以及材料、墨量、机器压力、水分等影响水墨平衡的因素，使包装产品的印刷保持一致。

4. 做好印后加工

印后加工是包装产品的成型工序，直接关系到产品包装的成型质量，所以要根据镀铝卡纸材料的特性制作印后加工的模切版，正确选用痕线和底模，使包装成型时反弹力不大，痕线处不露白。

（四） 需要注意的问题

（1）控制镀铝卡纸材料特性书刊印刷，确定材料标准，使镀铝卡纸的定量、厚度、密度、颜色等性能保持一致性，稳定镀铝卡纸的性能，印刷就成功了一半，这就需要选择有雄厚实力的合格厂商。

（2）提高镀铝卡纸印刷加工后表面耐磨性，加强产品表面测试，防止在产品包装过程中擦伤表面。

（3）保持包装印刷产品的含水量，防止产品的变形。

（4）紧密配合客户，调整好包装机械对镀铝卡纸产品的成型适性。

另外，真空镀铝转移纸在成本费用上也有一定的优势。

二、 具有脱水功能的包装纸

日本开发出一种不用加热或添加剂而具有脱水功能的包装纸，被称为 PS 包装纸。这种纸选择能透过水的半透膜为表面材料，内侧放置高渗透压物质和高分子吸水剂。由于食品中水分以液体状态的渗透压差可通过半透膜向高渗透压物质移动，所以，这些水分子就被高分子吸水剂固定。该包装纸不会使食品组织细胞被破坏，它是沿细胞间隙吸水，不仅能吸收食品表面的水分，而且可吸收内部深入的水分，还具有低温下吸水等功能。这种包装纸能抑制酶的活性，防止蛋白质分解，减少微生物繁殖，从而达到保持食品新鲜度、浓缩鲜味成分、去掉水蒸气、

提高韧性的效果。

三、 防火阻燃纸

同所有的燃烧一样，纸（纸板）燃烧的条件也是由可燃物、助燃物和火源组成。由于火源是一种人为因素，所以在制造防火阻燃纸时，只能通过改变可燃物特性和助燃物环境来达到阻燃目的。

若能改变纸（纸板）本身的易燃特性，即可从源头制止纸（纸板）的燃烧，是阻燃的最佳方法，但一般成本较高，纸板强度较大。纸（纸板）的燃烧环境中，O_2和温度是促使其燃烧的最主要因素，通过填充其他气体隔离 O_2或降低温度，也能达到阻燃效果。

一般采用化学助剂即可实现。因此，使纸（纸板）具有阻燃效果，一般从以下几个方面考虑：

（1）采用耐火纤维，从源头制止纸（纸板）的燃烧；

（2）隔离纸（纸板）与火焰，阻止火焰在纸面燃烧、蔓延；

（3）降低或消耗燃烧环境中的氧，使环境缺乏最重要的燃烧条件；

（4）降低燃烧区温度，使环境温度停留在纸面热解温度之下。

现在通过各种工艺、各种方法生产出的防火纸，其防火阻燃机理是当其遇火燃烧时放出水汽和 CO_2 等不能燃烧的气体，从而达到窒息火焰的作用；如在纸（纸板）中添加硼砂、硼酸、水玻璃等物质。这些物质在高温下熔融，并在纸（纸板）中燃烧的地方造成玻璃状保护层，从而隔离纸面与火焰，阻止火焰在纸面燃烧、蔓延；又如在纸（纸板）中添加铵盐可分解放出不能燃烧的氨气（NH_3），并伴有吸热作用，从而达到窒息火焰、降低燃烧区及周围空气温度的目的。

赋予纸（纸板）以防火阻燃性的方法和技术手段还有很多，而对于纸制包装的防火阻燃则尚无成熟技术。最方便、有效的办法是在粘合剂中添加防火剂，选择防火剂，如下原则必须遵循：①不影响现用黏合剂的物理性能；②所选防火剂应价廉、易得。

开发防火阻燃的纸制包装品技术上可行，经济效益、社会效益良好，并具有一定的社会意义。相信通过对纸制包装品防火阻燃的深入研究，纸制包装品的防护性能将日益提高，其“火不可近”的被动、孱弱地位将彻底改变。

四、 激光全息转移纸

激光全息转移纸亦称激光卡纸，它是将传统的只能记载在塑料薄膜上的激光全息文字、图案毫无保留地全部转移到印刷所需的纸张上，改变原来的激光全息载体，成为防伪包装材料的新来源。激光全息转移纸技术是国际公认的具有发展前途的防伪技术，它是根据纸包装行业的防伪要求将激光全息模压、计算机光刻、特种制版、精密电铸、精细化工、高精度剥离等不同学科的多项技术相结合的高科技产品。它先制成可转移的全息塑料薄膜，然后再将其转移到纸面上，也可直接模压到纸张上，制成激光全息转移纸。

1. 激光全息转移纸制作原理

（1）直接法　就是将激光全息直接涂压在纸上的制作方法，这种方法制作工艺简单，但有局限性，一般只限于定量较轻的纸张。

（2）转移法　就是先将激光全息涂压在 PET（或 BOPP）薄膜上，然后再经过复合、剥离工序，把全息层转移到用户所需纸上的制作方法。这种方法可以转移到各种厚度的纸上，亮度好，但工艺相对复杂。

2. 激光全息转移纸的特点

（1）具有防伪功能　它将点、线等防伪手段扩大到面，使包装纸张的整个表面带有防伪文字和图案，从而给仿造增加了难度。

（2）具有装饰功能　激光全息纸表面具有良好的印刷适性，而且光泽度较好，立体感强，增强印刷的整体效果，从而使包装体现最佳的装饰功能。

（3）可回收降解不污染环境　激光全息转移纸不含塑料薄膜，物理性能与普通纸张相同，可回收降解，不会污染环境。目前，这类环保型包装材料在欧美等发达国家属推荐使用的产品。

（4）识别简单　激光全息转移纸的激光全息文字图案识别简单，容易辨认。

（5）价格低　目前国产激光全息转移纸的价格略高于普通喷铝金银卡纸，但比进口的全息转移纸要低。

五、 在水中保持刚性的纸板

美国一家造纸公司研制成一种新型纸板，它在水中也能够保持坚硬度。这种纸板浸透了高强度树脂和防水纤维素胶剂的混合物，用热固性树脂配方浸渍和加固，内外涂有特殊涂料。将其浸在水中 10d 以上仍能保持刚性，与同样条件下的蜡浸过的瓦楞纸板相比，坚硬度大 3 倍，堆集强度大 2 倍，而且容易利用热熔设备进行自动包装。

此外，还有许多新型功能的纸质包装材料，如吸水功能纸、耐水加工纸、长效防霉纸、水果保鲜纸、轻量化纸板等。

食品包装纸对治理由于塑料引起的“白色污染”能起到积极的替代作用，是世界公认的“绿色包装”产品，所以它将成为未来食品包装的发展主流。

六、 防 腐 纸

日本公司生产的食品包装防腐纸，其制作方法是将原纸泡在含 20% 琥珀酸钠和 0.07% 山梨酸的乙醇溶液中，然后进行干燥。利用这种纸包装带卤汁的食品，可以在 38℃的高温下存放三周而不会变质。日本另一家公司生产的一种能长期防止食品发霉变质且不损害食品风味的新型包装纸。该纸是把特别的单甘油酯与其中的化合物融合后，作为有效成分溶于水与乙醇的水溶液，然后在纸上进行喷涂或作浸润处理后干燥而成，它可用来包装各种食品。

七、 除 臭 纸

现在研究的除臭包装纸材料已有 40 余种，主要分三种类型：A 类属化学除臭型。能除去氮系化合物和硫系化合物加氨气、二甲胺、三甲胺、硫化氢等臭味或异味。B 类属物理型。主要用于除去硫化氢、羧酸等类臭气或异味，其特点是对高浓度硫化氢除臭效果好。C 类材料是混合除臭型。主要用活性炭除臭剂制成，低浓度除臭力好是此类材料的特点。除臭包装纸薄膜用于食品包装可以起到除臭保鲜的效果。一般除臭包装主要用于那些各具特殊气味或异味的食品，以及农产品、水产品的包装。

八、 纸基复合包装

这是复合软包装中的一种，主要有贴膜型、衬袋型、嵌入型、液体型等。纸基复合包装的主要难题是解决防渗问题，因为油分子极小。如日本研制了一种盒装食油的复合纸盒，非常成功。复合纸的结构为 PE/纸/PE/AL/PET/PE，以纸为基材经铝塑 6 层复合制成。由于复合层有铝箔，其性能优于玻璃瓶和塑料瓶，既安全，又轻便，且印刷精美，提高了商品的附加值和竞争力。

国外已经研制成功一种超强度复合纸。该纸洁白如雪、薄如蝉翼、柔似锦缎，反复折叠后仍完好如初，又称软玻璃，而且价格低廉。这类“纸”是用玄武岩在 2000℃高温中拉成纤维，浸渍酚醛树脂并渗入白土粉后制成薄膜的。由于以岩石为主料，所以长期贮存不会变脆、发霉、虫蛀，而且可以染印色彩，用途较广。

第五节　纸类材料容器

食品在加工、运输、贮藏、销售、消费者使用的过程中均需包装。食品包装容器通常是指与食品直接接触的包装容器，即内包装容器。使用包装容器或包装材料进行包装（通常指在加工厂内进行包装）的食品称为包装食品。

纸类材料容器主要有包装纸盒、包装纸箱、枝江模制品、复合纸罐、复合纸杯、纸餐盒、纸托盘、液体包装用纸盒和衬袋箱等。

纸类材料容器的特点是可以选择各种印刷方法，质量稳定，可大量生产、供应，容易实现包装工艺合理化，包装废弃物容易处理可以和其他材料复合化，能扩大纸容器的功能。

一、 包 装 纸 盒

纸盒是一个立体的造型，是用纸板制成的由若干个组成的面的移动、堆积、折叠、包围而成的多面形体构成的包装容器。纸盒包装在很大程度上是以其精美造型和装潢来宣传美化商品，提高商品的竞争性。由于纸盒的造型和结构设计往往要由被包装商品的形状特点来确定，所以其式样和类型很多，有长方形、正方形、多边形、异形纸盒、圆筒形等，但其制造工艺过程基本相同，即选择材料——设计图标——制造模板——冲压——接合成盒。

纸盒包装的结构要根据不同商品的特点和要求，采用适当的尺寸、适当的材料（瓦楞纸板、硬纸板、白纸板等）和美观的造型来保护商品、美化商品、方便使用和促进销售。随着市场经济的发展，人们生活水平的提高，对食品包装的要求也越来越高，除了要求表面的装饰加工外，还要进行立体成型加工，把商品通过艺术手法形象地传达给消费者，以达到促销目的。

用于食品包装的纸盒一般有纸板裁切，经过模切、压痕后折叠成型，粘接成型而成的容器。纸盒的种类和式样很多，差别在于结构形式、开口方式和封口方法。通常按纸盒的制盒方式可分为折叠纸盒和固定纸盒。

1. 折叠纸盒

折叠纸盒是采用较薄纸板经过裁切和压痕后折叠成盒，在装运商品前，这种纸盒可折叠成平板状堆码和运输储存，装入商品时打开即可成盒形。折叠纸盒是应用范围最广、结构变化最多的一种销售包装容器，其定义一要区别于硬纸板箱和瓦楞纸箱，二要区别于粘贴纸盒：①用厚度为0.3～1.1mm的纸板制造；②在装运商品之前可以平板状折叠堆码进行运输和储存。定义的第一点划分了一个大致的区域，小于0.3mm纸板制造的折叠纸盒其刚度满足不了要求，而大于1.1mm纸板在一般折叠纸盒加工设备上难以获得满意的压痕。

有一部分折叠纸盒成型后不易恢复平板状，从严格意义上来说，应为介于折叠纸盒和固定纸盒之间的半固定纸盒。但由于这部分纸盒是到包装内装物时才现场组装成型，运输仓储依然是平板盒坯，所以应属于广义的折叠纸盒。

其特点为：

成本低，强度较好，具有良好的展示效果，适宜大中批量生产。粘贴纸盒只有在小批量生产，并选用半自动化设备的情况下才可与之竞争；而塑料盒只有在大批量生产，昂贵的模具成本分摊到单个产品上微不足道时才可与之匹敌。

与粘贴盒和塑料盒相比，占用空间小，运输、仓储等流通成本低廉。

在包装机械上的生产效率高，可以实现自动张盒、装填、折盖、封口、集装、堆码等。

结构变化多，能进行盒内间壁，摇盖延伸、曲线压痕、开窗、POP广告板、展销台等多种新颖处理。

但强度较粘贴盒及塑料盒等多种刚性容器低，一般只能包装1～2.5kg的轻型内装物商品，最大盒型尺寸也只能是200～300mm。但瓦楞纸禽和厚度大于1.1mm的硬纸板盒装量及盒型尺寸可以增大。

外观质地不够高雅，不宜作贵重礼品的包装。

主体结构是指构成折叠纸盒盒犎主体的结构形式。按成型方法可分为管式、盘式、管盘式和非管非盘式等几大类。

局部结构是指在折叠纸盘局部如盒盖、盒底、盒面、盒角等的结构形式，有锁口、自锁、间壁、开窗、展示板等。

特征结构是指能表现纸盒特点的结构，它可以是主体结构，但一般多为局部结构，折叠纸盒通常根据特征结构来命名。如自锁底纸盒，主体结构为管式而特征结构为局部结构即自锁式盒底，故有其名。再如盘式自动折叠式纸盒，其特征结构有二，一是局部结构为盒板侧壁可以自动平折，二是主体结构为盘式。还有开窗纸盒，局部开窗为特征结构，但按主体结构分别隶属于管式和盘式两类。

(1) 管式折叠纸盒结构　管式折叠纸盒的最初含义，是指这类纸盒盒盖所位于的盒面，在诸个盒面中，面积最小，如牙膏盒、胶卷盒等，如图3－2（1）所示。但是，这里所讨论的管式折叠纸盒摒弃了造型形式上的统一，而从其成型特性上加以重新定义，即所谓管式折叠纸盒，是指在纸盒成型过程中，盒盖和盒底都需要摇翼折叠组装（或粘合）固定或封口的纸盒，如图3－2（2）所示。这类纸盒与盘式折叠纸盒、非管非盘式折叠纸盒和管盘式折叠纸盒相比，不仅其成型特性不同，制造技术也不同。图3－2（3）所示的纸盒，虽然其盒盖所位于的*LB*面在诸个盒回中，面积最小，但其盒身黏合通过两个*BH*面来进行，盒底摇翼不需经过组装（或粘合）而固定，同时也不能开启，所以不能将其归入管式折叠纸盒。这样，严格从定义上划分，管式折叠纸盒就不再是造型基本相同的一类纸盒，而是在成型特性与制造技术上具有共性的一类纸盒。

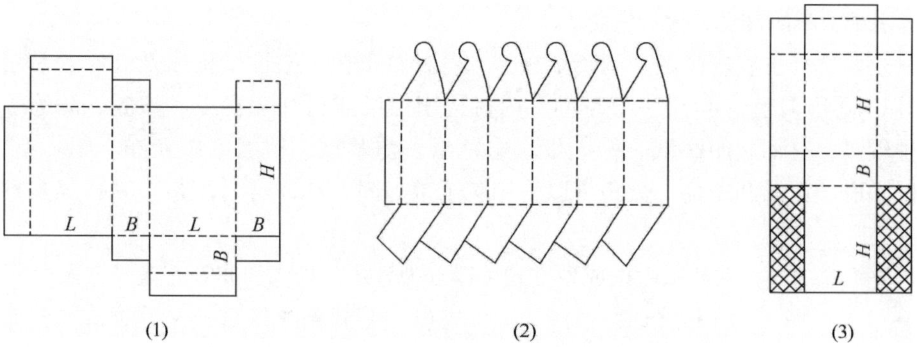

图3－2　管式折叠纸盒

资料来源：摘自参考文献［1］。

（2）盘式折叠纸盒　根据成型特点，盘式折叠纸盒是由一页纸板四周以直角或斜角折叠成主要盒型，有时在角隅处进行锁合或黏合；如果需要，这个盒型的一个体板可以延伸组成盒盖。与管式折叠纸盒所不同，这种盒型在盒底上几乎无结构变化，主要的结构变化在盒体位置，如图3－3所示。

原盘式盒定义为盒盖位置在最大盒面上的折叠纸盒，一般高度相对较小，盒底负载面大，而且开启后观察内装物的面积较大，有利于消费者挑选和购买。盘式折叠纸盒适合于包装鞋帽、服装、食品和礼品。

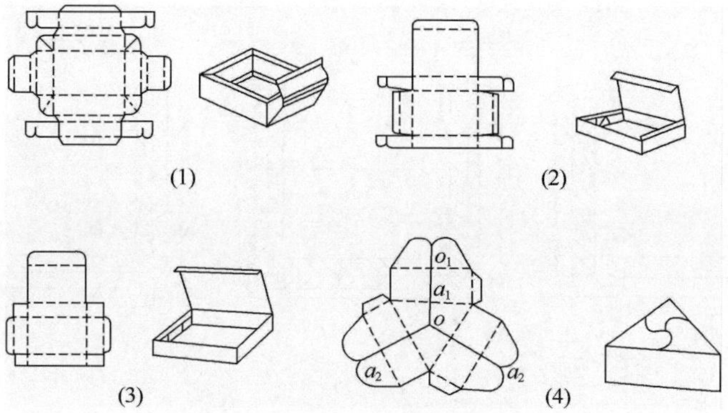

图3－3　典型盘式折叠纸盒形式

2. 固定纸盒

固定纸盒又称粘贴纸盒，顾名思义，它是用贴面材料将基材纸板粘合裱贴而成型，成型后即不能再折叠成平板状，而只能以固定盒型运输和仓储，所以它具有以下特点。

①优点。可以选用众多品种的贴面材料，通过适当的选择来获得最佳视觉效果，与折叠纸盒相比，外观质地设计可选择范围广。与一般折叠纸盒相比，防戳穿保护性好，堆码强度高。同样小批量，粘贴纸盘与折叠纸盒相比，较为经济，因而适合小批量订货。具有展示促销功能。

随着盒盖开启而摆放陈列于柜台上，在展示内装物的同时，包装内外质地暗喻产品质量上乘。

②缺点。与折叠纸盒相比，劳动量大，故生产成本高。不能折叠堆码，占用空间大，所以运输及仓储费用高。贴面材料一般手工定位，印刷面容易偏移，效果不如折叠纸盒。生产速度慢，储运困难，不能接受大批量定货。

基材主要选择挺度较高的非耐折纸板，如各种草纸板、刚性纸板以及高级食品用双面异色纸板等。常用厚度范围为1～1.3mm。内衬选用白纸或白细瓦楞纸、塑胶、海绵等。贴面材料品种较多，有铜版印刷纸、蜡光纸、彩色纸、仿革纸、植绒纸以及布、绢、革、箔等。而且可以印刷、压凸和烫金。盒角可以采用胶纸带加固、钉合、纸（布）黏合等多种方式进行固定。

与折叠纸盒一样，粘贴纸盒按成型方式可以分为管式、盘式和亦管亦盘式三大类。

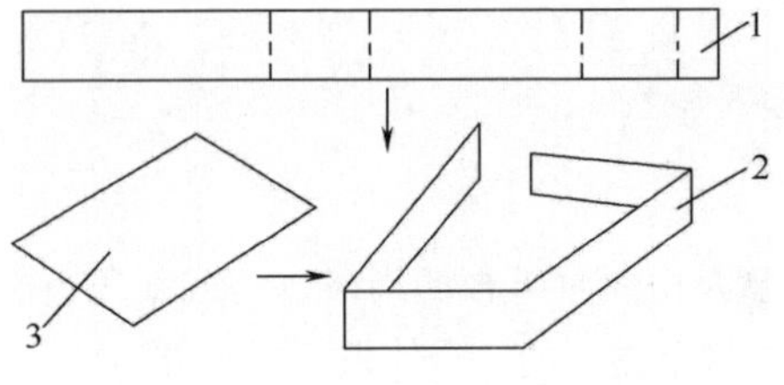

图3－4 管式粘贴盒

1—粘贴面纸 2—体板 3—底板

（1）管式粘贴纸盒 又称框式，盒底与盒体分开成型，即基盒由边框和底板（盒盖为顶板）两部分组成，外敷贴面纸加以固定和装饰，如图3－4所示。

结构特点：①主要用手工粘贴；②用纸或布来固定盒体四角，为了防止盒体表面露出包角痕迹，勿用钉合方式固定；③手工裁料，尺寸精度高。

图3－5（1）结构比较简单，易于生产，但顶板受压时容易脱落，而且边框粘贴面纸与盒顶粘贴面纸的接缝明显，影响外观。图3－5（2）增加了一块扣板使纸盒强度有所增加，但是边框粘贴面纸与盒顶粘贴面纸的接缝仍很明显。图3－5（3）的结构强度较高，接缝处又不易看到，外观效果最佳。

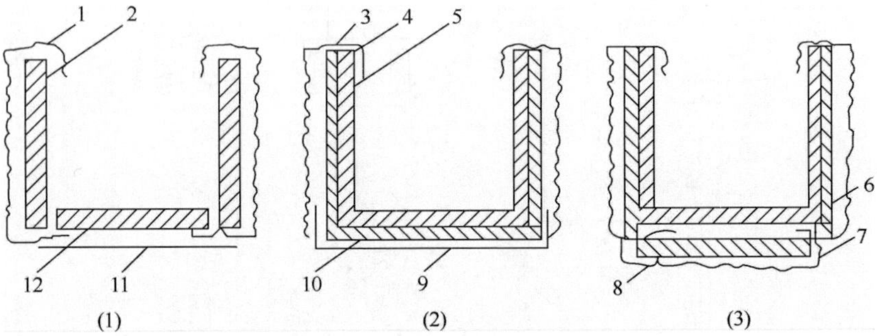

图3－5 管式粘贴纸盒结构

1、3—体板粘贴材料 2—体板 4—体板（外框） 5—体内板（内框）
6—底内板 7、9、11—底板粘贴资料 8、10、12—底板

（2）盘式粘贴纸盒 又称单片折页式，即用一页纸板制成盒体，如图3－6所示。

结构特点：①可以用纸、布、钉合或扣眼来同定盒体四角；②结构简单，既可以手工粘贴，也可以机械粘贴，便于大量生产；③四角及压痕精度较差，如图3－6（2）所示。

盘式粘贴纸盒的结构形式如图3－7所示。

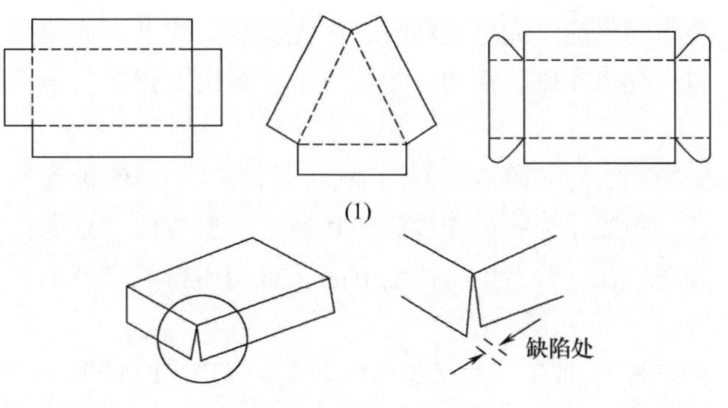

图3-6 盘式粘贴纸盒

资料来源：摘自参考文献［1］。

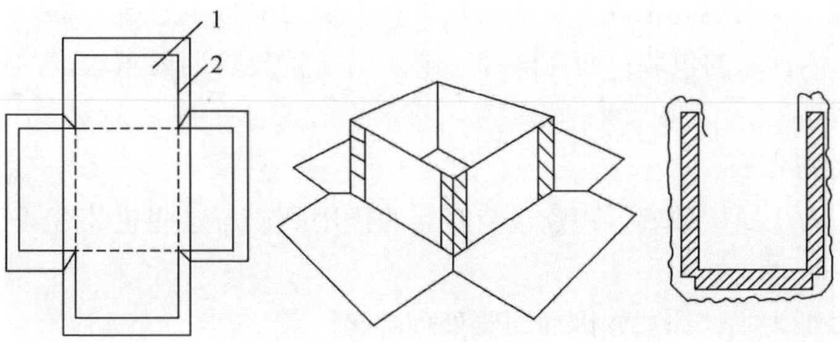

图3-7 盘式粘贴纸盒基本结构

1—盒板 2—粘贴面纸

（3）亦管亦盘式粘贴纸盒 是指在双壁结构或宽边结构中，盒体由盘式方法成型，而内框由管式方法成型。或者在粘贴纸盒由盒盖盒体两部分组成的情况下，其中一部分由盘式方法成型，另一部分则由管式方法成型，如书盒，如图3-8所示。

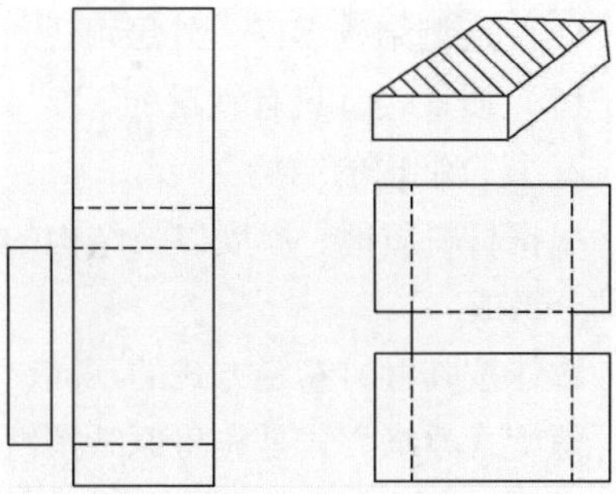

图3-8 书盒结构

资料来源：摘自参考文献［1］。

二、 其他纸类材料容器

（一） 纸袋

食品包装用纸袋是由纸质或纸的复合材料制成的一种直接接触食品的扁平管状容器。

纸袋的种类很多，根据材料不同分为纸质袋、淋膜纸袋、涂蜡纸袋。按包装容量和用途分为大纸袋和小纸袋，小纸袋多用于商店作零售商品的包装，容量在10kg以内；大纸袋多用于大宗粉粒状产品贮运的包装，容量在10~50kg。纸袋从结构形式上可分为信封式、扁平式袋式、方底袋式、六方底袋式、M形折叠式和手提方底袋式等，其封口方法主要分黏合、缝合、胶带封口、钉针封口和热压封口等。

按装袋方法分类，小袋有预制袋和制袋充填封口式袋。预制袋是在包装之前用手工制袋机成型，由制袋厂或制袋车间供应，充填物料时，需先将袋口撑开，充填后封口。制袋—充填—封口式袋是由包装材料厂提供印刷、裁切后的包装纸，制袋过程是与填充、封口在一台机器上连续完成的。

制袋以纸张为主要原料，除了具有较好的强度、耐折性、透湿性等外，还具有优良包装适应性、印刷性和经济性。制袋作为一种纸容器，其加工成型方便，自动化程度高、容器开启方便、用后废弃物容易处理，在光和微生物作用下能在短期内自然降解消失。因此，制袋广泛用于盛装食品、农产品等。

目前与纸袋相关的产品标准有《食品零售包装袋》（BB/T 0039—2013），与食品直接接触的纸袋应符合强制性国家标准《食品包装用原纸卫生标准》（GB 11680—1989）的要求。

目前被列入实施生产许可管理的纸袋产品范围为纸质袋、淋膜纸袋和涂蜡纸袋。制袋充填封口式袋在包装材料出厂时是包装纸状态，列入食品用纸包装材料单元食品包装纸产品的范围。

（二）复合纸罐

复合纸罐是近几年发展起来的一种纸与其他材料复合制成的包装容器。在国内，主要用于土豆片和茶叶等固体食品的包装；而在国外，则多用于盛装防潮要求较高的保健食品、油料食品、冷冻浓缩食品等。

1. 复合纸罐的特点

复合纸罐可作为金属、玻璃、陶瓷包装容器的代用品，与这些包装容器相比，复合纸罐具有以下一些特点。

（1）由于是以纸为主体原料，因而回收处理容易。

（2）保护性能优良，可防水、防潮，有一定的隔热效果。

（3）特别适用于食品包装，无臭、无毒、安全可靠。

（4）可充填各种形状的商品，且充填时噪声小。

（5）可承受正压或负压，可用于真空或充氮包装。

（6）造型结构多样，外层可进行彩印，具有良好的陈列效果。

（7）质量轻，只有铁罐的30%，流通容易，使用方便，价格较低。

2. 复合纸罐的结构

根据材料质地、厚度以及结构的不同，复合纸罐可有多种造型，但都由罐体、罐底、罐盖三部分组成。

罐体按其材料卷绕方式的不同，有两种结构，螺旋式和平卷式。

螺旋式卷绕方式是先将原纸按纸罐直径大小切成带状纸盘，然后在纸管机上卷绕，卷绕时层与层之间互成一个斜角，形成一个连续的积层筒体，然后再按纸罐高度切成所需罐体。这种罐体生产方式效率高，质量也较好。

平卷式这种卷绕方法也称直卷法，是将一定规格的纸一层层完全卷叠在转动着的芯轴上，直到所需厚度为止。平卷式罐体的造型多样化，但需使用不同形状的轴芯。罐体的最外层也可另加装潢用表面纸或塑料薄膜。中间层也即壁体，一般选择具有一定厚度以及拉伸、压缩、破裂强度或是废的原纸即可，因夹在中间，各种性能要求不高。罐体的内衬因直接接触物品，所以一般要求采用优质的原纸、羊皮纸、塑料薄膜、加工纸或铝箔等。

螺旋式卷绕形成的罐体构造可分为内衬、壁体和标签三层。内衬作为产品内部的阴隔层，常用铝箔或各种纸塑复合材料；壁体又有多层，常用大定量的牛皮纸，以保证罐的强度和刚度；

标签则为整个罐体提供了高质量的装潢。罐体材料的选择取决于所包装的物品，对渗透性较强且保存期要求长的液体饮料，一般采用 PE/铝箔/PE/纸，而准冻浓缩及装入袋内的饮料，则可采用 PE/纸材料。

3. 复合纸罐的应用

复合纸罐常用于盛装用于粉末状固体食品，如可可粉、茶叶、砂糖、盐、麦片、咖啡及各种固体饮料。而更多的是用于盛装各种食品，如果汁、酒、矿泉水、牛乳等；也可用于盛装防潮要求较高的保健食品、油料食品、冷冻浓缩食品等。例如，美国约有 85% 的浓缩柑橘汁采用复合纸罐包装。日本 50% 以上的软饮料是采用铝质易开盖的复合纸罐包装。复合纸罐也可用于专用包装技术如真空包装，包括咖啡乳粉及花生等的“干”真空包装和浓缩汁及调味品的“湿”真空包装。压力包装包括充氮快餐食品包装和含气饮料包装。复合纸罐的绝热性可阻隔外界温度的影响，但不适用于冷冻和热加工包装。

（三） 复合纸杯

纸杯是以纸为基材的复合材料经卷绕并与纸粘合而成的，其基本结构为杯身、杯底及各种形式的杯盖，不同形式的纸杯制品如图 3－9 所示。纸杯通常是口大底小，可以一只只套叠起来，便于取用、装填和储存。制杯用的原材料是专用纸杯材料，主要有两类，一类是聚乙烯涂层或聚乙烯膜/纸复合材料，聚乙烯涂层（即淋膜）有单面淋膜和双面淋膜两种，可用于盛放沸水而作热饮料杯；另一类是涂蜡纸板材料，由于石蜡不耐高温，温度在 60℃ 左右就会溶化，涂蜡纸杯只能用作盛装低温食品，主要用作冷饮料杯或常温、低温的流体食品杯、冰淇淋杯。现在许多冷饮杯、冰淇淋杯也采用淋膜纸杯。

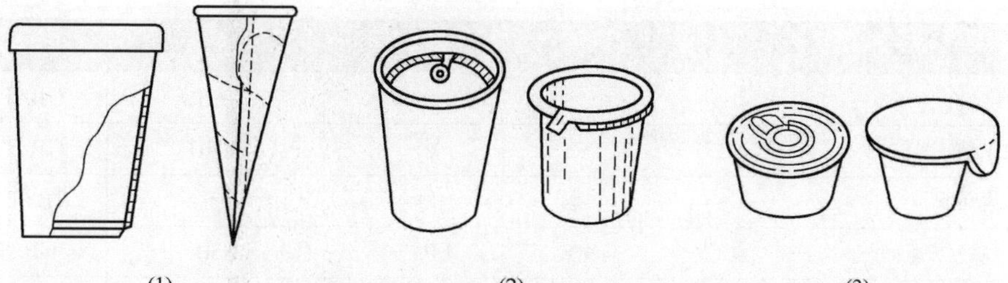

(1)　　(2)　　(3)

图 3－9　不同形式的纸杯制品

（1）纸质冰淇淋杯　（2）饮料杯　（3）果酱杯

资料来源：摘自参考文献［18］。

纸杯的特点是质轻、卫生、价格低廉、便于废弃处理；目前多用作饭店、饮料店、宾馆、机场等一次性使用器具。

目前与纸板相关的产品标准有《纸杯》（GB/T 27590—2011），聚乙烯涂层、聚乙烯膜应符合强制性国家标准《食品包装用聚乙烯成型品卫生标准》（GB 9687—1988）的要求，石蜡应符合强制性国家标准《食品级石蜡》（GB 7189—2010）的要求。

被列入实施 QS 生产许可管理的纸杯产品范围为淋膜纸杯和涂蜡纸杯。

（四） 纸质托盘

纸质托盘是由复合纸经冲切成杯后冲压而成，深度可达 6～8mm，纸板涂覆 LDPE、HDPE 和 PP 等涂料后，可耐 100℃ 以上的加工温度。表 3－15 所示为不同加工温度纸质托盘对涂料的选用情况。

表 3－15　　纸质托盘不同加工温度对涂料的选用

加热设备	涂料	加热设备	涂料
微波炉	PP、HDPE	蒸汽箱（100℃）	PP、HDPE
炊用炉（140～150℃）	PP	热水槽（100℃）	PP、HDPE
热风炉（130～140℃）	PP		

纸质托盘主要用于烹调食品、微波热加工食品、快餐食品等包装及用作热收缩包装底盘，具有耐高温、耐油、成本低、使用方便、外观好等优点。

（五）纸餐盒

纸餐盒是一种新型环保包装制品，旨在取代 EPS（发泡聚苯乙烯）快餐盒。近年来，随着人们的生活节奏的加快，各类快餐业也迅速兴起。由于普遍使用塑料泡沫的餐盒抛弃后长时期不腐烂，对环境的污染亦日益严重，于是纸质餐盒应运而生。尽管其比塑料泡沫成本高，但由于其易于腐烂和便于回收再循环，成为各国政府首推的餐盒之一。

国家轻工业标准《纸餐盒》（QB/T 2341—1997）对以植物纤维为主要原料生产的纸餐盒作了详细的规定。

纸餐盒纸板技术指标 应符合 QB/T 2341—1997 规定，物理性能、试样制备、处理和试验，应在 GB/T 10739 规定的温度（23±1）℃和相对湿度（50±2）% 标准大气条件下进行。餐盒纸板、纸餐盒的技术指标如表 3－16 所示，卫生指标如表 3－17 所示。

表 3－16　　餐盒纸板、纸餐盒的技术指标

指标名称			单位	规定	试验方法
定量（G[a]）允差			%	±5	GB/T 451.2
厚度（T[a]）允差			%	±10	GB/T 451.3
耐折度（横向）		≥	次	15	GB/T 2679.5
耐破度		≥	kPa	850	GB/T 1539
挺度	纵向	≥	mN·m	21.5	GB/T 2679.3
	横向		mN·m	10.0	
环压强度[b]（横向）		≥	kN/m	2.80	GB/T 2679.8
短距强度[b]（横向）			kN/m	5.00	GB/T 2679.10
亮度	印刷面	≥	%	70.0	GB/T 7974
	防油防水面			60.0	
表面吸水	印刷面	≤	g/m^2（3min）	60.0	GB/T 1540
	防油防水面			25.0	
交货水分			%	8±2.0	GB/T 462
容积		≥	mL	大号 600±25	附录 A[c]
				中号 500±25	
				小号 400±10	

续表

指标名称		单位	规定	试验方法
耐水（90±5）℃，1h		—	不漏水	附录 A[c]
耐油（150±10）℃，1h			不漏油	
负重性能（高度变化）	≤	%	5.0	附录 A[c]
盒盖折次	≥	次	15	附录 A[c]

注：a. G－标准的定量；T－标准厚度。

b. 环压强度与短距压缩两者择一，只要达到相应的指标要求均可判为合格。

c. 为 QB/T 2341—1997 中的附录 A。

表 3－17　　餐盒纸板、纸餐盒的卫生指标

指标名称				单位	规定	试验方法
理化指标	铅（以 Pb 计）		≤	mg/kg	5.0	GB/T 3561
	砷（以 As 计）		≤	mg/kg	1.0	GB/T 3561
	脱色试纸（水、正己烷）				阴性	GB/T 3561
	荧光物质	254nm 及 365nm		—	合格	GB/T 3561
		亮度		%	$R_f \leq 2.0$	GB/T 7974
卫生标准	大肠菌群		≤	个/100g	30	GB/T 3561
	致病菌				不得检出	GB/T 3561

《纸餐盒》（GB/T 27589—2011）规定了淋膜纸餐盒的使用性能要求、试验方法、检验规则及标准、包装、运输、贮存。

（六）纸浆模塑制品

纸浆模塑是一种立体造纸技术。它以废纸为原料，在模塑机上由特殊的模具塑造出一定形状的纸制品。它具有四大优势：原料为废纸，包括板纸、废纸箱纸、废白边纸等，来源广泛；其制作过程由制浆、吸附成型、干燥定型等工序完成，对环境无害；可以回收再生利用；体积比发泡塑料小，可重叠，交通运输方便。纸浆模塑，除作餐盒、餐具外，更多做工业缓冲包装，目前发展十分迅速。如图 3－10 所示为纸浆模塑产品。

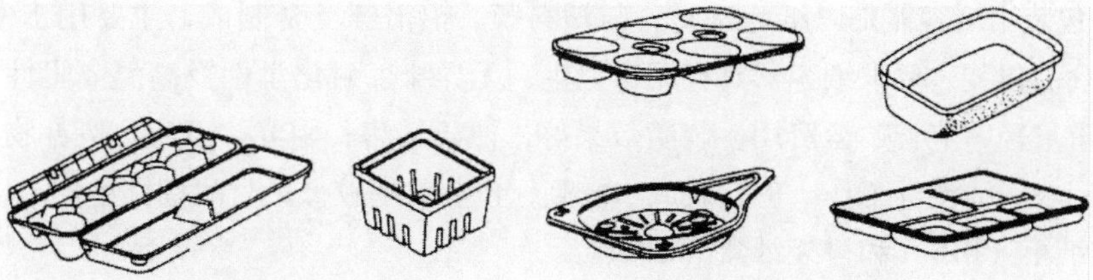

(1) 普通模制法制品　　(2) 精密模制法制品

图 3－10　纸浆模塑产品

资料来源：摘自参考文献［2］。

1. 原料及特点

纸浆模塑是一种立体造纸技术，是指一定浓度的纸浆加入适量的化学助剂在成型机中通过真空或加压使纤维均匀分布在模具表面，从而制成湿纸模坯，再进一步脱水脱模，对制品干燥整形，制成纸浆模制品的生产技术。工业级的纸浆模塑制品主要以废纸和废纸板为原料。不同成分的废纸生产出来的制品具有不同的性能，因此，可以根据制品用途，选用不同的废纸或几种废纸搭配使用，以获得较好的经济效益和使用性能。纸浆模塑快餐具主要以国内来源广泛的芦苇、蔗渣、麦草、秸秆等草本植物纤维浆为原料。与一次性发泡聚苯乙烯制品相比，纸浆模塑制品具有以下特点。

（1）原料来源丰富，成本低，节省资源。

（2）投资小，成型设备及工艺都较简单，工艺应变能力强，只要更换模具，就可以形成各种形式的产品。

（3）对商品具有优良的保护性能，能防震缓冲、定位、抗压且通风散热。

（4）质轻价廉，无污染，可回收再利用。

（5）制品受潮后易变形，强度也随之下降。

（6）制品如不经特殊处理，则外观档次较低。

2. 应用

纸浆模塑制品目前主要应用于以下产品。

（1）快餐器具　如餐盒、方便碗、快餐托盘、盘碟等；

（2）禽蛋托盘　因其具有疏松的材质和独特的蛋形曲面，所以具有更好的透气性、保鲜性和优良的缓冲性和定位作用；

（3）鲜果托盘　可以避免水果间的碰撞损坏，散发出水果的呼吸热，防止水果腐烂，延长水果保鲜期；

（4）工业托盘　主要用于玻璃瓶、罐头等易碎产品的定位缓冲包装或精密仪器、电子元件、医疗器械、家用电器、工艺品等工业产品的衬垫；

（5）农用托盘　可用作农作物育苗养钵，花卉、苗木用的护罩及蚕用方格等；

（6）特种材料　纸浆模塑制品除了上述用途外，还具有特殊的美化功能，如可在销售包装中制成外表着色的盒形包装，还可在纸浆中添加合成树脂模塑制成硬质纸纤维板，用于室内装潢。此外，在兵工、服装、家具等行业中也将有用武之地。

（七）液体包装用纸容器和衬袋盒

1. 液体包装用纸容器是以纸为基材，与塑料膜、铝箔等复合制成，主要用于牛奶、饮料、酒类等液体食品包装，要求纸容器具有无毒卫生、无异味、耐化学性及高温隔阻性和热封性等特点。容器重量轻，节省贮运费用；装潢效果好，便于销售；阻光、卫生；废弃物易处理，可省去容器的回收、清洗等工作。但包装成本较高，包装效率较低，且耐潮性不佳。

2. 衬袋纸箱（BIB）和衬袋纸盒（BIC）

衬袋纸箱是供一次性运输包装液体的容器，主要用于浓缩果汁类食品的运输包装，这种容器的外包装是瓦楞纸箱。

衬袋纸盒也称小型 BIB。BIC 的外包装是 E 型瓦楞纸盒，内衬塑料包装袋，容量在 2000mL 以下。

第六节 瓦楞纸箱

瓦楞纸箱是一种十分重要的包装容器，其用量一直名列榜首。近年来，世界经济的高速增长转为平缓。经济因素、大众消费心理、商品流通渠道及市场销售形式的深刻变化，影响到瓦楞纸箱的箱型结构在传统箱型的基础上又有了新的发展。

一、瓦楞纸板

瓦楞纸板（Corrugated board）由至少一层瓦楞纸和一层箱纸板粘合而成，具有较好的弹性和延伸性。主要用于制造纸箱、纸箱的夹心以及易碎商品的其他包装材料。用土法草浆和废纸经打浆，制成类似黄纸板的原纸板，再机械加工使轧成瓦楞状，然后在其表面用硅酸钠等胶粘剂与箱板纸粘合而成。

（一）瓦楞纸板的楞形

瓦楞楞形即瓦楞的形状。一组瓦楞由两个圆弧及其相连接的切线所组成。楞形可分为V形、U形、UV形三种（图3－11）。

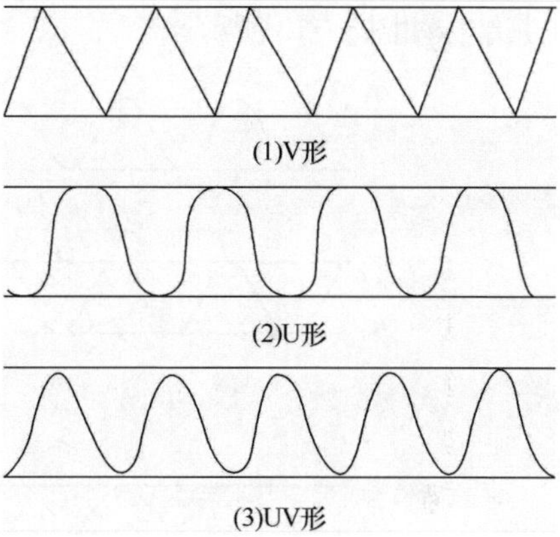

图3－11 瓦楞楞形

V形楞的圆弧半径较小，加压初期抗压性较好，但超过最高点后即迅速破坏。所以，其缓冲性能差，抗压力强，粘合剂施涂面小，不易粘合。

U形楞的圆弧半径较大，富有弹性，吸收冲击能量的能力大，且当压力消除后仍能恢复原状。所以，其缓冲性能好。抗压力弱，粘合剂施涂面大，易于粘合。

UV形楞介于U形楞和V形楞之间，其圆弧半径大于V形，小于U形，因而兼有二者的优点，应用较广。

（二）瓦楞纸板的楞型

瓦楞楞型指瓦楞型号种类，即瓦楞大小、密度、与特性不同的分类。根据《瓦楞纸板》（GB/T 6544—2008）规定，所有楞型的瓦楞现状均采用UV形，瓦楞纸板的楞型有A、B、C、E、F五种，如表3－18所示。

表3－18 瓦楞纸板楞型

楞型	楞高 h/mm	楞宽/t/mm	楞数/（个/300mm）
A	4.5～5.0	8.0～9.5	34±3
C	3.5～4.0	6.8～7.9	41±3
B	2.5～3.0	5.5～6.5	50±4
E	1.1～2.0	3.0～3.5	93±6
F	0.6～0.9	1.0～2.6	136±20

（1）A 楞　A 楞特点是单位长度内的瓦楞数目少而瓦楞高度大。A 楞纸箱适于包装易损物品，有较大的缓冲力。

（2）B 楞　特点是单位长度内的瓦楞数目多而瓦楞高度小，适合包装较重和较硬的物品，多用于罐头饮料等瓶装物品的包装。另外，由于 B 楞纸板坚硬且不易破坏，可用于制造形状复杂的组合箱。

（3）C 楞　单位长度内的瓦楞数目及楞高，介于 A、B 型之间，性能则接近 A 楞，而纸厚小于 A 楞。所以，可以节省保管及运输费用。欧美各国多采用 C 楞。

（4）E 楞　E 楞在单位长度内的瓦楞数目较多，瓦楞高度较小，具有厚度更小更坚硬的特点。用它制造的瓦楞折叠纸盒，比普通纸板缓冲能好，而且开槽切口美观，表面光滑，可以进行彩色印刷。

（5）F 楞　F 型瓦楞也称为微型瓦楞，是一种极薄的瓦楞，用作汉堡、奶油馅糕点等食品的一次性包装容器，或者用作数码相机、便携式组合音响等微电产品及冷藏商品的包装。

（三）瓦楞纸板的种类

瓦楞纸板可分为单层瓦楞纸板、双面瓦楞纸板、双芯双面瓦楞纸板及三芯双面瓦楞纸板四种，其结构如图 3－12 所示。

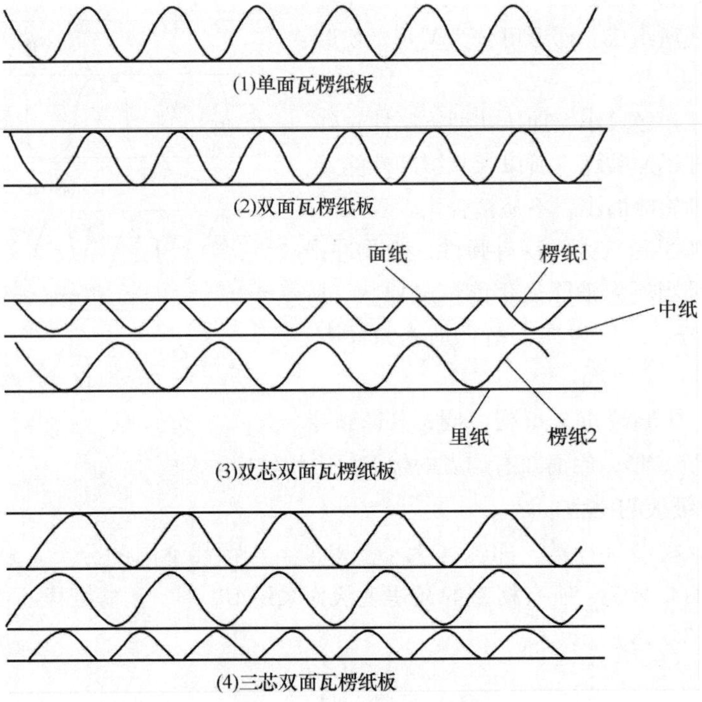

图 3－12　瓦楞纸板种类

1. 单面瓦楞纸板

它是由一张面纸和一张瓦楞芯纸粘合而成，亦称为二层纸板。单面瓦楞纸板很少单独作为外包装用，多数利用它的弹性来保护商品，作为内包装及包装衬垫。

2. 双面瓦楞纸板

它又称为双面瓦楞纸板（或称单楞瓦楞纸板），由一张瓦楞芯纸两面各粘一张箱板纸（或牛皮纸）组合而成。多用于生产中包装或外包装的小型纸箱。三层纸板在瓦楞纸板中所占的比重非常高。

3. 双芯双面瓦楞纸板

它由面、里及芯三张纸和两张瓦楞芯纸粘合而成，又称为双面双楞瓦楞纸板。其组成顺序为面纸、瓦楞芯纸、芯纸、瓦楞芯纸、里纸。五层纸板一般由 A 型楞同 B 型楞组合。它也可以由其他型式的瓦楞组合为 A－C 型、B－C 型、A－E 型及 B－E 型。五层纸板主要是用来制造纸箱。因为它比三层纸板具有较大的强度，装载稳定，允许制成较大规格和载重量较大的纸箱。它具有高的堆叠强度，广泛适用于较重的商品或容易破碎的商品。

4. 三芯双面瓦楞纸板

亦称双面三楞瓦楞纸板，它由里、面、芯、芯四张纸及三张瓦楞芯纸粘合而成。至于楞型的组合，通常用 B－A－B 型结构，亦可用 B－A－A、C－A－C 及 B－A－C 型结构。近来日本又有 E－B－A 型结构。七层纸板具有纵向同横向压缩强度一样的特点，可使纵向强度增加，而纸板的厚度减薄。它主要用于重型商品的包装，有时利用它的高强度制作一些特殊衬垫。

（四）瓦楞纸板的技术标准

瓦楞纸板的性能指标，各国根据生产实际制定了不同的标准。我国国家标准中对瓦楞纸板的质量提出了明确的要求，用于制造瓦楞纸箱的瓦楞纸板技术指标如表 3－19 所示。

表 3－19　　瓦楞纸板的技术指标（GB/T 6544—2008）

代号	瓦楞纸板最小综合定量/(g/m^2)	优等品			合格品		
		类级代号	耐破强度（不低于）/kPa	边压强度（不低于）/(kN/m)	类级代号	耐破强度（不低于）/kPa	边压强度（不低于）/(kN/m)
S	250	S－1.1	650	3.00	S－2.1	450	2.00
	320	S－1.2	800	3.50	S－2.2	600	2.50
	360	S－1.3	1000	4.50	S－2.3	750	3.00
	420	S－1.4	1150	5.50	S－2.4	850	3.50
	500	S－1.5	1500	6.50	S－2.5	1000	4.50
D	375	D－1.1	800	4.50	D－2.1	600	2.80
	450	D－1.2	1100	5.00	D－2.2	800	3.20
	560	D－1.3	1380	7.00	D－2.3	1100	4.50
	640	D－1.4	1700	8.00	D－2.4	1200	6.00
	700	D－1.5	1900	9.00	D－2.5	1300	6.50
T	640	T－1.1	1800	8.00	T－2.1	1300	5.00
	720	T－1.2	2000	10.0	T－2.2	1500	6.00
	820	T－1.3	2200	13.0	T－2.3	1600	8.00
	1000	T－1.4	2500	15.5	T－2.4	1900	10.0

注：各类级的耐破强度和边压强度可根据流通环境或客户的要求任选一项。

二、瓦楞纸箱

瓦楞纸板经过模切、压痕、钉箱或粘箱制成瓦楞纸箱。瓦楞纸箱是一种应用最广的包装制品，用量一直是各种包装制品之首。包括钙塑瓦楞纸箱。瓦楞纸箱以其优越的使用性能和良好的加工性能逐渐取代了木箱等运输包装容器，成为运输包装的主力军。

（一）瓦楞纸箱的特性及纸箱结构基本形式

1. 瓦楞纸箱的特性

瓦楞纸箱是采用具有空心结构的瓦楞纸板，经过成型工序制成的包装容器。瓦楞纸箱采用包括单瓦楞、双瓦楞、三瓦楞等各种类型的纸板作包装材料，大型纸箱所装载货物重量可达3t。瓦楞纸箱的应用范围非常广泛，几乎包括所有的日用消费品，包括水果、蔬菜、加工食品、针棉织品、玻璃陶瓷、化妆品、医药药品等各种日用品以及自行车、家用电器、精美家具等。瓦楞纸板舱产值在整个包材料中所占的比重在20%～25%以上。

（1）从保护的功能来看　瓦楞纸箱的设计可使它具有足够的强度；富有弹性，具有良好的防震防缓冲功能；且密封性好，能防尘、保持产品清洁卫生等。

（2）从方便流通的功能看　瓦楞纸箱便于实现集装箱化；它本身重量轻，便于装卸堆垛；空箱能折叠，体积能大大缩小，便于空箱储存；瓦楞纸箱箱面光洁，印刷美观，标志明显，便于传达信息。

（3）从降低流通费用的功能看　纸箱耗用资源比木箔要少，其价格自然比木箱低；它的体积重量比木箱要小要轻，有利于节约运费。经废品回收，还可造纸，可节省资源。

（4）瓦楞纸箱的抗压强度不足和防水性能不好，这就要求在使用过程当中尽量注意减少装卸次数，减短存放时间，堆码高度降低，而现代仓储的技术正好的弥补了瓦楞纸箱的不足。这就使得瓦楞纸箱的应用范围大大提升。

2. 纸箱箱型结构的基本形式

瓦楞纸箱箱型结构，在国际上通用由欧洲瓦楞纸箱制造商联合会（FEFCO）和瑞士纸板协会（ASSCO）联合制定的国际纸箱箱型标准。这一标准经国际瓦楞纸板协会（International Corrugated Case Association）批准在国际间通用。

按照国际纸箱箱型标准，纸箱结构可分为基型和组合型两大类。

（1）基型　基型即基本箱型，在标准中有图例可查，一般用四位数字表示，前两位表示箱型种类，后两位表示同一箱型种类中不同的纸箱式样。

① 02——开槽型纸箱。这是一页纸板连体成型，无独立分离的上下摇盖，连体的上下摇盖可以封闭纸箱，一般在纸箱生产厂通过钉合、黏合剂或胶纸带黏合来接合接头。运输时呈平板状，使用时必须封合上下摇盖（图3－13）。

② 03——套合型纸箱。即罩盖型，具有两个以上独立部分组成，即箱体与箱盖（有时也包括箱底）分离。纸箱正放时，箱盖或箱底可以全部或部分盖住箱体（图3－14）。

③ 04——折叠型纸箱。通常由一页纸板组成不需钉合或胶纸带黏合，甚至一部分箱型不需黏合剂粘合，只要折叠即能成型，还可设计锁口、提手和展示牌等结构（图3－15）。

④ 05——滑盖型纸箱。由数个内鞋箱或框架受外箱组成，内箱与外箱以相对方向运动套入。这一类型的部分箱型可以作为其他类型纸箱的外箱（图3－16）。

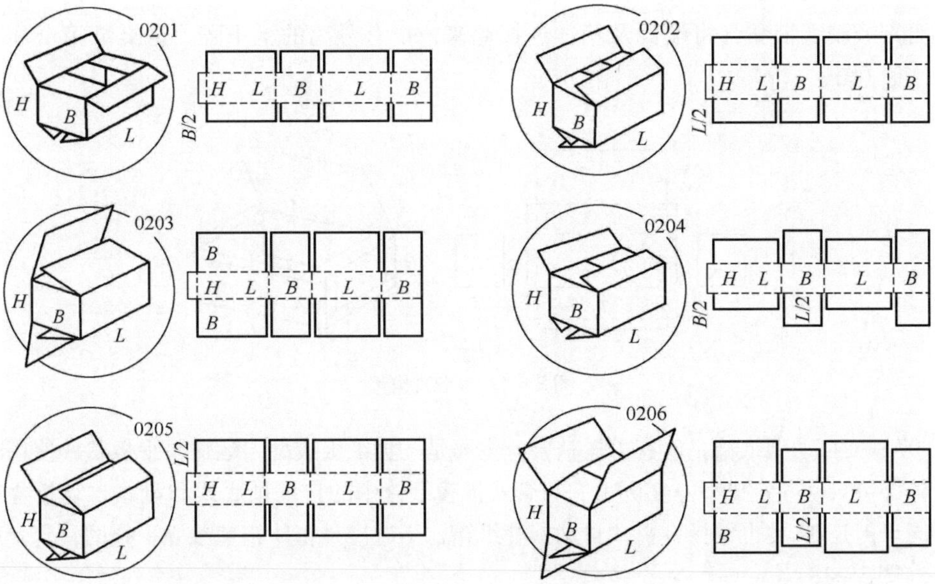

图 3 －13　02 类箱基本箱型和代号

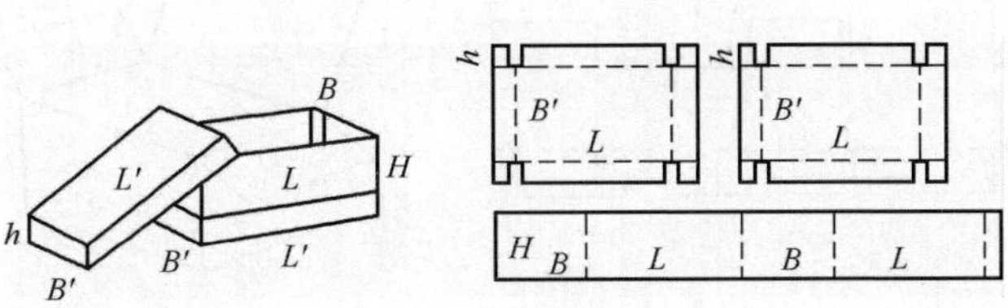

图 3 －14　0310 箱型

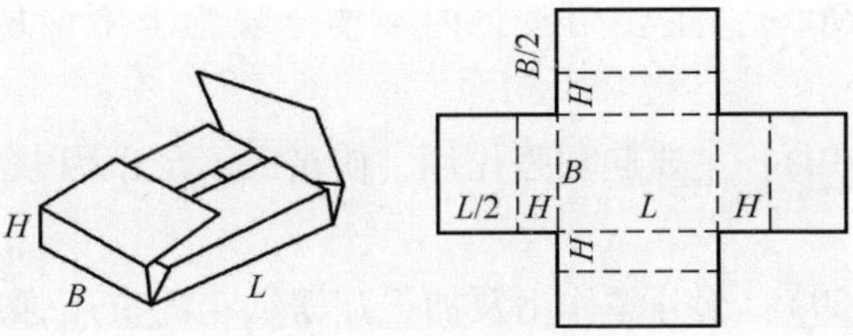

图 3 －15　0420 箱型

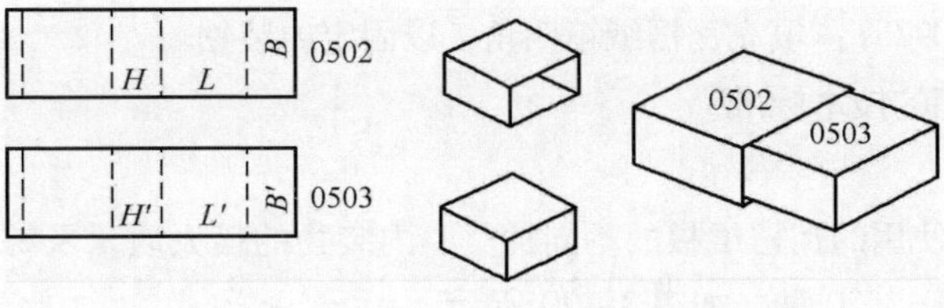

图 3 －16　0502、 0503 箱型

⑤ 06——固定型纸箱。由两个分离的端面及连接这两个端面的箱体组成。使用前通过钉台、黏合剂或胶纸带黏合将端面及箱体连接起来，投有分离的上下盖。这类纸箱俗称布利斯（Bliss）箱（图3－17）。

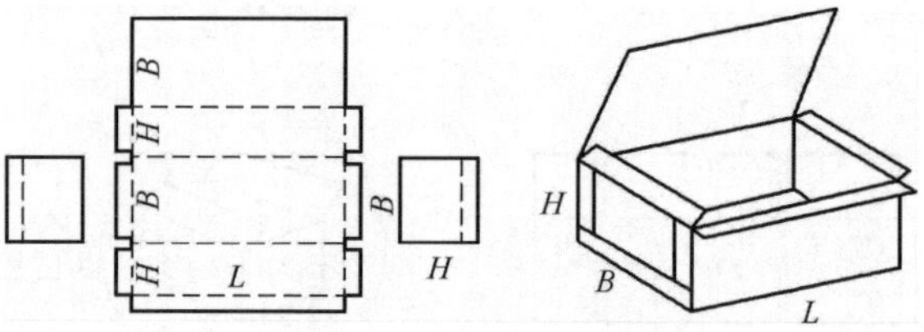

图3－17　0601 箱型

⑥ 07——自动型纸箱。仅有少量粘合，主要是一页纸板成型，运输呈平板状，使用时只要打开箱体即可自动固定成型。实际上它与管式折叠纸盒中的自动锁底式和盘式自动折叠纸盒的结构相同。但是03类也包括有盘式自动折叠纸箱，不过岜是箱体箱盖独立平叠的，套合后即不能平叠（图3－18）。

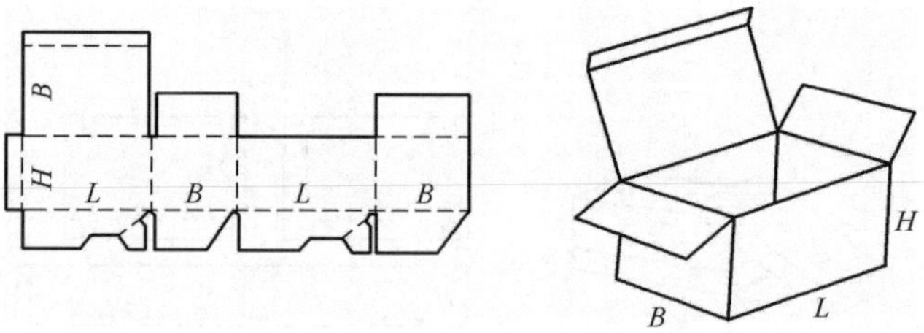

图3－18　0713 箱型

⑦ 09——内衬件。包括村垫、隔板，垫板等。

a. 平板型（0900～0903）：主要用于将内装物分隔为上下两层、左右两部分或前后两部分。

b. 平套型（0904～0910）：主要起加强作用，使箱底不至于因载重而下沉，并增加瓦楞纸箱抗压强度。

c. 直套型（0913～0929）：起分隔作用及加强瓦楞纸箱的抗压强度，尤其是在堆码时保护最下一层纸箱不会压塌。

d. 隔板型（0930～0935）：分隔内装物，使其不相互碰撞。

e. 填充型（0940～0967）：填充瓦楞纸箱上端空间，不使内装物在箱内跳动。

f. 角型（0970～0976）：填充瓦楞纸箱四角，以固定内装物。

（二） 瓦楞纸箱的技术标准

1. 通用瓦楞纸箱

瓦楞纸箱安装所使用的瓦楞纸板的不同种类、内装物的最大质量及综合尺寸、预计的储运流通环境条件等将其分为20种，如表3－20所示。

表3-20　　瓦楞纸箱的分类

种类	内装物量大质量/kg	最大综合尺寸[a]/mm	1类[b]		2类[c]	
			纸箱代号	纸板代号	纸箱代号	纸板代号
单瓦楞纸箱	5	700	BS-1.1	S-1.1	BS-2.1	S-2.1
	10	1000	BS-1.2	S-1.2	BS-2.2	S-2.2
	20	1400	BS-1.3	S-1.3	BS-2.3	S-2.3
	30	1750	BS-1.4	S-1.4	BS-2.4	S-2.4
	40	2000	BS-1.5	S-1.5	BS-2.5	S-2.5
双瓦楞纸箱	15	1000	BD-1.1	D-1.1	BD-2.1	D-2.1
	20	1400	BD-1.2	D-1.2	BD-2.2	D-2.2
	30	1750	BD-1.3	D-1.3	BD-2.3	D-2.3
	40	2000	BD-1.4	D-1.4	BD-2.4	D-2.4
	55	2500	BD-1.5	D-1.5	BD-2.5	D-2.5

注：当内装物最大质量与最大综合尺寸不在同一档次时，应以其较大者为准。

a. 综合尺寸是指瓦楞纸箱内尺寸的长、宽、高之和。

b. 1类纸箱主要用于储运流通环境比较恶劣的情况。

c. 2类纸箱主要用于流通环境较好的情况。

制造瓦楞纸箱所用的瓦楞纸板如表3-21所示。瓦楞纸箱的尺寸最大偏差如表3-22所示。

表3-21　　纸箱种类及对应纸板种类

名称	类别	瓦楞纸箱代号	瓦楞纸板代号	名称	类别	瓦楞纸箱代号	瓦楞纸板代号
单瓦楞纸箱	1类	BS-1.1	S-1.1	双瓦楞纸箱	1类	BD-1.1	D-1.1
		BS-1.2	S-1.2			BD-1.2	D-1.2
		BS-1.3	S-1.3			BD-1.3	D-1.3
		BS-1.4	S-1.4			BD-1.4	D-1.4
		BS-1.5	S-1.5			BD-1.5	D-1.5
	2类	BS-2.1	S-2.1		2类	BD-2.1	D-2.1
		BS-2.2	S-2.2			BD-2.2	D-2.2
		BS-2.3	S-2.3			BD-2.3	D-2.3
		BS-2.4	S-2.4			BD-2.4	D-2.4
		BS-2.5	S-2.5			BD-2.5	S-2.5
	3类	BS-3.1	S-3.1		3类	BD-3.1	D-3.1
		BS-3.2	S-3.2			BD-3.2	D-3.2
		BS-3.3	S-3.3			BD-3.3	D-3.3
		BS-3.4	S-3.4			BD-3.4	D-3.4
		BS-3.5	S-3.5			BD-3.5	D-3.5

表 3-22　纸箱尺寸的允许偏关

种类	1 类箱		2 类箱与 3 类箱			
	单瓦楞纸箱	双瓦楞纸箱	综合尺寸不大于 100mm		综合尺寸不大于 1000mm	
			单瓦楞纸箱	双瓦楞纸箱	单瓦楞纸箱	双瓦楞纸箱
尺寸允许偏关/mm	±3	±5	±3	±5	±4	±6

钉合瓦楞纸箱应使用带有镀层的低碳钢扁丝，扁丝不应有锈斑、剥层、龟裂或其他使用上的缺陷。箱体主、正表面不允许有明显的损坏和污迹，切断口表面裂损宽度不超过 8mm。箱面印刷图字清晰，深浅一致，位置准确，必须在箱盖内印刷纸箱制造厂名称或代号。纸箱接头钉合搭接舌边宽度 35～50mm，金属钉应沿搭接部分中线钉合，采用斜钉（与纸箱立边呈 45°角）或横钉，箱钉应排列整齐、均匀，单排钉距不大于 80mm，钉距均匀，头尾钉距底面压痕边线不大于 20mm。钉合接缝应钉牢、钉透，不得有叠钉、翘钉、不转角等缺陷。纸箱接头黏合搭接舌边宽度不小于 30mm，黏合剂使用乙酸乙烯乳液或具有相同黏合效果的其他黏合剂。黏合接缝的黏合剂涂布应均匀充分，以致面纸分离时接缝依然黏合不分，同时，也不应有多余的黏合剂溢出接缝。瓦楞纸箱的压痕线宽度，单瓦楞纸箱不大于 12mm，双瓦楞纸箱不大于 17mm，折线居中，不得有破裂断线，箱壁不允许有多余的压痕线。瓦楞纸箱摇盖经开、合 180°往复 5 次以上，1、2 类箱面层和里层都不得有裂缝，3 类箱板外面层不得有裂缝，内面层裂缝长度总和不得大于 70mm。瓦楞纸箱可根据供需双方的协定进行表面防潮处理。瓦楞纸箱的机械性能包括抗压强度、耐冲击强度、抗转载强度等，在每种具体产品用瓦楞纸箱的标准或技术要求中明确规定或由供需双方商定。

2. 金属罐食品罐头包装纸箱

制作纸箱的瓦楞纸板应采用 A 型楞或 C 型楞。用于衬垫材料的纸板也可采用 B 型楞。瓦楞楞型应符合《瓦楞纸板》（GB/T 6544—2008）中的规定。制作纸箱的瓦楞纸板，应采用符合《瓦楞纸板》（GB/T 6544—2008）中规定的单瓦楞或双瓦楞纸板。内装物重量超过 20kg 时，应使用双瓦楞纸板。制作外销罐头纸箱的纸板，除符合《瓦楞纸板》（GB/T 6544—2008）中一类纸板的规定外，还应需符合以下要求。瓦楞纸板耐破强度如表 3-23 所示。

表 3-23　用于金属罐食品罐头包装纸箱的瓦楞纸板耐破强度

纸箱内装物质量/kg	干耐破强度/kPa	湿耐破强度/kPa
≤10	≥1177	≥363
>10-≤18	≥1569	≥412
>18-≤29	≥1961	≥569

单瓦楞纸板的平压强度应大于 145 kPa，瓦楞纸板应有良好的抗水粘合性：经 2h 浸水处理后，各夹层分离长度不得超过 6.5mm。纸箱及内衬垫材料的 pH 为 7～8，含水率为（11±3）%，衬垫材料的干耐破强度不应小于 784kPa。封箱带应采用双向拉伸聚丙烯（BOPP）或类似性质的材料，如粘胶带。封箱带的宽度不应小于 50mm。订合瓦楞纸箱的箱钉应符合《瓦楞纸箱》（GB/T 6543—2008）中的规定，或用聚醋酸乙烯乳液进行黏合。粘合纸箱底盖应使用合成树脂类、热熔胶或其他中性黏合剂。

第七节　食品类包装容器检测

一、 瓦楞纸箱的物理性能及测试

瓦楞纸板和瓦楞纸箱的物理性能测试共五项。分别为边压强度、耐破强度、戳穿强度、粘合强度和抗压试验。性能测试必须对所以试样进行前处理。就是将试样放在温度（23±2）℃，湿度（50±5）%的恒温恒湿的环境里处理24h作试验。

（一） 边压强度的测试

（1）在瓦楞方向上，一定宽度（25mm）的瓦楞纸板，单位长度所能承受的垂直均匀增大的力，称为瓦楞纸板的边压强度。

（2）边压强度的单位是N/m。从三个样箱上各取三块规格为（100±0.5）mm×（25±0.5）mm，无印刷、无机械压痕、破损的试样共九块。

（3）边压强度的测试方法是将试样置于试验仪下压板正中间，使试样的瓦楞方向垂直于两压板，用导块支持试样，使试样的表面垂直于压板，开动试验仪施加压力。当加压接近50N时移开导块，直至试样压坏，记录试样所能承受的最大压力（精确至1N）。

（4）纸板抗压试验仪按下面公式算出边压强度，并能打印测试结果。

$$R = \frac{F \times 10^3}{L} \tag{3-3}$$

式中，R——边压强度，N/m；

F——试样承受最大压力，N；

L——试样长边尺寸，mm。

试样的长边尺寸为100mm，这就需要进行数据处理。首先把100mm转换为0.1m，按上述公式计算。假设测试中试样承受的最大压力算术平均值为680N，经过数据处理就是680N/0.1m = 6800N/m。那么，按上述公式列出，该试样的边压强度值为6.80×10^3N/m。

瓦楞纸板的边压强度直接影响瓦楞纸箱的支撑强度。而瓦楞纸板的生产工艺，瓦楞纸板的结构、楞形、黏合剂的质量等因素都能影响瓦楞纸板的边压强度。

（二） 耐破强度的测试

（1）瓦楞纸板单位面积所能承受的均匀增大的最大压力值为瓦楞纸板的耐破强度。

（2）耐破强度的单位是kPa。从三个样箱中的每个样箱上各取四块规格为（140×140）mm无印刷、无水印、无折痕或明显损伤的试样共12块。

（3）耐破强度的试验方法是一个被下压环牢固夹紧的，能够突起并复原的橡胶膜（纸板胶膜）在液压的作用下，以一定的力把紧紧固定在上、下压环之间的试样，通过突起的胶膜使之破裂。测试时把试样分成A、B组。A组正面贴向胶膜，B组反面贴向橡胶膜进行测试。当试样破裂时，5in① 液晶屏显示数值。并求出算术平均值，且可以打印测试结果。

---

① 注：1in = 2.54cm。

（三）戳穿强度的试验

（1）一定形状的角锥穿过瓦楞板所做的功，所显示的能量称为瓦楞纸板的戳穿强度。

（2）戳穿强度的单位是J。从三个样箱的每个样箱的箱壁上各取四块规格为（175×175）mm的试样共12块。

（3）戳穿强度的试验方法是将所取试样分别以正、反面纵向和正、反面横向依次放在具有固定力的带透孔的夹板中间，调整所需重锤把摩擦环套在角锥后面，选择和测试相适应的测量范围，调整零位，把指针拨到最高刻度值，然后启动释放装置，使摆臂推动角锥穿透试样。读取实测值。

（4）对测试的结果求出算术平均值，保留三位有效数字。

（四）黏合强度的测试

（1）瓦楞纸板的面、里、芯纸和波形瓦楞纸的楞峰黏合程度，在一定单位长度内经施压测试所能承受的最大剥离力。按照《瓦楞纸板粘合强度的测定》（GB 6548—2011）规定，由杭州华翰造纸检测仪器设备有限公司生产的HH－NH23型黏合强度试验架。

（2）黏合强度的单位是N/m。从三个样箱中每一个样箱的箱壁上取四块规格为(80±1）mm×(25±1）mm的试样共12块。

（3）黏合强度测试方法　将专用的针形附件上、下分别插入试样的楞纸的面纸（或楞纸与芯纸之间），然后将插入针形附件的试样放入HH－KY3000型板抗压试验仪中施压，使其做相对作用，直至试样被剥离部分脱开。液晶屏显示测试结果，纸板抗压试验仪按下列公式计算出黏合强度，并求出算术平均值，且可以打印测试结果。

$$P = \frac{F}{0.025} \tag{3-4}$$

式中，P——黏合强度，N/m；

F——试样被分离时所需的力。

（五）抗压力试验

（1）纸箱抗压能力是指瓦楞纸箱空箱立体放置时，对其两面匀速施压，箱体所能承受的最高压力值。抗压能力的单位：N。取箱体和箱面不得破损和有明显碰、戳伤痕的样箱三个。

（2）抗压力试验的检测方法是将三个样箱立体合好，用封箱胶带上、下封牢，放入抗压试验机下压板的中间位置，开机使上压板接近空箱箱体。然后启动加压标准速度，直至箱体压溃。纸箱抗压试验仪将最大压力值、变形量显示在液晶屏上，自动求出算术平均值，并可打印数据。

（3）抗压力试验合格准则的判定为：当所测三个样箱的抗压力值均大于标准抗压力值时，该项试验为合格。若其中有一个样箱不合格，则该项试验为不合格。

性能检验项目全部合格时，则性能检验判为合格，若出现一项不合格时，则性能检验判为不合格。

二、纸浆模塑制品的物理性能及测试

（一）漏水性

将试样放在衬有滤纸的平板或玻璃板上，注满（23±1)℃的水，静置30min，观察滤纸上是否有渗出的水印，若有水印则视为渗漏，否则视为无渗漏。每个样品测定3个试样，若3个试样均无渗漏，则判该样品无渗漏。

（二） 耐温性能

1. 耐热水性能检测

将试样放在衬有滤纸的搪瓷盘上，注满（95 ±5）℃的水，再移到60℃恒温箱内静置30min，观察试样有无变形，底部有无阴渗、渗漏等现象。每个样品测定3个样品，若3个试样均未出现阴渗、渗漏、变形的现象，则判该样品无阴渗、无渗漏、无变形。

2. 耐热油性能检测

将试样放在衬有滤纸的搪瓷盘上，注满（95 ±5）℃的食用油，再移到60℃恒温箱内静置30min，观察试样有无变形，底部有无阴渗、渗漏等现象。每个样品测定3个样品，若3个试样均未出现阴渗、渗漏、变形的现象，则判该样品无阴渗、无渗漏、无变形。

3. 负重性能检测

将模塑纸盒盒盖扣好放在平滑的水平桌面上，再将平板玻璃放在盒盖上。用金属尺测定平板玻璃下表面至水平桌面的高度。然后将3kg砝码置于平板玻璃中央处，负重1min，再次测定上述高度，按公式计算试样的负重性能。每个样品测定2只模塑纸餐盒，取2只模塑纸餐盒测定值的算术平均值表示结果。

$$W = \frac{H_0 - H}{H_0} \times 100\% \qquad (3-5)$$

式中，W——负重性能，%；

H_0——试样高度，mm；

H——试样负重1min后的高度，mm。

4. 抗压性能试验

模塑纸碗应在符合《纸、纸板和纸浆试样处理和试验的标准大气条件》（GB/T 10739—2002）规定的条件下放置至少4h，并在该条件下利用压缩试验仪进行测定。将试样放在下压板的中间位置，然后开动仪器，使试样受压直至压溃。直接读取压力值，精确至1N。每个样品测定10个试样，测定时应5个试样的碗口朝上，另外5个试样的碗口朝下。

5. 盒盖对折试验

对于盖和容器连体的带盖模塑纸餐盒试样，将盒盖连续0～180°开合15次（一开一合为一次），观察盖与盒体连接处有无出现裂纹、破损现象。每个样品测定3个试样，若3个试样均无出现裂纹、破损现象，则判为合格。

6. 跌落试验

将试样距平整水泥地面0.8m高处底部朝下自由跌落一次，观察试样是否完好无损。每个样品测定3个试样，若3个试样均完好无损，则判该样品为无破损。

三、 纸杯的物理性能及测试

1. 渗漏性能检测

将温度为（23 ±1）℃的水加入冷饮杯或冰淇淋杯内；将温度为90 ±5℃的水加入热饮杯内。加水至离杯口平面约6mm处，然后将盛水纸杯放在一块干玻璃板或平板上。静置30min，观察玻璃板或平板上是否有渗出的水印。每个样品测定5只纸杯，若有1只纸杯出现渗漏现象，则判定该项不合格。

2. 杯身挺度检测

将待测纸杯放在杯身挺度测定仪的活动试样台架上，调节活动试样台架的高度，使测头接近纸杯的侧壁，测头与杯底的垂直距离约为杯高的三分之二，并使待测纸杯的杯身接缝朝向测试者。启动仪器，测定杯身挺度。每个样品测定 5 只纸杯，以其平均值表示测定结果，准确至 0.01N。

四、 纸餐盒的物理性能及测试

1. 外观

在自然光或日光灯下观察整个纸餐盒的外观，印刷及内壁涂层每个样品目测 10 只纸餐盒。如果 2 只以上（含 2 只）的纸餐盒不符合规定，则判定该项不合格。

2. 盖体连接对折性能

对于带盖纸盒试样，盖体对折 15 次，观察盖与盒体连接处有无裂纹。每个样品测定 10 只餐盒，如果 2 只以上（含 2 只）的纸餐盒不符合规定，则判定该项不合格。

3. 尺寸偏差

用精度 0.02mm 的游标卡尺，分别测定底部长边、底部短边以及斜高。每个样品测定 5 个试样。结果用测定值中最大值和最小值与平均值的差值表示。

思考题

1. 叙述纸类包装材料的主要性能特点和质量指标。
2. 包装用纸和纸板的性能特点、主要种类、包装性能和应用范围。
3. 食品包装用纸类新材料的种类和应用范围。
4. 简要叙述食品包装用纸盒性能特点、主要种类及选用。
5. 食品包装用纸盒的设计方法。
6. 举例说明食品包装用纸质容器的种类、特点及应用场合。
7. 瓦楞纸板的楞形、楞型及种类有哪些?
8. 简要说明瓦楞纸箱的特点及纸箱设计的方法。
9. 简要说明瓦楞纸箱物理性能及测试方法。

参考文献

[1] 孙诚．纸包装结构设计，北京：中国轻工业出版社，2008.

[2] 章建浩．食品包装学，北京：中国农业出版社，2010.

[3] 邝仕均．2008 年世界造纸工业概况［J］．造纸信息，2009，(11)：13.

[4] 张露．食品包装，北京：化学工业出版社，2007.

[5] 王志伟．食品包装技术，北京：化学工业出版社，2008.

[6] 董金狮．食品包装安全 360 问，北京：中国环境科学出版社，2010.

[7] 徐景珩．未来十年中国食品和包装机械发展趋势，北京：中国轻工业出版社，1998.

[8] 陈宇．食品包装材料用添加剂使用手册，北京：中国轻工业出版社，2010.

［9］张跃梅．半透明纸逐步走向风格化．印刷世界，2004，（4）：52.

［10］刘仁庆．玻璃纸与玻璃纤维纸．天津造纸，2010，（3）：45－48.

［11］缪大经．茶叶袋滤纸和中国袋泡茶．浙江造纸，1997，（2）：5－7.

［12］郑咸雅．世界复合软包装材料发展动向．湖南包装，2002，（3）：8－9.

［13］肖默．复合纸与纸板的生产．中华纸业，2001，22（2）：35－36.

［14］成文．几种防潮包装纸的性能和应用．上海包装，2010，（10）：32－33.

［15］刘浩．绿色创新设计引领包装未来——快速成型精品包装纸盒设计的创新应用．印刷技术，2014，6：19－21.

［16］王敏．绿色防潮包装纸的开发应用．江苏造纸，2013，（2）：42－43.

［17］八种食品包装材料前景广阔．变宝网：http：//www. bianbao. net/newsDetail 32972. html.

［18］刘士伟，王林山．食品包装技术，北京：化学工业出版社，2008.

［19］任发政，郑宝东，张钦发．食品包装学，北京：中国农业大学出版社，2009.

第四章

食品用塑料包装材料及容器

CHAPTER 4

第一节　塑料的概况

塑料是在一定条件下，一类具有可塑性的高分子材料的通称，英文名是 Plastic。一般塑料的分子结构，都是线性的高分子链或带支链的高分子链段，有结晶和非结晶两种，由于塑料的分子结构千差万别，形成了不同的品种，性能差异很大。

我们通常所用的塑料并不是一种纯物质，它是由许多材料配制而成的。其中高分子聚合物（或称合成树脂）是塑料的主要成分，此外，为了改进塑料的性能，还要在聚合物中添加各种辅助材料，如填料、增塑剂、润滑剂、稳定剂、着色剂等，才能成为性能良好的塑料。

中国塑料工业从无到有、从小到大、从弱到强的发展历程，已取得了令世人瞩目的辉煌成就，我国的塑料制品业面临着很大的发展机遇，但也会遇到许多挑战。塑料包装是塑料产业的重要组成部分，是包装用四大材料之一，被广泛地应用于食品包装，成为食品包装行业的主力军。

一、 高分子聚合物

（一） 高分子聚合物的基本知识

高分子聚合物是由许多相同的、简单的结构单元通过共价键重复连接而成的高分子量化合物，是一类相对分子质量通常在 $10^4 \sim 10^6$ 以上的大分子物质，其分子所含原子数通常为几万、几十万甚至高达几百万个，分子长 $10^3 \sim 10^5$nm 或更长。由一种单体聚合而成的聚合物称为均聚物，由两种以上单体共聚而成的聚合物则称为共聚物。从单体变成高分子的过程称为聚合，重复单元结构的个数叫作聚合度。聚合度在几十左右的称为低聚物，而聚合度大于 100 的便可称为高聚物。

（二） 高分子聚合物结构

高分子化合物是由若干原子以共价键相结合组成的长链大分子，它的性质取决于它的化学结构、相对分子质量大小、链的形态及结合力大小等。高分子聚合物的结构可分为链结构和聚集态结构两大类。

1. 分子链结构

按照分子链的形态可分为线形高分子、支化高分子、体形高分子、梯形高分子、环状高分子等。线形结构高分子是许多重复单元以共价键连接而成的化合物，线形高分子不含分支。线形高分子化合物，具有弹性和塑性，可以在适当溶剂中溶胀或溶解，温度升高时会软化。支化高分子是有线形高分子链中派生出的一些支链，其组成的结构单元和主链是相同的。体形大分子是许多重复单元以共价键连接而成的网状结构高分子化合物，这种网状结构，一般都是立体的，所以这种高分子又称网状高分子。体形高分子化合物，无弹性和塑性，一般不溶于溶剂，分解温度比融化温度低。图 4-1 所示为高分子链的形状。

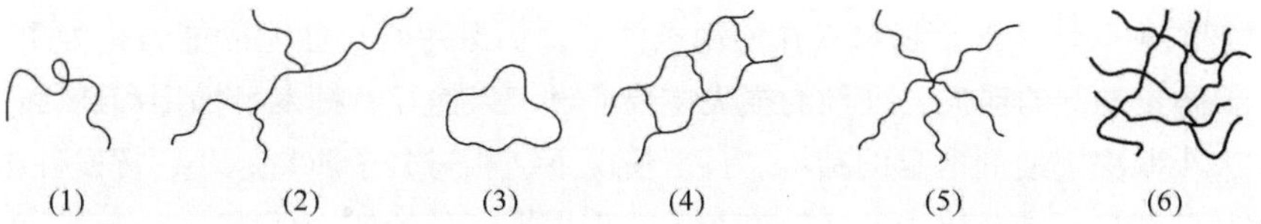

图 4-1 高分子链的形状

(1) 线形高分子 (2) 支化高分子 (3) 环状高分子

(4) 梯形高分子 (5) 星形高分子 (6) 体形高分子

资料来源：摘自参考文献 [15]。

2. 聚集态结构

聚集态结构是指高聚物分子链之间的几何排列和堆砌结构，包括晶态结构、非晶态结构、取向态结构以及织态结构。按照大分子排列的序列特征，可分为结晶型和无定型两类。

结构规则或链间次价力较强的聚合物容易结晶，结晶聚合物中往往存在一定的无定型区，熔融温度是结晶聚合物使用的上限温度。结晶度的大小对聚合物的机械性能有很大影响，结晶度越大，分子间的作用力越强，此时强度、硬度等性能越好，而弹性、伸长率等与链的运动有关的性能降低。

结构不规则或链间次价力较弱的聚合物难以结晶，一般为无定型态。无定型聚合物在一定负荷和受力速度下，不同温度可呈现玻璃态、高弹态和黏流态三种力学状态。

二、 塑料的组成

塑料是由高分子聚合物——树脂和其他助剂组成的，树脂决定塑料的类型、用途和主要性能，助剂能够改善塑料的加工性能和使用性能。

（一） 树脂

树脂是塑料的最主要成分，其在塑料中的含量一般为 40% ~100%。树脂是一种没有加工过的原始聚合物，而塑料除了极少一部分含 100% 的树脂外，绝大多数的塑料，除了主要成分树脂外，还需要加入其他物质。

（二） 塑料助剂

塑料助剂又称塑料添加剂，是塑料进行成型加工时为改善其加工性能或为改善树脂本身性能的不足而必须添加的一些化合物。

1. 助剂的选用

助剂类别繁多，品种成千上万。助剂的选择与应用，必须兼顾应用对象的种类、加工方式、制品特征及配合组分等多种因素。选择助剂时应考虑以下几个问题。

（1）助剂与制品的配伍性　助剂应与聚合物匹配，这是选用助剂时首先要考虑的问题。助剂与聚合物的配伍性包括它们之间的相容性以及稳定性方面。一般来说，助剂必须长期、稳定、均匀地存在于制品中才能发挥其应用的效能，所以一般情况下要求所选择的助剂与聚合物要有良好的相容性。助剂与聚合物的相容性主要取决于它们结构的相似性。

助剂与聚合物配伍性的另一个重要问题是它们在稳定性方面的影响。有些聚合物（如聚氯乙烯）的分解产物是酸性的（释放 HCl），与碱性助剂发生反应生成盐类使一些助剂失效，也有些助剂会加速聚合物的降解。

（2）助剂的耐久性　聚合物材料在使用条件下，仍保持原来性能的能力称为耐久性。保持耐久性就是要防止助剂的损失，助剂的损失主要通过三条途径：挥发、抽出和迁移。

挥发性大小取决于助剂本身的结构。一般情况下，相对分子质量越小，挥发性越大。

抽出性与助剂在不同介质中的溶解度相关。需根据制品的使用环境来选择合适的助剂。

迁移性是指聚合物中某些助剂组分可以转移到与其接触的材料上的性质。迁移性大小与助剂在不同聚合物中的溶解度有关。

（3）助剂对加工条件的适应性　加工条件对助剂最主要的要求是耐热性，要求助剂在加工温度下不分解、不易挥发和升华，对加工设备和模具不产生腐蚀作用。对于同一种聚合物，由于不同的加工成型方法，所需要的助剂会有所不同。

（4）助剂对制品用途的适应性　制品的用途对助剂的选择有一定的制约。制品的用途不同对所采用的助剂的外观、气味、污染性、毒性等都有一定的要求。

（5）助剂配合中的协同作用与对抗作用　在一个聚合物体系中往往同时使用多种助剂，这些助剂彼此之间会有影响。如产生协同效应、加和效应、对抗效应等。

加和效应是指两种或两种以上助剂并用时，它们的总效应等于它们各自单独使用效能的加和。协同效应则是它们的总效应超过它们各自单独使用效能的加和。对抗效应则相反，它们的总效应小于它们各自单独使用的效能或加和。因此选择助剂配合时一定要考虑选择具有协同作用的助剂，防止产生对抗效应。

2. 常用助剂

（1）增塑剂　增塑剂可增加塑料的可塑性和柔软性，降低制品脆性，易于加工成型。常用的增塑剂大多数为一些不易挥发的高沸点的液体有机化合物或低熔点的固体有机化合物。理想的增塑剂必须在一定范围内能与合成树脂很好地相溶，并具有良好的耐热、耐光、不燃及无毒的性能。

增塑剂的主要缺点是加入增塑剂后会降低塑料的稳定性、介电性能和机械强度。因此在塑料中应尽可能地减少增塑剂的含量。不过，大多数塑料一般不添加增塑剂。

（2）稳定剂　为了防止合成树脂在加工、贮藏和使用过程中受光和热的作用分解和破坏，延长使用寿命，要在塑料中加入稳定剂。常用的稳定剂有硬脂酸盐、环氧树脂等。

（3）着色剂　着色剂可使塑料具有各种鲜艳、美观的颜色的同时，选用合适的着色剂，可以适当改善制品的耐候性、力学强度等性能。有机染料和无机颜料常用作着色剂，着色剂的种类有给予塑料色彩的色料和特殊光学性能的有光学絮片。一般着色剂应具备着色力强、色泽鲜艳、分散性好等特性；不易与其他组分起化学变化；具有耐热、耐光等性能。着色剂的用量不宜过大，一般为塑料的0.01% ~0.02%。

(4) 润滑剂和脱模剂　润滑剂的作用是提高物料与模具之间的润滑性、减少摩擦，防止塑料在成型时黏在金属模具上，同时可使塑料的表面光滑美观。常用的润滑剂有硬脂酸及其钙镁盐等。

为了方便制品脱离模具，在制品和模具之间添加的一种助剂。脱模剂要求能够耐受高温，不会在加工时被蒸发，化学稳定性要好，不会与制品产生化学反应。

(5) 抗氧化剂　在塑料的生产、贮存、加工和使用过程中，会因为光照、氧气和热的作用而发生老化，从而导致聚合物强度、刚度、韧性和表面光泽的下降，出现变色和划痕。添加抗氧化剂是为了防止塑料在加热成型或高温使用过程中受热氧化，而使塑料变黄、发裂而添加的助剂，其用途比较广泛，通常用于食品、油脂、饲料、塑料、纤维、橡胶等。抗氧化剂作用机制较为复杂，主要分为分解氢过氧化物和阻断降解链反应的进行。抗氧化剂按照来源可以分为天然抗氧化剂和合成抗氧化剂；按其溶解性可分为脂溶性抗氧化剂和水溶性抗氧化剂；按其作用机制可分为链终止剂和过氧化物分解剂；按结构又可分为受阻酚类、胺类、亚磷酸酯类、硫代酯类等。

除了使用上述助剂外，塑料中还可加入阻燃剂、发泡剂、抗静电剂等，以满足不同的使用要求。

三、 塑料的分类

塑料的种类很多，分类方法也很多，按合成树脂的分子结构及其特性分类，可分为热塑性塑料和热固性塑料。

（一） 热塑性塑料

热塑性塑料是由可以多次反复加热后而仍具有可塑性的合成树脂制得的塑料。这类塑料的合成树脂分子结构呈线型或支链型，通常互相缠绕但并不连结在一起，受热后能软化或熔融，从而可以进行成型加工，冷却后固化，可反复成型，但刚硬性低，耐热性不高。常用的热塑性塑料有聚乙烯、聚氯乙烯、聚苯乙烯、聚丙烯、聚酰胺、聚碳酸酯、聚酯等。

（二） 热固性塑料

热固性塑料是由加热硬化的合成树脂制得的塑料，这类塑料的合成树脂分子结构的支链型呈网状。在开始受热时其分子结构为线型或支链型，因此，可以软化或熔融。但受热后这些分子逐渐结合成网状结构（交联反应），称为体型聚合物。固化后，即使再加热也只能分解，却无法软化；而且也不会溶解在溶剂中。这类塑料耐热性能好，刚硬性好，但不能反复成型。常用的热固性塑料有酚醛塑料、氨基塑料、环氧树脂等。

四、 塑料包装特点

与其他包装材料相比，塑料具有以下优点。

（一） 质量轻、力学性能好

塑料的密度小，可以获得较高的包装得率，同样容积的包装，使用塑料比金属和玻璃材料的重量轻得多，比强度较高，耐冲击。

（二） 化学稳定性好

大多数的塑料具有良好的耐化学性，能够耐受一般的酸、碱及各类有机溶剂，可以长时间放置而不发生氧化。

（三） 具有良好的加工性能和装饰性

塑料包装成型容易，所需成型能耗低于钢铁等金属材料。可以采用不同的方法成型，并且可以方便地印刷上装潢图案。

（四） 具有良好的透明性

塑料包装透明性好，可以清楚地看清内容物，方便商品展示销售。

（五） 适宜的阻隔性和渗透性

选择合适的塑料材料，可以制成适宜的阻隔性包装，用来包装容易因氧、光等因素引起腐败变质的食品。对蔬菜水果等生鲜食品，塑料保鲜包装的气体和水分的透过性，能够满足其贮藏要求。

五、 塑料的包装性能指标

作为包装的塑料应该具有一些基本的功能，如对商品的保护性能、对包装机械的适应性以及其他特殊要求之外，还应该具有以下的包装性能指标。

（一） 保护性能指标

1. 阻透性

阻透性主要是对水分、水蒸气、气体、光线等的阻隔和保香功能。主要的技术参数有透气度 Q_g 和透气系数 P_g，透湿度 Q_V 和透湿系数 P_V，透水度 Q_w 和透水系数 P_w，透光度 T。

2. 机械力学性能

主要指在外力作用下材料表现出的抵抗外力作用而不发生变形和破坏的性能，主要的技术参数有硬度、拉伸强度、伸长率、撕裂强度、戳穿强度等。

3. 稳定性

主要指材料抵抗环境因素（如温度、介质、光等）的影响而保持其原有性能的能力。包括耐高低温性能、耐腐蚀性能、耐老化性能。

（二） 卫生安全性指标

1. 无毒性

塑料在聚合和加工过程中会残留或产生对人体有毒有害的物质，此外包装制品的印刷油墨中的合成染料、重金属及有机溶剂残留都存在着对食品的污染问题。需要通过毒性检测试验，获得材料无毒性的评价，确保人体安全。

2. 抗生物入侵性、防止有害物质渗入

指包装材料包装食品后，在贮存环境下抵抗生物及有害物质侵入的能力，与材料强度、密封方式和贮存环境有关。

（三） 加工工艺性能指标

包括制品成型加工工艺性、包装操作加工工艺性和印刷实用性。

第二节　常用的塑料食品包装材料

一、聚　乙　烯

聚乙烯（Polyethylene，PE）是包装中用量最大的塑料品种之一，其分子结构式为：

$$\left[CH_2-CH_2\right]_n$$

聚乙烯是乙烯通过加成反应得到的一组聚合体的总和。聚乙烯可以是均聚和共聚的，同时也可以是线性和非线性的。

聚乙烯是典型的热塑性塑料，为无臭、无毒的可燃性白色蜡状固体。成型用的聚乙烯树脂均为蜡状颗粒料，外观呈乳白色。

聚乙烯的相对分子质量为1万~100万，相对分子质量超过100万的为超高分子量聚乙烯。相对分子质量越高，其物理力学性能越好，但随着相对分子质量的增加，加工性能降低。因此，要根据使用情况选择适当相对分子质量的聚乙烯及相应的加工条件。

高相对分子质量聚乙烯主要用于加工结构材料和负荷材料，而低相对分子质量聚乙烯适合作涂覆剂、上光剂、润滑剂和软化剂等。

聚乙烯的力学性在很大程度上取决于复合物的相对分子质量、支化度和结晶度。高密度聚乙烯的拉伸强度为20~25MPa，而低密度聚乙烯的拉伸强度只有10~12MPa。聚乙烯的伸长率主要取决于密度，密度大，结晶度高，其蔓延性就差。通常将聚乙烯按照密度和结构的不同分为低密度聚乙烯、中密度聚乙烯、高密度聚乙烯和线性低密度聚乙烯。

（一）低密度聚乙烯（LDPE）

低密度聚乙烯的密度范围为0.915~0.942g/cm^3。分子结构为主链上带有长、短不同支链的支链型分子。与高密度和中密度聚乙烯相比，它具有较低的结晶度（55%~65%），较低的软化点（108~126℃）以及较宽的熔体指数（0.2~80g/10min）。

由于低密度聚乙烯的化学结构与石蜡烃类似，不含极性基团，所以具有良好的化学稳定性，对酸、碱和盐类水溶液具有耐腐蚀作用。但低密度聚乙烯的耐热性能较差，也不耐氧及光照老化。因此，为了提高其耐老化性能，通常要在树脂中加入抗氧剂和紫外线吸收剂等。低密度聚乙烯具有良好的柔软性、延伸性和透明性，但机械强度低于高密度聚乙烯和线性低密度聚乙烯。

低密度聚乙烯主要用于制造薄膜。薄膜制品约占低密度聚乙烯制品总产量的一半以上，用于农用薄膜及各种食品、纺织品和工业品的包装，以及复合薄膜中的热封和黏合层。

（二）高密度聚乙烯（HDPE）

高密度聚乙烯的高密度为0.95~0.97g/cm^3。分子结构为线型结构，支链少，平均每1000个碳原子仅含有几个支链。与低密度聚乙烯相比，高密度聚乙烯结晶度达80%~90%，密度大，使用温度较高，硬度和机械强大较大，耐化学性能好。

高密度聚乙烯的用途与低密度聚乙烯不同。高密度聚乙烯主要用于制造中空硬制品，占总消费量的40%~65%。具体用途有制造各种瓶、罐及制造高强度超薄薄膜，作为食品、农副产品和纺织品的包装材料发展很快。

（三） 中密度聚乙烯 （MDPE）

中密度聚乙烯密度为0.930～0.945g/cm³，是支链数介于高密度聚乙烯和低密度聚乙烯之间的线型高分子。结晶度为70%～75%，软化温度为110～115℃，除兼有高、低密度聚乙烯的性能外，还具有优良的抗应力开裂性、刚性及耐热性。

中密度聚乙烯适宜于高速吹塑成型制造瓶类，高速自动包裹用薄膜以及各种注射成型制品和旋转成型制品，如桶、罐等。

（四） 线性低度密度聚乙烯 （LLDPE）

线性低密度聚乙烯的密度为0.910～0.925g/cm³。由于线性低密度聚乙烯分子侧链为短支链，分子结构介于线性高密度聚乙烯和带有长支链的高压法低密度聚乙烯之间，所以其物理机械性能优于普通低密度聚乙烯。在机械性能方面，线性低密度聚乙烯的拉伸强度比普通低密度与乙烯高50%～70%，伸长率高50%以上，耐冲击强度、穿刺强度及耐低温冲击性能均比低密度聚乙烯好。在物理性能方面，在相同密度情况下，线性低密度聚乙烯的熔点比低密度聚乙烯高，使用温度范围宽，允许使用温度比低密度聚乙烯高10～15℃。

线性低密度聚乙烯可代替低密度聚乙烯制造薄膜、管材、注射成型制品、中空吹塑容器、旋转成型制品。线性低密度聚乙烯制成薄膜可用于包装冷冻食品、乳及肉类制品等，但因其阻气性差，不能较长时间保证产品品质，通常可与丁基橡胶混用来提高其阻隔性。

二、聚丙烯

聚丙烯（Polypropylene，PP）属聚烯烃品种之一，也是包装中最常用的塑料品种之一，其结构式为：

$$-\!\!\left[CH-CH_2\right]\!\!-_n \quad (\text{CH 上连 } CH_3)$$

聚丙烯是以丙烯单体进行聚合的热塑性聚合物。聚丙烯外观与聚乙烯相似，但聚丙烯的相对密度为0.90～0.91g/cm³，是目前常用塑料中最轻的一种。通常有均聚聚丙烯和无规共聚聚丙烯两类。聚丙烯有很高的耐化学性及耐机械性能。聚丙烯常用于制造薄膜和硬的容器。

（一） 均聚聚丙烯

聚丙烯的均聚物简称PPH，是单一丙烯单体的聚合物。与低密度聚乙烯和高密度聚乙烯相比，聚丙烯密度低，熔点高，机械性能好，拉伸强度、屈服强度、压缩强度、挺度、硬度等都优于聚乙烯，尤其是具有较好刚性和抗弯曲性；耐化学性极好，耐热性良好，在无外力作用下，加热到150℃也不发生形变；并能耐沸水煮，能经受高温消毒；聚丙烯的阻湿性极好，阻气性优于聚乙烯，但耐低温性能不如聚乙烯，脆化温度为－35℃，在低于－35℃会发生脆化。

聚丙烯的这些特性决定了均聚聚丙烯有很广的应用。聚丙烯薄膜可以包装食品，双向拉伸处理的薄膜（BOPP、OPP）提高了光学性能和强度，适宜包装含油食品。聚丙烯还可用来制造瓶、罐及各种形式的中空容器。利用聚丙烯的抗弯性和回弹性，可制作盖体合一的箱。利用其很好的耐热性则可以制成耐热的微波食品容器以及耐蒸煮容器。聚丙烯也是一种极好的注塑材料以代替高密度聚乙烯、聚对苯二甲酸乙二醇酯和玻璃瓶。

均聚聚丙烯具有极好的流变性和加工性能。其熔体质量流动速率范围在0.5～50g/10min。

可以作为注塑材料。但是，均聚聚丙烯在加工和使用中较聚乙烯更容易受光和热的影响而发生氧化降解，因此，需要加一些抗氧剂来阻止氧化。

（二）无规共聚聚丙烯

无规共聚聚丙烯简称 PPC，是丙烯单体与乙烯单体的共聚物，无规共聚聚丙烯通常含有 1.5%～7%的乙烯，在分子链上乙烯单体位置的无规律阻碍了顺式聚丙烯分子链的有规立构和高结晶，与均聚聚丙烯相比，无规共聚聚丙烯改进了光学性能（增加了透明度并减少了浊雾），提高了抗冲击性能，增加了挠性，降低了熔化温度，从而也降低了热熔接温度。无规共聚聚丙烯相对均聚聚丙烯较轻，其密度为 0.89～0.90g/cm^3，具有更好的耐低温性能。无规共聚聚丙烯有很好的耐化学性。无规共聚聚丙烯可用来吹膜或注塑，拉伸薄膜可以作为玩具等的收缩膜包装及食品包装。

三、聚苯乙烯

聚苯乙烯（Polystyrene，PS）分子结构式为：

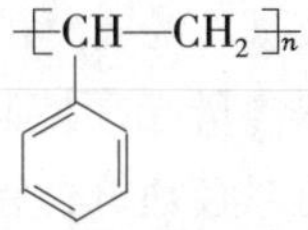

聚苯乙烯（PS）是指由苯乙烯单体经自由基加聚反应合成的聚合物，是目前世界上应用最广的塑料之一。聚苯乙烯大分子主链上带有体积较大的苯环侧基，使得大分子的内旋受阻，所以大分子的柔顺性差，且不易结晶，属线型无定形聚合物。

聚苯乙烯是质硬、脆、透明、无定型的热塑性塑料。没有气味，燃烧时冒黑烟。密度为 1.04～1.09g/cm^3，易于染色和加工，吸湿性低，尺寸稳定性、电绝缘和热绝缘性能极好。

聚苯乙烯的力学性能同制造方法、相对分子质量大小、取向度以及所含杂质有关。相对分子质量大的强度高，相对分子质量在 5 万以下的拉伸强度很低，10 万以上的其拉伸强度的改善就不明显了。相对分子质量高时成型困难，通常相对分子质量控制在 5 万～20 万。聚苯乙烯可溶解于许多溶剂中，如苯、甲苯、四氯化碳、氯仿、邻二氯苯等。

聚苯乙烯的透光率为 87%～92%，其透光性仅次于有机玻璃。折光指数为 1.59～1.60。受光照射或长期存放时，会出现表面混浊和发黄现象。聚苯乙烯毒性极低，属于卫生安全的塑料品种。

聚苯乙烯由于具有高透明度、廉价、刚性、绝缘、印刷性好、易成型等优点，主要缺点是性脆和耐热性低。

四、聚氯乙烯

聚氯乙烯（Polyvinyl chloride，PVC）的分子结构式为：

$$\left[CH_2—\underset{\displaystyle |}{\overset{\displaystyle Cl}{CH}} \right]_n$$

聚氯乙烯塑料是多组分塑料，它包括聚氯乙烯树脂、增塑剂、稳定剂、润滑剂、填料、颜料等多种助剂，各助剂的品种及数量都直接影响聚氯乙烯塑料的性能。

本色为微黄色半透明状，有光泽。透明度胜于聚乙烯、聚苯烯，差于聚苯乙烯，随助剂用量不同，分为软、硬聚氯乙烯，软制品柔而韧，手感黏，硬制品的硬度高于低密度聚乙烯，而低于聚丙烯，在弯折处会出现白化现象。聚氯乙烯的主要特性如下。

（1）性能可调，采用不同助剂，可制成不同机械性能的塑料制品。

（2）化学稳定性好，在常温条件下一般不受无机酸、碱的侵蚀。

（3）耐热性较差，受热易变形。聚氯乙烯对光和热的稳定性差，在100℃以上或经长时间阳光曝晒，就会分解而产生氯化氢，因此加工时必须加入热稳定剂。制品受热还会加剧增塑剂的挥发而加速老化。在低温作用下，材料易脆裂，所以使用温度一般为 -15 ~55℃。

（4）阻气、阻油性好，阻湿性稍差。硬质聚氯乙烯阻隔性较软质聚氯乙烯好，软质聚氯乙烯的阻隔性与其加入助剂的品种和数量有很大关系。

（5）光学性能较好，可制成透光性、光泽度均良好的制品。

（6）由于聚氯乙烯分子中含有 C—Cl 极性键，与油墨的亲和性能好，与极性油墨结合牢固，另外其热封性也较好。

（7）纯的聚氯乙烯树脂本身是无毒的，若树脂中含有过量的未聚合的氯乙烯单体时，在制成食品包装后，所含的氯乙烯通过所包装的食品进入人体，会对人体肝脏造成损害，还易产生致癌和致畸作用。我国规定食品包装用聚氯乙烯树脂的氯乙烯单体含量应小于5mg/kg，食品包装用聚氯乙烯硬片中未聚合的氯乙烯单体含量必须控制在1mg/kg以下。此外还需要注意的是，聚氯乙烯在用于食品包装时，所加入的助剂必须符合相关卫生标准。

根据聚合方法的不同，聚氯乙烯可分为四大类：悬浮法聚氯乙烯、乳液法聚氯乙烯、本体法聚氯乙烯、溶液法聚氯乙烯。食品包装方面，悬浮法聚氯乙烯是产量最大的，约占 PVC 总产量的80%左右。

在聚氯乙烯树脂中加入不同种类的增塑剂等助剂，可制得不同强度、透明或不透明符合卫生要求的食品包装。因此，欲制得理想的制品，首先需合理地选择配方，按照国家规定的卫生标准，全面考虑制品的物理性能、化学性能、成型加工性能来选择各种助剂的品种与用量。

聚氯乙烯的应用比较广泛。在包装材料方面，它可制造包装薄膜、收缩薄膜、复合薄膜和透明片材，还可制作集装箱和周转箱以及包装涂层。

五、聚偏二氯乙烯

聚偏二氯乙烯（Polyvinylidene chloride，PVDC）分子结构式为：

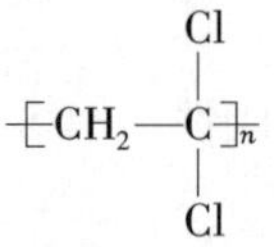

聚偏二氯乙烯是硬质、韧性、半透明至透明材料，带有不同程度的黄色。经紫光照射后呈暗橙色至淡紫色荧光。密度为 1.70 ~1.75g/cm^3，吸水性小于0.1%。与其他塑料相比，聚偏二氯乙烯对很多气体和溶液具有很低的透过率，所以广泛用作包装材料。作为食品保鲜膜直至今日仍盛行不衰，随着单膜复合、涂布复合、肠衣膜、共挤膜技术的发展，在军品、药品、食品包装业的发展更为广泛。尤其是随着现代化包装技术和现代人生活节奏的加快而大量发展起来的速冻保鲜包装。微波炉的炊具革命，食品、药品货架寿命的延长，使 PVDC 的应用更加普及。聚偏二氯乙烯受环境温度的影响小，耐高温性能良好，化学稳定性很好，但热封性较差，一般采用高频或脉冲热封合，或者采用铝丝结扎封口。

聚偏二氯乙烯的机械性能与结晶的种类、数量和定向程度有关。拉伸强度随结晶度升高，而韧性和伸长率则随之而下降。聚偏二氯乙烯在热、紫外线、离子辐射、碱性试剂、催化金属或盐类作用下容易分解，分解反应的共同特点是有氯或氢释放出来。

聚偏二氯乙烯主要适用于火腿肠、干酪、汤、零食、蒸煮袋、饼干及谷类食品、宠物食品、拉伸膜、酱料、肉制品、液体包装、豆制品包装等领域。

六、 聚对苯二甲酸乙二醇酯

聚对苯二甲酸乙二醇酯（Polyethylene terephthalate，PET）简称为聚酯，是热塑性聚酯中最主要的品种，俗称涤纶树脂。它是对苯二甲酸与乙二醇的缩聚物，与 PBT 一起统称为热塑性聚酯，或饱和聚酯。分子结构式为：

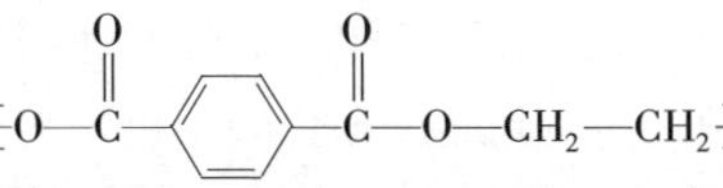

聚对苯二甲酸乙二醇酯系结晶型聚合物，密度为 1.30 ~ 1.38g/cm^3，熔点为 255 ~ 260℃，在热塑性塑料中具有最大的强韧性。聚对苯二甲酸乙二醇酯主要性能如下。

（1）有良好的力学性能，冲击强度是其他薄膜的 3 ~ 5 倍，耐折性好。其薄膜拉伸强度可与铝箔相媲美，为聚乙烯的 9 倍、聚碳酸酯和尼龙的 3 倍。

（2）耐油、耐脂肪、耐烯酸、稀碱，耐大多数溶剂。聚对苯二甲酸乙二醇酯在较高温度下，也能耐氟氢酸、磷酸、乙酸、乙二酸，但盐酸、硫酸、硝酸能使它受到不同程度的破坏，如拉伸强度下降。强碱尤其是高温下的碱，能使其表面发生水解，其中以氨水的作用最为剧烈。

（3）纯 PET 的耐热性能不高，热变形温度仅为 85℃左右，但增强处理后大幅度提高。经玻纤增强后的 PET 力学性能类似于 PC、PA 等工程塑料，热变形温度可达到 225℃；PET 的耐热老化性好，脆化温度为 –70℃，在 –30℃时仍具有一定韧性；PET 不易燃烧，燃烧时火焰呈黄色。

（4）气体和水蒸气渗透率低，即有优良的阻气、水、油及异味性能。

（5）透明度高，可阻挡紫外线，光泽性好。

（6）无毒、无味，卫生安全性好，可直接用于食品包装。

聚对苯二甲酸乙二醇酯，多用于制造薄膜，此外，还大量用于吹塑瓶子，如用于调味品、食用油、饮料、化妆用品瓶子。

七、聚 酰 胺

聚酰胺（Polyamide，PA）俗称尼龙（Nylon），它是大分子主链重复单元中含有酰胺基团的高聚物的总称。分子结构式为：

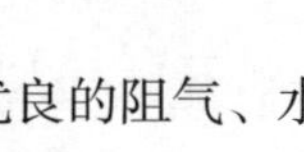

聚酰胺可由内酰胺开环聚合制得，也可由二元胺与二元羧酸缩聚等得到。聚酰胺塑料是在聚酰胺纤维基础上发展起来的，是最早出现能够承受负荷的热塑性塑料。

聚酰胺是乳白色或微黄色不透明粒状或粉状物，密度为 1.02 ~ 1.15g/cm^3，吸水率为 0.3% ~9.0%，随着链节中碳原数的增加，密度和吸水率趋于降低。

聚酰胺的结构可以看作是聚乙烯分子链中每间隔一定距离嵌入一个聚酰胺基团。这种间隔随链节中碳原子数的增加而增大，其性能受聚酰胺基团的影响变小，作为聚乙烯的性质增加。例如，聚酰胺的拉伸强度弯曲强度、熔点和吸水率等都随着链节中碳原子数的增加而降低。但由于聚酰胺基团的存在，聚酰胺类聚合物都显示出耐磨、易吸水的共性。与金属相比，聚酰胺的刚性比较低，表面硬度和耐蠕变性也较差，但它的比强度高于金属，比压缩强度与金属相当。

聚酰胺的拉伸强度、弯曲强度和硬度随温度和吸水率的增大而降低。而冲击强度则随温度和吸水率的增大而明显提高。

聚酰胺有优良的耐磨性，各种聚酰胺的摩擦系数差别不大，通常在0.1～0.3之间。如果在聚酰胺中添加二硫化钼、石墨等填料或聚四氟乙烯粉末，可进一步提高其耐磨性。

聚酰胺的熔点温度范围窄，通常在180～280℃，长期使用温度一般不宜超过100℃。若在100℃以上的温度下长期与氧接触，会使制品逐渐呈现褐色，丧失使用性能。

大多数聚酰胺具有自燃性，少数品种具有可燃性，但对火焰的传播速度很慢。聚酰胺在室温下耐稀酸、弱碱和大多数盐类，但强酸、较高浓度的酸及强氧化剂会使其明显受到侵蚀，在较高温度下发生破坏。

聚酰胺的耐溶剂性优良。能耐烃类、油类及一般溶剂，如四氯化碳、乙酸甲酯、苯、四氢呋喃等。它对矿物油、植物油均呈惰性，但水和醇及其类似的化合物能使聚酰胺溶胀，在常温下可溶于极性的酚类化合物和氯化钙的甲醇溶液。

聚酰胺在包装上可制成薄膜，与铝箔制成复合材料，用于罐头、食品和饮料的包装。

八、聚乙烯醇

聚乙烯醇（Polyvinyl alcohol，PVA）的分子结构式为：

$$\left[\mathrm{CH_2}-\underset{}{\overset{\mathrm{OH}\atop|}{\mathrm{CH}}}\right]_n$$

聚乙烯醇为白色固体，外型分絮状、颗粒状、粉状三种；无毒，可在80～90℃水中溶解；其水溶液有很好的黏接性和成膜性；能耐油类、润滑剂和烃类等大多数有机溶剂；具有长链多元醇的酯化、醚化、缩醛化等化学性质。

聚乙烯醇薄膜的阻气性优于聚偏二氯乙烯薄膜，但因分子内含有羟基，具有较大的吸水性，因此阻湿性较差，常与高阻湿性薄膜复合，用作高阻隔性薄膜材料。聚乙烯醇的拉伸强度为35MPa，伸长率取决于含湿量，平均可达450%。聚乙烯醇虽为结晶性高聚物，但熔点不敏锐，融熔温度范围为220～240℃。玻璃化温度为85℃。聚乙烯醇受热软化，稳定使用温度为120～140℃。在250℃，有氧存在分解时会自燃。

由于聚乙烯醇具有良好的透明性、抗静电性、韧性、印刷性，极好的阻气性和良好的耐化学性，适宜作为水溶性的包装材料，一般与其他材料复合，广泛用于肉类制品的包装，也可用于黄油、干酪及快餐食品的包装。

九、乙烯－乙酸乙烯酯共聚物

乙烯－乙酸乙烯酯共聚物（Ethylene Vinyl acetate Copolymer，EVA）是高分子的热塑性聚合物，是典型的无规共聚体。分子结构式为：

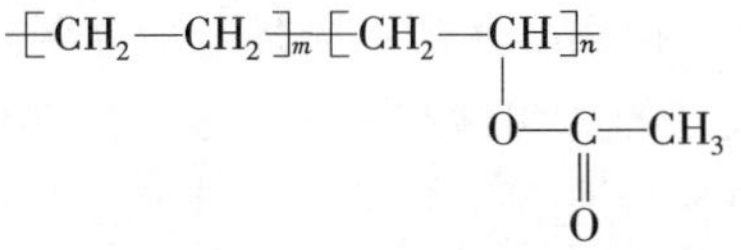

EVA 由于在乙烯支链中引入由极性的乙酸基团所组成的短支链，打乱了原来的结晶状态，从而降低了支链上乙烯的结晶度，同时还增加了聚合物链之间的距离。这就使 EVA 比聚乙烯更富有柔韧性和弹性。

EVA 热分解温度为 229～230℃，EVA 对于气体和湿气的渗透性要比低密度聚乙烯高，因此它不宜做高度抗渗透材料。EVA 的耐油、耐化学药品性比聚乙烯、聚氯乙烯稍差，随 EVA 含量的增加，这一倾向愈加明显。

EVA 树脂的特点是具有良好的柔软性，橡胶般的弹性，在 -50℃下仍能够具有较好的可挠性，透明性和表面光泽性好，化学稳定性良好，抗老化和耐臭氧强度好，无毒性。与填料的掺混性好，着色和成型加工性好。EVA 树脂用途很广。一般情况下，乙酸乙烯含量为 5%～45%，主要产品为薄膜（包括农用薄膜）和片材，注塑、模塑制品，发泡制品，热熔黏合剂等。

EVA 薄膜可作为呼吸膜包装要求有一定透气性的生鲜果蔬，也可作为收缩薄膜。EVA 挤出涂布在 BOPP、PET 和玻璃纸上，可直接用来包装干酪等食品。

十、聚碳酸酯

聚碳酸酯（Polycarbonate，PC）分子结构式为：

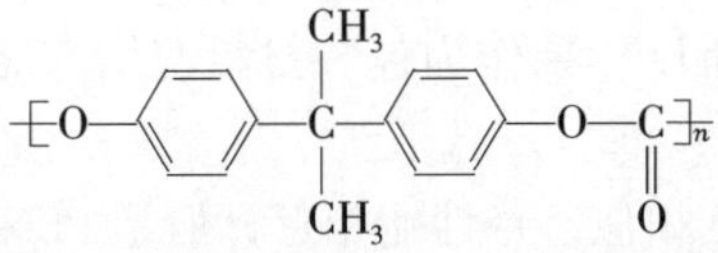

聚碳酸酯一种线型结构，分子中碳酸基团与另一些基团交替排列，这些基团可以是芳香族，可以是脂肪族，也可两者皆有。聚碳酸酯是无色或微黄色透明颗粒，无味、无臭、无毒。密度为 1.2g/cm^3，吸水率小于 0.16%，透明率为 75%～90%，可制成透明、半透明，不透明的各种制品。聚碳酸酯具有优良的耐冲击强度和耐蠕变性，拉伸强度和弹性模量也较高，而且能在较高的温度范围内保持较高的力学强度；不足之处是它的抗疲劳强度和耐磨性差。

聚碳酸酯既有良好的耐寒性，又有良好的耐热性。聚碳酸酯对热、氧、大气和紫外线有良好的稳定性。但长期在室外使用或在强光照射下，其表面会变暗，失去光泽、泛黄，甚至产生龟裂。

聚碳酸酯的用途十分广泛，主要以薄膜形式用于蔬菜、肉类等需要呼吸及氧气的食品，还可制成纯净水桶、奶瓶、以及碗、盘等食品包装。

十一、丙烯腈 - 苯乙烯共聚物

丙烯腈 - 苯乙烯共聚物，俗称 S/A 树脂，又称 SAN 树脂，其分子结构式为：

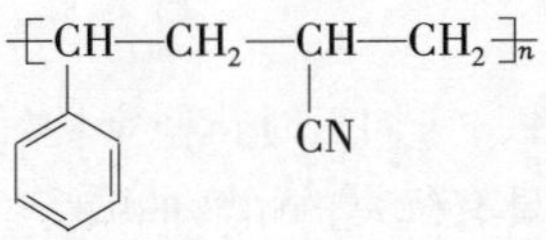

丙烯腈 - 苯乙烯共聚物外观为无色或微黄色非晶态透明物质，由于共聚物中的丙烯腈分子

具有极性，与聚苯乙烯树脂相比，丙烯腈-苯乙烯共聚物有更高的耐冲击强度、刚性，更好的耐应力开裂性能，并能够保持较高的透明性和表面硬度，耐热性也得到提高，可在80~100℃条件下长期使用。苯乙烯成分使SAN坚硬、透明并易于加工，SAN树脂的成型加工方法与聚苯乙烯相同，以注塑、挤塑发泡成型等方法加工成制品；丙烯腈成分使SAN具有化学稳定性和热稳定性。它有比聚苯乙烯更好的耐烃类溶剂和耐油性；丙烯腈含量越高，其韧性和耐化学性越好。

丙烯腈-苯乙烯共聚物在包装中可制做具有一定透明性的杯、盘、盒等餐具，以及比聚苯乙烯产品要求更高的各种包装容器等。

十二、 聚萘二甲酸乙二醇酯

聚萘二甲酸乙二醇酯（Poly ethylene naphthalene，PEN），其化学结构与PET相似，不同之处在于分子链中PEN由刚性更大的萘环代替了PET中的苯环，其分子结构式为：

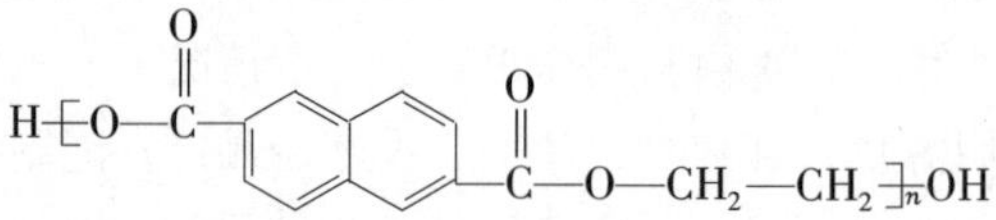

由于PEN有与PET非常类似的结构，所以在其性质上也有相同的特性，而且几乎在所有的性能方面都优于PET。萘环结构使PEN比PET具有更高的物理机械性能、气体阻隔性能、化学稳定性及耐热、耐紫外线、耐辐射等性能。PEN的耐热性较好，其玻璃化温度为121℃，而PET为80℃左右，此外，PEN的拉伸强度比PET高35%，弯曲模量高50%，且加工性能好，成型周期更快。

由于PEN熔融温度较高，所以单独作为包装材料使用未能普及，一个较好的方法就是将PEN与PET共聚或者共混。

PEN与PET的化学结构虽然相似，且性能相近，但是PEN和PET并不能完全相容，引发并控制两组分的酯交换反应可以达到增容PEN和PET的目的，通过酯交换反应，PEN/PET共混物在熔融加工过程中由非均相系转变为均相系。

PEN以其较高的防水性、气密性、抗紫外线性以及耐热性、耐化学性、耐辐射性而著称，与PET一样，PEN可以加工成薄膜、纤维、中空容器和片材，目前在包装上主要用于生产医药和化妆品的吹塑容器和可蒸煮消毒的果汁瓶、啤酒瓶等。

通常情况下，PEN的热灌装温度可达102℃，而PET则为75~80℃。PEN共聚物可在85℃洗涤条件下不发生收缩，而PET则为59℃。

十三、 乙烯-丙烯酸乙酯共聚物

乙烯-丙烯酸乙酯共聚物（Ethylene/ethyl acrylate copolymer，E/EA）是由乙烯和丙烯酸乙酯无规共聚的产物，为柔软的橡胶状半透明固体，丙烯酸乙酯含量在15%~30%。其分子结构式为：

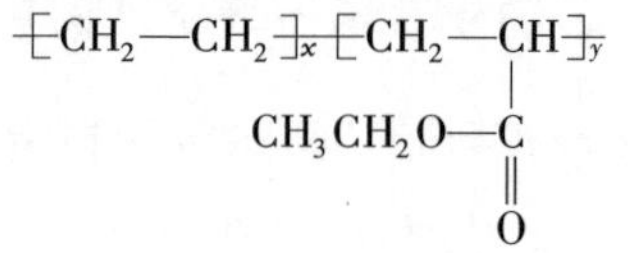

其主要优点是具有很好的柔韧性，在加工时热稳定性好，耐低温性能优良，均优于低密度聚乙烯，脆折温度可低至-100℃，具有优良的耐弯曲疲劳性及耐环境应力开裂性，而且弹性较大，抗冲击性能好，这是PE所不及的，和聚烯烃有好的相容性，并可与大量填料混合而不变

脆，此外还有良好的热黏强度和黏接强度，E/EA 可用于铝箔和其他树脂的黏接层。

E/EA 具有广泛的用途，可以作为包装材料中的黏接层，也可以薄膜或容器的形式用于食品软包装、快餐食品、药品包装等。

十四、 乙烯-乙烯醇共聚物

乙烯-乙烯醇共聚物（Ethylene-Vinyl Alcohol Copolymer，EVOH）是乙烯和乙烯醇的水解共聚产物。聚乙烯醇具有很高的气体阻隔性能，但是吸湿性大，有的品种还溶于水并难以加工。通过乙烯醇和乙烯的共聚合，保留了高度的气体阻隔性能，而耐湿性和可加工性也得到了改进。乙烯-乙烯醇共聚物的分子结构式如下：

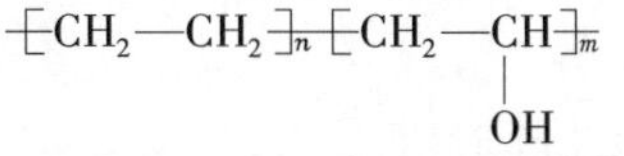

从性质上来说，它的性质主要取决于其共聚单体的相对浓度。一般地说，当乙烯含量增加时，气体阻隔性能下降，防潮性能改进，且树脂更易于加工。

EVOH 共聚物是高度结晶体，其性质取决于共聚单体的相对浓度，如果乙烯的含量增加，乙烯-乙烯醇共聚物的性能就趋近于聚乙烯，如果乙烯醇的含量增加，则乙烯-乙烯醇共聚物的性能就更趋近于聚乙烯醇的性能。

乙烯-乙烯醇共聚物树脂的最显著特点是具有对气体的高阻隔性能，使其在包装中能充分提高对内容物的保香和保质作用。由于乙烯-乙烯醇共聚物分子结构中存在羟基，因而材料具有亲水和吸湿的性能。当相对湿度增加时，对气体的阻隔性能会受到影响。使用多层技术将聚烯烃等强隔湿材料把 EVOH 树脂层包裹起来，可以保持其阻隔性能。

EVOH 具有高的机械强度、弹性、表面硬度、耐磨性和耐气候性，并且有强的抗静电性。EVOH 薄膜具有高光泽和低雾度，因而高度透明。

乙烯-乙烯醇共聚物具有良好的耐油性和耐有机溶剂能力，这使得它被优先选做油性食品、食用油等要求高阻隔性能的食品包装材料。

复合 EVOH 材料的包装，用在所有硬和软包装以及无菌、热注入和压煮的所有类型的食品加工中，如调味品、番茄沙司、汁、肉制品、干酪制品和加工过的水果。

十五、 离子交联聚合物

离子交联聚合物（Ionomer）又称离子键聚合物，分子结构的共同特点是：线形或支化的有机高分子链上含有为数不多的离子键侧基，可以通过离子键的相互作用而交联。通常是以乙烯为主体，加入1%～10%的丙烯酸（或甲基丙烯酸）等单体进行高压共聚并在共聚物主链上引入金属离子（钠、锌、等）交联而得的产品。其分子结构式如下：

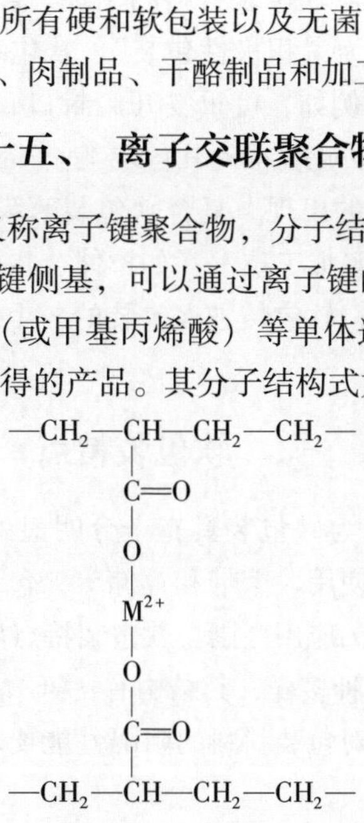

由于离子交联聚合物分子链之间存在离子键，使离子交联高分子具有特殊离子簇所组成复杂多相体系的特性。聚合物具有交联大分子的物理特性，强度更高，韧性更强，具耐油性。这类离子型高分子，因为交联结构与共价键的交联不同，离子交联聚合物在加热时，其离子键作用变弱，离解后仍表现出热塑性，从而呈现热塑性，所以又称热塑性离子高分子。冷却后可再交联。离子交联聚合物的主要特性如下。

（1）力学性能好，抗冲击强度好，韧性强、弹性好，具有优良的抗穿刺性和耐折叠性。

（2）耐一般无机酸、碱和油脂。不耐强酸及某些氧化剂和有机酸，芳香烃、脂肪族烃及杂环化合物对其有溶胀性。

（3）热封合性能好，相同条件下热封强度几乎是 PE、E/VAC 的 10 倍，在 100～160℃的温度范围内皆可良好热封。

（4）阻气性比 PE 好，但阻湿性低于 PE。

（5）透明性好、具有较高光泽度。

（6）耐低温性好，但高温条件下使用易老化，最高使用温度不超过 80℃。

（7）黏合性好，适宜作复合包装材料的中间层。

离子交联聚合物在包装行业中以薄膜形式使用时，可用于包装形状复杂的或带棱角的食品，特别是高油脂的食品，还可以制成容器使用。

第三节　软包装材料

传统的包装，一般仅采用包装材料的物理手段阻隔外界环境对产品质量的影响，注重内容物的渗透迁移等功能，却较少考虑对于氧、水分、微生物等因素所引起的产品变质问题。随着科学技术迅速发展及各种新型功能性软包装材料的出现，包装技术正向气调包装、无菌包装、微波包装等新技术方向发展，称之为“积极性包装”。软包装工业的发展，很大程度上源于技术创新，软包装的一些增值功能，例如，可重复开启封口、吸嘴、拉链等功能性结构的开发，以及越来越美观的印刷、装饰效果，正在推动软包装工业不断发展。

随着各种复合工艺和复合技术的出现，复合软包装薄膜材料问世，软包装得到迅速发展。铝箔加工技术、真空蒸镀技术、薄膜加工技术（如拉伸、共挤出复合）的出现及技术更新，各种功能性软包装复合薄膜大量涌现，软包装进入包装的各个领域，如食品包装、药品包装，甚至进入运输包装。

一、软包装特点

软包装之所以迅猛发展，是因为软包装具有十分明显的优点。软包装结构设计更加人性化；充分考虑到方便消费者开启、使用、携带和存储等；包装结构新颖、别致；一些智能材料在软包装中的应用也扩大了软包装的应用范围。软包装特点如下。

（1）选材丰富　软包装材料多种多样，其结构有：纸/塑料、塑料/镀铝塑料、塑料/铝箔/塑料等多种形式。生产中可按产品对包装材料的阻隔性能要求以及产品的包装形式，并综合考虑其他因素选择适宜的软包装材料。

（2）工艺先进，生产安全　软包装过程生产周期短，又减少了环境以及人为因素对产品可能造成的污染和对产品生产过程的影响，保证了产品的安全性和包装质量的要求。

（3）易实现自动化，生产效率高　由于软包装过程可以在一台机器上操作，可以很容易地实现包装过程自动化，从而大大提高生产效率。

（4）耗能少、运输量小，成本低　实现产品软包装可以省去容器的清洗、干燥、灭菌等工序，克服了高耗能、易破损、运输量大等特点，从而使生产成本降低。

（5）密封性能好、储存期长　由于软包装材料所具备的性能，使得产品在包装后的密封性和保质性好，储存期较长。

（6）方便储运、销售和使用　产品软包装形式多种多样，材料也不尽相同，在储运、销售和使用中，它们都具有良好的物理和化学性质，体现了方便、安全等优点。

二、塑料薄膜的成型加工

（一）挤出吹胀法

挤出吹胀法又称管膜法或泡管法，它是将塑料在挤出机中熔融塑化，通过环形膜头挤成膜管，然后由压缩空气将其吹胀冷却定型后制成薄膜的一种加工方法。其生产历史较长，也是最重要、应用最广的加工方法之一。挤出吹胀法具有以下优点。

（1）设备简单，易操作，生产快；

（2）机械强度较高，薄膜在纵、横两个方向均有一定的拉伸；

（3）废料少，原料利用率高；

（4）管状产品，成品焊缝少；

（5）采用同一模头，通过控制泡管中的空气压力和挤出速度，可生产多种规格的薄膜。

吹胀法生产的薄膜称为吹膜，主要缺点是薄膜的厚薄均匀度较差；薄膜采用空气冷却，透明性差。随着科学技术的迅速发展，采用先进的厚度控制系统和内部强化冷却装置，挤出吹胀法的缺点已明显得到克服，并且多层共挤复合技术的普及使得多层共挤吹胀法成为主要的薄膜基材成型方法。在软包装复合材料中，热封层基材主要采用挤出吹胀薄膜。

（二）流延法

流延法是指树脂经挤出机熔融塑化后，使用狭缝机头模口挤出，将熔料紧贴在冷却辊筒上，经过拉伸、切边、卷取等工序的成品方法，流延法包括挤出流延法和溶剂流延法两种，采用流延法生产的薄膜称为流延膜。

（1）溶剂流延法　溶剂流延法是首先将塑料树脂与溶剂配制成一定浓度的溶液或预聚体溶胶，然后以一定的速度涂布在连续的可剥离的载体上，经过烘道加热干燥、除去溶剂、固化成膜、冷却定型等工序后，再从载体表面上剥离卷取而制得薄膜的方法。如需生产超薄、厚度平整性特别优良的流延薄膜，则需要以水银作为载体，直接把溶胶流延在水银表面，经挥发除溶剂，从水银面上捞起薄膜卷取而成。

（2）挤出流延法　挤出流延法是采用挤出机挤出膜片，直接流浇在表面镀铬的冷却辊上，冷却定型后，制得塑料薄膜的一种方法。由于挤出机模头中心进料的槽形口模与挤出机流道接管成T形，该法又称T模法，生产的薄膜称挤出流延薄膜。挤出流延法广泛用于生产PP、PE、PVC、PC等薄膜。

（三） 拉伸法

拉伸法是将熔融挤出的塑料树脂，在软化温度与熔融温度之间，经过纵、横两个方向的拉伸冷却定型，制备透明性好、机械强度高塑料薄膜的一种方法。拉伸法可分为单向拉伸法和双向拉伸法两种，双向拉伸法的具体拉伸工艺又分为逐步拉伸法（两步法）和同步拉伸法（一步法）。目前普遍采用的方法是逐步拉伸法。它是把薄膜的纵向拉伸和横向拉伸分为两步进行，而同步拉伸法的纵向拉伸和横向拉伸是同步进行的，因其拉伸装置结构复杂，目前使用较少。

双向拉伸法又分平膜法和泡管法两种。逐步拉伸平膜法是将熔融的塑料由挤出机的机头挤出成厚片，将厚片通过拉伸辊进行纵向拉伸，再通过拉幅机进行横向拉伸，然后经加热定型、冷却后制得的拉伸薄膜。拉伸薄膜经双向拉伸后不进行热定型处理，而是迅速冷却到其玻璃化温度以下，使分子取向被“冻结”，这种薄膜存在着很大的内应力，若将其加热会产生较大的收缩，可用作热收缩薄膜。双向拉伸平膜法生产装置复杂、设备投资大；生产的薄膜具有良好的透明度和光泽度，厚薄均匀，质量好。目前该法主要用于生产 BOPET、BOPP、BOPS、BONY 等双向拉伸薄膜等。

泡管法又称膨胀式拉伸法。它是将熔融的塑料从挤出机的环形口模挤成膜管，经冷却水急速冷却后用一对夹辊压平，再经红外线加热后，向膜管内通入压缩空气吹胀，在进行横向拉伸的同时，依靠牵引辊和输入辊之间的速度差来实现纵向拉伸。经双向拉伸后的薄膜由夹辊夹平后，用红外线加热进行高温处理，冷却后卷取即得到热定型管膜。若将双向拉伸后的管膜不进行热处理，而采用急速冷却使分子取向“冻结”，也可制得热收缩薄膜，其热收缩率可达 30% ~50%。泡管拉伸法生产的薄膜纵横向性能均衡，但薄膜的厚度公差较大，平整性差；拉伸倍数较小，其吹胀比值和拉伸比值一般为 2.5 左右。泡管法通常用于生产 PE、PP、PVC 等热收缩薄膜。

（四） 压延法

压延法是将加热塑化的热塑性塑料通过两个以上相向旋转的辊间间隙，连续压制成型薄膜或片材的一种成型方法。压延成型加工能力大，连续化、自动化程度高，生产速度快，可达 20 ~120m/min。其薄膜厚薄均匀，质量好。但薄膜的宽度受辊长度的限制，一般在 2.5m 以下，所以目前发展较缓慢。压延法可用于生 PVC、PE、PP、ABS 等塑料薄膜和片材，目前普遍用于 PVC 薄膜和片材的生产。由于 PVC 薄膜是由树脂和各种助剂组成的多组分体系，因此成型中必须使各组分分散均匀，充分塑化后再进行压延成型。

三、 常用食品包装塑料薄膜

（一） 普通塑料膜

普通塑料膜是指采用挤出吹塑成型、T 形模法成型、流延法成型及压延成型的未经拉伸处理的一类薄膜。其包装性能主要取决于树脂品种，表 4 - 1 为食品包装常用单一薄膜性能比较。如表 4 - 1 所示，在单一薄膜中，阻隔性能好的薄膜有 PVDC、拉伸 PP 和 PE、PET；气体阻隔性优良的有 PVA、PA、PE、PVDC、EVAL；耐高温性较好的有 CPP、PA、PET，多用于高温杀菌食品的包装。

表 4 - 1　　食品包装常用单一薄膜性能比较

性能	透明性	光泽度	拉伸强度	延伸率	撕裂强度	阻气性	阻湿性	耐油性	耐化学性	耐低温性	耐高温性	耐热变性	防静电性	机械适应性	印刷性	热封合性
LDPE	△	△	○	*	○	×	○	×	○	*	×	*	×	×	△	*
HDPE	△	△	○	△	△	×	○	△	○	*	○	*	×	×	△	*
CPP	○	○	○	*	*	×	○	△	○	△	*	*	×	△	△	○
OPP	*	*	*	△	×	×	○	○	○	*	○	△	×	○	△	×
PVC（软）	*	*	△	*	*	△	△	△	○	△	×	○	×	×	○	○
PVC（硬）	*	*	*	×	×	○	○	○	*	×	△	○	△	○	*	×
PS	*	*	*	×	×	×	×	△	○	△	○	×	×	*	○	×
OPS	*	*	*	×	×	×	×	○	○	○	○	○	×	*	○	×
PET	*	*	*	○	○	○	○	*	*	*	*	○	×	○	○	×
OPET	*	*	*	×	○	○	*	*	*	*	*	○	×	*	○	×
N_{Y6}	○	○	*	○	*	○	×	*	*	○	*	*	×	○	○	○
ON_{Y6}	*	○	*	×	*	○	×	*	*	*	*	○	×	○	○	×
PVDC	○	○	○	△	○	*	*	*	*	○	△	*	×	×	×	△
EVA	○	○	○	○	○	×	○	○	△	*	×	*	×	×	△	○
PVA	○	*	△	*	*	○	×	*	○	×	△	*	*	×	○	×
PT	*	*	○	×	×	○	×	*	×	×	○	*	*	*	*	×
KPT	*	*	*	×	×	○	*	*	△	△	○	*	*	*	△	○
AL 箔	×	*	○	×	△	*	*	*	×	*	*	*	*	○	△	×
纸	×	×	○	×	○	×	×	×	×	○	○	*	△	*	*	×

注：*——优；○——良；△——尚可；×——差。

资料来源：摘自参考文献［2］。

（二）热收缩薄膜

收缩薄膜是一种经过拉伸但不进行热处理，而采用冷却使分子取向“冻结”制成的聚合物薄膜。由于薄膜在定向拉伸时产生一定的残余收缩应力，这种应力受热后便会消除，使薄膜在横向和纵向均发生急剧收缩，收缩率通常为30% ~50%。收缩力在冷却阶段达到最大值，并且能够长期保持。收缩薄膜有片状和筒状两种，片状薄膜是先制成片状，然后分别沿薄膜的纵轴和横轴方向进行拉伸，或者同时进行两个方向拉伸；筒状薄膜是先制成筒状，然后进行拉伸。

收缩包装薄膜的性能对包装工艺及包装质量有重要影响，收缩薄膜主要包装性能包括：热收缩性能和热封性能。

1. 收缩薄膜的热收缩性能

收缩薄膜的热收缩性能是表示其在加热时各方向尺寸收缩的能力，一般用收缩率、总收缩率和定向比为指标来表征。

2. 热封性能

物品在进行加热收缩前，需先对收缩薄膜接缝边进行热压封合，因此要求收缩薄膜具有良好的热封性能。不同种类的热收缩薄膜的性能如表4－2所示。

表4－2　　不同种类的收缩薄膜的性能

项目 种类	典型厚度 /μm	最大收缩率 /%	收缩张力 /（N/cm^3）	收缩温度 /℃	烘道温度 /℃	热封温度 /℃
PE（轻荷）	25.4～50.8	20～70	35～70	88～150	120～190	120～205
PE（重荷）	50.8～254	20～70	35～79	88～150	120～190	120～205
PE（交联）	15.2～38.1	50～80	173～350	70～145	107～305	150～260
PVC（轻荷）	12.7～38.1	30～50	105～210	65～150	107～155	135～190
PVC（重荷）	38.1～76.2	55	105～210	65～150	107～155	135～190
PP	12.7～38.1	50～80	210～420	93～172	150～230	172～205
PET	12.7～15.2	45～55	48～103	75～140	110～180	130～180
盐酸橡胶	—	45	—	～130	～160	120～170
PS	25.4～	40～70	70～420	100～132	132～160	120～150
PVDC	—	45	—	～140	～180	120～180
PVDC＋PVC	10.2～25.4	15～60	35～140	60～145	95～150	120～150
PB	12.7～50.8	40～80	70～245	88～172	120～205	150～205
EVA	25.4～254	20～70	28～63	65～120	95～160	95～172
离子型	25.4～76.2	20～40	105～175	90～132	120～172	120～205

资料来源：摘自参考文献［12］。

（三）拉伸薄膜

拉伸薄膜是一种可拉伸并带弹性、连续的、同时单面或双面涂有黏胶的塑料薄膜。将普通塑料薄膜在其玻璃化至熔点之间的某一温度条件下拉伸到原长度的几倍，然后在张紧状态下，在拉伸温度与熔点温度之间某一温度保持一定时间进行热处理定型，最后急速冷却制得定向拉伸塑料薄膜。经过定向拉伸的薄膜，其抗拉强度、阻隔性能、透明度等都有很大的提高。拉伸薄膜具有独特的自黏性、拉伸强度较高、耐穿刺性及透明度良好。该膜主要用于批量堆码的玻璃瓶、塑料瓶、易拉罐等大量产品的包装。

1. 拉伸薄膜的性能

拉伸包装技术是利用具有拉伸张紧性质的薄膜，在捆包货物时，使薄膜的张力传至整个货物表面，牢固地将货物捆成一体。在装卸运输货物中，拉伸薄膜随着力的变化而伸缩，具有较强的耐冲击力和耐振动力。拉伸薄膜的性能与特点如下。

（1）粘贴性　粘贴性指拉伸膜自身粘贴的能力，受环境湿度、灰尘和材料刚性的影响。为了避免货物靠在一起时薄膜的相互粘连，发展了单面粘贴的薄膜。

（2）韧性　韧性指薄膜伸展及耐刺穿和抗撕裂的能力。薄膜的横向耐撕裂性能非常重要，如果这一性能低，裂口就会在横向扩展，使包装货物散开。

（3）拉伸性　拉伸性是指当受到拉力时薄膜的伸缩能力。在拉伸应力下，薄膜的厚度和宽度逐渐减小发生局部截面缩减的现象，通常称作颈缩。

（4）应力保持性　应力保持性指薄膜在应力作用下拉伸缠绕时保持所施加张力的能力。

（5）有效拉伸　有效拉伸指薄膜在一定用途时在保持其必要特性（韧性、应力保持等）的前提下，所能承受的最大拉伸量。

2. 常用拉伸薄膜

食品包装上常用的拉伸薄膜有 PVC、EVA、LLDPE。常用拉伸薄膜的性能如表 4－3 所示。

表 4－3　　常用拉伸薄膜的性能

薄膜种类	延伸率/%	拉伸应力/MPa	透明度/%	抗戳穿强度/Pa	黏着力/N
LLDPE	55	42	—	960	1.8
EVA	15	25.9	88	824	1.6
PVC	25	24.5	77	550	1.3
LDPE	15	21.7	48	137	0.6

资料来源：摘自参考文献［2］。

（四）高温蒸煮袋用复合膜

高温蒸煮袋是一种可以进行加热处理的复合塑料薄膜袋，它具有罐头容器和耐沸水塑料袋两者的优点。高温蒸煮袋应可承受 121℃以上的高温加热灭菌，对气体、水蒸气具有较高的阻隔性，且热封性好，封口强度高；食品可保持在包装袋内不动，经过高温（一般在 120 ~ 135℃）加热杀菌，取出后即可食用。按照其使用的杀菌温度可分为：高温蒸煮袋（121℃、30min）和超高温蒸煮袋（135℃、30min）；按其结构来分有透明袋和不透明袋两种，制作高温蒸煮袋的复合薄膜有透明和不透明两种。透明复合薄膜可用 PET 或 PA 等薄膜为外层（高阻隔型透明袋使用 K－PET 膜），CPP 作为内层，中间层采用 PVDC 或 PVA；不透明复合薄膜中间层为铝箔。

高温蒸煮袋是一种理想的销售包装容器。适合肉类、豆制品的包装，方便、卫生又实用，并能很好的保持食品原有的风味，较为消费者青睐。

四、软包装复合材料

包装材料经历了由采用纸、木、金属、玻璃等传统材料到全新塑料的过程。随着商品门类、品种的增加，以及对包装材料要求的提高，受单一种类材料性能的限制，包装技术的开发自然转向了将材料的性能和功能进行组合的阶段。将塑料、纸张、金属的功能一体化，创造了高档和多功能化的复合包装新材料，尤其是作为包装材料的软包装复合材料，已经成为现代包装技术发展的重要标志。

软包装复合材料是将两种或两种以上不同材质的单层基材材料（薄膜），采用层合、挤出和涂布等复合工艺和技术进行复合而形成的复合层结构的柔性包装材料。在包装行业主要有复合薄膜袋、复合软管、铝塑复合纸罐类包装容器等。软包复合包装材料能集中发挥各种材料的独特性能，如保护性、美观性、机械加工性等。具有防潮、阻气、遮光、耐热、耐油、热封性良好等有利于包装自动化的优良性能。最常见的有塑/塑、铝/塑、纸/塑、纸/铝、纸/铝/塑的复合等，复合层数一般为 2 ~ 7 层不等，且材料品种相当丰富。各种复合薄膜的基本结构是适宜印刷装饰的外层、提供强度支持的基本层、利于封合的封合层，以及有特殊功能（如阻隔、保温、保鲜、绝缘、防腐等）的功能层。复合包装材料的应用领域非常广泛，在食品、药品、轻工产品、等行业的产品包装取代了大部分的纸包装、部分的金属及玻璃罐类容器，并且随商品特点及包装品的形式呈现多样化发展。

（一） 软包装复合基材的基本性能

作为软包装复合材料的基材，一般必须具备以下基本性能。

1. 机械性能

软包装复合基材应具有一定的抗拉强度、刚度、耐磨性及密封性要好，能承受长途运输、储藏、销售等过程中的冲击、震动、磨损等引起的包装容器的破损。具有一定的机械强度是保证包装物品能够顺利通过物流环境而不发生损坏的最基本要求。

2. 化学性能

软包装复合基材除具有一定的耐气候、耐环境介质（酸、碱、盐等介质）化学稳定性能，还应具有良好的阻隔性（隔湿性、阻气性、阻光性）、抗菌性、抗油性等。这些性能是保证包装件在储存期间不易变质，延长使用期的重要条件。

3. 保护性

软包装复合基材对被包装内容物应有良好的保护功能，能够在消费者购买时仍具有良好的使用价值，不会在商品生产者及销售者充填、储藏、运输、销售等流通过程中发生商品的损坏，也不会在这些过程中降低商品的质量等。

4. 加工成型性能

产品包装过程是将产品与包装容器结合成一个整体（包装件）的过程，包装材料制造成包装容器一般都需要经过加工成型、印刷、热封等工序，产品包装工艺过程包括充填、封口、分切、打印、贴标、装箱等工序。为适合商品的高机械化、高自动化生产，软包装复合基材应具有良好的加工机械成型适应性，便于自动化、机械化作业、成本低等要求。

5. 简便性

软包装复合基材本身因具有易堆垛、易搬运、易计数、易携带、易展销、质量轻、包装后的废弃物应易回收再利用或易处理等简便性，使得其在生产过程所需人力、物力以及财力较小。

6. 信息性

包装是商品生产者与商品消费者之间的桥梁，因此产品包装必须告诉消费者的各种产品信息，对于软包装而言，这些信息的印刷显得尤其重要。软包装复合基材应具有承载、传递信息的功能。

7. 卫生性

目前，软包装主要应用于食品、医药品等包装，因此软包装复合基材必须无毒、无味，符合相关卫生要求，安全可靠。

8. 经济性

软包装复合基材要求原材料来源广泛、价格合理。

（二） 软包装复合基材的分类

随着科学技术的发展，软包装工业大量采用新技术、新工艺、新设备、新材料，使得软包装复合基材的种类越来越多，性能越来越好。按基材功能分类，主要有热封基材、强度支持层基材、功能性基材（阻隔、隔热、保鲜、绝缘、抗菌）等。

1. 热封基材

热封基材因其直接与被包装内容物接触，故有以下要求。

（1）无毒、无味、无嗅、无色。

（2）化学稳定性好，与被包装内容物接触时，萃取、渗透，耐内容物性能好。

（3）热封强度（牢度）高、低温热封性良好。

（4）机械加工性好，适宜于分切、流水线充填等。

需要注意的是，热封基材使用最广泛的、最廉价的是 LDPE，但在高温蒸煮袋或高温杀菌消毒的热封基材一般不宜采用 LDPE，而是使用耐高温的 CPP 基材作为热封层。同时，由于普通的 PP 或 CPP 在0℃以下脆性很大，因此在需要冷冻、冷藏流通环境中储存的包装，其软包装复合基材一般不使用 PP 或 CPP 基材作热封层，而是采用 LDPE 作为基材。

2. 强度支持层基材

强度支持层基材又称骨架层基材，其主要承担容纳、支持和保护产品的作用，其机械强度要求较高，耐磨耐冲击性好，同时必须具有良好的印刷适应性，而且透明度、光泽度、尺寸稳定性等也要好。一般采用双向拉伸薄膜基材、纸基材等，如 BOPP、BOPET、BOPA、牛皮纸和纸袋纸等。当软包装复合材料的层次结构只有两层时，强度支持层基材还必须具有中间功能层基材的某些特性：较高的阻隔性、耐高温、耐低温性，以使得复合材料具有保香、防潮等功能。例如，BOPET 具有良好的阻湿性，且耐高温、耐低温。因而 BOPET/LDPE 的复合材料完全能满足干燥食品包装的某些要求。

3. 功能性基材

在软包装复合材料中为达到某种特殊包装目的而采用的功能性作用材料称为功能性基材，这些功能主要包括阻隔、阻热、保鲜、绝缘、抗菌等。常用的材料有铝箔及真空镀铝膜、高阻隔性材料 EVAL 薄膜、K 涂布膜、PET 及 PA 双向拉伸膜，是主要包装功能的承担者。例如，带棱角较尖硬的炸鸡烤鸭类产品包装，其包装要求不但要能够阻氧、耐蒸煮，而且要耐刺穿，一般不宜采用 BOPP/AL/CPP 复合的高温蒸煮袋直接进行包装，需在其中再复合一层耐戳穿性基材功能层，如 PET 或 PVDC 或 LLDPE 基膜层等，构成 BOPP/AL/PET/CPP 或 BOPP/AL/PVDC/CPP 复合材料包装袋，才能较好地达到产品包装的要求。

（三）软包装材料复合工艺方法

复合工艺是生产软包装复合材料的重要手段。目前，软包装复合材料的生产方法主要有干法（式）复合、湿法（式）复合、挤出涂覆、挤出复合及共挤出复合等工艺。

1. 干法复合

干法复合又称干式复合，它是利用水或溶剂型的液态黏合剂均匀涂布于某复合基材薄膜上（第一基材），再经过干燥烘道加热使黏合剂中的溶剂挥发呈干燥状态，然后与第二层基材经热压结合在一起形成多层结构的复合材料的工艺方法。干法复合工艺有以下特点。

（1）可选择的基材范围广　可以是塑料/塑料，也可以是塑料/金属、塑料/纸等材料的复合。

（2）复合牢固度高　可以生产使用条件要求相当高的包装材料。

（3）生产速度快　一般的生产速度可达 150～180m/min。

（4）印刷性能好　制品可以在表面印刷，也可以进行反印刷。反印刷时，油墨层在二层薄膜中间，卫生性好。

干法复合的缺点是黏合剂溶剂及未反应的有毒单体残留问题，另外生产成本较大及有一定环境污染。

2. 湿法复合

湿法复合又称湿式复合，是用水或溶剂型的液态黏合剂将两层或多层基材薄膜通过钢辊和橡皮复合辊压合在一起，然后经干燥烘道加热烘干除去黏合剂中的水分或溶剂，使黏合剂固化粘牢基材的复合工艺方法。湿法复合适用于多孔性材料及能吸收溶剂或水的基材，不适用于塑料薄膜和塑料薄膜的复合，但是可以使用湿法复合工艺对塑料同多孔性材料进行复合。

3. 无溶剂复合

无溶剂复合是采用无溶剂型黏合剂涂布基材，直接将其与第二基材进行复合层黏合的一种复合方法。无溶剂复合是由德国的 Herberts 公司 1974 年开发的软包装复合材料的生产工艺之一。无溶剂复合工艺中所使用的黏合剂，因其不含有机溶剂而备受关注，在欧美等工业发达国家，无溶剂复合已经超过干法复合，成为生产软包装复合材料的主要方法。虽然无溶剂复合方法与干法复合方法一样，均需要使用黏合剂，但其存在以下几点区别。

（1）黏合剂的不同　干法复合所使用一般是溶剂型或乳液型的黏合剂，而无溶剂复合所使用的黏合剂中不含有机溶剂。

（2）工艺流程不同　干法复合过程中，在涂胶之后、复合基材层合之前，必须经过一道干燥程序，使黏合剂中的溶剂或水完全烘干挥发；而无溶剂复合中，黏合剂是百分之百的固体物质，不含溶剂以及分散剂之类的物质，涂布黏合剂之后即可直接复合加工。

（3）设备不同　干法复合需要使用干燥烘道，而无溶剂复合不需要。

4. 挤出复合

挤出复合和挤出涂覆是软包装复合材料生产工艺中最常见的两种工艺，挤出复合采用塑料挤出机将热塑性树脂（PE 树脂、EVA 树脂、EVAL 等）加热熔融注入到一个平片模具内，再由模具的扁平模口挤出片状熔体薄膜后，在铸造钢辊上冷却固化定型，立即与一种或两种软包装基材通过紧密的复合夹辊复合在一起，然后冷却固化的生产方法。

通常情况下，挤出涂覆工艺也划分到挤出复合工艺范畴。挤出涂覆也是采用塑料挤出机将热塑性树脂（PE、VA、EVAL、PA、PVDC 等树脂）加热熔融注入到一个平片模具内，再由模具的扁平模口挤出片状熔体薄膜后，直接涂敷在另一种软包装基材表面上，立即通过紧密的复合夹辊复合，然后冷却固化的生产方法。与其他复合方式相比，挤出复合具有以下优点。

（1）复合速度快，适合大批量生产；

（2）可自由选择复合基材；

（3）加工成本较低，省去了一道热封膜生产工序，黏合剂使用量极少；

（4）可任意设定产品的挤压厚度；

（5）可连续生产多层复合材料。

5. 共挤出复合

共挤出复合是采用两台或两台以上挤出机将同种或异种树脂同时挤入一个复合模头中，分别在不同的挤出机中加热塑化，然后通过特殊的机头将它们汇合，使各层树脂在模头内或外会合形成一体，在机头分层汇合挤出成熔体膜坯，经吹塑、冷却定型为共挤出复合薄膜。共挤出复合薄膜能提高薄膜质量、改性后加工性能和降低成本等，在食品、医药等软包装领域有着广泛的应用。与干法复合、湿法复合、挤出复合、挤出涂覆相比，共挤出复合工艺流程简单，可一次成型多层软包装复合材料，能耗低，废料少，复合过程因不需要辅料黏合剂而无溶剂回收与污染环境问题，因此，共挤出复合是一种“绿色”的复合技术。

五、 高阻隔性薄膜

高阻隔性塑料包装材料是随着食品工业的迅速发展而发展起来的，它对食品起到了保质、保鲜、保风味以及延长货架寿命的作用。保存食品的技术多种多样，如真空包装、气体置换包装、封入脱氧剂包装、食品干燥包装、无菌充填包装、蒸煮包装、液体热充填包装等。在这些包装技术中许多都要使用到塑料包装材料，虽要求其具备多种性能，但重要的一点是都须具备良好的阻隔性。

（一） 乙烯/乙烯醇共聚物 （EVOH） 薄膜

EVOH 是一种链状结构的结晶性聚合物，集乙烯聚合物良好的加工性和乙烯醇聚合物的极高的气体阻隔性于一体，是一种新型的阻隔材料，其阻气性比 PA（聚酰胺）高 100 倍，比 PE、PP 高 10000 倍，比目前常用的高阻隔性材料 PVDC（聚偏二氯乙烯）高数十倍以上。

EVOH 一直是应用最多的高阻隔性材料。这种材料的薄膜类型除了非拉伸型外，还有双向拉伸型、铝蒸镀型、黏合剂涂覆型等，双向拉伸型中还有耐热型的用于无菌包装制品。EVOH 的阻隔性能取决于乙烯的含量，一般来说当乙烯含量增加时候，气体阻隔性下降，但易于加工。

EVOH 显著特点是对气体具有极好的阻隔性和极好加工性，另外透明性、光泽性、机械强度、伸缩性、耐磨性、耐寒性和表面强度都非常优异，同时在高性能阻隔树脂中热稳定性最高，这一性质使加工中生产的废料可以再生利用。

在包装领域，EVOH 制成复合膜中间阻隔层，应用在所有的硬性和软性包装中；在食品业中用于无菌包装、热罐和蒸煮袋，包装奶制品、肉类、果汁罐头和调味品；在加快 EVOH 复合膜研究同时，国外也在研究 EVOH 拉伸取向，新型 EVOH 薄膜对气体的阻隔性能为现有的高性能的非拉伸 EVOH 薄膜的 3 倍。另外 EVOH 也可以作为阻隔材料涂覆在其他合成树脂包装材料上，起到增强阻隔性能效果。

（二） 氧化物涂覆薄膜

氧化硅、氧化铝蒸镀薄膜是近年来国外研制生产的高阻透性的塑料薄膜，材料有如下优点：具有优异的阻透性，对氧和水蒸气的阻透性非常好，氧及水蒸气的透过率很小，是目前公认的平衡阻透性优良的高阻透性透明薄膜；耐高温低温性能好，使用温度范围宽，而且可透过电磁波；良好的耐药品性，可用于耐酸碱的包装；材料具有良好的透明性；无环境污染，废弃后可回收，焚烧残渣极少。

镀硅塑料膜是以塑料薄膜为基材，在其上用真空镀膜的方法，镀上一层厚度为几十纳米的硅氧化物膜，该层硅氧化物为非晶体的 SiO_2。这层硅氧化物很薄，与塑料薄膜粘合极牢，所以镀硅塑料膜的耐蒸煮性和抗弯折性都好，微波可几乎不被吸收地透过，透明性很好，镀硅塑料膜质地致密，阻氧、阻湿性能都十分好，优于镀铝塑料膜，而且硅塑料膜的阻隔性能又优于所有的塑料复合膜，保香性也很好。

氧化铝蒸镀薄膜，在无色透明的蒸镀膜上有残留应力，成本比 SiO_2 蒸镀的价廉，另外为使其具有印刷性须另在蒸镀薄面加外保护膜。因其冲击性低，印刷和加工时容易产生微小裂纹，所以氧化铝蒸镀膜必须有外保护膜。氧化铝蒸镀膜主要用于食品包装领域，氧化硅蒸镀膜主要用于要求高阻透性的电子设备等领域。

（三） 聚偏二氯乙烯 （PVDC）

PVDC具有很高的结晶度，其最大的特点是有极佳的综合阻隔性能，但由于其质地坚硬、软化点高、对热不稳定，导致加工成型相当困难。若以其单体偏二氯乙烯类（VDC）与其他单体如氯乙烯、丙烯酸甲酯、丙烯腈等共聚，则共聚物可较好地解决上述问题，所以产品通常都以共聚物形式出现。目前，PVDC共聚物已广泛用于食品包装，如单层PVDC薄膜采用双向拉伸吹塑制取，具有收缩性、阻隔性，在微波加热条件下不分解，广泛用于家用保鲜。PVDC与PS、HIPS、PP等树脂的共挤出复合薄膜可用于乳制品、果酱等的真空包装。

（四） 聚萘二甲酸乙二醇酯 （PEN）

PEN与PET分子结构的不同之处在于用萘环代替了PET分子中的苯环，聚合物的原料单体用2，6-萘二甲酸代替对苯二甲酸，其构成与PET类似，因此，PEN是聚酯材料中佼佼者，它几乎在所有方面都优于PET，具有优异的阻隔性、对紫外线的吸收性、耐热性和化学稳定性。掺入PEN的聚酯瓶无论从其耐热性、阻隔性还是从其他方面看，作为饮料包装中的主角将无可非议。

（五） 镀铝薄膜

镀铝薄膜又称金属化薄膜、真空镀铝膜，它是在塑料薄膜上用真空蒸镀的方法把气化后的金属铝原子凝固镀在薄膜表面，形成一层具有铝金属光泽的镀铝薄膜。在塑料薄膜表面真空镀铝金属化可以赋予塑料薄膜良好的装饰性、光泽性、导电性和阻气性等特性。镀铝薄膜的主要基材采用PET、PE、PP和PA等塑料膜，也可以采用纸作为基材。金属蒸镀薄膜的一个缺点是延伸性不佳，薄膜受力拉伸会产生细小针孔甚至被破坏，为了改进这个缺点，可以使用锡/铜、锡/铅/镍、锌/铜/银等合金来蒸镀。

第四节　塑料包装容器及制品

塑料通过各种加工手段，可制成具有各种性能和形状的包装容器及制品，食品包装上常用的有塑料瓶、塑料罐、塑料桶、塑料箱、钙塑瓦楞箱、塑料包装袋、塑料杯、塑料盒等。塑料包装容器有很多的成型加工方法，可根据塑料的性能以及制品的种类、形状、用途和成本等因素，合理选择成型方法。

一、 塑料容器成型方法

塑料容器成型方法主要有吹塑成型、注塑成型、热成型等。

（一） 吹塑成型

所谓吹塑是指借助于气体的压力，使闭合在模具中的热型坯吹胀制成中空制品的一种塑料成型方法。吹塑成型是热塑性塑料的一种重要的成型方法，也是制作塑料包装容器最常采用的成型方法之一，此方法主要用于生产塑料瓶。

1. 挤出吹塑成型

挤出吹塑的基本特征是吹塑用型坯是由挤出法制备的。其方法是将热塑性塑料的粒料（或粉料），在经过挤出机塑化后，通过特定的模头，制备成可供吹塑生产塑料容器等制品的型坯（通常是管状的处于铅直状态的热熔融坯料），然后瓶子模具的两个模瓣闭合在塑料型坯上，插入吹塑杆，将空气吹入型坯，制品的内部只靠空气来成型，图 4－2 所示为挤出吹塑成型示意图。挤出吹塑可以用来生产各种尺寸和形状的塑料容器，但生产容量小于 200mL 的容器一般不采用此种方法。

生产小口瓶通常采用挤出吹塑成型，适应的塑料品种有 LDPE、HDPE、PVC 等。

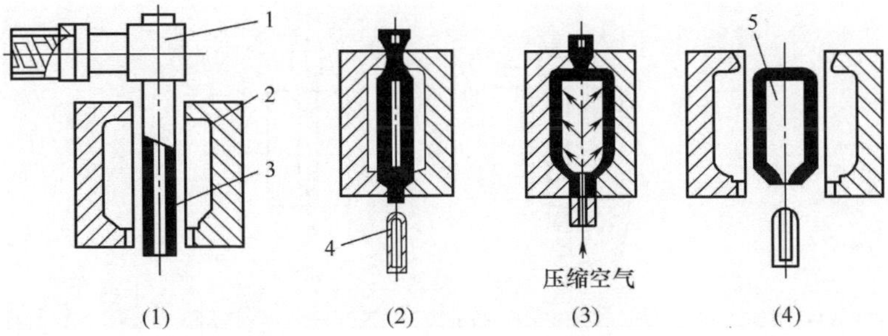

图 4－2　挤出吹塑成型示意图

（1）制取型坯，启模　（2）闭模，夹持型坯　（3）型坯吹胀，冷确定型　（4）启模，制品脱模

1—挤出机头　2—吹塑模　3—管状型坯　4—压缩空气吹管　5—制品

资料来源：摘自参考文献［7］。

2. 注射吹塑成型

注射吹塑的型坯是采用注射的方法制备的。注射吹塑的工艺包括两部分：首先是利用对开式模具将型坯注射到芯棒上，待型坯经适当冷却（使型坯表层固化，移动芯棒时不致使型坯形状破坏或垂延变形），然后将芯棒与型坯一起送到吹塑模具中，将吹塑模具闭合，通过芯棒导入压缩空气，使型坯吹胀加工成所需要的制品，冷却定型后取出产品。图 4－3 为注射吹塑成型示意图。注射吹塑的最大优点是可以比较精确的控制型坯的尺寸，以确保后续吹塑工序以及制品在使用上的需要。

生产大口瓶多采用注射成型方法，适应的塑料品种有 PS、HDPE、LDPE、PET、PP、PVC 等。

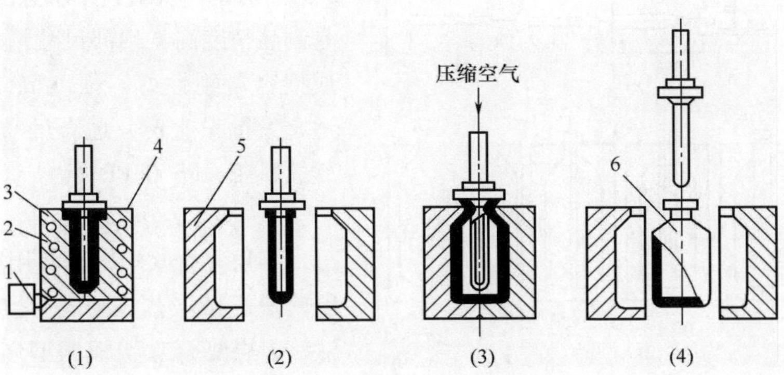

图 4－3　注射吹塑成型示意图

（1）注射型坯　（2）移入吹塑模内　（3）通入压缩空气、吹胀　（4）取出制品

1—注塑机　2—注射型坯　3—空心凸模　4—加热器　5—吹塑模　6—制品

资料来源：摘自参考文献［7］。

3. 挤出拉伸吹塑成型

挤出拉伸吹塑成型首先将塑料熔融挤出制成管坯，然后在拉伸温度下进行纵向拉伸并借助空气吹模成型，经冷却定型后启模取出成品。由于塑料在低于其熔点的温度下进行拉伸和吹塑，因此分子会产生强迫的定向作用，制品经拉伸后可提高透明度、阻隔性、强度，并降低成本和重量。图 4－4 为挤出拉伸吹塑成型示意图。这种工艺主要用于 PP、PVC 瓶的成型。

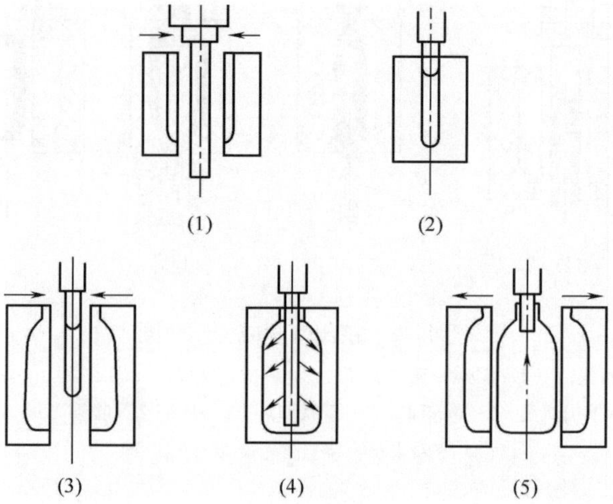

图 4－4 挤出拉伸吹塑成型示意图

（1）挤出坯管，模具闭合 （2）坯管封底定型

（3）坯管移至成型模具 （4）拉伸吹胀坯管至成瓶型 （5）冷却定型后脱模

资料来源：摘自参考文献［21］。

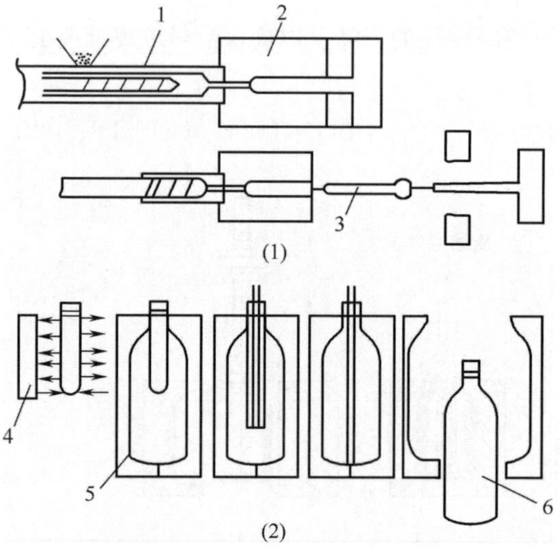

图 4－5 注射拉伸吹塑成型

（1）型坯的注射成型 （2）型坯再加热及拉伸吹塑

1—注射成型机 2—型坯模具 3—型坯

4—型坯加热装置 5—拉伸吹塑模具 6—容器

资料来源：摘自参考文献［1］。

4. 注射拉伸吹塑成型

型坯首先采用注射方法成型，然后在适当的条件下进行拉伸和吹塑成型。图 4－5 为注射拉伸吹塑成型示意图。其工艺特点是制品精度高，颈部尺寸精确，无需修正，成型容器刚性好，强度高，外观质量好，适合大批量生产，适合的塑料品种为 PET 软饮料瓶、PS 和 PP 等。

5. 多层复合吹塑成型

多层复合吹塑，是使用多层复合型坯，经吹塑成型工艺，制成多层容器的成型方法。多层复合吹塑根据型坯的制造方法的不同进行分类，可分为共挤出多层吹塑与共注射（分步注射）多层吹塑。开发研究多层复合吹塑技术的主要目的在于，通过各种不同塑料层的合理匹配，实现各层塑料性能的有效互补，从而克服单层塑料容器的某些缺点，制得单层塑料容器不能（或难于）达到的高性能制品，主要用于多层复合塑料瓶罐的成型。

（二）注射成型

注射成型也被称为注塑。该成型方法是先将塑料在料筒中充分熔融，然后在高压下迅速将塑料熔料定量注入闭合模具的成型腔之中，待塑料冷却固化之后，取出制品的一种塑料成型方法。作为常用的塑料成型方法，注射成型与其他成型方法相比，具有以下特征。

（1）在高压下将已充分塑化的塑料熔体注入模具的型腔中；

（2）每次注射均向型腔中注入一定量的塑料熔融体。

用注射成型的方法可以生产一些形状复杂的包装制品，也可用于生产其他容器。注射生产还用于注射吹塑成型瓶子的型坯制造。

（三）热成型

热成型是将塑料片材加热到某一适当的温度之后至高弹性状态，再采用适当的模具，施以外力使片材变形而给予定型，经冷却后获得塑料制品的一种成型方法。热成型时，片材加热所达到的实际温度，因塑料不同而异，但通常仅接近（或略高于）片材的熔融温度。在热成型的温度范围内，塑料片材的流动变形有限，因此热成型只能生产一些形状相对简单的塑料制品，应用得最多的是生产杯子、浅盘之类。

按照成型过程中采用的对塑料片材施加的压力不同，可将热成型方法分为以下几种。

1. 真空成型

利用真空使熔融状态下的片材紧贴模具表面而成型。此种法最简单，但抽真空所形成的压力差不大，仅用于外形简单的制品。

2. 气压热成型

采用压缩空气或蒸汽的压力，迫使受热软化的塑料片材紧贴于模具表面而成型。由于比真空成型方法的压力差大，可制造外形较为复杂的制品。

3. 对模热成型

采用可移动的加热设备将片材加热软化，将受热软化的片材置于彼此扣合的阴模、阳模之间，借助一定的机械压力进行成型。此法的成型压力较大，可用于制造外形复杂的制品，但模具费用较高。

4. 柱塞助压成型

用阴模将受热片材进行部分预拉伸，然后封闭模底气门，将柱塞压入模内，再用真空或气压进行成型。此方法可以制得深度大、壁厚分布均匀的制品。

5. 固相成型

将片材加热至不超过塑料熔点的温度，使材料保持在固体状态下成型。用于ABS树脂、聚丙烯、高分子量高密度聚乙烯。此种成型方法制成的制品，刚性、强度等都高于一般热成型产品。

6. 双片材热成型

两个片材叠合一起，从中间吹入压缩空气，可制作大型中空制品，是把热塑性塑料片材加工成各种制品的一类较特殊的加工方法。将裁成一定尺寸和形状的片材夹在模具的框架上，加热软化，而后施加压力，使其紧贴模具的成型表面，取得与其相仿的形状，经冷却定型和修整后即得制品。与注射成型比较，具有生产效率高、设备投资少及能制做表面积较大的产品等优点，使用的塑料主要有聚苯乙烯、聚氯乙烯、聚烯烃等，成型方法有多种，都是以真空、气压或机械压力三种方法为基础加以组合或改进而成的。可用于生产饮食用具、玩具、帽盔以及汽车部件、建筑饰件、化工设备等。

随着生产技术的发展，此前作为一种独立的塑料片材成型体系，开始与其他生产设备相结合，组合成满足特定需要的完整生产线，从而进一步提高生产效率，降低产品的生产成本。在塑料片材热成型设备的成套生产线中，应用得比较成功的有：①由热成型设备与塑料片材生产线相结合而组成的塑料容器高速、高效生产线，这类生产线的特点是直接从粒状（或者粉状）原料制做塑料容器，省去了专业生产塑料片材的中间环节；②塑料片材的热成型设备与包装设备织成的联动生产线，这类生产线通常是塑料片材经热成型之后，连同边料进入灌装工位，在该处灌装、封盖，然后冲切，得到包装完好的商品；③其他组合生产线，除上述两种组合式热成型生产线之外，还有热成型设备与后继表面修饰（如印刷、烫金等）设备相组合的联动生产线。由这种设备可以从塑料片材直接得到经表面修饰的热成型塑料容器，还可由热成型设备与片材生产设备以及塑料容器表面修饰设备组成的联动生产线。

二、 主要塑料包装容器

食品包装使用的塑料容器有瓶、桶、罐、杯、盘等，其中塑料瓶的用量最多；塑料包装瓶因具有许多优异的包装性能而广泛应用于食品包装，在软饮料包装上已基本取代玻璃瓶。

（一） 食品包装常用塑料瓶

目前塑料瓶常用的塑料品种有 PE、PVC、PP、PET、PS、PC 等。其中 PET 瓶因具有良好的阻气性而被广泛应用于含气饮料的包装中。表 4 -4 为几种常用塑料瓶的性能、成型方法及应用的比较。

（1）硬质 PVC 瓶　硬质 PVC 瓶无毒性、质地坚硬、透明性良好，食品包装上主要用于食用油、酱油、不含气饮料等液态食品的包装。

（2）PE 瓶　PE 瓶主要有 LDPE 和 HDPE 瓶，在食品包装上应用很广，但由于自身的不透明性、高渗气性、渗油性等缺点而很少用于液体食品的包装。

（3）PET 瓶　PET 瓶一般采用注射拉伸吹塑工艺生产，其特点为高强度、高阻隔性、透明、质轻、再循环性好，在含气饮料包装上几乎取代了玻璃瓶包装。

（4）PS 瓶和 PC 瓶　PS 瓶的特点是光亮透明、尺寸稳定性好、阻气防水性能也好，而且价格很低，因此可适用于对 O_2 敏感的产品包装。

PC 瓶具有极高的强度和透明度，耐热、耐冲击、耐油及耐应变，但最大的不足是价格较为昂贵，而且加工性能差，加工条件要求高，因而未能大量应用。

（5）PP 瓶　PP 瓶的加工性能较差。采用挤出吹塑工艺生产的普通 PP 瓶，其透明度、耐油性、耐热性比 PE 瓶好，但透明度、刚性和阻气性均不如 PVC 瓶，且低温下耐冲击能力较差，易脆裂，因此很少采用。采用挤出（注射）拉伸吹塑工艺生产的 PP 瓶，在性能上有明显的改善，有些性能还优于 PVC 瓶，可用于包装不含气果汁饮料及日用化学品。

塑料瓶的发展方向为进一步提高其阻隔性，尽管 PET 瓶具有较高阻隔性，但对 CO_2 的阻隔不充分。目前已采用 EVAL、PVDC 等高性能材料来生产阻隔性更好的瓶子，也可采用共挤或共注的方式生产复合瓶，如 PET/PVDC、PET/EVAL 复合瓶，K 膜（涂布 PVDC）涂 PET 则是常用的复合方法。PET/PVDC 复合瓶已在啤酒和碳酸饮料包装上广泛应用。

表4－4　　几种主要塑料瓶的比较

种类	性能特点	成型方法	应用
HDPE	加工简单容易，成本低，耐化学腐蚀性好，低温抗冲击强度好，水蒸气阻隔性好，气体（O_2，CO_2）透过率高，制品变形温度160～250℃，但不适合高温充填和消毒，气体阻隔性差	挤－吹法 注－吹法	牛乳、食用油、糖浆、日用化学品（去污剂、漂白剂洗涤剂）、机油、润滑油等
LDPE	具有挠性，耐冲击，水蒸气阻隔性好，制品变形温度为160～220℃，加工性好，价格低，但阻气性差，高温下会开裂	挤－吹法 吹－吹法	软质瓶、软管、卫生用品、化妆品等
PVC	耐冲击强度高，O_2透过率低，水蒸气透过率中等，透明度好，制品变形温度140～150℃，由于变形温度低，不宜在高温条件下使用，加工性较差	挤－吹法 吹－吹法 挤－拉－吹法	洗发香波、去污剂、矿泉水、果汁、食用油等
PP	重量轻，熔点高，可消毒处理，耐化学性好，耐冲击，透明，水蒸气透过率低，而渗透率高，制品的变形温度230～260℃，拉伸瓶变形温度为190～250℃，阻气性差，并具有低温脆性	注－吹法 注－拉－吹法	化妆品、漱口水、洗洁剂、食用油、糖浆、果汁、药品等
PET	抗拉强度高，耐冲击，透明，水蒸气透过率、O_2、CO_2透过率低，酒精透过率低，耐油性好，但需有专用设备加工，不能加工成有柄容器，且价格较高	注－吹法 注－拉－吹法	含气（CO_2）饮料、酒、酱油等

资料来源：摘自参考文献［22］。

（二）塑料周转箱和钙塑瓦楞箱

1. 塑料周转箱

塑料周转箱常以高密度聚乙烯或聚丙烯为基材，高密度聚乙烯类周转箱冲击韧性及耐低温性耐较好，而聚丙烯类周转箱的刚性及耐高温性能较好。塑料周转箱大量用于食品、蔬菜、饮料、啤酒等多种商品的周转、贮运，也用于工厂生产过程中半成品的周转。EPS 发泡塑料周转箱因其具有隔热、防震缓冲等优点，作为生鲜果蔬的低温保鲜包装而被广泛应用。塑料周转箱的主要特点如下。

（1）质量轻但机械强度较好

（2）耐化学药品性好　耐酸、碱、盐、食物油等多种物质的侵蚀，受到各种制剂作用不易产生应力开裂，使用寿命较长。

（3）卫生性能良好　无毒、无嗅、无味，不易生锈、耐腐蚀，易洗、易干，清洁方便。

（4）易着色　可进行烫金、印刷等表面修饰，形态美观。

（5）抗冲击性能良好　表面硬度适中，受到外力撞击时不易破坏，而且对所包装物品有一定的缓冲保护作用。

(6) 采用注射成型，箱体尺寸精度较高，堆码方便且稳定性很好，不易倒塌。

2. 钙塑瓦楞箱

钙塑瓦楞箱是在 PP、PE 材料中加入填料碳酸钙、硫酸钙、滑石粉等填充剂及少量助剂改性制成钙塑纸，由钙塑纸制钙塑瓦楞板，再经过切割瓦楞板、压痕制箱的方法而制得的。

钙塑瓦楞箱的最大优点是防潮、防水、强度高，因此可以用于湿度较高的环境下，如冷冻食品、水产品、畜产品的包装。和牛皮纸质瓦楞箱相比，钙塑瓦楞箱的主要有如下几点优点。

(1) 机械强度较好　承载能力较强；

(2) 防湿防潮性好　钙塑瓦楞板不吸潮、透湿性小；

(3) 抗水能力强　钙塑瓦楞板的强度几乎不受水及潮气的影响，在高潮湿及浸泡环境下亦能保持其原有的较高的机械强度；

(4) 卫生性能良好　钙塑瓦楞箱自身具有良好的卫生性能，在严格控制配方及生产条件的情况下，钙塑瓦楞箱可直接接触食品、药品之类的商品，同时钙塑瓦楞箱不会发霉及寄生、繁殖细菌；

(5) 耐化学腐蚀性好　钙塑瓦楞箱能耐多种化学物质的腐蚀，其耐化学腐蚀的能力远高于牛皮纸瓦楞箱。

此外钙塑瓦楞箱和牛皮纸瓦楞箱一样，对所包装的商品有良好的缓冲作用。

钙塑瓦楞箱的缺点是材料表面光滑，堆叠码垛后稳定性不佳，且生产成本也相对较高。

钙塑瓦楞箱和牛皮纸瓦楞箱的性能比较如表 4-5 所示。

表 4-5　钙塑瓦楞箱和牛皮纸瓦楞箱的性能比较

名称	空箱抗压/N		瓦楞纸板平面抗压强度/MPa	瓦楞纸板剥离强度/N	跌落试验/次		撞击试验	空箱质量/kg
	干时	水淋 5min			底着地	横头着地		
钙塑瓦楞箱	5100	5100	0.20	50	>50	10	>5	1.1
牛皮纸瓦楞箱	2500	700	0.069	9	>50	10	>50	0.8

资料来源：摘自参考文献 [2]。

(三) 其他塑料包装容器及制品

1. 塑料包装袋

塑料包装袋是一种以塑料为原材料，用于生产生活中各种用品的包装袋。塑料包装袋在食品包装行业是使用量最大的包装容器，塑料包装袋一般可以分为单层薄膜袋和复合薄膜袋及网眼袋，塑料袋主要是以聚乙烯吹塑薄膜为主，也有一些是聚丙烯薄膜。

(1) 单层薄膜袋　单层薄膜袋可用各类聚乙烯、聚丙烯薄膜（通常为筒膜）制成。尺寸大小各异、厚薄及形状不同，可用于多种物品包装，有口袋形塑料袋，也可做成其他样式。

HDPE 吹塑薄膜的力学性能优于 LDPE 吹塑薄膜，且具有挺括、易开口的特点；但透明度较差，通常用于制作背心式购物袋；LDPE 吹塑薄膜具有优良的抗穿刺性和良好的焊接性，即使在低温下仍具有较高的韧性，可用于制作对抗穿刺性要求较高的垃圾袋。聚丙烯吹塑薄膜由于透明度高，多用于制作服装及食品的包装袋。

（2）复合薄膜袋 为满足食品包装对食品贮藏保存、保鲜等方面的要求，可采用多层复合薄膜制成的包装袋。其中蒸煮袋是复合薄膜包装袋的重要品种。需要长期保存的食品，对包装材料的要求不仅需要卫生安全、高阻隔性、高强度、良好热封性，而且还要求具有高温灭菌的耐受性。

（3）网眼袋 网眼袋用高密度聚乙烯经挤出、拉伸成扁丝、再经编织而成。质地柔软、重量轻，包装同样体积的物品，其袋自重比一般编织袋小得多，又有一定的机械强度。适用于水果、蔬菜等的包装。但不宜用于坚硬有菱角的块状物料包装。网眼袋透气同时又使包装成本明显减少，网眼大小可根据所装物品种类及装载重量调节，网眼形状可为菱形、矩形等。样式美观大方、不遮挡所装商品的外观或商标装潢。

挤出网眼袋是以高密度聚乙烯为原料，经熔融挤出，旋转机头成型，再经单向拉伸而成的连续网束，无需编织。其网眼大小和网的宽度在可在一定范围内调节，但是强度不如编织而成的网袋。挤出网眼袋适合于水果、罐头、瓶装酒等食品的外包装。

2. 其他塑料包装制品

（1）塑料罐 塑料罐是指用塑料或以塑料为主的原料制成的小型包装容器，一般带有可密封的罐盖。在塑料罐类容器中，纯塑料罐较少，大多数是由塑料、纸、铝箔等复合材料制成罐身，而罐底和罐盖则用塑料或金属制造，这种塑料罐又称为组合罐。

塑料罐在应用上已基本取代了金属罐和玻璃瓶，主要是因为它具有许多优点。

①质量轻。制造塑料罐的材料密度较小，容积相同的容器，塑料罐均小于金属铁罐和玻璃瓶的重量。

②成本低。塑料罐的生产成本低，制造也较容易。

③保护性能好。塑料罐由多种材料复合制成，有良好的化学稳定性和阻隔性；其底、盖与罐身的结合采用可靠的密封结构，对内装物能可靠地保护。

④机械强度较好。塑料罐的机械性能虽略低于金属罐、玻璃瓶，但包装一般产品已经足够，很少发生强度破坏问题。

⑤货架效果好。塑料罐表面易于印刷，便于装潢。

塑料罐也有些不足：如底盖与罐身的密封质量尚不稳定；在进行真空包装和压力包装时，罐身强度有时不够高等。

采用薄纸板与镀铝薄膜塑料复合及发泡聚苯乙烯与铝箔复合的塑料罐，广泛用于食品饮料包装；由 PP/EVOH/PP 材料组成的高温杀菌塑料罐，其特点是以 EVOH 作为夹层材料，阻气性好，可取代目前的金属罐。在国际上此项新材料还处于试验阶段。塑料罐作为一种新型包装容器在包装领域内被广为使用，它可以包装果汁、乳粉、含气饮料、咖啡、化妆品、油类等。

（2）塑料杯、盘、盒 塑料杯用来装热饮料的一次性容器。一次性塑料杯使用量最大的一般是饮料店、奶茶店和咖啡店。这种杯子属于不可降解的物质，也使得这种一次性塑料杯成为了“白色污染”的主要来源。薄壁塑料杯可供包装果汁、冷饮、固体饮料及作为旅行用饮料杯。

用塑料制成的盘容器，具有密度小、质量轻、易加工等特点，外观可透明或可不透明。塑料盘制作精美可以适合于各种场所。发泡聚苯乙烯浅盘可以用于包装鲜肉、果脯、点心、蔬菜水果，表面覆盖一层拉伸薄膜或收缩薄膜封闭，大量被超市采用。新发展的一种可烘烤塑化纸板，是由薄纸板涂覆聚酯或聚丙烯塑料制成。这种可烘烤塑化纸板容器，主要用于生鲜食品及快餐包装。聚酯和聚丙烯塑料的耐热温度可达 130℃，且无毒性，可将浅盘和食品一同放入微波炉中加热。

塑料盒是以 PVC/PET/PP/PS 等为材料的透明折盒、圆筒、天地盖盒等制品，包装耐用，防潮、防水、韧度高，运输安全性能强。

第五节　塑料新材料

食品工业的快速发展，为包装行业提供了巨大的市场，塑料包装材料成为食品行业不可或缺的一部分，塑料新材料的研发和应用发展获得了长足的进步。塑料包装各种新型材料、新技术不断发展，满足人们对食品健康、安全的需要。

1. 双向拉伸聚丙烯（BOPP）薄膜

BOPP 薄膜无色、无嗅、无味、无毒，并具有高拉伸强度、冲击强度、刚性、强韧性和良好的透明性。常用的 BOPP 薄膜包括：普通薄膜、香烟包装膜、珠光膜、金属化膜、消光膜等。BOPP 可以与多种不同材料复合，以满足特殊的应用需要。如 BOPP 可以与 LDPE（CPP）、PE、PVA 等复合制成具有高度阻气、阻湿、透明、耐高低温、耐蒸煮和耐油性能的包装。

2. 双向拉伸聚酯（BOPET）薄膜

BOPET 薄膜具有强度高、刚性好、透明、光泽度高等特点；无嗅、无味、无色、无毒、突出的强韧性；其拉伸强度是 PC 膜、尼龙膜的 3 倍，冲击强度是 BOPP 膜的 3～5 倍，有极好的耐磨性、耐折叠性、耐针孔性和抗撕裂性等。此外，BOPET 薄膜还具有良好的耐热性、优异的耐蒸煮性、耐低温冷冻性、良好的耐油性和耐化学品性等。BOPET 膜吸水率低，耐水性好，适宜包装含水量高的食品。

Uflex 有限公司 2012 年宣称，将投入巨资，建设 BOPET 薄膜厂，安装一条双向拉伸聚酯（BOPET）薄膜生产线和一个等离子增强高阻隔喷镀金属器。

3. 流延聚丙烯（CPP）薄膜

CPP 薄膜也称未拉伸聚丙烯薄膜，流延聚丙烯薄膜的挺度比 PE 薄膜高；对水气和异味阻隔性优良，可进行金属化处理，应用广、功能多、可作为复合材料基膜。按用途不同可分为通用 CPP 薄膜、镀铝级 CPP 薄膜和蒸煮级 CPP 薄膜等。通用膜可用于食品包装；镀铝膜用于茶叶、油炸香脆食品、饼干等的高档包装；蒸煮膜可应用于热灌装、蒸煮袋、无菌包装等领域；功能膜可用于食品外包装、糖果外包装（扭结膜）。CPP 新的应用为面包、糕点包装、蔬菜水果防雾薄膜。

4. 双向拉伸尼龙（BOPA）薄膜

BOPA 薄膜是一种新型高档包装材料，具有优良的耐破裂、耐冲击、抗穿刺性以及气味阻隔性等性能特点，作为食品包装材料，应用十分广泛。特别适合于冷冻包装、真空包装和蒸煮包装，对食品的保鲜、保香远远大于常规包装材料。

5. 聚乳酸（PLA）

聚乳酸是一种线性脂肪族聚酯。由天然乳酸缩聚或者是丙交酯的催化开环制得的，生产聚乳酸所需的乳酸和丙交酯可以通过可再生资源发酵、脱水、纯化后得到，所得的聚乳酸一般具有良好的机械和加工性能，聚乳酸可以制成纤维和薄膜。聚乳酸薄膜的透水透气性都比聚苯乙烯薄膜要低。由聚乳酸制成的产品，生物相容性、光泽度、透明性、手感和耐热性好，由于水和气体分子是通过聚合物的无定形区扩散的，因此通过调节聚乳酸的结晶度可以调节聚乳酸薄膜的透水透气性。主要应用的是 PLA 热压产品，如水杯、外卖食物餐盒等。PLA 中的酯键对化学水解作用和酶催化作用都很敏感，PLA 制品废弃后在土壤或水中，30d 内会在微生物、水、酸和碱的作用下彻底分解成二氧化碳和水，不会对环境产生污染。

Nature Works 公司的 PLA 产品主要是通过简单的植物糖（如玉米糖）发酵、过滤、聚合而成，原料为可再生的生物质资源。到目前为止，Nature Works 公司应用于纤维和塑料领域的全部型号的 Ingeo 均已获得 OK biobased 最高星级标准（四星）的认证标签。

6. 聚丁二酸丁二醇酯（PBS）

聚丁二酸丁二醇酯由丁二酸和丁二醇经缩合聚合合成，属热塑性树脂，加工性能良好，力学性能优异，耐热性能好，热变形温度和制品使用温度可以超过 100℃。具有良好的生物相容性和生物可吸收性，无嗅无味，易被自然界的多种微生物或动植物体内的酶分解、代谢，最终分解为二氧化碳和水，是典型的可完全生物降解聚合物材料。

PBS 由 20 世纪 90 年代进入材料研究领域，并迅速被广泛推广应用的通用型生物降解塑料，是目前包装材料领域的研究热点材料之一。

7. 聚羟基脂肪酸酯（PHA）

聚羟基脂肪酸酯是由很多微生物合成的一种细胞内聚酯，在生物体内主要是作为碳源和能源的贮藏性物质而存在。聚羟基脂肪酸酯是一种天然的高分子生物材料，它具有类似于合成塑料的物理化学特性及合成塑料所不具备的生物可降解性、气体相隔性等许多性能。

PHA 是生物材料中重要的一员，其结构多样、性能可变，由于它是一个组成广泛的家族，从坚硬到高弹性的性能使其可以满足不同的应用需要。由天然的或合成的生物可降解的高分子材料通常有很高的水蒸气透过性，不利于食品保鲜的利用。但 PHA 则具有良好的气体阻隔性，可以应用在较长时间的物品保鲜包装上。在这一点上 PHA 的性能完全可以和现在的 PET、PP 等产品相媲美。另一方面，PHA 具有较好的水解稳定性，可以很好地用于水杯等器具生产。

PHA 既是一种性能优良的环保生物塑料，又具有许多可调节的材料性能，随着科技的进步，其成本的进一步降低以及高附加值应用的开发，PHA 发展的潜力更大，其应用的空间也更大。

目前，世界各国都十分重视塑料新材料产业的发展，纷纷制定出台相应的研究开发计划，竭力抢占新材料技术和产业的制高点。国内外新开发的包装材料的发展趋势均是朝着高性能、无毒无害、绿色环保、物美价廉、方便使用等方向发展。功能性包装材料已进一步应用于食品包装领域，其使用范围和用量将越来越大。未来，塑料新材料的应用领域将不断扩大。

第六节　包装材料的选用及容器检测

一、包装材料的选用

塑料包装材料由于具有质轻、耐腐、透明、成型方便、适用性广等优点，目前已成为一种主要的包装材料，并且广泛地应用于食品包装方面。但由于塑料材料本身所具有的特性和缺陷，用于食品包装也存在一些安全卫生方面问题。因此在选用塑料包装材料时，除了满足食品包装的基本要求之外，还必须注意以下问题。

（一） 塑料包装材料的阻隔性

阻隔性是用于食品包装材料最主要的性能，食品包装对内容物的保护性主要取决于包装材料或容器对空气、氧、水蒸气、香味及其他有机溶剂等的阻隔性。用于表征塑料阻隔能力大小的指标为透过率，即一定厚度的塑料制品在一定压力、温度和湿度条件下，单位时间和单位面积内透过小分子物质的体积或质量。常用的中高阻隔性塑料薄膜的透过率如表4-6所示。

表4-6 常用塑料包装薄膜的透气、透湿率

名称	透气率/（$cm^3 \cdot m^{-2} \cdot d^{-1}$）			透湿率
	O_2	CO_2	N_2	/（$g \cdot m^{-2} \cdot d^{-1}$）
LDPE	4000	1400	18500	18
HDPE	600	220	3000	5~10
PP	860	200	3000	19
BOPP	550	100	1680	9
PVC（硬）	150	56	442	40
PVC（软）	320	80	790	—
PS	5500	880	14000	110~160
PET	60	25	420	27
PC	200	35	1225	—
PVA	7	—	10	—
PA	60	16	253	300
BOPA	20	6	79	145
PVDC	15	2.2	70	1.5~5

资料来源：摘自参考文献[1]。

空气、氧、光线、水和水蒸气及挥发性物质对塑料包装材料均有一定的透过性，透过性除与透过性物质的分子大小及物性有关外，还与塑料本身的成分、大分子结构及分子聚集状态等内部结构因素以及塑料和透过性物质之间的亲和性、相溶性有关。

1. 影响塑料包装材料阻隔性能的因素

（1）阻气性和聚合物分子结构的关系　比较各种聚合物树脂的分子极性，当结晶度一定时，极性大分子或强极性大分子比非极性大分子或弱极性大分子因分子间结合紧密而使气体在其内部的扩散困难。分子极性越大，其树脂透气率越小，阻气性越好。通过材料的拉伸处理，来提高材料的定向排列程度和结晶性，从而提高其阻气性。

（2）水蒸气的透过性与树脂分子结构的关系　水蒸气是极性分子，所以水蒸气对极性分子树脂的溶入和扩散速度均大于对非极性树脂分子，透湿系数也较大。亲水性树脂因含有较多或较强的亲水基团而具较强的吸水性，随水蒸气浓度的增加而增加，从而导致透湿系数的改变。非亲水性材料其透湿性几乎不受环境湿度的影响。

（3）温度对塑料包装材料阻隔性的影响　温度对塑料包装材料阻隔性的影响非常大，主要对聚合物树脂的分子结构有影响，随着温度的升高将使聚合物的结晶度、排列取向度降低，分子间距拉大，密度降低，这使塑料材料的阻隔性能下降。一般塑料薄膜的气、汽、水透过系数

均按指数规律承受温度的变化而增减。实际应用中，EVOH、PVDC 共聚物、PAN 共聚物、PA 类、PEN、PET 等几种材料常常用做阻隔性材料。

2. 提高塑料包装材料阻隔性能的方法

（1）复合改性　由多种不同性质的复合基材通过科学的层次设计和一定工艺复合是一种最有效的提高塑料包装材料阻隔性能的方法。若两种薄膜材料的相容性较好，基材与基材可以直接层合成复合材料；而对于复合材料之间相容性较差的材料，不但需涂布胶黏剂，而且还需某些特殊技术或工艺方法的处理。

（2）添加助剂改性　加入一定量的助剂是改善塑料包装材料性能的重要方法。塑料填充不仅可改善材料的阻隔性，还可明显降低阻隔材料阻隔性能对温度的依赖性。此外可以通过添加不同的填料，来得到有不同阻隔性能的薄膜。助剂的表面处理方法及处理剂的选择是决定助剂改性成败的关键。

（3）表面涂覆处理改性　塑料制品的表面涂覆处理是指采用各种高阻透性涂料和各种涂覆技术在一般塑料制品上涂覆，使制品的内外表面形成很薄的阻透层，隔绝气体的进出。这是一种十分有效的阻隔改性方法，现已获得了普遍的应用。

（二）塑料包装材料的异臭成分

塑料由于原材料的制造条件，或为改进其性能而加入的各种添加剂及因复合、制袋、印刷等各种加工过程中处理不当，都有可能产生异臭。若产生异臭，就会污染被包装食品。塑料包装材料产生的异臭种类很多，且成分复杂，产生这些异臭味的原因大致可分为以下四点。

1. 塑料热分解及氧化产生的异味

比较突出的问题是聚乙烯热分解产生的异味，聚乙烯分解产生异味的物质成分大致可分为脂肪族碳氢化合物和芳香族碳氢化合物。另外，塑料在高温、高剪切力下加工时，在挤出模口后，还与空气中的氧气发生热氧化反应，产生的物质也会造成异味。

2. 塑料添加剂产生的异味

塑料在加工成型过程中，成分各异的助剂是造成异味的主要因素，另外，添加功能性的无机添加料，在加热时都会产生许多挥发性物质，添加的色料等能促进聚合物分解，在热封时也会产生异味。

3. 塑料老化产生的异味

各种塑料材料，如果存放时间过久，在空气中的氧气、臭氧、水分，特别是在紫外线作用下，引起分解氧化，使聚合物老化产生异味。

4. 油墨、黏合剂、残留溶剂造成的异味

在复合软包装材料当中，引起异味的最主要因素来自油墨、黏合剂的溶剂残留，特别是在干式复合当中，溶剂残留无法避免。

因此，在选用包装材料时应充分的注意这些问题，避免包装材料的异臭成分对食品品质及风味的影响。

（三）塑料包装材料的卫生性

食品用塑料包装材料的卫生问题有两个方面，一是树脂本身的毒性，二是所使用的添加剂有毒或超过规定剂量。

1. 塑料树脂的卫生性

纯树脂组成的塑料包装材料的卫生性是很好的，可以直接用于食品包装而不会对食用者造成任何危害。大多数塑料树脂是无毒的，但它们的残留单体大多有毒，但为了提高树脂的某些物理力学性能，化学稳定性，以及加工性能，人们往往要在树脂中加入一定量的助剂等。这些物质中有些品种具有一定的毒性，加入到树脂中制成塑料包装材料后，一旦接触食品，就容易迁移到食品中进而危害食用者的健康。因此，在选用塑料包装材料时，除要满足食品包装的基本要求外，应注意塑料材料的卫生性。表 4 – 7 所示为常用食品包装用树脂的毒性物质的最大允许量。

表 4 – 7　　常用食品包装用树脂的毒性物质的最大允许量

项目		树脂种类				
		其他一般树脂	聚氯乙烯	聚丙烯聚乙烯	聚苯乙烯	聚偏二氯乙烯
镉、铅		—	100mg/kg			
二丁基锡化物		—	100mg/kg	—	—	—
磷酸甲酸酯		—	1000mg/kg	—	—	—
氯乙烯单体		—	1mg/kg	—	—	—
偏二氯乙烯单体		—	—	—	—	6mg/kg
挥发成分		—	—	—	5000mg/kg	—
钡		—	—	—	—	100mg/kg
重金属		4% 乙酸、60℃、30min、1mg/kg。如在 100℃ 以上使用的材料则为 95℃、30min、1mg/kg				
蒸发残留物	n –［正］庚烷	—	25℃、60min、150mg/kg	25℃、60min、100mg/kg。如在 100℃ 以上使用则为 30mg/kg	25℃、60min、240mg/kg	25℃、60min、300mg/kg
	20% 乙酸	—	—	60℃、30min、30mg/kg		
	水、4% 乙酸	60℃、30min、30mg/kg	60℃、30min、30mg/kg	—	60℃、30min、30mg/kg。如在 100℃ 以上使用的材料则为 95℃、30min、30mg/kg	
高锰酸钾消耗量		水、60℃、30min、10mg/kg。如在 100℃ 以上使用的材料则为 95℃、30min、10mg/kg				
苯酚		水、60℃、30min、未检出	—	—	—	—
甲醛		水、60℃、30min、未检出	—	—	—	—

资料来源：摘自参考文献［2］。

2. 塑料添加剂的卫生性

塑料添加剂一般都存在着卫生安全问题，无论是何种助剂一般都有一定的毒性，包装后，包装材料中的某些有毒成分会迁移到食品中去。因此，用于食品包装的塑料应选用无毒或低毒的塑料添加剂，其用量也应控制在食品卫生安全要求允许的范围内。

（1）增塑剂的卫生性　增塑剂根据其化学组成进行分类，可以分为：邻苯二甲酸酯类、磷酸酯类、脂肪族二元酸酯类、柠檬酸酯类、环氧类、石油磺酸苯酯类、含氯化合物类，含增塑剂量高的塑料制品，不适合用于液体食品包装，一般也不适用于含液体成分较高的其他食品包装，尤其是含乙醇和油脂的食品。

（2）稳定剂的卫生性　包装塑料中某些聚合物在加工时必须加入热稳定剂。PE、PP、PS、PA、PET 等根据不同的用途和加工要求，也要加入某些抗氧化剂、紫外光吸收剂等类的稳定剂。食品包装用塑料的稳定剂必须是无毒的，其中许多常用的稳定剂由于毒性较大而不能用于食品包装用塑料。现世界公认允许用于食品包装用塑料的热稳定剂有钙、锌、锂的脂肪酸盐类。

（3）着色剂和油墨的卫生性　塑料着色和油墨印刷在塑料包装制品的加工种是常用的处理方法，用于包装食品时，必然会带来卫生安全问题。直接接触食品的塑料材料不需要着色，若非要着色，也一定要选用无毒的着色剂。由于塑料印刷用油墨均有一定的毒性，因此其包装材料的印刷层不宜与食品直接接触。

（4）其他塑料添加剂的卫生性

①润滑剂。润滑剂的作用是降低物料之间及物料和加工设备表面的摩擦力，从而降低熔体的流动阻力，降低熔体黏度，提高熔体的流动性，避免熔体与设备的黏附，提高制品表面的光洁度等。润滑剂种类很多，其中大部分毒性较低。可用于食品包装材料的品种为：硬脂酰胺、油酸酰胺、硬脂酸、石蜡（食品级）、液体石蜡、低分子聚丙烯。

②发泡剂。发泡剂是泡沫塑料的必需添加剂，在特定条件下产生大量气泡而使塑料形成多孔泡沫结构，在很多应用中，发泡材料的隔热、吸震性能也比致密塑料好。用于食品包装的泡沫塑料发泡剂必须是无毒或低毒产品，常用的有两类，即无机发泡剂碳酸盐类（碳酸钙、碳酸镁、碳酸氢钠），有机发泡剂（偶氮化合物、磺酰肼类化合物、亚硝基化合物）。

食品包装材料的卫生安全性非常重要，在选用之前应首先了解所包装的食品对材料卫性的要求。现代科学证明，只要严格按照食品卫生标准选用，塑料作为食品包装材料，比传统包装材料更方便、更经济、更适应食品包装的市场需求。

3. 塑料包装材料的化学稳定性

塑料包装物材料在加工、贮存和使用过程中，由于受内外因素的综合作用，其性能逐渐变坏，以致最后丧失使用价值的现象称老化。发生老化的原因主要是由于结构或组分内部具有易引起老化的弱点。

（1）聚合物的光热老化　聚合物制品在环境中受光、热、氧等因素的影响，分子键发生断裂，从而引发制品老化。当塑料大分子中含有叔碳原子时，叔碳原子上的活泼氢可以直接氧化形成过氧化物。

从发生老化的原因来看，主要是高分子结构本身。因此，改善高分子的结构以提高老化的能力是很重要的。高分子科学和生产工艺的发展，将不断地改进高聚物的性能，使它们延缓老化并延长使用寿命。

其次是在合成材料加工过程中添加防老剂。如添加防止氧气或臭氧引起老化的抗氧剂，添加紫外光稳定剂、热稳定剂、防霉剂。

再次，还可以用物理防护的方法，如涂漆、镀金属、浸涂防老剂溶液等。

（2）聚合物的耐化学性　聚合物在化学介质的作用下，力学性能和化学性能会发生变化。这是由于在特定介质条件（介质种类、温度、时间及应力）作用下，大分子结构（主价键、分子间力）或材料结构（填料、增强材料、增塑剂）发生变化。耐化学药品（酸、碱、有机溶剂）性、耐油性、耐环境应力开裂、耐菌性、耐老化性、耐辐射性等都可以归结于这一类。因化学作用而产生的包装容器的变形、开裂、渗漏都是不允许的。

产品的化学稳定性要依据化学介质的类别、性状、浓度等判定。包装材料不得含有与包装内容物发生反应形成危险产物或严重减弱包装强度的物质，还要考虑产品的受载情况、持续时间和工作温度，在综合上述因素的基础上合理选材，并且成品应进行相容性试验。

4. 其他性能

（1）塑料的透明性　现代包装要求材料具有一定的透明性，可以将被包商品展示在人们的面前，有的商品对某一波长的光很敏感，这就需要选择能够阻断这一波长的塑料作为包装材料。衡量材料透明性的常用指标有：透光率、雾度、折射率、双折射及色散等。其中，透光率和雾度指标主要表征材料的透光性，而折射率、双折射及色散三个指标主要用于表征材料的透光质量。一种好的透明性材料，要求上述性能指标优异且均衡。

具有高度透可见光能力的塑料有聚丙烯酸酯类、醋酸纤维素、PC、PS 等。透明薄膜和片材主要有：PE、PP、PVC、EVA、PET 等。

（2）抗静电性　静电是自然界中常见的现象，高聚物的带电现象更是比比皆是。塑料表面的高电阻率使其容易产生静电积累，使塑料制品容易吸附尘埃，影响其制品的透明性及表面洁净和美观，还可能影响制品的使用性能。

高聚物的带静电性与其化学组成、结晶度、取向度等结构因素有很大的关系。一般，PA、PVC 极性高聚物容易带正电；PE、PP 非极性高聚物容易带负电；PVA、EVOH、PVA 等容易吸湿的高聚物具有优良的抗静电性。因为 EVOH 等材料的带电系数非常小，在使用过程中不存在带静电的问题，可大大减少尘埃的附着。而其他品种的塑料都有带静电性，用于包装电子产品或粉末、颗粒状等产品时都需要进行防静电处理。

（3）印刷性　PS 极易印刷着色且色彩鲜艳。可根据需要制成内层为白色、外层其他颜色的双色容器。

PE、PP 为非极性高聚物，化学性质相对稳定，油墨难以附着，印刷性差，印刷前要对表面进行电晕、化学或火焰处理。PP 印刷时，使用聚烯烃类的油墨可以得到较好的印刷效果，并可以实施多色印刷。PE 难以进行高牢固度的印刷，即使进行了表面处理。EVA 着色容易、制品色泽鲜艳。PVA 印刷适应性好，适于凹版和胶版印刷。PVC 的印刷性良好。PA 的油墨附着性好，色彩鲜艳，适于凹版印刷。由于 PA 易于吸湿后起皱，需要在印刷前后进行防潮包装。PA 有时会发生由静电引起的印刷毛刺，需要选用能防止毛刺的油墨，并在印刷设备上增设防静电装置。PC 耐溶剂性较差，印刷时对油墨的选择要特别注意。PET 分子中虽有极性基，但油墨附着稳定性差，所以印刷前需对薄膜表面进行电晕处理。

（4）热封性　塑料的热封性是指塑料在加热到熔融状态后，它同本身或别的种类的塑料所具有的热粘合性。在塑料包装材料中，大多数聚烯烃类塑料具有良好的热封性。如 PE、离子型聚合物、PP、EVA、PVC、PVDC。其中离子型聚合物在封口稍有污染的情况下仍能密封；PA、

PET 热封性差，即使采用超声波法封口，封口强度也较差，PA、PET 常与热封材料 PE 复合；PS 的热封合温度比较窄，常用的热封方法有脉冲、高频法。PC 采用脉冲、超声波和高频等方法封口。

二、 包装容器检测

识别塑料的方法有很多，常用的方法有：物理鉴别法、化学鉴别法、仪器鉴别法、系统鉴别法。仪器分析法在某种程度上更有效、更可靠，但操作颇为繁琐。一般日常鉴别塑料采用物理鉴别法。

（一） 物理鉴别法

塑料的物理鉴别方法，是利用塑料自身的物理性能在不改变它的结构和成分的前提下，来鉴别塑料的品种。常用的物理鉴别方法为感官法。

操作者能用感官识别常用的塑料制品，主要的判断依据是标识识别和经验识别。

（1）标示识别　每个塑料容器都有一个“身份证”，这套标识将塑料材质辨识码打在容器或包装上，一般在塑料容器的底部。三角形里边有 1 ~ 7 的数字，每个编号代表一种塑料容器，图 4 - 6 为常用塑料标示。

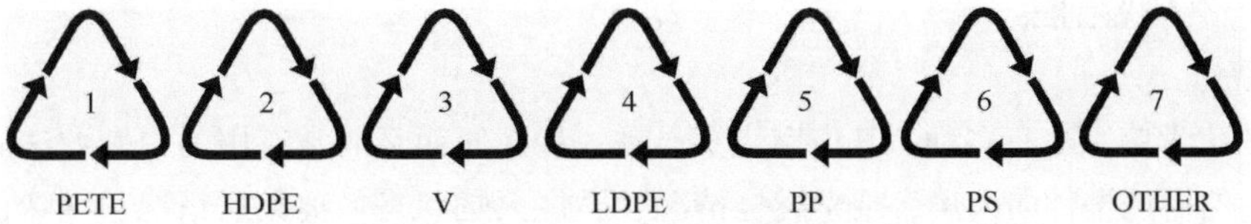

图 4 - 6　常用塑料标示

1—聚对苯二甲酸乙二醇酯　2—高密度聚乙烯　3—聚氯乙烯
4—低密度聚乙烯　5—聚丙烯　6—聚苯乙烯　7—聚碳酸酯及其他类

一般塑料制造厂在塑料制品出厂前均印上标识。在塑料制品上标明材料品种，有利于不同塑料制品按照标识进行分类区别，同时有利于分拣人员的操作，有利于废旧塑料进行再利用。

（2）经验识别　经验识别离不开鉴别人员常年积累的丰富感官经验，对于一些没有标识的塑料，用一些简单的方法，不依靠任何仪器，只凭直观感觉进行鉴别。通过感官检查，对照表 4 - 8 感官识别塑料，可大概鉴别出是哪种塑料。此鉴别方法有一定的局限性，因此，往往适合经验丰富的鉴别人员。

表 4 - 8　　感官识别塑料

塑料名称	手感	眼看、鼻闻	摔后耳听	水中
聚乙烯（PE）	具有蜡样光滑感，划后有痕迹、柔软、薄膜有延伸性、可弯曲，但不易断，MDPE、HDPE 较坚硬，刚性韧性好	LDPE 的原材料为白色蜡状物、半透明，HDPE 为白色粉末或半透明颗粒状树脂，无味	音低沉	漂浮

续表

塑料名称	手感	眼看、鼻闻	摔后耳听	水中
聚丙烯（PP）	光滑无油腻感，划无痕迹，可弯曲不折断，拉伸强度与刚性较好，	乳白色蜡状，半透明，无味	响亮	漂浮
聚苯乙烯（PS）	质硬光滑性脆、易折断	透明，耐冲击，无光泽，无味	弹打有金属声	下沉
聚氯乙烯（PVC）	表面光滑，无蜡质感	有的不透明，具有耐化学药品性，有氯气的味道	清脆	下沉
聚碳酸酯（PC）	有金属感较硬，弯曲时抵抗力大，耐冲击，韧性强	白色结晶粉末，浅黄色至琥珀色，透明固体，制品接近无色	较响	下沉
聚酯（PET）	光滑，质硬	透明，加热收缩，无味	低沉	下沉

资料来源：摘自参考文献［5］。

（二）化学鉴别法

1. 燃烧法

塑料的化学鉴别法有多种，其中燃烧塑料是一种简便而且非常有用的识别方法。把试样用镊子夹住，然后慢慢伸向火焰，观察燃烧情况、燃烧火焰状态、离火后情况、气味，据此判断是何种塑料，表4-9所示为塑料的燃烧鉴别法。火源最好使用酒精灯或微型煤气灯。

表4-9　塑料的燃烧鉴别法

塑料名称	燃烧情况	燃烧火焰状态	离火后情况	气味
聚乙烯（PE）	容易熔融滴落	上黄下蓝	继续燃烧	石蜡燃烧气味
聚丙烯（PP）	容易熔融滴落	上黄下蓝烟少	继续燃烧	石油味
聚苯乙烯（PS）	容易软化起泡	橙黄色浓黑烟炭末	继续燃烧	表面油性光亮、特殊乙烯气味
聚氯乙烯（PVC）	难软化有烟	上黄下绿	离火熄灭	刺激性酸味
聚碳酸酯（PC）	容易	软化起泡有小量黑烟	离火熄灭	无特殊味
聚酯（PET）	容易软化起泡，	橙色、有小量黑烟	离火慢慢熄灭	酸味

资料来源：摘自参考文献［5］。

2. 显色法

采用利伯曼-斯托赫-莫拉夫斯基（Liebermann-Storch-Morawski）显色反应，通过不同的指示剂可鉴别某些塑料，在2mL热乙酸酐中溶解或悬浮几毫克试样，冷却后加入3滴50%的硫酸（由等体积的水和浓硫酸制成），立即观察显色反应，在试样放置10min后再观察试样颜色，再在水浴中将试样加热至100℃，观察试样颜色。但是此种测试方法对聚乙烯、聚酯（PET）不会有明显的变色现象，需结合其他方法鉴别。塑料的利伯曼-斯托赫-莫拉夫斯基（Liebermann-Storch-Morawski）显色反应如表4-10所示。

表 4－10　利伯曼－斯托赫－莫拉夫斯基（Liebermann－Storch－Morawski）显色反应

名称	显色状况	名称	显色状况
聚乙烯	无色	聚酰胺	白浊—透明
聚丙烯	淡粉色	聚乙烯醇	浅褐色—红褐色
聚苯乙烯	略带浅粉色的茶色	聚酯	无色
聚氯乙烯	淡绿色—灰绿色	聚碳酸酯	黄色—粉色
聚偏二氯乙烯	逐渐变黄	丁二烯—苯乙烯共聚物	黄色—褐色—茶褐色—浑浊绿色

资料来源：摘自参考文献［4］。

（三）仪器鉴别

1. 红外光谱法

红外光谱是研究分子运动的吸收光谱，又称分子光谱。现代光谱分析技术可充分利用全谱段或多波长下的光谱数据进行定性或定量分析。由于光谱分析技术具有速度快、效率高、成本低、非破坏性、实时性、无损检测等特点，已经广泛应用于各个领域。在塑料中，往往加有许多组分，包括添加剂如颜料、填料、增塑剂等，分析时需考虑这些组分的存在，并加以分离与纯化，以得到纯的树脂图谱，确定真正组分。图 4－7 所示为高分子材料的红外光谱主要谱带的波数与结构的关系图。

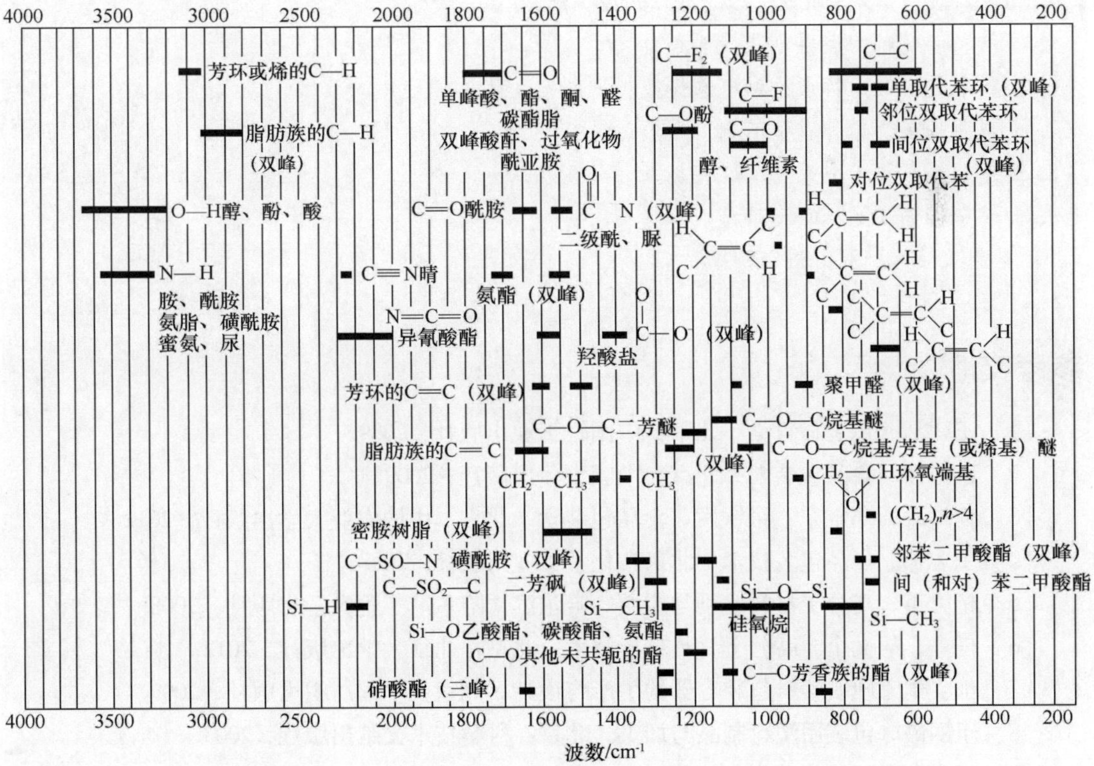

图 4－7　高分子材料的红外光谱主要谱带的波数与结构的关系图

资料来源：摘自参考文献［6］。

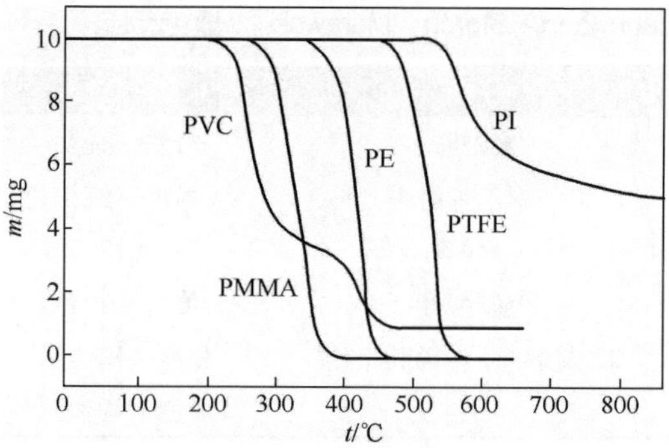

图4-8 同样条件测定的五种高分子的热重曲线

资料来源：摘自参考文献［6］。

2. 热分析法

热分析法是在程序控温下，测量物质的质量变化与温度（或时间）的关系。热分析能以单一的测试方法提供多种信息。评价高分子材料热稳定性最简单、最直接的方法是将不同材料的 TG 曲线画在同一张图上，直观地进行比较。图 4－8 所示为同样条件测定的五种高分子的热重曲线。

除上述仪器检测方法外，对于高分子材料的检测方法还有激光拉曼光谱法、紫外－可见分光光度法、核磁共振法、X 射线法、显微分析法等。

思考题

1. 简要说明什么是高分子聚合物及塑料。
2. 简述塑料包装材料的优缺点。
3. 简述包装常用塑料材料的品种及性能。
4. 塑料材料中一般采用哪些助剂？对助剂有哪些基本要求？
5. 塑料包装材料的主要包装性能是什么？
6. 塑料薄膜有哪些特点，如何选择塑料薄膜？
7. 复合薄膜有哪几种成型工艺，原理是什么？
8. 简述塑料容器成型方法及其特点。
9. 简述塑料包装材料的选用原则。
10. 塑料包装的检测方法有哪些？

参考文献

［1］王建清．包装材料学．北京：中国轻工业出版社，2009.
［2］章建浩．食品包装学．北京：中国农业出版社，2009.
［3］任发政，郑宝东，张钦发．食品包装学．北京：中国农业大学出版社，2012.
［4］王志伟．食品包装技术．北京：化学工业出版社，2008.
［5］杨秀英．高分子材料鉴别与应用．哈尔滨：哈尔滨工程大学出版社，2008.
［6］任鑫，胡文全．高分子材料分析技术．北京：北京大学出版社，2012.
［7］郁文娟．硬质塑料包装容器的生产与设计．北京：中国纺织出版社，2009.
［8］于丽霞．包装用塑料制品与加工．北京：科学技术文献出版社，2003.
［9］张琳．食品包装．北京：印刷工业出版社，2010.
［10］吴国华．食品用包装及容器检测．北京：化学工业出版社，2006.
［11］徐文达，程裕东，岑伟平，包海蓉．北京：机械工业出版社，2003.

［12］高愿军，熊卫东．食品包装．北京：化学工业出版社，2005.

［13］杨福馨，吴龙奇．食品包装实用新材料新技术．北京：化学工业出版社，2009.

［14］［芬兰］Raija Ahvenainen 主编，崔建云，任发政，郑丽敏，葛克山主译．现代食品包装技术．北京：中国农业大学出版社，2006.

［15］［日本］西久保忠臣编，范星河，谢晓峰译，高分子化学．北京：北京大学出版社，2013.

［16］陈昌杰．塑料包装容器．北京：中国石化出版社，1999.

［17］何新快，胡更生，吴璐烨．软包装材料复合工艺及设备．北京．印刷工业出版社，2007.

［18］宋宝丰．包装容器结构与制造．北京．印刷工业出版社，2007.

［19］江谷．软包装材料及复合技术．北京．印刷工业出版社，2008.

［20］张克惠．塑料材料学．西安．西北工业大学出版社，2000.

［21］黄汉雄．塑料吹塑技术．北京：化学工业出版社，1996.

［22］章建浩．食品包装技术．北京：中国轻工业出版社，2003.

［23］孙茂龙，任思晗，任继勤．塑料制品行业发展现状及研究［J］．化工管理，2013，(2)：46－49.

［24］周美丽．浅谈塑料材料在食品包装中的应用以及发展［J］．中国包装，2013，(2)：70－73.

［25］岳青青．阻隔性包装材料的应用现状及发展趋势［J］．塑料包装，2011，21（3)：19－21.

［26］李琳琳，高佳，杨翔华，王战勇．可降解塑料的生物降解性能研究进展［J］．湖北农业科学，2013，52（11)：2481－2485.

［27］魏建斐．可生物降解材料 Ingeo™［J］．产业用纺织品，2010，(7)：22－26.

［28］《国外塑料》编辑部．2012 国外塑料新材料新应用进展［J］．国外塑料，2013，31(1)：28－33.

［29］辛本春，毕华林．玉米塑料——第四类化学新材料［J］．化学教育，2007，(8)：4－5.

［30］漆宗能，马永梅，张泽源，岳群．塑料纳米［J］．化工进展，2001，2：1－3，10.

第五章

CHAPTER 5

食品用金属包装材料及容器

第一节　金属包装材料的概述

金属包装材料是近代四种最重要的包装材料之一，以金属薄板或箔材为原材料，再加工成各种形式的容器来包装食品。我国早在5000年前就开始使用金属容器，由于金属包装材料及其容器具有优良的包装特性、包装效果，生产效率高，用于包装食品具有良好的流通贮藏性能，因此，被广泛应用于食品包装工业，如罐头、饮料、糖果、饼干、茶叶等的包装容器。

一、金属包装材料的特点

（1）高阻隔性能　金属材料可以隔绝气、汽、水、油、光等物质的通过，具有良好的保香性，对内容物具有极好的保护作用，能有效延长食品的货架期。

（2）机械力学性能优良　金属材料具有良好的抗张、抗压、抗弯强度以及良好的韧性和硬度，能适应流通过程中的各种机械振动和冲击。

（3）容器成型加工性好且生产效率高　金属材料具有良好的塑变形性能，易于制成各种形状的容器以适应食品包装的需要。现代金属容器加工技术及设备成熟、生产效率高，可以满足食品大规模自动化生产的需要。如马口铁三片罐生产速度可达1200罐/min，铝制二片罐生产速度可达3600罐/min。

（4）具有良好的耐高低温性、导热性和耐热冲击性　金属材料这一特性使其用作食品包装可以适应食品冷热加工、高温杀菌以及杀菌后的快速冷却等加工需要。

（5）金属包装制品表面装饰性好　金属具有光泽，并且具有良好的装潢性能，易于印刷，可通过表面彩印装饰提高食品包装的商品形象，吸引消费者。

（6）卫生无毒，易回收处理　金属材料卫生无毒，符合食品包装卫生和安全要求，金属包装废弃物易回收处理，可减少环境污染，节约资源，这在提倡“绿色包装”的今天尤为重要。

但是，金属材料用作食品包装也存在一些缺点。

（1）与塑料及纸容器相比，价格较贵、成本较高，自身的重量也较重，对运输有一定的影响。

（2）化学稳定性差、不耐酸碱腐蚀，特别是易受高酸性食品的腐蚀，同时，金属离子易析出而影响食品的风味。因此，需要在金属包装表面涂覆一层防锈物质来保护。

二、 金属容器的种类

金属包装容器主要分为两类：一类是以铁、铝或铜等为基材的金属板、片加工成型的桶、罐、管等；另一类是以金属箔（主要是铝箔）加工成型的复合材料容器。

1. 罐式金属容器的种类

（1）按容器外形分类　圆形罐：高圆罐、平圆罐；异形罐：方形罐、冲底方形罐、梯形罐、冲底椭圆罐、盆形罐、马蹄形罐等。

（2）按结构和加工工艺分类　三片罐：由罐身、罐盖和罐底三部分组成。罐身有接缝，根据缝连接工艺不同，又分为锡焊罐、电阻焊罐和黏接罐三种。二片罐（冲压罐）：由罐身和罐底连在一起的罐体及罐盖两部分组成，罐身无接缝。根据加工工艺不同分为不变薄拉深罐和变薄拉深罐，不变薄拉深罐又分为浅拉深罐和深拉深罐。

（3）按开启方法分类　罐盖切开罐、罐盖易开罐、罐盖卷开罐（拉线罐）。

（4）按是否有涂层分类　可以分为素铁罐、涂料罐。

2. 其他金属容器种类

（1）金属桶

①按材料分类。钢桶、铝桶、镀锌板桶、镀锡板桶。

②按形状分类。圆形桶可分为小口桶、中口桶、大口桶（开口桶）；异形有鼓形桶、提桶等。

（2）铝箔容器　刚性或半刚性容器（盒、盘）。袋式容器如蒸煮袋、自立袋。

（3）金属软管　锡管、铝管等。

第二节　金属类食品包装材料

食品包装常用的金属材料按材质主要分为两类：一类为钢基包装材料，包括镀锡薄钢板（马口铁）、镀铬薄钢板（TFS 板）、涂料板、镀锌板、不锈钢板等；另一类为铝质包装材料，包括铝合金薄板、铝箔、铝丝等。

一、 镀锡薄钢板

镀锡薄钢板是低碳钢板表面镀锡而制成的产品，简称镀锡板，俗称马口铁。大量用于制造包装食品的各种容器，也可为由其他材料制成的容器配制容器盖或底。

镀锡板结构如图 5－1 所示，从内而外由钢基板、锡铁合金层、锡层、氧化膜和油膜五部分组成，各部分的厚度、成分和性能如表 5－1 所示。

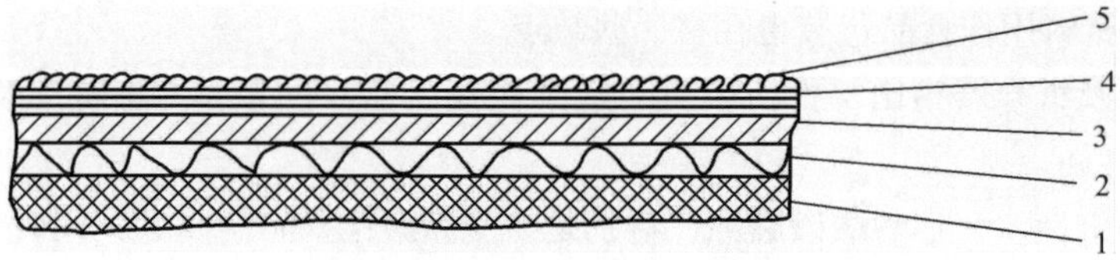

图5－1　镀锡板结构图

1—钢基板　2—锡铁合金层　3—锡层　4—氧化膜　5—油膜

资料来源：摘自参考文献［6］。

表5－1　　　　镀锡板各层的厚度、成分和性质

结构名称	厚度		结构成分		包装性能特点
	热浸镀锡板	电镀锡板	热浸镀锡板	电镀锡板	
油膜	$20mg/m^2$	$2\sim5mg/m^2$	棕榈油	棉籽油或癸二酸二辛酯	润滑和防锈
氧化膜	$3\sim5mg/m^2$（单面）	$1\sim3mg/m^2$（单面）	氧化亚锡	氧化亚锡、氧化锡、氧化铬、金属铬	电镀锡板表面钝化膜是经化学处理生成的，具有防锈、防变色和防硫化斑作用
锡层	$22.4\sim44.8g/m^2$	$5.6\sim22.4g/m^2$	纯锡	纯锡	美观、易焊、耐腐蚀、无毒害
锡铁合金层	$5g/m^2$	$>1g/m^2$	锡铁合金结晶	锡铁合金结晶	耐腐蚀、过厚使加工性和可焊性不良
钢基板	制罐用0.2～0.3mm	制罐用0.2～0.3mm	低碳钢	低碳钢	加工性良好，制罐后具有必要的强度

资料来源：摘自参考文献［6］。

（一）镀锡板主要技术指标

镀锡板的主要技术指标包括镀锡板的尺寸、厚度、镀锡量等。

1. 镀锡板规格尺寸

镀锡板标准板宽系列为755、800、850、875、900、950、1000、1025、1050mm，板长一般与板宽差在200mm内，可根据生产情况任意选用，国外产品采用英制规格。

2. 镀锡板厚度

镀锡板的厚度及厚度的偏差对容器的加工成型和使用性能影响很大，我国规定板厚系列为0.2、0.23、0.25、0.28mm四种，并规定板间厚度偏差一般≤0.015mm，同一张板厚度偏差≤0.01mm。

国际上采用质量/基准箱法表示镀锡板厚度，即规定112张50.8cm×35.56cm或56张50.8cm×71.12cm的镀锡板为1基准箱，根据1基准箱镀锡板的质量表示板厚，质量/基准箱与镀锡板厚度成正相关关系。

3. 镀锡量

镀锡量是衡量镀锡层厚度的指标，它是选用镀锡板的重要参数。镀锡量以单位面积上所镀锡的质量表示（g/m^2），或以1基准箱镀锡板上镀锡总量（磅）乘100后所得的数字作为镀锡量标号来表示，如1磅/1基准箱的镀锡量标为#100（相当于11.2g/m²），标号越大，镀锡层越厚。对两面镀锡量不等的镀锡板，用两组数分别表示两面的镀锡量，如#100/#25。或者采用印制在镀锡板的薄锡层一面的特定的线条标记表示，即沿轧制方向，在薄锡层一面印上虚线，两线条之间的距离（mm）表示镀锡量。

（二）镀锡板主要性能指标

1. 镀锡板的机械力学性能

不同种类的镀锡板具有的机械力学性能——强度、硬度、塑性、韧性各不相同，对应的包装用途和包装容器成型加工的方法也各不相同。为了便利地表示镀锡板的机械力学性能，生产上用调质度作为表示镀锡板综合机械力学性能的指标。

调质度常以材料的洛氏表面硬度HR30T值来表示，表示符号用“T”加数字构成，如“T52”等，数值越大，硬度越高，抗拉强度越大，伸长率越小，因此，根据实际生产中的包装用途、成型加工方法，可以参考镀锡板的调质度等级来选择合适的镀锡板。镀锡板调质度与机械力学性能的关系及用途如表5-2所示。

表5-2　镀锡板调质度与机械力学性能的关系及用途

调质度	钢种	洛氏表面硬度/HR30T	屈服强度/ $\times 10^6$ Pa	抗拉强度/ $\times 10^4$ Pa	压下率/%	伸长率/%	用途
T50	L、MR	≤52	252~329	329	<1	29	喷嘴、封盖
T52	L、MR	48~56	294~364	364	1~2	28	环、栓
T57	L、MR	54~61	329~378	378	2~3	26	罐身、罐盖
T61	MC	57~65	364~427	427	2	18	罐身、罐盖
T65	MC	61~68	408~469	469	2	17	罐身、罐盖
T70	MC	66~73	505~558	553	2	11	刚性容器

资料来源：摘自参考文献[7]。

影响镀锡板的机械力学性能的因素很多，如钢基板的成分、钢基板用钢材的冶炼、轧制、热处理和平整加工工艺等。镀锡板的钢基板按成分不同分为D、L、MR、MC型等几种，其中，L、MR型钢基板杂质含量少，强度不高，塑性好，所制成的镀锡板调质度低；MC型钢基板含磷较高，强度高，塑性低，所制成的镀锡板调质度高。

2. 镀锡板的耐腐蚀性

不同的食品具有不同的化学性质，对镀锡板耐腐蚀性的要求也不相同，而镀铝板的耐腐蚀性与镀锡板的各个组成部分都有关。

（1）钢基板　钢基板的耐腐蚀性能主要取决于钢基板的成分、非金属杂质的含量和表面状态。一般情况下，减少钢基板中非金属杂质的含量、提高表面纯净度，可以提高钢基板的耐腐蚀性。

钢基板的耐腐蚀性用酸浸时滞值评价，即钢基板浸入盐酸之时起至溶解反应速度恒定时所需要的时间（s）。酸浸时滞值越小，钢基板的耐腐蚀性越好。

（2）锡层　锡层的耐腐蚀性主要与锡层的连续性有关，锡的纯度和锡层晶粒大小也对锡层的耐腐蚀性产生影响。完全覆盖钢基板表面的锡层实际上存在许多孔隙，其中暴露出钢基板的孔隙称为露铁点，在有腐蚀性溶液存在的条件下会发生电化学腐蚀，严重影响镀锡板的耐腐蚀性。锡层上露铁点的多少用孔隙度表示：即每平方分米上孔隙数或孔隙面积。

锡层的耐腐蚀性用铁溶出值评价，即将一定面积的镀锡板在模拟酸性液中，保持一定温度和时间后，测其铁的溶出量。铁溶出值越小，锡层连续性越好，镀锡板耐腐性好，一般镀锡板要求铁溶出值≤1μg/cm²。

（3）锡铁合金层　锡铁合金层主要成分是锡铁金属化合物 $FeSn_2$，提高 $FeSn_2$ 合金层的连续性和致密性可以提高镀锡板的耐腐蚀性。

锡铁合金层的耐腐蚀性用合金－锡电偶值（ATC）评价，即以 $FeSn_2$ 合金为阴极，锡为阳极放置在排气的葡萄柚汁中，在20℃条件下反应2h，测量其电流的强度值。ATC 值越小，$FeSn_2$ 合金层连续性越好，镀锡板的耐酸性食品的腐蚀性越好。一般镀锡板的 ATC 值≤0.05μA/cm²，最大值不超过0.12μA/cm²。

（4）氧化膜　镀锡板表面的氧化膜既有锡层本身氧化形成的 SnO_2 和 SnO，也有镀锡板钝化处理后形成的含铬化合物钝化膜。SnO_2 比 SnO 的稳定性更好，耐腐蚀性更强，两者的形成与温度有很大的关系，合理控制温度，形成 SnO_2 层可提高镀锡板的耐腐蚀性。

（5）油膜　油膜本身很薄，但镀锡板表面的油膜将镀锡板与腐蚀性环境隔开，有效防止锡层氧化发黄和水汽使镀锡板生锈。此外，油膜在镀锡板使用和制罐过程中起润滑剂作用，可有效防止加工、运输过程中因锡层擦伤破损而引起的镀锡板腐蚀，一般采用棉籽油或癸二酸二辛酯。但是，油膜也会对制罐加工、表面涂饰加工带来不利影响。

3. 表面性能

镀锡板的表面状态决定了镀锡板的涂饰性、涂膜附着性、锡焊性等。

（1）涂饰性　为了防止镀锡板的外表面发生腐蚀、生锈或变色，同时，从节约锡和装饰的目的出发，需要使用涂料对镀锡板进行涂饰和印刷。在用涂料涂饰时，镀锡板表面对涂料的排斥现象称为“反润湿”，这种反润湿缺陷面积很小时，称为孔跟。影响涂饰性的因素有涂料的附着性、涂饰条件和镀锡板的表面状态。

（2）涂膜附着性　镀锡板与涂油之间的黏合性称为镀锡板的涂膜附着性。为获得良好的附着性，涂膜本身的凝聚力必须很高，而涂料的选择、镀锡板板表面的光洁度、锡氧化膜的状态和数量都是影响因素。

（3）锡焊性　镀锡板被大量用于制造罐头容器，锡焊性能良好是原因之一。制造三片锡焊罐时，焊料必须良好地渗透到罐身接缝部分或焊接部分，而且必须有牢固的接合力，即锡焊强度。

（三）镀锡板的分类

镀锡板种类很多，主要按镀锡量、调质度、表面状况、钝化方法、涂油量及表面质量等不同分类。各类镀锡板及其代号如表5－3所示。

表5－3　　各类镀锡板及其代号

分类方法	类别	符号
镀锡量	等厚镀锡 E1、E2、E3、E4 差厚镀锡 D1、D2、D3、D4、D5、D6、D7	

续表

分类方法	类别	符号
硬度等级	T50、T52、T57、T61、T65、T70	
表面状况	光面	G
	石纹面	S
	麻面	M
钝化方式	低铬钝化	L
	化学钝化	H
	阳极电化学钝化	Y
涂油量	轻涂油	Q
	重涂油	Z
表面质量	一组	Ⅰ
	二组	Ⅱ

资料来源：摘自参考文献［6］。

（四） 涂料镀锡板

普通镀锡板的耐腐蚀性不能完全满足食品包装的需要，如富含蛋白质的鱼、肉制品等在高温加热时，蛋白质会分解产生硫化氢，与露铁点发生作用形成硫化铁，对镀锡罐壁产生化学腐蚀作用，并对食品产生污染；另外，高酸性食品会腐蚀罐壁产生氢胀和穿孔，有色果蔬会因罐内壁溶出二价锡离子而发生褪色现象，有的食品还出现金属味等。因此，在镀锡板上涂覆涂料，将食品与镀锡板隔离，以减少它们之间的接触反应，可以有效保证罐装食品质量，并延长其贮存时间。由于镀锡板表面涂料优良的耐腐蚀性效果，涂料已被应用到其他金属薄板表面，因而使金属薄板在食品包装上的应用更加广泛。

1. 涂料镀锡板的制造及主要质量要求

涂料镀锡板是由镀锡板经钝化处理、表面净化处理、喷涂料、烘烤固化而制成。涂料层的厚度用每平方米板上涂料用量表示，单位 g/m^2，一般涂层厚度≤$12g/m^2$，涂料层太薄易出现眼孔发生金属暴露，过厚将影响涂层与镀锡板之间的结合强度，涂料层表面应连续、光滑、色泽均匀一致、无杂质油污和涂料堆积等现象。烘烤温度应适宜，既使涂料固化，又不能使涂料老化、破裂、烤焦而失去涂料保护金属薄板的作用，还不能影响金属薄板表面氧化层的性质。另外，保证涂层的连续性、完整性是涂料板耐腐蚀性的重要保证。

2. 食品包装对涂料的要求

（1）无味、无臭、无毒、不影响食品品质风味；

（2）有良好的机械力学性能，涂料随同镀锡板进行成型加工时能承受冲压、弯曲等作用，不破裂、脱落；

（3）有足够的耐热性，能承受制罐加工、罐装食品热杀菌加工等的高温作用而不变色、不起泡、不脱落；

（4）涂料涂覆加工方便，涂层干燥迅速，与镀锡板间有良好的亲润性以保证涂层质量。

3. 常用涂料

涂料种类很多，按其制成的容器是否与食品接触，分内涂料和外涂料，根据食品特性及其包装保护要求，内涂料又分为抗酸涂料、抗硫涂料、抗酸抗硫两用涂料、抗黏涂料、啤酒饮料专用涂料及其他专用涂料等；按涂料涂覆的顺序不同分为底涂料和面涂料；用于容器接缝或涂层破损处施涂的为补涂料；适合制罐加工要求有一般涂料和冲拔罐涂料。

二、 无锡薄钢板

由于金属锡资源少，价格较贵，因此，镀锡板成本较高。为了节约资源，降低产品包装成本，在满足使用要求的前提下，使用无锡薄钢板替代镀锡板，主要有镀铬薄钢板、镀锌薄钢板和低碳薄钢板等。

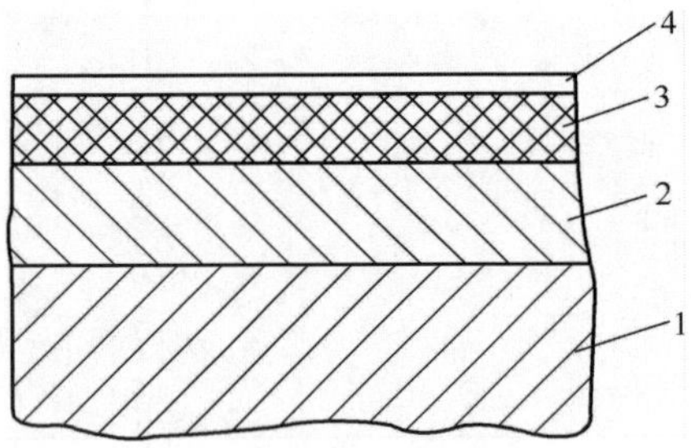

图5－2 镀铬板金相结构
1—钢基板 2—金属铬层
3—氧化铬层 4—油膜
资料来源：摘自参考文献［6］。

1. 镀铬薄钢板 TFS

镀铬薄钢板也称无锡薄钢板 TFS 或镀铬板，它是一种双面镀铬和铬系氧化物的低碳薄钢板，作为镀锡板的代用材料，耐腐蚀性和焊接性等均较镀锡板差，但价格低，因此，大量应用于腐蚀性较小的啤酒罐、饮料罐以食品罐的底、盖等。

镀铬板结构如图 5－2 所示，从内而外由钢基板、铬层、水合氧化铬层和油膜四部分组成。各部分的厚度、成分、性能特点如表 5－4 所示。

表 5－4 镀铬板各层的厚度、成分和性能特点

结构名称	成分	厚度	性能特点
油膜	癸二酸二辛酯	22mg/m^2	防锈、防滑
水合氧化铬层	水合氧化铬	7.5～27mg/m^2	保护金属铬层，便于涂料，防止孔眼
铬层	金属铬	32.3～140mg/m^2	有一定耐腐蚀性，但比纯锡差
钢基板	低碳钢	制罐用 0.2～0.3mm	提供板材必需的强度，加工型良好

资料来源：摘自参考文献［6］。

镀铬板的特点如下。

①成本比镀锡板约低 10%，外观光泽不及镀锡板；

②耐腐蚀性较好，但不及镀锡板，对柠檬酸、乳酸和醋酸等弱酸、弱碱有很好的抗腐蚀作用，但不能抗强酸、强碱。另外，镀层薄而针孔率高，因此使用时内外表面要涂覆涂料；

③镀铬板附着力强，对有机涂料的附着力比镀锡板强 3～6 倍，抗硫化腐蚀能力也比镀锡板强；

④镀铬板不能锡焊，只能采用搭接电阻焊或黏合；

⑤镀层薄而韧性差，制罐易破裂，因而不宜用于冲拔、减薄、多级拉伸加工；

⑥镀铬板耐高温性强，一般在 5000℃条件下，颜色和硬度均无明显变化，至 7000℃时才开始变软。

2. 镀锌薄钢板

镀锌薄钢板也称镀锌板，俗称白铁皮，它是在低碳钢基板上镀 0.02mm 以上厚度的锌层而

构成的金属板材，主要用于大容量的包装桶。

（1）热浸镀锌钢板　将薄钢板浸入熔解的锌槽中，使其表面粘附一层锌的薄钢板。目前主要采用连续镀锌工艺生产，即把成卷的钢板连续浸在熔解有锌的镀槽中制成镀锌钢板；

（2）合金化镀锌钢板　也用热浸法制造，但在出槽后，立即把它加热到500℃左右，使其生成锌和铁的合金被膜。这种镀锌板具有良好的涂料的密着性和焊接性；

（3）电镀锌钢板　良好的加工性，但镀层较薄，耐腐蚀性不如热浸法镀锌板；

（4）单面镀和双面镀锌钢板　单面镀锌钢板是只在一面镀锌的产品，双面镀锌钢板是在另一面涂以薄层锌的镀锌板，单面镀锌钢板在焊接、涂装、防锈处理、加工等方面，具有比双面镀锌钢板更好的适应性；

（5）合金、复合镀锌钢板　用锌和铅、锌等金属制成合金乃至复合镀成的钢板，既具有优异的防锈性能，又有良好的涂装性能。

3. 低碳钢薄板

低碳钢薄板是指含碳量小于0.25%、厚度一般为0.25～4mm的普通碳素钢或优质碳素结构钢的钢板。低碳成分决定了低碳薄钢板塑性性能好，易于容器的成型加工和接缝的焊接加工，制成的容器有较好的强度和刚性，而且价格便宜。低碳薄钢板表面涂覆特殊涂料后用于灌装饮料或其他食品，还可以将其制成窄带用来捆扎纸箱、木箱或包装件。

三、铝质包装材料

铝是一种资源丰富的白色轻金属，产量仅次于钢铁，在包装工业中的应用在有色金属中占首位。铝作为包装材料，一般使用铝薄板、铝箔和镀铝薄膜。铝薄板通常作为制罐材料或制盖材料，铝箔一般用来做防潮内包装或制作复合材料以及软包装等。

铝质材料具有以下优点。

①质量轻：铝的密度为2.7g/cm^3，仅为钢的35%，用作包装容器易于实现轻量化，降低贮运费用，方便包装商品的流通和消费。

②良好热性能：耐热、导热性能好，导热系数约为钢的3倍，耐热冲击，可适应包装食品加热杀菌和低温冷藏处理要求，且减少能耗。

③优良的阻挡气、汽、水、油的透过性能，良好的光屏蔽性，反光率达80%以上，对食品有很好的保护作用。

④具有银白色金属光泽，表面光泽度高，易于着色，印刷效果好，用于食品包装具有很好的商业效果。

⑤良好的耐腐蚀性：铝在空气中易氧化形成组织致密、坚韧的氧化铝（Al_2O_3）薄膜，能阻止氧化的进一步进行，从而保护内部铝材料，避免被继续氧化。采用钝化处理可获得更厚的氧化铝膜，能起更好的抗氧化腐蚀作用。但铝抗酸、碱、盐的腐蚀能力较差，尤其杂质含量高时耐腐蚀性更低。当Al中加入如Mn、Mg合金元素时可构成防锈铝合金，其耐蚀性能有很大提高。

⑥较好的机械性能：纯铝强度不如钢，但比纸、塑料高，可在纯铝中加入少量合金元素如Cu、Mg等形成铝合金，或通过变形硬化提高强度。铝的力学性能在低温状态下能保持不变，特别适用于冷冻食品的包装。铝的塑性性能很好，易于通过压延制成铝薄板、铝箔等包装材料，铝薄板、铝箔容易加工并可进一步压制成罐装各类食品的成型容器。

⑦工业纯铝易于制成铝箔，并可与纸、塑料膜复合，制成具有良好综合包装性能的复合包装材料。

⑧废料可回收再利用，既能节约能耗又能防止废弃物造成的公害，满足环保的要求。

铝质材料也存在以下不足。

①铝的资源丰富，但铝的生产相对马口铁和 TFS 来说能耗大得多，并且铝质材料制造工艺复杂，因此价格偏贵。

②铝是非磁性材料，因此原有的利用磁性吸取原料的设备必须进行改造。

③铝质材料耐腐蚀性较差，不宜用于盛装酸性、碱性及盐含量多的食品。

④铝材质地较软，与马口铁相比强度较低，在制造和运输中易因碰撞而发生变形、表面擦伤等情况。

⑤铝材焊接困难，因此只能用冲压或黏接的方法制造。

铝质包装材料的种类

用于食品包装的铝质材料主要包括工业纯铝和铝合金两大类，工业上把铝含量大于99.0%以上的铝质材料称为纯铝，按铝的纯度不同分为 L1、L2、…、L6、L51 几种，其含杂质依次增高。包装用铝合金主要为铝中加入少量锰、镁的合金（称防锈铝），使用较多的是防锈铝 LF2（铝镁合金）和 LF21（铝锰合金）。这些铝质材料可加工成铝薄板、铝箔和铝丝，用于食品包装。

1. 铝薄板

将工业纯铝或防锈铝合金制成厚度为 0.2mm 以上的板材称为铝薄板。铝薄板具有优异的金属压延性能，容易成型，易于形成薄壁，适用于制造各种饮料罐、瓶、罐盖、金属软管等包装容器制品，尤以饮料罐用量最大。此外，铝薄板是制作易开瓶罐的专用材料，开罐性能十分优异。

铝薄板与镀锡板一样，也用调质度来表示综合机械力学性能，其调质度按 AA 标记法分为 O 和 H 型两类。O 型调质度的铝薄板是强度较低、塑性很好的极软铝材，主要用于制箔。H 型调质度铝薄板中调质度较低的用来制软管，调质度较高的用作罐盖、易拉盖。深拉变薄罐选用塑性好的材料，深拉不变薄罐选用屈强比比值小，即屈服强度低、抗拉强度高的板材。

2. 铝箔

铝箔是一种用工业纯铝薄板经多次冷轧、退火加工制成的可挠性金属箔材，食品包装用铝箔厚度一般为 0.05 ~ 0.07mm，与其他材料复合时所用铝箔厚度为 0.03 ~ 0.05mm，甚至更薄，一般认为厚度 <0.015mm 的铝箔不能完全阻隔气、汽、水的透过。由于铝箔很容易受到机械损伤及腐蚀，因此，铝箔较少单独使用，通常与纸、塑料膜等材料复合使用。

采用各种不同加工法可获得压花铝箔、彩箔、树脂涂覆箔及其他材料贴合箔等多种铝加工箔。压花铝箔、彩箔可直接用来裹包食品，尤其用于礼品包装。铝箔复合膜材料具有优良的耐腐蚀、阻透、光屏蔽、密封性能，且强度好，所以大量用于食品的真空、充气包装，如可制作蒸煮袋包装，用于储存期要求较长的食品；制作多层复合袋，用于防潮、保香等气密性要求高的包装，如茶叶、乳粉及各种小食品的包装。铝箔与塑料薄膜、薄纸板复合可制成包装盒，其中铝箔主要提供阻隔性、抗渗透性，纸板提供挺度和刚性，塑料薄膜提供阻隔性、抗渗透性。也可用于泡罩包装的盖材，用于药片及糖果等的包装。常见铝箔复合膜材料的组成及用途如表 5 - 5 所示。

表 5 - 5 常见铝箔复合膜材料的组成及用途

用途	箔厚/μm	加工箔构成
口香糖（内装）	7	Al/蜡/薄叶纸
香烟	7	Al/黏合剂/模造纸
粉末食品	7	PP（印）/Al/PE
纸容器	7	Al/黏合剂/马尼拉板纸
贴纸	7	Al/黏合剂/高质纸
红茶	7	玻璃纸（印）/黏合剂/Al/黏合剂/模造纸/PE
牛油	7 ~ 8	Al/黏合剂/羊皮纸
复合罐	7	薄纸（印）/黏合剂/牛皮纸/黏合剂/Al/PE
蒸煮袋	9	PET（印）/黏合剂/Al/黏合剂/聚烯烃
干酪	10	喷漆/Al/喷漆
巧克力板	8 ~ 15	①平箔 ②Al/PVC ③Al/PE ④Al/蜡/薄叶纸
封瓶箔	15 ~ 30	①平箔 ②Al/PVC
“PTP”包装	20	Al/热封层
药品	20 ~ 40	①玻璃纸（印）/PE/Al/PE ②着色玻璃纸/黏合剂/Al/PE
Crown spot	50	热封涂层/Al/耐热喷漆
乳酸饮料盖	50	Al（印）/PE/热融胶
箔容器	30 ~ 150	①平箔 ②喷漆/Al/喷漆 ③喷漆/Al/黏合剂/PP

资料来源：摘自参考文献［6］。

铝箔虽然具有众多优点，但由于铝原材料较贵，生产铝箔能源消耗大，因此，包装成本较高，如果铝箔过薄，又会出现针孔，影响包装的气密性和机械性。因此，包装上常采用真空镀铝软包装材料部分代替铝箔复合材料，满足某些要求不太高的场合并降低成本，但是，阻气性和反射紫外线性能等不如铝箔和塑料复合材料。

第三节 金 属 罐

金属罐是指用金属薄板制成的容量较小的容器。食品包装用金属罐按所用材料、罐的结构和外形以及制罐工艺不同进行分类，如表 5 - 6 所示。此外，按罐是否有涂层分为素铁罐和涂料罐；按食用时开罐方法不同分为罐盖切开罐、易开盖罐、罐身卷开罐等。

表5－6　金属罐的分类

结构	形状	工艺特点	材料	代表性用途
三片罐	圆罐或异形罐	压接罐	马口铁、无锡薄钢板	主要用于密封要求不高的食品罐，如茶叶罐、月饼罐、糖果巧克力罐、饼干罐等
		黏接罐	无锡薄钢板、铝	各种饮料罐
		电阻焊罐	马口铁、无锡薄钢板	各种饮料罐、食品罐、化工罐
二片罐	圆罐或异形罐	浅冲罐	马口铁、铝	鱼肉、肉罐头
			无锡薄钢板	水果蔬菜罐头
		深冲罐（DRD）	马口铁、铝	菜肴罐头
			无锡薄钢板	乳制品罐头
		深冲减薄拉深罐（DWI）	马口铁、铝	各种饮料罐头（主要为碳酸饮料）

资料来源：摘自参考文献［6］。

一、金属罐结构

金属罐按结构分为三片罐和二片罐。

1. 三片罐

三片罐又称接缝罐，结构如图5－3所示，由罐身、罐底和罐盖三部分组成。

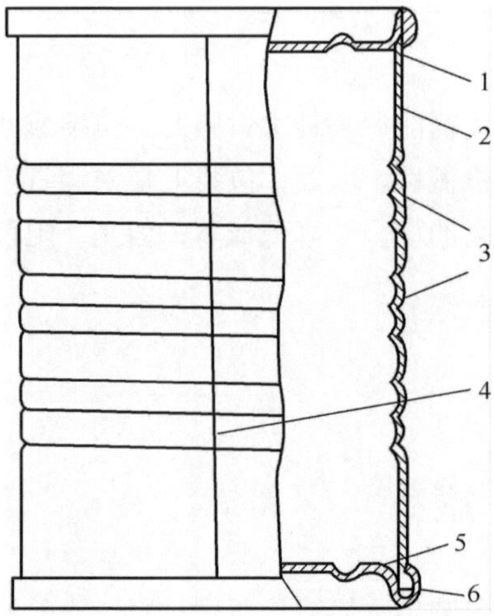

图5－3　三片罐结构图

1—罐盖　2—罐身　3—罐身加强压筋　4—罐身接缝　5—罐底　6—卷封边

资料来源：摘自参考文献［6］。

（1）罐身　罐身有接缝，罐身的上缘和下缘分别为罐身与罐盖和罐底的结合部，为方便与罐盖和罐底进行卷边密封，罐身上、下边缘向外适当翻出，被翻出的部分即为翻边。当罐身直径和高度较大时，为防止罐身发生内凹或外凸，在罐身圆周方向设置凹凸加强压圈，起增强罐身强度和刚性的作用。

（2）罐盖和罐底　罐盖和罐底结构基本相同，如图5－3所示为罐盖结构，包括膨胀圈、盖钩圆边、肩胛、外面筋、斜坡、盖中心、密封胶等部分。盖钩用于与罐身翻钩卷合，盖钩内注密封胶。盖上鱼眼状外凸筋和逐级低下的斜坡构成盖的膨胀圈，它的作用是适应罐头冷热加工时的热膨胀和冷收缩，避免罐身因温度变化而引起的永久性变形；同时，可以增强罐盖或罐底的强度，适应罐封的机械加工要求，使罐的卷边结构免遭破坏，保护封口结构的密封性能；另外，还起到显示罐头食品是否败坏的作用。膨胀圈的形式取决于罐头品种、内装食品性质、罐内顶隙及真空度等因素。一般情况下，对于罐内食品结成块状、顶隙较小、真空度较低的食品用罐（如午餐肉、带骨肉等），罐盖膨胀圈强度应大些；对于汤汁多、顶隙大、真空度高的食品用罐，罐盖膨胀圈应有较好的塑性。

三片罐的罐盖有普通盖和易拉盖［如图5－4（2）所示］两种，易拉盖与普通盖的不同之处为：易拉盖面上有刻痕和拉环。易拉盖的罐盖和罐底的不同之处在于罐盖具有较深的埋头度，以便固定罐钥匙。

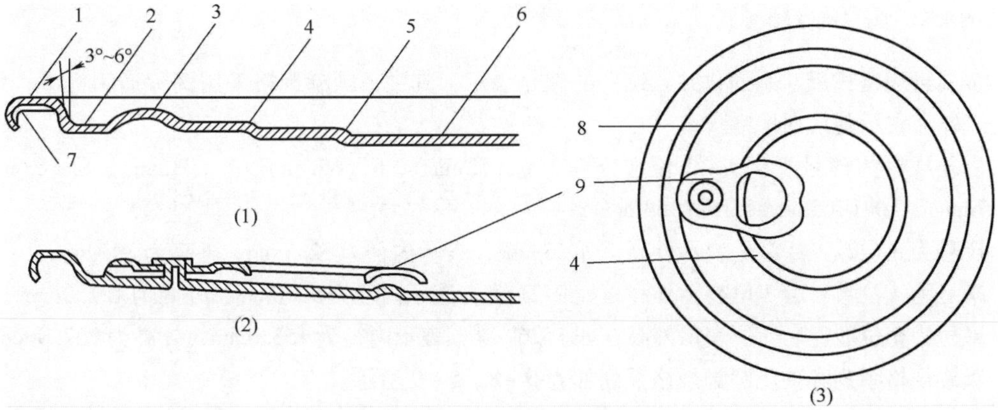

图5－4　罐盖结构图

（1）普通盖　（2）、（3）易拉盖

1—钩圆边　2—肩胛　3—外面筋　4—一级斜坡　5—二级斜坡　6—盖心　7—注胶　8—刻线　9—拉环

资料来源：摘自参考文献［6］。

2. 二片罐

二片罐是罐身与罐底为一体的金属罐，没有罐身接缝，只有一道罐盖与罐身的卷封线，密封保护性比三片罐好。除了罐身无接缝外，罐身、罐盖、罐身与罐盖的连接、开封形式、罐形及规格尺寸的确定均同于三片罐。

二、金属罐的规格

金属罐按外形不同分为八类：圆罐、冲底圆罐、方罐、冲底方罐、椭圆罐、冲底椭圆罐、梯形罐和马蹄形罐，各种罐的外形形状如图5－5所示，各罐型编号如表5－7所示。

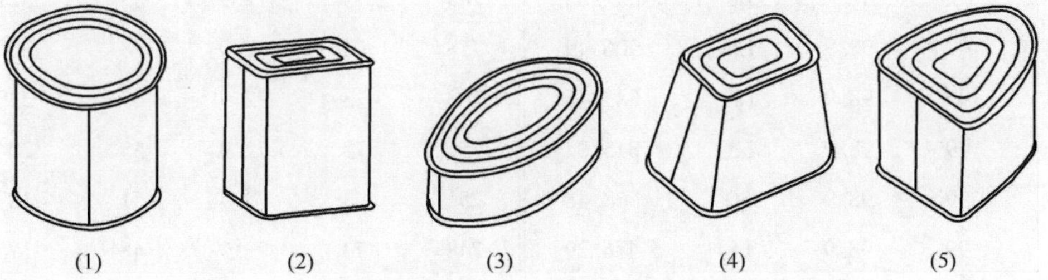

图5－5　金属罐罐型

（1）圆罐　（2）方罐　（3）椭圆罐　（4）梯形罐　（5）马蹄形罐

资料来源：摘自参考文献［6］。

表5－7　　罐型分类及编号

罐型	编号	罐型	编号
圆罐	按内径、外高排列	椭圆罐	500
冲底圆罐	200	冲底椭圆罐	600
方罐	300	梯形罐	700
冲底方罐	400	马蹄形罐	800

资料来源：摘自参考文献［6］。

金属罐规格按尺寸系列化并以统一的编号表示，其中，圆罐规格采用国际通用标准，用罐内径、外高表示其系列规格。

内径规格为罐号开头1～2位，分别为5（52mm）、6（65mm）、7（73mm）、8（83mm）、9（97mm）、10（105mm）、15（153mm）。

罐号为3位数：后2位表示外高，如539罐，表示内径为52.5mm，外高为39.0mm；

罐号为4位数：后3位表示外高，如9121罐，表示内径为99.0mm，外高为121.0mm；

罐号为5位数：后3位表示外高，如15267罐，表示内径为153.0mm，外高为267.0mm。

圆罐规格系列和冲压圆罐规格系列如表5－8、5－9所示。

表5－8　　圆罐规格系列（GB/T 10785—1989）

罐号	成品规格/mm			计算体积/cm^3	罐号	成品规格/mm			计算体积/cm^3
	公称直径	内径	外高			公称直径	内径	外高	
15267	153	153.4	267	4823.72	871	83	83.3	71	354.24
15234	153	153.4	234	4213.83	860	83	83.3	60	294.29
15179	153	153.4	179	3197.33	854	83	83.3	54	261.59
15173	153	153.4	173	3086.44	846	83	83.3	46	217.99
1589	153	153.4	89	1533.98	7127	73	72.9	127	505.05
1561	153	153.4	61	1016.49	7116	73	72.9	116	459.13
10189	105	105.1	189	1587.62	7113	73	72.9	113	446.61
10124	105	105.1	124	1023.71	7106	73	72.9	106	417.39
10120	105	105.1	120	989.01	789	73	72.9	89	346.44
1068	105	105.1	68	537.88	783	73	72.9	83	321.39
9124	99	98.9	124	906.49	778	73	72.9	78	300.52
9121	99	98.9	121	883.45	763	73	72.9	63	237.91
9116	99	98.9	116	845.04	755	73	72.9	55	204.52
980	99	98.9	80	568.48	751	73	72.9	51	187.83
968	99	98.9	68	476.29	748	73	72.9	48	175.31
962	99	98.9	62	430.20	6100	65	65.3	100	314.81
953	99	98.9	53	361.06	672	65	65.3	72	221.04

续表

罐号	成品规格/mm			计算体积/cm^3	罐号	成品规格/mm			计算体积/cm^3
	公称直径	内径	外高			公称直径	内径	外高	
946	99	98.9	46	307.29	668	65	65.3	68	207.64
8160	83	83.3	160	839.37	5133	52	52.3	133	272.83
8117	83	83.3	117	604.93	5104	52	52.3	104	210.53
8113	83	83.3	113	583.13	599	52	52.3	99	199.79
8101	83	83.3	101	517.73	589	52	52.3	89	178.31
889	83	83.3	89	419.63	539	52	52.3	39	70.89

资料来源：摘自参考文献［6］。

表5－9　　冲压圆罐规格系列

罐号	成品规格/mm			计算体积/cm^3
	公称直径	内径（d）	外高（H）	
201	153	上：153.0 下：132.4	30	280.7
202	83	83.3	57	294.26
203	73	72.9	42	163
204	52	52.3	37	73

资料来源：摘自参考文献［6］。

方罐及冲底方罐规格系列如表5－10所示。

表5－10　　方罐及冲底方罐规格系列

名称	罐号	成品规格标准/mm						计算容积/cm^3
		外长	外宽	外高	内长	内宽	内高	
方罐	301	103.0	91.0	113.0	100.0	88.0	107.0	941.60
	302	144.5	100.5	49.0	141.5	97.5	43.0	593.24
	303	144.5	100.5	38.0	141.5	97.5	32.0	441.48
	304	96.0	50.0	92.0	93.0	47.0	86.0	375.91
	305	98.0	54.0	82.0	95.0	51.0	76.0	368.22
	306	96.0	50.0	56.5	93.0	47.0	50.5	220.74
冲底方罐	401	144.5	100.5	35.0	141.5	97.5	32.0	441.48
	402	133.0	88.0	32.0	130.0	85.0	29.0	320.45
	403	126.0	78.0	32.0	123.0	75.0	29.0	267.52
	404	119.0	81.0	24.0	116.0	78.0	21.0	190.01
	405	109.0	77.5	22.0	106.0	74.5	19.0	150.04

资料来源：摘自参考文献［7］。

椭圆形罐及冲底椭圆形罐规格系列如表 5－11 所示。

表 5－11　　椭圆形罐及冲底椭圆形罐规格系列

名称	罐号	成品规格标准/mm						计算容积/cm³
		外长径	外短径	外高	内长径	内短径	内高	
椭圆形罐	501	148. 2	73. 8	46. 5	145. 2	70. 8	40. 5	327
	502	148. 2	73. 8	35. 5	145. 2	70. 8	29. 5	238. 18
冲底罐	601	162. 5	110. 5	37. 5	159. 5	107. 5	34. 5	464. 6
	602	178	98. 0	36. 0	175. 0	95. 0	33. 0	430. 89
	603	168. 0	93. 5	34. 5	165. 0	90. 5	31. 5	369. 43
	604	128. 5	86. 0	31. 0	125. 5	83. 0	28. 0	229. 07

资料来源：摘自参考文献［7］。

马蹄形罐规格系列如表 5－12 所示。

表 5－12　　马蹄形罐规格系列

罐号	成品规格标准/mm					
	外长	两腰最大外宽	外高	内长	两腰最大内宽	内高
801	193. 0	146. 5	90. 0	190. 0	143. 5	84. 0
802	165. 5	119. 5	67. 0	162. 5	116. 5	61. 0
803	165. 5	119. 5	51. 0	162. 5	116. 5	45. 0
804	147. 5	101. 5	49. 0	144. 5	98. 5	43. 0
805	126. 0	90. 0	48. 0	123. 0	87. 0	42. 0

资料来源：摘自参考文献［7］。

梯形罐规格系列如表 5－13 所示。

表 5－13　　梯形罐规格系列

罐号	成品规格标准/mm										计算容积/cm³
	盖外长	盖外宽	底外长	底外宽	外高	盖内长	盖内宽	底内长	底内宽	内高	
701	77. 3	54. 3	81. 0	64. 0	92. 0	74. 3	51. 3	78. 0	61. 0	84	367. 98

资料来源：摘自参考文献［7］。

三、 金属罐的制造

1. 三片罐的制造

主要包括罐身制造、罐盖制造、罐身与罐底盖卷封和空罐质量检查四个部分。按罐身制造工艺不同可分为电阻焊法、压接法、黏接法等。

（1）电阻焊法　电阻焊法是将待焊接的金属薄板两层搭接边置于连续转动的滚轮式电极之间通电并加压，由于两金属薄板间电阻较大而产生约1200℃的高温，使金属表面接近熔化状态，在两电极滚轮压力作用下实现焊接而形成连续、均匀的焊缝。

制罐工艺如下。

切板→送料→弯曲成圆→搭接定位→电阻焊→补涂→烘干→翻边→压筋→缩颈→罐身
涂油→切板落料→冲盖→圆边→注胶→烘干固化→罐盖
罐身、罐盖→卷封→质检

电阻焊法的特点是：避免了锡焊带来的铅、锡等重金属对罐内食品的污染，节约了贵重的锡，又提高了食品的卫生安全性，焊缝平直、光滑，密封性好且强度高；焊缝重叠宽度不超过1mm，节约原材料，且窄焊缝对罐外彩色印刷影响小；焊缝厚度薄，便于翻身，缩颈和卷封等加工。罐身制造用料在焊接部位应留印刷空白，以免印制油墨影响接缝的焊接质量。

（2）压接法　该法主要是以手工或半自动化方式生产，制罐形状有方形、圆形、椭圆形、多边形（六边或八边）等多种。由于采用整版印刷制罐，罐面图案完整美观。

（3）黏接法　黏接法是指主要以耐高温的聚酰胺树脂系黏合剂为黏合物黏合罐身立缝的方法。主要适用于焊接性差的金属材料，如无锡钢板等。

制罐工艺如下。

切罐身板→切角→成圆→罐身黏接→冲击黏接（由冲击器将接缝压紧）→急冷（使黏合剂固化）→翻边→封底→喷内涂料→烘干

与电阻焊法制罐工艺相比，黏接法的特点是在印刷时罐身接缝处不留空白，因而罐身外形美观；采用价格便宜的无锡钢板制罐，可以降低包装成本，但黏接法不能用于高温杀菌食品的包装。为保证足够的强度，罐身接缝的搭接宽度较大（约5mm）。

2. 二片罐的制造

目前，根据制罐工艺不同，二片罐主要有变薄拉伸罐（冲拔罐DWI）和拉伸罐（深冲罐DRD）两种。

（1）冲拔罐　冲拔罐的制作主要经过两个过程——预冲压和多次变薄拉伸，故又称变薄拉伸罐，其冲压、多次拉伸变薄过程如图5－6所示。

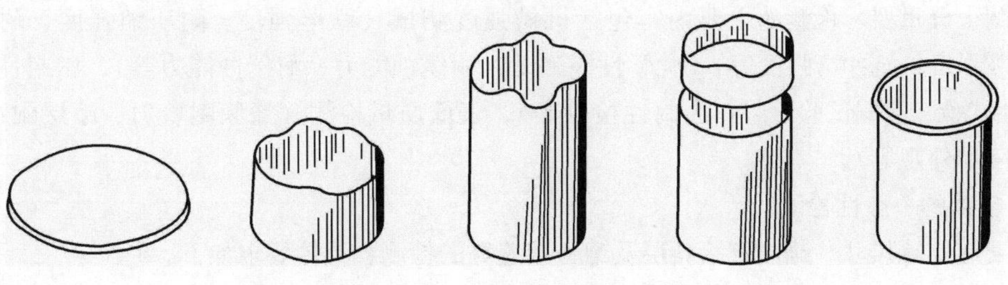

图5－6　冲拔罐成型过程

资料来源：摘自参考文献［6］。

主要制造工艺如下。

卷材下料 → 冲压预拉伸成坯 → 多次拉伸变薄 → 冲底成型 → 修边 → 清洗润滑油 → 烘干 → 涂白色珐琅质 → 表面印刷 → 涂内壁 → 烘干 → 缩颈翻边 → 检漏

冲拔罐的特点是长径比很大（一般为2∶1，最大可达5∶1），罐底部厚度基本不变，罐壁经过多次拉伸后变薄，因此，冲拔罐主要用于啤酒和含气饮料等的包装，利用罐内气体压力来支撑罐壁，从而弥补罐壁变薄后的刚度不足。近年来，由于液态氮在包装上的应用日趋增多，当用来盛装非含气饮料或固体食品时，可以借助液态氮进行包装。液态氮的气化倍数可达700多倍，微量的液态氮足以用来支撑罐壁。

冲拔罐的原材料主要有铝合金薄板和镀锡板，铝合金薄板普遍使用的是美国铝业协会标准（AA标准）的3000系列铝合金，如3003、3004等。镀锡板主要使用MR系列钢材，如T-4-CA（JIS标准），镀锡量为2.8/2.8（双面 g/m^2），HR30为58~64镀锡板。冲拔工艺只能成型圆形罐，不适于成型异形罐。

（2）深冲罐　深冲罐是将板材经连续多次变径冲模而成的二片罐。主要制造工艺如下。

下料 → 预冲杯 → 再冲杯（若干次）→ 翻边 → 冲底成型 → 修边 → 表面修饰 → 检漏

深冲罐的特点是罐壁和罐底的厚度保持不变，因此，强度刚性好；整体罐体表面积等于原坯料的面积，罐身内径经几次连续冲杯后（一般为2次）越来越小，长径比一般为1∶1.5；表面涂料可在成型前的平板上涂覆，制罐设备成本较低，罐型规格尺寸更易适应不同的包装需要。如果冲坯一次成型，即称为浅拉伸罐（DR）。

深冲罐的原材料主要有镀铬钢板、涂料镀铬钢板和铝镁合金板等。在国外市场上，大约90%的浅拉伸罐使用镀铬钢板，深拉伸罐易采用铝合金薄板、镀锡薄板和铝锰合金板。深冲工艺可成型圆形罐，也可成型异形罐，主要用于加热杀菌食品的包装。

在金属罐中，二片罐的开发应用一方面扩大了金属包装材料的应用范围，并节约原材料；另一方面也丰富了食品和饮料的包装市场，使食品包装的操作更方便，生产效率更高，便于高速自动化大规模生产。因此，在食品饮料方面，二片罐具有更好的发展前景。但二片罐的设备投资较大，约为三片罐的8倍，且品种规格少，互换性较差。

四、 金属罐的质量检查

金属罐制造过程中，因制罐设备的磨损、调整及使用操作等多方面因素，将影响空罐的质量，而空罐的质量又将影响罐装和罐封质量，影响罐装食品的杀菌加工及贮存期，因此，空罐质量检测十分重要。检测的主要内容包括机械强度测试（跌落强度、耐压缩强度、耐内应强度、耐破强度、抗冲击强度等），化学性能测试（耐锈蚀能力、耐侵蚀能力等），密封性能测试（气密性试验、泄漏试验、封口密封性检测等），表面质量检测（漆膜附着力、涂层耐冲击性、弯曲强度和外观等）。

1. 空罐的一般性检测

主要有空罐尺寸、罐内壁涂料层及罐身接缝等的检测，具体要求如下。

（1）罐高及容量应符合规定　罐高过大过小影响罐与盖的卷封质量，影响灌装量和灌装后罐内顶隙留量的控制。

（2）罐内涂料层刮伤的程度及补涂质量的检查　罐内涂层刮伤将影响罐内耐腐蚀性，必须进行补涂且要求补涂料选用合适、补涂到位、厚薄均匀。

（3）三片罐罐身接缝应有足够的强度　采用罐身接缝的撕裂试验、翻边试验检查接缝，不允许接缝有断裂、剥离现象。

2. 二重卷边封口质量检查（此项也适用于空罐二重卷边封口质量检查）

（1）卷边的厚度、宽度应均匀且符合规定要求　卷边结构如图5－7所示。

其主要尺寸：

卷边厚：$T = 3t_c + 2t_b + \sum g$，$\sum g \leqslant 0.25\text{mm}$；

卷边宽：$W = BH + LC + 2.6t_c = 2.8 \sim 3.1\text{mm}$；

埋头度：$C = W + 0.15 \sim 0.3\text{mm} = 2.8 \sim 3.1\text{mm}$。

（2）卷边外观检查　应平整、光滑，不允许出现波纹、折叠、快口、切罐、突唇、牙齿、假卷、断封及密封胶挤出等现象（如图5－8所示），以免影响罐的密封性及外观。

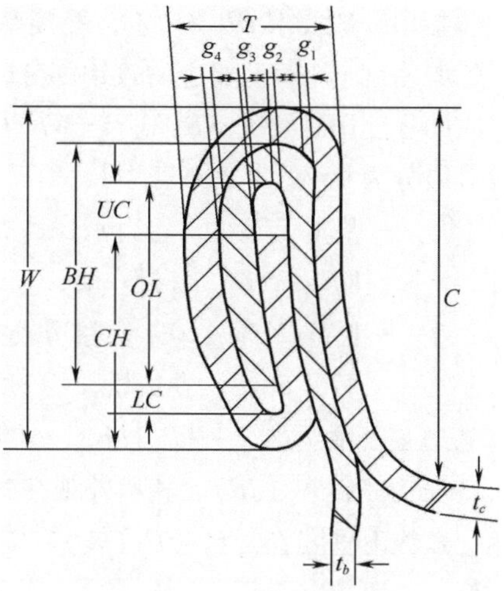

图5－7　二重卷边结构

t_c—罐盖板厚　t_b—罐身板厚　T—卷边厚度
W—卷边宽度　CH—盖钩长度　BH—身钩长度
UC—盖钩空隙　LC—身钩空隙　C—埋头度
$g_1 \sim g_4$—罐身、罐盖板间间隙　OL—叠接长度

资料来源：摘自参考文献［6］。

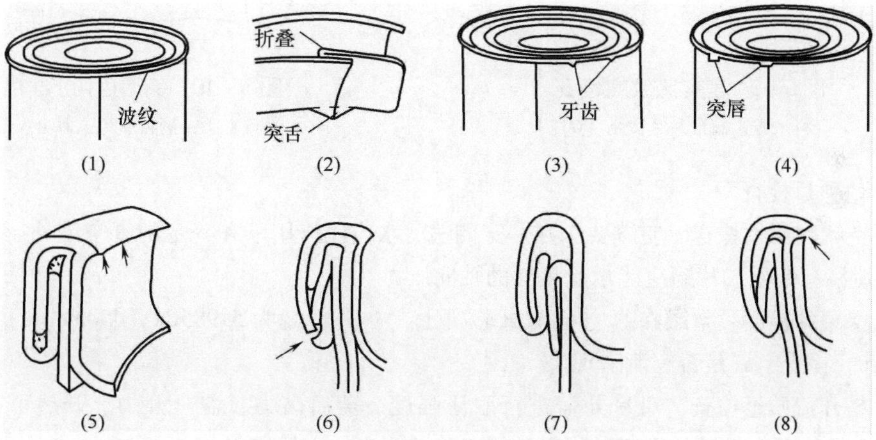

图5－8　卷边封口常见的几种外观缺陷

（1）波纹　（2）折叠　（3）牙齿　（4）突唇　（5）切罐　（6）断封　（7）假卷　（8）断封

资料来源：摘自参考文献［6］。

（3）二重卷边密封性检测　外观检查卷边质量只能剔除有明显卷封缺陷的罐，卷边内部是否合格则对罐的密封性有重要影响，所以需要对金属罐二重卷边进行解剖检测，并测定卷边的叠接率、紧密度和接缝盖钩完整率以确定卷边的密封性。

①叠接率（OR）。卷边盖钩和身钩相互重叠的程度。

$$OR = \frac{BH + CH + 1.1t_c - W}{W - (2.6t_c + 1.1t_c)} \times 100\%$$

叠接率一般要求 $OR > 50\%$，叠接率越高卷边密封性越好。

②紧密度（TR）。卷边的盖钩部分因出现皱纹而影响盖钩、身钩紧密接合的程度。盖钩出现皱纹的程度用皱纹度 WR（$WR = WH/CH, \%$）表示，WH 为皱纹平均长度（如图 5－9 所示），皱纹等级分为 4 级。

0 级——基本无皱纹，卷边密封性高；

1 级——$WR < 25\%$，密封一般；

2 级——$WR = 25\% \sim 50\%$，卷边较松；

3 级——$WR > 50\%$，卷边松，易渗漏。

卷边紧密度 $TR = 1 - WR$（%），一般要求 $TR > 50\%$。

③盖钩完整率（JR）。表示外观突唇缺陷处盖钩下垂程度对卷边密封性的影响。如图 5－10 所示，盖钩下垂度 $ID = b_h/CH$（%）。盖钩完整率 $JR = 1 - ID$（%），JR 值越大，表示卷边密封性越好，一般 $JR > 50\%$。

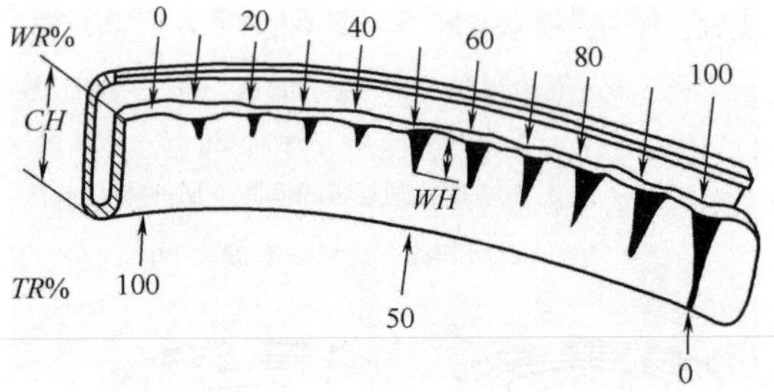

图 5－9　盖钩皱纹度等级

资料来源：摘自参考文献［6］。

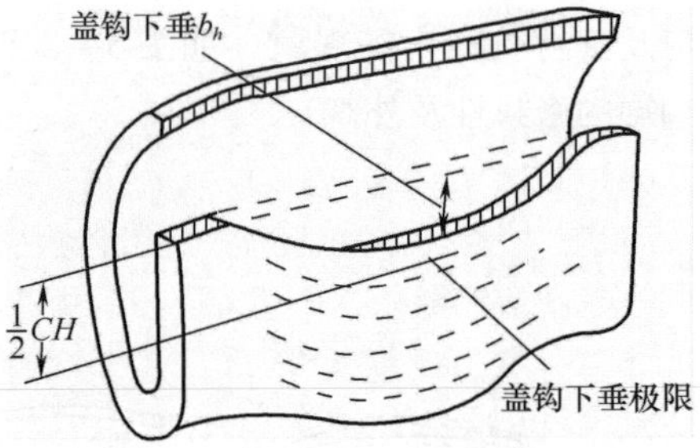

图 5－10　突唇盖钩下垂度

资料来源：摘自参考文献［6］。

3. 其他项目检查

（1）空罐耐压性检查　空罐要求在一定的气、水内压作用下和一定的真空度外压作用下不变形、不泄漏。铝质二片罐应能承受足够的轴向压力。

（2）空罐的检漏　空罐在真空检漏试验机上，在真空度为 59985Pa（450mmHg）条件下，持续 10min，检查空罐是否有泄漏现象。

（3）易开盖质量检查　对易开盖进行耐压强度、盖启破力、盖全开力、开启可靠性等检查。应保证易开盖有足够的强度，同时又易于将盖开启，方便使用。

第四节　其他金属包装容器

一、金属软管

金属软管是用金属制成的圆柱形包装容器，一端折合压封或焊封，另一端形成管肩和管嘴，挤压管壁时，内装物由管嘴挤出，结构如图 5－11 所示。主要用于果酱、果冻、调味品、蛋糕糖霜等半流体黏稠食品的包装，容量范围较大，为4～500mL。

金属软管目前主要由铝质材料制成，制管工艺为：将铝料坯在压机上经挤压模制成管状，并加工管口螺纹，再按需截取管长，然后退火软化，内壁喷涂料，外表印刷制成空软罐。使用时将食品由管尾灌入，然后将管尾卷封压平即完成良好密封。铝箔复合材料软管采用黏结法制管。

金属软管的优点是在使用过程中空气不易进入，未被挤出的内容物不会发生污染和氧化变质等问题；取用内装物只需挤压，非常方便；可分批取用，再封性好；可高速成型、印刷、灌装；阻隔性优于塑料软管及复合软管；可进行高温杀菌。

缺点是取出部分内容物后，金属软管变瘪而影响外观。

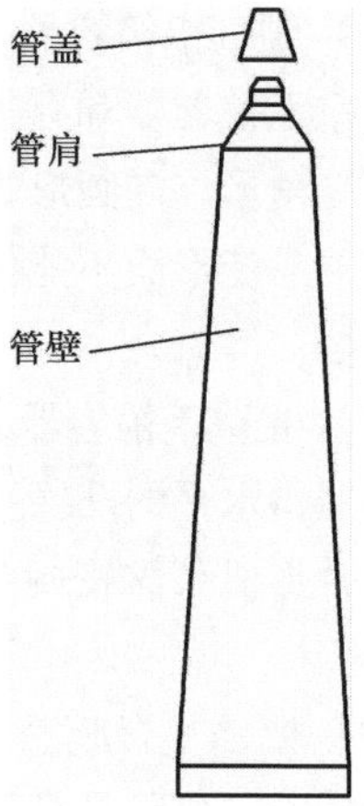

图5－11　金属软管

资料来源：摘自参考文献［8］。

二、金属桶

金属桶一般指用厚度大于0.5mm的金属板制成的容量较大的容器，主要用于食品原料及中间产品的贮存、运输包装等。容积一般为30～200L。

金属桶主要由镀锡板、镀锌板、低碳钢板和铝质材料等制成，其中，低碳钢板因价格低，制桶用量最大，桶内壁的涂料主要为环氧类、乙烯类等树脂涂料。金属桶的成型加工与三片罐加工工艺类似。

金属桶的特点是：密封性好、强度高、耐热、耐压、耐冲击、包装可靠、可重复回收利用等。

根据装料口的大小不同，金属桶分为小口桶、中口桶、大口桶几种。小口桶是在与桶身卷封的桶盖上制一个小入料口（有的还设有透气口），桶口用配有橡胶密封圈的螺旋盖盖封。小口桶适宜装食油等液体类食品，密封可靠，不易泄漏，方便运输；大口桶的桶盖全开，靠桶箍将桶盖与桶身凸起紧固密封。大口桶主要适宜装块状、粉状或浆状食品，具有装、取料方便和便于桶内清理的特点。

三、铝箔容器

铝箔容器是指以铝箔为主体材料制成的刚性、半刚性或软性容器。

铝箔材料的优越包装性能使得用铝箔制成的容器具有质轻美观、阻隔和传热性好等包装特性，既可高温杀菌，又可低温冷冻、冷藏，加工性能好，可制成各种形状容器且易进行彩印。此外，铝箔容器包装还具有开启使用方便、用后易处理等优点。所以，它广泛用于食品包装，如用于包装焙烤类糕饼、餐后甜食、冷冻食品、方便食品、军需食品、应急食品及加热后食用的盒装食品、蒸煮袋装食品（软罐头）、旅行食品等。随着生活水平提高和旅游业的发展，这种随时随地可加热享用、便捷高效、卫生、安全、对环境污染小的食品包装形式，应用将越来越广泛。

目前，铝箔容器主要有以下几种。

(1) 皱壁铝箔容器　指用稍硬铝合金箔冲压落料、起皱拉深制成的有折叠侧壁的容器，可分为浅盒无盖容器和有盖容器两种。浅盒无盖铝箔容器主要用于蛋糕托、面包盘等，有圆形、矩形、三角形、椭圆形等；有盖铝箔容器的盖为纸或塑料膜，将其插入容器口的折叠槽内盖封，由于容器易变形而不能保证完全密封，所以这种容器主要用于冷冻食品或流通期限很短的方便食品包装。

(2) 光壁铝箔容器　指用杂质含量较少、塑性很好的工业纯铝拉深制成的侧壁光滑的容器。容器口水平的凸缘平滑，容器内及凸缘表面涂有热塑性树脂。带涂料的容器盖与容器凸缘热压封合形成可靠密封包装。这种容器适用于杀菌温度小于100℃的食品（如干菜、果酱等）的包装。

(3) 铝箔复合膜蒸煮袋　指由铝箔复合膜制成的软性袋式包装容器，具有金属罐及塑料袋的包装优点，包装食品可进行120℃左右蒸煮加热杀菌，作为“软罐头”可替代刚性的玻璃罐、金属罐，它是目前用于高温杀菌食品包装最具发展前景的包装容器。

四、 金属包装制品的发展方向

1. 原材料的改进

镀锡薄钢板生产从刚开始的热镀锡发展到电镀锡，从等厚镀锡到差厚镀锡（板两面的镀锡量不相等），近年来又开发了无锡钢板（TFS），其目的都是为了节约贵重金属锡而降低成本。另外，随着冶炼技术和轧钢技术的进步，所产钢板越来越薄，制成的容器也越来越轻，制造二片罐的铝合金板也是如此。这种发展趋势，今后仍将继续下去。

2. 制罐技术的进步

传统马口铁三片罐的加工使用锡焊法，由于所用焊料中含有害重金属而被淘汰。目前，三片罐一般采用电阻焊。然而对于某些新的、价格低廉的材料，如TFS板，电阻焊效果不佳，正研究采用激光焊，可达到较高的生产速度和较好的生产质量；同时，因减少了罐身的搭接宽度而更加节省材料。国际上二片罐的制作技术发展更快，除广泛采用CAD/CAM技术外，瑞士、意大利等国的一些国际大公司已采用预印刷一次冲压成型技术，大大地简化了制罐工艺和提高了生产效率，使二片罐更具市场竞争力。

3. 改进老产品、开发新品种

饮料罐一般都是圆柱形，为适用较小的易开盖容器，降低整个容器的成本，现大部分饮料罐已改为缩颈罐，如209的罐身，颈部缩到206、204，甚至200。此外，为了更加方便消费者使用，还不断推出各种新型结构的瓶盖和罐盖。

思考题

1. 简述镀锡薄钢板的结构组成及各部分的作用。
2. 简述金属包装材料的种类。
3. 简述铝质包装材料的种类及用途。
4. 简述金属圆罐的表示方法。
5. 简述三片罐和二片罐的主要区别。

6. 简述三片罐的制作工艺。
7. 简述二片罐的制作工艺。
8. 简述金属罐的质量检查的主要项目。
9. 简述铝箔容器的种类及各自特点。
10. 简述金属包装制品的发展方向。

参考文献

[1] 蔡和平. 食品包装技术［M］. 北京：中国轻工业出版社，2012.
[2] 李代明. 食品包装学［M］. 北京：中国计量出版社，2008.
[3] 任发政. 食品包装学［M］. 北京：中国农业大学出版社. 2009.
[4] 宋欢. 食品接触材料及其化学迁移［M］. 北京：中国轻工业出版社，2011.
[5] 王志伟. 食品包装技术［M］. 北京：化学工业出版社，2008.
[6] 章建浩. 食品包装学［M］. 北京：中国农业出版社，2010.
[7] 张琳. 食品包装［M］. 北京：印刷工业出版社，2010.
[8] 张露. 食品包装［M］. 北京：化学工业出版社，2007.

CHAPTER 6

第六章

食品用玻璃包装材料与容器

一、 玻璃的定义

美国试验与材料学会把玻璃定义为一种熔融冷却后呈硬质非结晶结构的无机材料（ASTM，1965）。

我国《硅酸盐辞典》对玻璃的定义为介于晶态和液态之间的一种特殊状态，由熔融体冷却而得，其内能和构形高于相应的晶态，其结构为短程有序和长程无序。

玻璃是一种历史悠久的包装材料，它具有化学稳定性、高阻隔性、高透明性、抗腐蚀、表面硬度以及便于回收利用性等诸多优点。其缺点是重量大（重量与容量比大）、脆性大、易碎。然而近年来采用薄壁较量化与物理化学钢化的新技术，这些缺点已有显著改善。加上玻璃所具有的其他包装材料无法替代的包装特性，使得玻璃包装容器的用量逐年增长，因而使它在包装领域中占有举足轻重的、特殊的一席之地。

二、 玻璃包装的发展史

玻璃容器起源于埃及，早在公元前15—16世纪古埃及人就开始了以石英石为原料，用热压法生产玻璃容器。公元前1世纪，罗马人发明了吹制玻璃的办法，并创造了“浮雕玻璃工艺”。这种吹制技术在汉代从罗马传入了我国，到明代，我们已经能大量生产玻璃器皿。到公元1600年，玻璃瓶才成为储存葡萄酒的首选方式。用玻璃瓶盛装葡萄酒既方便存储又方便运输。葡萄酒也逐渐由开始的圆肚形演化成了今天的细长瓶型，早在公元300年玻璃瓶就在罗马普通人的家庭中得到使用。1809年，阿伯特发明了用玻璃瓶保存食品的方法。因为玻璃瓶具有高强度、透明性及抗腐性的特性。从1884年牛乳开始使用玻璃瓶进行灌装生产，并于1892年采用机械化进行批量生产。玻璃瓶作为酒的包装，尤其是葡萄酒的包装已有很长的历史。1896年，使用半自动制瓶机生产出广口瓶。1903年人类第一台全自动制瓶机设计制造成功，玻璃瓶、罐在酒类、饮料、食品包装中获得广泛应用。1904—1905年，美国M. J. 欧文斯创制全自动真实吸料式制瓶机。使廉价的瓶装啤酒的大规模生产成为可能。1915年滴料供料机问世，使玻璃包装工业进入了一个迅猛发展的时期。1925年，出现了行列式制瓶机，用吹一吹法生产小口瓶。1940年，用压—吹法制造大口瓶，之后行列式制瓶机不断改进。进入20世纪，玻璃工业已达到了机械化和自动化程度。现在，计算机技术已广泛应用于玻璃生产线的自动控制。之后新技术不断出现，钢化玻璃、浮雕工艺、喷砂工艺、彩绘等工艺为酒类、仪器、化妆品等包装容器，带来了新颖独特，更优美的包装形态，用来强化品牌差异和产品识别。

如今，玻璃已成为现代人们日常生活，生产发展、科学研究中不可缺少的一类产品。随着科技发展，许多先进材料及新技术引入到玻璃的制造中，使玻璃的性能日益扩大，出现了许多新型的玻璃容器，丰富和满足了人类的各种需要。

第一节　瓶罐玻璃的化学组成及包装特性

一、　玻璃包装材料的化学组成

玻璃是由石英石（SiO_2）、纯碱（Na_2CO_3）、石灰石（$CaCO_3$）为主要原料，加入澄清剂、着色剂、脱色剂等，经1400~1600℃高温熔炼成黏稠玻璃液再经冷凝而成的非晶体材料，玻璃的化学成分基本上是二氧化硅（SiO_2）和各种金属氧化物。SiO_2在玻璃中形成硅氧四面体网状结构，成为玻璃的骨架，使玻璃具有一定的机械强度、耐热性和良好的透明性、稳定性等。金属氧化物包括氧化钠、氧化钙、氧化铝、氧化硼、氧化钡、氧化铬和氧化镍等。这些金属氧化物与二氧化硅主要由硅砂、长石、方解石、白云石、纯碱和芒硝等原料提供。

玻璃的种类很多，食品包装用玻璃采用的是氧化物玻璃中的钠—钙—硅系玻璃，其主要成分为：SiO_2（60%~70%）、Na_2O（8%~45%）、CaO（7%~16%），此外还含有一定量的Al_2O_3（2%~8%）和MgO（1%~4%）等。为了适应被包装食品的特性及包装要求，各种食品包装用玻璃的化学组成略有不同，如表6-1所示。

表6-1　几种食品包装玻璃的化学组成　单位%（质量分数）

组分质量/%	SiO_2	Na_2O	K_2O	CaO	Al_2O_3	Fe_2O_3	MgO	BaO
棕色啤酒瓶	72.50	13.23	0.07	10.40	1.85	0.23	1.60	—
绿色啤酒瓶	69.98	13.65	13.65	9.02	3.00	0.15	2.27	—
香槟酒瓶	61.38	8.51	2.44	15.76	8.26	1.30	0.82	—
汽水瓶（淡青）	69.00	14.50	14.50	9.60	3.80	0.50	2.20	0.20
罐头瓶（淡青）	70.50	14.90	14.90	7.50	3.00	0.40	3.60	0.30

资料来源：摘自参考文献［3］。

二、　玻璃包装材料的性能

玻璃作为传统的包装材料，其特点是光亮透明、化学稳定性好，不透气，易成型。但重量大，易破碎。在玻璃包装容器中80%~90%是玻璃瓶罐。通常采用钠钙玻璃瓶的密度为2.5~2.6g/cm^3，脆性大、导热率低。采用金属离子着色剂可以制造成翠绿色、深绿色、蓝色、浅青色、琥珀色等多种颜色的玻璃。瓶罐玻璃是制造瓶罐用的玻璃总称。这类玻璃要求具有较好的化学稳定性、热稳定性和机械强度，能经受装罐、杀菌、运输等工艺过程中的冲击、振动等。

瓶罐玻璃的性能表现在以下几个方面。

1. 化学稳定性

玻璃具有良好的化学稳定性，耐化学腐蚀性强。具有极好的化学稳定性是玻璃作为食用包装材料的一个突出优点，它对固体和液体内容物具有良好的包装安装性。因此，玻璃容器能够盛装酸性或碱性食品以及药剂药液。

2. 玻璃的物理机械性能

玻璃的透明性好，阻隔性强，是良好的密封容器材料，可充分显示内装食品的形色，有利于促进商品销售。同时可通过调整玻璃的化学成分、着色、热处理、光化学反应及涂膜等理化处理获得所需的各种光学性质。抗张强度：玻璃表面若有微小的裂痕，抗张强度会大大降低。抗压强度很高，一般比抗拉强度高 15 ~ 16 倍。弹性和韧性很差，易脆性材料，超过其强度极限会立刻破裂，硬度极高。

3. 光学性能

玻璃的光学性能体现为透光性和折光性。玻璃最显著的特点是光亮、透明。用作包装容器时，所装盛内容物一目了然，给人以明亮、清晰、高档的感觉，具有极好的陈列效果。当使用不透明的玻璃或琥珀玻璃时，光的破坏作用大大降低。玻璃的厚度与种类均影响其滤光性。

玻璃还具有较大的折光性，利用这一性质，使工艺品玻璃容器具有光彩夺目的装饰效果。

4. 热稳定性

玻璃的热膨胀系数较低，可耐高温，但不耐温度急剧变化。作为容器玻璃，在成分中加入硅、硼、铅、镁、锌等氧化物，可提高其耐热性。用作食品包装能经受加工过程的杀菌、消毒、清洗等高温处理，能适应食品微波加工及其他热加工。容器玻璃的厚度不均匀，或存在结石、气泡、微小裂纹和不均匀的内应力，都会影响热稳定性。

5. 阻隔性能

玻璃对所有气体、液体或溶剂均具有完全阻隔性能，且其容器的密封性较好，很大程度上延长了食品的保质期，保证了内装物的特殊风味，因而经常作为气体的理想包装。

6. 加工性能及使用性能

玻璃具有良好的成型加工性能，在高温下具有较好的热塑性，可以通过适当的模具，工艺制成各种形状和大小的容器，而且成型加工灵活方便，易于上色，外观光亮，用于食品包装美化效果好。玻璃容器的表面光滑，易于清洗干净，可以回收循环作用。

7. 原料来源丰富

玻璃制品的价格较便宜，还具有可回收再利用的特点，废弃玻璃制品可回炉熔炼，再成型制品，既可节省原材料资源、降低能源，又有利于环境保护。

三、 食品包装玻璃容器的特点

玻璃包装容器是将熔融的玻璃料经吹制，模具成型制成的一种透明容器。玻璃容器在食品包装上的应用非常广泛。主要用于盛装液体、粉状、粒状、膏体或块状食品，如牛乳、饮料、果汁、酒类、固体饮料、香油、料油、酱菜、水果罐头、果酱等。因此，食品用玻璃包装容器具有以下特点。

1. 玻璃包装容器的优点

（1）化学稳定性好，无毒无味，卫生清洁，与包装食品无任何不良反应。

（2）阻隔性能好，能提供良好的保持条件，对食品的味道、香气保证性极好。

（3）透明性好，光亮美观，内容物清晰可见，特别适合透明销售包装。

（4）温度耐受性好，可高温杀菌，也可低温贮藏。

（5）刚性好，不易变形。易于封口，容器盖子可以用可收缩塑料套或嵌入式密封垫密封。玻璃瓶可以用预成型金属盖或皇冠盖封口，这将增强封口的可靠性。刚性容器易于开启，要求有足够的封合扭矩，确保加工和运输过程中瓶内的真空度。

（6）使用方便，易封口，易开启，可微波加热，微波可穿透玻璃，使食品在容器内再加热。

（7）成型加工性好，可做成各种形状，以适应市场需求。

（8）卫生，玻璃表面易于充填前的清洗和干燥。

（9）设计的附加值，玻璃材料的感性特点是：高雅、明亮、光滑、时髦、干净、整齐、自由、精致、活泼。对玻璃包装的表面肌理和效果进行加工，使包装本身具有更高的品质，加上与众不同的造型通常被用来强化品牌差异，作为产品识别的营销工具，提升产品附加值和品牌认知度。

（10）原料丰富、成本低、价值便利。

（11）可回收及重复使用，对环境无公害。

2. 玻璃包装容器的缺点及使用限制

（1）脆性较大，易破损。

（2）重量大，运输费用高。

（3）加工能耗大。

（4）印刷第二次加工性能较差。

近几年来，国内多种包装材料都在以其独特的性能优势相互竞争、相互取代，食品用玻璃包装市场也面临着严峻的考验。轻量瓶、强化瓶等新型玻璃容器的研究成功，为玻璃容器在包装工业中的竞争打开了新的局面，玻璃包装材料满足食品包装的有用性能仍在不断完善和发展，现已成为国民经济中一个举足轻重的产业。

第二节　玻璃容器的造型与结构设计

一、玻璃容器的结构造型

（一）结构造型的概念

任何包装都必须通过一定的形状来体现，包装结构造型是指从美学的角度出发，为包装的物质保护功能与审美功能服务，这是包装造型设计的基本目的与原则。造型设计关系到包装的形态、结构、规格、放置方向等整体外观效果与物理性能，又是形成包装件与视觉传达设计的载体和进行包装结构设计的基础。所以，包装容器造型设计，是造型艺术与包装实用技术相结合的综合性创造活动。

设计良好的包装造型必须具备以下条件。

（1）实用性　包装容器必须具有保护商品的实用价值和方便性，这是包装造型设计的出发点。

（2）艺术性　造型美观，色彩诱人的包装能吸引消费者的眼球，促进商品的销售，增加商品的附加值。

（3）经济性　包装造型必须遵循以最低的消耗取得最佳效果的原则。并能方便、准确地加工制作，提高标准比程度，实施可控成本设计。

（4）宜人性　包装造型是为商品设计的，更是为人设计的，设计应考虑容器的大小、轻重及方便，结构的设置要适于人的操作、充填、搬运、提带、挑选、开启使用和食用等行为活动。

（5）绿色性　包装容器造型设计要尽量选用绿色材料，实施可回收重复使用，回收再生产和轻量化设计，力求实现生活加工的低消耗、低排放的生产过程，不给生态环境造成污染。

（6）创造性　包装造型设计是创造性劳动。这种创造性劳动可以体现在上述的实用性、经济性、艺术性中。新颖、独特、实用的容器造型能美化产品，吸引消费，提高商品的竞争力。

（二）玻璃容器的结构造型特点

根据上述对包装造型的分析，任何包装造型的设计和实现，都与包装的功能效用、制作工艺技术和设计艺术美学原理有着密切的联系。这三方面的诸多因素决定了包装造型的基本特点。

（1）玻璃包装造型其主要部分的轮廓线条流畅，不同部分采用圆滑的曲线相连　这个特点是由玻璃材料的性质决定的。玻璃材料的机械强度较低、性脆。采用流畅的线条有利于外部作用力的传递与分散，避免应力在局部集中而导致包装损坏。

（2）结构造型种类多　异型造型较其他包装材料多，这个特点是由玻璃材料的优良成型性所决定的。

（3）各种抽象的仿真造型较多　如兽型瓶罐、仿古编钟型酒瓶和龙浮雕透明白酒瓶等，均会给人一种丰富的综合联想。

（4）在容器外表面制作装饰性附件和功能来构件较容易，使造型更富有功能美。

（5）包装造型本身的视觉整体美　包括包装容器给人的触觉和视觉的质感。如浮雕感、细腻感的立体质感，具有线条、面感的平面质感，还有材料质感、色彩感和光感等构成的视觉整体美以及商品包装本身与陈列环境所构成的协调美与整体美。

（三）玻璃包装容器结构设计原则

包装结构设计是形成包装实体和实现包装功能目标的重要环节，与包装造型和视觉传达等总体设计相辅相成互补共生，实现包装的整体功能。

玻璃包装容器结构设计的目的是设计能容装产品、保护产品、方便使用的容器。玻璃包装容器的结构设计是一个综合性的问题，它结合包装的功能与造型，用材等因素，主要解决包装承受、容纳、排列、支撑、固定、封合、保护内装物品、以及方便加工生产、储运、开启与消费应用等问题，是包装设计中涉及面宽，难度较大，关键性的一个环节。好的玻璃包装结构设计应是满足科学、实用、美观、经济等一系列要求的整体，应考虑以下设计原则。

（1）容器的艺术造型和结构性能、使用要求要协调　使用容器的首要目的是保护商品，所以设计容器时容器的保护功能是首要的。合适的结构性能和使用性能是实现保护功能的保证。

（2）容器的结构设计应使容器制造和加工工艺简单合理　容器重量轻、耗材最少、制作成本低，适合机械化规模生产要求。

（3）设计时要考虑容器内装物的种类、装填方法密封要求等因素　以满足包装者的需求，同时还要方便容器的放置、储运、开启和取出内装物。

（4）通过包装材料、结构形式和容器制造工艺选择　在满足功能性、审美性的前提下应尽量降低生产成本和包装综合成本。

（5）协作原则　设计者必须协调设计、制作和使用者的关系，构成协作团队，才能设计出适应市场需求的优秀包装容量，创造新价值。

（四）常用玻璃包装容器的分类

玻璃包装容器的种类繁多，按照不同的分类方法可分类如下。

（1）按制造方法分

①模制瓶。借助模具成型的瓶罐。模制瓶依不同的成型方法可分成压制瓶、吹制瓶、以及上述两种方法的合成型瓶罐。

②管制瓶。由预先拉制成的玻璃管经二次加工成型的瓶子。

（2）按色泽分　按色泽可将玻璃瓶分为无色透明瓶、琥珀色瓶、绿色瓶、蓝色瓶、黑色瓶和不透明的乳白色瓶等。

（3）按瓶口大小和形式分　按瓶口大小可分为大口瓶和小口瓶。按瓶口形式可将玻璃瓶分为磨塞瓶、普通塞瓶、螺旋塞瓶、凸耳盖瓶、冠盖瓶、滚压盖瓶。

（4）按瓶身造型分　按造型可将玻璃瓶分为圆形瓶（瓶身断面为圆形）和异形瓶。

（5）按瓶罐的结构特征分　有普通瓶、长颈瓶、短颈瓶、凸颈瓶、溜肩瓶、端肩瓶。

（6）按用途分　按用途可将玻璃瓶分为食品包装瓶、饮料瓶、酒瓶、药瓶、输液瓶、安瓿瓶、试剂瓶、化妆品瓶等。

二、玻璃包装容器的结构及特点

玻璃容器的基本结构形态主要取决于所盛装物品的种类和数量，每一种类的物品，如饮料、酒类、食品、药品和化学试剂等都有各自特定的容器形态，如图6－1所示。但无论何种玻璃都有相同的组成部分：瓶口、瓶身、瓶底以及联接瓶口与瓶身的瓶肩和瓶颈部分。不同规格尺寸，不同形状的这些组成部分可以组合成各种各样不同技术，不同结构的玻璃包装容器（图6－2）。玻璃瓶罐的各个组成部分如图6－3所示。设计时，按这些部分的结构特征分别设计，而后均匀过渡、贯接而成。

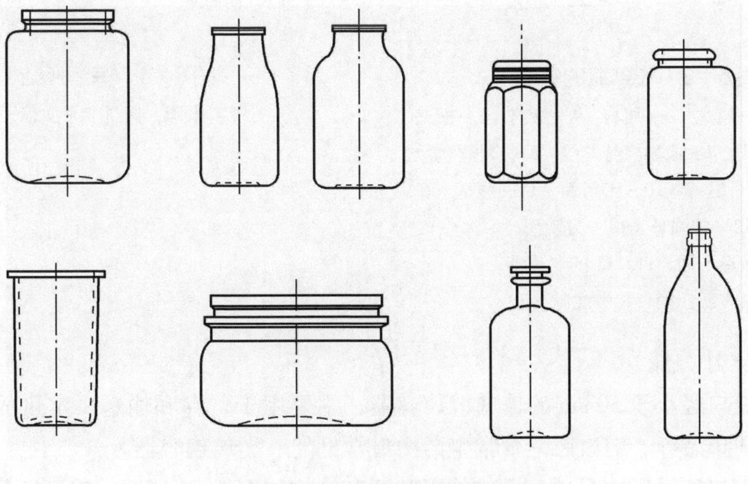

图6－1　几种玻璃瓶的结构形状

资料来源：摘自参考文献［7］。

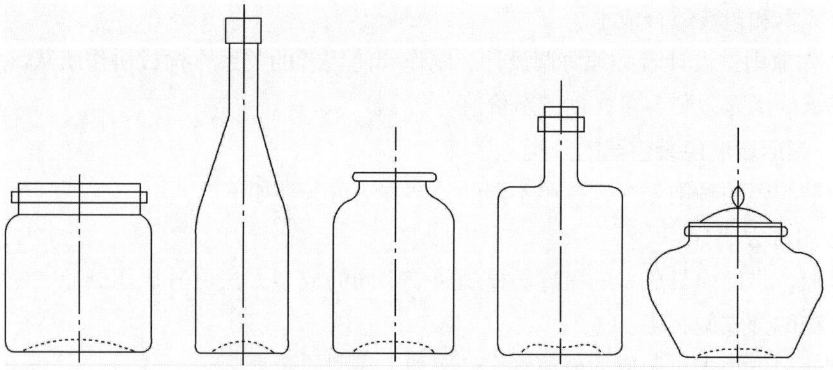

图6－2　瓶身不同部位尺寸形状变化

资料来源：摘自参考文献［5］。

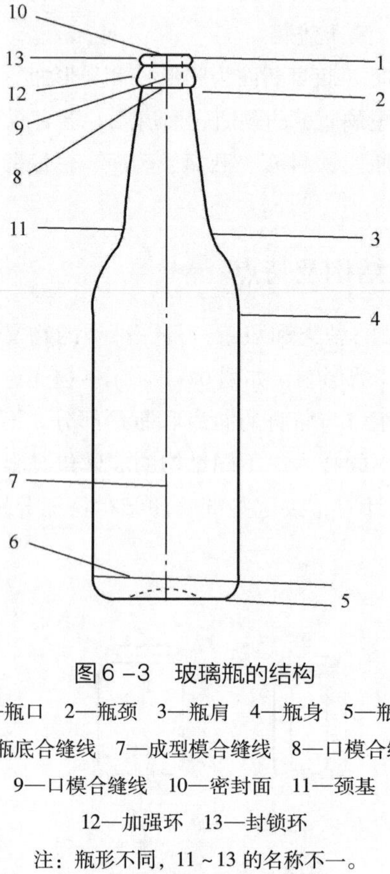

图6－3　玻璃瓶的结构

1—瓶口　2—瓶颈　3—瓶肩　4—瓶身　5—瓶底

6—瓶底合缝线　7—成型模合缝线　8—口模合缝线

9—口模合缝线　10—密封面　11—颈基

12—加强环　13—封锁环

注：瓶形不同，11～13 的名称不一。

资料来源：摘自参考文献［7］。

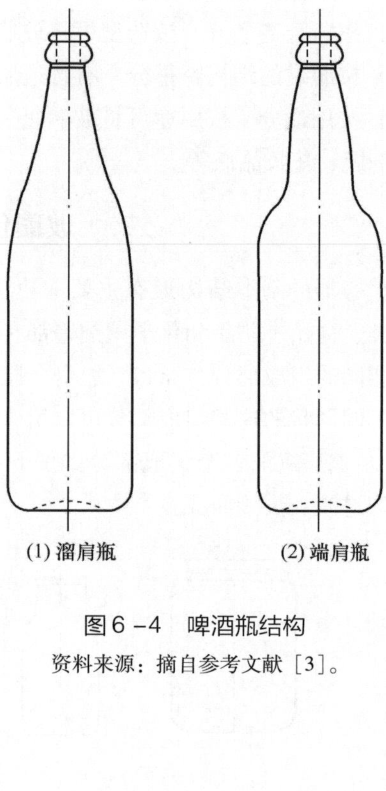

图6－4　啤酒瓶结构

资料来源：摘自参考文献［3］。

1. 细口瓶（小口瓶）

细口瓶是瓶口径小于 30mm 的玻璃包装容器，主要用于贮存和输送一定量的食用液体，如酒类、饮料、调味品等。细口瓶是日常生活中最常见的一类玻璃容器。

啤酒瓶是细口瓶类别中最典型的结构形状，其结构如图 6－4 所示。啤酒瓶的结构特点是瓶口小，瓶颈较长，瓶肩逐渐过渡到瓶身。这样的结构有利于酒类从瓶内均匀而平稳地倒出。同时，在倾倒酒液时肩部分低于瓶口，因此瓶内若有沉淀物的话将被肩胛挡住而留在瓶内。所以像端肩瓶，尤其是罐装陈酒类的酒瓶，采用瓶肩突然过渡到瓶身的结构，使肩胛部分更为突出，其阻挡沉淀物的效果更佳，如图6－5所示。

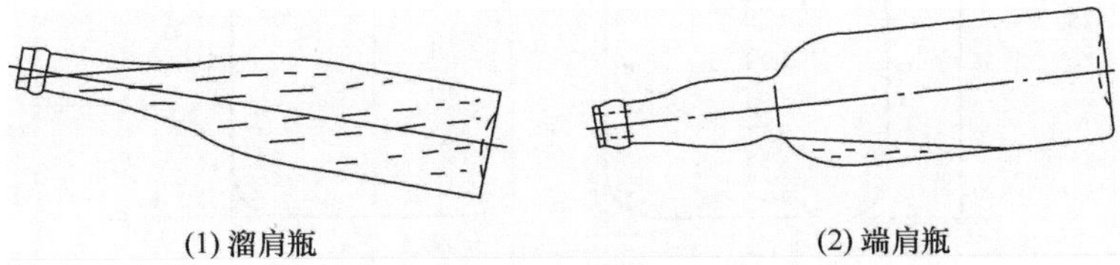

图6－5　瓶形结构与液体倒出的关系

资料来源：摘自参考文献［7］。

细口瓶最突出的特点是瓶口和颈部小，罐装内容物后残留空气量少，内装物与瓶内容封后残留空气的接触面不大（图6－6），所以能较好地保持内装物的原始状态，风味以及外观。所以这种瓶子广泛地用于饮料的罐装储存。细口瓶有长颈瓶和短颈瓶之分，长颈瓶制作难度大；短颈瓶容易成型，瓶厚较均匀，强度性能较好，但罐装作业相对长颈瓶难些。

2. 大口瓶和广口瓶

大口瓶是介于细口瓶和广口瓶之间的一类瓶子。大口瓶的瓶口内径大于30mm。这种包装瓶制瓶容易，壁厚均匀，生产速度快，用户易于清洗，便于周转和回收，适用于快速罐装和罐装黏度较大的液体。它主要用于包装果汁饮料、乳酸饮料、保健饮料、咖啡以及烈性酒。大口瓶的主要问题是瓶颈较大，内装物与瓶内残留空气的接触面较大。广口瓶的瓶口内径较大，远大于30mm（图6－7）。广口瓶可用于装填固体饮料、粉料等内容物。

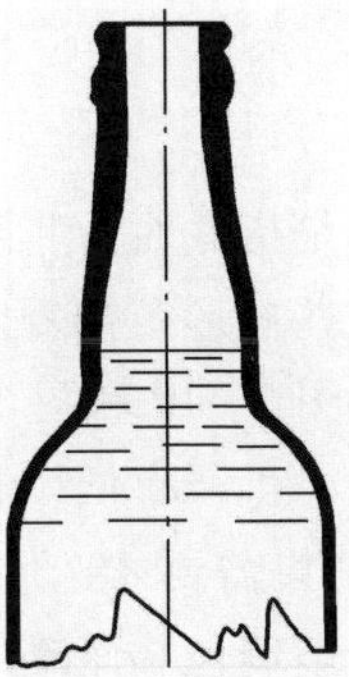

图6－6　液体与空气接触面小的瓶子

资料来源：摘自参考文献［7］。

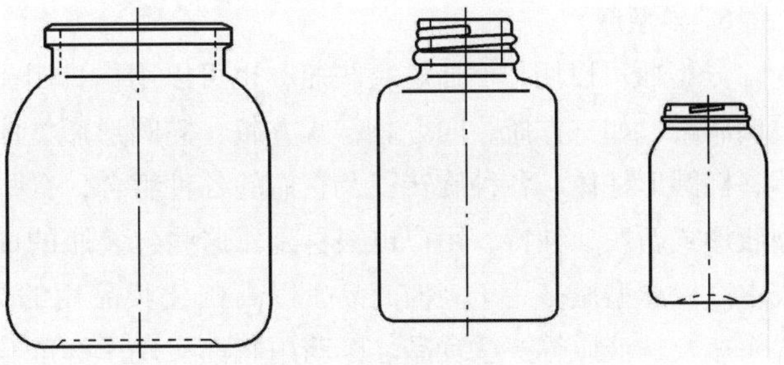

图6－7　广口瓶

资料来源：摘自参考文献［7］。

3. 罐头玻璃瓶

罐头玻璃瓶（图6－8）用于罐头工业填装罐头食品。根据罐头食品的加工特点，这类玻璃瓶必须能承受食品加工中的加热处理和温度变化产生的冷热压力作用。所以要求瓶罐材质均匀，各组成部分圆滑贯接，避免热应力和机械应力的局部集中而导致瓶罐结构强度降低。这是这类瓶罐在设计中应着重考虑的问题。

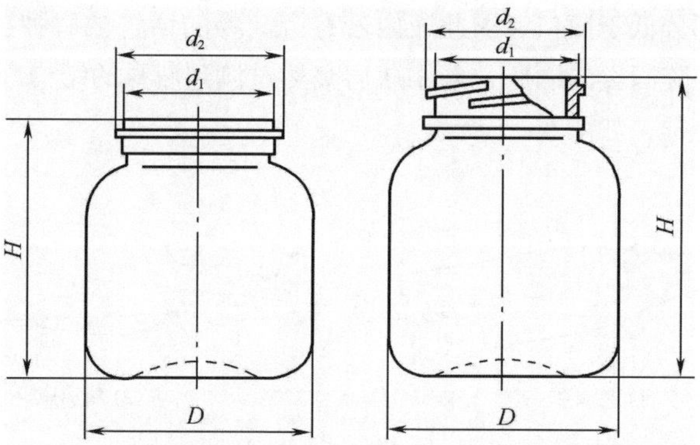

(1) 卷封式　　　(2) 旋开式

图6－8　标准罐头瓶外形

D—瓶身外径　*H*—瓶高　d_1—瓶口外径　d_2—封口线外径

资料来源：摘自参考文献［7］。

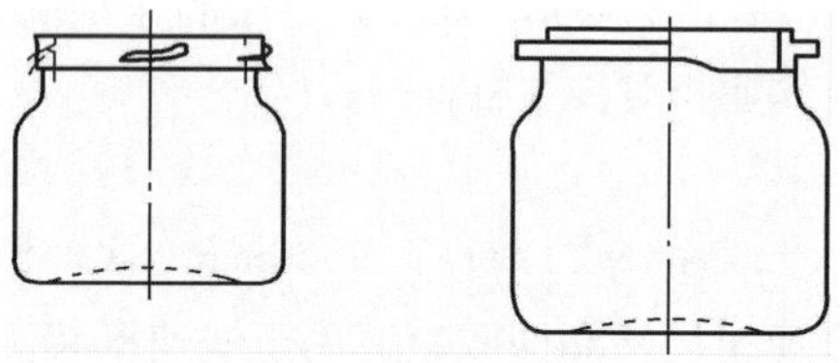

图6－9　罐头瓶

资料来源：摘自参考文献［7］。

罐头瓶的另一特点是，密封方法是靠罐内外压力差使封盖紧贴瓶口密封面，并辅以封盖与瓶口间的锁合力完成密封，根据这一特点瓶口设计也是一个重点。罐头玻璃瓶的瓶型结构如图6－9所示。由于罐头食品种类多、产量大，所以自成一体，多用于广口瓶、容积一般在0.2～0.5L。

4. 日常包装瓶罐

通常用于包装各种日用小商品。如化妆品、墨水、胶水等。由于商品种类很多，所以其瓶形、结构及封口形式也是多种各样的。它们的结构特征、应用特点不如前述的几类瓶罐那么突出，而且使用数量、批量较小。

5. 异型瓶

异型瓶可以用作酒瓶、罐头瓶，也可以用作日用品包装。异型瓶是指截面为非圆形的各种玻璃瓶罐，如三方瓶、四方瓶、八方瓶、椭圆形瓶、曲线形瓶等；这些瓶形结构复杂，有多面体、椭圆形柱体、各种旋转以及它们的各种组合，有些是手工造型（图6－10和图6－11）。异型瓶形式新颖、独特，用户也很喜爱。这些包装瓶的成型模具成本高，生产率低，制造及运输成本高，异型瓶多用于高档商品，以高档化妆品用的为多，或纯属销售需要才选用。白酒瓶、罐头瓶及输液瓶等一些食品、医药用瓶都实现了标准化生产。因此，玻璃包装瓶罐的设计，就更多地体现在异型瓶及工艺瓶的造型、结构及色彩设计上。

6. 医药用瓶

安瓿瓶是用来包装注射用液体药物的玻璃瓶。安瓿瓶通常是装一次剂量药品的容量，装药后用火焰密封瓶口，所以安瓿瓶是可靠性极高的包装容器。

安瓿瓶的结构有两种，一种是普通型，一种是易折型（图6－12）。普通型结构由于开启困难且不安全，已不再采用。易折型安瓿的特点是只需在颈部稍微施力，一折便断，使用极为方便，产生的玻璃碎屑少，安全性高。

图6－10　不同造型的异型瓶

图6－11　工艺瓶

易折型安瓿瓶的结构特点是其颈部有一收缩颈环（缩环），环上有道刻痕或色环、色点。刻痕使安瓿瓶颈部产生微裂纹，色环及色点则利用低熔点釉玻璃与安瓿玻璃两者间的热膨胀性能的差异，使色环处或色点处的玻璃上产生一定的预应力而具有易折性能。在三种易折结构中，采用刻痕结构的安瓿瓶易折性最好，其折断口平整、碎屑少、安全可靠。

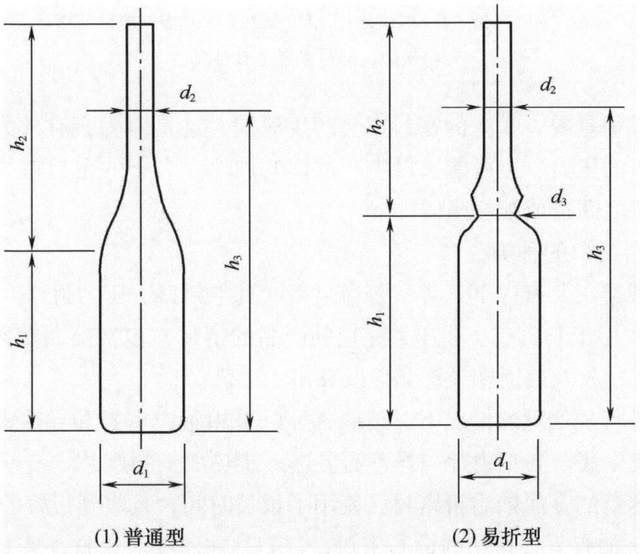

图6－12　安瓿瓶的规格

d—安瓿瓶直径　h—安瓿瓶高度

资料来源：摘自参考文献［1］。

7. 大型瓶

主要用于盛装极易串味或挥发的化工产品，容量为5～50L。

三、玻璃包装容器的封口特点及瓶口结构

玻璃包装容器在填装内容物以后都应以适当的方式加以封口，以防止内容物洒出或外界杂质混入，造成内容物的损失或损坏。根据所盛内容物的不同，封口各异。玻璃包装容量的密封物通常是金属或塑料，同时软木塞也仍被广泛应用于酒类的密封，有效的密封可以是一个紧度

适当的塞子，一个加有扭矩的螺纹盖或者一个加压或卷边的金属盖。密封可以通过用一种柔性阻隔性材料热封在玻璃上，通常加盖一个盖子起到保护作用并能重新密封。应用于牛奶瓶上的铝箔盖就是最简单的密封形式。

所有的这些封口被用来表示装瓶的终结。如图6－13所示，决定包装终止有四个关键尺寸。关于这几个尺寸的工业标准国家都有统一规定。玻璃螺纹轮廓是圆形的，金属及塑料密封都要有对应的螺纹以符合适当的容器。

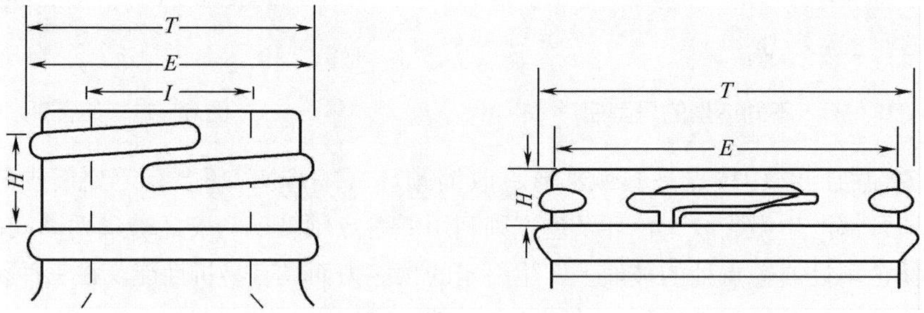

图6－13　标准瓶口术语

I—最小瓶口内径　*T*—螺纹外径　*E*—螺纹内径　*H*—瓶口使用高度

资料来源：摘自参考文献［1］。

瓶口的谨慎选择很重要，太大的密封口会产生泄漏，这是因为会有外力作用在瓶口，这种力可能来自内部气体的压力，也可能来自生产过程的加热。太小的密封口同样会在玻璃容器上的最小孔和填充管孔之间造成配合阻碍。

1. 玻璃包装容器封口的种类

玻璃容器封口种类主要有以下三类：普通封口、真空封口、压力封口。

（1）普通封口　用于非真空、非压力充填的产品的密封，包括箔和塑料的合成密封，用于盛装如咖啡、乳粉等粉状及普通颗粒产品以及芥末、牛乳。

在不对玻璃瓶进行预处理的情况下，玻璃瓶可以采用感应密封和导热密封，但是它仅用于粉类产品和那些像花生酱、巧克力片一样不需要进一步热加工的产品。

用于乳类包装容器的金属箔卷折密封已使用了很长时间，且收到很好的效果。

（2）真空封口　加有复合衬垫的金属密封，它们是被压或者是拧在密封部位的，用蒸汽使顶部空间形成真空。它们比较有利于瓶内巴氏杀菌和加热杀菌，尺寸范围为28～82mm，对于饮料瓶大小通常在28～40mm。

（3）压力封口　采用金属或塑料盖配以复合衬垫，能够通过压或拧到封口位置。它们包括：

①预成型金属盖，如皇冠盖或螺纹盖；

②将金属密封到玻璃螺纹上；

③防盗盖（ROPP）；

④预成型塑料质入密封位置。

2. 玻璃瓶瓶口的结构设计

从设计要求上讲，瓶口不仅要适应内装物的充填、倾倒、取用的要求，还要满足容器的封盖要求。常见的有冠形、螺纹和塞封瓶口结构等7种形式。

（1）冠形瓶口　冠形瓶口与皇冠盖组成密封结构。冠形瓶口口径较小，适用于白酒、啤酒、饮料及液体调味品的玻璃包装瓶。冠形瓶口各部分的名称及结构如图6－14所示。其中颈连接着环即为瓶颈上口尺寸。同时为使瓶颈向瓶肩过渡，增加瓶体强度，标准规定关键尺寸瓶颈的外径不得大于32mm，倾斜角不得小于45°。

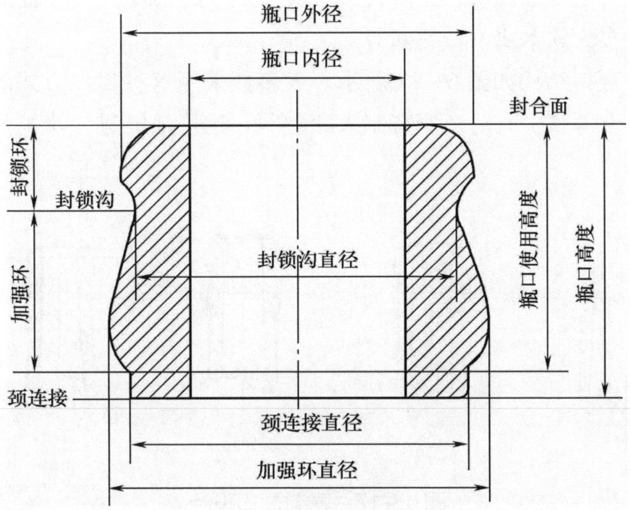

图6－14　冠形瓶口结构及各部名称

资料来源：摘自参考文献［5］。

（2）螺纹瓶口　螺纹瓶口使用要求分为单头螺纹瓶口、多头间断螺纹瓶口和防盗螺纹瓶口。因玻璃性质及其成型方式等方面的因素，玻璃瓶口螺纹牙型多为圆形，螺距较大，扣数较少，开启、封盖的旋合速度较快。

①单头螺纹瓶口。为连续式瓶口螺纹（如图6－15所示），其螺纹只有一个起始线，螺纹扣数一般为1.5～2扣，相对多头螺纹旋合转速度较慢，适合于小口瓶型。

②多头螺纹瓶口。多头螺纹瓶口有2个或2个以上起始线，接口螺纹之间是间断的（图6－16）。瓶盖旋合速度快，一般只需旋合1/4圈即可旋紧或打开。多头螺纹瓶口多用于大口瓶罐上。

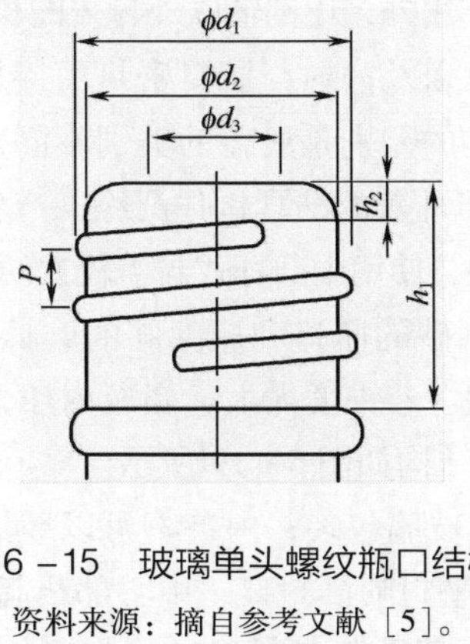

图6－15　玻璃单头螺纹瓶口结构

资料来源：摘自参考文献［5］。

d—螺纹瓶口外径　*P*—螺纹间距　*h*—螺纹瓶口高度

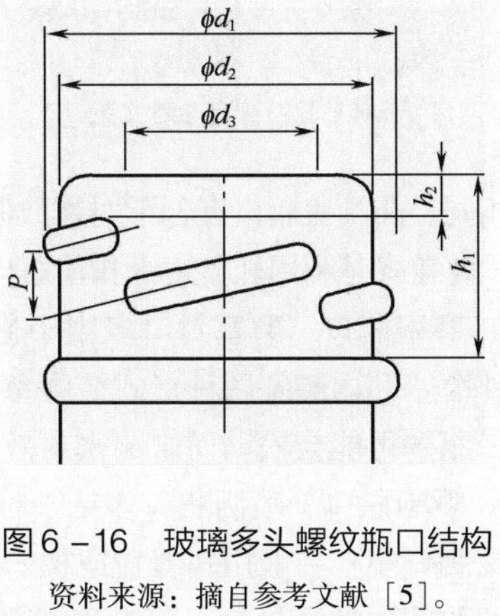

图6－16　玻璃多头螺纹瓶口结构

资料来源：摘自参考文献［5］。

d—螺纹瓶口外径　*P*—螺纹间距　*h*—螺纹瓶口高度

③防盗螺纹瓶口。防盗螺纹瓶口与防盗瓶盖结构相适应，是在螺纹瓶口的结构上增加瓶盖裙锁扣的凸环或锁沟，其作用是当螺纹瓶盖旋开时，约束螺纹瓶盖沿轴向上移，迫使盖裙上的扭断线断开，把螺纹盖旋下。国家标准规定该类瓶口有三种结构类型。

（3）塞封瓶口　塞封封口是把瓶塞压入到瓶颈内，并靠瓶塞与瓶颈的摩擦作用实现的。这种封口方法要求瓶颈必须是圆柱形，且圆柱部分应有足够的长度，高档葡萄酒多采用这种瓶口。塞封瓶口使用的塞子多为软木塞、塑料塞等。

常见的几种塞封瓶口结构如图 6－17 所示。大多数采用这种封口方式的瓶子，其瓶口外都包敷一层金属箔或复合薄膜，有时还用特制火漆包封。这层箔能进一步加强封口密封效果，同时也增加了装潢效果。

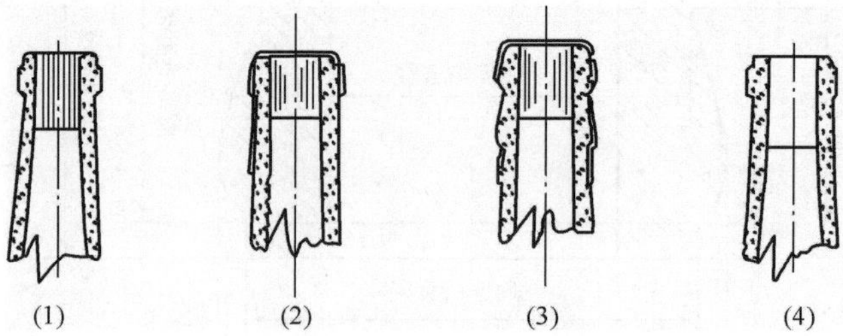

图 6－17　塞封瓶口设计

（1）软木塞封口（未加箔冠）　（2）加塑料箔冠的塞封瓶口

（3）加金属箔冠的塞封瓶口　（4）瓶颈圆柱部分

资料来源：摘自参考文献［7］。

（4）真空瓶口　真空封口是利用瓶内的真空度，通过内外压力差的作用实现封口。这种封口形式多为罐头食品工业采用，常见的真空封口有两种形式，一是凸耳盖式真空封口，另一是轧盖式真空封口，如图 6－18 所示。

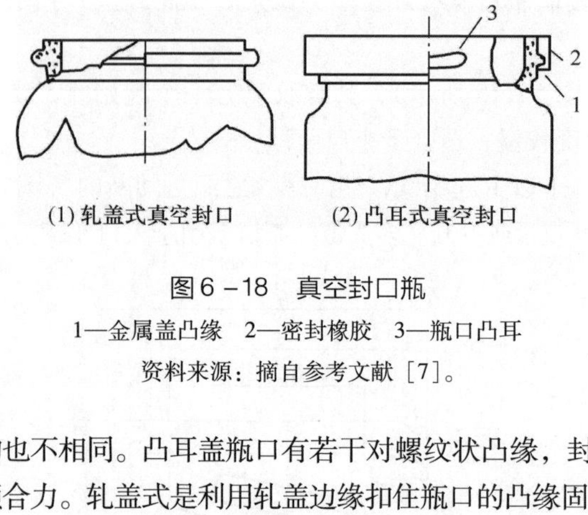

图 6－18　真空封口瓶

1—金属盖凸缘　2—密封橡胶　3—瓶口凸耳

资料来源：摘自参考文献［7］。

这两种封口结构除了利用瓶外部大气压力的作用外，还都辅以外封盖的机械锁合力，以使瓶盖及内衬与瓶口密封而接触更佳，两种结构的差别是瓶盖的类别不同，瓶口的结构也不相同。凸耳盖瓶口有若干对螺纹状凸缘，封盖时，凸耳盖的凸耳钩住凸缘，产生附加封闭锁合力。轧盖式是利用轧盖边缘扣住瓶口的凸缘固定轧盖的，使用中凸耳式封盖较方便。

（5）磨塞瓶口　磨塞封口多用于化学试剂瓶，它靠磨砂的瓶口和瓶塞间的磨擦力而封闭。磨塞有外磨塞和内磨塞两种形式。磨塞的锥度规定为 1∶10。若锥度太大，当瓶内压力提高或受振荡时，瓶塞可能会松动而影响密封效果。磨塞瓶口封口结构如图 6－19 所示。

（6）喷洒瓶口　喷洒瓶口多见于香水或高档花露水的玻璃包装，内装物可以通过瓶口喷洒出来，该瓶口小孔一般用塑料盖或橡木塞封口，形式有：平封喷洒封口，中心部凸起喷洒封口，带密封圈的凹顶喷洒封口，不带密封圈的凹顶喷洒封口。喷洒瓶口封口结构如图 6－20 所示，喷洒封口孔径尺寸如表 6－2 所示。

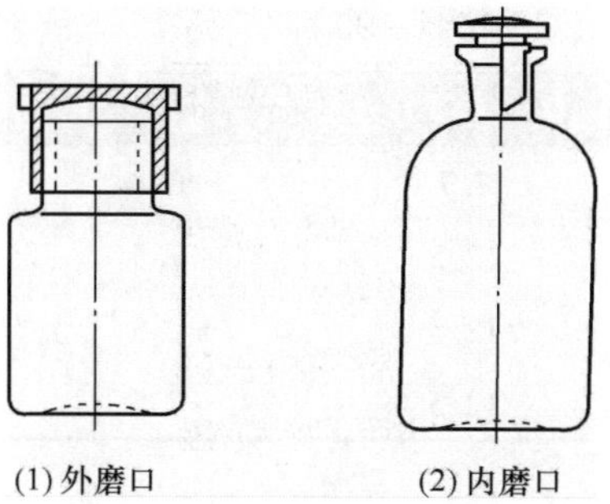

(1) 外磨口　　(2) 内磨口

图6－19　磨塞封口瓶

资料来源：摘自参考文献［7］。

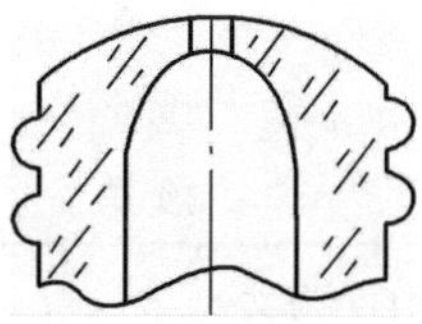

图6－20　喷洒封口结构

资料来源：摘自参考文献［7］。

表6－2　　喷洒封口孔径尺寸　　单位（mm）

型号	A	B	C	D	E	F	G	H	I	J	K	L	M	N
瓶口孔径	2.4	2.8	3.2	3.6	4.4	4.8	5.2	5.6	6.0	6.4	6.8	7.2	7.6	8.0
灌装管最大直径	1.2	1.6	2.0	2.4	3.2	3.6	4.0	4.4	4.8	5.2	5.6	6.0	6.4	6.8

资料来源：摘自参考文献［7］。

（7）医用玻璃瓶口　主要分为抗生素瓶封口和玻璃输液瓶封口两大类。

①抗生素瓶封口（又称青霉素瓶口）。是一种盛装抗生素针剂的小型药瓶特殊封口，用卷边的铝箍固定橡胶塞密封。主要有两种结构形式：一是模制瓶口，其瓶口结构及尺寸如图6－21和表6－3所示；另一种是管制瓶口，其结构及尺寸如图6－22和表6－4所示。

②玻璃输液瓶封口为A型瓶封口和B型瓶封口，有100～500ML的输液瓶。

③用来包装药品的玻璃瓶，还有容量为10～200ML的棕色螺口小口瓶，安全密封的安瓿等。其他用于包装各种化学试剂，容量一般为250～1200ML，瓶口多为螺口或磨口。

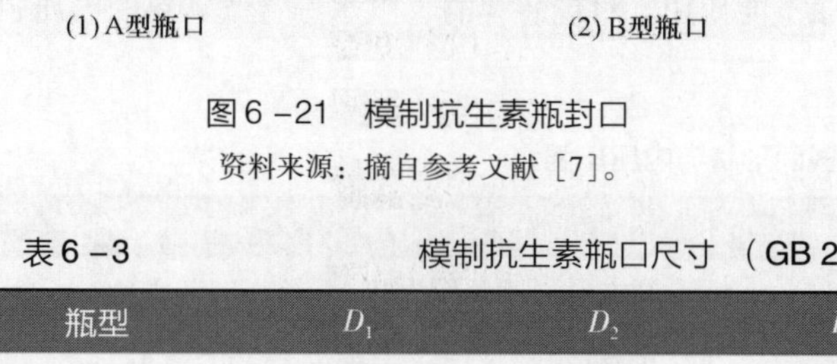

(1) A型瓶口　　(2) B型瓶口

图6－21　模制抗生素瓶封口

资料来源：摘自参考文献［7］。

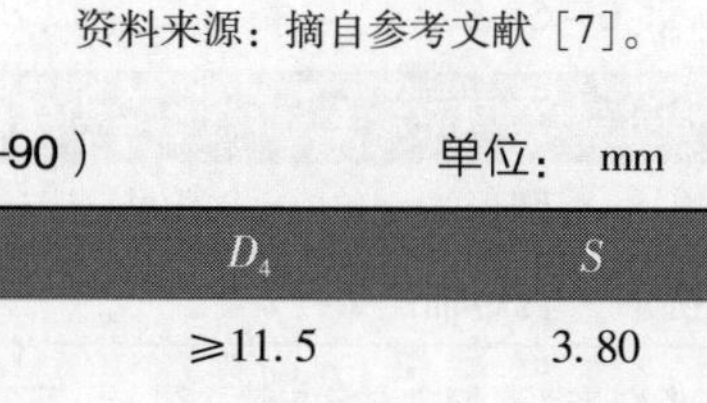

图6－22　管制抗生素瓶封口

资料来源：摘自参考文献［7］。

表6－3　　模制抗生素瓶口尺寸（GB 2640—90）　　单位：mm

瓶型	D_1	D_2	D_3	D_4	S
A	20.0	12.60	≤17.0	≥11.5	3.80
B	19.70	12.50	≤16.80	≥11.0	4.50

资料来源：摘自参考文献［7］。

表6-4　　管制抗生素瓶口尺寸（GB 2641—90）　　单位：mm

公称容量/ml	D_1	D_2	D_3	H	S
5	13.0	≈10.5	7.7	≈6.8	2.8
7	19.6	≈16.0	12.5	≈7.5	3.2
10	19.6	≈16.0	12.5	≈7.5	3.2
25	19.6	≈16.0	12.5	≈7.5	3.2

资料来源：摘自参考文献［7］。

四、玻璃包装容器的强度及其影响因素

1. 玻璃包装容器的强度

玻璃瓶的结构强度包括内压强度、热冲击强度、机械冲击强度、垂直荷垂强度、水锤强度和倒转强度6个方面。玻璃容器的强度除了与玻璃的质量有关外，容器的表面形状及质量、结构设计、灌装质量、运输等多方面因素对其都有影响作用。

（1）内压强度　内压强度是玻璃瓶强度的重要指标，瓶型对瓶的内压强度影响很大。一般瓶形越复杂对其内压强度就越低。

根据薄壁圆筒的内压强度理论，密封容器内压力主要产生环状应力和轴向应力。环状应力可利用下式计算：

$$S = dP/2\delta \tag{6-1}$$

式中，S——环状应力强度，MPa；

d——瓶身直径，mm；

δ——瓶身壁厚，mm；

P——瓶内压力，mm。

按格尔霍夫-托马斯（Gehihoff-Tomas）方法计算，玻璃强度为［S］=63.70MPa。所以，当玻璃容器的$S\leqslant$［S］时，就能满足强度要求。在同样条件下，瓶的轴向应力只有环状应力值的一半。

但在实际使用中，玻璃容器为非圆柱形，在瓶肩处、瓶颈处、瓶底处和瓶底，曲率厚度变化十分严重，因此玻璃瓶的安全作用应力值降低。表6-5为容器截面形状与内压强度的关系，可见圆形截面玻璃容器能承受的内压强度最高。为此，各国标准化组织都对玻璃瓶相应的内压强度作了规定，达不到规定强度的玻璃瓶不能使用。对包装啤酒、汽水等含气饮料的内压强度要求较高。

表6-5　　容器截面形状与内压压强比

截面面积	内压压强比%	截面面积	内压压强比%
圆形	10	圆方形（圆角较大）	2.5
椭圆形（长短轴比2:1）	5	正方形（圆角较锐）	1

资料来源：摘自参考文献［7］。

（2）热冲击强度　玻璃瓶的热冲击应力是由于瓶子在使用过程中的温度迅速变化引起的。

热冲击强度是指玻璃瓶耐骤冷骤热性能的指标。当玻璃受骤冷骤热作用发生热胀冷缩时，瓶壁内就会产生复杂的应力，当此应力超过玻璃强度时，即发生破裂。

按热应力观点，圆形瓶执应力可用下列描述：

$$S = 3.5\Delta T\sqrt{\delta} \tag{6-2}$$

式中，S——热冲击产生的张应力，MPa；

ΔT——温度差，℃；

δ——瓶壁厚度，mm。

在热冲击下，瓶子受热产生应力较大，受冷产生张应力较大，所以瓶子受热时不易破裂，受冷时反而容易破裂。

由上述分析，可以得出对设计玻璃容器结构有用的结论：容器壁越薄越好，厚度越均匀越好。

（3）机械冲击强度　指玻璃容器随外部冲击不破碎的能力。玻璃瓶破裂的直接原因主要是机械冲击。机械冲击发生在容器与其他物体接触时，这些接触发生在制造、罐装、运输和消费者搬移过程中，所以冲击是一种很复杂的现象。

图6－23所示表明容器的冲击强度与容器的形状密切相关，由容器口至瓶底冲击强度大小不一，在瓶口、瓶底处强度最低，最易发生破碎。冲击强度还与容器壁厚有关。如图6－24所示壁厚增加，冲击强度升高，不易破裂。

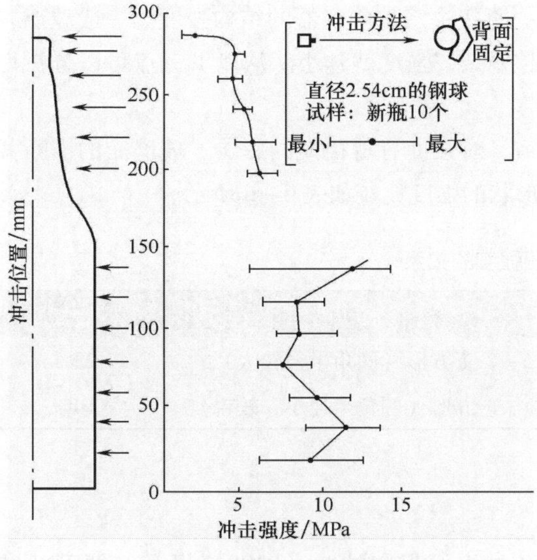

图6－23　冲击强度与形状间的关系

资料来源：摘自参考文献［7］。

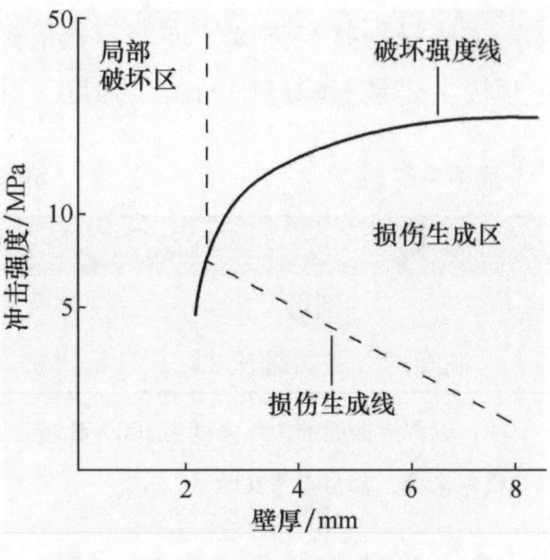

图6－24　冲击强度与壁厚的关系

资料来源：摘自参考文献［7］。

（4）垂直载荷强度　指玻璃容器承受垂直负荷的能力。垂直载荷应力是平行于瓶子轴向的应力，它主要产生于灌装、压盖、开盖、堆垛过程中都受到垂直负荷的作用，其承受垂直负荷的能力与瓶形有关，尤其是瓶肩部的曲率，肩部曲率半径越大，其负重强度越高。

以上所述为玻璃容器结构强度的几项主要指标。这几项指标都与容器的结构形状有相当大的关系，在设计过程中应综合考虑这些因素。

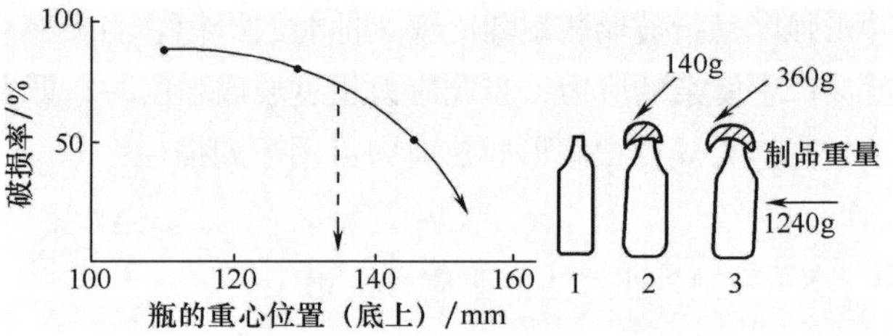

图6－25　瓶的重心位置与倒转强度的关系

1—试样　2—试样　3—试样

资料来源：摘自参考文献［7］。

（5）水冲击强度　又称水锤强度。指玻璃容器底部承受短时内部水冲击的能力。内装密度较大产品的玻璃瓶罐，在一定高度上突然向下跌落时，容器内可能出现上端空隙部分空气受压，底部局部地区形成真空现象，由此导致瞬间产生巨大冲击力冲击容器底部，且时间越短，产生冲击力越大，从而使瓶底在万分之一秒时间内受到很大的冲击压力，导致瓶罐的破裂。

（6）倒转强度　当瓶子在桌上或台架上倒下时，有可能破裂，因而玻璃瓶需要一定的倒转强度，它是冲击强度的一种。瓶子的倒转强度与瓶子的瓶底及瓶身的造型设计有关。在不同的场所，不同重量及形状的瓶子在倒转时所受到的冲击也不同。图6－25所示为瓶的重心位置与倒转强度的关系。

2. 影响玻璃容器包装强度的因素

玻璃容器的强度与容器的形状，玻璃表面状态、壁厚及使用年限等因素密切相关，其中最主要的因素为容器的形状。

（1）容器形状的影响　玻璃容器的结构形状，直接决定玻璃容器的结构强度。一般玻璃容器的形态越接近球形结构，其强度就越大，瓶形越复杂，强度就越小。从以下三点可以分析得知容器形状与强度的密切关系。

①瓶身形状与强度。玻璃容器的造型变化无穷，对强度有着很大的影响。玻璃瓶的横断截面形状主要是影响瓶子的内压强度，几种横截面形状的强度比较如表6－6所示。

表6－6　截面形状与内压强度的关系

截面形状	内压强度	截面形状	内压强度
圆形	100%	正方形（圆角半径较大）	25%
椭圆形（长短轴比2:1）	50%	正方形（圆角半径小，较锐）	10%

注：以圆形截面的内压强度为100%比较。

资料来源：摘自参考文献［7］。

瓶子形状越复杂，其强度越低；具有的锐角越多，强度越差。因此，提高容器形状结构设计合理性对提高玻璃容器的强度至关重要，如采用能提高玻璃强度和抗冲击作用的表面形状：球面形、圆柱形，在容器强度薄弱处设计突出的点或花纹等，这种改进设计可使瓶子强度增加50%。抗力学原理、瓶型越接近球形，瓶型的线条越简单其强度越高。在设计异型瓶时，可以根据制品壁内的应力方向，正确地选择和设计瓶形及瓶壁，以改善异型瓶的性能。

②肩部形状与强度。玻璃瓶子的肩部形状主要影响瓶子的垂直载荷强度。表6－7所示为三种肩部形状设计及其相应强度的关系。

表6－7　　瓶肩形状与强度的关系

编号	A	B	C
形状	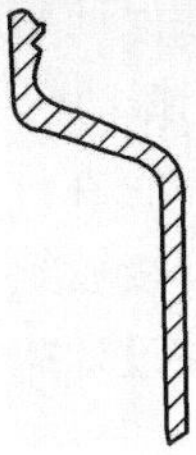	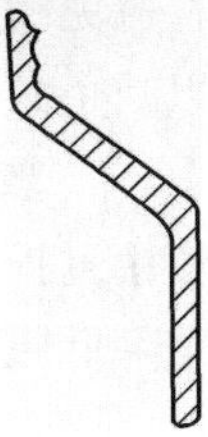	
结构强度特点	肩部大且平，肩面与颈部、身部弯折角度，抗垂直载荷能力小，受水冲击或机械冲击时产生的应力将集中于弯折处，所以这种肩形不太好	肩部为圆锥形，肩部角度较大，冲击作用产生的应力较分散，机械性能比A型有所改，各项强度比A型好	肩部形状接近流线形，具有良好缓冲作用，冲击作用产生的应力分布均匀，这种肩形各项强度都好

资料来源：摘自参考文献［7］。

如表6－7所示，肩部过渡平缓的构形、强度较高；过渡弯折部分的折角（夹角）越大，结构性能就越好。实验表明，瓶肩弧形曲率来就越大，其垂直荷重强度越高。

③瓶身下部和瓶底形状及其强度。瓶身下部和瓶底形状对强度的影响较复杂，如表6－8所示。表中三种不同的瓶身下部和瓶底间的过渡形状，对各种强度指标的影响各不相同，从综合性能来看，瓶身向瓶底过渡部位不可垂直硬拐，应尽量缓和过渡，减少机械的冲击作用。所以，瓶身与瓶底平缓过渡的构型较好。

表6－8　　瓶身下部和瓶底形状与强度的关系

编号	A	B	C
形状	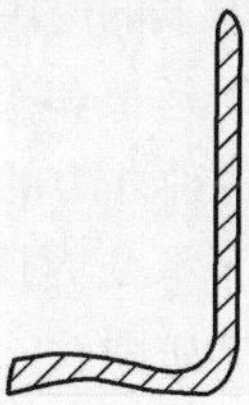	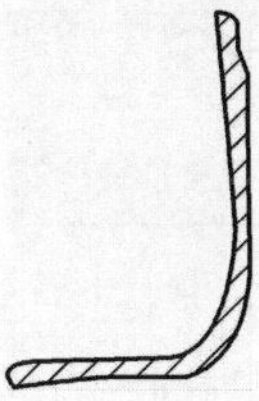	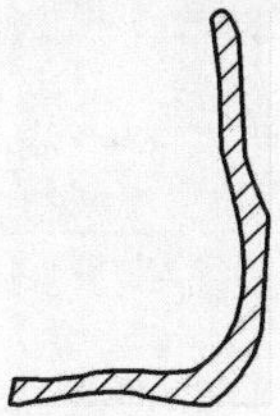
结构强度特点	瓶壁垂直，垂直载荷力大；底脚呈锐角，冲击时产生应力集中，对机械冲击和热冲击抗力较弱；水冲击时在底脚处将产生较大的弯曲应力和张应力，装运液体的瓶罐一般不用这种瓶形	瓶身与瓶底弧状过渡，使应力得以分散，抗冲击性能较好；身与底过渡处虽弯曲但能较好地传递垂直载荷，故垂直载荷性能也较好	瓶身与瓶底弯曲成球形突出状，抗机械冲击和垂直载荷性能较好，但水冲击时在弯曲处将产生很大的弯曲应力和张应力，所以其水冲击性能特别差，设计时应避免采用这种瓶形

资料来源：摘自参考文献［7］。

瓶底适当内凹（隆起）以及采用花纹构造，可以提高瓶子的稳定性，减少底边的划伤。花纹底边还可以使瓶底部分因接触温差而受到的热冲击作用降低；改善瓶外形以提高自动灌装时对瓶抓取、固定的可靠性和稳定性，避免倒瓶、碰撞破瓶；在保证瓶的使用及强度下，尽量除去不必要的部分，尽量减轻瓶重，以减小高速自动灌装线上固振动产生的冲击力作用等。

（2）瓶子的表面状态对强度的影响　玻璃瓶表面，一般都存在许多细小的缺陷。这些缺陷是在瓶子的制造过程、运输过程和使用过程中，由于彼此相互接触与其他工件的接触而不可避免地产生的。这些缺陷的存在将严重降低瓶子的强度。为此在设计瓶子时，可以采取一定的措施提高瓶子的表面强度。

①对玻璃表面的微裂纹，采用途履表面涂层或进行表面处理，可防止瓶罐表面的划伤和增大表面的润滑性，减少摩擦，提高瓶罐强度。

②可以设计一些构件，使接触集中在那些对玻璃瓶子强度影响极小的特定接触区域内，如在底部支撑面压花纹，或在部身较突出部位设计凸纹或椭圆，把碰撞接触集中在这些部位，这样就大大避免了瓶身的受损，从而保护足够的强度。

（3）容器壁厚的影响，不同的瓶壁对结构强度的影响是不同的，瓶壁厚度与强度的关系如下：当瓶子的壁厚由厚变薄时，瓶子的内压强度下降，热冲击强度提高，垂直载荷强度降低，机械冲击强度增加（弹性撞击范围内）。

在一定的环境温度下，薄壁使温度迅速趋向于均衡，所产生的热应力变小，只有温度较大时才可能超过材料的极限强度。垂直载荷强度随壁厚变薄成正比例降低。

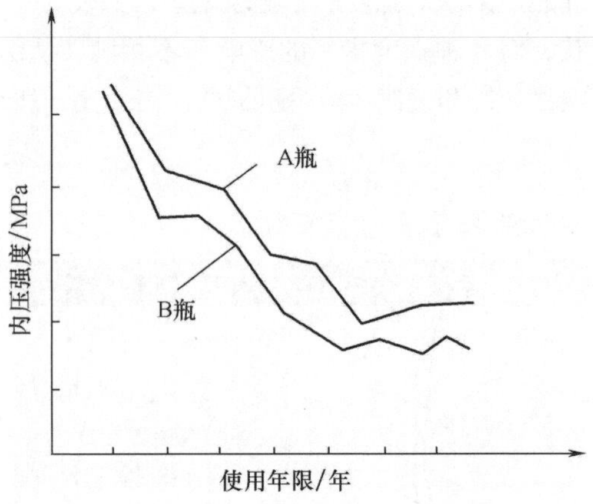

图6－26　玻璃容器使用年限与内压强度的关系

资料来源：摘自参考文献［7］。

机械冲击作用在瓶壁上时，在弹性碰撞范围内，冲击能量被伴生的变形吸收，于是可以减少破损。在同一压力作用下，壁厚越小，产生的内应力就越大，相应的抗压作用能力就越小。

（4）容器的使用年限次数的影响　随着使用时间的延长和次数越多，玻璃的组织微观结构在各种外力的持续作用下会发生微小变化，因而承受内压的强度也会相应变化，其变化趋势如图6－26所示。因此，对回收重复利用的玻璃容器，应对使用年限和次数加以限制。

五、玻璃包装容器的结构设计

玻璃包装容器的结构设计是一项系统化的整体设计，企业必须在创造性思维指导下，建立以综合性研究为主的设计创新团队或跨职能部门的专案设计团队，整合企业内外资源，对产品的功能、结构、材料、工艺、外观造型、人机关系、经济成本、市场销售、消费者使用等进行透彻、深入地研究。然后根据具体商品的特定要求，运用创造性设计方法进行合理的，适应目的的有效设计。

（一） 设计策划与信息的采集

设计策划作为包装容器结构设计的第一个步骤，它的任务在于进行前期的资料收集与整理分析，了解法律法规，研究设计限制条件界定，确定正确的设计形式。在设计策划阶段，需做好以下三点。

1. 与设计委托方沟通

接到设计任务后，首先应该与产品的委托方进行沟通，明确各种限制和要求，以便对设计任务有详细的了解，避免盲目和主观想法。

（1）了解产品的特征　了解设计对象的用途、功能和造型的要求及使用环境等，包括产品重量、体积、强度、避光性以及使用方法等。不同的产品具有不同特点，决定着其包装造型的材料和方法应符合产品特性的要求。

（2）了解产品的使用对象　设计必须具有针对性，找准商品的目标消费群体，才有可能进行准确的设计定位。

（3）了解产品的销售方式　最常见的是超市货架销售，此外还有网络销售、专卖店销售以及商品零售等，这也意味着所采用的包装形式应该有所区别。

（4）了解产品的相关经费　包括产品的售价、产品的包装及广告预算。对经费的了解直接影响着预算下的包装设计，而每一个委托商都希望以少的投入获取更多的利润，这无疑是对设计师的巨大挑战。

（5）了解产品包装的背景　一是委托方对包装设计的要求；二是企业有无 CI 计划，要掌握企业识别的有关规定；三是明确该产品是新产品还是换代产品，所属公司旗下的同类产品包装形式，以便制定正确的包装设计策略。

2. 与玻璃包装容器制造商的沟通

了解生产规模和灌装线的要求在设计构思这一阶段必不可少的。需要的信息包括以下内容。

（1）产品类型和玻璃包装容器的结构强度；

（2）密封形式/瓶颈规格尺寸；

（3）灌装的数量；

（4）灌装过程的形式（热/冷灌装、热灌装/巴氏消毒/常温灌装/杀菌消毒或这些过程的任意组合）；

（5）容器是否指定具体的容积度量标准；

（6）采取哪种灌装形式（容积灌装或真空灌装）；

（7）灌装管的尺寸/直径是多少；

（8）容器是可多次灌装的还是一次性的；

（9）灌装操作速度，也就是瓶/min；

（10）在生产线上的冲击强度；

（11）在运输中使用的拖盘尺寸；

（12）卸货操作彩和的形式。

从这些信息可知，玻璃容器制造者可以选择正确的密封设计，表面处理要求和用于灌装线运输和搬运的包装类型。

（二）实施包装设计计划的工作流量

在全国掌握了相关信息和资源的基础上，对调查结果进行科学的分析、统计，使结果对设计产生正确的指导性影响。在设计过程中还应考虑瓶罐的使用性能、稳定性、成型加工性能和制造条件，其设计工作程序：①形状设计；②壁厚设计；③瓶容的设计与计算；④瓶座的设计与计算；⑤瓶罐的公差问题；⑥材质和颜色的选择；⑦玻璃容器的技术要求。尽可能设计出使用方便灵活，内容物装填及包装过程适应性好，结构简单、成本低、外观美、富有特色的结构形式。

第三节　玻璃包装容器的制造工艺

一、玻璃包装容器的构造与制造方法

（一）玻璃容器构造

1. 玻璃瓶结构

玻璃制成各种形状结构玻璃容器是用于食品包装的主要形式。玻璃包装瓶罐类，其整体结构可分为六个重要结构部分，如图6－27所示。

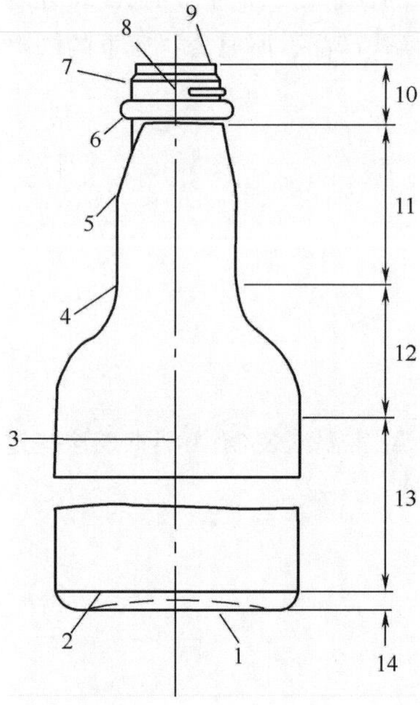

图6－27　玻璃瓶结构

1—瓶底凹曲面　2—瓶底瓶身接缝线　3—瓶身合缝　4—瓶颈基点　5—瓶身与瓶口接缝线　6—加强环　7—螺纹　8—瓶口合缝线　9—封合面　10—瓶口　11—瓶颈　12—瓶肩　13—瓶身　14—瓶底

资料来源：摘自参考文献［13］。

（1）瓶口　瓶口是容器之口，是食品向瓶内灌装的通路，与瓶盖的盖封口，实现容器密封的部分。瓶口与瓶盖密封衬垫相接触的部分，称为封合面。瓶口包括密封面封口突出、瓶口环、瓶口合缝线和瓶口与瓶身接缝几部分。因瓶口的形状多种，封口方式不同，结构各异，如卡口、螺纹口、王冠盖口和撬开口等。

（2）瓶颈　瓶颈介于瓶口和瓶肩之间的部位。由瓶口底向下，多以内凹渐扩形式与瓶身连接。

（3）瓶肩　瓶肩即瓶颈与瓶身之间的过渡部分，多以外凸渐扩形式与瓶身连接。

（4）瓶身　瓶身是容器的主要部分，纵向、横向的截面形状多样，它的尺寸决定了容器的容量。在瓶身部位设计的凹槽，供贴商标用的称为商标槽。它的结构形状影响容器的外观，对食品灌装操作和使用也有影响。

（5）瓶根　瓶身下部向内收拢与瓶底相连的部位。

（6）瓶底　瓶体的底部要较厚，可起到支撑作用。瓶底包括瓶底座和瓶底瓶身合缝。瓶底座端面为环形平面，使瓶立放平稳。瓶底向内凹面成曲面，使瓶能更好地承受内压。瓶底端面或内凹面可设有点、条状花纹以增加瓶立放的稳定性，减少磨损，提高瓶的内压强度和水锤强度，降低瓶罐所受的热冲击，瓶底还可以标示出容器的制造日期，模具编号、商标等。

2. 玻璃容器合模线

玻璃瓶的合缝线不是瓶体的组成部分而是每个模制瓶罐所必有的缺陷。它是由模具两部分的分型面接合缝处产生的成型痕迹（图6－28），模具使用时间长，接缝处磨损越严重，瓶体上的合缝线越明显。

在瓶口顶部平面和口沿侧旁的合缝线是由口模产生的，称为口模合缝线；而在瓶的底部，由底模和成型模接合缝形成的瓶底与瓶身交界处的一条圆线，称为模底缝合线。玻璃瓶、罐口模合缝线会给容器瓶口的密封或是螺纹瓶口旋盖带来影响。

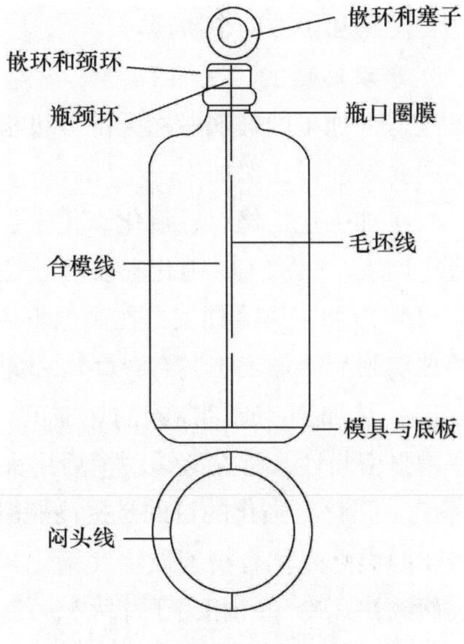

图6－28　玻璃容器合模线位置

资料来源：摘自参考文献［1］。

（二）玻璃容器的制造方法

玻璃制品的制造方法有多种多样，包装用玻璃瓶罐以成型工艺区分，有管制瓶和模制瓶。管制瓶是利用一次成型的玻璃管经二次成型加工制得的容器，如安瓿、各种小型的针剂药瓶。模制瓶是用玻璃液料一次成型制得的。模制瓶的成型技术有三种。

（1）压制法　利用冲头把玻璃液料压入模身，在冲模和口模构成的封闭空腔中成型。

（2）压吹法　采用两个作业循环生产制品。首先用压制法作初雏形料泡，再后再在成型模中吹制成最终形状。

（3）吹吹法　借助压缩空气的作用，先使料滴在初型模中形成料泡，而后在成型模中吹制成最终形状。

二、玻璃包装容器的制造过程

1. 玻璃瓶罐的生产工艺流程

玻璃的熔制和容器的成型是一个连续的工艺过程，这个生产过程可以简单表述为：

原料→称重配料→混料→熔制→供料→成型→退火→后处理（二次加工）→检验→包装→成品

在玻璃制品制造过程中，模制品的模具是重要的技术条件。

成型后的玻璃容器可能会存在以下缺陷，如瓶口变形或尺寸变差，瓶壁内有气泡、凸起、伤痕、不熔物及壁厚不均；外观上有裂纹、冷斑、黑点、油斑等，这些缺陷的存在必然会影响食品的罐装量、灌装操作、灌装的密封性等包装质量和包装生产效率，同时缺陷也会给玻璃容器的强度带来严重影响，尤其是用于弃气加压食品包装的玻璃容器，其内在缺陷会导致突发的爆裂破损，危及生产者和消费者的安全。所以，必须对成型容器进行退火处理或其他加工处理。

2. 玻璃瓶罐的退火

玻璃瓶罐等制品在成型过程中，由于经受了激烈的不规则的温度变化，而且由于制品结构的不同，各部分经历的历程也不相同，使得玻璃产生热应力。退火是使瓶罐的热应力消除或减少到允许值的热处理过程。一般玻璃瓶罐的退火温度为500～600℃。退火工艺过程包括加热、保温、慢冷和快冷四个阶段。

3. 玻璃瓶罐的二次加工

经退火加工的玻璃瓶罐大部分可检验、包装、交货、直接使用，也有部分产品需根据用户的不同要求进行二次加工。

二次加工包括烧口、钢化、化学强化、研磨、抛光、印花等。玻璃瓶罐的二次加工处理可分成冷加工、热加工、强化和表面处理等。

(1) 冷加工　冷加工是在高温下用机械方法来改变制品的外形和表面状态的加工过程。常见的玻璃制品冷加工工艺有：磨口和磨塞、研磨抛光、喷砂、刻花等。

(2) 热加工　玻璃瓶罐的热加工工艺为烧口处理。为了提高瓶口的质量，消除微裂纹等缺点。增强密封性，常在瓶罐脱模后用火焰烘烧瓶口，使瓶口抛光。

(3) 强化　强化的目的是提高瓶罐的机械强度和热稳定性。强化有物理强化（钢化）和化学强化两类。强化有物理强化（钢化）和化学强化两类。物理强化的方法是使加热到软化点温度的瓶罐快速冷却（相当于淬火），使表面获得均匀分布的压应力，以强化瓶罐。

(4) 表面处理　表面处理工艺有表面涂层处理、化学刻蚀和表面装饰因素等。表面涂层处理是在瓶罐表面涂布一层薄薄的保护层，以防止瓶罐在使用过程中表面被划伤，并填充表面的微裂缝，以改进瓶罐的强度。

第四节　玻璃瓶罐的检测

一、包装性能检测与质量控制

1. 包装性能检测

对整个包装单元和单件包装物进行试验、检验和测定来控制质量，是包装工程的重要内容，也是包装设计、包装机械设计的一个基本部分。包装试验的种类很多，但主要是新包装品的预运输试验，它用来测定抵御运输和储存中危险的能力。这种试验是通过模拟运输危险的试验机进行的。常用的包装品性能试验有跌落试验、振动试验、斜面、冲击试验、堆垛试验、浸水试验、倾翻试验等。

2. 玻璃包装容器的质量控制要求

包装质量控制贯穿于包装材料和包装容量的生产过程中，也贯穿于将产品用包装材料和容器包装起来的包装工艺过程中，必须进行质量控制，才能获得优质的制品，即符合流通环境要求的商品。

质量控制系统的核心是规范。规范决定了生产企业必须使用的精度。规范直接影响生产成本、生产率和销售量。好的质量管理程序在玻璃容器包装的食品的生产、制造、填充、封口、储存和运输中的应用，以确保产品的质量和卫生标准能达到顾客和产品安全的需要。

为满足玻璃包装容器储存产品、方便储运、促进销售等基本功能要求的实现，国家对玻璃容器设计提出了一定的理化性能和外观质量方面的要求，并按国家或行业标准规定的检测手段、试验程序和方法进行测定，并区分质量等级，对于不合格玻璃容器不允许进入流通领域。

质量保证要求与玻璃容器设计阶段的规范合并在一起，与生产相结合，以满足包装、运输和使用的要求。玻璃包装材料物理性能要求，如表6－9所示。玻璃包装材料的卫生技术要求如表6－10所示。玻璃包装制品的分级标准如表6－11所示。

表6－9　　玻璃食品包装材料的物理技术性能指标要求

性能项目		指标要求	
		优等品	合格品
耐热冲击温度（≥）/℃	吹制耐热玻璃	170	150
	压制耐热玻璃	120	110
98℃颗粒耐水性能		1级	
内表面耐水性能		HC1级耐水性	
内应力（双折射光程差）/（nm/cm）		180	
线热膨胀系数（20～300℃）/（$\times10^{-6}$/k）		3.2～3.4	—
耐酸性能		重量法	光谱测定法
		H1低腐蚀性	≤100μg/dm^2
耐碱性能		A2级	

资料来源：摘自参考文献［9］。

表6－10　　玻璃包装材料卫生技术要求

器型	玻璃制造			
	铅	镉	砷	锑
扁平容器	0.8	0.07	0.07	0.7
小容器	1.5	0.5	0.2	1.2
大容器	0.75	0.25	0.2	0.7
贮存罐	0.5	0.25	0.15	0.2

资料来源：摘自参考文献［9］。

另一方面，质量的控制包括以下程序：用于过程控制的在线检测（图6－29）和抽样调查以及评定与规划的一致性。

表6-11　　玻璃包装制品的分级标准

级别	H1	H2	H3	H4
特性	低侵蚀性	弱侵蚀性	中侵蚀性	高侵蚀性
6h 后表面损失质量的一半（mg/dm^2）	0~0.7	0.7~1.5	1.5~15	>15

资料来源：摘自参考文献［9］。

玻璃材料性能测试项目内容：

①一般性能。厚度、颜色、尺寸、复合层附着力等。

②外观性能。光泽度、透明度、均一度、折射率、色散、光反射。

③强度性能。水平钢化、垂直钢化、抗划痕强度、抗疲劳强度等。

④物理化学性能。热传导性、热膨胀系数、晶相的塑料变形、热脆性、抗撞击、抗冲击、耐磨能力等。

硬包装容器性能测试项目内容：

玻璃容器性能。检测内容包括表面耐水侵蚀能力、硬度、内应力、耐内压力、抗热震性、耐冷冻性、折断力、耐酸性和耐水性等。

二、 玻璃包装容器的检测技术

玻璃包装材料及容器所使用检测技术、国家和行业都制定了相应的标准和要求，其检测内容包括：食品包装物理性能测试（含玻璃包装材料性能测试、玻璃容器性能测试）和食品包装卫生安全测试（含食品包装卫生安全通过检测技术和玻璃包装材料的卫生检测）。食品玻璃包装物理性能检测技术有：玻璃容器的耐热冲击检测技术、玻璃包装的耐水检测技术、玻璃包装内应力性能检测技术、玻璃包装的耐水检测技术、玻璃包装内应力性能检测技术等。所使用的检测技术归纳为：化学的、物理的和视觉的。

分光光度测定法、火焰光谱法和 X 射线测定等化学测验方法被用来检验原料和玻璃成品。原料的比例及纯度的微小变化就可以对其制造过程和物理属性产生重要的影响。

物理检测方法包括检测尺寸偏差、进行颜色测验、冲击强度测验、对热冲击（温度骤变）的抵抗能力测量、内应力强度的测量。

视觉测验为了检查出能看得见的瑕疵。视觉上能够看得见的缺陷很多，尽管大多数的缺陷相当罕见，但是产品要按照计划进行检测是很重要的。这些缺陷的种类包括各种形式的裂缝、玻璃缺陷（瓶内粘丝等）、来自制造环境的夹杂物、形状失准以及各种各样的表面痕迹等。

玻璃上的缺陷根据它们不同的存在形式而分类如下。

①关键性缺陷。例如能危害到消费者或禁止在包装中出现的缺陷；

②主要缺陷。例如严重影响包装效率的；

③次要缺陷。例如能够满足性能要求却影响到外观的。

现在，制造及包装线的视觉检测已经采用自动监控系统，如图 6-29 所示通过使用能够检测不透明和透明表面瑕疵的照相机可以对容器器壁进行检测。红外线照相机在系统中可用于直接检测成型后的容器。在包装生产线上，在玻璃容器。在包装生产线上，在玻璃容器运行速度达到 6000 个/h 啤酒瓶的情况下，这种方法仍能对玻璃夹杂物进行检测。

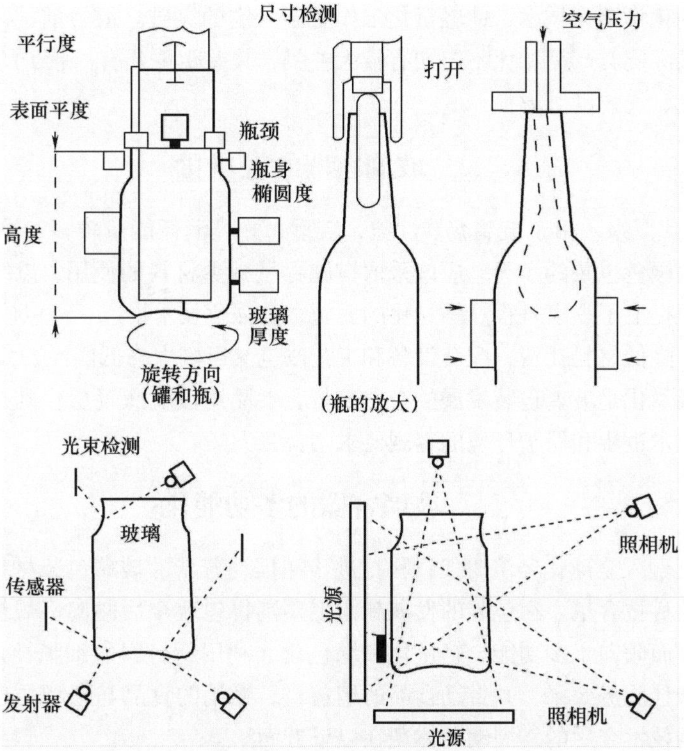

图6－29 生产线检测原理

资料来源：摘自参考文献［1］。

第五节 新型玻璃包装容器的发展

一、 食品玻璃包装行业发展现状及趋势

随着人类科技的进步与发展，包装材料不断更新，出现了金属容器、塑料容器和塑料复合膜、袋等其他食品包装产品，但鉴于玻璃包装优秀的化学稳定性、气密性、光洁透明、耐高温、易消毒等一系列物理化学特性，玻璃包装仍然是食品包装的主要产品之一，并有着广阔的发展前景，呈现稳中有升的发展态势。

针对传统的玻璃包装生产中存在的玻璃瓶自重与容量之比大、能耗大、易破损、运输费用高的主要缺点，国际上自20世纪60年代开始进行玻璃瓶身轻量化的研究，以达到在同样的投入中取得更大的产出，以获取更大的利润并起到降低成本，节约能源的目的及符合绿色包装的要求。到20世纪80年代已取得较大成绩。轻量瓶与传统玻璃瓶相比，瓶重可降低15%～30%。如今，在美国、日本及欧洲等国家和地区，轻量化的瓶罐已是玻璃瓶罐的主导产品。

我国于20世纪60年代开始在企业开展食品用玻璃瓶轻量化方面的研究。到20世纪90年代初采用了玻璃的化学钢化技术，使轻量化工作有了一定的突破。但目前国内食品用玻璃瓶的制造质量水平与国际同类产品相比不定期有较大差距，其差距主要有：瓶子的轻量化、清洁度、包装及外观透明度、均匀度等方面。

二、 玻璃容器的轻量化

20 世纪 80 年代以来，由于玻璃容器性脆，较重，并且消耗能量较多，导致生产成本上升。在能源紧缺，提倡绿色包装的今天，应该采取措施尽量减少材料的使用，以缓解资源压力和环境压力，轻量化便提上了议事日程。轻量化的实施结合强化技术推广，可以使瓶壁变薄的同时，保持或增加强度，降低材料耗费，配套设备和工艺改进又可极大降低能耗，大大降低生产成本。因此，玻璃包装轻量化是玻璃包装发展的必然趋势，食品用玻璃瓶轻量化则是食品用玻璃包装工业产业升级、技术进步和保护环境的客观要求。

三、 玻璃容器的多功能化

当今，我们已融入全球化经济时代，科技进步在推动着新的玻璃包装材料的开发、研究与应用，添加更高的科技含量。在包装的发展趋向上，销售包装今后倾向多规格、轻量化和特色化；在包装材料方面倾向于多功能、轻量化和绿色化，利用新材料的细腻、光滑、柔韧等特性达到包装食品的最佳服务效果，并带动食品的销售量，畅销的食品与新型的玻璃包装容器互相促进，使玻璃容器技术今后的发展动向体现在以下方面。

1. 开发阻隔紫外线的无色透明玻璃容器

玻璃容器的最大特点是具有能清楚地看到内装物的透明性。正因为如此，外界的光线也很容易透过容器，导致内容物变质、劣化。比如内装啤酒或其他饮料长时间受到阳光的照晒，便会产生褪色和异味现象。在能引起内容物变质劣化的光线中，最为有害的波长为 280 ~ 400nm 的紫外线。因此，非常有必要开发一种既无色透明，又能遮隔紫外线照射的玻璃容器。

2. 预贴标签玻璃瓶

有些玻璃容器生产商预先就将有关标签加贴或预印在容器上，称之为“预贴标签瓶”。预贴的标签一般有弹性标签、粘贴标签和直接印刷标签等。预贴标签能经受灌装过程中的清洗、充填及杀菌消毒等工序而不被损坏且便于容器的回收利用，有的还能在玻璃容器破裂时防止碎片飞散，具备缓冲性能。

3. 涂覆薄膜玻璃容器

现在越来越多的用户对容器的颜色、形状及标签等提出了多品种、多功能、小批量的要求。例如，容器的颜色，既要能显示外观上的差别，又能防止紫外线对内装物的损害。于是有些生产商就在玻璃容器表面涂覆一层聚合物薄膜。这种薄膜可制成各种颜色和外表形状，如毛玻璃状等，因而可使玻璃的颜色种类最大限度的减少。聚合物涂覆薄膜的厚度一般为 5 ~ 20pma，并且玻璃容器的颜色由薄膜的颜色决定的，因此不影响玻璃容器废弃后的回收利用。另外，这种涂覆薄膜不仅可以遮盖玻璃容器原有的细微伤痕，使容器耐压强度提高 40% 以上，还可以防止容器之间因碰撞而引起玻璃容器表面的损伤。

4. 生态玻璃瓶

随着全球性资源短缺和温室效应的日趋严重，节约资源、降低消耗和减少污染等环保问题得到普遍重视和关注。以保护生态资源、保护人类健康为目标的生态化设计浪潮正在全球兴起。

研究表明，在玻璃生产过程中，原料中废玻璃所占的比例每增加 10%，则可降低 2.5% 的熔融能量，同时，减少 3.5% 的二氧化碳排放量。人们将这种既节能又减少废弃排放的以废玻璃为主要原料生产的玻璃容器称为“生态玻璃瓶。”大量使用回收的废玻璃为主要原料生产高档玻璃容器的关键问题是有效地剔除混杂在玻璃中的异物并消除玻璃中的气泡。

5. 抗菌玻璃瓶

随着时代的发展、社会的进步和人们生活质量的提高，人们对食品和卫生安全越来越重视，因而赋予了包装容器一个新的使命，就是玻璃容器必须具有抗菌或抑制细菌繁殖和生长的能力。当瓶盖打开后，如果不能一次性消耗掉内装物，微生物污染源若接触玻璃，瓶子可以自动启动“杀菌系统”，从而保护内装物的干净和卫生。抗菌玻璃瓶主要是通过在玻璃瓶中添加抗菌剂，如银系抗菌剂、纳米抗菌剂等。要解决的问题是研究新的制罐工艺以满足抗菌玻璃瓶的要求。

6. 其他功能玻璃瓶

目前出现了许多新型玻璃，如变色玻璃、防雾玻璃、呼吸玻璃、微晶玻璃等新型玻璃材料。若利用这些新材料制成相应的包装容器将赋予容器新的功能，如增加防伪功能和保鲜功能等。

7. 技术与艺术完美结合的新型玻璃容器

玻璃容器作为营销工具，玻璃包装通过以下方法强化品牌差异和产品识别。

①创造新的独特的形状和表面纹理；

②浮雕印刷、酸蚀和涂覆；

③标签，包括传统标签和塑料收缩套封。

玻璃易于成型为多种形状以提供货架展示。打印好的压敏塑料标签采用清洁透明的黏合剂，就像玻璃没贴标签一样。精确地制造和随后的刚化处理使玻璃容器能达到 HC 在容量（体积）、产品泄漏方面的检测规范。

玻璃容器的新发展包括：金属元素的添加，热变色、光变色漆的使用。紫外荧光剂及透明印墨的使用，使玻璃产生浮雕装饰效果，拥有天鹅绒般的手感；或采用全息材料、纳米材料的处理手法与激光蚀刻的结合，提供永久刻绘代码的可能，开发出材质的审美特性及包装的美感，有效提升玻璃包装的附加值。

第六节 食品用玻璃包装的需求和期望

一、 消费者对食品包装的需求与期望

包装是消费者对产品的第一印象，传达悦人的、可接受的、有益于健康的食用形象。它关系到营养、饮食、健康的社会和经济发展趋势的含义，可以简明地概括为质量、信息、便利、品种、货源、健康、安全和环境。因此，在食品加工的使用和包装系统中，必须进行不断地改进以维持特殊消费领域，消费者的需求与供给的平衡（表 6－12）。

表6-12 消费者对包装的需求

质量	为风味、营养、质地、颜色、新鲜性、可接受性等所做的加工和包装
信息	产品信息、易辨性、商标、使用等
便利	容器获取、打开、处理；货架寿命、微波炉适用等
产品可获得性	产品在任何时候都可获得
品种	产品范围广，包装尺寸、设计和形式多样
健康	例如，在不使用防腐剂的情况下，供应延长或长货架寿命的食品
安全	防止产品的污染和损坏
环境	环境兼容性

资料来源：摘自参考文献［1］。

随着经济的飞速发展，社会的日益进步，生活水平的不断提高，人们的生活质量也在持续提升，“健康”已成为全人类的共同追求的目标。“民以食为天”，食品是人类赖以生存发展的第一物质基础。从古至今，食品一直都伴随在人类发展的历史长河当中。“食以安为先”，食品安全与卫生对于人类健康与安全至关重要。

二、 食品用玻璃包装材料的安全与卫生问题

作为包装材料，玻璃瓶罐是食品、医药、化学工业的主要容器。它们具有化学稳定性好，易于密封，气密性好；透明，可以从外面观察到内装物的情况；储存性能好；表面光洁，便于消毒灭菌；造型美观，装饰丰富多彩；有一定的机械强度，能够承受瓶内压力与运输中的外力作用；玻璃包装表面硬度大以及便于回收循环使用等优点，在包装领域中仍占有重要位置，这是因为它具有其他包装材料无法替代的包装特性。

但是，食品用玻璃包装材料也存在着以下缺点：①重量大（重量与容量比大），能耗大；②脆性大，易破损；③回收循环使用的玻璃瓶，如啤酒瓶重复使用年限过长和次数过多，玻璃的组织微观结构在各种外力的持续作用下会发生变化。在啤酒灌装过程中易碎、易产生裂纹，在搬动、运输过程中易破以及消费过程中因消费者操作不当，出现的瓶子爆炸伤人事故的发生。④玻璃容器印刷第二次加工性能差；⑤玻璃的抗碱腐蚀的能力差。玻璃的化学稳定性比其他包装材料优越，但玻璃仍会受各种介质的侵蚀。如玻璃材料选材或使用不当，就会造成内装物的变质和损坏。除氢氟酸能直接溶解玻璃外，水、酸、湿空气主要侵蚀玻璃网络中的金属离子，而碱则破坏玻璃的网络结构，所以玻璃的抗碱能力比其他抗酸和抗水能力弱得多。因此，在食品包装中应充分注意玻璃的这一特性。⑥据国家包装有害物质检测结果显示：玻璃安全性很好，但有色玻璃可能会有铅、镉、砷、锑等重金属迁移。总之，目前国内食品用玻璃瓶的制造质量水平与国际同类产品相比有很大差距，差距主要在瓶子的轻量化、清洁度、包装及外观透明度、均匀度等方面。

三、 食品用玻璃包装材料的选用原则及对策

包装材料是形成商品包装的物质基础，是商品包装各种功能的具体承担者，是构成商品包装使用价值最基本的要素。因此，了解和掌握食品用玻璃包装材料的性能和用途，可以科学合理地应用其材料特性，设计出优美独特的形态结构。

（一） 食品用玻璃包装材料的选用原则

随着时代的发展和科技的进步，包装设计中对材料的选用提出了更高的要求，应遵循“科

学性、经济性、适用性、环保性、安全性”的基本原则。我国玻璃包装工业应大力宣传玻璃的环保特性，强调玻璃的质量象征，保护性能自然性，可循环回收性。“善用其个性，其变化也无穷”。玻璃容器特别适用于食品包装，发展潜力很大，应充分发挥玻璃包装食品的优势，使其从同类产品竞争中脱颖而出，可成为新的经济增长点，为此要注意以下三方面问题。

（1）安全化　由于材料功能不同，使用环境不同，盛装的食品不同，食品包装中的有害物质可能会渗入到食品中。因此，生产企业在提高产品质量的同时（与食品实行双 QS），还要注重标识的必要性和重要性，实施“环境保护”标志和“绿色产品”标志，与“QS 质量安全”标志并用，正确指导消费者使用食品包装制品。

（2）标准化　包装质量的标准体系应由包装质量的管理体系来实施和保证。企业应使员工树立起质量安全意识，将食品包装的内在要求和食品包装的外在要求贯穿于生产经营的全过程，以过硬的产品质量，新颖、美观的包装形象开拓市场，赢得消费者。

（3）一体化　现代食品包装既要着眼于新的包装材料的开发、研究与应用，添加更高的科技含量。利用新材料的细腻、光滑、柔韧等特性，达到包装食品的最佳效果服务；同时，又要不断地推动包装工艺的发展，将工艺流程自动化、系统化，电脑一体化，降低废品率，充分利用资源，通过加工和包装向社会提供更丰富、更安全、更营养的食品，提高人们的生活质量，促进社会的和谐发展。

（二）促进食品用玻璃包装材料发展的对策

正式实施的《中华人民共和国循环经济促进法》指出，发展循环经济，在生产、流通和消费等过程中进行减量化、再利用、资源化，减少资源消耗和废物产生。食品包装行业健康持续发展，既要低碳排放，又要注意以下几点。

1. 包装的生态化设计

生态包装是绿色包装发展的高级阶段。生态包装的设计方法是产品生命周期设计，是指将环境因素纳入产品的设计之中，从而帮助确定设计的决策方向，实现包装与环境的和谐发展。它要求在产品生命周期的所有阶段（原材料获取阶段、生产制造阶段、包装运输阶段、使用消费阶段、回收利用及处置阶段）均考虑减少对环境的负面影响，世界各国都认同贯彻 4R（即 reduce，reuse，recycle，remove）1D（degradable）原则，以减少包装废弃物的总量。

生态包装材料（包括辅助材料），首先应满足其成分及含量不对人体和环境造成危害；还应使用减量化材料，它能降低资源和能源消耗，减少废弃物产生，包装结构提倡“简而美”设计原则，强调减量化设计，将使用的包装材料控制到最低限量，避免过度的包装。生态包装的装潢必须实行减量化设计避免过分装潢。不仅要考虑画面装饰、传达产品信息和视觉审美，还必须重视包装装潢的原料，生产过程以及废弃物对生态环境的影响；要尽量减少有毒性的有机溶剂性油墨和黏合剂的使用数量，减少复合薄膜、电镀材料等使用种类和数量。

2. 关注新材料、新技术对食品包装提出的新课题

科学技术的进步带动了新材料、新技术的不断涌现，特别是那些环保型、可降解性的材料以及通过改变材料的物理结构能产生节约效益的运用纳米化改性技术的各类包装材料，应予特别关注。经济的发展使各种新型食品的不断问世，新型食品呼唤新型包装材料与包装技术。如冻干食品、微波食品、膨化食品、绿色食品等，迫切需要与之相适应的包装新材料新技术。

对玻璃包装材料的纳米改性，可较好地改善其力学性能和光学性能，减少包装的破损。如用具有透明性和对紫外线吸收特性的纳米 SiO_2 对有机玻璃进行表面改性，使得有机玻璃包装的

抗紫外线辐射能力抗老化的能力增强；用纳米 Al_2O_3 对透明玻璃进行扩散改性，使其提高玻璃包装的高温冲击韧性，使得玻璃包装在加工中的损破减少，节约能源和材料，也使包装功能能得以较好发挥，用纳米 Al_2O_3 微粒植入有机玻璃（PMMA）中，形成的改性材料表现出良好的宽频带红外吸收性能“纳米改性－吸收性能”。

思考题

1. 简要说明玻璃包装材料及容器的性能特点和发展方向。
2. 玻璃包装容器造型设计的基本原则是什么？
3. 如何对玻璃容器进行分类？
4. 玻璃容器的结构可以分成哪些基本部分？各部分的作用如何？
5. 玻璃容器结构设计的基本原则是什么？
6. 玻璃容器的强度指标有哪些？试分析结构因素对强度的影响。
7. 试归纳总结玻璃容器结构设计过程的工作程序。
8. 玻璃容器的瓶口结构设计有哪几种形式？玻璃包装容器封口分为哪几类？
9. 玻璃制品成型采用哪些方法？玻璃瓶罐的生产可以选用哪些成型方法？各有什么特点？
10. 归纳玻璃容器的生产工艺流程和技术要点，说明如何根据玻璃的成型性质制定成型制品。
11. 什么叫退火？退火的目的是什么？如何让制定退火工艺？
12. 简要说明玻璃包装容器的检测技术内容和使用的方法。
13. 简述新型玻璃包装容器的发展趋势。
14. 分析重视食品用玻璃包装材料的食品安全问题的重要作用。
15. 食品用玻璃包装材料选用的基本原则是什么？

参考文献

[1] [英] Richard Coles Derek Mc Dowell Mark J. kirwan 著．蔡和平译．食品包装技术．北京：中国轻工业出版社，2012.

[2] 李伯民、李瑞琴．现代包装设计理论与方法．北京：电子工业出版社，2010.

[3] 李代明．食品包装学．北京：中国计量出版社，2011.

[4] 肖禾．包装造型与装潢设计基础．北京：印刷工业出版社，2006.

[5] 周威．玻璃包装容器造型设计．北京：印刷工业出版社，2009.

[6] 荆雷．设计艺术原理．山东教育出版社，2006.

[7] 宋宝丰．包装容器结构设计与制造．北京：印刷工业出版社，2007.

[8] 陈黎敏、周震．食品包装技术与应用．北京：化学工业出版社，2003.

[9] 王利兵．食品包装安全学．北京：科学出版社，2011.

[10] 韩正中．食品用玻璃轻量化研讨 [J]．中国包装，2013，(10)：59－61.

[11] 邢明．略论现代食品销售包装设计的新趋势及对策 [J]．包装工程，2004，(3)：188－189.

[12] 邢明．整合销售包装设计的研究 [J]．柳州师专学报，2012，(1)：76－78.

[13] 章建浩．食品包装学．北京：中国农业出版社，2010.

CHAPTER 7

第七章 食品用陶瓷及其他包装材料及容器

第一节 食品用陶瓷包装材料及容器

一、陶瓷的概念

陶瓷（Ceramic）是以天然黏土以及各种天然矿物为主要原料，或加入配料并以当时的技术和工艺水平，按用途给予造型，表面涂上各种光滑釉，或特定釉和各种装饰，采取特定的化学工艺，用相当的温度和不同的气体（氧化、碳化、氮化等）烧结成的一种或多种晶体。以前人们把用陶土制作成的在专门的窑炉中高温烧制的物品称作陶瓷，陶瓷是陶器和瓷器的总称。陶瓷的传统概念是指所有以黏土等无机非金属矿物为原料的人工工业产品。它包括由黏土或含有黏土的混合物经混炼，成型，煅烧而制成的各种制品。根据选用的原料和加工工艺又可分别分为粗陶、精陶和粗瓷、细瓷。陶瓷的烧结温度为1000～1200℃，瓷器为1200～1500℃。

我国是使用陶瓷制品历史最悠久的国家，陶瓷制品用作食品包装容器主要有瓶、罐、缸、坛等，主要用于酒类、咸菜以及传统风味食品的包装。

二、陶瓷包装容器的主要原料及性能

（一）陶瓷包装容器的主要原料

制造陶瓷的主要原料有高岭土（瓷器制造用）或黏土、陶土（陶器制造用）、硅砂以及助熔性原料（如长石、白云石、菱镁矿石）等。高岭土的主要成分是 $Al_2O_3 \cdot 2SiO_2 \cdot 2H_2O$，黏土的成分更复杂些。由于它的主要原料是取自自然界的硅酸盐矿物（如黏土、石英等），因此与玻璃、水泥、搪瓷、耐火材料等工业，同属于“硅酸盐工业”的范畴。陶瓷的主要产区为景德镇、高安、丰城、萍乡等地。

以氧化铝（Al_2O_3）为主要成分的陶瓷称为氧化铝陶瓷，在食品包装中常用的也是这类陶瓷制品。如按配方或瓷体中 Al_2O_3的含量进行分类，则可分为两大类：高纯氧化铝陶瓷和普通氧化铝陶瓷。高纯氧化铝陶瓷是指 Al_2O_3质量分数在99.9%以上的氧化铝陶瓷。熔点为2050℃，

密度为3.98g/cm^3，烧结温度为1650～1950℃，化学稳定性好。普通氧化铝陶瓷是以Al_2O_3为主要成分的陶瓷。按Al_2O_3的含量不同可分为99瓷、95瓷、90瓷、85瓷。99氧化铝陶瓷（99瓷），指氧化铝质量分数为99%的陶瓷，按主晶相分类属刚玉瓷，烧结温度约1700℃。随着Al_2O_3含量的增加，烧结越来越困难，通常需加入烧结助剂；95氧化铝陶瓷（95）瓷，指氧化铝质量分数为95%的陶瓷，主晶相$\alpha-Al_2O_3$，烧结温度约1650℃；85氧化铝陶瓷（85瓷），指氧化铝质量分数为85%的陶瓷，组分中通常加入部分滑石，形成以刚玉为主晶相的高铝瓷。

（二） 陶瓷包装容器的性能

陶瓷是无机非金属材料，内部由离子晶体及共价晶体构成，同时还有一部分玻璃相和气孔，所以是一种复杂的多相体系及多晶材料。陶瓷材料的组成和内部结构决定了其容器制品具有以下的特性。

（1）陶瓷制品的原料丰富，成型工艺简单，便宜。

（2）耐火、耐热、耐药性好，可反复使用，废弃物对环境污染小。

（3）上彩釉陶瓷制品造型色彩美观，装饰效果好，又增加容器的气密性和对内装食品的保护作用。同时，其本身可为精美的工艺品，有很好的装饰观赏作用。

（4）化学稳定性与热稳定性均好，能耐各种化学物品的侵蚀，热稳定性比玻璃好，在250～300℃时也不开裂，并耐温度剧变。

不同商品包装对陶瓷的性能要求也不同，如高级饮用酒（如茅台酒），要求陶瓷不仅机械强度高，密封性好，而且要求白度好，并有光泽。有些材料则要求电绝缘性、压电性、热电性、透明性、机械性能等。包装用材料，主要从化学稳定性和机械强度考虑。

陶瓷容器的缺点是抗张强度低、脆性高、抗热振性能差、重量大。

（三） 陶瓷容器的应用及卫生安全性

陶瓷容器主要用于包装酒、腌制品以及一些传统食品。陶瓷材料用于食品包装时应注意彩釉烧制的质量。一般的陶瓷器本身没有毒性，主要是釉彩的毒性。陶瓷器彩釉均为金属氧化颜料，如硫化镉、氧化铅、氧化铬、硝酸锰等，釉彩中加入铅盐可降低彩釉的熔点，从而降低烧釉的温度，陶器、瓷器等食品包装容器中铅和镉的含量应分别控制在7mg/L和0.5mg/L以下；根据陶瓷器彩饰工艺不同，分为釉上彩、釉下彩和粉彩，其中釉下彩最安全，金属的迁移量最少，粉彩的金属迁移最多；瓷器的花饰一般采用花纸印花，应当采用无铅或低铅花纸，接触食品的部位不应有花饰。所以，应选用烧制质量合格的陶瓷容器包装食品，以确保包装食品的卫生安全。

三、 陶瓷包装容器的种类

陶瓷根据选用的原料和加工工艺又可分别分为粗陶器、精陶器、瓷器和炻器。

1. 粗陶器

多孔、表面粗糙、不透明，有较大的吸水率和透气性，主要用作缸器。

2. 精陶器

气孔率和吸水率小于粗陶器，常作坛、罐和陶瓶。

3. 瓷器

结构紧密均匀，均为白色，表面光滑，吸水率低。极薄瓷器还具有半透明的特性，按原料不同，瓷器又分长石瓷、绢云母质瓷、滑石瓷和骨灰瓷等。

4. 炻器

介于瓷器与陶器之间的一种陶瓷制品，有粗炻器和细炻器两种，主要用作缸、坛等容器。

四、 陶瓷包装容器的制造

陶瓷包装容器的制造工艺过程如图 7－1 所示。

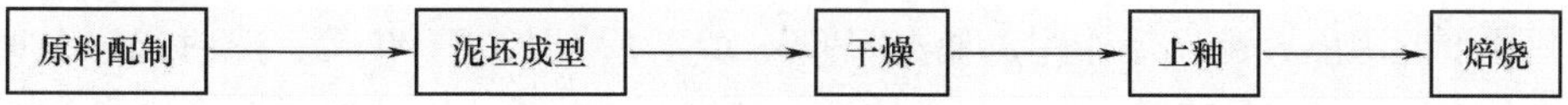

图 7－1 陶瓷包装容器的制造工艺过程

资料来源：摘自参考文献［7］。

1. 原料配制

根据对陶瓷容器的不同要求选择并按一定比例配制成泥坯原料。

2. 泥坯成型

将原料经手工或模铸或注浆等方法制成一定形状的型坯（泥坯）。

3. 干燥

通过自然干燥、热风干燥、微波干燥、辐射干燥等方法除去泥坯中的全部机械混合水。

4. 上釉

为了增加陶瓷容器对气体和液体的阻隔性，表面需要上一层釉。釉料的化学成分和玻璃相似，主要由某些金属氧化物和非金属氧化物的硅酸盐组成。这些氧化物熔融体硬化时与坯体发生化学反应，牢固地结合在坯体上，并形成一层薄釉膜，起保护坯体、增加坯体的阻气性、阻水性、保香性，提高陶瓷容器的耐化学性和阻止液体渗透性的作用。釉层使坯体表面处于承受一定预加压应力状态，可提高陶瓷制品的使用强度。

5. 焙烧

以一定的升温速度将陶瓷杯中加热至一定温度，并在一定的气氛下（氧化、碳化、氮化等）将上釉泥坯烧结成不同要求的陶瓷容器。

第二节 其他食品包装材料及容器

一、 复合包装材料及包装容器

随着人们生活水平的提高，对商品包装质量保证和卫生保证的意识也不断提高。在很多情况下，单一包装材料往往不能完全满足保护商品、美化商品以及适应加工的包装要求。因此，根据使用目的将不同的包装材料复合，使其拥有多种综合包装性能，复合包装材料便应运而生，这种复合包装材料克服了单一材料的缺点，得到了单一材料不具备的优良性能，已成为目前食品包装材料最主要的品种和发展方向。

（一） 复合包装材料的概念

从广义上来说，复合材料是指包括一切双组分的结构体，以聚合物为基体的复合材料至少含有一种高分子树脂和另一种填充剂。

复合包装材料，是指由两种或两种以上不同性能的基材，通过层合、挤出贴面、共挤塑等工艺技术组合在一起形成具有一定功能的复合材料。

（二） 复合包装材料的组成

复合包装材料一般主要由三层组成，即基层、功能层和热封层。基层（又叫外层），主要起美观、印刷、阻湿等作用。如 BOPP、BOPET、BOPA、MT、KOPP、KPET 等；功能层（又叫中间层）主要起阻隔、避光等作用，如 VMPET、AL、EVOH、PVDC 等；热封层（又叫内层）与包装物品直接接触，具有适应性、耐渗透性、良好的热封性，以及透明性等功能，如 LDPE、LLDPE、CPP 等。

（三） 食品包装用复合材料的结构要求

1. 内层要求

内层材料应当具有热封性、黏合性好、无味、无毒、耐油、耐水、耐化学品等性能，如聚丙烯、聚乙烯、聚偏二氯乙烯等耐热塑料材料。常用的有 PE、CPP、EVA 及离子型聚合物等热塑性塑料。

2. 外层要求

一般来说，复合包装材料的外层材料应当是熔点较高，耐热性能好，不易划伤、磨毛，印刷性能好，光学性能好的材料，常采用的有纸、铝箔、玻璃纸、聚碳酸酯、尼龙、聚酯、聚丙烯等。常用的有 PA、PET、BOPP、PC、铝箔及纸等。

3. 中间层要求

三层以上复合材料的中间层通常采用阻隔气体与水分及遮蔽光线等性能好且机械强度高的材料，如铝箔、聚偏二氯乙烯、玻璃纸、纸、聚乙烯等。层与层之间则涂有黏合剂用于黏合。一般外层与中层材料之间使用溶剂型热固性聚氨酯黏合剂，内层与中层之间使用改性聚丙烯乳液黏合剂或用特殊改性的含羰基丙烯共同树脂等。外层用黏合剂要求黏合强度高、工艺简单、成本低；内层用黏合剂要求耐高温、剥离强度高、无毒、无味，不影响食品的营养成分，能很好保持食品的色香味。

（四） 复合包装材料的表示方法

从左至右依次为外层、中间层和内层材料，如复合材料纸/PE/AL/PE，外层纸提供印刷性能，中间 PE 层起黏结作用，中间 AL 层提供阻隔性和刚度，内层 PE 提供热封性能。

（五） 常用复合包装材料的结构

1. 双层复合

如玻璃纸/聚乙烯、纸/铝箔、纸/聚乙烯、聚酯/聚乙烯、聚氯乙烯/聚乙烯、尼龙/聚偏二氯乙烯、聚乙烯/聚偏二氯乙烯、聚丙烯/聚偏二氯乙烯等。

2. 三层复合

如拉伸聚丙烯/聚乙烯/未拉伸聚丙烯、聚酯/聚偏二氯乙烯/聚乙烯、聚酯/玻璃纸/聚乙烯、玻璃纸/铝箔/聚乙烯、蜡/纸/聚乙烯等。

3. 四层复合

如玻璃纸/聚乙烯/拉伸聚丙烯/聚乙烯、聚偏二氯乙烯/玻璃纸/聚偏二氯乙烯/聚乙烯、纸/铝箔/纸/聚乙烯等。

4. 五层复合

如聚偏二氯乙烯/玻璃纸/聚乙烯/铝箔/聚乙烯等。

5. 六层复合

如聚乙烯/纸/聚乙烯/铝箔/聚乙烯/聚乙烯等。

（六）复合包装材料的性能

1. 综合性能好

具有构成复合材料的所有单层材料的性能，并且综合性能优于任何单层材料的性能，可以满足某些特殊包装的要求，如高温高压下的灭菌包装（120～135℃）、高阻隔性能的包装、真空充气包装等。

2. 装饰装潢和印刷效果好，安全卫生

可以将印刷装饰层置于中间层（外层为透明材料），具有不污染内装物并起到保护和美化的作用。

3. 具有良好的热封性能和较高的强度

便于自动化生产和高速的包装操作。

（七）复合包装材料在食品包装中的应用

一般而言，复合包装材料皆具有阻湿、阻氧、耐油、耐热等特性，因此有广泛的用途。目前，复合包装材料已应用于各个领域，如食品、药品、军用品和生活用品等的包装上，其中在食品工业上使用的复合包装材料及包装容器最多。由于食品种类繁杂，防护要求各异，因此，复合包装材料的种类多达百种。复合材料一般用2～6层，特殊需要的可达10层甚至更多层。将塑料、纸或薄纸板、铝箔等基材，科学合理地复合使用，几乎可以满足各种不同食品对包装的要求。需要说明的是复合包装材料不是一成不变的，应根据不同的食品特性，做出相应的改进。因此，复合包装材料便具有“动态”的意义。现以不同食品理化特性将食品分为7大类，19小类，列出各自的包装方式以及复合包装材料应用参考实例，如表7－1所示。

表7－1 不同食品包装方式及复合包装材料的选择

项目	分类	包装方式	复合包装材料实例
果蔬类	新鲜果蔬	气调包装	PET/PE、KNy/PE
	干菜	普通包装	BOPP/PE、VMPET/PE
	干果	真空或充气包装	PT/PE/AL/PE、BOPP/AL/PE、KPET/PE
	速冻果蔬	普通包装	Ny/PE、PET/PE
畜禽肉类	生鲜冷却肉	气调保鲜包装	OPP/PE、PET/PE、PVDC/PE、PA/PE
	冷冻肉	收缩包装	PET/PE/AL/PE、PA/PE
	熟肉	真空包装	PA（PET）/CPP、BOPP/AL/PE、PA（PET）/AL/CPP、PA/EVOH/PE
乳类	液态乳	百利包	PE/AP/EVOH/AP/PE
		利乐砖	PE/PE/AL/PE/纸/PE、PE/纸/PE/AL/PE/AP/EVOH/AP/PE

续表

项目	分类	包装方式	复合包装材料实例
乳类	乳粉	真空充氮	BOPP/AL/PE、PET/Al/PE PET/Al/Ny/PE
饮料	果汁	利乐砖	PE/PE/Al/PE/纸/PE
	茶叶	真空包装	KBOPP/PE、BOPP/Al/PE
	固体饮料	普通包装	PET/PVDC/PE、BOPP/PVDC/PE
粮食谷物	大米	真空包装	PA/PE
	饼干	普通包装	KBOPP/PE、PET/MPET/PE、CPP 镀铝膜
	糕点	普通包装	PT/PE、BOPP/PE、BOPP/Al/PE
糖果与巧克力	糖果	裹包袋装	铝箔/蜡/纸、PP/PE
	巧克力	裹包包装	铝箔/纸/蜡
油炸膨化食品	油炸食品	真空充气包装	BOPP/PVDC/BOPP/VMPET/PE
	膨化食品	充气包装	OPP/PET/Al/CPP

资料来源：摘自参考文献 [9]。

（八）复合包装材料常用基材

1. 纸张

纸张具有价格低，种类全、便于印刷和黏合的特性，因此可用蜡及 PVDC 涂布制成加工纸和防潮纸用于糖果、快餐、小吃和脱水食品的包装。

2. 玻璃纸

普通玻璃纸，也称赛璐玢，具有极高的透明度，无毒无味，但是具有极高的吸水性，因此常用 PVDC 涂布做成防潮玻璃纸用于糖果、面包等食品的包装。

3. 铝箔

铝箔具有闪光表面和良好的印刷性能；具有遮光性和阻氧性，能较好地保持食品的风味；并且有优良的耐热性，因此，可制成高温蒸煮袋，如 PET/铝箔/PP 三层复合高温蒸煮袋，用于肉类、豆制品等食品的包装，方便、卫生又实用，并能很好地保持食品原有的风味。

高温蒸煮袋是一类有特殊耐高温要求的复合包装材料，按其杀菌时使用的温度可分为高温蒸煮袋（121℃杀菌 30min）和超高温蒸煮袋（135℃杀菌 30min）；按其结构来分有透明袋和不透明袋两种。制作高温蒸煮袋的复合薄膜有透明和不透明两种。透明复合薄膜可用 PET 或 PA 等薄膜为外层（高阻隔型透明袋使用 K 涂 PET 膜），CPP 为内层，中间层可用 PVDC 或 PVA；不透明复合薄膜中间层为铝箔。

高温蒸煮袋应能可承受 121℃以上的加热灭菌，对气体、水蒸气具有高的阻隔性且热封性好，封口强度高；如用 PE 为内层，仅能承受 110℃以下的灭菌温度，所以高温蒸煮袋一般采用 CPP 作热封层。由于透明袋杀菌时传热较慢，适用于内容物 300g 以下的小型蒸煮袋，而内容物超过 500g 的蒸煮袋应使用有铝箔的不透明蒸煮袋。常用高温蒸煮袋的结构和性能如表 7－2 所示。

表 7 -2　　高温蒸煮袋的结构和性能

项目	单位	种类		
结构		PET12/A19/PO70	PET12/PO70	Ny15/PO70
外观		不透明，高光泽	半透明	半透明
复合强度	N/20mm 宽	9.8	5.88	5.88
封口强度	N/20mm 宽	68.6	58.5	68.6
抗张强度	N/20mm 宽	78.4	68.6	98
伸长率	%	8	7	10
抗撕裂强度	10^{-3}N 纵/横缺口	784/882	490~686/637	58.8/686
热封温度	℃	180~230	150~220	150~230
透氧度	mL·$(m^2 \cdot 24h \cdot 0.1MPa)^{-1}$，65% RH	0	118	55
透湿度	g·$(m^2 \cdot 24h)^{-1}$	0	3	3

注：PO 为聚乙烯或聚丙烯，总称为聚烯烃薄膜。

资料来源：摘自参考文献 [7]。

20 世纪 60 年代，美国为了解决宇航食物的包装而发明了铝塑复合膜，用它包装肉食品，通过高温高压杀菌，可在常温之下存放，保质期长达 1 年以上。铝塑复合膜的作用类似罐头盒，柔软、质轻，因此得名软罐头。目前，在常温下存放保质期较长的肉食品，如使用硬包装容器，还是选用马口铁罐和玻璃瓶；如使用软包装，几乎全部采用铝塑复合膜等。铝塑复合膜为层压复合多层膜，一般为三层，典型结构是外层/黏合剂/铝箔/黏合剂/热封层（CPP）。该包装膜的优点是具有美丽的外观和良好的机械性能、高阻隔性能、耐高温蒸煮性能和优良的卫生性，且质轻、柔软，因此被广泛用于各种食品的包装。但也存在一些缺陷，如铝箔质地硬脆，与塑料薄膜相比柔软性不太好等。

为了延长肉食品的保质期，耐高温蒸煮的肉食品均采用抽真空贴体包装。铝箔复合材料在抽真空时，由于铝箔的柔软性不够，很难完全贴在内容物上，容易造成包装袋内空气抽不干净，影响到食品的保存。因此，作肉制品包装使用铝箔时厚度不能太高。但又因为它的阻隔性取决于厚度和加工水平，当厚度较小时容易出现大量的针孔，所以用于耐储存的肉食品的包装，铝箔的厚度又不能太薄；如铝箔太薄，铝箔复合膜在经过抽真空后还会形成许多皱褶，进而极易产生裂纹，造成阻隔性的丧失。因此，铝箔的厚度、阻隔性、柔软性始终是困扰铝箔复合膜应用的三个矛盾。

4. 双向拉伸热定型聚丙烯（BOPP）

由于拉伸分子定向，所以双向拉伸热定型聚丙烯这种薄膜的物理稳定性、机械强度、气密性较好，透明度和光泽度较高，坚韧耐磨，是目前应用最广泛的印刷薄膜，一般使用厚度为 20~40μm，应用最广泛的为 20μm。双向拉伸聚丙烯薄膜主要缺点是热封性差，所以一般用作复合薄膜的外层薄膜，如与聚乙烯薄膜复合制成的 BOPP/PE 复合包装材料具有优良的防潮性、透明性、拉伸性和印刷性，可广泛应用于食品、糖果、香烟、茶叶、果汁、牛乳等食品的包装。

5. 双轴取向热定型聚酯（BOPET）

双轴取向热定型聚酯具有极好的尺寸稳定性、耐热性及良好的印刷适性，因而它是广泛应用的复合材料层合结构中的外层结构。

6. 尼龙与取向尼龙（ON）

虽然尼龙的阻湿性并不好，但是具有良好的阻氧性能。如果用挤出涂布的方法将尼龙与一众阻湿性好的材料如聚乙烯（PE）或聚偏二氯乙烯（PVDC）层合，则可成为对氧气和水蒸气阻隔性很好的包装材料。这种复合包装材料经常用于鲜肉及块状干酪的包装。

经过取向的尼龙能够提高抗拉强度和氧气阻隔性、减少延伸性和降低热成形性。取向尼龙也具有极好的抗戳穿性能，因此常用作层合结构的外层组分，如用于立式成型—充填—封口的咖啡包装，其结构为取向 PA/PVDC/LDPE。

7. 共挤塑包装材料

聚乙烯和聚丙烯是共挤塑包装薄膜用的主要聚合物材料。这类材料具有成本低、适应性广和易加工的突出特性。低密度聚乙烯（LDPE）和线性低密度聚乙烯具有一块的韧性和热封性。高密度聚乙烯能提供阻湿性及加工性；聚丙烯可以取向拉伸，从而得到高冲击、高韧度性能。

（九） 常用的复合方法

复合包装材料根据不同的内装物，可以用不同的结构材料和不同的复合工艺，而其中复合工艺的正确选择，不仅关系到复合材料的复合质量，而且影响到复合的生产效率。

1. 涂覆法

该法是指在薄膜表面涂上流动性好的成膜物质，使薄膜表面形成复合膜的一种方法。可以改善原薄膜的热黏合性、防湿性、气体隔绝性、紫外线吸收性及抗静电性等性能。例如，为了提高拉伸聚丙烯薄膜（OPP）的热黏合性和气体隔绝性，涂覆偏二氯乙烯树脂溶液并使之干燥，就是采用这种方法。

2. 干式复合法

干式复合法也称干法层压复合，其工艺过程是：在基础薄膜（强度较大的复合基层材料）上涂上溶剂型黏合剂，经过热烘道使黏合层材料上粘合剂中的溶剂完全挥发，再与第二层基材经加温加压复合。这种复合不仅适合塑料薄膜之间的复合（如聚丙烯与聚乙烯、聚醋与聚乙烯、尼龙与聚乙烯等的复合），也适合塑料薄膜与铝箔、纸张之间的复合（如双向拉伸聚丙烯，铝箔与聚乙烯三层复合，玻璃纸、铝箔与聚乙烯三层复合等）。干式复合法采用的黏合剂是用挥发性较强的有机溶剂制备的，其软化点温度应不影响薄膜性质，并且具有良好的黏合性能，再加热时也不会剥离。

该法是生产铝箔复合包装材料中最常用的方法。其复合材料广泛用于巧克力、香烟、药品及蒸煮食品的包装。

3. 湿式复合法

湿式复合法也叫湿法层压复合，其工艺过程是：第一层基材（如塑料薄膜、铝箔等）表面涂布水溶性或水乳性黏合剂，在湿润状态下即与第二层基材（如纸、玻璃纸等）一起通过复合装置进行挤压复合，然后再通过热烘道烘干除去溶剂，使两层基材复合在一起。这种工艺所使用的黏合剂多为以水为溶剂的黏胶液和乳化液，主要有聚乙烯醇硅酸钠、淀粉、聚醋酸乙烯、乙烯 - 醋酸乙烯共聚物、聚丙烯醋、天然树脂等。由于湿法复合所用黏合剂有溶剂，因此其基材至少有一层应当是吸水材料，如纸，但不能被水浸湿而引起变形。

4. 挤出复合法

挤出复合是将热塑性材料，如 PP、PE 等，在挤出机内熔融后，挤入平口模成片状热融薄膜作为黏合剂，这种热融薄膜是被拉伸到规定的厚度，再与另外的基材一起，再由金属冷却辊和包胶辊组合的挤压装置进行复合完成。此法工艺简单，无需黏合剂，但加工材料中必须有一个是塑料（树脂），否则难以成型。

5. 热熔复合法

此法是将热熔融粘合剂加热熔解成流动状态后涂复，并立即压粘其他薄膜以进行复合，与干式复合和湿式复合相比，其优点是无热烘道干燥，复合时间短，节省能源，成本低，并且无溶剂公害。适用于纸、塑料和铝箔等复合。热熔法可采取以下 3 种加工方式完成复合作业。

（1）帘流复合　帘流复合是把热熔物用泵从储料槽输送到“模头”（缝宽约 0.5mm 以下），经空气加工形成热融物的均匀帘流，再与基材复合，可以多次进行。

（2）缝模复合　缝模复合是热融物经过缝模器的“口模”，直接喷射到背辊上（面上覆有基材），依据材料品种的不同用途而掌握其涂布量。

（3）辊式复合　辊式复合所采用的辊式涂布机与造纸工业的涂布机大体相同。

二、绿色包装材料及容器

（一）绿色包装材料的内涵及概念

“绿色包装材料”是 1987 年联合国环境与发展委员会的《我们共同的未来》报告中首次提出的概念。所谓绿色包装材料（green packaging material）是指在生产、使用、报废及回收处理再利用过程中，能节约资源和能源，废弃后能够迅速自然降解或再利用，不会破坏生态平衡，而且来源广泛、耗能低，易回收且再生循环利用率高的材料或材料制品。包装材料是决定包装是否是“绿色包装”的关键，不仅在现在，即使在将来，对包装来说一个最重要的课题就是开发无公害的包装材料，而这种包装材料就是绿色包装材料。

绿色包装材料的概念充分体现了人与自然的协调关系，即要求包装材料与自然融为一体，既能取之于自然，又能回归自然。也就是说它所用的材料要来自于自然，通过无污染的加工形成绿色产品，经使用后丢弃又可以回收处理，或回到自然，或循环再造。其整个过程如人们所构想的那样构成真正的绿色循环。所以绿色包装材料本质上涵括了保护环境和资源再生两方面的含义。它所经历的整个过程可成为包装材料的生命周期，它形成了一个封闭的环，一个真正符合自然规律的生态自然循环，如图 7－2 所示。

从上面的生态循环圈可以看到，包装材料经过绿色加工，形成各种类型的满足人们不同需要的绿色包装产品，所以包装材料最终是以包装产品的形式到达使用者手中，并经使用后以包装废弃物的形式被丢弃，最后经再资源化变成材料。所以包装产品成了绿色包装材料的生命周期中的重要一环，包装产品的绿色性具有同样重要的意义。

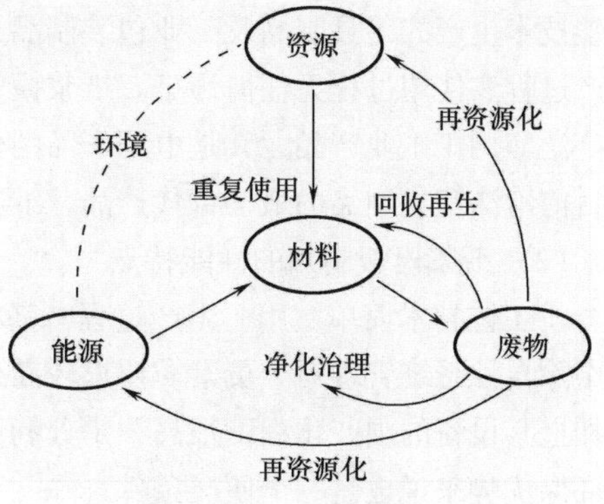

图 7－2　包装材料的生态自然循环圈

资料来源：摘自参考文献［5］。

（二） 绿色包装材料的性质

作为包装材料，无论是绿色包装材料还是非绿色包装材料，它们在应具备相同的性能，如保护性、加工操作性、外观装饰性、节省费用性、易回收处理性等，但作为绿色包装材料独特的性能是对人体健康及生态环境均无害，既可以回收再利用，又可以自然风化回归自然。

1. 保护性

对内装物具有良好的保护性，既能防潮、防水、防腐蚀，又能耐热、耐寒、耐油、耐光、高阻隔性，以达到防止内装物的变质，保持原有的质地和气味。此外，材料需具备一定的机械强度，以保持内装物的形状及使用功能。

2. 加工操作性

主要指材料易加工的性能，即材料自身的刚性、光滑性、热合性、韧性等，以及在包装时易包、易装、易封合的性能，并适应包装机械的操作。

3. 外观装饰性

指材料是否易于进一步变化和整饰，即在色彩、造形、装饰上是否能方便的操作和适应。如材料的印刷适应性，光泽度及透明度，抗吸尘性等。

4. 节省费用性

即材料的性能价格比合理，能经济地用于包装，并节省人力、能源和机械设备费用。

5. 材料的优质、轻量性

指材料在很好的履行保护、运输、销售功能的同时，能够轻量化，这样既节省资源又经济，同时还减少废弃物的数量。

6. 易回收处理性

指材料废弃物易回收处理，易再生利用，既节省资源，又节省能源，还有利于环境保护。

（三） 食品包装常用绿色包装材料及容器

1. 纸浆模塑制品

（1）纸浆模塑制品的概念　纸浆模塑制品是用可完全回收循环使用的植物纤维浆或废弃纸品作基础材料，采用独特的工艺技术制成的一种广泛用于食（药）品盛放、电器包装、种植育苗、医用器皿、工艺品底坯和易碎品衬垫包装等领域的无污染新型绿色环保包装材料。以纸浆模塑技术生产的餐具制品及工业包装制品是真正的环保产品，它以天然植物纤维或废纸为原料，生产过程和使用过程无任何污染。纸浆模塑制品除了在代替一次性塑料餐具方面有积极作用外，也广泛应用于工业产品尤其是电子产品的包装，纸浆模塑制品正逐步进入商业活动的主流，它是目前泡沫塑料制品的最佳替代产品，纸浆模塑制品行业正蓬勃发展。

（2）纸浆模塑制品的性能特点

①工艺技术简单实用，生产过程中基本无污染，符合清洁生产的要求。另外其生产线各工序中除自控系统管理对人员素质要求较高外，其余均为熟练技术，经过短期培训便能掌握运用，再加上其设备的国产化程度很高，十分利于该项目的普及推广，这对于迅速发挥纸浆模塑制品的环保优势来说也是一个便捷条件；

②原料来源广，成本低。主要是用废纸或一年生草本植物纤维浆，原材料可以因地制宜，就地取材，取之不尽，用之不竭；

③产品强度大，可塑性和缓冲性能好；

④质量轻，回收费用低，可反复使用；

⑤从生产使用到废弃物的处理，对环境无污染，生产过程中水消耗量少，无废水排放，减少环境污染；

⑥透气性好，对生鲜产品的包装有独到的好处；

⑦纸浆模塑制品具有良好的吸水性、疏水性和隔热性。生产过程中若加入特殊助剂，又具有防水、防油、耐高温等特殊性能；

⑧现代生产技术可实现高速、自动化大批量生产。

（3）纸浆模塑制品在食品包装中的应用

①缓冲包装材料

a. 禽蛋缓冲包装（托盘）。纸浆模塑制品尤其适用于鸡蛋、鸭蛋、鹅蛋等禽蛋的大批量运输包装。目前，国内定型生产的已有 GB 10443—1989 颁布的 ZDTP—30—40，ZDTP—30—45，ZDTP—30—50 三种鲜蛋托盘，分别用于 41 ~ 70g 的禽蛋包装。

b. 鲜果类缓冲包装（托盘）。纸浆模塑制品大量被用作水果运输包装，除利用其缓冲性能保护作用外，还可防止水果间的接触碰撞和摩擦擦伤，还可以散发“闷热”吸收水分，抑制“乙烯浓度”，特别是盛夏或热带地区，由于纸浆模塑托盘不阻隔呼吸热，能吸收蒸发水分，从而达到防止鲜果腐烂变质，起到其他包装无法起到的作用。

②新鲜食品包装托盘。主要是供小批量销售用的新鲜食品预包装，用在青菜、水果、肉类、鱼类等副食品的包装上。

③一次性餐具。近年来，采用漂白浆为原料的纸饭盒（如方便面碗、快餐盒等）、纸杯、盘、碟、碗等得到食品卫生和消费者的肯定，随着生产成本的降低，越来越被人们所接受。

2. 轻量化、薄塑化、无氟化、高性能的包装材料

这是绿色包装材料发展所迈出的第一步，主要是对现有的包装材料进行开发、深加工，在保证实现包装三大功能的基础上，改革过分包装，发展适度包装，尽量缩减使用包装材料，降低包装成本，节约包装材料资源，减少包装材料废弃物的产生量，努力研制出轻量化、无氟化、高性能的新型包装材料。如对啤酒等饮料的包装可采用一次性更轻更薄的玻璃瓶包装，避免回收玻璃瓶重新灌装后发生爆炸伤人事件。

3. 重复再用和再生的包装材料

包装材料的重复再用和再生利用是现阶段发展绿色包装材料最切实可行的一步，是保护环境、促进包装材料再循环使用的一种最积极的废弃物回收处理方法。如推行啤酒、饮料、酱油、醋等玻璃瓶多次重复使用，瑞典等国家实行聚酯 PET 饮料瓶和 PC 奶瓶的重复再用达 20 次以上。荷兰 Wellman 公司与美国 Johnson 公司对 PET 容器进行 100% 的回收，并且获得 FDA 批准，可热灌装而不发生降解，且比一般纯净 PET 或有夹层的 PET 更便宜，在欧美直接可以用于饮料食品的包装。

4. 可食性包装材料

随着工业发展而诞生的塑料制品，因其价格便宜，性质稳定、优良，广泛应用于食品包装及保鲜。但是，塑料包装使用后遗弃在环境中不易分解腐烂，造成“白色污染”，有的塑料食品包装容易产生有害气体和异味，对人体还具有一定的毒害作用。因此，采用新型可食性膜包装取代塑料包装，成为食品包装发展的新趋势。

可食性包装材料按其名称可解释为可以食用的包装材料。也就是当包装的功能实现后，即

将变为“废弃物”时，转变为一种食用原料，这种可实现包装材料功能转型的特殊包装材料，便称之为可食性包装材料。

（1）可食性包装材料的种类　可食性包装材料按照其特点和作用分为可食性包装膜、可食性纸和可食性容器等材料。

①可食性包装膜

a. 蛋白质类可食性膜。蛋白质类可食性包装材料是以蛋白质为基料，利用蛋白质的胶体性质，同时加入其他添加剂改变其胶体的亲水性而制得的包装材料。蛋白质可食性膜多为包装薄膜，根据蛋白质的来源不同，可分为以胶原蛋白薄膜、乳基蛋白薄膜及谷物蛋白薄膜。这三种蛋白质薄膜的基料或来源如表7－3所示。蛋白质可食性膜的透水蒸汽率较高，是普通的包装材料（如PE、PP、PVC）的2～4个数量级，其阻氧性较好，它本身就是人体所需的营养成分，安全性高。

表7－3　多蛋白质不同可食性膜的基料来源

蛋白质薄膜名称	基料或来源
胶原蛋白薄膜	动物性蛋白质
乳基蛋白薄膜	乳清蛋白、干酪蛋白或其两者组合蛋白
谷物蛋白薄膜	大豆蛋白、玉米蛋白、小麦、谷物、米糖、花生、禽蛋及鱼类高蛋白

资料来源：摘自参考文献［8］。

b. 多糖类可食性包膜。多糖类可食性膜主要是利用食物多糖的凝胶作用，以多糖食品原料为基料所制得的包装材料。多糖类可食性膜根据其基料的不同，大体上可分为纤维素薄膜、壳聚糖薄膜、茁霉多糖薄膜及水解淀粉薄膜等4种形式。这4种薄膜的组成基料或基料来源如表7－4所示。

表7－4　多糖类不同可食性膜的基料来源

多糖薄膜名称	基料来源
纤维素可食性膜	甲基纤维素、羟丙基甲基纤维素、果胶等
壳聚糖可食性膜	壳聚糖、水产贝类提取物
水解淀粉可食性膜	谷物淀粉糊化与水解

资料来源：摘自参考文献［8］。

c. 复合型可食性包装膜。复合型可食性包装膜的研究和应用是当前的发展趋势。美国威斯康星大学食品工程系在研究开发可食性包装材料中，将不同配比的蛋白质、脂肪酸和多糖结合在一起，制造成一种可食用的包装薄膜。这种包装薄膜，脂肪酸分子越大，其缓阻水分逸失的性能越佳，同时由于复合膜中蛋白质、多糖的种类、含量不同，膜的透明度、机械强度、印刷性、热封性、阻气性、耐水耐湿性表现不同，因此可以满足不同食品包装的需要。我国研制成功的复合包装膜以玉米淀粉为基料，加入海藻酸钠或壳聚糖，再配以一定量的增塑剂、增黏剂、防腐剂，经特殊工艺加工而成，可用于果脯、糕点、方便面汤料和其他多种方便食品的内包装。

其主要特点是，具有较强的抗张强度和延伸性，以及很好的耐水性。

②可食性包装纸。可食性包装纸是一种用可以食用的原料加工制成的像纸一样的包装材料。目前市场上出现的可食性纸可以分为两大类：一类是将常用的食品原料，如淀粉、糖等进行糊化，加入一些调味的物质，再进行定形化处理，从而得到一种像纸那样薄的包装材料；另一类是把可以食用的无毒纤维进行改性，然后加入一些食品添加剂，制成一种可食用的"纸片"，用来做食品包装。

③可食性包装容器。制作这种容器的材料，不仅可以食用，而且还由于加入有熏味、酱味、鸡味以及酸、辣、咸等添加剂而具有不同风味。澳大利亚已生产盛装炸土豆的可食性容器、可食性汉堡包盒、肉盘及蛋盒等新产品，受到了世界许多国家的关注。

（2）可食性膜包装在食品工业中的应用

①在果蔬保鲜中的应用。英国科学家研制成一种可食用涂膜保鲜剂，是由蔗糖、淀粉、脂肪酸的聚酯物制成，采用喷涂、刷涂或浸渍方法涂于柑橘、苹果、西瓜、香蕉和番茄等果蔬表面，从而延长水果的保鲜期。国外有一种名为"Semperfresh"的可食性涂膜剂是由单甘醋、二甘醋与蔗糖和羧甲基纤维素制成的，可延长芒果的保鲜期。

在切分果蔬的保鲜方面，美国的一家食品公司利用干酪和从植物油中提取的乙酰单甘醋制成薄膜，将它贴在切开的瓜果蔬菜表面，可以达到防止果蔬脱水、褐变以及防止微生物侵入的目的，使切开的果蔬也能长时间的保持新鲜。日本蚕丝昆虫农业技术研究所利用废蚕丝加工保鲜膜取得成功，用该膜包装马铃薯后置于25℃、21% RH的室内，10d后仍未发现马铃薯有褐变与变质现象，可以达到与冷库贮存保鲜同样的效果。

②在肉制品加工与保鲜中的应用。在肉制品加工与保鲜中，胶原蛋白膜是最成功的工业应用例子，在香肠生产中胶原蛋白膜已经大量取代天然肠衣（除了那些较大的香肠需要较厚的肠衣外）。另外，大豆蛋白膜也可用于生产肠衣和水溶性包装袋。有实验表明，用胶原蛋白包裹肉制品后，可以减少汁液流失、色泽变化以及脂肪氧化，从而提高了保藏肉制品的品质。例如，用胶原蛋白涂敷冷冻牛肉丁，可减少牛肉丁在冷冻贮藏时的损耗，且解冻后的汁液流失也降低。英国推出一项利用海藻糖保存食品的新技术，用于保鲜肉类，可使肉类所含的维生素保持完好，其色、香、味和营养成分都没有改变，与新鲜食品相比毫不逊色；乳清蛋白膜涂敷在大鳞大马哈鱼上，可以减少其在冷冻贮存期间的过氧化物值，从而提高了其保藏品质。

③在焙烤制品中的应用。将壳聚糖或玉米醇溶蛋白膜液涂敷在面包表面，可以防止面包失水而干裂。用玉米醇溶蛋白为主的膜可使山核桃的保质期从1个月延长到3个月（70℃，相对湿度50%）。乳清蛋白膜涂敷在焙烤的花生表面，可显著地降低氧的吸收从而减少花生的败坏。

④在糖果工业中的应用。在糖果工业中，对于巧克力以及表面抛光的糖果生产来说，由于对挥发性组分扩散的规定增加了限制，所以用水溶性添加剂取代通常所用的含挥发性有机组分的涂膜剂是必要的。用乳清蛋白可以显著地减少糖果中挥发性有机组分的扩散。此外，我国研制的玉米淀粉、海藻酸钠或壳聚糖复合包装膜，可用于果脯、方便面、汤料及多种方便食品的内包装；动植物胶膜已应用于冻虾、冰淇淋等冷冻食品上；大豆分离蛋白膜用于减少葡萄干等干果小食品水分迁移等。

思考题

1. 陶瓷包装容器的原料主要有哪些？他们在陶瓷中主要起什么作用？
2. 陶瓷包装容器有哪些优缺点？
3. 简述陶瓷包装容器的制造过程。
4. 什么叫复合包装材料？复合包装材料有哪些优良性能？
5. 简述复合包装材料的结构组成及食品包装用复合包装材料结构要求。
6. 复合包装材料常用的复合方法有哪些？
7. 什么叫绿色包装材料？有哪些性质？
8. 什么叫纸浆模塑制品？有哪些特点？
9. 简述纸浆模塑在食品包装中有哪些应用。
10. 可食性包装材料有哪些种类？在食品包装中分别有哪些应用？

参考文献

[1] 肖硕武. 浅析陶瓷包装现状及其发展方向 [J]. 陶瓷科学与艺术，2012，（04）：13-14.

[2] 王敏. 浅析景德镇陶瓷包装的现状及发展 [J]. 包装世界，2011，(01)：78-79.

[3] 王建清. 包装材料学. 北京：中国轻工业出版社，2010.

[4] 杨福馨，等. 食品包装实用新材料新技术. 北京：化学工业出版社，2002.

[5] 高愿军. 食品包装. 北京：化学工业出版社，2005.

[6] 杨福馨. 食品包装学. 北京：印刷工业出版社，2012.

[7] 任发政. 食品包装学. 北京：中国农业大学出版社，2009.

[8] 孟昭宁. 复合包装材料 [J]. 上海包装，2007，(06)：27.

[9] 黄颖为，齐银玲. 食品包装的主流——复合包装材料 [J]. 今日印刷，2006，（12）：58-59.

[10] 王洪江，孙诚. 食品包装复合材料现状及发展趋势 [J]. 包装与食品机械，2009，27（01)：60.

[11] 董志武. 复合包装材料的选择 [J]. 中国包装，1994，14（2)：59-60.

[12] 余敏. 浅析复合包装材料及其印刷 [J]. 中国包装工业，2003，(7)：27-29.

[13] 晓晨. 纸浆模塑：绿色包装新宠儿 [J]. 中外轻工科技，2011，(05)：11.

[14] 池东明. 纸浆模塑制品及其应用 [J]. 陕西科技大学学报，2003，21（4)：122.

[15] 洪小明，杨坚. 国内外可食性包装研究进展 [J]. 包装与食品机械，2011，29（02)：60-61.

[16] 吕晓东，孟庆辉. 可食性蔬菜纸的研究及展望 [J]. 粮油食品科技，2008，16（06)：67-68.

[17] 王蕊. 可食性膜包装在食品工业中的应用 [J]. 江苏食品与发酵，2005，（01)：20-21.

第八章 CHAPTER 8

食品包装通用技术

食品包装技术就是针对食品的特性为保护其价值和形态所施加的技术处理和操作活动。具体就是根据食品在流通和储存过程要求保护的特性与营养成分，选择合适的包装材料、包装形式、包装技术工艺和包装机械。同时在包装过程中，监控食品特性参数与营养成分的变化，保证食品的包装质量。

食品种类和形态多种多样，对包装的要求也各不相同，相应的食品包装技术也随之千变万化。目前，把形成一个食品独立包装件的基本技术和方法称为食品包装通用技术，基本过程包括包装容器或材料的清洗、烘干、消毒（或包括容器制造）等包装前期工序；食品充填、灌装、裹包、封口等主要包装工序；贴标、盖印、装箱、捆扎等包装后期工序。根据包装基本包装过程，食品包装通用技术主要包括：充填及灌装技术、裹包及袋装技术、装盒和装箱技术、热收缩和热成型包装技术和封口、贴标、捆扎包装技术等。

第一节 食品充填及灌装技术

食品充填是指将食品按一定规格质量要求充入到包装容器中的操作，主要包括食品计量和充入，一般将液体物料的充填称为“灌装”。

食品充填和灌装时，应满足下列要求。

①规定有一定的计量精度要求，所选用的机械精度等级能达到生产企业所规定的要求。

②容器内要留有一定的间隙，一般间隙留量为整个容积的6%。

③要求快装、快封，减少食品的污染；充填完毕，容器口、壁应保持清洁干净。

一、食品充填技术及设备

按计量方式不同，可将食品充填技术分为容积式、称重式和计数式。粉状物料主要采用容积式充填法和称重式充填法，块状或颗粒状物料采用计数充填法。

1. 容积充填法

容积充填法是指将食品按预定的容量填充至包装容器内的充填方法，要求被充填物料的体积质量稳定，适用于干料或稠状流体物料的充填。该法计量速度快，设备结构简单、造价低，但计量精度较低，一般为± (1.0~2.0)%，因此，较适合于价格较低的物料的包装操作。为了保证物料体积质量稳定，在充填时常采用振动、搅拌、抽真空等方法使被充填物料压实。

根据物料容积计量方式不同，容积充填法可分为量杯式、螺杆式、柱塞式、转鼓式等。

(1) 量杯式充填　量杯式充填法是采用固定容积的量杯量取物料，并将其充填到包装容器内的充填方法。充填装置主要由量杯、刮板等组成，工作时，物料由于自身重力自由地落入量杯，刮板将定量量杯上多余的物料刮去，然后再使量杯中的物料在自重的作用下充填到包装容器中去。适用于粉状、粒状、片状等流动性能良好的物料的充填。

量杯式充填装置结构图如图8－1所示，圆盘7上装有数个量杯3（图中为4个）和对应的活门底盖4，圆盘上部为粉罩2。物料经供料斗1通过重力自由落到计量杯3中，当主轴8带动圆盘7旋转时，粉料刮板10将量杯3上面多余的物料刮去，当量杯转到卸粉工位时，开启圆销6推开定量杯底部的活门4，量杯中的物料在自重作用下充填到下方的容器中。当量杯转到装料工位时，闭合圆销5推回量杯底部的活门4，物料继续进入到固定量杯中，重复下一个工作循环。

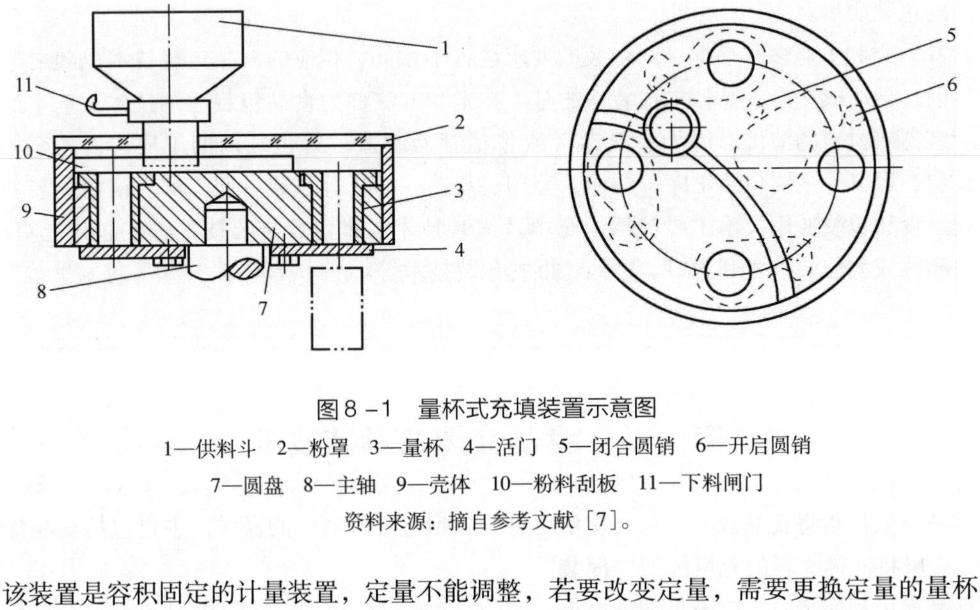

图8－1　量杯式充填装置示意图

1—供料斗　2—粉罩　3—量杯　4—活门　5—闭合圆销　6—开启圆销

7—圆盘　8—主轴　9—壳体　10—粉料刮板　11—下料闸门

资料来源：摘自参考文献 [7]。

该装置是容积固定的计量装置，定量不能调整，若要改变定量，需要更换定量的量杯。为适应产品容量变化的情况，可采用可调容量式装置，结构如图8－2所示。它与定量式量杯的区别在于计量杯是由两个相互配合的容杯组成，通过调节机构可改变上下套筒的相对位置可以实现体积的微调，微调可自动进行，也可手动进行，计量精度可达到2%～3%。自动调节是通过对最终产品的重量或物料相对密度的检测发出调整信号，随产品密度变化而自动调节量杯的容积来量取产品，并将其充填到包装容器中。

(2) 螺杆式充填　螺杆式充填法是通过控制螺杆旋转的转数或时间来量取产品的充填方法，利用螺杆螺旋槽的容腔来计量物料，即是靠螺杆的外径和导管内径的配合间隙来进行物料的计量。适合于粉状、小颗粒状物料的充填，不宜用在较大的、易碎的大颗粒物料或密度变化大的物料。

螺杆式充填装置结构图如图 8 -3 所示，螺杆式充填装置主要由螺杆计量装置、物料进给机构、传动系统、控制系统及机架等组成。贮料斗内的搅拌器 6（用于改善物料输送效果）将物料拌匀，计量螺杆 8 旋转将物料挤压到要求的密度，由于每个螺距都有一定的理论容积，只要准确地控制螺杆的转数，就能获得较为精确的计量值。

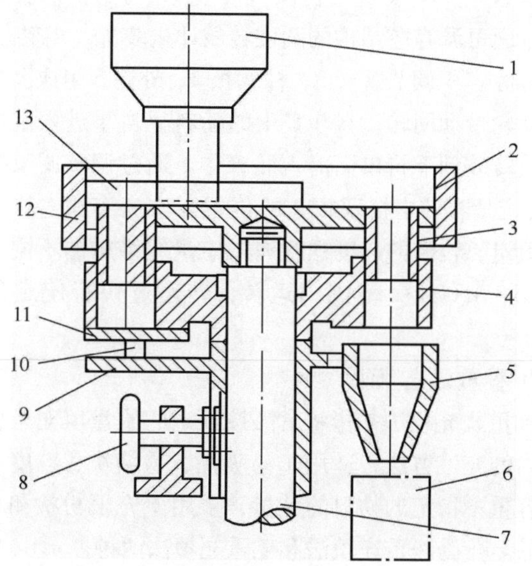

图 8 -2　可调容量式充填装置示意图

1—供料斗　2—护圈　3—固定量杯　4—活动量杯托盘　5—下料斗　6—包装容器　7—主轴　8—手轮　9—圆盘　10—活门导柱　11—活门　12—调节支架　13—刮板

资料来源：摘自参考文献［7］。

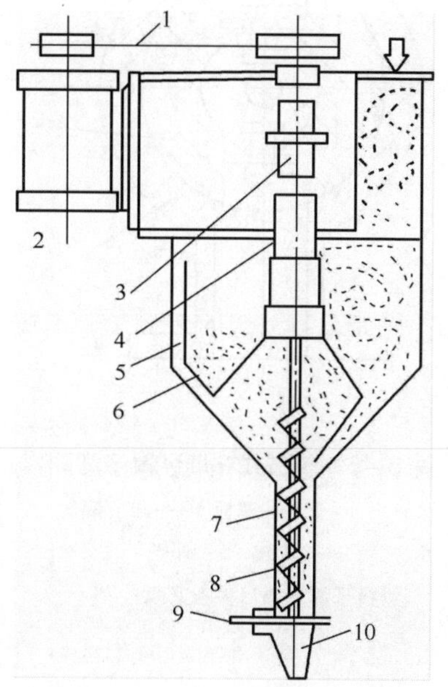

图 8 -3　螺杆式充填装置示意图

1—传动皮带　2—电动机　3—电磁离合器　4—支撑　5—料斗　6—搅拌器　7—导管　8—计量螺杆　9—阀门　10—漏斗

资料来源：摘自参考文献［7］。

（3）柱塞式充填　柱塞式充填法是利用柱塞做直线往复运动，在往复行程中形成一定理论空间容腔来量取产品的充填方法，通过控制柱塞行程改变产品的容量。适合于粉状、粒状固体物料及稠状流体物料的充填。

柱塞式充填装置结构图如图 8 -4 所示，柱塞 4 由曲柄或摇杆经连杆 6 传动做直线往复运动，当柱塞 4 向左移动时，物料在自重和柱塞往复运动产生的吸力作用下由料斗 1 进入柱塞缸内部；当柱塞 4 向右移动时，从料口进来的物料被推动而打开弹性活门 2，在柱塞的推力和物料本身的自重作用下，物料从出料口落入包装容器。

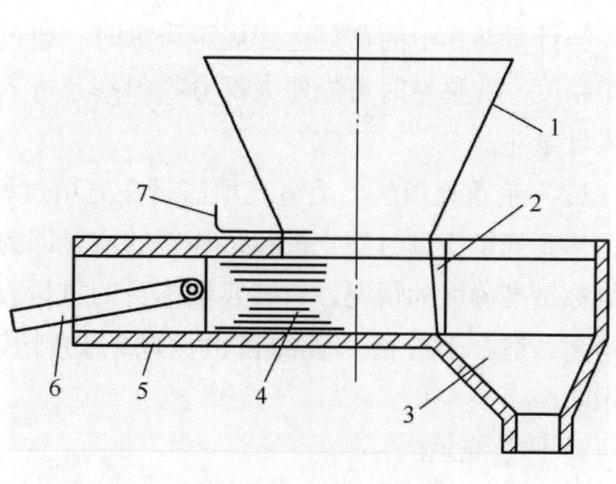

图 8 -4　柱塞式充填装置示意图

1—料斗　2—弹性活门　3—装料斗　4—柱塞　5—柱塞缸　6—连杆　7—调节活门

资料来源：摘自参考文献［7］。

（4）转鼓式充填　转鼓式充填法是利用

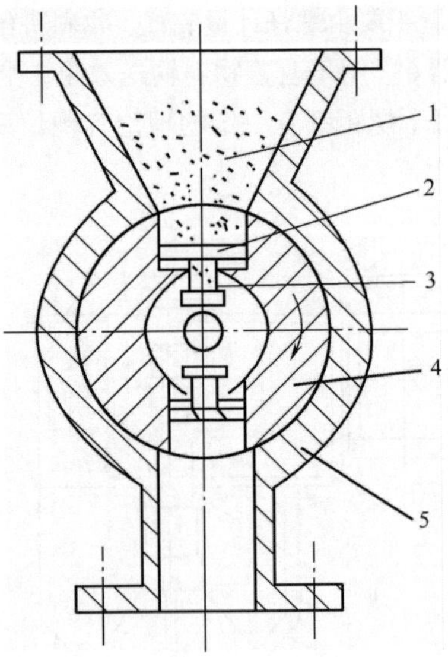

图8-5 转鼓式充填装置示意图

1—料斗 2—柱塞板 3—调节螺丝 4—转鼓 5—外壳

资料来源：摘自参考文献［7］。

转鼓上均匀分布的定量容腔来量取产品的充填方法。转鼓形状有圆柱形、菱柱形等，定量容腔在转鼓外缘，容腔形状有槽形、扇形、轮叶形，容腔容积有定容和可调两种。适用于密度稳定、流动性好的粉状或小颗粒状物料的计量。

转鼓式充填装置结构图如图8-5所示，该装置为槽形截面可调容腔结构的圆柱转鼓计量装置，由转鼓4、定量容腔容积调节螺丝3、柱塞板2、外壳5组成。外鼓由传动轮带动回转，料斗1中的粉料靠自重进入定量容腔，随转鼓到下料口而落入瓶罐中，通过调整调节螺丝3改变定量容腔中柱塞板2的位置来改变容积，从而改变充填量。转鼓的速度视粉料及定量腔结构的不同，可在0.25~1.00m/s范围内运转，转速过快将使定量不准确。

2. 称重式充填法

称重式充填法是指将食品按预定的质量填充至包装容器内的充填方法，适用于易吸潮、易结块、粒度不均匀、容重不稳定的物料的计量，多用于充填粉状和小颗粒食品。分为净重充填法和毛重充填法两种。

(1) 净重充填法　净重充填法是称出预定质量的物料，将其充填到包装容器内的充填方法，由于称量的结果不受包装容器重量的影响，因此，该法是一种精确的称量充填方法，如500g物料，称量精度可达±0.5g。广泛应用于包装重量要求精度高、价格较高、能自由流动的固体物料，或应用于不适用于容积充填法计量的物料，如膨化玉米、油炸土豆片和炸虾片等。

净重充填法如图8-6所示，其充填过程为：进料器2把物料从贮料斗1运送到计量斗3中，当计量斗3中的物料达到规定质量时，通过落料斗5排出进入包装容器。为了达到较高的充填精度，在称量时可先使大部分物料高速进入计量斗，剩余的小部分物料通过微量装置缓慢进入计量斗。

(2) 毛重充填法　毛重充填法是在充填过程中，没有计量斗，将包装容器放在秤上一起称重，达到规定质量时停止进料，称得的质量即为毛重。该法避免了产品与称重料斗发生黏结而影响称量准确度的情况，包装容器本身的重量直接影响到充填物料的规定重量，因此，计量精度不高，适合于价格一般的自由流动的物料和黏性物料的充填包装，毛重充填法如图8-7所示。

3. 计数充填法

计数充填法是将产品按预定数目充填至包装容器内的充填方法，通常要求单个食品之间规格一致，常用于颗粒状、条状、片状和块状食品的计量填充。按计数方式不同可分为单件计数和多件计数。

(1) 单件计数法　单件计数法是采用电子扫描、光学、电感应、机械等方法逐件计数产品数量的方法，主要有转盘计数法和履带式计数法两种。

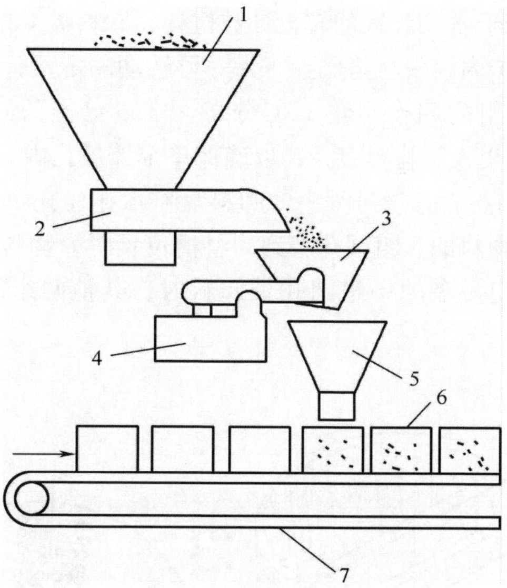

图8－6　净重充填法

1—贮料斗　2—进料器　3—计量斗　4—秤　5—落料斗　6—包装件　7—传送带

资料来源：摘自参考文献［6］。

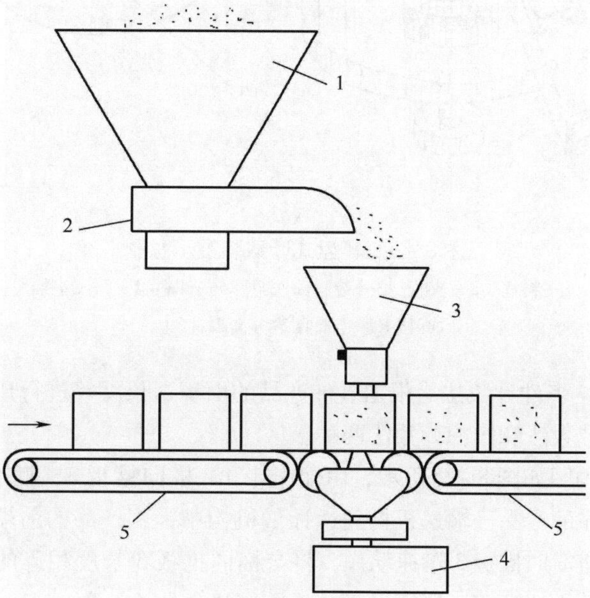

图8－7　毛重充填法

1—贮料斗　2—进料器　3—落料斗　4—秤　5—传送带

资料来源：摘自参考文献［6］。

转盘计数法是利用转盘上的计数板对产品进行计数的方法，履带式计数法是利用履带上的计数板对产品进行计数的方法。适合于形状、尺寸规则的球形和圆片状食品的计数，如颗粒状的巧克力糖、药片等。

图8－8所示为适合球形食品计数的转盘计数机构，卸料盘4和料筒1由支架夹板2固定在底盘上，物料装在料筒1内，装料筒底盘3为一可转动的定量计数盘。定量盘上设有3组若干数量的小圆孔带，各组之间按夹角120°分布。定量盘上的圆孔孔径比物料直径稍大0.5～1.0mm，定量盘厚度稍大于物料直径，以确保单个计量孔内只能容纳1粒产品。定量盘下装有带卸料槽的卸料盘4，在计量过程中，卸料盘4承托住充填在装料筒底盘3圆孔中的物料，只有当定量盘带有物料的一组圆孔转到卸料槽位置时，物料失去承托下落，并由卸料槽5进入包装容器中。当定量盘的一组圆孔带卸料时，其他两组圆孔带处于上料状态，因此，计数效率较高。

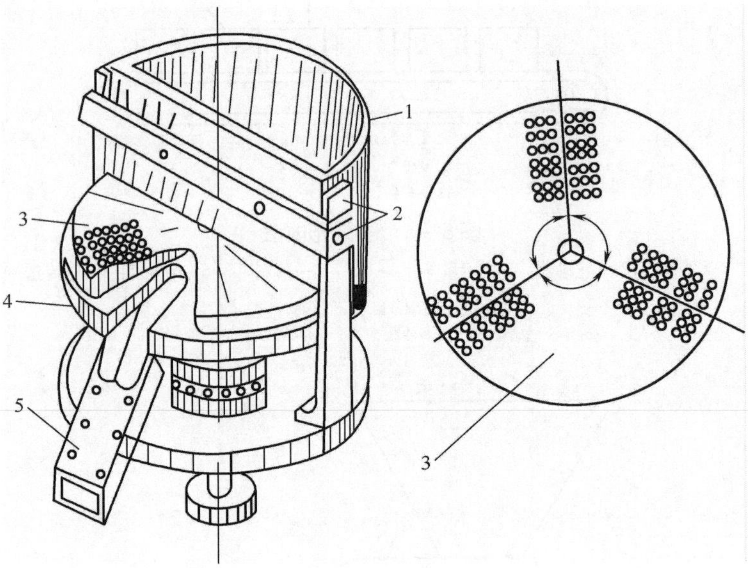

图8－8 转盘式计数装置示意图

1—料筒 2—夹板 3—装料筒底盘 4—卸料盘 5—卸料槽

资料来源：摘自参考文献［5］。

（2）多件计数法 多件计数法是根据多件产品的面积、长度等进行比较以确定产品件数的方法，主要包括长度计数法和容积计数法两种。

长度计数装置结构图如图8－9所示，由输送带1、横向推板3、触点开关4、挡板5等组成，计数时，排列有序的产品经输送机构到达计量机构中，当产品的前端触及到挡板5时，触点开关4发出信号，使横向推板3迅速动作，将与横向推板3长度相等的产品推到包装台上进行裹包包装。这种计数方法适用于饼干、云片糕等块状食品的计数。

容积计数装置结构图如图8－10所示，物料自料斗1落到计量装置内，形成有规则的排列。当计量装置充满时，即达到预定的计量数，此时，料斗1与计量箱3之间的闸门2关闭，同时计量箱底部的闸门打开，物品进入包装容器内。

二、 食品灌装技术及设备

灌装是指将液体（或半流体）灌入包装容器内的操作，常用的灌装方法主要有以下几种。

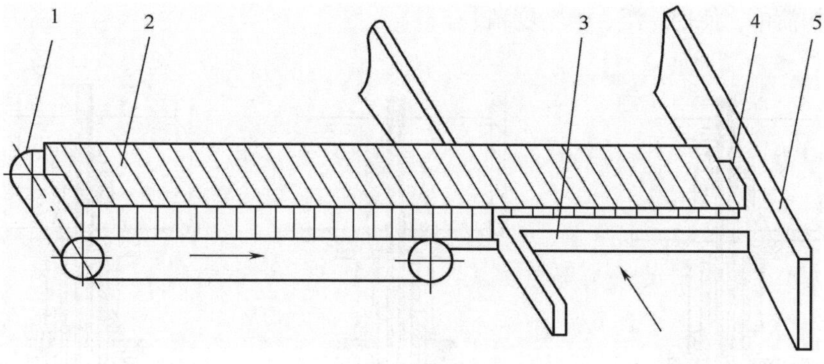

图8-9　长度计数装置示意图

1—输送带　2—物品　3—横向推板　4—触点开关　5—挡板

资料来源：摘自参考文献［7］。

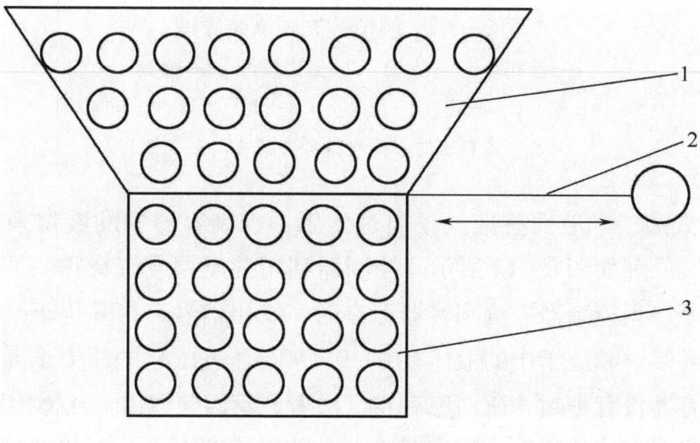

图8-10　容积计数装置示意图

1—料斗　2—闸门　3—计量箱

资料来源：摘自参考文献［7］。

1. 常压灌装法

常压灌装法是指在大气压力下，液体依靠自重自动流入包装容器内，其整个灌装系统在敞开状态下工作。该法主要用于低黏度、不含二氧化碳、不散发不良气味的液体产品，如矿泉水、酱油、牛乳、白酒、醋、果汁等。

根据定量方法和所用器具不同，常压灌装法又可细分为以下几种。

（1）液位控制式灌装　液位控制式灌装是通过机械法控制容器中的液位来达到定量灌装的目的，液位控制式灌装原理如图8-11所示。当灌装开始时，瓶子上升并顶起橡皮密封垫5与滑套6，使灌装头7与滑套6之间出现空隙，料液由贮液箱9流入瓶中，瓶内原有空气经排气管1排至贮液箱9内的料液液面上部空间。当瓶内液面升至排气管1管口（A—A截面）时，瓶内气体不能排出，随着料液继续进入，瓶颈处空气被压缩，当该处压力与管口内截面上的静压力达到平衡时，瓶内液位保持不变，进入瓶内料液沿排气管上升，当上升高度与贮液箱9液面相等时，料液停止进入。此时，瓶子降下，灌装头7与滑套6重新封闭，排气管1中液料回流入瓶中，至此，完成灌装。要调节灌装量，只需通过调节螺母8调节排气管口伸入瓶内的位置即可。此法结构简单，使用广泛，但精度稍差。

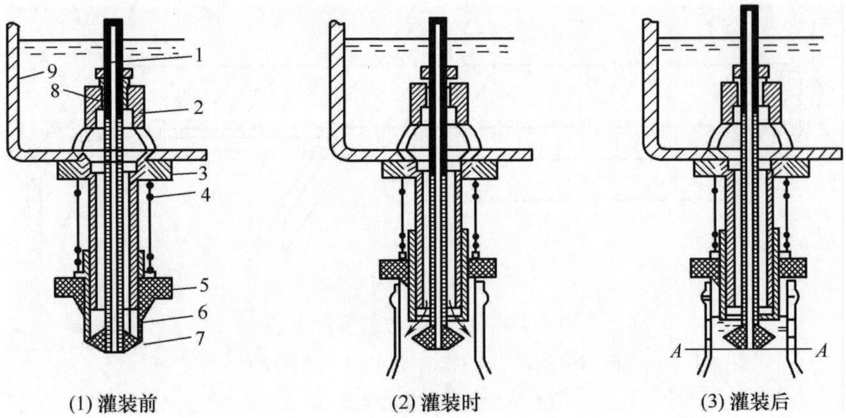

图8－11　液位控制式灌装原理

1—排气管　2—支架　3—紧固螺母　4—弹簧

5—橡皮垫　6—滑套　7—灌装头　8—调节螺母　9—贮液箱

资料来源：摘自参考文献［7］。

（2）液面感应式灌装　液面感应式是通过传感器控制容器中的液位来达到定量灌装的目的，液面感应式灌装原理如图8－12所示。控制器利用气压差或者特殊的低压流体法来控制连接阀，从而控制液流。当控制器检测到容器存在时，发出信号，打开位于贮液箱和产品导管之间的连接阀，开始灌装。贮液箱中的液体在0～0.1MPa（表压）的压力下通过连接阀和产品导管进入瓶内，由于容器没有密封，瓶内原有空气沿着液管四周逸出。气体传感管被装在液管内，灌装时，低压空气经过气体传感管，当容器中上升的料液液面上升至传感管入口时，低压空气停止流动，传感管反馈控制器发出信号，连接阀关闭，液位确定，完成灌装。

液面感应式灌装只把料液灌装到控制液面而不密封容器，可以实现高速灌装，不会产生产品溢流和上部冒泡沫的情况，适用于那些弱正压或负压作用到密封容器内会出现容器鼓胀或凹陷的软质容器。

（3）定量杯式灌装　定量杯式灌装是将料液先注入定量杯中，然后再灌入包装容器的方法，定量杯式灌装原理如图8－13所示。未灌装时，定量杯1由于弹簧7的作用而处于贮液箱14液面之下，杯内充满液体。随灌装开始，瓶子上升并顶起灌装头8、进液管6和定量杯1，使定量杯1上沿超出贮液箱14液面。同时，进液管内隔板11及其上下两通孔12和10恰好均位于阀体3的中间槽腔13之内，使上孔12和下孔10导通，从而形成料液通路，于是定量杯1中料液由定量调节管2、上孔12、槽腔13、下孔10灌入瓶中，瓶中原有空气由灌装头上的透气孔9排出，当定量杯1中液面低于定量调节管2时，完成一次定量灌装。调整定量调节管2的相对高度或更换定量杯（大小），可调节灌装量。此法精确可靠，成本低，灌装机常为回转式。

（4）活塞式灌装　活塞式灌装是将料液先注入活塞缸中，然后再灌入包装容器的方法，最常用的容积定量式灌装法之一，活塞式灌装原理如图8－14所示。活塞9由凸轮或其他机构驱动而做上下往复运动，活塞9向下运动时，料液在自重和压差双重作用下从贮料缸1的底孔经

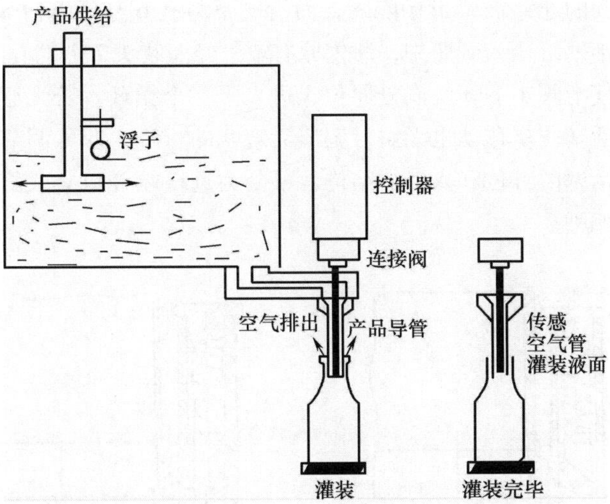

图8-12　液面感应式灌装

资料来源：摘自参考文献［7］。

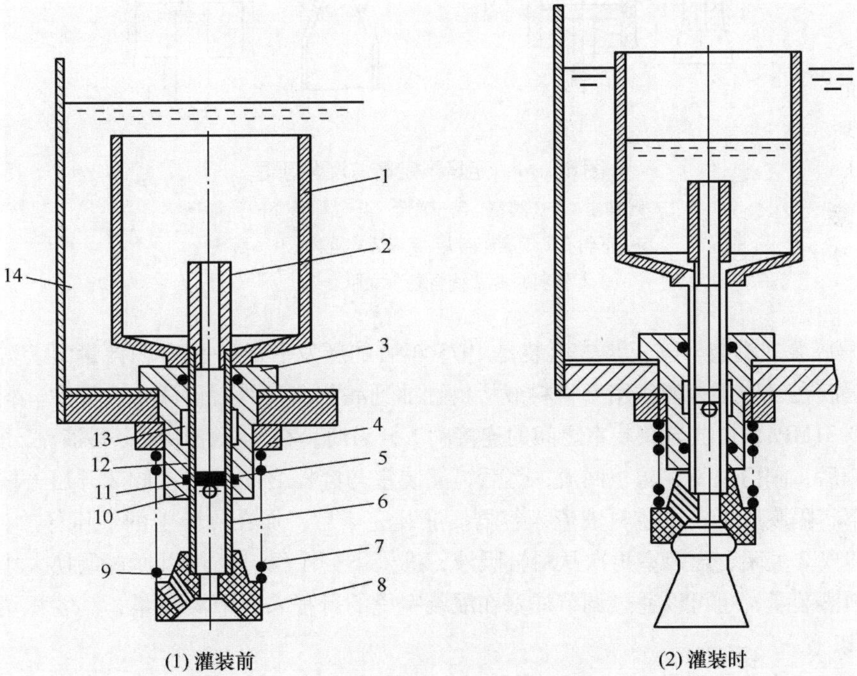

图8-13　定量杯定量灌装原理

1—定量杯　2—定量调节管　3—阀体　4—紧固螺母　5—密封圈　6—进液管　7—弹簧　8—灌装头　9—透气孔　10—下孔　11—隔板　12—上孔　13—中间槽　14—贮液箱

资料来源：摘自参考文献［7］。

滑阀4的弧形槽5进入活塞缸体8内。随灌装开始，瓶子上升并顶起灌装头7和滑阀4时，贮料缸1与活塞缸8之间的通路被弧形槽隔断，而滑阀下料孔6与活塞缸8接通，同时，活塞9向上推动，将料液从活塞缸压入到瓶中，瓶内原有空气经灌装头7上的孔隙排出。灌装结束后，瓶子下降，弹簧3迫使滑阀4下降，恢复原位，进入下一个循环。若无瓶子，因活塞缸8与下料孔6不相通，即使活塞往复移动也无妨，调节活塞9的行程，即可调节灌装量。适用于黏稠性料液的灌装。根据活塞的方位和入口的结构，可分为进口端开口立式缸、单端卧式缸、双端面卧式缸、闭端立缸四种。

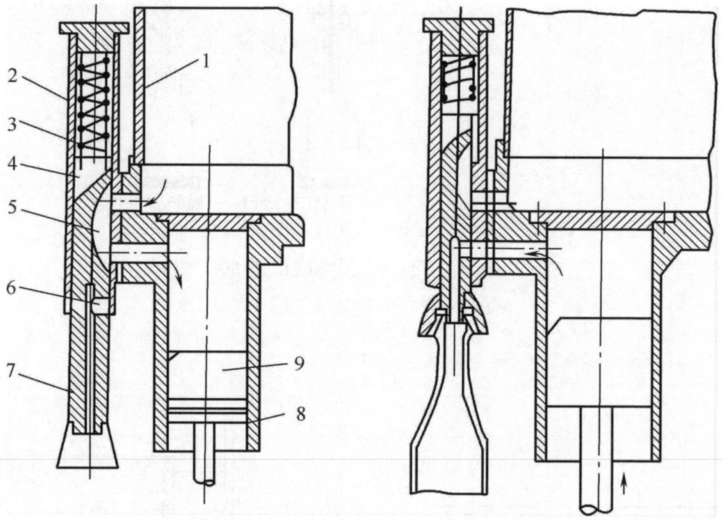

图8－14　定量泵定量法灌装原理

1—贮料缸　2—阀室　3—弹簧　4—滑阀　5—弧形槽

6—下料孔　7—灌装头　8—活塞缸体　9—活塞

资料来源：摘自参考文献［7］。

（5）隔膜泵式灌装　隔膜泵式灌装是1975年后的新发展的一种容积计量灌装方法，利用一块柔性隔膜在气体压力的作用下将料液从料缸抽到灌装室，然后再注入容器中。料缸的压力一般小于0.31MPa，料缸与灌装室之间的连接阀1开启时，在气压作用下，料液流入灌装室中，灌装室充满后，阀门关闭，防止回流；然后，灌装室与容器之间的连接阀2开启，柱塞在空气压力作用下将隔膜压下，迫使料液流入容器。灌装完毕后，加在隔膜上的气压释放，连接阀1开启，连接阀2关闭，灌装室再次从料缸吸液，进入下一个循环。可以通过调换大小不同的灌装室来调节灌装量，也可以通过调节柱塞在灌装室里的行程来调节灌装量，其容积调节范围可达到10倍以上。

在瓶颈导向装置上装有“无容器不灌装”机构，该机构只有在运动时碰到容器，才能触动气源控制系统，使气流推动隔膜运动。另外，由于隔膜的存在，活塞与缸壁之间不会直接接触，避免了因滑动摩擦引起材料擦伤而产生微粒，保证了料液的卫生。因此，该法具有灌装精确度较高、卫生、速度快、物料损失少等特点，适用于把较贵重物料装入颈部细长容器的灌装。

（6）计时式灌装　计时式灌装通过控制料液流出时间来控制灌装量。在外部压力泵作用下，料液流入具有沟槽的圆盘内，输送泵压力被严格控制，始终恒定、均一，因此，可以通过控制转动的计量圆盘上注流孔开放时间来计量料液的流出量，灌装口在沟槽下停留的时间由旋转速度决定，若使用几个计量沟槽，则可在同一容器中分别灌入几种不同的料液。

对于中等黏度料液，该法灌装精度较高；对于低黏度料液，因两圆盘之间的泄漏而难以控制，灌装精度稍差。

（7）涡轮计入式灌装　涡轮计入式灌装是通过一个安装在注嘴输送管前的涡轮流量计来控制灌装量，这种流量计利用一个电子计量控制系统来控制料液的流动和停止，灌装精确但价格较贵，一般仅用于灌装大型容器（如 5gal 以上，$1\text{gal}=3.785\text{dm}^3$）。

（8）溢流式灌装　某些产品可往开口容器中灌装至溢流的程度，这些容器通常是经过消毒杀菌处理的卫生食品罐或广口玻璃瓶。料液存放于先进的溢流式灌装机中，与容器同步运动的量杯向开口容器输送料液，容器中必需的预留空间可用置换块方法或容器倾斜法获得。对于某些溢流式灌装机，向上的空气屏障可防止溢流料液接触到容器的外部。若仔细调节好料液流速和容器的传送速度，溢流量或再循环液体量可限制到最小程度。

（9）虹吸式灌装　虹吸式灌装是应用虹吸原理使料液由虹吸管从贮料箱流入容器中，直至两边液位相等。此法结构简单，但速度较低。

（10）称重式灌装　称重式灌装有毛重式灌装和净重式灌装两种。在毛重式灌装机上，每个灌装工位安装一个称重器，利用质量传感器测定质量，当达到预定质量时，发出信号，通过控制元件和执行元件动作来停止灌装。每个秤被调整到相当于内装料液加上容器的最大质量，若内装物量和容器质量改变，则可在每个灌装台加上特定质量。另外还有净重式灌装机，利用质量传感器，先测出容器质量，然后开始灌装，直到容器中的料液达到预定净重为止。

2. 等压灌装法

等压灌装法是指贮液箱处于高于大气压条件下，灌装时，先对空容器充气，使贮液箱和空容器内部压力接近相等，然后料液在此密闭系统中靠自重流入容器内的灌装方法，此法工作流程为：料液装在高速旋转运行的机器上的贮液箱中，液面上有高压气体，灌装阀被安装在贮液箱上，当容器上升到灌装阀时，容器与灌装阀口首先被密封，然后，顶住阀中弹簧压力，使阀开启。同时，一个机械压紧装置打开位于贮液箱液面之上充气阀，液面上的高压气体经排气管进入容器，使容器内部和贮液箱上部空间的压力相等。此时，液阀打开，料液由于重力作用流入容器。液体流入容器时，容器中的原有空气通过排气管口排出。当容器内液面上升至排气管口时，灌装液位确定。在灌装阀的密封被解除前，容器液面之上仍有压力，为了释放压力，灌装阀内有一个机械排气阀，缓慢打开后，容器上部与大气相通。所以，当容器从灌装机上卸下，密封解除时，不会有液体喷出，影响定量精度。这种方法的本质是重力灌装，不会发生液体溢流。该法设备简单，易维修，适用于苏打水、啤酒、汽酒和香槟酒等含气液体产品的灌装，也适用于无气或黏度高的液体产品。

3. 不等压灌装法

不等压灌装法是指利用待灌装液体产品与容器内部之间的压力差来灌装的方法，由于存在压差，灌装速度高于等压灌装法，特别适用于小孔、大容量容器和黏性产品的灌装。但是，不等压灌装系统需要一个溢流收集和产品再循环的装置，用于排出快速灌装所产生的泡沫。根据不等压状态的产生形式不同，不等压灌装法分为重力－低真空灌装法、真空灌装法和压力灌装法。

（1）重力－低真空灌装法　重力－低真空灌装法是指贮液箱内部和容器保持 10.1MPa～16.9MPa 的真空度，料液依靠自重流入包装容器完成灌装的方法。低真空度消除了真空灌装时产生的溢流和回流现象，同时，可以防止缺口和裂缝瓶的误灌。特别适用于酒或酒精的灌装，由于整个灌装过程极少湍动和充气，酒精浓度不会改变，酒类产品不会失去醇香，不会溢流，也不发生回流。

（2）真空灌装法　真空灌装法是指贮液箱内部处于常压状态，而容器处于真空状态，料液依靠两容器内的压力差，流入包装容器完成灌装的方法。其工艺流程是：

瓶内抽真空→进液排气→停止进液→余液回流

真空灌装法可提高灌装速度，减少产品与空气的接触，有利于产品的保存，全封闭状态还有效的保留了产品中的有效成分。该法适用于黏度稍大液体产品（如油类、糖浆类等）、易氧化变质的含维生素的液体产品（如蔬菜汁、果汁等）和有毒液体产品（如农药、化学药水等）等的灌装。

（3）压力灌装法　压力灌装法是指通过对贮液箱顶部预留空间加压或用泵将产品压到灌装阀，从而完成流体或半流体料液灌装的方法。对于不能抽真空的产品特别适用，如含酒精饮料（酒精含量会随真空度增加而减少）和热饮料（90℃的果汁，抽真空会引起料液迅速蒸发）等。另外，压力灌装法可在产品和排气管两端保持高于大气压的压力，并且产品端压力更高，该系统有利于控制某些饮料保持较低的二氧化碳含量。

第二节　食品裹包及袋装技术

一、 食品裹包技术

裹包是指用较薄的柔性材料将产品或经过原包装的产品全部或局部包封起来的方法，它是块状类产品包装的基本形式。作为最常用的食品包装方式之一，不仅能对产品直接作单体裹包，也能对包装产品作排列组合后的集结式裹包。包装形式丰富多样，灵活多变，有些包装形式如收缩包装和拉伸包装也属于裹包的范畴。裹包所用包装材料少，操作简单，包装成本低，流通、销售和消费方便，可以适应不同形状、性质产品的包装，因此，应用十分广泛。

具体来说，裹包具有如下特点：

（1）可防止产品中有效成分损失，保持物品的新鲜度，延缓变质。

（2）可保护产品免受外界玷污与破坏。

（3）“量体裁衣”的贴体式裹包形式使包装材料少、包装成本低、实用、外形紧凑，有利于节省流通成本。

（4）以透明式包装居多，可显示商品本色与外形。

（5）可使货物堆垛更加强化，不易被错换和倾倒。

（一） 裹包形式

裹包的形式丰富多样，主要由以下几种：

（1）半裹包　如图 8－15（1）所示，用柔性材料将物品表面的大部分包裹的裹包形式。

（2）全裹包　用柔性材料将物品表面全部包裹的裹包形式，它是食品包装常用的裹包形式，可分为扭结式裹包［图 8－15（2）、（3）］、折叠式裹包［图 8－15（4）、（5）、（6）］、接缝式裹包［又叫枕式裹包，图 8－15（7）］和覆盖式裹包［图 8－15（8）］。

（3）缠绕裹包　如图 8－15（9）所示，用柔性材料将物品缠绕多圈的裹包形式。

（4）贴体裹包　如图 8－15（10）所示，将物品置于底板上，在其表面覆盖包装材料，然后加热并抽真空使材料紧贴物品，与底板封合的裹包形式。

（5）收缩裹包　如图 8－15（11）所示，用热收缩性塑料薄膜包裹物品，加热，包装薄膜收缩并裹紧物品的裹包形式。

（6）拉伸裹包　如图 8－15（12）所示，用弹性拉伸薄膜在一定张紧力作用下裹紧物品的裹包形式。

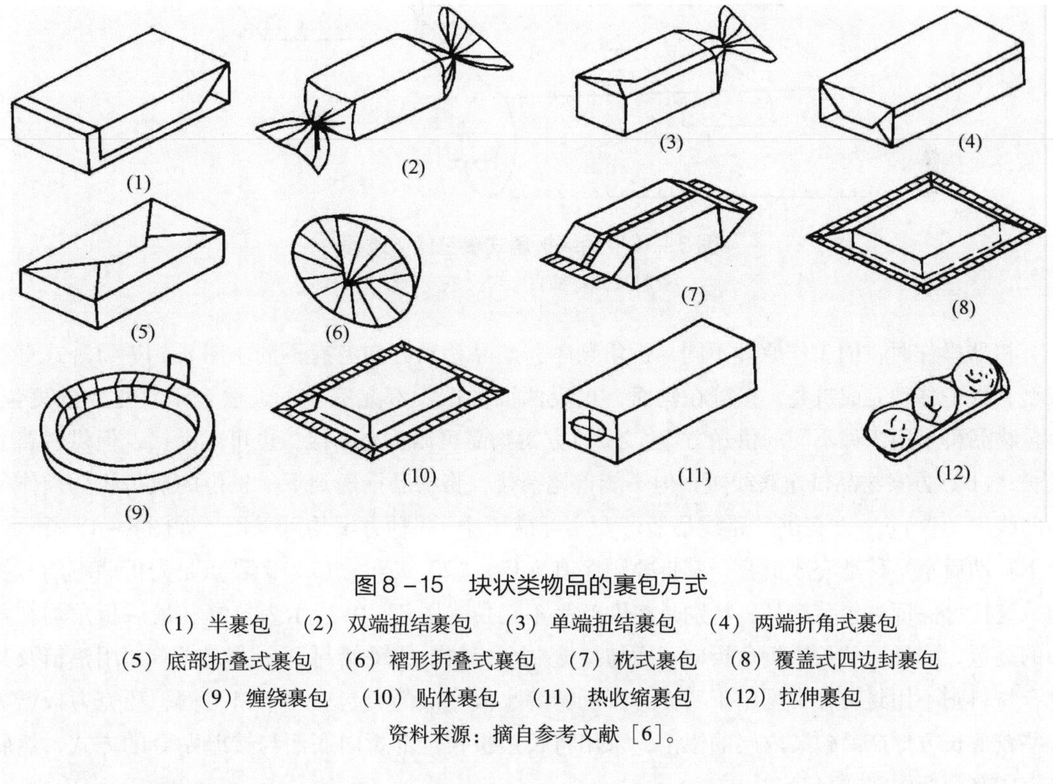

图 8－15　块状类物品的裹包方式

（1）半裹包　（2）双端扭结裹包　（3）单端扭结裹包　（4）两端折角式裹包
（5）底部折叠式裹包　（6）褶形折叠式裹包　（7）枕式裹包　（8）覆盖式四边封裹包
（9）缠绕裹包　（10）贴体裹包　（11）热收缩裹包　（12）拉伸裹包

资料来源：摘自参考文献［6］。

（二）裹包方法

裹包方法与裹包形式密切相关，在食品包装中，裹包方法主要为折叠式裹包、扭结式裹包、接缝式裹包和收缩裹包等。

1. 折叠式裹包

折叠式裹包是一种普遍采用的裹包方法，包装件整齐美观。其基本方法为：将从卷筒材料上切下的一定长度的材料或者预先切好的材料堆集在贮料架内，然后将材料包裹在被包装物品上，用搭接方式包成筒状，再折叠两端并封紧；根据产品的性质和形状、包装接缝位置以及开口端折叠形式和方向的不同，折叠式裹包方法形式多样。

（1）两端折角式　又称纸盒、纸盘整包式，适用于形状规则方正的产品。基本操作过程如图 8 - 16 所示，先裹包成筒状，接缝一般放在底面，然后将两端短侧边折叠，使其余两边形成三角形或梯形的角，最后依次将这些角折叠并封紧。

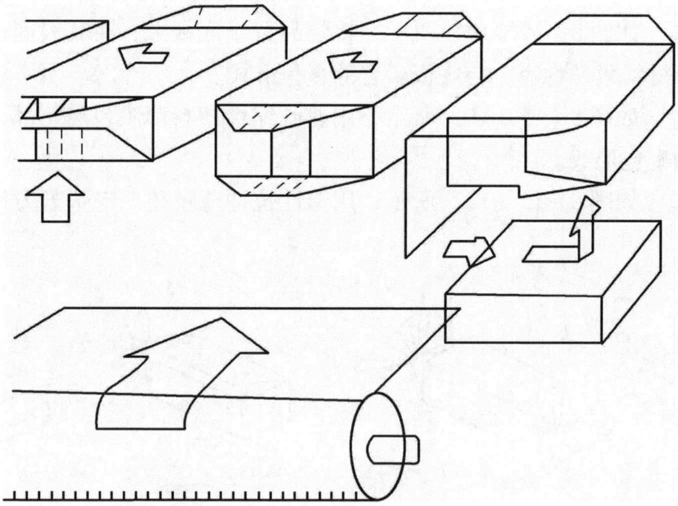

图 8 - 16　两端折角式裹包操作过程

资料来源：摘自参考文献［7］。

机器操作时，因工作原理不同，折角顺序和产品移动方向各有不同。图 8 - 17 为卧式直线成型，水平移动完成折叠，接缝在侧面，正反两面的图案都是完整的，适合于直立盒的裹包。裹包物品可采用 3 种不同的供送方案：（a）方案物品可以首尾衔接，也可不衔接，但供送路线较长；（b）方案物品供送路线短，但不能首尾衔接，将物品推送到下一工位的执行机构须作平面曲线运动；（c）方案供送路线最短。在实际应用中，3 种方案均可采用。如图 8 - 18 所示为上下移动后水平移动完成折叠，其折叠顺序有（1）、（2）两种，（2）的特点是先折两端的短侧边，这样可保证被包装产品，特别是多件产品不错位。图 8 - 19 所示为接缝和最后折角均在背面的裹包，将最后的长边折角折向背面与接缝贴合，热封或烫蜡封可一次完成，如用铝箔及其复合材料则不用封烫，常见用于巧克力、奶糖等小块产品的裹包。对于口香糖、巧克力板糖等一些较薄长方形产品包装内层的铝箔，采用将长边折角全部折向底面与接缝贴合的方式，然后外套印有商标图案的封套。

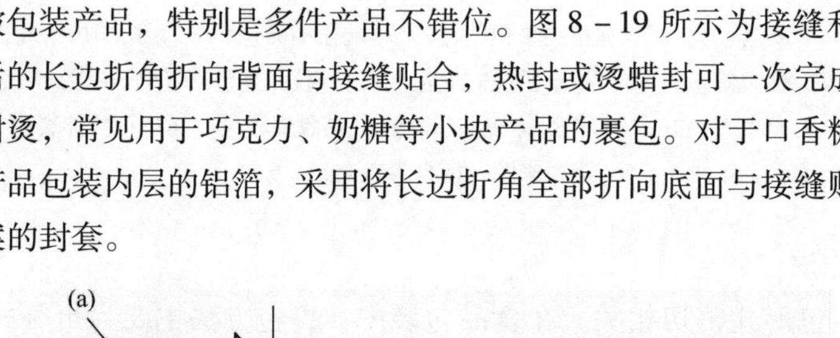

图 8 - 17　卧式直线成型折叠

资料来源：摘自参考文献［3］。

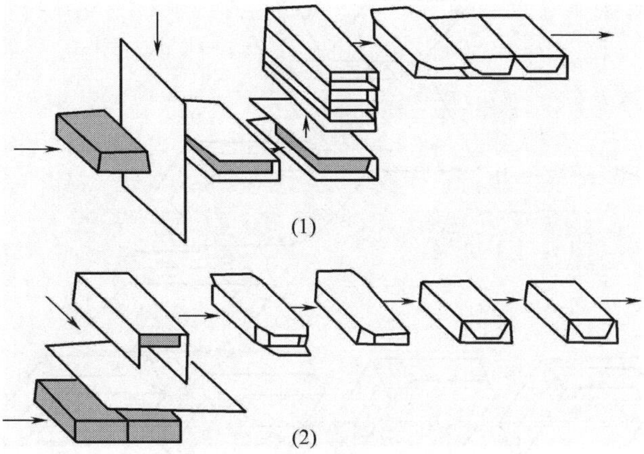

图8－18　阶梯式成型折叠

资料来源：摘自参考文献［3］。

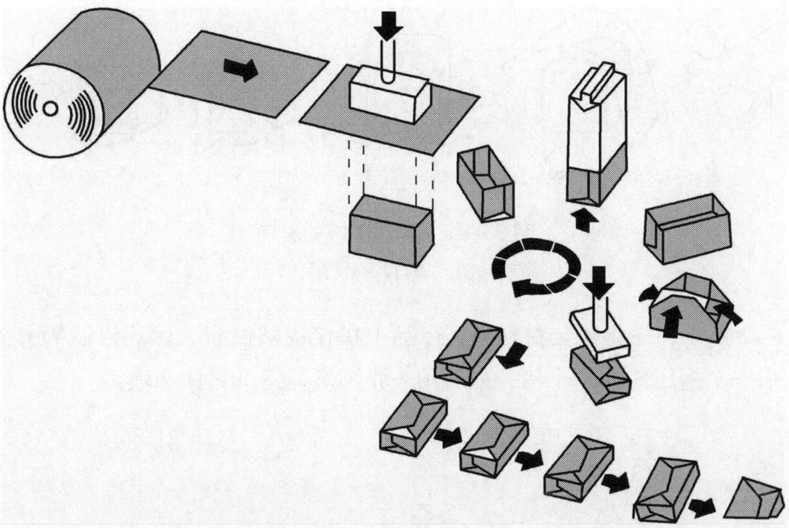

图8－19　接缝和最后折角均在背面的裹包

资料来源：摘自参考文献［3］。

（2）侧面接缝折角式　又称香烟裹包式，机器操作时，特别是在使用高速全自动裹包机时，接缝在背面，不如手工操作裹得紧，因此，裹包的密封性差；另一方面，接缝在背面影响包装装潢图案的完整性，香烟包装就是代表性的例子。普通香烟的原包装分为简装、精装和外表裹玻璃纸三种，最内层的是浸沥青纸或裱纸铝箔，采用的是侧面接缝折角包，如图8－20所示。

（3）两端搭折式　又称面包裹包式，适用于形状不方正、变化多或较软的产品，如面包、糕点等。折叠特点为：后一个折边压住前一个折边，这种方式的折叠顺序如图8－21所示。

（4）两端多褶式　两端多褶式适用于裹包圆柱状或圆锥状的产品，如圆形饼干、卷等。操

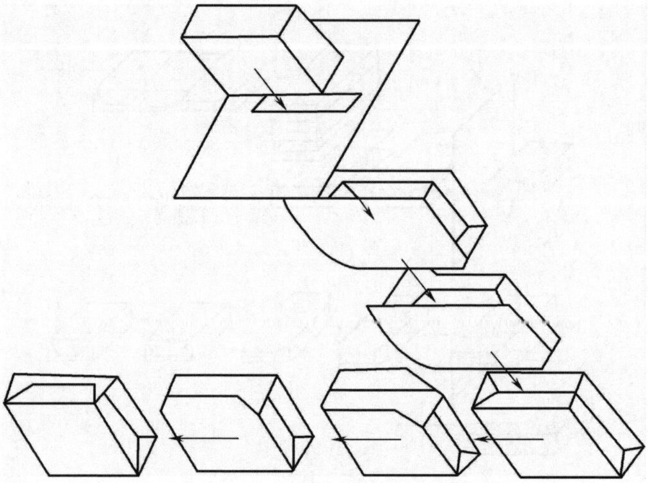

图8-20　香烟侧面接缝折角包
资料来源：摘自参考文献［7］。

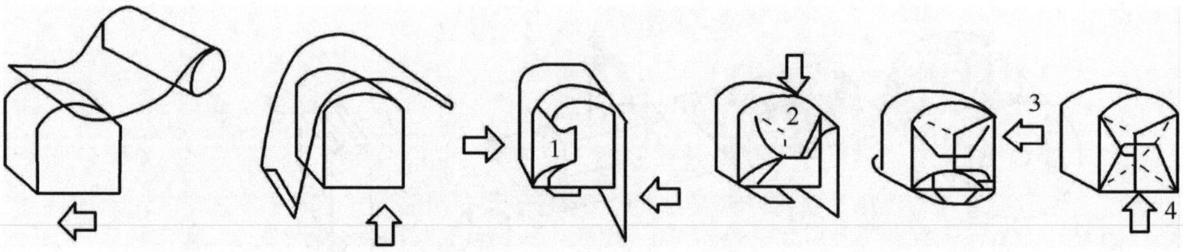

图8-21　两端搭折式裹包
资料来源：摘自参考文献［7］。

作过程如图8-22所示，先将包装材料圈在产品上搭接成圆筒状，然后沿圆周方向依次将两端折成许多褶，后一个褶压住前一个褶，最后用一张圆形标签纸封住两端。

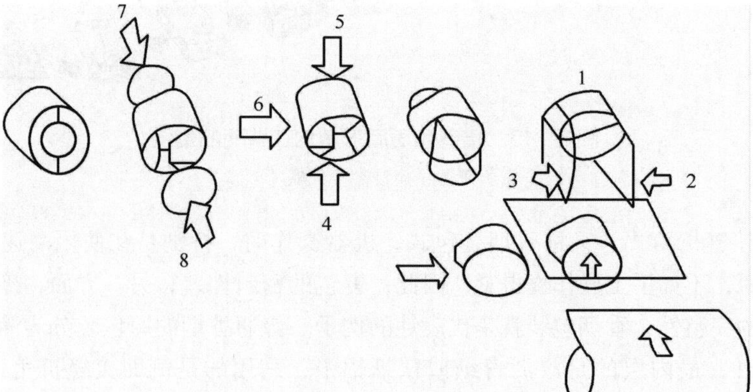

图8-22　两端多褶式裹包
资料来源：摘自参考文献［7］。

（5）斜角式　斜角式是一种最简单、最省料，又可以包得很平整的裹包方法，操作过程如图 8－23 所示。其特点为：没有接缝，包装物品的对称轴线与包装材料的对角线重合，所有折角都集中在一个面上，仅适用于裹包方形或长方形、较薄的物品。有时在折角集合点上贴一个商标纸，既美观又起到了封口的作用。

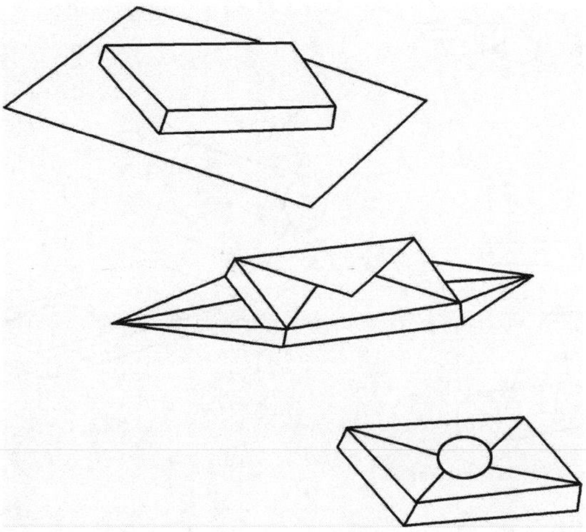

图 8－23　斜角式裹包

资料来源：摘自参考文献［3］。

（6）下折裹包（信封式裹包）　如图 8－24 所示，产品首先用底纸板把一端的周边包住，或产品置于 U 形纸板上，然后将所有折褶卷起，并在产品下面折合，最后再封合。开封后，由于底纸板或 U 形纸板的固定作用，使产品在货架上不会立刻散乱，又可显示出产品的标价。

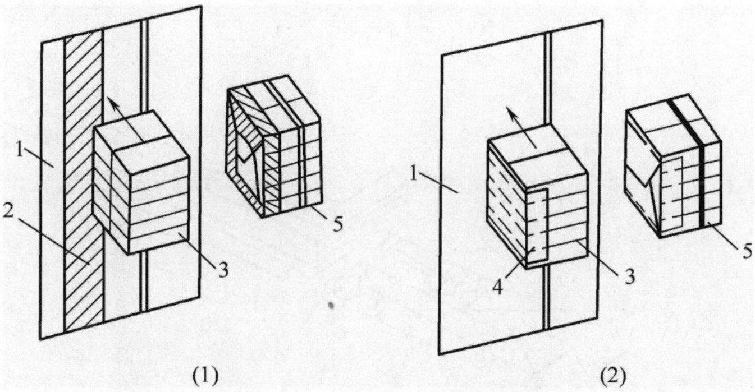

图 8－24　带附加包装纸裹包

1—裹包材料　2—牛皮纸　3—产品　4—U 形衬板　5—包裹件

资料来源：摘自参考文献［6］。

2. 扭结式裹包

扭结式裹包是指使用一定长度的包装材料将产品裹成圆筒形，搭接接缝不需要黏结或热封，然后将开口端的部分向规定方向扭转形成扭结的裹包方法。该法要求包装材料有一定的撕裂强度与可塑性，以防止扭断和回弹松开，裹包动作简单，而且易于拆开。

扭结形式有单端扭结和双端扭结两种，操作顺序如图 8 - 25 所示。一般采用双端扭结，手工操作时，两端扭结方向相反；机器操作时，方向相同。由于生产量大，手工操作劳动强度大，而且不易满足食品卫生要求，因此，大部分扭结式裹包产品，如糖果、冰棒、雪糕等都已实现了机械化操作。单端扭结常用于高级糖果、棒糖、水果和酒类等的裹包。

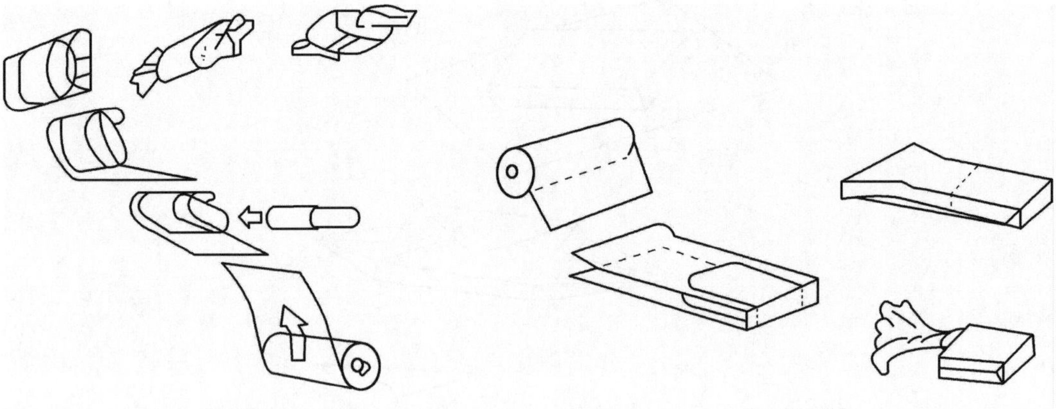

图 8 -25　扭结式裹包

资料来源：摘自参考文献［7］。

3. 接缝式裹包

接缝式裹包是指采用具有热封性的塑料薄膜及复合薄膜等对包装物品实施裹包，并对接缝和端口进行热封的裹包方法，如图 8 - 26 所示。目前，规模化生产中最为常用的一种裹包方法。主要由平张薄膜热封裹包、对折薄膜热封裹包、中型四面封口式裹包和平张膜两端开放套筒式裹包四种。

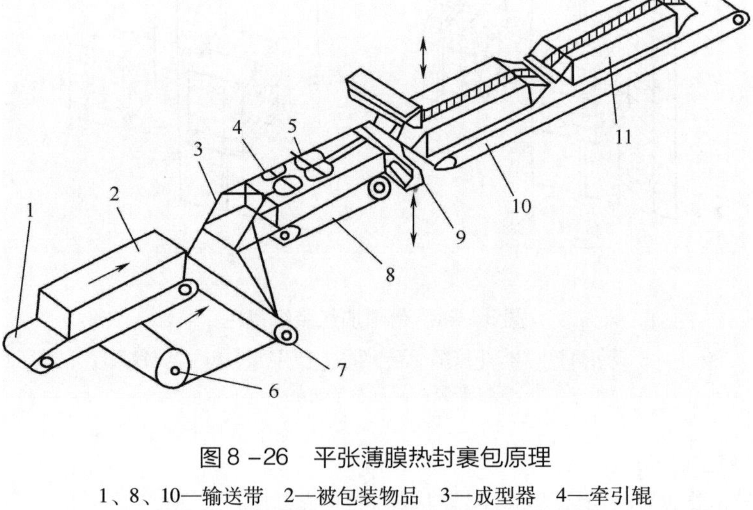

图 8 -26　平张薄膜热封裹包原理

1、8、10—输送带　2—被包装物品　3—成型器　4—牵引辊

5—纵封装置　6—平张膜　7—导辊　9—横封切断装置　11—成品

资料来源：摘自参考文献［3］。

（1）平张薄膜热封裹包　采用平张薄膜时，可用三面封口的枕形包装形式裹包物品，适用于长柱形物品的裹包，常采用卧式裹包机械，工作原理如图 8－26 所示。平张膜 6 在导辊 7、输送带 8 和 10 联合牵引下匀速前进，在通过成型器 3 时被折成筒状；输送带 1 将物品 2 推送入成型器 3 中的筒状薄膜内，物品随薄膜一起前移，经过纵封装置 5 完成中缝热封；横封切断装置 9 在完成热封时即在封缝中间切断分开，形成前袋的底封和后袋的顶封；包装成品由输送带 10 送出。

（2）对折薄膜热封裹包　采用对折膜时，可用 L 形封口方式封合，结构简单，操作方便。根据薄膜对折裹包的位置可分为卧式对折薄膜裹包和立式对折薄膜裹包两种，工作原理如图 8－27 所示。对折的双层薄膜 1 经导辊 2 和开口导板 3 使之张开，手工或机械操作将被包装物品 4 推入双层薄膜中间，经 L 形封切装置 5 完成薄膜封合切断，完成裹包。这种裹包方法也常用于热收缩裹包。

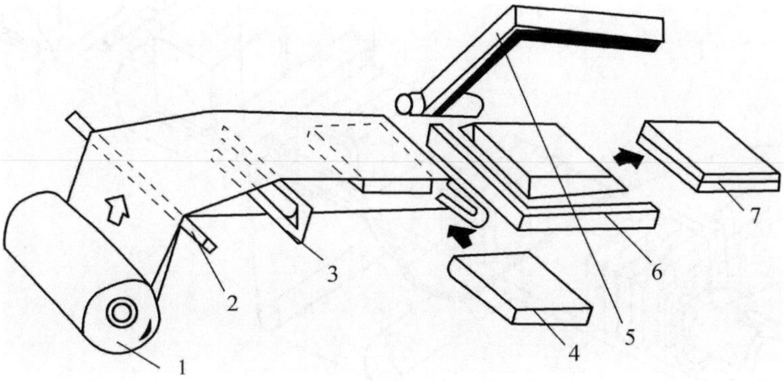

图 8－27　对折薄膜热封裹包原理

1—对折薄膜　2—导辊　3—开口导板　4—被包装物品

5—L 形封切装置　6—下托架　7—裹包成品

资料来源：摘自参考文献［3］。

（3）中型四面封口式裹包　中型四面封口式裹包适用于尺寸较大的包装物品，工作原理如图 8－28 所示。上下两卷收缩薄膜 3、8 经导辊 7 和输送带 6 引至横封切断装置 4 处封接好，同时，物品 2 经输送带 1 送进上下薄膜之间，顶着薄膜前进，输送带 6 继续输送薄膜与物品到预定长度时，经横封切断装置 4 完成前后两个袋的封合切断，最后由纵封装置 5 完成四面封口裹包。

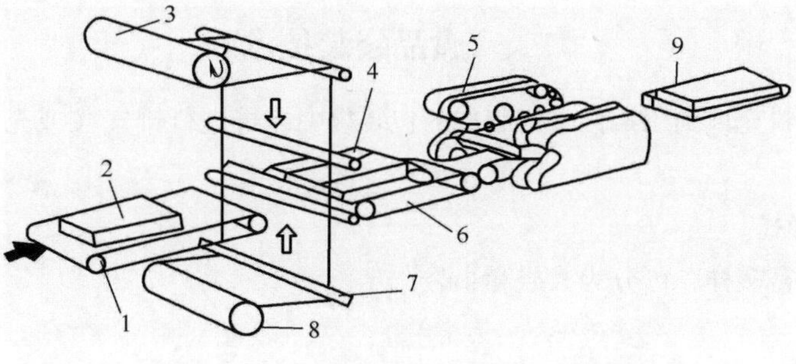

图 8－28　中型四面封口式裹包原理

1、6—输送带　2—被包装物品　3—上膜　4—横封切断装置

5—纵封装置　7—导辊　8—下膜　9—成品

资料来源：摘自参考文献［3］。

（4）平张膜两端开放套筒式裹包　平张膜两端开放套筒式裹包适用于接近立方体的物品，不需要完全被薄膜密封的场合使用，特别是物品下面加托盘时，常用这种包装形式，工作原理如图 8 - 29 所示。上下两卷平模 3 经导辊 4 松展，在横向封切装置 6 处封合前端接口，纸托板 8 由推进装置 1 推进，由折叠导杆 7 完成纸板折舌，然后顶推着包裹薄膜前进，在被包装物品 2 运动到要求位置时，横向封切装置 6 完成前后两个包装薄膜的封合切断，包装好的物品由输送带送入下一道包装工序。

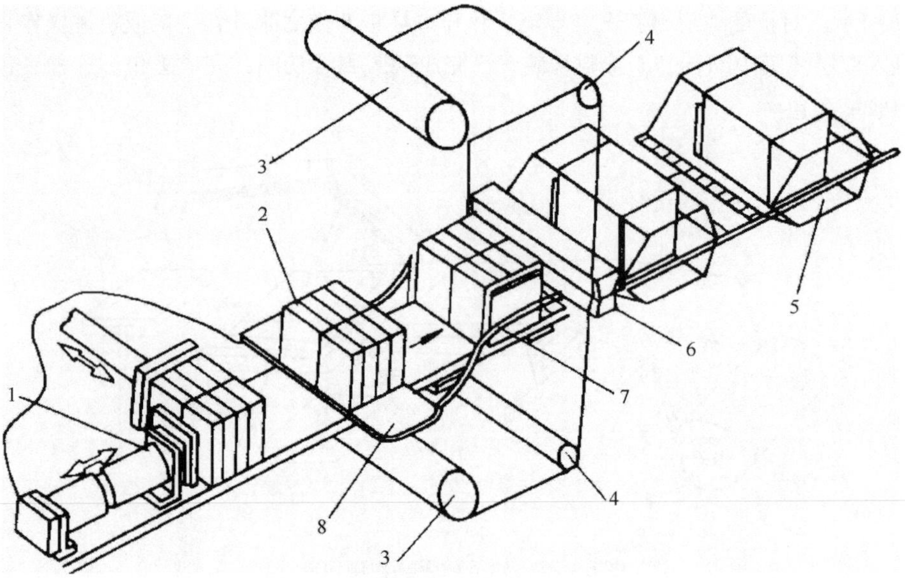

图 8 - 29　平张膜两端开放套筒式裹包原理

1—推进装置　2—物品　3—薄膜　4—导辊　5—包装成品

6—横向封切装置　7—折叠导杆　8—纸托板

资料来源：摘自参考文献［6］。

4. 热收缩裹包

热收缩裹包主要用于销售包装和运输包装，可单件裹包，也可多件裹包，特别适用于形态不规则物品的裹包。目前使用较多的收缩薄膜材料有聚氯乙烯、聚乙烯和聚丙烯等。

二、 食品袋装技术

袋装是指将物料充填到用柔性材料制成的包装袋中，再进行排气（或充气）、封口和切断，完成包装的过程。

（一） 袋装形式

袋装的形式丰富多样，可分为大袋和小袋。

1. 大袋

大袋也称重型袋，袋装物料质量为几十 kg，主要用于工农业产品等的运输包装，如面粉、粮食、砂糖、化工原料、化肥和饲料等。按制袋材料分类，大袋类型如表 8 - 1 所示。

表 8 – 1 大袋类型及材料

大袋类型	材料
多层纸袋	牛皮纸
织物袋	棉、麻、草纤维及化学纤维等，如麻袋、布袋和草袋等
塑料袋	塑料膜
塑料编织袋	聚烯烃等塑料薄膜编织成袋
无纺织物袋	聚烯烃纤维等黏结制成
多层复合袋	纸、塑料、铝箔

大袋的基本形式有两种：开口袋，制袋时只封闭一端，另一端完全张开，以便充填物料；阀门袋，制袋时两端均封闭，仅在袋一端角上开一个小孔，装有伸入袋子的充填管，以便充填物料。

2. 小袋

袋装物料质量为几克至几十克，主要用于销售包装，适用范围很广。制袋材料主要有纸、铝箔、塑料薄膜及三者的复合材料等，图 8 – 30 所示为用于食品销售包装的主要几种袋装形式。

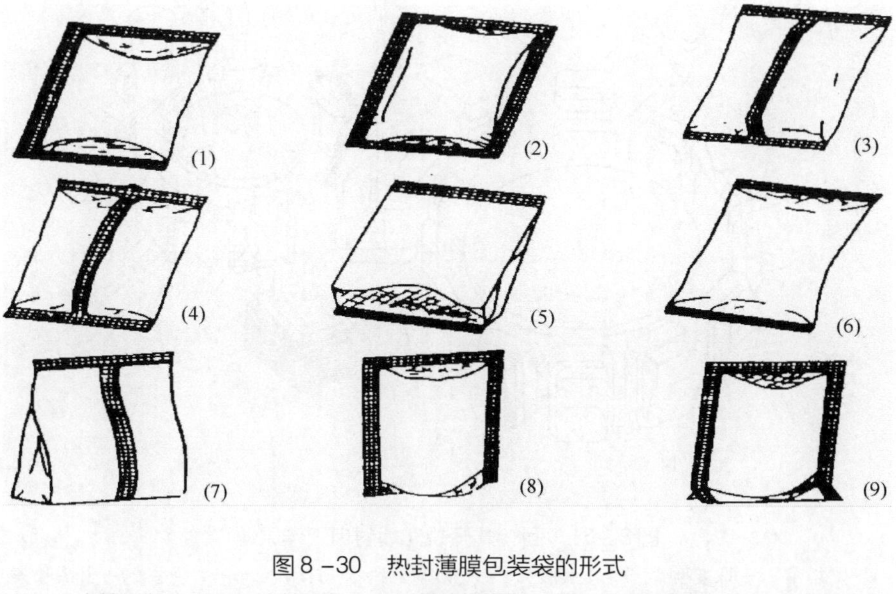

图 8 – 30 热封薄膜包装袋的形式

（1）三边封口袋 （2）四边封口袋 （3）纵缝搭接袋 （4）纵缝对接袋 （5）侧边折叠袋
（6）筒袋 （7）平底楔形袋 （8）椭圆楔形袋 （9）底撑楔形袋

资料来源：摘自参考文献［6］。

图 8 – 30（1）～图 8 – 30（2）为扁平袋，图 8 – 30（3）～图 8 – 30（6）为枕形袋，用于味精、乳粉、糖果等粉状小颗粒食品包装，图 8 – 30（7）～图 8 – 30（9）为自立袋，用于饮料、牛乳等液体食品包装。

（二）袋装方法

根据包装袋来源，袋装分为预制袋式和制袋式两种，预制袋式自动化程度高，技术要求复杂；对于某些特殊形状的袋型，制袋式较为适用。

根据装袋机械总体布局，袋装分为立式和卧式、直移和回转式。流动性好又不易污染袋口的物料，常采用立式袋装。对于充填多种物料，又不能污染袋口的情况，常采用卧式间歇式袋装。

本节主要介绍用于食品销售包装的各种小袋的装袋工艺。

1. 预制袋装袋工艺

预制袋装袋工艺是指在包装前包装袋通过手工或制袋机制成，由制袋车间或制袋厂供应，一般是由取袋、开袋口、充填、封口等工序完成，工艺较简单，包装速度为 30～45 袋/min。由于该工艺为间歇式包装工艺，包装速度受到限制，生产效率低，因此，应用不广泛。按装袋机械总体布局分为回转式和直移式的多工位开袋充填封口。

（1）回转式装袋　回转式开袋充填封口工作原理如图 8－31 所示，将预先制成的包装袋叠放在贮袋库 1 内，取袋吸嘴 2 从贮袋库 1 最上面取袋，并将袋转成直立状态，送交充填转盘 4 上的夹袋手 6 夹住，然后依次完成打印、开袋、加料（包括汤汁）、预封（封住封口处的部分长度）等工序，再由机械手 11 将其移送至真空密封转盘 12 的真空室内，并经二级抽真空后进行封口，并冷却，最后打开真空室，将包装袋排出机外。

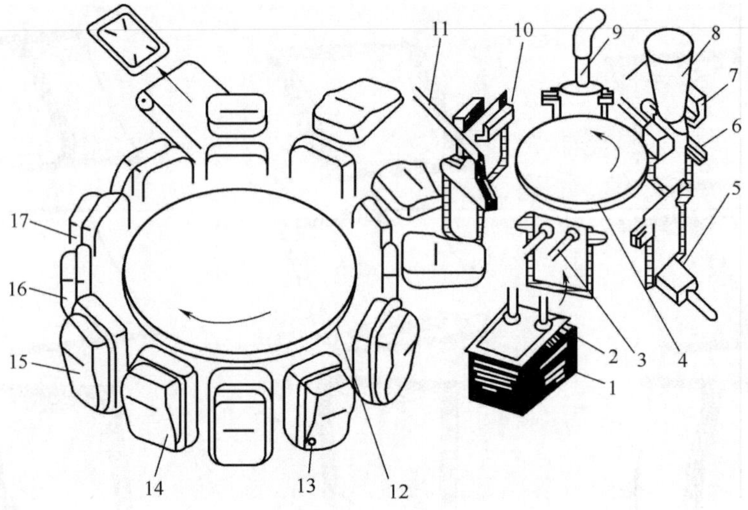

图 8－31　回转式开袋充填封口工作原理

1—贮袋库　2—取袋吸嘴　3—上袋吸头　4—充填转盘　5—打印器　6—夹袋手　7—开袋吸头　8—加料管　9—加液管　10—预封器　11—送袋机械手　12—真空密封转盘　13—第一级真空室　14—第二级真空室　15—热封室　16、17—冷却室

资料来源：摘自参考文献［3］。

（2）直移式装袋　直移式开袋充填封口工作原理如图 8－32 所示，将预先制成的包装袋叠放在贮袋库 1 中，给袋装置由真空吸头和输送链 2 组成，经开袋喷嘴 3 开袋后，进行物料灌装，然后加热封口成型。

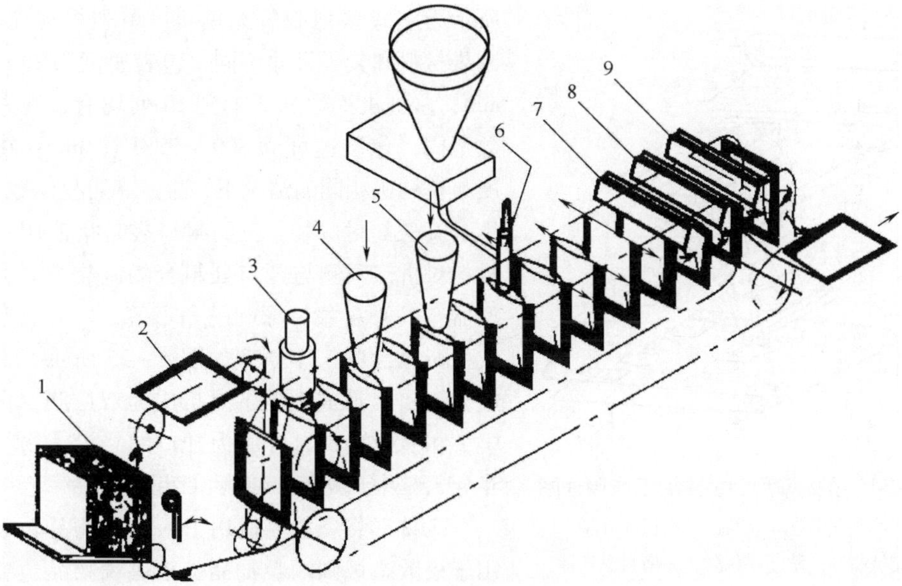

图8-32 直移式开袋充填封口工作原理

1—贮袋库 2—空袋输送链 3—开袋喷嘴 4、5—加料斗（块粒料）
6—加料管（液体物料） 7、8—封口器 9—冷却器
资料来源：摘自参考文献［3］。

2. 成型袋袋装工艺

成型袋袋装工艺是指袋与充填封口工序在一台机器上连续完成的装袋方法，该法生产效率高，成本低，节省材料，从制袋、充填到封口一次性完成，保证了包装质量并满足食品卫生要求，应用广泛。近年来，由于包装材料的发展和市场对软包装小袋的需求量日益增大而有很大发展。成型袋装袋工艺按装袋机械总体布局分为立式和卧式两种。

（1）立式装袋工艺 此类装袋工艺的制袋和物料充填都是在垂直方向上进行的，适用的产品品种和包装袋的尺寸规格均非常广泛，可用于液体、半流体以及粉体物料的包装。根据包装结构分，立式装袋工艺主要有四面封口袋、三面封口袋和枕形袋等。

①四面封口袋。四面封口袋是指使用两卷包装材料，四边都封合的制袋方式，工作原理如图8-33所示。两卷平张薄膜2经导辊引至成型封合滚筒4，经两个成型封合滚筒4相向同步回转、压紧，热合成筒状。又经横封、充填、切割，得到四面封口袋。四面封口袋装机有单列和多列两种机型，图8-34

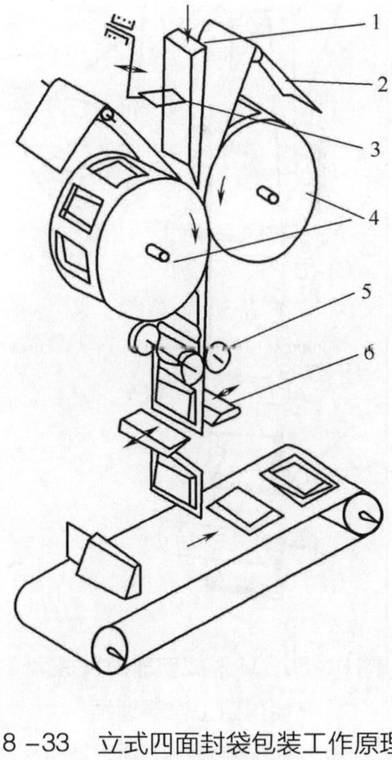

图8-33 立式四面封袋包装工作原理图

1—料斗 2—卷筒包装材料，前后两卷
3—供料栓 4—成型封合滚筒
5—送进辊 6—裁切刀
资料来源：摘自参考文献［3］。

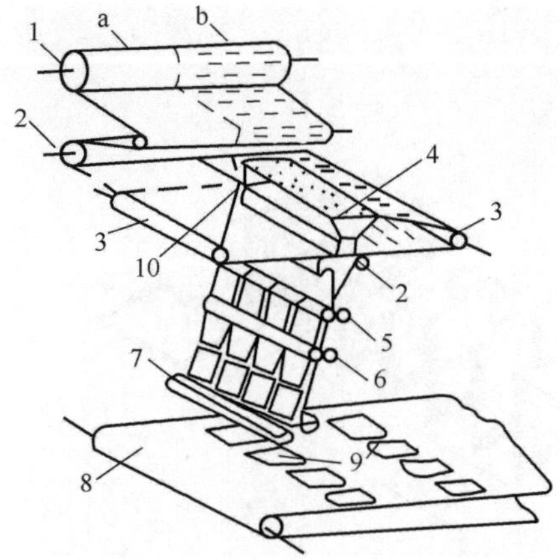

图8－34　立式多列制袋充填工作原理图

1—薄膜卷筒　2—导辊　3—换向导辊
4—充填料斗　5—纵封器　6—横封纵切器
7—切断刀　8—传送带　9—包装件　10—裁切刀

资料来源：摘自参考文献［3］。

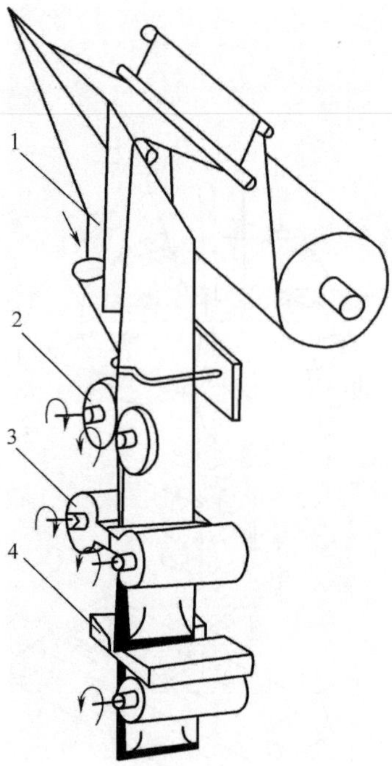

图8－35　U形成型器对折成型充填封口工作原理图

1—U形成型器　2—纵封辊
3—横封辊　4—切刀

资料来源：摘自参考文献［3］。

所示为立式多列制袋充填机。单列机视充填方式、制袋材料和袋子尺寸不同，包装速度为20～200袋/min；多列机列数从2列到10列均有，视采用的列数不同，包装速度为300～1500袋/min，在机器速度与单列机相同的情况下，生产率可呈倍数增长。

②三面封口袋。三面封口袋是指使用一卷包装材料对折，两侧与开口处封合的制袋方式，常见成型器有U形、象鼻形和三角形等，U形成型器对折成型充填封口工作原理如图8－35所示。平张薄膜经导辊和U形成型器1对折成为双层膜，再经纵封辊2和横封辊3封合成为开口的袋筒，物料由加料斗导入其中，切刀4将封口切断排出。

③枕形袋。主要适用于松散态物品包装，也适用于松散态规则颗粒物品、小块状物品包装，枕形袋制袋充填工作原理如图8－36所示。平张薄膜经导辊3和翻领成型器2卷合成薄膜圆筒包裹在充填管的表面，纵封器4首先对卷合成筒的薄膜接口部位热封，然后密封筒状薄膜移动至横封器6处进行横封，构成包装袋筒。物料通过充填管1充填入包装袋内，再由横封器6封口并居中切断，形成包装件7，同时形成下一个筒袋的底部封口。

（2）卧式装袋工艺　此类装袋工艺的制袋和物料充填都是在水平方向上进行的，适用于块状、颗粒状等各种形状的固态物料，如点心、面包、方便面、香肠、糖果等，包装尺寸可以在很大的范围内调节。卧式装袋工艺主要由三边鳍封式包装袋、四边鳍封式包装袋、单褶包装袋、双褶包装袋、枕式包装袋（搭接式封合或鳍封式封合）、异形封合包装袋等。按装袋机械总体布局可分为回转式和直移式多工位开袋充填封口，根据结构可分为四面封口和三面封口等。

图8－37所示为直移式三面封袋包装工作原理，卷筒包装材料1经张力辊2、三角板成型器3和折叠辊4对折成为双层膜，由纵封器5封合侧边成为开口的袋筒，物料由料斗6充填入袋内，再由横封器7封合顶边，最后经裁切刀8切断，排出包装件9。此工艺操作方法简单，封合质量可靠，但由于是间歇性运动，生产效率不高。

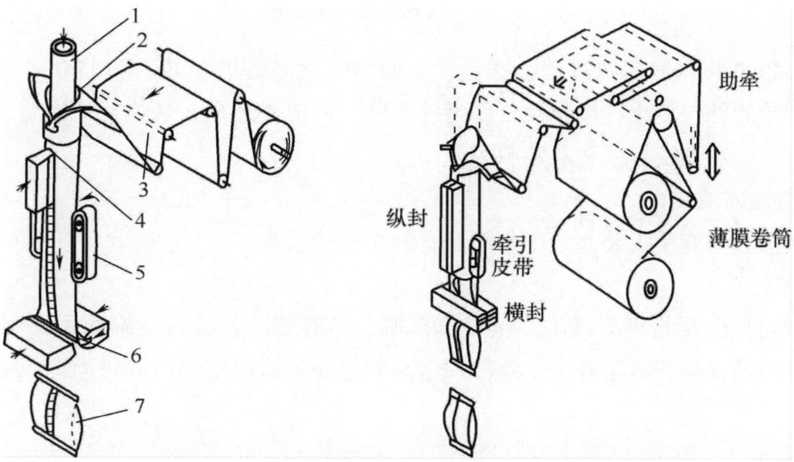

图8-36 枕形袋制袋充填工作原理图

1—充填管 2—翻领成型器 3—导辊 4—纵封器

5—牵引皮带 6—横封器 7—包装件

资料来源：摘自参考文献［3］。

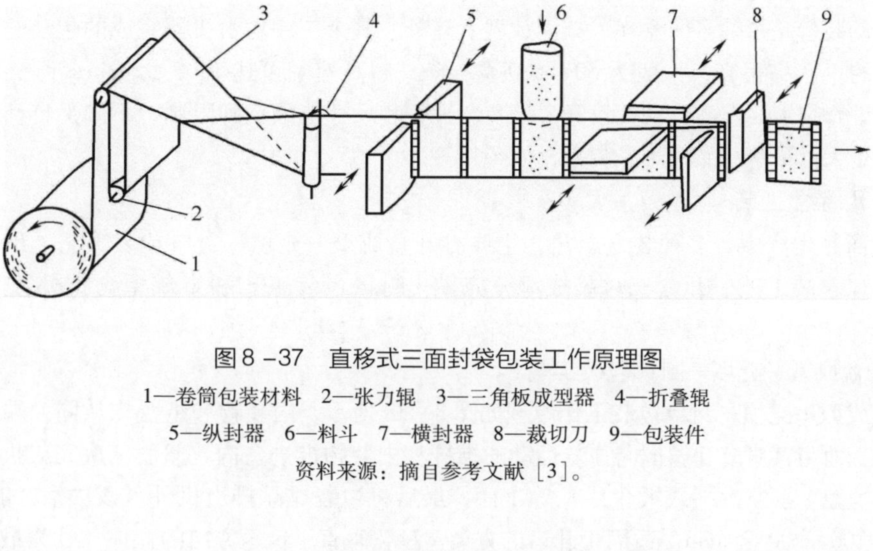

图8-37 直移式三面封袋包装工作原理图

1—卷筒包装材料 2—张力辊 3—三角板成型器 4—折叠辊

5—纵封器 6—料斗 7—横封器 8—裁切刀 9—包装件

资料来源：摘自参考文献［3］。

第三节 食品装盒和装箱技术

盒与箱作为包装容器广泛用于销售和运输包装，主要由纸板或瓦楞纸板制成，也有塑料制成的盒与箱，属于半刚性容器。由于制造成本低，质量轻，可以折叠，便于存放、运输，可回收重复使用或作为造纸原料，因此，盒与箱是包装的基本形式之一。

一、 食品装盒技术

盒是指体积小的容器，如饼干、糕点、干燥调味食品等的包装。包装盒一般用于销售包装，可用于产品的外包装或直接包装，作为外包装，一般先装瓶、装袋后再装盒，或装小盒后再装较大的盒，如盒装袋泡茶和盒装酒等。

（一） 装盒方法

目前，装盒方法有手工装盒、半自动装盒和全自动装盒。

1. 手工装盒

手工装盒是最简便的装盒方法，包装成本低，不需要设备及其维修费用；但包装速度慢、生产率低、易污染食品和药品等卫生条件要求高的商品。适用于经济条件差，具有廉价劳动力的情况。

2. 半自动装盒

半自动装盒是指由操作工人配合装盒机械来完成装盒的包装过程，手工将产品装入盒中，其余工序，如取盒坯、打印、撑开、封底、封盖等均由机器完成。

半自动装盒机械的结构比较简单，装盒种类和尺寸可多变，改变后调整机器所需的时间短，非常适合多品种小批量产品的装盒，生产率一般为 30 ~ 50 盒/min；有的半自动装盒机可用于成组包装，如小袋茶叶、咖啡、汤料和调味品等，每次可装 10 ~ 20 包。

3. 全自动装盒

全自动装盒是指除了向盒坯贮架内放置盒坯外，其余工序均由机器完成的包装过程，全自动装盒机的生产率很高，一般为 50 ~ 600 盒/min，超高速的可达 1000 盒/min；但机器结构复杂，操作维修技术要求高，设备投资大，装盒种类和尺寸范围受到限制，不如半自动装盒机灵活。适用于大批量单一品种产品装盒，如药片等。

（二） 装盒工艺

现代商品生产中有多种装盒工艺，主要有开盒成型—充填—封口包装工艺、预制纸盒—充填—封口包装工艺、开盒—衬袋成型—充填—封口包装工艺和半成型盒折叠式裹包包装工艺。

1. 开盒成型—充填—封口包装工艺

开盒成型—充填—封口包装工作原理如图 8 – 38 所示，内装物和纸盒均从同一端供送到各自链带上，而与其对应并做横向往复运动的推杆将内装物推进盒内，然后依次完成折边舌、折盖舌、封盒盖、剔空盒（或纸盒片）等工序，最后将包装成品排出机外。该法生产能力较高，一般可达 100 ~ 200 盒/min。适用于开口的方体盒型，垂直于传送方向的盒体尺寸为最大，可包装限定尺寸范围内的多种固态物品。

2. 预制纸盒—充填—封口包装工艺

预制纸盒—充填—封口包装工作原理如图 8 – 39 所示，借助模芯向下推动已横切压痕好的盒片，使之通过型模而折角粘搭起来，完整纸盒成型，然后将带翻转盖的空盒推送到充填工位，分步夹持放入一定数量叠放在一起的竖立小袋。所用纸盒长、宽为 56 ~ 280mm、高为 58 ~ 80mm，一列式每盒装 15 ~ 40 袋，四列式每盒装 120 ~ 200 袋。经折边舌和盖舌后，就可插入封口。该法适合于顶端开口难叠平的长方体盒型的多件包装。

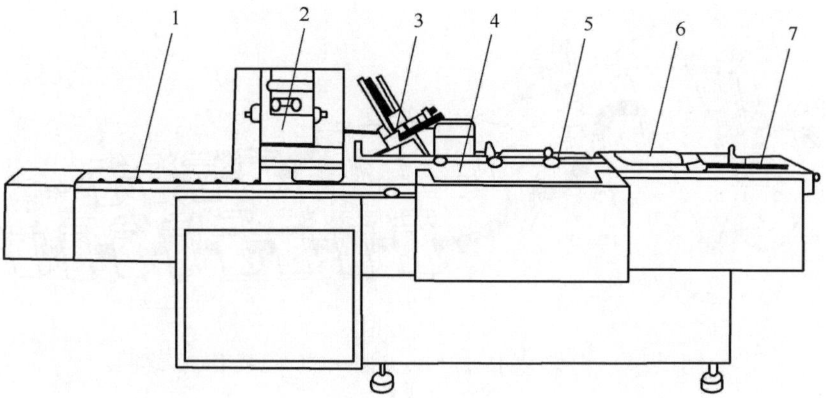

图8－38　开盒成型—充填—封口包装工作原理图

1—内装物传送链　2—产品说明单折叠供送装置　3—纸盒片撑开供送装置
4—推料杆传动链带　5—纸盒传送链带　6—纸盒折舌封口装置　7—成品输送带及空盒剔除喷嘴

资料来源：摘自参考文献［6］。

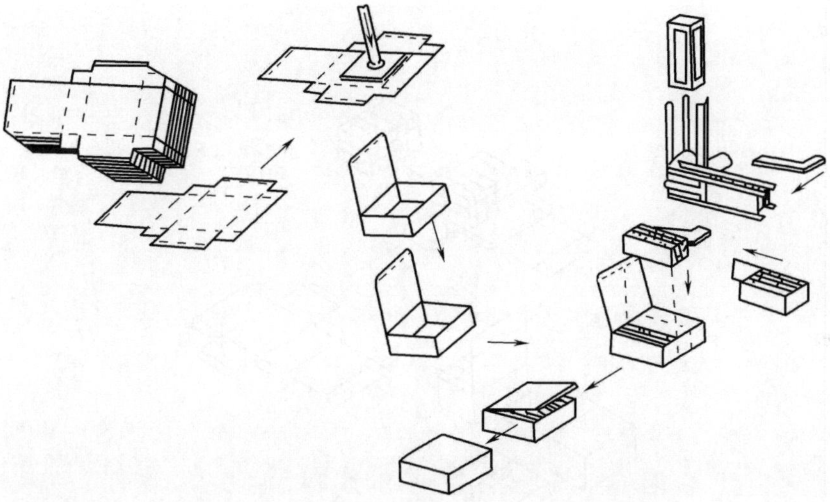

图8－39　预制纸盒—充填—封口包装工作原理图

资料来源：摘自参考文献［6］。

3. 开盒—衬袋成型—充填—封口包装工艺

开盒—衬袋成型—充填—封口包装工作原理如图8－40所示，首先把预制好的折叠盒片撑开，逐个插入间歇转位的链座，并装进现场成型的内衬袋，充填各种状态的固体类食品，然后再完成封口和封盒。

该法特点为：采用三角板成型器及热封器制作侧边封的开口袋，既省料、简单，又便于实现袋子的多规格化；底边已被折叠，因此，主传送过程减少了一道封合工序；纸盒叠平，且衬袋现场成型，不仅有利于管理工作、降低成本，还使装盒工艺更加灵活，尤其能根据包装条件的变化适当组配不同品质的包装材料；也可不加衬袋，改为开盒—充填—封口包装操作非常便利。

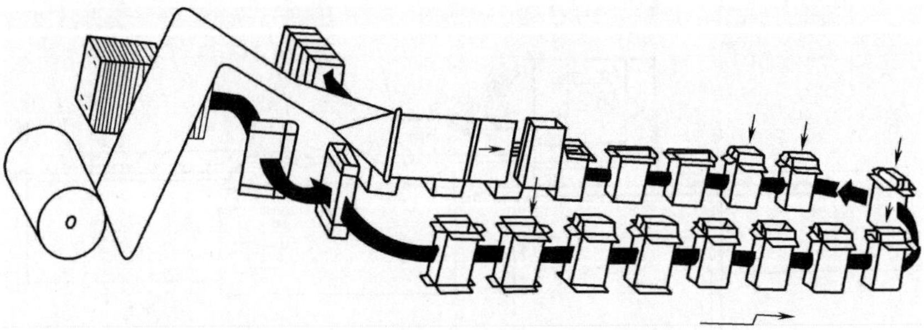

图 8 -40　开盒—衬袋成型—充填—封口包装工作原理图

资料来源：摘自参考文献［6］。

4. 半成型盒折叠式裹包包装工艺

这类装盒包装工艺有连续裹包法和间歇裹包法两种，图 8 -41 所示为连续成型盒折叠式裹包工作原理图，工作时，首先把模切压痕好的纸盒片折成开口朝上的长槽形插入链座，水平横向往复运动的推杆将内装物转移到纸盒底面上，然后开始各边盖的折叠、粘搭等裹包过程。适合于大型纸盒包装，而且，沿水平方向连续作业可增加包封的可靠性，生产能力较高，达 70 盒/min。

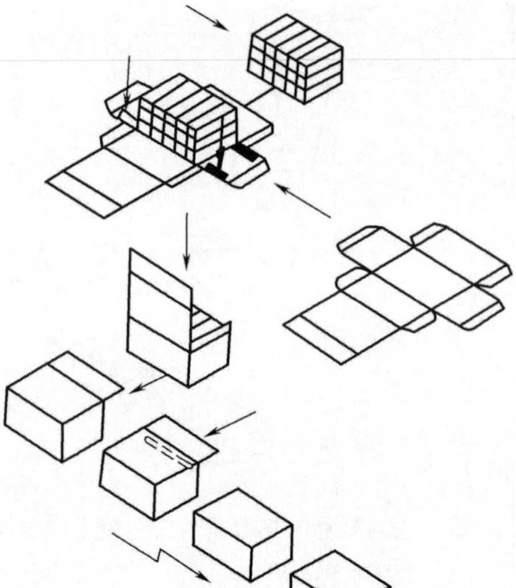

图 8 -41　连续成型盒折叠式裹包工作原理图

资料来源：摘自参考文献［6］。

图 8 -42 所示为间歇成型盒折叠式裹包工作原理图，上下往复运动的模心和开槽转盘先将模切压痕好的盒片形成开口朝外的半成型盒，在转位停歇时从水平方向推入成叠小袋或多层排列的小件物品，然后在转位过程中完成折边、涂胶和封合。

采用此裹包式装盒方法有助于把松散的成组物件（瓶、罐）包得紧实一些，以防止游动和破坏。

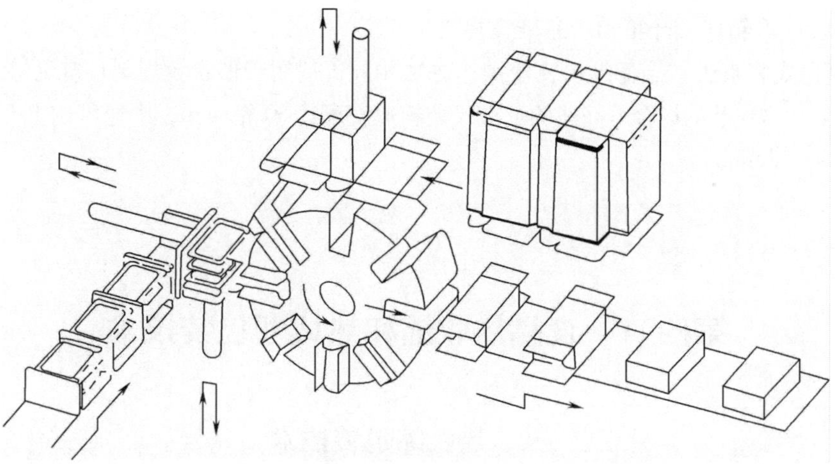

图 8 -42　间歇成型盒折叠式裹包工作原理图

资料来源：摘自参考文献［6］。

二、食品装箱技术

箱与盒的形状相似，习惯上小的称盒，大的称箱，它们之间没有明显界限，通常用于运输包装，属于外包装。装箱技术是指对于已完成小包装的产品，为了使其在运输过程中不受损坏，便于贮运而将小包装的产品按一定方式装入箱内，并把箱口封好的技术。

装箱与装盒的方法相似，但装箱的产品较重，箱坯尺寸大，堆叠起来也较重，还有一些防振、加固和隔离等附件，因此装箱的工序比装盒多，所用的设备也较复杂。

1. 按操作方式分为手工操作装箱、半自动与全自动操作装箱

（1）手工操作装箱　先把箱坯撑开成筒状，然后把一个开口处的翼片和盖片依次折叠并封合作为箱底，产品从另一开口处装入，必要时先放入防振、加固等材料，最后封箱。用黏胶带封箱可用手工操作，当生产线或产量较大时，可采用封箱贴条机；用捆扎带封箱时，一般用捆扎机。

（2）半自动与全自动操作装箱　此类操作多数为间歇式操作，有的高速全自动装箱机也有采用连续操作的。半自动操作装箱时，取箱坯、开箱、封底均为手工操作。

2. 按产品装入方式分为装入式装箱法和裹包式装箱法

（1）装入式装箱法

①立式装箱法。立式装箱法是指产品沿垂直方向装入直立箱内的装箱方法，适用于玻璃、塑料、金属和纤维板制成的圆形和非圆形包装容器包装的产品，如饮料、酒类等。操作过程为：取出箱坯撑开成筒状，封底，然后打开上口的翼片和盖片；空箱移至规定位置，开始装入产品。装箱的产品多数已经包装，产品堆积成行、成列、分层计数等均由机器完成，装箱后，即合盖封箱。常见的立式装箱法均为间歇操作，对提高速度有一定限制，为了提高速度，可以设计成多列式，即在同一台装箱机上，每次装几个箱，速度可达 60 箱/min。

②卧式装箱法。卧式装箱法是指产品沿水平方向装入直立箱内的装箱方法，适合于装填形状对称的产品，如圆形、方形等。常见的卧式装箱法均为间歇式操作，装箱速度一般为 10 ~ 25

箱/min。有半自动和全自动两类，半自动需要人工放置空箱，装箱速度为 10 ~ 12 箱/min；全自动装箱需要设置取箱坯、开箱和产品堆叠装置。

（2）裹包式装箱法　与裹包式装盒操作方法相同，适用于形状较规则且有足够耐压强度的物品进行多层集合包装的场合。高速的裹包式装箱速度可达 60 箱/min，中速可达 10 ~ 20 箱/min，半自动为 4 ~ 8 箱/min。

第四节　食品热收缩和热成型包装技术

一、 热收缩包装技术

热收缩包装（ShrinkPackaging）是用热收缩塑料薄膜裹包产品或包装件，然后加热至一定温度使薄膜收缩包紧产品或包装件的一种包装方法。

热收缩包装始于 20 世纪 60 年代中期，20 世纪 70 年代得到迅速发展，目前已在一些经济发达国家广泛应用，不仅用于销售包装，也用于运输包装；不仅用于单件商品，也用于多件商品集合包装；还可用于收缩套筒标签，国内一些商品也已广泛使用这种包装方法。

热收缩包装能得到广泛而迅速的发展，主要因为它具有以下优点。

①能适应各种形状与尺寸大小不同的物品的包装，特别适用于一般方法难以包装的异形产品，如果蔬、肉禽、水产及带盘的快餐食品或半成品的包装等。

②对食品可实现密封、防潮、保鲜包装，对产品的保护性好。热收缩薄膜一般具有透明性，热收缩包装后紧贴产品，可很好的显示产品的色泽和外观造型；由于热收缩比较均匀，而且热收缩薄膜具有一定的韧性，棱角处不易撕裂；盒、瓶、罐装食品用热收缩包装后，强化了包装的保护功能，增加了包装的外观光泽，从而提高了产品的装潢效果，强化了促销功能。

③可把零散的多种或多件产品方便地包装在一起，实现多件物品的集合包装或配套包装，为自选商场及其他形式的商品零售提供方便。同时，包装紧凑，多件物品在包装内位置相对固定，减轻了物品间的振动碰撞，避免损失，方便包装物的贮存和运输。

④包装材料轻，且用量少，有时借助浅盘可以省去包装盒，运输时可以不再用其他包装材料，包装费用低。

⑤包装工艺和设备简单，且通用性强，便于实现机械化快速包装，节省人力和包装费用，可部分代替瓦楞纸箱和木箱包装。

但是，热收缩包装也具有缺点，对于包装颗粒、粉末或形状规则的产品，此法不如其他包装方法速度快而方便；另外，热收缩包装需要热收缩通道，能源消耗、占用投资和占地面积较大。

（一） 热收缩薄膜的主要性能指标

1. 收缩率与收缩比

收缩率是指薄膜试样单位原长在一定加热条件下的尺寸收缩量的百分数，即

$$收缩率 = \frac{L_1 - L_2}{L_1} \times 100(\%) \tag{8-1}$$

式中，L_1 ——收缩前薄膜试样长度，m；

L_2 ——收缩后薄膜试样长度，m。

测试方法是先量出薄膜的长度 L_1 ，然后将薄膜浸放在120℃的甘油中1～2s，用冷水冷却，再测量长度 L_2 ，按式（8－1）进行计算。

收缩率包括纵向和横向两个值，包装用热收缩薄膜，一般要求纵横向收缩率相等，约为50%；也有单向收缩摸的，收缩率为25%～50%，还有纵横两个方向收缩率不相等的偏延伸薄膜。纵横两个方向收缩率的比值称为收缩比。

2. 收缩张力

收缩张力是指薄膜收缩后施加给被包装物的张力。在收缩温度下产生收缩张力的大小与产品的保护性关系密切，包装金属罐等刚性产品可允许较大的收缩张力，而一些易碎或易褶皱的产品，收缩张力过大，就会变形甚至损坏。因此，收缩薄膜的收缩张力必须恰当。

3. 收缩温度

热收缩薄膜加热到一定温度开始收缩，温度升到一定高度又停止收缩，在此范围内的温度称为收缩温度。对包装作业来讲，包装件在热收缩通道内加热，薄膜收缩产生预定张力时所达到的温度也称为收缩温度。收缩温度与收缩率有一定的关系，在收缩温度范围内，热收缩薄膜的收缩率随温度升高而增加，收缩温度范围大有利于收缩包装的收缩加工，不同薄膜收缩温度不同。在热收缩包装中，收缩温度越低，对被包装产品的不良影响越小，特别是新鲜蔬菜、水果和肉类等。

4. 热封性

热收缩包装作业中，在加热收缩前，必须先对裹包薄膜搭接边进行热封，使被包装物品处于封闭的收缩薄膜之中，且要求封缝具有较高的强度，因此，要求热收缩薄膜具有良好的热封性，即低的热封温度和足够的热封强度。表8－2所示为几种常见热收缩薄膜的热收缩性能。

表8－2　常见热收缩薄膜的热收缩性能

种类	典型厚度 /μm	最大收缩率 /%	收缩张力 /（kg/cm^3）	收缩温度 /℃	烘道温度 /℃	热封温度 /℃
PE（轻荷）	25.4～50.8	20～70	3.5～7.0	88～150	120～190	120～205
PE（重荷）	50.8～254	20～70	3.5～7.0	88～150	120～190	120～205
PE（交联）	15.2～38.1	50～80	17.5～35.0	70～145	107～305	150～260
PVC（轻荷）	12.7～38.1	30～70	10.5～21.0	65～150	107～155	135～190
PVC（重荷）	38.1～76.2	55	10.5～21.0	65～150	107～155	135～190
PP	12.7～38.1	50～80	21.0～42.0	93～172	150～230	172～205
PET	12.7～15.2	45～55	4.8～10.3	75～140	110～180	130～180
盐酸橡胶	—	45	—	～130	～160	120～170
PS	25.4～	40～70	7.0～42.0	100～132	132～160	120～150
PVDC	—	45	—	～140	～180	120～180

续表

种类	典型厚度 /μm	最大收缩率 /%	收缩张力 /（kg/cm³）	收缩温度 /℃	烘道温度 /℃	热封温度 /℃
PVDC + PVC	10.2 ~ 25.4	15 ~ 60	3.5 ~ 14.0	60 ~ 145	95 ~ 150	120 ~ 150
PB	12.7 ~ 50.8	40 ~ 80	7.0 ~ 24.5	88 ~ 172	120 ~ 205	150 ~ 205
EVA	25.4 ~ 254	20 ~ 70	2.8 ~ 6.3	65 ~ 120	95 ~ 160	95 ~ 172
离子型	25.4 ~ 76.2	20 ~ 40	10.5 ~ 17.5	90 ~ 132	120 ~ 172	120 ~ 205

资料来源：摘自参考文献 [1]。

（二） 常用热收缩薄膜及应用

目前，常用的热收缩薄膜有：聚氯乙烯、聚乙烯、聚丙烯、聚偏二氯乙烯、聚酯、聚苯乙烯、乙烯 - 乙酸乙烯共聚物和氯化橡胶等。

1. 聚氯乙烯（PVC）热收缩薄膜

收缩温度较低而范围广，收缩张力强，收缩速度快，作业性能好，有较好的透明性和光泽，封口干净整洁，透氧率低，透湿度较高，适用于含水分多的生鲜果蔬等的保鲜包装。缺点是抗冲击强度低，低温易变脆，不宜用作运输包装；另外，封口强度差，热封口时会分解产生臭味，且当塑料中的增塑剂变化时，薄膜易发生断裂，失去光泽等。

2. 聚乙烯（PE）热收缩薄膜

热封性好，封口强度高，抗冲击强度和撕裂强度高，热稳定性好，防潮性能好，价格低，多用于运输包装。缺点是光泽与透明性等比 PVC 差，收缩温度比 PVC 高 20 ~ 30℃，在热收缩通道后段需设有鼓风冷却装置，加速薄膜的冷却定型，PE 收缩薄膜是目前应用最为广泛的品种。

3. 聚丙烯（PP）热收缩薄膜

较好的透明性与光泽，黏着性、耐油性及防湿性能良好，收缩张力强。缺点是收缩温度高而范围窄，热封性差，封口强度低，主要用于录音磁带和唱片等物品的多件包装。

4. 其他热收缩薄膜

聚苯乙烯（PS）薄膜主要用于信件包装等；聚偏二氯乙烯（PVDC）薄膜主要用于肉食灌肠类包装；乙烯 - 醋酸乙烯共聚物（EVA）抗冲击强度大，透明度高，软化点低，收缩温度宽，热封性能好，收缩张力小，被包装产品不易破损，适用于带突起部分或异形物品的包装；Ionomer 是一种离子键聚合物，强度与延伸率都较大，与内容物的适应性好，适用于长途运输的冷冻食品的收缩包装；共聚热收缩薄膜具有良好的阻气性，特别适用于加料烹调的午餐肉、冷冻禽类、冷冻糕点等食品包装。聚酯（PETG）薄膜收缩率达到 80%，收缩程度要比 PVDC 薄膜高，更环保，成本也较低。

（三） 热收缩包装工艺

热收缩包装作业工序一般分为预包装和热收缩两步进行。

1. 预包装

预包装是将产品用热收缩薄膜裹包起来，使用封切包装机热封必要的口与缝的操作过程。预包装时，薄膜尺寸应比产品尺寸大 10% ~ 20%。尺寸过小，充填物品不方便，还会造成收缩张力过大，可能将薄膜拉破；尺寸过大，则收缩张力不够，裹包不紧或不平整。收缩薄膜厚度取决于产品大小、质量以及所要求的收缩张力，如 PE 热收缩薄膜厚度一般为 80～100μm，对于大托盘热收缩包装，厚度可增加到 500μm。

常用于热收缩包装的薄膜主要有平膜、筒状膜和对折膜三种形式，包装方法主要有两端开放式、四面密封式、一端开放式和套筒收缩标签四种，根据不同包装方法选择不同薄膜形式。

（1）两端开放式　采用筒状膜或平膜先将被包装物裹在一个套筒里，然后进行热收缩作业，包装完成后在包装物两端均有一个收缩口，两端开放式热收缩包装如图 8－43 所示。

图 8－43　两端开放式热收缩包装

（1）筒状膜　（2）平膜

资料来源：摘自参考文献［6］。

（2）四面密封式　采用筒状膜或平膜将产品四周包裹起来，接缝采用搭接式密封，四面密封式热收缩包装如图 8－44 所示。该法适用于要求密封的产品包装。

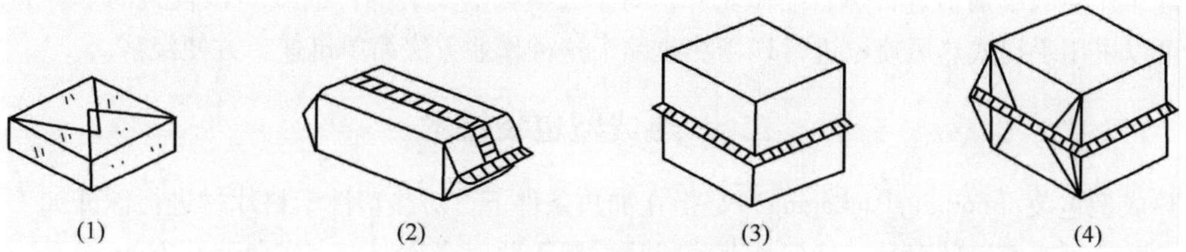

图 8－44　四面密封式热收缩包装

（1）折叠式　（2）三边封口式　（3）四边封口式　（4）折边四边封口式

资料来源：摘自参考文献［6］。

（3）一端开放式　该法的典型例子为托盘收缩包装，先将薄膜制成方底大袋，再将大袋由上而下套在堆叠商品托盘上，然后进行热收缩作业，一端开放式热收缩包装如图 8－45 所示。

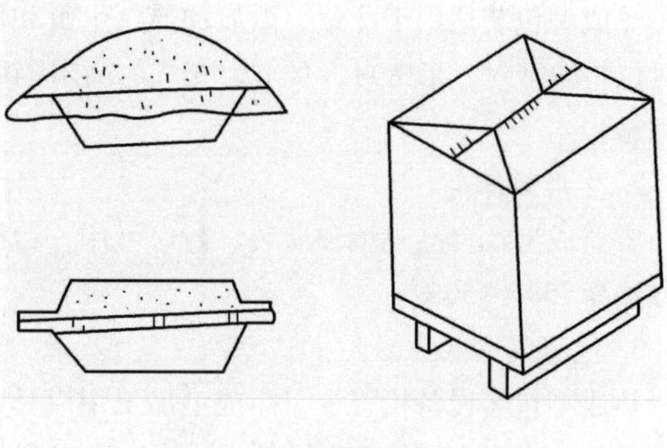

图 8－45　一端开放式热收缩包装

资料来源：摘自参考文献［6］。

2. 热收缩作业

热收缩作业是在热收缩装置中利用热空气对包装制品进行加热使薄膜收缩的过程，热收缩所用设备称为热收缩包装机

（也称热收缩通道），如图8－46所示，设备主要由输送带1和热缩隧道3组成。热收缩过程为：预包装件通过规定速度运行的输送带1送入热缩隧道3，利用热空气吹向包装件进行加热，使产品外部的热收缩薄膜自动收缩包紧产品，收缩完毕后，包装件被输送出热缩隧道3，自然冷却后从传送带上取下。也可根据产品大小、薄膜种类和薄膜收缩温度高低，当包装件被输送出热缩隧道后，使用冷却风扇9加速薄膜冷却。

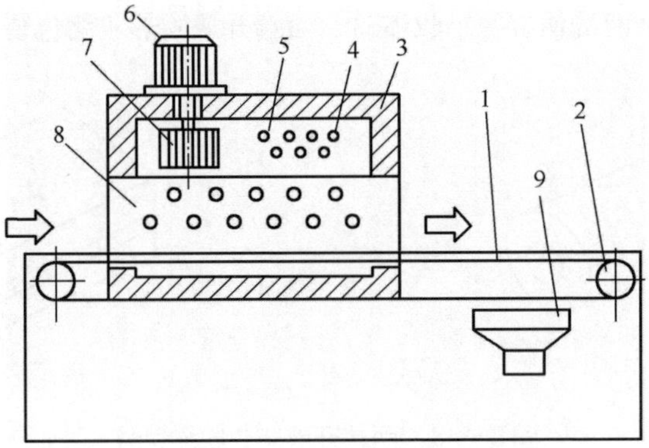

图8－46 热收缩包装机示意图

1—输送带 2—传动辊 3—热缩隧道 4—热电偶 5—加热元件

6—电机 7—风机 8—入口 9—冷却风扇

资料来源：摘自参考文献［6］。

除采用热收缩通道进行热收缩作业外，对于大型托盘集装的产品或体积较大的单件异形产品，可以采用手提式热风喷枪进行现场热收缩，这种作业方法简单迅速，方便经济。

二、 热成型包装技术

热成型包装（FormingPackaging）是指在加热条件下，对热塑性塑料片材进行深冲加工制成容器，并定量充填灌装食品，然后用薄膜或片材覆盖并封合容器口完成包装的方法。

热成型包装技术最早应用于奶制品的包装，目前，广泛应用于食品、药品等的包装。具有以下优点。

1. 适用范围广

热成型包装适用于冷藏、微波加热、生鲜和快餐等各类食品的包装，可满足食品贮藏和销售对包装的密封、半密封、真空、充气、高阻隔等各种要求，也可实现无菌包装要求，包装安全可靠。

2. 生产效率高

容器成型、食品充填和灌装、封口可用一台机器或几机连续完成，包装生产效率较其他成型方法高25%～50%。

3. 包装成本低

热成型包装设备投资少，热成型加工用模具成本仅为其他成型方法的10%～20%，一次性投资是其他成型方法的5%左右。另外，热成型包装容器壁薄，包装材料用量少，而且容器对内装物品有固定作用，避免物品受振动碰撞的损伤，因此，包装装箱时不需另用缓冲材料。

4. 包装卫生安全

热成型包装从制盒、装填到封口连续完成，不需手工操作，避免了包装容器转运可能带来的容器污染，若采用耐高温包装材料还可进行高温灭菌处理，延长了食品保存期，提高了卫生条件。

5. 展示效果好

包装容器形状、大小根据包装需要设计，不受成型加工的限制，特别适用于形状不规则物品的包装，同时，可以设计成各种异形容器，制成的容器外形美观，展示效果好，满足商业销售美化商品的要求。

（一）热成型包装的形式

1. 托盘包装

托盘包装结构如图8－47（1）所示，包装底膜通常采用硬质膜，经热拉伸成为一定形状的托盘，上膜采用软质膜将容器封合。适用于酸奶、果冻等流体、半流体或软体食品的包装，包装鲜肉等制品时，还可充入保护气体以延长食品的保质期。

2. 泡罩包装

泡罩包装结构如图8－47（2）所示，包装底膜可使用硬质膜或软质膜，将其拉伸成与包装物外形轮廓相似的形状，上膜采用有热封性能的复合薄膜。适用于糖果的包装。

3. 贴体包装

贴体包装结构如图8－47（3）所示，包装底膜采用硬质膜或涂布粘合剂的纸板，使用硬质膜时可采用热成型技术，上膜使用较薄的软质膜。包装时先在底板上打小孔，放置包装物后覆盖上膜进行抽真空，使上膜紧贴在包装物的表面并与底板粘合。适用于新鲜肉制品的包装。

4. 软膜预成型包装

软膜预成型包装结构如图8－47（4）所示，包装底膜和上膜均采用较薄的软质薄膜，底膜经预成型后充填入物品，可进行真空或充气包装。适用于香肠、三明治、火腿等食品的包装。

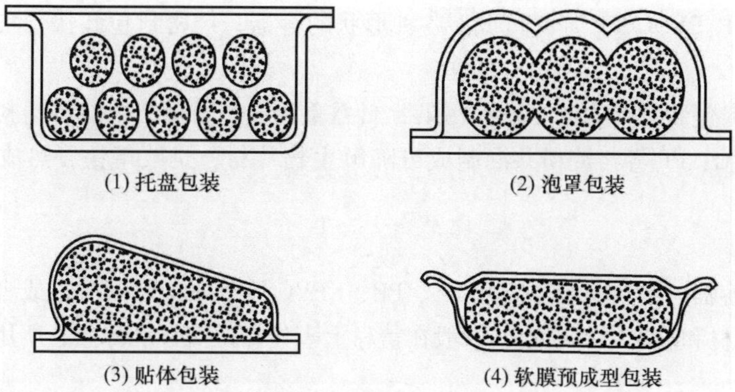

图8－47　预成型包装的形式

资料来源：摘自参考文献［2］。

（二）常用热成型包装材料

热成型包装用塑料片材按厚度一般分为薄片（＜0.25mm）、片材（0.25～0.5mm）和板材（＞1.5mm）三类。塑料薄片和片材用于连续热成型容器，如泡罩、浅盘、杯等小型食品包装容器。板材作为热成型容器片材时需要专门夹持加热，因而是间接成型加工，主要用于成型较大或较深的包装容器。

热成型塑料片材厚度应均匀，厚薄公差不应大于0.04~0.08mm，否则，加热成型时塑料片材因受热温度不均匀、软化程度不一而使成型的容器存在内应力，使容器使用强度降低或变形，甚至不能获得形状完整合格的容器。一般热塑性片材都可用于热成型法制造容器，目前，用于包装食品的主要有PE、PP、PVC、PS塑料片材和少量复合材料片材。

1. 聚乙烯（PE）

由于卫生、廉价，在食品包装上被大量使用，其中LDPE刚性差，在刚性要求较高或容器尺寸较大时可使用HDPE，但其透明度不高。

2. 聚丙烯（PP）

具有良好的成型加工性能，适合于制造深度与口径比较大的容器，容器透明度高，除耐低温性较差以外，其他都与HDPE相似。

3. 聚氯乙烯（PVC）

硬质PVC片材具有良好的刚性和较高的透明度，可用于与食品直接接触的包装，但是因拉伸变形性能较差，所以难以成型为结构复杂的容器。

4. 聚苯乙烯（PS）

热成型加工时常用BOPS片材，这种材料刚性和硬度好，透明度高，表面光泽。但热成型时需要严格控制片材加热温度，也不宜作较大拉伸，同时应注意成型用的框架应有足够的强度，以承受片材的热收缩作用。EPS片材也可作热成型材料，一般用来制作结构简单的浅盘、盆类容器，它的优点是质轻，有一定的隔热性，可用作短时间的保冷或保热食品容器，但这种片材的热成型容器使用后回收处理困难，视为“白色污染”，目前已被限制使用。

5. 其他热成型片材

PA片材热成型容易，包装性能优良，常用于鱼、肉等包装；PC/PE复合片材可用于深度与口径比不大的容器，可耐较高温度的蒸煮杀菌；PE、PP涂布纸板热成型容器可用于微波加工食品的包装；PP/PVDC/PE片材可成型各种形状的容器，经密封包装快餐食品，可经受蒸煮杀菌处理。

国际上对塑料包装废弃物的“白色污染”日益重视，纷纷推出可降解塑料片材用于热成型包装，用PE、PVC、PP等与淀粉共混制成可降解生物片材，是改革快餐热成型包装的重要发展方向之一。

6. 封盖材料

热成型包装容器的封盖材料主要是PE、PP、KPVC等单质塑料薄膜，或者使用铝箔、纸与PE的复合薄膜片材和玻璃纸等材料，一般在盖材上事先印好商标和标签，所用印刷油墨应能耐200℃温度。

（三）热成型加工方法

热成型加工按成型时施加压力方式的不同可分为差压成型法、机械加压成型法和助压成型法；按模具形式的不同可分为凸模成型法和凹模成型法。

一般情况下，凸模模具的原始成本和制造时间都比凹模模具要少很多，但凸模模具需要在模具空腔间留有比凹模更多的空间，也即每批的凸模模具需要更多的材料。因此，凸模成型法只适合小批量生产。此外，凹模成型法加工的容器底面在下，凸模成型法加工的容器底面在上，凹模成型法加工的容器更方便于后续工序，如充填、封口等。

1. 差压成型法

差压成型法是通过被加热塑料片材上下方的气压差的压力使塑料片材变形成型的方法，又分为空气加压成型和真空吸力成型。

图8－48（1）所示为凹模空气加压成型原理图，塑料片材被夹持送到模具上方，并紧压在模口上，片材加热软化后，从塑料片材上方通入压缩空气，片材下方模具上设有排气孔，片材被压缩空气压向模腔，并贴附在模具上而变形成型，模腔内的空气由下部的排气孔排出。图8－48（2）所示为凹模真空吸力成型原理图，前期操作方法与空气加压成型相同，但是，片材加热软化后，抽真空装置通过模具下方排气孔将模腔内空气抽出，使塑料片材封闭的模腔呈负压，塑料片材在负压作用下沿成型模内壁变形成型。凹模差压成型由于受热软化的塑料片材接触到成型模即开始冷却定型，所以制得的容器各处的材料分布不均匀，容器的侧壁、底部的中间部分壁厚较厚，而边角部分壁厚较薄。

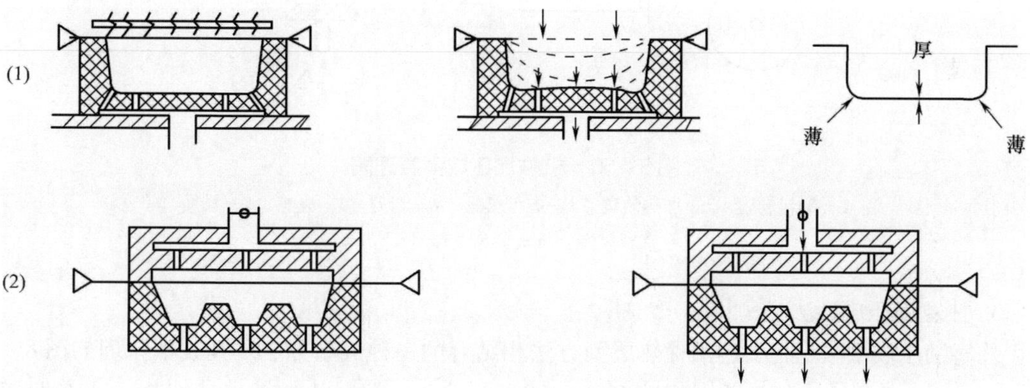

图8－48　凹模差压成型原理图

（1）空气加压成型　（2）真空吸力成型

资料来源：摘自参考文献［6］。

图8－49所示为凸模真空吸力成型原理图，塑料片材被夹持并加热到成型温度，片材受热软化后，将片材覆盖在凸模上，抽真空装置在成型模下面抽真空，使塑料片材在真空吸力作用下沿成型模外壁变形成型。凸模差压成型加工的容器各处材料的分布也不均匀，容器的底部是最先接触的部分，厚度接近片材原有的厚度，而容器的侧壁较薄。

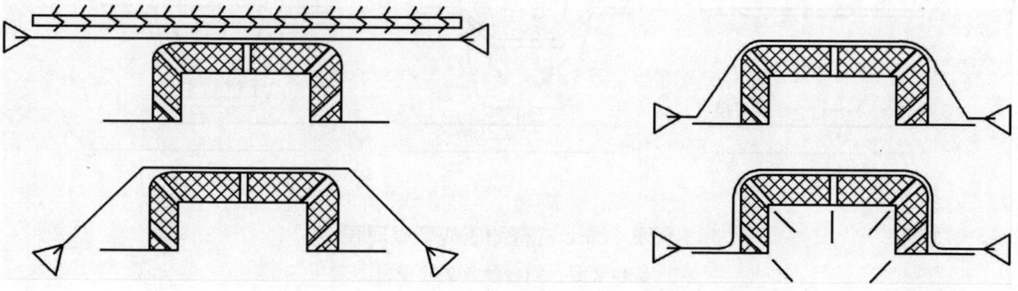

图8－49　凸模真空吸力成型原理图

差压成型法的优点是制品成型简单，对模具材料要求不高，只要单个凹模或凸模，甚至可以不用模具生产泡罩包装制品，制品外形质量好，表面光洁度高，结构鲜明。缺点是制品壁厚不太均匀，最后与模壁贴合部位的壁较薄。

2. 机械加压成型法

机械加压成型原理如图 8－50 所示，将塑料片材加热到所要求的温度，送到上下模间，上下模（凸模和凹模）在机械力作用下合模时将片材挤压成模腔形状的容器，冷却定型后开模取出制品。这一成型法具有制品尺寸准确稳定，制品表面字迹、花纹显示效果较好等特点。

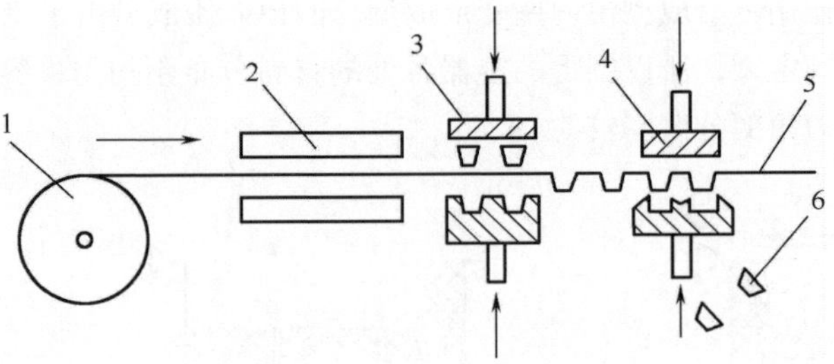

图 8－50　机械加压成型原理图

1—塑料卷膜　2—加热装置　3—成型模具　4—切刀　5—废料　6—成品

资料来源：摘自参考文献［6］。

3. 柱塞助压成型法

柱塞助压成型法是将上述两种热成型方法相结合的一种成型方法，其成型原理如图 8－51 所示。采用一个尺寸大约为凹模容腔 60%～90% 的冲头，塑料片材被夹持加热后压在凹模口上，在模底气孔口封闭的情况下，冲头将受热的塑料片材压入模内使其变形到一定程度，由于气孔封闭致使模腔内的空气反压，使片材接近模底而不与模底接触，然后打开模底气孔抽气或在上方通入压缩空气，与冲头一起加压，使塑料片材沿模腔变形，最后冷却定型。这种成型方法在合理确定柱塞形状、尺寸以及推压速度、推压距离的情况下，可以使大部分的制品壁厚分布均匀，常应用于杯形容器和其他深拉深加工制品，加工质量较高。

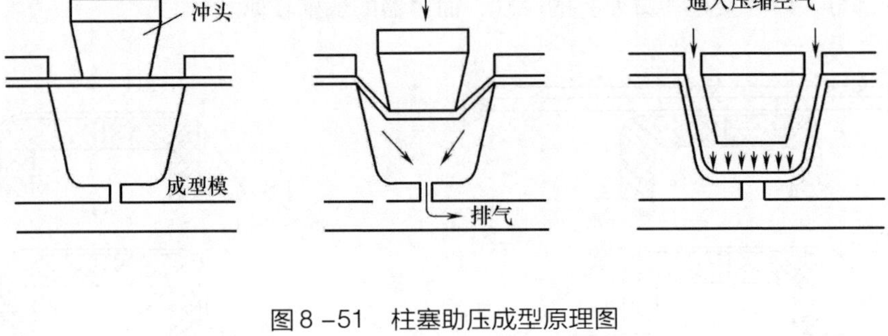

图 8－51　柱塞助压成型原理图

资料来源：摘自参考文献［2］。

（四）热成型包装设备

近些年来，热成型包装技术得到迅速发展和广泛使用，目前的多功能热成型包装机，不仅能在同一台设备上完成容器成型、物品充填、加盖封口等一体化操作，有的机型还可完成真空、充气包装。根据自动化程度、功能、结构形式、运动形式等不同，可以分为很多种机型。本文主要介绍间歇卧式热成型－充填－封口包装机。

间歇卧式热成型－充填－封口包装机工作原理如图8－52所示，塑料薄膜1步进式进入，在成型器2处被加热成型为包装容器，冷却定型后脱模；容器在充填工位3进行物料定量充填；覆盖膜4在封盖工位5处进行容器口的加热封合；牵引装置6带动已封盖的容器水平移动，在刻印装置7处完成喷码打印工序；最后由冲裁装置8将包装容器切下，成品由输送皮带10送出，废料则由废料卷辊9卷取。

该机型的生产速度一般为800～1200个/min，容器最大尺寸可达200mm左右，容器高度可达90mm，适用于乳制品、果汁、布丁、果冻、冰淇淋等的包装。

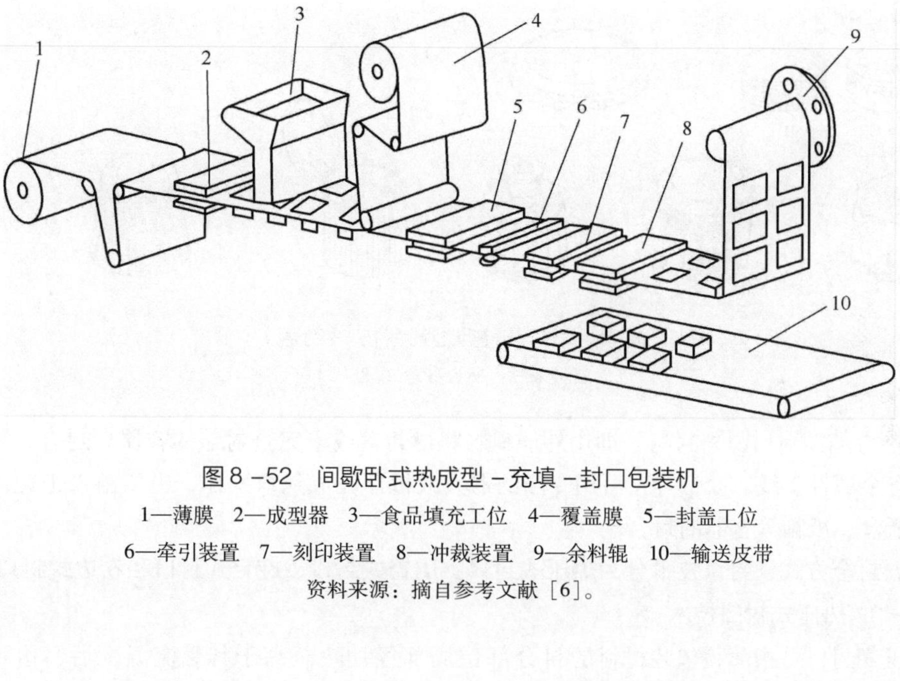

图8－52　间歇卧式热成型－充填－封口包装机

1—薄膜　2—成型器　3—食品填充工位　4—覆盖膜　5—封盖工位

6—牵引装置　7—刻印装置　8—冲裁装置　9—余料辊　10—输送皮带

资料来源：摘自参考文献［6］。

第五节　食品封口、贴标和捆扎包装技术

一、封口技术

封口操作是食品被充填入容器后，将容器开口部分封合起来的工序，能有效地保护食品在方便运输、贮存和陈列销售过程中不受外界污染。由于被包装食品种类繁多，包装要求各异，所用包装材料和容器各不相同，因而采用的封口方式和使用的封合物也是多种多样的。

根据包装容器口部形状不同以及是否使用封口材料，封口方式主要有无封口材料封口、有封口材料封口和有辅助封口材料封口三类。

（1）无封口材料封口　即直接用包装容器口壁部分材料经热熔、粘接或扭结折叠等方法实现封口，如塑料袋封口、纸袋封口、各种裹包封口等。这类封口可以在相应的裹包机或袋装机的封口工位上直接完成操作，不需另设封口机械，在自动化程度较低的生产场合，可采用手工或专用包装器具将装好物品的包装袋封口。

（2）有封口材料封口　即用封口材料预先制成与被封容器口相匹配的封合物，然后在专用的封口机上用封合物将容器口封合。这类封口方法主要用于金属、玻璃、塑料材料制成的刚性瓶罐容器的封口。封合物主要有各种封盖、塞、罩盖、衬垫等，其中封盖是重要的封合物，图8－53所示为几种典型的封盖。

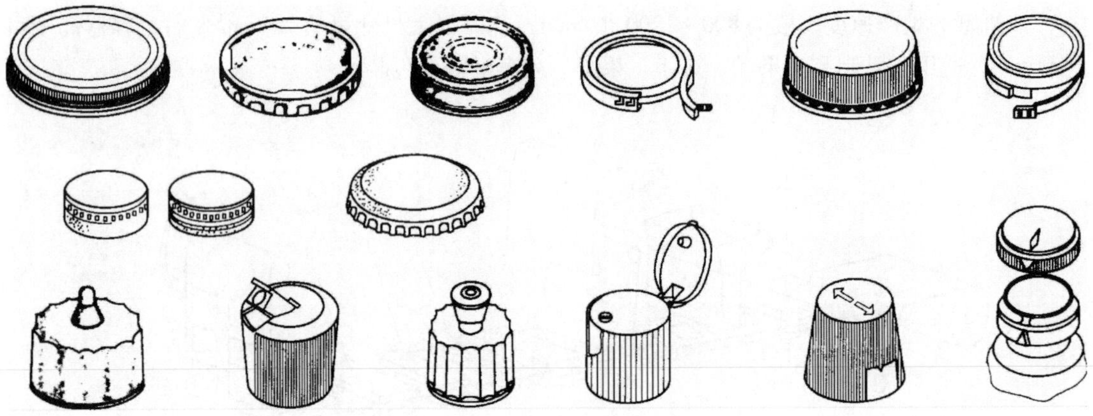

图8－53　几种典型封合物（封盖）

资料来源：摘自参考文献［6］。

（3）有辅助封口材料封口　即用外加材料将已封盖或未完全封盖的容器口封合，外加的辅助材料有金属针、线、胶带等，可用专门的器具或机器完成封口操作，也可由人工完成封口操作，如纸盒、纸箱等容器的封合。

根据封合方式，封口技术分为热压式封口、压盖式封口、旋合式封口和卷边式封口等。

（一）热压式封口技术

热压式封口是指薄膜包装材料的封合部位局部经加热至高于其黏流温度后，达到熔融状态，施加一定压力，并保持一段时间，分子互相渗透，再经过冷却、定型的封口技术。

常用的热压封口工艺主要有以下几种：

1. 滚轮式热封合

如图8－54（1）所示，两个回转的滚轮中有加热元件，通过连续回转运动，对其间的薄膜进行加热、加压，使其热封合。该法可连续热封，一般用于纵封。

2. 辊式热封合

如图8－54（2）所示，滚筒内装有加热元件，两滚筒由弹簧保持弹性接触，以保持合适的压紧力，通过滚筒的连续回转，实现热封合。该法适用于横封。为适应薄膜宽度的需要，滚筒较长。

3. 带式热封合

如图 8－54（3）所示，待封的薄膜夹在两条回转的金属带中间，板式加热器置于金属带两侧，并对薄膜进行加热、加压，实现热封合。由于薄膜在热封合过程中被金属带夹持，因此，薄膜不会因加热产生变形。该法可实现连续纵封，但设备较复杂。

4. 板式热封合

如图 8－54（4）所示，加热元件为两块矩形截面的板形构件，一般采用电热丝、电热管式热板保持恒温，两块板合拢对薄膜加热、加压，实现热封合。该法进行间歇运动，结构与运动形式较简单，适用于聚乙烯类薄膜的横封，不适合用于遇热易收缩的聚丙烯等薄膜。

5. 脉冲式热封合

如图 8－54（5）所示，该法是利用脉冲电流封口，在薄膜和压板间放置一扁形镍铬合金电热丝，使其作为加热元件直接与薄膜接触加压，并通以瞬间低压大电流，使薄膜迅速熔合，然后加压冷却，抬起压板。该法封口质量高，热变形小，适合材料范围广泛，但生产率低。

6. 高频式热封合

如图 8－54（6）所示，上下两个电极相对压住薄膜，加上高频电压，薄膜因介电损耗而发热熔化，在压力作用下封合。该法属于“内部加热”，加热快，温度高，封口强度高，适用于聚氯乙烯等介电损耗大的薄膜。

7. 超声波式热封合

如图 8－54（7）所示，该法是利用超声波的高频振荡作用，使封口处薄膜内部摩擦发热熔化而封合。主要工作部件为超声波发射器。该法也属于“内部加热”，封口质量好。对热变形较大的薄膜也能良好封合，且瞬间就可热封，但所需设备投资大。

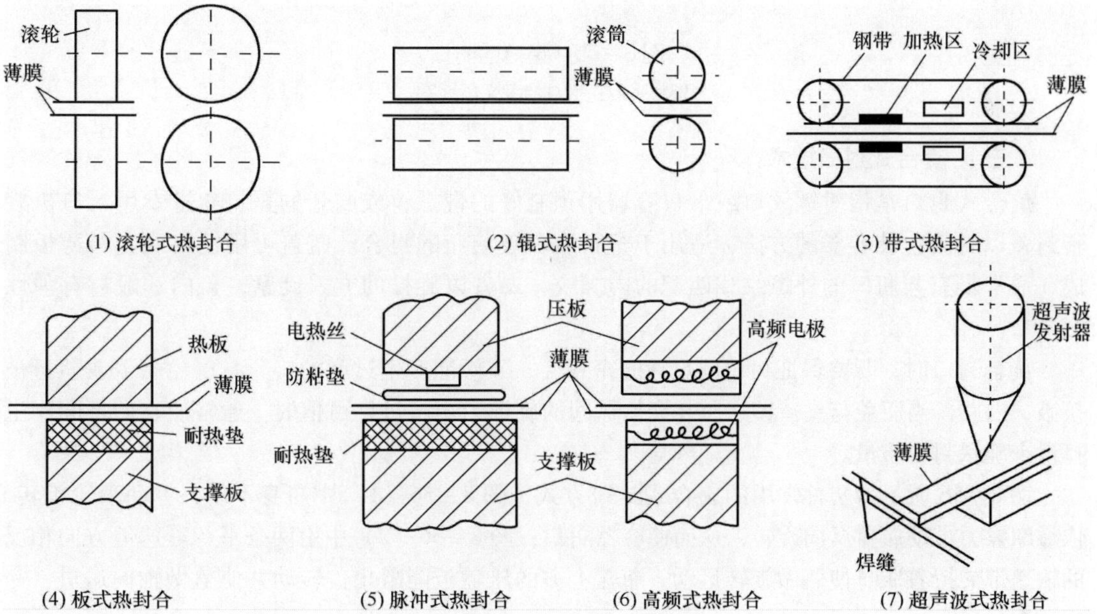

图 8－54　常用热压封合技术

资料来源：摘自参考文献 [7]。

（二） 压盖式封口技术

压盖式封口是指将配有高弹性密封垫片（通常为橡胶材料）的封合物加在待封容器口上，由机械施以垂直方向的压力，使封合物与容器口密封性连接的封口技术。该法典型的实例是由马口铁预压成型的皇冠盖，如图 8 – 55 所示，盖内由密封垫或注有密封胶，使用专用压盖机将皇冠盖折皱边压入瓶口凹槽内，并使盖内密封材料发生适当挤压变形，然后将盖的折皱部分压紧扣住瓶口凹槽上的凸棱下缘，使盖与瓶间勾连，得到牢固且严密的封口。

压盖式封口操作简单，密封性能好，应用广泛。要求落盖准确，盖压下力合适，盖周边收缩力均匀，盖内密封垫不能有外露现象。

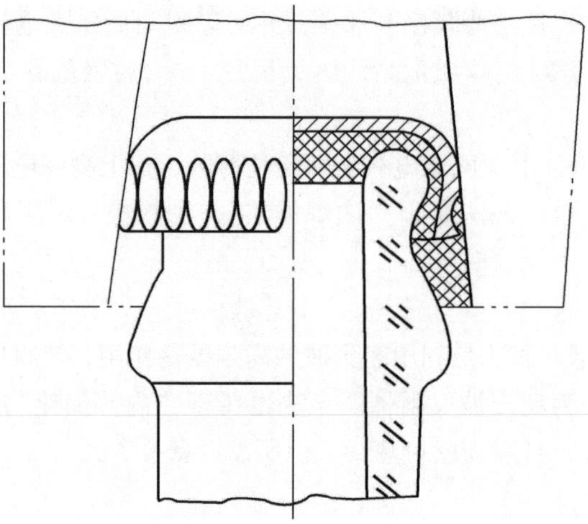

图 8 –55　皇冠盖封口

资料来源：摘自参考文献［2］。

（三） 旋合式封口技术

旋合式封口是指对螺纹口或卡口容器用预制好的带螺纹或凸牙的盖，通过专用封口机旋转封盖以封闭包装容器的方法，适用于塑料瓶和玻璃瓶的封合。瓶盖可用塑料或金属薄板制成，通常带有与瓶口的外螺纹相匹配的内螺纹，二者以旋拧的方式旋紧，盖内一般衬有弹性密封垫。

旋合封口时，既要保证封口有足够的密封性，又不能产生过度的旋紧，以免瓶盖或瓶身被挤破，因此，当瓶盖与夹持器、瓶与夹持器间的旋拧力矩超过许可值时，通常使它们之间产生打滑来确保封口质量。

图 8 – 56 所示为两种常用的旋合式封口方式，图 8 – 56（1）中瓶身不动，主动滚轮旋转，依靠摩擦力带动瓶盖反向旋转，从而使容器封口；图 8 – 56（2）中由两条平行等速但方向相反的输送带夹持着瓶身使瓶做旋转运动，瓶盖上方的压盖板能阻止盖转动并使盖做轴向送进，完成旋合封口。

（四） 卷边式封口技术

卷边式封口技术主要用于玻璃容器和金属容器等的封口。

图 8 – 57 所示为玻璃罐卷边式封口示意图，玻璃容器采用卷边式封口时，瓶盖常采用金属

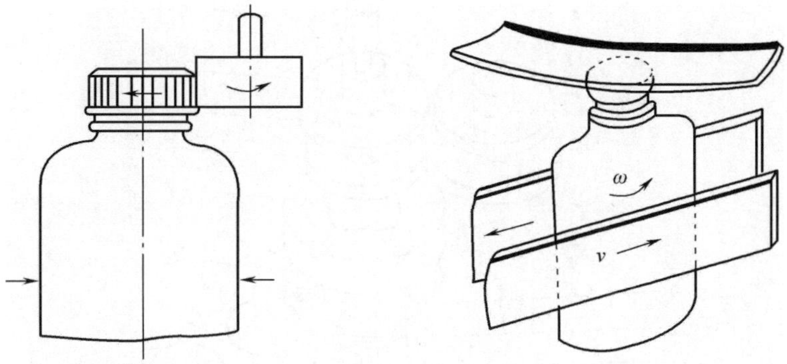

图 8－56　旋合式封口

资料来源：摘自参考文献［2］。

盖，并配以弹性密封圈垫。为了使玻璃罐身与罐盖间得到严密可靠的密封，玻璃罐的颈部制作有凸棱，载上罐盖的玻璃罐由上罐机构送到下压头上并被托起夹持在上、下压头之间，卷封滚轮 2 一面绕着玻璃罐圆周做滚转运动，一面又朝玻璃罐中心做径向进给运动，迫使罐盖 3 周缘产生卷曲变形，弹性胶圈 4 在盖与瓶之间受到挤压变形，罐盖 3 的周缘在卷封滚轮的挤压下卷曲到玻璃罐凸棱的下缘，形成勾连连接，保证了卷封的密封性。

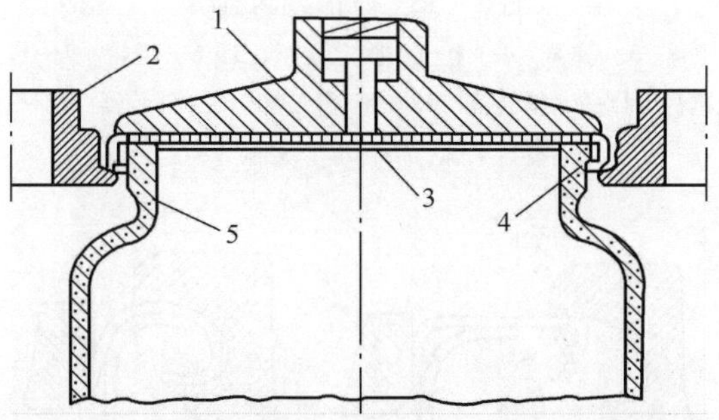

图 8－57　玻璃罐卷边封口

1—上压头　2—卷封滚轮　3—罐盖　4—弹性胶圈　5—玻璃罐

资料来源：摘自参考文献［2］。

图 8－58 所示为金属罐卷边式封口示意图，充填物料后的罐体由推头 15 间歇送入，分盖器 13 从罐盖贮槽 12 中拨出一片罐盖，并由推盖板 14 推出落在送入的罐体口上，然后带盖罐体被送入六槽转盘 11，并被送至卷封工位；托罐盘 10 将罐上推并旋转，罐盖被上压头紧压在罐口上，同时，两个滚轮 8 在封盘 7 旋转带动下，沿罐口先后两次加压滚动，使罐口翻边和罐盖圆边相互咬合，进而卷曲，最后压紧完成二重卷边封口，卷封过程如图 8－59 所示；卷封后的罐体由转盘带离卷封工位，并由输罐机构输出。卷边内的缝隙由事先涂注在罐盖圆边内的密封胶膜填充，进一步保证封口卷边的密封性。

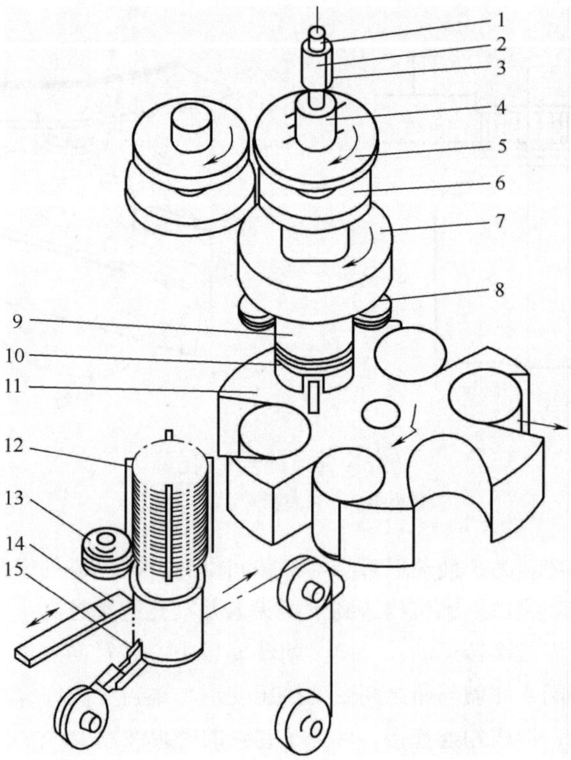

图8-58 圆形罐封罐机

1—压盖机 2—套筒 3—弹簧 4—上压头固定支座 5、6—齿轮 7—封盘 8—卷边滚轮 9—罐体 10—托罐盘 11—六槽转盘 12—罐盖贮槽 13—分盖器 14—推盖板 15—推头

资料来源：摘自参考文献［8］。

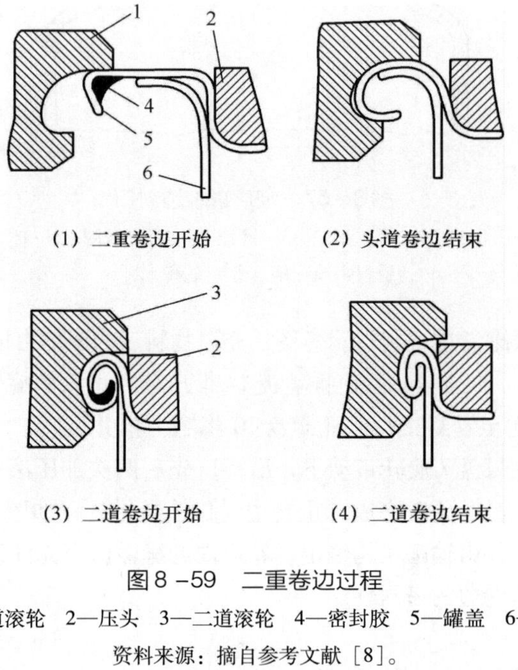

图8-59 二重卷边过程

1—头道滚轮 2—压头 3—二道滚轮 4—密封胶 5—罐盖 6—罐身

资料来源：摘自参考文献［8］。

（五）热熔式封口技术

对聚乙烯、聚丙烯、聚氯乙烯、聚酯、聚苯乙烯等具有热熔性能的塑料制成的容器可采用热熔封口工艺。进行热熔封口时，先将经装潢的封口塑料膜片（单质或复合材料）放到塑料瓶的口部，再以电加热的热熔封接压头对塑料瓶的封口部位实施加热加压，使瓶口的封口界面与封口塑料膜片间受热熔接，冷却后得到牢固且密封性很好的封口。

塑料瓶的热熔封口加热方式一般采用脉冲式热封，密封性好、封口强度高、封口形式简单，但拆开后不能再封，因此，一般用于一次性消费包装封口，通常外层还旋合有螺旋盖。

二、贴标技术

贴标是指采用黏结剂将标签贴在包装件或产品上的操作，贴标用标签是附加在包装容器或商品上的纸条或其他材料，或者直接印在容器或物品上，上面印有产品说明和图样，对商品有装潢作用，便于商品的销售和管理。主要用来传递以下信息：①产品信息，包括产品名称、特性、成分、使用方法、储存方法等；②企业信息，包括企业地址、电话、传真、网址等；③质量与法规信息，包括保质期、服务承诺、批号、产品许可证、认证标志等；④运输流通信息，包括货运标志、搬运标志、条形码等。标签已成为商品识别物和信息主要载体，是流通销售环节中必要的辅助手段。

（一）标签种类

1. 根据功能分类

标签根据功能可分为商标、货签、吊牌和其他标签，常用的材料主要由纸、金属箔、塑料及复合材料。

（1）商标　商标是商品的牌子，由文字、图形或其组合构成，注明在商品、商品包装材料上，以区别不同商品生产者或经营者所生产或经营的同一或类似商品的专用标志。因此，商标可以用来区别不同商品，具有保证商品质量和广告宣传的作用。商标使用人必须通过申请注册，经有关部门批准，才能取得注册商标专用权，并受法律的保护。

（2）吊牌　吊牌是一种活动标签，通常用纸板、塑料、金属等制成，上面印有对产品的简要说明和图样，用线、绳、金属链等挂在商品上。有些产品合格证也采用吊牌方式挂在商品上。

（3）货签　货签是粘贴或悬挂在运输包装件上的一种标签。标签上有货号、品名、规格、数量、运输号码、收发货单位、发货地点、发货件数量等，一般用纸、塑料或金属片等制成。

（4）其他标签　除以上三种功能的标签外，还有合格证、检验员号、价标等其他功能的标签。

2. 根据标签放置方法分类

标签根据标签放置方法分为胶粘标签、热敏标签、压敏标签、系挂标签、插入标签和直接印在包装件或包装容器上的标签等。

（1）胶黏标签　一般用纸等薄片材料制成，经印刷、模切成所需形状。涂胶可在制造标签时完成，使用时用水润湿背胶后粘贴，也可在使用时涂胶。

（2）热敏标签　制标时在标签背后涂一层热熔性塑料树脂，使用时加热标签，使塑料涂层熔化后粘贴于商品或容器表面。热敏标签比胶粘标签价格高些，但使用方便，可适应高速贴标要求，特别适合于将标签作为封闭物使用，如折叠式裹包封口的饼干两端各贴一个标签，既是标签又起封口作用。

（3）压敏标签　在标签背面涂以压敏胶，然后黏附在涂有硅树脂的隔离纸上，使用时将标签从隔离纸上取下贴于商品表面。压敏标签可制成单个，也可黏附在成卷隔离纸上，用于高速贴标场合。

（4）系挂标签　用卡纸、薄纤维板或金属片制成，用线绳或金属丝系挂在商品上，有时用彩色稠带系在礼品之上。

（5）插入标签　将标签放在透明的包装件内，不需固定，顾客可透过透明包装材料看到标签。

（6）直接印在包装件或包装容器上的标签　这种标签直接印在塑料或纸包装袋上，也可印在玻璃、金属容器的表面。

（二）贴标工艺

贴标工艺过程因标签种类和使用设备不同而略有差异，大致可分为两类，即用冷胶或热熔胶（包括热敏胶）贴标和压敏胶标签贴标。

贴标基本工艺如下。

取标 → 标签传送 → 印码 → 涂胶 → 贴标 → 整平

（1）取标　由取标机构将标签从标盒取出，取标方法有机械取标和真空吸取等。

（2）标签传送　把标签传送给贴标部件。

（3）印码　在标签正面印上生产日期、产品批号等字码。

（4）涂胶　在标签背面涂抹黏合剂。

（5）贴标　把标签贴到产品或包装件的表面。

（6）整平　把粘贴好的标签整平，消除皱纹、起泡、翘曲、卷起等。

（三）贴标设备

贴标机按贴标的工艺特征可分为黏合贴标机、套标机、挂标签机、收缩标签机、不干胶标签机、钉标签机。

1. 黏合贴标机

黏合贴标机是采用黏合剂将标签贴在包装容器或产品上的机械装置，按取标签的方式不同可分为机械式、真空转鼓式、取标板式等。

图 8－60 所示为广泛使用的真空转鼓式贴标机，工作过程为：包装瓶由板式输送链 1 和进瓶螺杆 2 以一定间隔向逆时针转动的真空转鼓 3 传送；真空转鼓 3 圆柱面上被分隔为若干个贴标区段，每一段上分布有一组真空孔眼用于吸取标签。转鼓外有两个标签盒 6 作摆动和移动以保证真空转鼓 3 从标签盒 6 中取出标签；当有瓶操作时，标签盒 6 向转鼓靠近，标签盒 6 支架上的滚轮触碰真空转鼓 3 的滑阀活门，使正对着标签盒 6 位置的一组真空孔眼接通真空，从标盒吸取一张标签；随后标签盒 6 离开转鼓，转鼓带着标签转至印码装置 5、涂胶装置 4，分别打印上日期和涂胶。转鼓继续旋转，已涂胶的标签与送来的瓶子相遇，此时真空吸标孔眼被切换成直通大气而使标签失去真空吸力，与真空转鼓 3 脱离而粘贴到包装瓶上；包装瓶带着标签进入转鼓与海绵橡胶垫 8 之间，通过摩擦带动而自转，标签即被滚贴到包装瓶身上，使其在包装瓶子贴牢，完成贴标过程。

该机生产能力为 6000～12000 瓶/h，适用于圆柱体瓶身上粘贴标签。

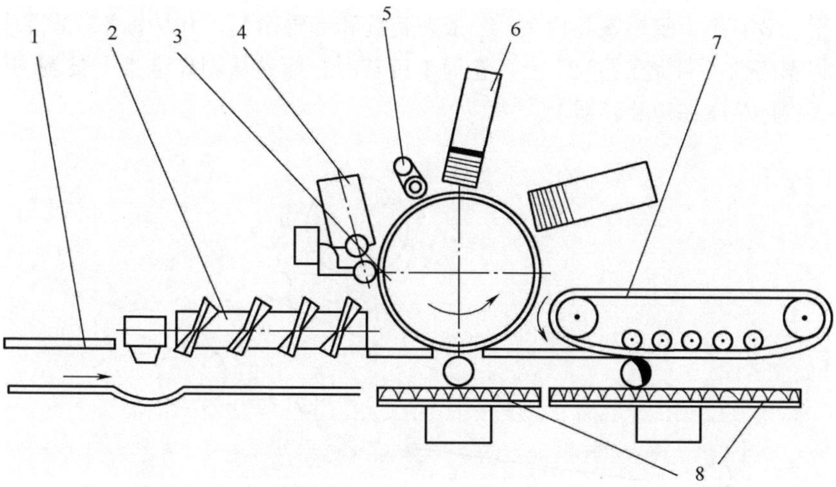

图8-60　真空转鼓贴标机原理图

1—板式输送链　2—进瓶螺杆　3—真空转鼓　4—涂胶装置

5—印码装置　6—标签盒　7—搓滚输送皮带　8—海绵橡胶衬垫

资料来源：摘自参考文献［6］。

2. 不干胶标签机

不干胶标签机是指将不干胶标签贴在包装容器或产品上的机械，如图8-61所示，不干胶材料由表面基材、黏合剂、剥离层三部分组成。常用的表面基材有涂布纸、荧光纸、金属箔纸、聚酯薄膜、聚乙烯薄膜、聚丙烯薄膜等，其背面涂有黏合剂，经印刷模切后取下贴在包装容器或产品上；黏合剂按功能分为弱黏型标贴（可多次剥离再粘贴）、强黏型标贴（属永久黏着型，粘贴后取下会毁坏标贴本身）、超强黏型标贴，黏合剂对不干胶印刷材料的性能及使用范围有直接的影响；剥离层主要是承载表面基材和保护黏合剂，常采用纸质材料，在其表面涂布硅油以防止表面基材背面的黏合剂粘在剥离层上，并使表面基材和剥离衬纸之间有一定的黏着力便于印刷和模切。

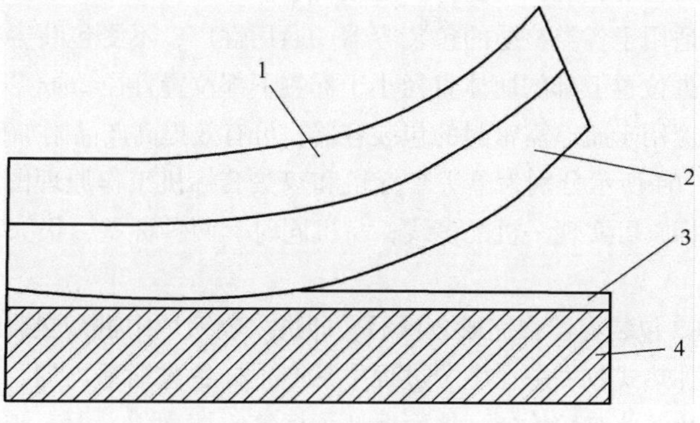

图8-61　不干胶标签的组成

1—表面基材　2—黏合剂　3—硅油　4—剥离层

资料来源：摘自参考文献［2］。

不干胶标签机按结构形式可分为立式和卧式两种，图 8-62 为立式不干胶标签机。工作过程为：支撑架上装有不干胶标签卷筒 2，经张力装置和导辊牵引，并从标签检测装置下通过以检测定位；将剥离纸一端绕在卷筒 1 上，卷筒 1 旋转时，标签从剥离纸带上被剥离下来，经过压贴标紧辊 3 将标签压在包装容器上。

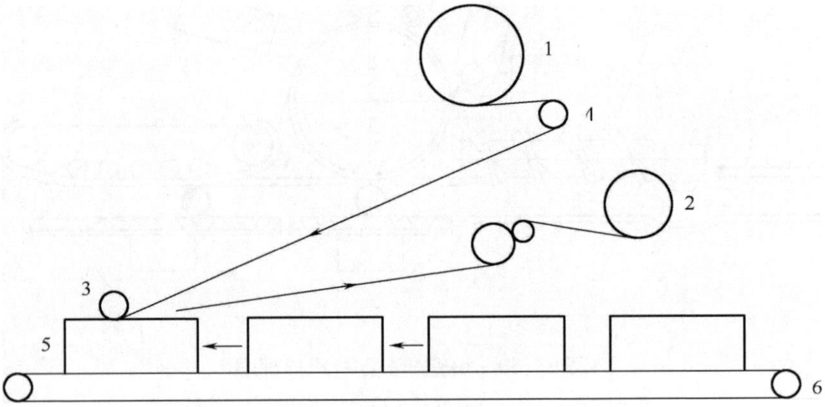

图 8-62　滚压式贴标机

1—标签卷　2—衬纸卷　3—贴标辊　4—导辊　5—容器　6—输送带

资料来源：摘自参考文献［7］。

当标签上的黏合剂是一种加热后产生黏性的热塑性黏合剂时，这类不干胶标签称为热敏标签。若黏合剂只具有瞬时黏性，则加热后必须迅速粘贴，适用于塑料容器；若黏合剂的黏性加热后可保持较长时间，则适用于金属容器和玻璃容器。

3. 收缩套标机

收缩套标工艺包含两个过程：包装容器套标；标签加热收缩，紧箍在包装容器相应部位，从而完成包装容器的收缩套标过程。

（1）包装容器套标　根据套标部位不同，包装容器套标可分为全瓶套瓶身半标套标和瓶口套标三种。

全瓶套标机不受瓶型的影响，目前，广泛应用于各果汁饮料、酒等包装容器的套标。

瓶身半标套标机适用于各类材质的包装容器，通用性广，不受包装容器形状影响，只要符合套标原理（标签所处位置上部的瓶体直径小于标签下部位置直径 2mm 以上为最佳）即可。

瓶口套标机广泛应用于瓶口需密封的包装容器，可有效提高产品附加值，提升产品形象。

图 8-63 和图 8-64 所示分别为单头套标机和双头套标机工作原理图，其中，双头套标机广泛应用于超高速套标，可实现一机配多线，一机同时套两种标签，很大程度上降低了设备投资和运行成本。

（2）标签热收缩　包装容器在完成套标后，即进入收缩炉中进行热收缩。收缩炉有电加热式和蒸汽式。由于电加热式收缩炉在生产过程中易产生标签收缩不均匀、易起皱等现象，应用较少。蒸汽式收缩炉热源分布较均匀，从而保证了标签收缩均匀，无起皱与过热现象，而且使用成本较低，安全方便，因此，应用较广泛。

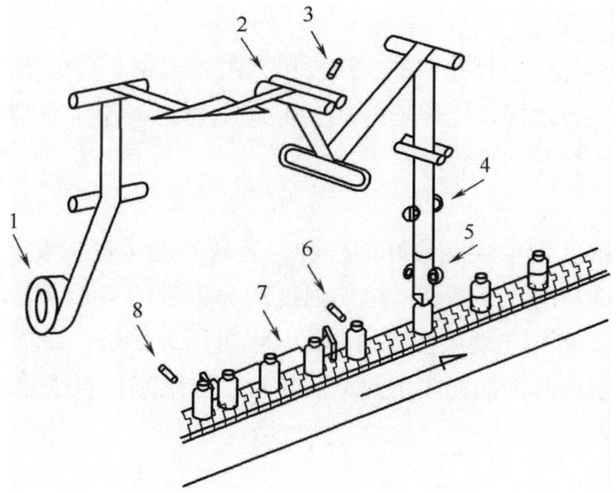

图8－63　单头套标机工作原理

1—标签卷筒　2—送料胶轮　3—补料检测装置　4—箍制滚筒　5—射标滚轮
6—包装件检测装置　7—进料螺杆　8—螺旋尼龙检测装置

资料来源：摘自参考文献［3］。

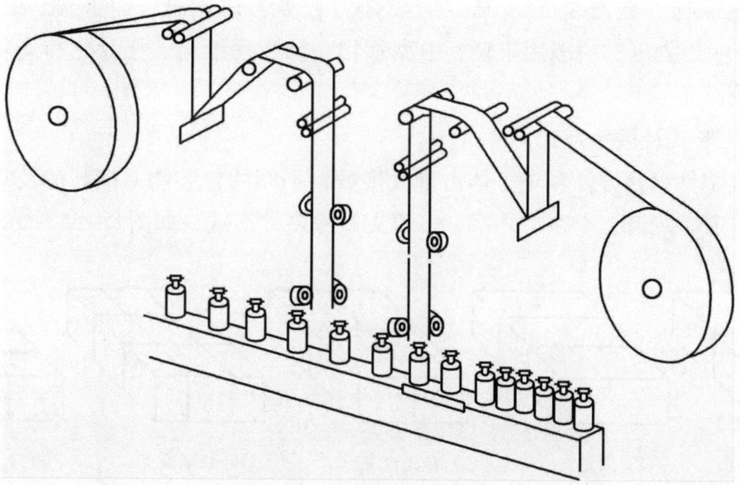

图8－64　双头套标机工作原理

资料来源：摘自参考文献［3］。

三、捆扎技术

捆扎是指用挠性带状材料将产品或包装件扎紧、固定或加固的操作，可以增强外包装的强度，减少散包所造成的损失，提高装卸效率，节约运输空间、运输时间和运输成本，并方便搬运和销售。适用于松泡产品、线状或细长产品，以及包装箱货物、托盘货物、货板货物等。

（一）捆扎带材料

包装用捆扎带有金属和非金属捆扎带两类，主要有以下几种。

1. 金属捆扎带

金属捆扎带也称钢捆扎带、打包钢带、铁腰子，由碳素钢、合金钢等轧制而成；特点是抗拉强度极高，持续拉伸应力最好，延伸率最小，但易生锈，多用于重型包装件的捆扎及固定，以及钢材、建筑材料、木材等的集装捆扎。

2. 聚酯捆扎带

聚酯捆扎带是塑料捆扎带中性能最好的一种，有较高的抗拉强度，较好的延伸恢复能力，受潮不会产生蠕变，有缺口时也不断裂，拉伸强度约为钢带的1/2以上，可代替轻型钢带，成本比钢带低30%以上。既可用于硬质货物的捆扎，也可用于膨松压缩货物的捆扎，且耐化学腐蚀性好，因此，瓶装化学药品的捆扎多用此类捆扎带。但聚酯材料受热产生难闻气味，其接头应尽量避免用热合法接合。

3. 尼龙捆扎带

尼龙捆扎带有较高的抗拉强度和持续拉伸应力，一般用于重型包装件和能经受住较大初始张力的收缩型载荷的捆扎，成本是塑料捆扎带中最高的，强度相当于中等承载的钢带，与聚酯带强度基本相同，可长期紧捆在包装对象上，但受潮后强度降低，有缺口就易断裂，延伸恢复能力比聚酯大，长期受力其保持能力差。

4. 聚丙烯捆扎带

聚丙烯捆扎带延伸恢复能力较高，持续张力较差，成本低，耐高温、高湿和低温，在-60℃时仍具有一定强度。一般用于轻、中型货物，如瓦楞纸箱、托盘化和集装化货物及膨松压缩货物的捆扎。

（二）捆扎形式及接头方式

被捆扎的包装件以长方体和正方体占绝大多数，不同的包装物对捆扎的要求不同，最常见的捆扎形式有单道、双道、十字、井字、多道交叉等多种形式，如图8-65所示。

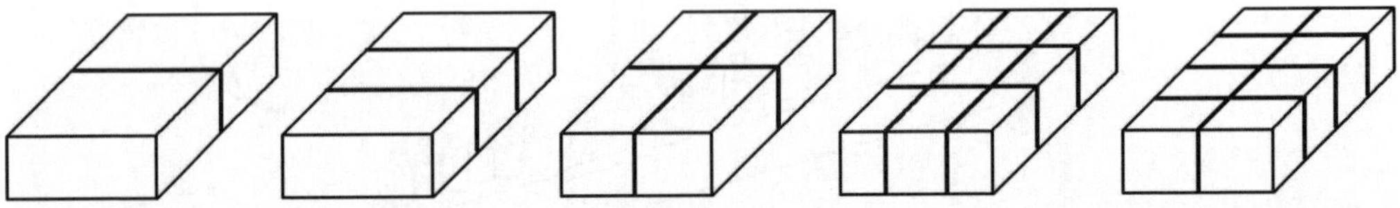

图8-65 捆扎形式

资料来源：摘自参考文献［8］。

捆扎带的接头方式有多种，根据捆扎材料的不同，可分为热熔搭接式、胶粘式、铁皮扣式、结扎式和点接式等。

1. 热熔搭接式

热熔搭接是对塑料捆扎的连接，它是利用加热的方法，使塑料带表层受热熔化，将两端的熔化面搭接起来，并在一定压力下保持一定时间，直至熔化面冷却固定，从而使塑料带得以可靠连接的方法。这种接头方式适用于聚丙烯塑料捆扎带，接头拉断强度应不低于塑料带断裂强度的80%；为保证粘接强度，必须保证塑料带搭接头有足够的搭接面积。

2. 铁扣搭接式

采用张紧器棘轮单向工作，使捆扎带张紧，然后在接头处安放一个铁扣，铁扣用镀锌铁皮制成，用夹钳使铁扣包住两层带子并夹紧，并在铁扣侧面压出几道凹凸的齿形，紧紧咬住带子，不致松脱。此法是钢带连接的唯一方式，也用于塑料带的连接。

（三）捆扎设备

目前，常见的捆扎机如图 8－66 所示。

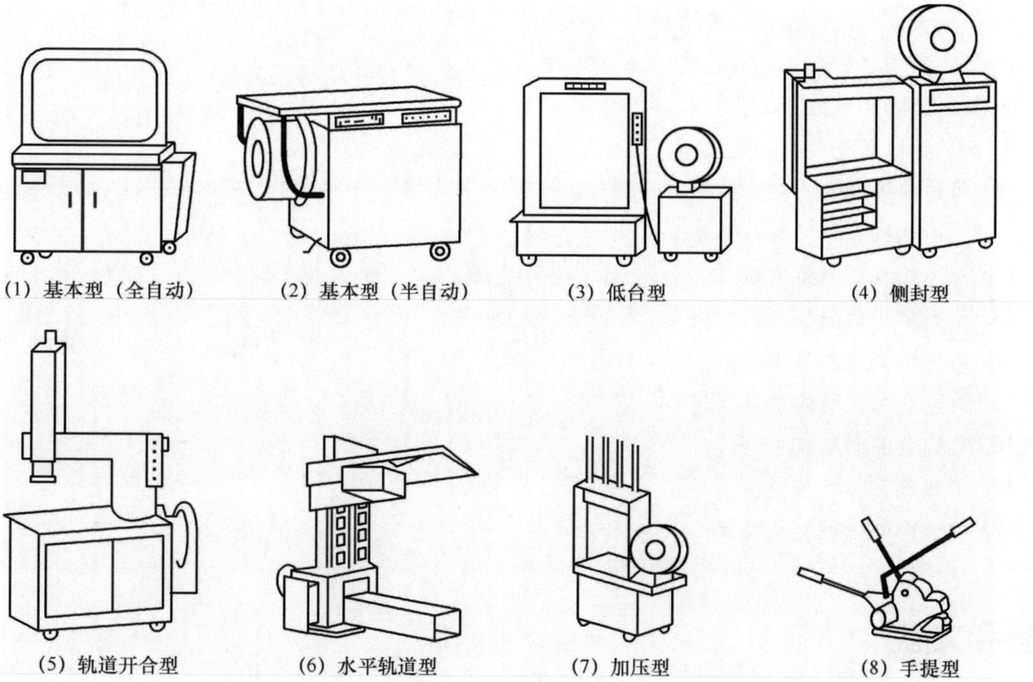

图 8－66　常见捆扎机

资料来源：摘自参考文献［8］。

基本型全自动捆扎机［图 8－66（1）］是目前广泛使用的机型，采用凸轮程序控制和电子程序控制相结合的控制方式，后推式送带和热板熔接完成自动捆扎，适用于聚丙烯等塑料捆扎带，捆扎速度可超过 20 道/min。半自动捆扎机［图 8－66（2）］依靠人工将带子缠绕包装件一周，原则上不限制包装件尺寸大小。低台型捆扎机［图 8－66（3）］适用于笨重包装件的捆扎，侧封型捆扎机［图 8－66（4）］的捆扎带在包装件侧边粘接，不易受污染，适用于水产品等的捆扎。轨道开合型捆扎机［图 8－66（5）］可将环形物品（如盘卷材料等）放入轨道内进行捆扎，水平轨道型捆扎机［图 8－66（6）］适用于托盘装货物的横向捆扎，加压型捆扎机［图 8－66（7）］可对松软包装件先加压压紧再进行捆扎，手提型捆扎机［图 8－66（8）］灵活轻便。

此外，结扎机是捆扎机的又一种类型，它是一种采用柔软绳子（如聚乙烯薄膜绳）对包装件进行自动捆扎的机器。

思考题

1. 简述食品充填方法的种类及其对物料的适用性。
2. 简述容积充填法的种类。
3. 简述毛重充填法和净重充填法各有什么特点。
4. 简述食品灌装方法的种类，各适用于什么场合。
5. 简述食品裹包方法。
6. 简述袋装方法根据包装袋来源分为哪几种，各有什么特点。
7. 简述成型袋袋装工艺的种类。
8. 简述装盒工艺的种类。
9. 简述热收缩包装及其特点。
10. 简述常用的热收缩薄膜及其适用性。
11. 简述热成型包装及其特点。
12. 简述热成型包装的形式。
13. 简述常用热成型包装材料。
14. 简述热成型加工方法。
15. 简述食品包装的封口方式。
16. 简述食品封口技术。
17. 简述食品标签种类。
18. 简述捆扎带种类及特点。

参考文献

[1] 高愿军. 食品包装 [M]. 北京：化学工业出版社，2005.
[2] 李代明. 食品包装学 [M]. 北京：中国计量出版社，2008.
[3] 王志伟. 食品包装技术 [M]. 北京：化学工业出版社，2008.
[4] 杨福馨. 食品包装学 [M]. 北京：文化发展出版社，2012.
[5] 章建浩. 食品包装学 [M]. 北京：中国农业出版社，2005.
[6] 章建浩. 食品包装学 [M]. 北京：中国农业出版社，2010.
[7] 张琳. 食品包装 [M]. 北京：印刷工业出版社，2010.
[8] 张露. 食品包装 [M]. 北京：化学工业出版社，2007.

第九章

CHAPTER 9

食品包装专用技术

第一节　防潮包装技术

防潮包装是指用不能透过或难于透过水蒸气的包装材料对产品进行包装的一种技术。常用的防潮包装材料有纸材、塑料、金属、玻璃、陶瓷等。

地球的大气中含有多种气体、水蒸气、污染物质等。空气中的水蒸气随季节、气候等各种条件的不同而变化，且在一定压力和温度下水蒸气还可凝结为水。为了防止某些产品及其包装容器从空气中吸湿受潮，避免商品质量受损或潮解变性，可靠的办法是采用防湿包装也称防潮包装。同时，有些含水分多的产品脱湿后会引起干结或变质，同样也可采用防潮包装。防潮包装还可防止食品、纤维制品潮解，使包装内的相对湿度满足产品的要求，保护商品的质量。

一、 食品防潮包装设计

防潮包装就是采用具有一定隔绝水蒸气能力的防湿材料对物品进行包封，隔绝外界湿度变化对产品的影响，同时使包装内的相对湿度满足物品的要求，保护物品的质量。根据流通环境的湿度条件和物品特性，选择合适的防潮包装材料和合理的防潮包装结构，或采用附加物，防止或者减少水蒸气通过，达到物品防潮的目的。

依据被包装商品的性质、储运期限与储运过程的温湿条件，防潮包装可分三级，如表 9－1 所示。

表 9－1　　防潮包装等级分类表

储运期限	气候种类	内包装物性质
一年以上两年以下	A	贵重，精密，对湿度敏感，易生锈，变质
半年以上一年以下	B	较贵重，较精密，对湿度轻度敏感
半年以下	C	对湿度不大敏感

资料来源：摘自参考文献［1］。

为满足各个等级防湿包装的技术要求，应特别注意以下事项。

防潮包装的有效期限一般不超过两年，在有效期内，防湿包装内空气相对湿度25℃时不超过60%。商品以及进行防潮包装的操作环境应干燥、清洁，温度不高于35℃，相对湿度不大于75%，且温度不应有剧烈的变化以免产生凝露，产品含水多。商品若有尖突部，应预先采取包扎等措施，以免损伤防潮包装器。防潮包装操作应尽量连续进行，一次完成包装操作。若需中间停顿作业，应采取临时的防潮措施。商品运输条件差，易发生机械损伤，此时应采取缓冲衬托卡紧，支撑或固定，并尽量将上述附件放在防潮层的外部，以免擦伤防潮包装容器。不言而喻，防潮包装应采用密封包装。可以根据商品性质与实际流通条件，恰当地选择包装方式，如绝对密封包装、真空包装、充气包装、贴体包装、热收缩包装、泡罩包装、泡塑包装、油封包装、多层包装等。

二、 食品防潮包装设计方法

每种食品都有相应的临界水分，例如，乳粉为2.25%，茶叶为5.5%，当环境湿度超过临界水分时，食品就会吸湿导致品质下降甚至严重变质，失去食用功能。从防潮功能来说，食品包装可以采用真空防潮包装，也可以采用干燥剂防潮包装。

1. 真空防潮包装

真空防潮包装对被包装产品的干燥程度有严格要求，对包装材料的阻挡性也有严格要求，在满足这两个条件的情况下，防潮效果基本能达到设计要求。但是这种防潮方法对包装材料的阻隔性要求比较高，不能有水蒸气透过，一般价格较高，适于无棱角的产品包装。系统流程为：

产品干燥 → 产品充填到包装袋中 → 抽真空并封口 → 产品取出 → 产品装箱

产品的销售包装设计和储运包装设计按照两个分系统的程序进行。

2. 干燥剂防潮包装

干燥剂防潮包装设计是在包装容器中装入相应数量的干燥剂，以吸收产品中存在的水分和因包装材料阻挡性不好或者下降带入的水分，干燥剂包装要求选用合适的干燥剂，以免引起食物中毒及其他事故。干燥剂防潮包装设计适宜包装材料阻挡性不好的案例，对于食品类产品，尽量不用这种包装方式，以免引起食品卫生和安全问题。干燥剂是指能吸附水分的一类物质，食品干燥剂包装需要对于燥剂本身及包装材料进行严格选择，包装材料包括包装干燥剂材料和包装材料。

目前在食品包装中使用的干燥剂主要有三种，分别是硅胶干燥剂、分子筛干燥剂、活性氧化铝干燥剂。

（1）硅胶干燥剂　硅胶干燥剂的主要成分是二氧化硅，大多为半透明的非晶体，成粒状或者珠状。质地坚硬，无毒、无味、无腐蚀性，有较强的化学稳定性和热稳定性，硅胶干燥剂最合适的吸湿环境为室温20~32℃、湿度为60%~90%，硅胶干燥剂在吸湿后由蓝色变为红色。硅胶干燥剂种类很多，包括细孔硅胶、粗孔硅胶、B型硅胶等。硅胶干燥剂是食品包装中最常使用的一种干燥剂。

（2）分子筛干燥剂　它是人工合成的具有三方晶格的多水合硅铝酸盐。不溶于水和有机溶剂。分子筛是通过筛分分子大小的方式选择性吸收，将大于孔径的分子阻挡在外，小于孔径的分子吸进孔内，如果分子大小相同时，优先选择极性高或不饱和程度较高的分子。分子筛可以加工成球形、片状等。

分子筛干燥剂在相对湿度较低或温度较高时，其吸湿能力比硅胶干燥剂或活性氧化铝强。

（3）活性氧化铝干燥剂　又称为铝凝胶，主要原料是 d – 三水铝石，为白色或淡红色小球，化学性能稳定，耐高温，对水的吸附能力强，适宜深度干燥。

3. 包装材料

（1）包装干燥剂的包装材料　对干燥剂的包装材料与对产品的包装材料的要求存在很大差异，包装干燥剂的包装材料要求水蒸气透过率高，通过产品包装材料进入包装袋内的水蒸气、产品逸出的水分子、包装袋内的水分子等都可以透过包装干燥剂的包装材料进入干燥剂袋内，被干燥剂吸收。

同时包装干燥剂的包装材料要有一定的阻挡性，因为大多数干燥剂吸水后变为粉状，易于透过包装干燥剂的薄膜，会给产品带来污染，所以，对包装干燥剂的包装材料要求既能透过水分子也能阻挡粉状干燥剂透过。

（2）产品包装袋对包装材料的阻挡性要求较高　主要是防止在货架期内水分子大量进入包装袋内，因此要选用阻挡性较好的包装材料。金属和玻璃都具有很好的阻挡性，但要注意瓶盖材料对水分子的阻挡性。对于塑料包装材料，要选择那些对水分具有良好阻挡性的类型。

干燥剂用量的计算考虑两个方面：一是保质期内透过包装材料的水蒸气的量，二是干燥剂在保质期内吸收的水蒸气量，只有前者小于后者，才能保证防潮包装的效果。详细的干燥剂用量计算公式可以在有关书籍上查到。

系统流程为：

用透湿性好的包装膜包装干燥剂 → 将干燥剂袋装入包装袋中 → 产品充填到包装袋中 → 封口 → 装箱

产品的销售包装设计和储运包装设计按照两个分系统的程序进行。

第二节　气调包装技术

通常食品包装的目的是为了避免食品受到环境污染和机械损伤，但食品周围有利于细菌繁殖的空气是引起食品腐败变质的主要因素。人们在实践中发现，改变包装内食品周围环境可以有效抑制细菌繁殖而延长保藏期。降低包装内氧含量的食品保藏方法早在20世纪初就应用在罐头食品和真空软包装食品中。通常真空软包装食品是不经过高温杀菌处理的食品或新鲜食品原料，食品残存细菌多而不易保存，需要足够高的真空度，使氧含量降低到细菌不能繁殖的程度，才能延缓食品腐败。此外，塑料软包装材料都有一定的透气性，空气中氧渗透入包装使氧含量升高，因而食品不能长期保存。食品气调保鲜包装并不是新的概念，而是在原有降氧包装概念基础上进一步发展应用。气调包装是比真空包装复杂的食品保鲜包装技术，包装内气调气氛更有利于各种食品防腐保鲜，尤其是肉类、鱼类和果蔬等新鲜食品（表9–2）。由于食品气调包装可以比真空包装为消费者提供更多保持天然风味和营养的新鲜食品或加工食品，所以自20世纪80年代以来在国外市场得到了广泛应用。

表 9-2　　国外几种食品气调包装货架期

种类	空气包装货架期/d	气调包装货架期/d
牛肉[a]	4	12
猪肉[a]	4	9
鸡肉[a]	6	18
熟肉[a]	7	28
鱼[a]	2	10
面包[b]	7	21
咖啡[b]	3	18 个月

注：a. 冷藏温度。

b. 环境温度。

资料来源：摘自参考文献［2］。

一、 气调包装技术的发展概况

现代气调保鲜技术的研究，始于 1819 年法国 J. E. Berard 教授关于气体环境影响水果成熟的影响。20 世纪 40 年代开始，美国兴建气调冷藏库用于商业贮藏苹果获得明显效益。于是各国相继仿效，气调保鲜技术得到迅速发展，近年来，已普及于美国、英国、法国、意大利、俄罗斯等。气调贮藏已成为工业发达国家贮藏保鲜的重要手段，特别是果品贮藏保鲜，已逐渐由冷藏过渡到气调贮藏。据报道，近年来，美国气调贮藏苹果已占冷藏总数的 80% 以上，新建果品冷库几乎全是气调库。英国气调库达 22 万吨以上，其他国家和地区如俄罗斯、日本、大洋洲等也都大力发展气调技术，气调苹果均达到冷藏苹果的 50% ~70% 以上。

20 世纪 60 年代末，我国开展了果蔬的气调试验。1978 年在北京建成第一座试验性气调库以后，1982 年在大连建成的 5000t 恒温果品冷藏库中有 1600t 为气调库，成为当时国内规模最大的现代化机械气调库。近年来，随着科学技术的发展，国外气调保鲜技术及设备的引进，进一步促进了控制气氛（CA）气调贮藏库的建立和推广，在苹果、库尔勒香梨、猕猴桃、大白菜等的长期贮藏保鲜中取得了较好的效果，为我国果蔬保鲜技术的现代化和发展打下了基础。

严格地讲，CA 气调贮藏保鲜是在冷藏的条件下，将 O_2 和 CO_2 控制在一定的指标之中，并有较小的变动范围。但在 1960 年以前，各国普遍采用的气调贮藏是靠果蔬自身的呼吸作用来降低 O_2 的含量和增加 CO_2 的浓度。将这种贮藏方法称为自发气凋或限气贮藏保鲜（Modified atmosphere storage，MA）贮藏保鲜，对这种贮藏保鲜方法，O_2 和 CO_2 的浓度变动较大，多用于短期贮藏、运输以及销售时的保鲜。

目前气调贮藏保鲜广泛应用于水果的保鲜，对于蔬菜、切花的应用也在迅速发展中。气调贮藏保鲜的优点如下。

（1）通过调节 O_2 和 CO_2 的浓度，抑制植物的呼吸作用和乙烯的生成率，延缓了成熟衰老过程和延长了贮藏时间。再由于 CO_2 可以抑制叶绿素的分解，对绿色植物保持绿色效果显著。

（2）同时控制相对湿度在 90% 左右，能防止水分损失，防止植物萎蔫，能较好地保持新鲜度。

（3）增加CO_2浓度和降低温度都能抑制病菌和微生物的生长，同时也对虫害的发生产生抑制作用，因此能减少植物的腐烂，延长贮藏时间。

（4）可以减轻或缓和某些生理失调。如增加CO_2浓度，减轻或缓和某些蔬菜的冷害症状等。

二、气调保鲜的基本原理和方式

（一）气调保鲜的基本原理

食品气调包装防腐保鲜的基本原理是用保护性气体（单一或混合气体）置换包装内的空气，抑制腐败微生物繁殖，保持食品新鲜色泽以及减缓新鲜果蔬的新陈代谢活动，从而延长食品的货架期或保鲜期。气调包装内保护气体种类和组分要根据各类食品的防腐保鲜要求来确定，才能取得最佳的防腐保鲜效果。

我们知道在正常的大气环境内，空气中的氧气的含量为20.9%，氮气为78.1%，其余为氩（0.9%）、二氧化碳（0.03%）、水蒸气、甲烷、氖、氦、氪、氙等。如果将采摘的果蔬、切花贮藏在正常的大气环境中，果蔬、切花虽然吸收氧气、呼出二氧化碳，但由于扩散作用，二氧化碳扩散到周围空气中，使周围的氧和二氧化碳的浓度不会有太大的变化，这样经过一定时期贮放，就自然地衰老、腐烂。为了更好地使采摘后的果蔬、切花保持新鲜，保持原有的色、香、味、形、营养成分和质量等，延长贮藏保鲜期，经过对农产品采后生理的深入研究，在冷藏保鲜的基础上发展成了气调保鲜。采用一定的措施，降低环境空气中的O_2的浓度到百分之几，增高CO_2浓度到百分之几或十几。环境温度从室温降到适宜的低温，相对湿度保持在90%左右，并保持稳定。这样一来，既降低果蔬、切花的呼吸强度和自身新陈代谢的消耗，从而延迟了后熟和衰老，延长了贮藏期，也抑制了催熟激素乙烯的生成，延长了产品的贮藏寿命。

在高CO_2和低O_2的条件下，老鼠和昆虫无法生存，又能抑制微生物的生长和繁殖，减少病虫害的发生，产品不易腐烂变质，减少损耗。另外，产品不易失水，更好地保持新鲜度。因此气调保鲜比一般冷藏保鲜具有更好的保鲜效果。但保鲜效果与具体产品有关。表9－3为一些果蔬用CA气调贮藏保鲜或MA气调贮藏保鲜的效果。

表9－3　用CA或MA进行短期贮藏和运输的果蔬

CA/MA的效果	果蔬产品
在冷害温度以上推迟成熟	香蕉、鳄梨、芒果、油桃、甜瓜、桃、李、番木瓜、番茄（绿熟和部分成熟）
控制腐烂	草莓、黑莓、蓝莓、红梅、樱桃、无花果、葡萄
推迟衰老和变色等不利变化	甜玉米、莴笋、切割果蔬、芦笋

资料来源：摘自参考文献［3］。

（二）气调保鲜方式

气调保鲜有CA气调贮藏保鲜与MA气调贮藏保鲜两种方式。CA气调贮藏保鲜是指在进行气调贮藏保鲜过程中，贮藏环境中的气体成分与浓度以及温度与湿度是由人工进行调节的，并保持稳定，为实现这种特殊的贮藏保鲜环境采用的设备是气调库以及相关的配套设施。MA 气调贮藏保鲜被称为自发气调保鲜或限气贮藏保鲜。一般是将被保鲜的产品密封在具有一定透气、透湿功能材料的包装袋或容器内，通过产品自身的呼吸作用，不断地消耗 O_2、释放 CO_2，使包装容器中 O_2浓度降低，CO_2浓度增高，从而形成比较适宜的气体组分贮藏环境，达到保鲜的目的。但 O_2和 CO_2的浓度变动比较大，多用于短期贮藏保鲜、运输以及销售时的临时性保鲜。表 9 -4 为一些果蔬在贮藏保鲜中消耗 O_2的数据。

表 9 -4　　一些果蔬的氧气消耗数据

名称	存贮条件	消耗速率 /L/（t · h）	名称	存贮条件	消耗速率 /L/（t · h）
麦金托什苹果	空气，2.2℃	2.23	荔枝	空气，25℃	37.9 ~64.6
苹果	空气，0℃	1.14	芒果	空气，15℃	22.7
苹果	2.5% CO_2，0℃	0.6	洋葱	空气，0℃	5.05 ~16.2
鳄梨	空气，5℃	10.1 ~15.2	橄榄	空气，5℃	2.02 ~3.03
绿香蕉	空气，15℃	10.6 ~11.6	番木瓜	空气，5℃	7.58 ~11.1
柠檬	空气，10℃	5.56	柿子	空气，5℃	3.03
酸橙	空气，15℃	3.03 ~5.05	绿菠萝	空气，10℃	2.02 ~3.54
橘子	空气，5℃	2.02 ~3.54	甘薯	空气，10℃	7.07
无花果	空气，5℃	5.56 ~6.57	成熟的绿番茄	空气，5℃	2.57 ~4.04
葡萄	空气，5℃	1.52 ~3.03			

资料来源：摘自参考文献［3］。

三、 气调包装类型

（一） 真空包装和真空贴体包装

真空包装是将产品装入气密性包装容器，抽去容器内部的空气，使密封后的容器内达到预定真空度的一种食品包装方法。真空包装是最早应用的简单的气调包装形式，直到现在还广泛用于分割鲜肉、腌熏肉、硬奶酪和研磨咖啡等食品的包装。真空包装防腐保鲜的机理是：包装内的氧从21%降低到0.5% ~1%时，大多数需氧细菌和真菌的繁殖受到抑制，从而延长食品的货架期。因此，真空包装要求采用氧高阻隔性包装材料和封口后包装内残氧达到0.5% ~1%，才能有效地防腐保鲜食品。真空包装的优点是包装工艺简单和生产效率高，缺点是包装后软性食品易受大气压力挤压变形。1985 年，德国 Darflesh System 进一步改进了真空包装技术，开发了真空贴体包装。真空贴体包装技术特点是：平面的塑料底膜与预热的塑料上膜进入真空室，真空室抽气使上膜被吸下覆盖并贴紧食品，形成与食品形状一致的包装膜，随后热封模具将上膜与底膜的四周热封。由于软化的上膜紧贴食品，空气被完全驱除，薄膜与食品间没有皱纹和空隙，而残氧量比一般的真空包装低，包装美观，货架期更长。

1. 真空包装工艺

实现真空食品包装的方法可以用机械挤压式、吸管插入式和真空腔室式等。

机械挤压式是用海绵类材料挤出食品包装袋中的热空气，而后封口的一种真空实现方法（袋中的残余热空气在温度降低后形成真空），对真空度要求不高的产品可以使用，目前已很少使用。

吸管插入式是将真空吸管直接插入装有产品的袋中，当袋内的真空度达到规定值时，迅速移去吸管封合袋口。该种方法由于操作麻烦，加上很难达到规定的真空度，目前只是在简易真空食品包装机上还有应用。

真空腔室式是用得最多的真空食品包装方法。其主要工艺过程为：容器（食品包装袋等）供送、计量充填、抽真空、封口、产品输出等。根据食品包装机种类不同，食品包装工艺也有变化。

2. 真空包装材料

真空食品包装材料要求是气密性的材料，传统的玻璃瓶和金属罐是很好的气密材料，因此常用作真空食品包装容器。随着塑料薄膜的出现，其加工和携带方便的特点显著，成了真空食品包装材料的首选，因此塑料软食品包装袋在真空食品包装方面也得到了广泛应用。

在真空食品包装中使用复合塑料食品包装袋，其结构由三层或者多层塑料薄膜复合而成，内层多采用聚乙烯（PE）或聚丙烯（PP）材料，满足封口要求；中层采用聚偏二氯乙烯（PVDC）、聚酯（PET）、铝箔等对氧气阻隔性好的材料，外层采用尼龙、聚丙烯等材料。

真空食品包装机主要采用腔室结构，机型众多，功能各异，腔室数量也有单室与双室之分。前者只有一个真空腔室，后者有两个结构相同的腔室，工作时两个腔室轮番抽真空，可以提高生产效率。

真空食品包装机从结构来分，可分为台式、传送带式、回转式和深拉伸式四种。

（1）台式　台式机分单室和双室两种，都是采用手工放入或者取出物品。单室每分钟循环1~2次，双室循环多在3~4次。台式机主要由真空泵、电磁阀、真空腔体、真空腔盖、脉冲式热封器、小气囊等组成。

（2）传送带式　这是在台式机的基础上将人工送料改为传送带送料的机型。装有物品的食品包装袋被自动送入腔室位置，进行抽真空、充气和热封，然后送出。

（3）回转式　数个腔室设置在回转式工作台上，工作台的回转过程中能完成给袋、充填、除气、密封和送出等动作。适用于大批量生产。

（4）深拉伸式　深拉伸式包括用硬质热塑性片材制成容器的工序，并把产品计量后充填，然后从上部用软质薄膜覆盖，在腔室内抽真空后进行密封。

3. 真空食品包装特点

（1）真空度高，残留空气少，能有效抑制细菌等微生物繁殖，避免内装物氧化霉变和腐败。

（2）防护性好，密封性可靠，适合内装物长期保存。

（3）阻湿性好，保香性好。

（4）体积小，在储运过程中占用空间小，成本降低。

（5）食品包装速度快，操作简单，劳动强度低。

（6）不适宜用软食品包装材料真空包装有尖角的物品，以免尖角刺破食品包装袋。

（7）绝对无氧真空目前还难以达到，因此真空包装的食品往往要经过再次杀菌才能达到相应的保质期要求。

（8）真空包装对材料的气密性要求高。

（二）巴氏杀菌真空包装

20 世纪 80 年代法国餐饮业成功开发了菜肴巴氏杀菌真空包装技术，集中供应餐饮业和个人消费者。这种技术的特点是将严格烹调加工的菜肴真空包装后巴氏杀菌、急速冷却和冷链贮运与销售，在食用前再加热以保证食用安全，在法国以及欧美各国的餐饮业得到了广泛应用。

（三）气调包装

改善气氛的包装（MAP），可以比较确切地表达这种包装技术的定义。CAP 的英文含义是控制气氛的包装，由于软包装材料的透气性和食品与包装内气体相互作用使包装内气氛不可能控制，因而被认为是误称。虽然国际上 MAP 与 CAP 有时通用，但包装业界已逐步统一将气调包装称为 MAP。MAP 有时也称为气体包装（gas packaging），包装内充入单一气体如充氮（N_2）、充二氧化碳（CO_2），也可充入两种气体如 CO_2/N_2 或 3 种气体 $O_2/CO_2/N_2$，具体的气体种类和组分根据各类食品防腐保鲜要求。这种通过充入单一气体或混合气体来改变包装内气氛的气调包装是食品气调包装主要的包装形式。

（四）气体吸收剂/释放剂的包装

通过放入包装内的气体吸收剂或释放剂小袋来改变包装内气氛的一种气调包装类型，如吸氧剂、乙烯吸收剂、二氧化碳释放剂和乙醇气体释放剂等，又称为活性包装（active packaging）。国外将主动地建立包装内气调气氛的包装都认为是活性包装的一种形式，如充入混合气体的 MAP。

我国食品气调包装也有不同的名称，如充气包装、气体置换包装、换气包装、复合气调包装等，虽然气调包装的定义还没有统一的标准，但食品气调包装的称谓已为国内食品包装业界和消费者普遍接受。

四、食品气调包装常用气体

1. 二氧化碳（CO_2）

CO_2 是一种气体抑菌剂，空气中的正常含量为 0.03%，低浓度的 CO_2 能促进微生物繁殖，高浓度 CO_2 能阻碍引起食品腐败的大多数需氧微生物的生长繁殖。CO_2 能延长微生物繁殖生长的停滞期（或潜伏期），延缓其对数增长期。CO_2 易溶解于食品中的水分成为碳酸而降低食品的 pH，从而有利于食品保藏。CO_2 在 100kPa、20℃时溶解度为 1.57g/kg，溶解度随温度降低而增加。因此 CO_2 在 10℃时的抗菌活性比 15℃时明显大得多，这对气调包装食品的防腐有重要意义。CO_2 也溶解于食品中的脂肪和某些有机物。霉菌、极毛杆菌和无色杆菌等需氧菌对 CO_2 高度敏感而被抑制。相对而言，酵母对 CO_2 有阻抗性或不敏感，CO_2 对酵母的抑制作用不大。CO_2 的抑菌机理目前有 4 种假设：

①CO_2 穿透细菌的细胞膜，使细胞内 pH 下降，降低细胞内酶的活性。

②脱羟基酶被富集的 CO_2 所抑制。

③存在非脱羟基酶的某种酶被 CO_2 所抑制。

④由于细菌的细胞膜溶解 CO_2，它的性质发生变化，某种功能被抑制。

2. 氧（O_2）

通常气调包装尽量降低 O_2 含量或无 O_2，但海产品气调包装时 O_2 的存在可防止厌氧性致病菌（如梭状芽孢杆菌）繁殖。高氧可保持鲜肉的色泽，低氧可降低新鲜果蔬呼吸速度的同时，保持果蔬新鲜状态所需要的需氧呼吸新陈代谢活动。但鲜切蔬菜气调包装最新研究证明，高浓度O_2（>40%）能抑制许多需氧菌和厌氧菌的生长繁殖，抑制蔬菜内源酶引起的褐变，取得比空气包装或低氧包装更长的保鲜期。

3. 氮（N_2）

N_2是惰性气体，与食品不起化学作用，将N_2用作充填气体可防CO_2逸出后使包装坍落。N_2在充氮包装中，可降低食品中的脂肪、芳香物和色泽的氧化速度。如图9－1所示是N_2对降低过氧化物的作用。

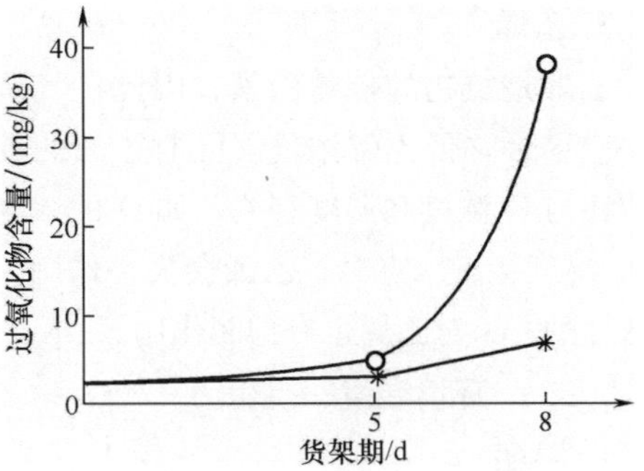

图9－1　N_2对降低过氧化物的作用

资料来源：摘自参考文献［8］。

五、 影响气调效果的因素

影响气调效果的因素很多，除了农产品本身的种类、品种、产地、采收期等外，主要与气调环境有关。

（一） 环境气体组分

1. 氧

降低气调保鲜中的氧的浓度，会减弱保鲜产品的呼吸强度，推迟成熟老化进程，延长贮藏保鲜期。但O_2的浓度过低（如1%）会产生无氧呼吸，使很多果蔬、切花如苹果、香蕉、油梨、番茄、香石竹等会产生酒精味，影响贮藏保鲜效果。表9－5为一些果蔬能够耐受最低的O_2浓度。O_2浓度过高时会使果蔬、切花的腐烂率增高，一般O_2的浓度为5%～8%可降低腐烂率。图9－2为在不同O_2浓度下柠檬的腐烂率的变化情况。

表9－5　一些果蔬能够耐受最低的氧气浓度

低氧浓度/%	果蔬产品
0.5	干果、核果类
1	有些品种的苹果和梨、蘑菇、花茎甘蓝、大蒜、洋葱、多数的切割果蔬
2	多数品种的苹果和梨、猕猴桃、甜玉米、杏、樱桃、桃、油桃、李、草莓、菠萝、罗马甜瓜、番木瓜、菜豆、芹菜、莴笋、卷心菜、菜花、抱子甘蓝、橄榄
3	鳄梨、番茄、柿、辣椒、黄瓜
5	柑橘类果实、马铃薯、芦笋、甘薯

资料来源：摘自参考文献［3］。

2. 二氧化碳

提高CO_2浓度可以抑制呼吸，降低呼吸强度，延长贮藏保鲜时间，CO_2浓度增高可以降低成熟过程的进行，抑制一些酶的活动，减少挥发性物质的生成，干扰有机酸的代谢，抑制叶绿素的合成和果实的脱绿，还能抑制霉菌的生长和繁殖等。但CO_2浓度过高也会对产品造成中毒使组织褐变。

3. 乙烯

乙烯是植物的催熟激素，因此在气调保鲜中应尽量降低乙烯浓度。同时乙烯的催熟作用还与O_2浓度和温度有关。如O_2的浓度为1%，温度接近冰点时，乙烯会失去作用。一定浓度的CO_2对乙烯也有抑制作用。

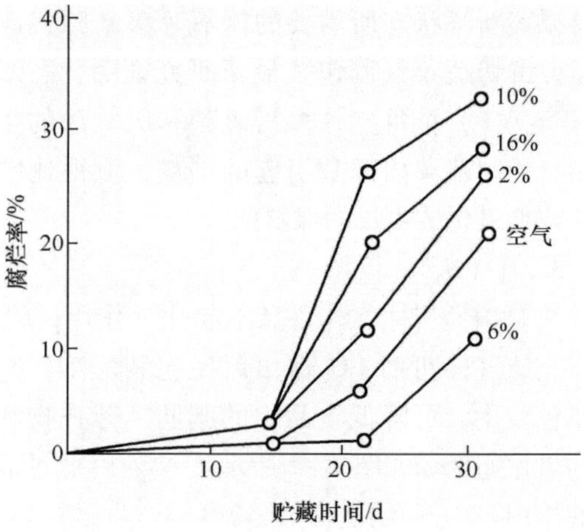

图9－2 不同氧浓度下柠檬腐烂率与贮藏时间变化关系

资料来源：摘自参考文献［3］。

（二）环境温度、湿度

1. 温度

果蔬、切花采后的生理代谢活动主要与环境温度有关。但贮藏保鲜温度也并不是越低越好，只有在适宜的低温环境中进行气调保鲜，才有可能取得很好的保鲜效果。最低温度与具体产品有关。对多数果蔬、切花来说0～5℃比较适宜，但如香蕉、番茄、黄瓜、青椒在12℃左右才较合适。如温度低于最低温度值，会使保鲜产品产生冷害或冻害。同时有些果蔬、切花的组织温度在0℃左右时对CO_2敏感，容易发生生理伤害，这时温度如略高1～2℃就可避免这种影响。

2. 相对湿度

气调保鲜需要较高的环境相对湿度，它可减弱果蔬、切花中的水分蒸发，一般相对湿度在90%左右时，能较好地保持产品的新鲜度。如相对湿度过高，会促进呼吸酶的活性，增强产品的呼吸作用，同时还会为微生物生长和繁殖提供条件，影响保鲜效果。

在气调保鲜中温度、O_2和CO_2的浓度与相对湿度等因素一起作用，会对保鲜产生综合效应。只有结合果蔬、切花的实际情况，经过反复实验研究，才能得出最佳的保鲜参数，达到最好的贮藏的保鲜效果。表9－6为Kader在1992年得出的一些果品CA贮藏保鲜条件和效果。

表9－6 一些果品推荐的CA贮藏环境

果品	温度/℃	O_2浓度/%	CO_2浓度/%	潜在效益	商业应用
苹果	0.5	2～3	1～2	极好	40%应用
猕猴桃	0.5	2	5	极好	应用
草莓	0.5	10	15～20	极好	应用
葡萄	0.5	—	—	略微	SO_2杀菌结合
桃	0.5	1～2	5	好	应用
水蜜桃	0.5	1～2	5	好	应用
李	0.5	1～2	0.5	好	无
甜樱桃	0.5	3～10	10～12	好	应用
无花果	0.5	5	15	好	应用

资料来源：摘自参考文献［3］。

第三节 脱氧包装技术

一、脱氧包装的特点

脱氧包装（Deoxygen Packaging）是指在密封的包装容器内，封入能与氧起化学作用的脱氧剂，从而除去包装内的氧气，使被包装物在氧浓度很低，甚至几乎无氧的条件下保存的一种包装技术。封入脱氧剂包装是在成功研制了脱氧剂以后才出现的。脱氧剂最早于1925年用铁粉和硫酸铁研制而成，1933年开始在食品上使用铁化合物制成的脱氧剂；1969年开始用以亚硫酸盐为主要成分的脱氧剂，以后又研制成功有机脱氧剂等；这些脱氧剂与气密性良好的包装材料配合，可应用于不同类型的产品包装，并获得良好效果。目前封入脱氧剂包装主要用于对氧敏感的易变质食品，如蛋糕、礼品点心、茶叶、咖啡粉、水产加工品和肉制品等的保鲜包装。

脱氧包装最显著的特点是在密封的包装内可使氧降低到很低水平甚至产生一个几乎无氧的环境。脱氧剂能把包装容器内的氧全部除去，还能将从外界环境中渗入包装内的氧以及溶解在液体中或充填在固体海绵状结构微孔中的氧除去，从而有效控制包装内产品因氧而造成的各种腐败变质，使其降低到最低限度。

研究结果证明，许多食品对氧极为敏感，食品在接近无氧环境中贮藏，可以有效地抑制油脂、色素、维生素、氨基酸、芳香物质等成分的氧化，较好地保持产品原有的色、香、味和营养；同时，氧的脱除抑制了嗜氧微生物的生长繁殖，进而减少了由此引起的腐败变质的发生，此外，所有的害虫都需要氧维持生命，不管昆虫处于生命活动的何种阶段，只要环境中的氧气低于0.1%，半个月内可使昆虫全部死亡。

脱氧包装在日本、美国、欧洲等发达国家和地区较广泛应用于食品贮藏保鲜。封入脱氧剂包装应用于食品保鲜的一些典型实例如表9-7所示。

表9-7 加工食品的封入脱氧剂包装

类别	典型食品	作用
糕点	蛋糕	防止脂肪氧化，保持风味，防止霉菌繁殖
水产加工品	精致水产品	防止霉菌繁殖
肉食加工品	火腿	防止脂肪氧化，防止变色，防止霉菌繁殖，保持风味
谷物	米、大豆	防止虫蛀现象，防止霉菌繁殖
茶叶	茶叶	防止褐色变色，防止维生素氧化

资料来源：摘自参考文献[4]。

封入脱氧剂包装是在真空包装和充气包装出现之后形成的一种新的包装方法，它克服了真空包装和充气包装去氧不彻底的缺点，同时封入脱氧剂包装还具有所需设备简单、操作方法高效、使用灵活等优点。

封入脱氧剂包装有着与其他食品包装技术所无法比拟的优点。

(1) 在食品包装中封入脱氧剂，可以在食品生产工艺中不必加入防霉和抗氧化等化学添加剂，从而使食品更安全，有益于人们的身体健康。

(2) 如果采用的脱氧剂合适，可使包装内部的氧含量降低到0.1%，食品在接近无氧的环境中贮存，可防止其中的油脂、色素、维生素等营养成分的氧化，较好地保证产品原有的色、香、味和营养。

(3) 脱氧包装比真空和充氧包装更有效地防止或延缓需氧微生物所引起的腐败变质，这种包装效果，可适当增加食品中的水分含量（如面包)，并可适当延长保质期。

在生产实践中，为提高包装效果和效率，可将封入脱氧剂包装与真空包装和充气包装结合起来应用。

二、 封入脱氧剂包装的技术要点

（一） 食品包装对脱氧剂的要求

虽然脱氧剂的组成有很大差异，但它们的作用原理是相同的，即利用脱氧剂中的无机或有机物质与包装内的氧发生化学反应而消耗氧，使氧的含量下降到要求的水平甚至达到基本无氧。目前，在生产上常用的脱氧剂种类有铁系脱氧剂、亚硫酸盐系脱氧剂、葡萄糖氧化酶、有机系脱氧剂和铂、钯、铑等加氢脱氧剂等。用于食品脱氧包装的脱氧剂应注意以下问题。

1. 对人安全无毒

脱氧剂封入食品包装容器内有可能与食品发生接触，甚至有被误食的可能，因此脱氧剂必须安全无毒。

2. 脱氧剂不应与被包装物发生化学反应

脱氧剂不应与被包装物发生化学反应，更不能产生异味和发生产生有害物质的反应，因此，在使用脱氧剂时对脱氧剂性质及被包装物的特性都要有所了解。

3. 根据不同的脱氧需求选用适宜的脱氧剂

如要求快速降氧的产品包装，应选择脱氧速度快的（速效型）脱氧剂；相反，则可使用脱氧速度较慢的（缓效型）脱氧剂。用于对氧含量有严格限制产品时，则应选择脱氧效果高的脱氧剂。

（二） 脱氧剂使用的方法、 用量及使用条件

1. 脱氧剂的使用方法

脱氧剂有粉末状、颗粒状和片状等形态，使用时可以直接应用某种形态，也可采取一定的方式使其附着在某种载体如高发泡的泡沫塑料片上再使用，使用的方法通常是先按一定的量分装在用透气性好的材料制成的小袋中（注意在袋上应印有警示标志或说明)，然后再与被包装物一起封入包装内。这同现在普遍采用的在含水量低的食品中放入干燥剂的方法一样。一种更先进的方法是将脱氧剂与包装材料结合起来，放在复合材料夹层中来使用。

2. 脱氧剂的使用量

选择脱氧剂的量在使用时要足够，不仅要能保证除去包装容器内原有的氧，而且还需根据包装材料等情况考虑到氧气渗入量的多少，留有一定的安全系数，一般加15% ~20%。为了检

查包装内的脱氧程度，可采用氧指示剂进行。氧指示剂能通过自身的颜色变化指示包装容器内氧的含量。当包装内氧气含量超过0.5%时，氧指示剂显蓝色；氧含量低于0.1%，显粉红色；氧介于0.1%～0.5%，呈现雪青色。因此，根据包装内氧指示剂的颜色，就很容易判断含氧的多少。

3. 脱氧剂使用的温湿度条件

脱氧剂的脱氧效果与脱氧环境温度密切相关。在脱氧剂通常使用的温度范围5～40℃内，随温度升高，脱氧剂的活性变大，除氧速度加快；温度降低，则活性变小，脱氧速度变慢。包装容器内的相对湿度和产品的含水量对脱氧剂的脱氧效果也有明显影响。例如，当相对湿度50%时，铁系脱氧剂基本上不能吸氧；相对湿度70%时，需50h才能使包装内残存氧气含量降低到接近于零；而相对湿度达到90%以上时，使包装内残存氧气含量接近零时不足20h，这就是脱氧剂中常需加入除湿剂作助剂的原因。虽然脱氧剂与氧反应时需要有一定的水分存在，但如果内装物的水分含量太高，则不仅达不到保持内装物的物理特性和质量，而且还会降低脱氧剂的脱氧效果。因此，有报道指出被包装物的含水量不应超过70%。

脱氧包装如气密性能足够好，可贮存于低温下，但为了清除缓慢渗入包装的氧，应把脱氧包装件贮存于略高于脱氧剂发挥作用的低限温度下了，以免脱氧剂在低温下失效。

（三）使用脱氧剂的注意事项

1. 包装材料及包装容器

用于封入脱氧剂包装的材料要求具有很高的气密性，特别是对氧的隔绝性能要好，在25℃时其透氧度要小于20mL/（m^2·24h·0.1MPa），多采用复合薄膜，如KO－PP/PE、KONy/PE、KPET/PE、PETP/Al/PE等，以及金属、玻璃、陶瓷等包装容器。对于体积和形状固定的包装容器，要注意脱氧后的影响；正常空气中有1/5的氧气，氧气消耗以后，会使容器内产生负压，形成部分真空，因而要求包装材料或容器需具备一定的强度。为克服软包装因使用脱氧剂而使包装体收缩，影响美观，可选用抗坏血酸型等可产生二氧化碳的脱氧剂或结合充气包装来避免此缺陷。

2. 脱氧剂在分包使用前必须包装完好

脱氧剂在分包使用前必须包装完好，不能直接与大气接触，同时要求在进行包装使用的过程中要迅速，以免因吸氧而影响使用效果。目前用于食品包装的铁系脱氧剂一般用气密性好的包装材料包封，使用时应随开随用。试验表明：脱氧剂开封后在湿度RH80%、温度25～30℃的环境中放置5h，对其脱氧效果无明显影响，所以自力反应型铁系脱氧剂在开封后5h内务必使用。水分依存型铁系脱氧剂放置时间可较长。

3. 注意选择合适的脱氧剂类型和脱氧效果

封入脱氧剂包装能否保全食品质量取决于脱氧剂的吸收能力和吸收效果，一般铁系脱氧剂在封入包装4h内，氧气浓度可降低至0.35%以下，4h后可达0.1%。如果把速效型和缓效型脱氧剂配合使用，既可实现快速脱氧，又能维护长期的包装内接近无氧状态，可长期地保证包装食品的风味和品质。

第四节　无菌包装技术

一、无菌包装的特点及过程

无菌包装（Aseptic Packaging，AP）是指把被包装食品、包装材料容器分别杀菌，并在无菌环境条件下完成充填、密封的一种包装技术。无菌包装技术发明于20世纪40年代，20世纪60年代开始，得益于包装用塑料的快速发展，无菌包装的市场份额随之迅速提升，20世纪90年代初，无菌包装在发达国家的液体食品包装中所占比例已超过65%，广泛应用于液态乳类、果蔬汁、酱类等流质或半流质食品的包装。

罐藏食品的灭菌方法中有三种工艺可达到商业杀菌的目的，即包装前杀菌、包装后杀菌、包装前后杀菌。传统杀菌方法为后杀菌，即将物料经过预处理后预热、装瓶（罐）、排气、封罐，再杀菌、冷却，杀菌时热传递方向由外至内，当食品内部中心温度达到杀菌公式所需的温度和时间时，必然导致靠近容器壁的食品过热，对于大容积罐头，因食品传热缓慢这种情况更为突出。无菌包装技术的最显著特点是被包装食品与包装容器材料分别杀菌，两者相互独立，很好地解决了传统罐头后杀菌方式的缺点。食品的色、香、味和营养价值损失小，能耗少，还可实现连续杀菌罐装密封，生产效率高，且无论包装尺寸大小，质量都能保持一致，如维生素C的保存率可达到95%。无菌包装尤其适合液态或半液态流动性食品，其特点为流动性好、可进行超高温瞬时杀菌（UHT）或高温短时杀菌（HTST），上述灭菌方法对热敏性食品，如牛乳、果蔬汁等的风味品质保持具有重大意义。

食品无菌包装过程包括：包装机械及操作环境的杀菌处理，包装食品的杀菌，包装容器的预制成型及杀菌处理，定量灌装、封合、装箱打包运出等，各工序环节都要保证食品包装操作的无菌条件。若在加工、包装、充填、封合的任一环节未能彻底灭菌，就会对产品的质量造成无法弥补的影响。

二、无菌包装机

无菌包装机（即无菌袋成型—充填—封口包装机）内置相对独立的包装材料杀菌系统和无菌环境的充填与封口环境系统，使得包装产品杀菌和包装材料杀菌相互独立，可实现食品的超高温瞬时杀菌（UHT），确保包装产品的风味和质量。

无菌包装机根据包装袋的来源、包装材料不同，有制袋式利乐无菌包装机（瑞士TetraPak公司）、纸匹供给式无菌包装机（SA系列，International PaPer公司）、给袋式康美盒无菌包装系统（德国PAL公司）、塑料袋无菌包装机（芬兰Elecster公司、加拿大DuPont公司）。

（一）利乐无菌包装机

瑞士TetraPak公司从1961年开始就不断地开发无菌包装机，现已形成TSK系列（型号TSK25，TSK150，TSK300，TSK500），包装形式为菱形、Tetra砖型系列（型号TBA1，TBA3，TBA5，TBA8，TBA9），包装形式为砖型。目前我国普遍引进的是Tetra砖型系列。下面将介绍该系列的TBA3、TBA8的工作原理与结构。

1. 利乐包包装材料组成

利乐包的包装材料是由纸基与铝箔及塑料复合层压成，厚约0.35mm，图9－3是包装材料的复合层次序。纸板3由双层组成，一层为漂白纸张；另一层为非漂白纸张，纸板的作用是使利乐包硬挺有一定的刚度；聚乙烯层使盒子紧密不漏、保护纸和铝箔不易受潮和腐蚀，也便于成盒时加热封合；铝箔是阻隔层，使制品不受光线、空气影响，保证包装制品有较长的保质期。

图9－3　利乐包的包装材料组成

1—聚乙烯（外层）　2—印刷层　3—纸板（双层）　4—聚乙烯（拉伸）
5—铝箔　6—聚乙烯　7—聚乙烯（抗氧化性）
资料来源：摘自参考文献［5］。

2. 主要系统部件

（1）包装材料杀菌系统　在利乐包装机上，包装材料传送过程中，其内表面的聚乙烯层会产生静电，来自周围环境的带有电荷的微生物便被吸附在包装材料上。因此，需对包装材料进行杀菌处理。

对TBA3型采用浸润系统（Wetting－System），如图9－4所示。包装材料通过系统后，在其内表面附着一层薄的H_2O_2（含量15%～35%）膜，利用后续对液膜加热干燥进行杀菌消毒。杀菌效果受浸润、加热干燥过程影响。

对TBA8型采用深双氧水浴系统（Deep－Bath－System），如图9－5所示。包装材料进入一盛有H_2O_2（温度大于70℃，含量30%～40%）槽中，利用加热后有一定温度的H_2O_2对包装材料进行杀菌。

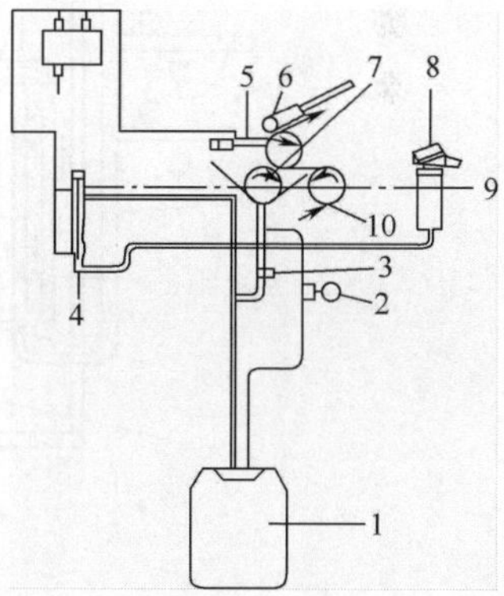

图9－4　TBA3型包装材料杀菌系统

1—药剂容器　2—杀菌剂泵　3—排液阀
4—参考电极　5—电极　6—挤压辊
7—浸润轮　8—水位监测器
9—杀菌液液面　10—包装材料
资料来源：摘自参考文献［5］。

（2）包装机的消毒杀菌　为了满足无菌灌装的要求，需要对所有与食品接触的零部件表面进行消毒杀菌，图9－6为TBA3型的无菌空气系统，用热空气

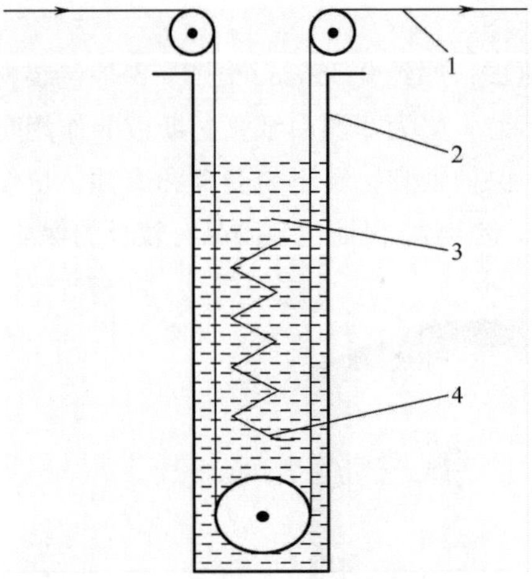

图9－5　TBA8 型包装材料杀菌系统

1—包装材料　2—盛杀菌剂深槽
3—杀菌剂　4—螺旋电加热器
资料来源：摘自参考文献［5］。

（最高温度360℃）对与食品接触的零部件表面进行杀菌。

图9－7为TBA8型的喷雾系统，对与食品接触的零部件表面先用雾化的 H_2O_2 喷射，然后加热干燥进行杀菌。

（二）纸匹供给式无菌包装机（SA 系列）

纸匹供给式无菌包装机（SA 系列）是国际纸业（International Paper）制造。SA 系列是一种小巧、投资成本较低的机型，可包装高酸性与低酸性的产品，如牛乳、果蔬汁、饮料、浓缩原汁、茶、食用油、乳制品以及番茄制品等。

结构与工作原理如图9－8所示。主要由纵向密封机构6，无菌空气管7，输液管8，横向封口密封与切割机构9，横向划线机构5，成型机构10，卷筒纸进料及纵向划线机构1，纸消毒机构2，卷筒纸折叠塔3，冠区4等组成。

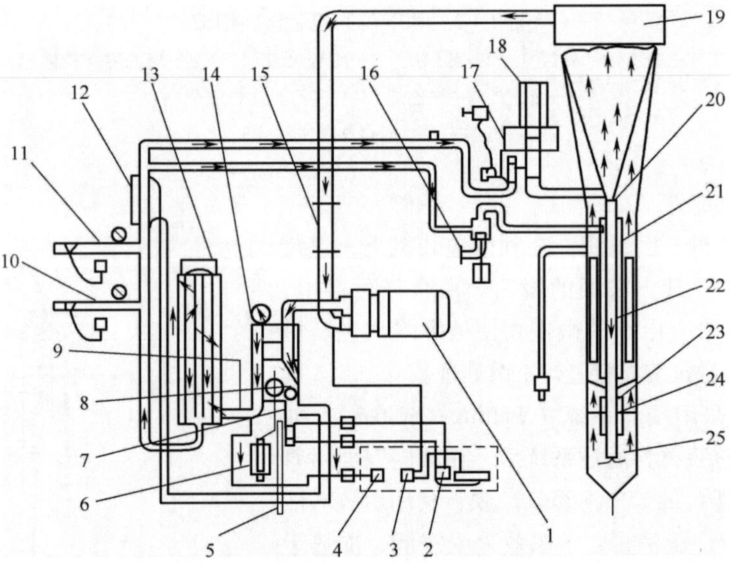

图9－6　TBA3 型的无菌空气系统

1—空气压缩机　2、3—电磁阀　4—压力保护阀　5—放水阀　6—溢流阀　7—冷却水阀　8—浮球
9—空气接口（杀菌浴槽）　10—封条粘贴器加热件　11—纵封加热件　12—空气冷却器
13—空气加热器　14—分水器　15—消声器　16—空气接口（气帘）　17—无菌空气阀
18—物料阀　19—空气收集罩　20—制品进料管　21—无菌空气套管　22—环形电热管
23—浮子　24—液面　25—节流阀（与浮子相连）
资料来源：摘自参考文献［5］。

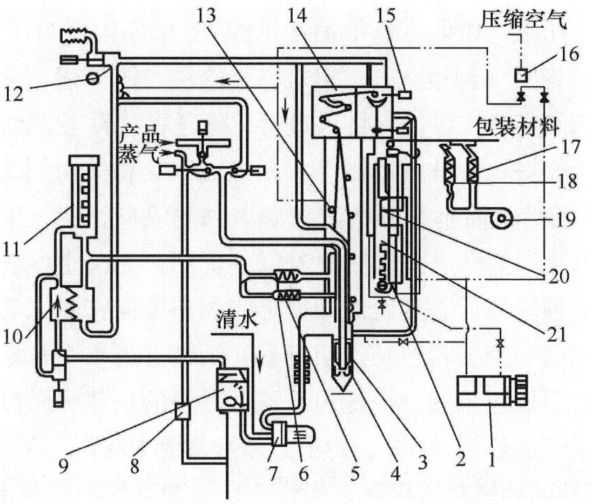

图 9 -7　TBA8 型的喷雾系统

1—杀菌剂泵　2—螺旋电加热器　3—浮子　4—无菌空气　5—纵封加热件（辅助）　6—纵封加热件　7—空气　8—疏水阀　9—分水器　10—分配器　11—空气　12—初杀菌温度　13—H_2O_2 喷嘴　14—包装材料　15—气流调节装置　16—喷雾用塔　17—封条粘贴器　18—封条粘贴器加热件（辅助）　19—封条粘贴器　20—H_2O_2 喷嘴列　21—盛杀菌剂深槽

资料来源：摘自参考文献［5］。

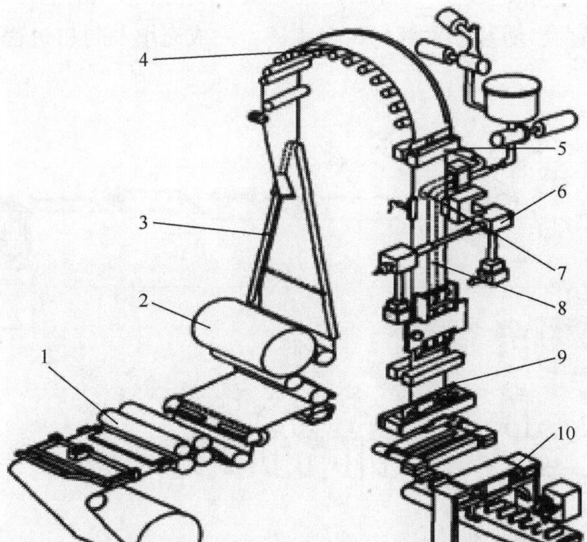

图 9 -8　纸匹供给式无菌包装机

1—卷筒纸进料及纵向划线机构　2—纸消毒机构　3—卷筒纸折叠塔　4—冠区　5—横向划线机构　6—纵向密封机构　7—无菌空气管　8—输液管　9—横向封口密封与切割机构　10—成型机构

资料来源：摘自参考文献［5］。

工作原理为：印刷好的纸卷上机架，在卷筒纸进料及纵向压线机构1作用下，纸卷展开并纵向压出纸盒的基本形状压痕。纸匹进入纸消毒机构2，纸匹内层行经H_2O_2槽并被浸湿，然后送到一个加热不锈钢圆筒表面（温度大于85℃），纸内层与圆筒表面接触7~9s、利用H_2O_2在一定温度下分解出新生态氧［O］对包装材料进行化学杀菌，使卷筒纸与食品接触面达到商业无菌。杀菌后的纸匹在折叠塔3中被折成帐篷状，经冠区4和横向划线机构5进入纵向密封机构6，纵向密封机构使纸匹沿纸筒垂直开边进行感应加热纵向密封，形成可灌入已消毒液料的管筒。输液管8（较长的管）把已杀菌料液输入包装管筒，无菌空气管7（较短的管）提供过压无菌空气。产品输入成型管筒后，其底边即被感应加热横向密封。卷筒纸向下拉一个包装长度并在横封中间切断，形成一个袋状包装。切离卷筒纸带后的单个包装掉入袋输送装置，通过成形烘压下袋底边的舌片形成包装的一个长边，随后对袋的顶部和底部折叠加热密封处理而最终形成方块砖形盒。把空气加热到300℃，再通过水冷却到100℃，产生的无菌空气分别吹入折叠塔3，冠区4、充填部件区和密封部件区，提供正压灭菌空气，以防止包装纸及产品在包装过程中的染菌，加热无菌空气也起到蒸发消除残留H_2O_2的作用。

（三）康美盒无菌包装机

德国PKL公司的康美盒无菌包装机（Combibloc Aseptic Filling Machine）属给袋式，是康美盒无菌包装系统（Combibloc Aseptic Packaging System）的一部分。作为给袋式康美盒无菌包装机它具有既能灌装低黏度液料又可灌装含颗粒或不含颗粒的黏度液料，能使内容物与包装盒有一定的顶隙，适合多种大小不同包装盒灌装等特点。

康美盒无菌包装系统工艺过程如图9－9所示。先经过复合材料制造、印刷、分切、压痕、纵封折叠及纵封等工序，制成盒坯；盒坯再送到无菌灌装机。在无菌灌装机中，经过盒坯拉开、底部密封、H_2O_2喷雾杀菌、灌装、顶部封口等工序，完成充填—封口过程。

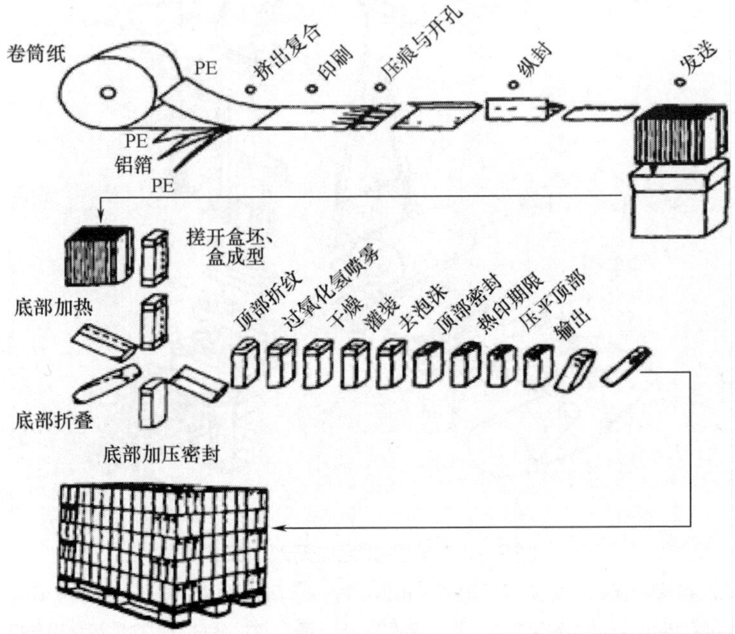

图9－9 康美盒无菌包装系统工艺过程

资料来源：摘自参考文献［5］。

除了印刷层、粘结层外，康美盒的包装材料为五层复合结构，从外到内分别为：聚乙烯、纸板、聚乙烯、铝箔、聚乙烯。康美盒纵缝结构如图 9－10 所示，在纵缝处纸板沿厚度方向分切并返回折叠。

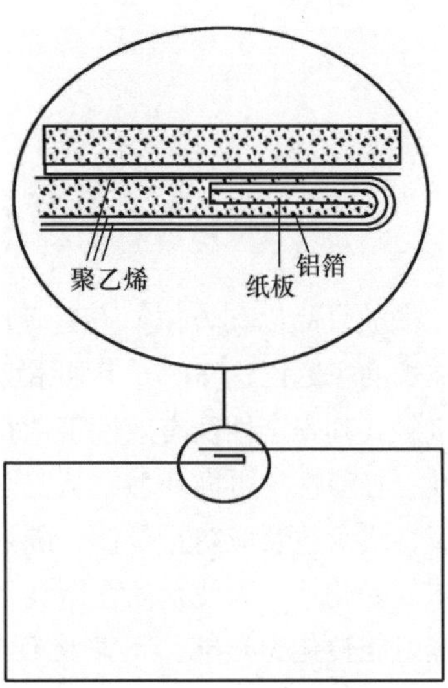

图 9－10　康美盒纵缝结构

资料来源：摘自参考文献［5］。

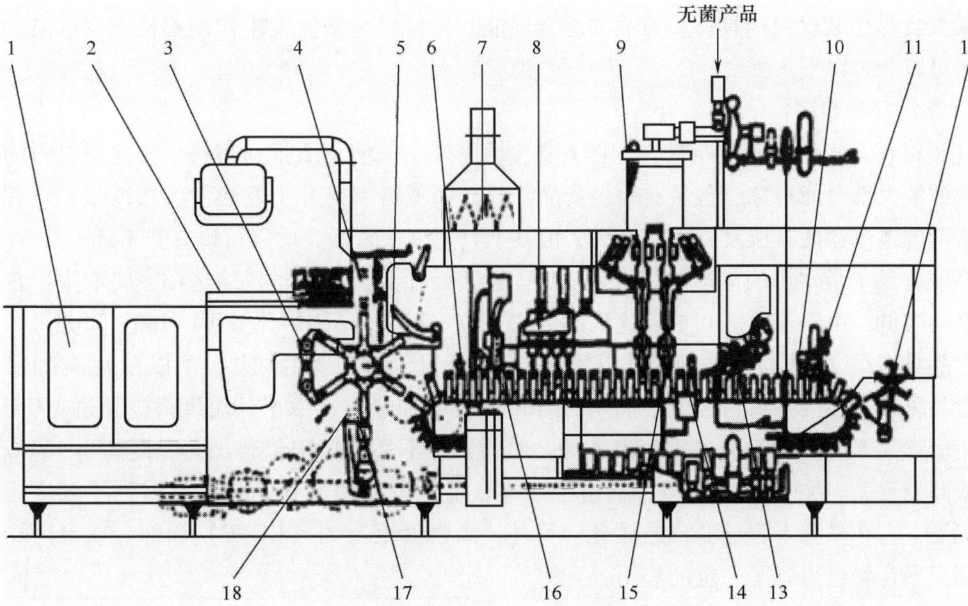

图 9－11　康美盒无菌包装机结构

1—仪表控制台　2—盒坯输送台　3—盒坯底部加热装置　4—活动吸盘　5—定形轮　6—顶部折纹装置　7—H_2O_2蒸汽收集罩　8—热空气干燥装置　9、15—灌装机构　10—热印装置　11—顶部压平装置　12—传送轮　13—盒顶部封口装置　14—去沫器　16—喷 H_2O_2装置　17—盒坯底部密封装置　18—盒坯底部折叠装置

资料来源：摘自参考文献［5］。

第五节　微波食品包装技术

微波食品以其方便、卫生等特点在食品工业中占有重要地位。据统计，欧美国家目前使用微波炉的家庭已达90%，因此微波食品及微波食品包装发展迅速。由于微波食品包装直接与微波接触，其安全性及有效性很值得关注。针对微波食品包装材料的选择，从市场方面考虑其流行性、轻便性、再循环性；从安全性方面考虑其穿透性和耐热性，采用脱气的包装材料应防止破裂，浅盘包装应防止翻倒，隔热包装应防止烫伤等，并注意包装材料的吸油性、吸水性及去异味等。此外，为使食品在微波炉中达到褐变及起脆效果，也可在包装中采用感应材料，使之将辐射能转化为热能，迅速将食品升温至200～220℃，从而使微波食品具有传统食品的诱人外观。

一、微波食品包装材料

（一）微波食品包装材料种类及性能

微波食品包装材料应具备多方面的综合性能。按材料与微波发生作用的机制，微波食品包装材料可以分为以下三类。

1. 微波穿透材料

此类材料又叫作微波钝性材料，它主要包括陶瓷、玻璃、纸张和塑料。在这类材料的包装中，微波的大部分能量穿过包装材料被食品吸收，而材料本身并不发热。虽然纸张中含有的水分和活动的离子会使其温度有一定升高，但其上升速度非常慢，所以可以忽略不计。

微波食品中最常用的穿透包装材料是热固性塑料托盘。包装材料的选择主要取决于食品加热温度的高低。由于聚丙烯和结晶化聚酯（CPET）具有较高的熔化温度（180～210℃），对大多数食品具有很高的稳定性，而且CPET还非常适合于普通方式的加热，所以在大多数情况下，微波食品采用上述两种材料包装。高水分含量的食品加热时，由于其温度很少超过100℃，往往采用熔点为125～130℃的高密度聚乙烯。然而，它不适于用来包装加热温度超过100℃的高脂肪或高糖食品。涂PET的纸板容器由于成本较低，也在微波食品包装上得到了较广泛的应用。但是，它在高温下容易变形或碳化。另外，高密度聚乙烯（HDPE）和部分以聚丙烯为基材的高温聚合物也得到了一定的应用。

2. 微波吸收材料

在微波食品包装材料中，有些材料可以吸收微波能量并且以热能的形式释放，这类材料称为微波吸收材料，并称它为微波感受器或接收器。近20年以来，它们一直被用来对食品进行脆化和烘烤加工。

（1）厚涂层材料　这种材料是在某种基材上涂布一层具有介电损耗性能的材料（如颜料或黏合剂），包括铁磁体涂层在内的各种材料目前已经得到了广泛的应用。一般来讲，涂层材料应具有一定的导电性，当把它放在微波磁场中时，假如涂层的表面电阻合适，涂层中将会产生一定的电流，进而产生大量的热。铁磁体涂层常被用来改善微波炉内的磁能转化。铁磁体的一个重要性能是其磁性的温度依赖性。当铁磁体材料的温度升高到一定程度时，其磁性转变为顺磁性。在这个温度点上，材料对磁场不再反应，而具有透过性。然而此时它对电场并不具有类似的性质，因此限制了材料的应用。用镍合金涂层制作的材料正在试验之中，相信在不远的将来便会得到广泛的应用。

（2）薄涂层材料 这种材料是先把某种金属粒子（如铝）以热蒸镀或喷镀的方式沉积于塑料薄膜表面（厚度大约为10nm），然后再把此塑料薄膜与具有热稳定性的牛皮纸以层压的方式复合到一起。这种材料最重要性能之一是它的表面电阻性能，当金属涂层的厚度非常大时，其表面电阻为零，传到涂层表面的微波能量全部被反射回去。随着金属涂层厚度的减小，其表面电阻逐渐增加，吸收的微波量也逐渐增加。涂层厚度在最佳时，它可吸收微波能量的50%。若涂层厚度太小，其吸收的微波能量又可减少到零。

此类薄膜在微波场中几秒钟内即可达到250℃左右的高温，可作为加热板使用。目前商业使用的微波感受器大都采用导电性微粒涂层的方法制造，其中最常用的是真空镀铝涂层。这些材料一般包括以下四层：加热层（12μm厚的热固性双向拉伸聚酯）；薄金属涂层（真空镀铝，单位面积电阻50~250Ω）；黏合剂层；基层材料（一般为纸或纸板），防止材料在加热过程中收缩或变形。

（3）新兴微波吸收材料 食品在微波炉中有时会产生不均匀加热现象。造成这种现象的原因有以下两个方面：微波炉空腔内驻波造成电场的过热或过冷点；大多数食品属于电场感受器，而包装材料也属于电场感受器，两者共同作用的结果会使微波炉内驻波加热的不均匀性更加明显。美国杜邦聚酯（DUPONT）公司已研究出一种受电场和磁场共同作用的新型材料，它可以使微波加热的均匀性大大改善。

3. 微波反射材料

大多数金属材料反射微波而且不产生热量，材料表面的金属涂层厚度达到一定程度时，微波能量不能穿透，也不能被吸收而发热，只能被反射回去，常见的各种金属薄板、金属箔及厚涂层的铝箔复合材料等都是微波反射材料。微波反射材料在微波食品包装上使用时容易使材料与炉壁之间产生电弧。因此，使用过程中需特别注意，目前该类材料一般用于微波的屏蔽。

（二）对微波食品包装材料的要求

对微波食品包装材料的要求主要有以下几点。

（1）确保食品的安全卫生 包装材料的安全性非常重要，卫生安全应符合卫生标准。

（2）微波穿透性好 选用介电系数小的材料。

（3）具有耐热性 即耐热程度必须大于食品加热后的温度，能耐急速温度变化。

（4）具有耐寒性 对于低温流通的微波速食食品而言，至少能耐-20℃的低温。

（5）确保食品品质 耐油、耐水、耐酸、耐碱。

（6）具有方便性、多用途及廉价性，并符合环保要求。

（三）微波食品包装材料的选择

微波食品包装材料，除了要求具有一般食品包装所需要的性能外，尚需适合各种不同微波食品的要求。微波食品包装用材料，可以是玻璃、陶瓷、塑料、纸等。目前常用的材料有以下几种。

1. PET/纸

PET/纸具有较高的阻隔性能，目前被广泛用于包装各种饮料，同时它也是价格较低的一种微波食品包装材料。可用于包装冷冻主餐、晚餐、TV餐以及冷冻和非冷冻的焙烤食品。该材料耐205℃高温，既可用于微波炉，也可用于普通的烤炉，但不能以直接火焙烤。容器制作时可冲压成盘形或折叠成形。

2. CPET

PET加工后由无定形变成结晶形，即成CPET，其性能大为提高。CPET通常耐热温度可达230℃，在225℃时仍有一定的刚性和热稳定性。在 -18℃时具有一定的耐寒冲击性，保香性、阻气性及耐油性均良好，属中档价格的普及型微波包装材料。

3. TPX（Polymethyl pentene）

聚4-甲基戊烯是以4-甲基戊烯为主的聚合物。熔点为230~240℃（结晶熔点235℃），介电常数稳定，保持在2.12左右，密度为083g/cm^3，是塑料中最轻者。透明性良好，可见光透过率大于90%，介于有机玻璃与聚苯乙烯之间。但易受氧化和光辐射作用，受热要变黄，无毒，安全卫生。TPX属于价格低廉的一种包装材料。

4. PP系列材料

PP是聚烯烃类廉价材料中最耐温的一种。PP膜使用温度范围为 -20~120℃。可以包装油分较少的微波食品。在制作包装容器时，可以使用PP单体，也可以与其他材料做成共挤物容器，如PP/EVOH/PP、PP/PVDC/PP、PP/PVDC多层共挤料和PP/PE等。

5. 其他

除上述材料外，还有硬化PET，即30% PET +50%碳酸钙 +20%玻璃纤维混合材料加热成形的高级容器。磁性容器，为一种用磁性粉末与热硬化PET混合热成形的容器。PPO/PS容器，是PPO与结晶PS混合制成的耐热容器等。

二、 微波食品包装

1. 微波食品包装的基本要求

微波食品包装的基本要求如下。

①在微波炉中不会热熔化和变形。

②密闭形的孔密封形式不能把密封里面的小孔堵塞。

③加热不致起火。

④容器和商标不会收缩。

⑤输送不会破损。

⑥对冷冻食品的冷冻特性好。

⑦对配入脂肪、油多的食品，要特别耐油。

⑧装填含水量高的食品时，杯类的包装不能软化。

2. 微波食品的包装实例

微波食品可以是经无菌包装、热罐装或高温杀菌后在常温下保藏的食品，可以是冷藏或冻藏食品，可以是已配制好的预制食品，也可以是调温后即可食用的方便食品。其包装可分为密闭形、开放形。密闭形，使用事先开孔的密封袋，消费者在放进微波炉烹饪前将封孔条剥离。开放形，不妨碍食品自身水分蒸发，能使表面形成难以干燥的皮膜。具体形式有袋装、杯装、盘装。

瑞典SprintEr公司生产了一种扁盘式微波包装。该包装选用CPET材料，采用PET衬里，多层复合，并压制出加强筋。采用这种包装的食品从冰箱取出就可直接进入微波炉烘烤，可耐受230℃高温。由于用铝箔和某些塑料的复合材料制成的包装具有不透明、不易回收且不能用于微波加工的缺点，近几年研究开发的镀 SiO_x 材料可以作为其替代品。SiO_x 是在 PET、PA、PP 等基材上镀的一层硅氧化物，这种镀膜具有高阻隔性、高微波透过性、透明性，可用于高温蒸煮、微波加工等食品软包装，也可制成饮料和食用油的包装容器。

第六节 智能包装技术

随着人们对包装食品安全性的要求不断升高，人们对包装食品的信息化要求越来越高，智能化包装体系以其完善的包装技术和智能化的信息处理，全新的服务理念，使得食品智能包装体系的应用价值较传统食品包装体系有很大的提高。食品智能包装体系可以在包装的内部包含进大量的产品信息，它通过内部传感元件或条码以及商标信息系统，将标记和监控系统结合起来，形成一套扩展跟踪体系，用以检查产品的状态，如食品的保质期、食品内微量重金属元素含量、食品抗菌包装形式、食品品牌的真假等，可见，食品智能包装体系的应用对于满足消费者心理需求，保证市场流通都有着十分重要的应用意义。

1999—2001 年，12 名分别来自欧洲的科研单位和企业的专业人员共同参加了一项定义活性及智能化包装的欧盟研究项目，该项目名称为“对活性与智能化包装的安全性、有效性、经济环境影响和消费者接受程度的评估”，简称“Actipak”项目。该项目的主要目标是，根据欧洲食品包装法规，在欧洲建立和推行活性与智能化包装系统。按照 Actipak 的定义，智能化包装系统（Intelligent packaging systems）是通过监测包装食品的环境条件，提供在运输和储藏期间包装食品品质的信息。

智能包装是指对环境因素具有“控制”“识别”和“判断”功能的包装。它可以控制、识别和指示包装内空间的温度、湿度、压力以及密封的程度、时间等一些重要参数。智能包装技术包括功能材料型智能包装、功能结构型智能包装及信息型智能包装等。

一、功能材料型智能包装

功能材料型智能包装是指通过应用新型智能包装材料，改善和增加包装的功能，以达到和完成特定包装的目的。目前，研制的材料型智能包装，通常是采用光电、温敏、湿敏、气敏等功能材料，对环境因素具有“识别”和“判断”功能的包装。

二、功能结构型智能包装

功能结构型智能包装是指通过增加或改进部分包装结构，而使包装具有某些特殊功能和智能型特点。功能结构的改进往往从包装的安全性、可靠性和部分自动功能入手进行。这种结构上的变化使包装的商品在使用时更加安全和便捷。功能结构型智能包装最有代表性的是自动加热和自动冷却包装。这两种包装都是增加了包装的部分结构，而使包装具有部分自动功能。自动加热型包装是一种多层、无缝的容器，以注塑成形方法制成，容器内层分成多个间隔，容许产品自我加热。它的加热原理是：当使用者拿下容器上的箔，并按压容器底部时，容器内的水及石灰石便会产生化学反应，发放热能，进而令产品加热。自动冷却型包装内置一个冷凝器、一个蒸发格及一包以盐做成的干燥剂，冷却时由催化作用所产生的蒸汽及液体会贮藏于包装的底部。这技术也可应用于普通容器，它能在几分钟内将容器内物品的温度降低至17℃。

三、 信息型智能包装

信息型智能包装是指可以显示包装件内容物及其内在质量和流通或销售过程中相关信息的一种新型包装技术。此项包装技术通过附着于包装容器材料上的显示剂或显示件，可直接指明商品的品质信息、包装件及其内部气体特性信息或包装储存环境信息等。

在 Actipak 项目中，智能化包装的定义中包含了用于包装食品质量控制的指示卡（如表 9－8 所示）。这些指示卡有：①外用指示卡，即安装于包装外部的指示卡（时间－温度指示卡）；②内用指示卡，即放置于包装内部的指示卡，具体包括放置于包装的顶隙内、贴在瓶盖内（指示氧气变化或者包装是否泄漏的氧气指示卡、二氧化碳指示卡、微生物生长指示卡、病原体指示卡）。

表 9－8 包装食品中用于品质控制的智能化包装的指示器的工作原理和反应组分举例

指示卡	原理/组分	提供的信息	应用
时间－温度指示卡（外用）	机械学 化学 酶学	储藏条件	冷藏或冷冻条件下的食品
氧气指示卡（内用）	氧化还原染色剂；pH 染色剂；酶	储藏条件 包装的泄露	储藏的低氧包装食品
微生物生长指示卡（即新鲜度指示卡，内用）	pH 染色剂 能与某些代谢物（挥发性的、非挥发性的）反应的所有染色剂	食品中的微生物状态（即腐败）	容易腐烂的食品，如肉、水产、禽肉
病原体指示卡（内用）	与毒素反应相关的各种化学的或者免疫学的方法	一些特殊的致病菌，如 O－157 大肠杆菌	容易腐烂的食物，如肉、水产、禽肉

资料来源：摘自参考文献［7］。

1. 时间温度指示器

时间温度指示器（Time－Temperature Indicators，TTI）是一种简易的质量控制装置，可以对产品的整个货架期中的一些关键参数进行操纵、监控和记录，通过时间温度积累效应指示食品的温度变化历程和剩余货架信息。

TTI 可分为扩散型、聚合型、酶促反应型以及 UV 触发型等四种。扩散型指示器是根据物质扩散速度与温度相关的原理进行设计。聚合型 TTI 是利用单体发生聚合物反应生成带有颜色的聚合体的一类食品安全指示器。酶促反应型指示器是一类 pH 指示器，该类型 TTI 主要是利用底物在受控温度条件下的酶促水解导致 pH 降低，最终引起酸碱指示剂颜色发生变化。触发型 TTI 主要是指热致变油墨智能包装，主要有以下三部分组成：成色剂、染色剂和溶剂三部分组成。其中染料与显色剂的反应易在低温下进行，而此时溶剂则以固体状态存在，随着温度的升高，溶剂逐渐融化，并与染料-显色剂所形成的复合物进行着色反应。

当TTI贴到单个消费包装上，这种货架标签与公开日期标签相比可以更好的控制产品的质量情况。时间温度指示器作为产品包装的一部分可以提醒消费者关注食品的质量状况。如果食品在储运和被消费者带回家的过程中温度控制不当，就有被微生物污染的危险，也可能促使致病菌的生长。

2. 泄露指示剂

泄露指示剂可以用来显示食品在整个流通链中包装的完整性。对于易腐败食物气调（MA）包装大多要求要降低氧气含量（通常为<2%），增加二氧化碳含量（通常在20%～80%），来延长食品的货架期。如果包装泄露，则氧气的含量会增加，而二氧化碳的含量则相对减少。因此，监视包装内氧气或二氧化碳气体的含量对保证食品的货架期很重要。而包装内微生物的繁殖增长则可能导致二氧化碳气体在包装内一定程度的增加，由于二氧化碳气体同时存在泄露和增加两种作用，造成了包装内二氧化碳气体含量的不确定性。因此，监测MA包装的泄露与否通常采用氧指示剂。

3. 新鲜度指示型

食品新鲜度指示型智能包装的工作原理，是利用食品在贮藏过程中产生的某些特征气体与特定试剂产生特征颜色反应、温度激活生物学反应，以及酶作用等引起指示标签变化，从而对食品新鲜度做出判断。如：利用DNA聚合酶反应原理制作出的食品新鲜度指示卡，可用于检测大肠杆菌，当大肠杆菌存在时，指示卡会由蓝色变为红色；利用二氧化碳水解呈酸性的原理制备的pH指示剂变色薄膜，可对食品中二氧化碳的浓度进行检测，有效指示某些食品的新鲜度；利用硝酸铅与硫化氢的特征反应原理，将含有硝酸铅的乳液涂抹于包装材料上，当其遇到食品腐败释放出的硫化氢时，指示剂会由棕色变为黑色，因而可判断部分食品的新鲜度。

4. 氧气指示器

氧气指示器分为两类，一类是可视化氧气指示器；另一类是非可视化氧气指示器。氧气指示器的研究开发工作是和氧气净化体系紧密联系在一起的。典型的可视化氧气指示器由氧化还原指示剂、还原化合物和碱化合物组成。也有人以酶促反应为基础建立指示体系。通常指示器从还原状态到氧化状态的颜色变化为从白色或粉红色到蓝色。该指示器可以以薄片形式镶在薄膜内或制成印刷层形式。非可视化氧气指示器是一个内置体系，会发荧光，通过扫描测定荧光强度能在不破坏食品包装的情况下定量测定包装中的氧气含量。与可视化的氧气指示器相比，它反映氧气含量更客观，更准确。

5. 可跟踪性运输包装

包装的智能化在现代物流信息活动中起着至关重要的作用。如果包装上的信息量不足或错误，将直接影响物流管理中各项活动的展开；没有包装智能化的配合，现代物流管理中的扫描设备、计算机管理也将无用武之地。所以，包装应该携带物流管理所需要的绝大部分信息。可跟踪性运输包装的目标就是开发一种有利于自动化管理的运输包装技术形式，使运输容器在流通路线上能被全程跟踪，方便于控制中心完成对运输路线和在线商品的调整和管理，达到商品流通运输的快捷化、最佳路径化和低运输成本的目的，借助信息网络和卫星定位系统构筑一个智能型物流体系。如今，RFID（电子标签）正成功地应用于可跟踪性运输包装。

6. 电子标签

电子标签（Radio Frequency Identification，RFID）是一种非接触式的自动识别技术，通过射频信号自动识别目标对象并获取相关数据。智能是指由芯片、天线等组成的射频电路，而标签是由标签印刷工艺使射频电路具有商业化的外衣。RFID 标签具有可读写、反复使用、耐高温、不怕污染等传统条形码所不具备的优势，处理数据过程无需人工干预。RFID 实际是一种通信技术，可通过无线电讯号识别特定目标并读写相关数据，而无需识别系统与特定目标之间建立机械或光学接触。RFID 在工作时，读写器通过天线发射射频信号，当有 RFID 应答器出现在读写器的覆盖区域内时，应答器产生感应电流并被激活，再将信息通过内置天线发射，读写器天线接收到应答器的载波信号后，读写器对接收的信号进行解调和解码后将合法信息传送到主机，完成一次完整的通讯过程。RFID 在读取上并不受尺寸大小与形状限制，不需为了读取精确度而配合纸张的固定尺寸和印刷质量。因此，RFID 标签往往被做成各式各样不同的形状，往小型化与多样形态发展，以应用于不同产品。“最基本的 RFID 系统是由电子标签、阅读器、天线和通讯系统四部分组成”，阅读器在指定区域发射无线电信号形成电磁场，当装有 RFID 芯片的包装产品经过此区域时，由阅读器发送指令将标签信息通过天线将反馈信息传送至计算机网络。借助 RFID 智能标签，产品在生产和流通过程中均有可追踪性，制造商和用户可以实时了解产品库存、流通、保质等信息，这在物流管理中能预测顾客购物情况，优化库存管理，整合资源，建立智能化管理体系。

第七节　活性包装技术

按照 Actipak 的定义，活性包装（Active packaging）为通过改变包装食品环境条件来延长货架期或改善安全性或感官特性，同时保持食物品质不变的技术。活性包装中所定义的食品环境条件，包括对于确定包装食品货架期可能起作用的各个方面，比如生理作用（如新鲜水果和蔬菜的呼吸作用）、化学变化（如脂质的氧化）、物理变化（如面包的老化、脱水）、微生物活动（如由微生物引起的腐败）和虫害作用（如昆虫）。通过适当活性包装系统的应用（可以根据包装食品的具体要求，通过大量不同的方式调节上述的环境条件），可以明显减少食品品质的降低。

一、活性包装类型

用于储藏食品、提高品质和安全性的活性包装可以分为 3 种类型：吸收剂（即净化剂）（表 9 - 9）、释放剂（表 9 - 10）和其他系统（表 9 - 11）。吸收剂（净化剂）用于除去诸如氧气、二氧化碳、乙烯、多余水分、污染物和其他的特殊组分（表 9 - 9）。释放剂能够适时地向包装食品或者包装的顶隙内添加或者释放某些组分，如二氧化碳、抗氧化剂和防腐剂（表 9 - 10）。其他系统的功能较为复杂，如自加热、自冷却和自保护。

按照活性包装系统的物理结构，吸收剂和释放剂的剂型分为小袋型、标签型或者薄膜型。小袋可以自由放置在包装的顶隙内；标签可贴在包装外。由于可能会削弱系统的功效或者引起物质迁移等，吸收剂和释放剂不应直接接触食物。

表 9-9　用于保护食品、延长货架期和提高其品质和食品性的活性吸收剂举例

吸收剂与剂型	作用原理/机制/反应试剂	目的	应用举例
脱氧剂（小袋、标签、薄膜和木塞）	二价铁化合物、抗坏血酸、金属盐、葡萄糖氧化酶等	减少或者抑制霉菌、酵母菌和需氧菌的生长；防止脂肪、油脂、维生素和色素的氧化；防止昆虫和昆虫卵的造成的破坏	干酪、肉类产品、即食食品、焙烤食品、咖啡、茶、干果、乳粉
二氧化碳吸收剂（小袋）	氢氧化钙 + 氢氧化钠或氢氧化钾、氧化钙 + 硅胶	除去储藏过程中产生的二氧化碳、以免胀袋	炒咖啡豆、牛肉干、脱水禽肉制品
乙烯吸收剂（薄膜、小袋）	氧化铝 + 高锰酸钾（小袋）、活性碳 + 金属催化剂（小袋）、沸石（薄膜）、黏土（薄膜）、日本 oya 石	避免食物的快速成熟和软化	水果，如苹果、杏、黄瓜、番茄；蔬菜，如胡萝卜、土豆、甘蓝
吸湿剂（雾滴吸收薄片、薄膜、小袋）	聚丙烯（薄片）、丙二醇（薄膜）、硅胶（小袋）、黏土（小袋）	控制包装食品的多余水分，减少食物表面的水分活度以免霉菌、酵母菌等腐败菌的生长	肉、鱼肉、禽肉、焙烤食品、水果和蔬菜切片
异味、胺类和乙醛吸收剂（薄膜、小袋）	含有柚苷酶的醋酸纤维膜、铁盐 + 柠檬酸或者抗坏血酸（小袋）特殊处理的聚合物	减少浆果果汁的苦味；改善鱼肉和含油食品的风味	果汁、鱼肉、含油食物（如油炸土豆条、饼干和谷物食品）、啤酒
紫外线吸收剂	涂有紫外吸收剂的聚烯烃类，如聚乙烯、聚丙烯； 结晶度改良尼龙 6；聚酯瓶材料内添加的紫外线稳定剂	控制由于光照引起的氧化	光敏性食物，如火腿、饮料
乳糖吸收剂	包装材料中的固定化乳糖酶	为乳糖不耐症的人群提供牛乳产品	牛乳和其他的乳品
胆固醇吸收剂	包装材料中的固定化胆固醇还原酶	提高牛乳产品的健康品质	牛乳和其他的乳品

注：3 种剂型为小袋型、标签型和薄膜型。商业应用最多的有脱氧剂、二氧化碳吸收剂、乙烯吸收剂和吸湿剂，而乳糖吸收剂和胆固醇吸收剂还没有得到商业应用。

资料来源：摘自参考文献 [7]。

表 9-10　用于保存食品、延长货架期和提高食品品质的活性包装释放剂举例

释放剂与剂型	作用原理/机制/反应试剂	目的	应用举例
二氧化碳释放剂（小袋）	抗坏血酸、碳酸氢钠 + 抗坏血酸盐	抑制革兰氏阴性菌和霉菌的生长	蔬菜、水果、鱼类、肉、家禽
乙醇释放剂（小袋）	吸附有乙醇与水的混合物的二氧化硅粉，能够产生乙醇气体	抑制霉菌和酵母菌的生长	焙烤食品（尤其是食用前需要加热的食物）、鱼干

续表

释放剂与剂型	作用原理/机制/反应试剂	目的	应用举例
抗菌防腐释放剂（薄膜）	有机酸（如山梨酸）、硅酸银、香草+药草提取物、异硫氰酸丙烯酯酶	抑制腐败菌和致病菌的生长	肉、家禽、鱼类、面包、干酪、水果和蔬菜
二氧化硫释放型（小袋）	混有偏亚硫酸氢钠的多微孔材料	抑制霉菌的生长	水果
抗氧化剂的释放型（薄膜）	BHA、BHT、生育酚、美拉德反应的挥发性产物	抑制脂肪和油脂的氧化	干制的食品、含有脂肪的食物
香味释放剂（薄膜）	含有调味剂的聚合物	减少风味损失、掩盖异味、改善风味	各种食物
杀虫剂释放剂（包装材料内层或者外层）	Imazalil、除虫菊酯	防止腐败菌的生长，控制真菌或害虫	干燥、袋装食品物料、如面粉、大米、谷物

注：两种剂型为小袋型和薄膜型。到目前为止，还没有一种系统得到广泛的商业化应用。

资料来源：摘自参考文献［7］。

表 9－11　活性包装的其他系统举例

其他系统名称	作用原理/机制/反应试剂	目的	应用举例
隔热物	带有大量气孔的特殊无纺塑料	控制温度以抑制微生物的生长	各种冷藏的食物
自加热铝罐或铁罐	石灰和水的混合物	通过内置加热装置来处理或者蒸煮食物	日本清酒、咖啡、茶、即食食品
自冷却铝罐或铁罐	氯化氨、硝酸铵和水的混合物	冷却食物	不含气的饮料
微波感受剂	卡纸或多层薄膜上镀有铝或不锈钢	微波食品的干燥、脆化及最终的褐变	爆米花、比萨、即食食品
感温膜	通过填充剂、脱填充剂粒度和拉伸程度来控制气体的多聚物透气性	避免厌氧呼吸	蔬菜和水果
紫外辐射尼龙薄膜	使用受激准分子激光器在 193nm 处紫外照射，将尼龙表面的氨基转化为胺	抑制腐败菌的生长	肉、家禽、鱼类、面包、干酪、水果和蔬菜
FreshPad	释放天然挥发性油性物质，吸收氧气和多余的汁液	抑制细菌的生长；控制水分；自动延长货架期	肉
经过表面处理的食品包装材料	氟基纤维蛋白	抑制细菌的生长	

资料来源：摘自参考文献［7］。

二、典型的活性包装

（一）乙烯脱除剂

水果和蔬菜自身能释放一定量的乙烯，在包装的水果蔬菜周围，当其释放的乙烯达到一定量（很低浓度）时，便会加速水果蔬菜的成熟和衰老。只要在包装内部加入少量的乙烯脱除剂便可消除此影响。最近已有研究把乙烯脱除剂作为添加剂加到包装膜或托盘中，做成含有乙烯脱除剂的包装膜和托盘。目前此类产品存在的缺陷是不能直观显示包装中的乙烯脱除剂使用程度及何时已用完。若能做成一种变色卡，根据色卡的颜色变化来判断乙烯脱除剂的使用程度，则其应用将更为广泛。现在已商业化应用的乙烯脱除剂小包装膜采用对乙烯具有高透过性的材料，果蔬释放出的乙烯透过包装材料被高锰酸钾氧化，以达到脱除乙烯的目的。

（二）二氧化碳生成剂和除去剂

新鲜食物的贮存包装，往往会产生二氧化碳，而二氧化碳又有抑制微生物生长的作用。控制二氧化碳含量可在包装膜内装上二氧化碳产生系统或除去系统。高二氧化碳浓度（10% ~ 80%）对于肉禽类的贮藏尤为重要。但二氧化碳对塑料薄膜的透过率是氧气的 3 ~ 5 倍，因而需要二氧化碳产生剂。但如果二氧化碳浓度过高，会使水果进入糖酵解阶段，导致水果品质快速下降，这时需要二氧化碳除去剂。含铁粉和氢氧化钙的小包，可用于新加工咖啡的包装。它可同时控制包装内的氧气和二氧化碳含量，使咖啡的货架寿命延长 3 倍。

（三）抗菌包装体系

抗菌包装能杀死或抑制食品在加工、储运和处理过程中表面的微生物，增加安全性。将包装材料和抗菌剂组合，对包装材料的聚合物进行辐射处理或气流喷射等方法都可以使包装具有抗菌活性。抗菌剂通常被涂在包装材料上或合成于包装材料内或固定在包装材料上或改良成包装原料。抗菌包装根据抗菌作用方式可分为 3 个模式：释放型、固化型、吸收型。释放型抗菌剂通过扩散作用到达食品或包装顶部空间而抑制微生物的生长。固定抗菌包装系统不释放抗菌剂，只抑制与包装接触的食品表面的微生物的生长。吸收型抗菌包装主要是通过吸收作用，消除利于微生物生长的因素以阻止其生长。抗菌可分为有机体系和无机体系。

1. 无机体系

无机体系主要依赖金属离子的抗菌活性。无机系列抗菌剂中的抗菌成分是银、铜和锌，这些金属是以离子状态存在的，通过离子交换或直接合成，以制剂的形式与载体结合。由于银或铜等金属离子有着与细菌或霉菌的活性酶中心强有力的结合能力，而具有抗菌作用。在古代人们就知道，为了防止水和食物的腐败以及能够安全地饮用和食用，而采用银和铜为材料制成的容器。几乎所有的无机系列抗菌剂都是使用无机质多孔体材料作为载体的，用于食品方面的要求符合食品添加剂的标准，以达到高标准安全性的要求。无机体系稳定，本身不具有活性，与其他试剂如水分混合才发生反应。

2. 有机体系

近年来报道的食品包装中的有机抗菌剂包括有机酸及其盐（如山梨酸盐、丙酸盐、苯甲酸盐）、抗菌素（如 nisin 乳链球菌肽）、酶（如溶菌酶）和杀真菌剂（如抑霉唑）。其中，乙醇是一种非常理想的抗菌剂，它的蒸气可抑制 10 种霉菌、15 种细菌及 3 种致腐败的酵母菌，而且少量乙醇对食品安全性没有任何影响。例如，在面包或其他焙烤食品包装之前，向其表面喷洒稍许乙醇，可以延长食品货架寿命。日本已大量采用乙醇剂小包装置于食品包装内，其方法是：

在纸与 EVA 共聚物的积层材料制成的小袋内，装食品级乙醇吸附于二氧化硅粉末中。小袋重量 0.6 ~ 6g，内装有 0.5 ~ 3g 乙醇，可蒸发到包装内部空隙，可用其包装年糕与某些鲜物。

第八节　绿色包装技术

1987 年联合国环境与发展委员会在其发表的《我们共同的未来》报告中首次提出“绿色食品包装”。1993 年我国引入这一理念，2008 年 10 月 18 日，第三届中国绿色包装论坛在北京召开，论坛提出“绿色食品，绿色包装”。时至今日，在全球范围内正在开展了一股食品包装的绿色革命。世界各国对绿色包装的确切定义尚未取得共识，欧洲各国普遍认为绿色包装应符合 3R1D，即减少（Reduce），再利用（Reuse），再循环（Recycle），可降解（Degradable）。

“绿色包装”是指无公害、无污染并可以回收利用或再生的包装材料和制品，也是指采用绿色的包装材料，在包装生产过程中采用环保生产工艺、废弃物生产最少、能够循环使用和再生利用、易于自然降解和腐化，在其整个生命周期中对人体及环境不造成公害，含有害物质在规定范围内的适度包装。

一、绿色包装的材料选择

绿色包装材料选材必须遵循以下原则：①利用有利于资源再生的材料。②利用对环境污染程度最低的材料。包括易于回收利用和再循环的材料，可自行降解周期短的材料。在包装产品生命周期全过程中对环境污染最少。③利用人性化的包装材料。这些材料对人体和生物系统无害，材料中不含有毒元素、重金属或将其含量控制在有关标准以下，如尽量选用不加涂、镀层的材料。

早期推行的绿色包装主要从包装材料下手，在国内外市场风行及消费者最为青睐的绿色包装中，主要有可食性包装、可降解包装和纸包装。随着技术的发展以及人类对环境保护的日益重视，绿色包装材料正在朝着更加优良的功能性发展。

（一）可食性包装

可食包装要求包装食品的薄膜或食品上的涂层不仅有包装功能而且还可以食用。可食薄膜和涂层早已用于食品的保护，如防止分切肉脱水的胶膜、水果涂蜡阻隔气体交换和蛋糕用糖或巧克力涂层保护等。在亚洲，传统用大豆脂蛋白（豆浆煮沸后产生的一层豆衣）作为包装材料，用于食品防腐和改善产品外观。一些食品如面包等，经过烘烤、干燥或油炸处理后，表面会形成天然的保护层。一些糖苷和蛋白质已单独或结合使用，用作可食薄膜或涂层加工的配料。

可食涂层以食品为载体直接在食品上干燥成形，可食薄膜则加工后包装食品。可食薄膜或涂层作为食品的组成部分和包装的双重作用有许多优点。可食薄膜或涂层食用时要有口味、易溶解和在口中分散或加工时在水、油中分散。它们可用于覆盖食品和食品内不同组分的分隔。可食薄膜或涂层加入增塑、抗氧化和抗菌等添加剂后，其力学性能和保护性能得到增强。可食薄膜或涂层的应用并不意味不用非可食包装，只是材料用量少而较经济。事实上，可食薄膜或涂层在控制食品质量方面作为一种补充手段，有时是必需的。

1. 可食用薄膜的分类

依据其应用的材料不同来划分其种类。

（1）多糖类可食膜主要包含了淀粉、改性纤维、动植物胶素以及壳聚糖四种包装膜。

（2）蛋白质类可食膜包含了大豆、小麦、玉米、花生以及肌原蛋白膜等种类，具有能有效的起到防紫外线、阻隔油污、细菌抑制以及能在高温中储藏稳定等特点，有效地延长食物的保质期。

（3）微生物共聚酯可食性包装膜包含了油脂、糖蜜等，也能对食物保鲜、延缓食物腐烂时间有一定的功效。

（4）复合型可食膜是将上述种类的可食膜原材料进行不同比例的融合，更好地改善以往可食膜机械强度、透光性、透气性以及持水性等特点。

2. 可食薄膜和涂层的功能及应用

可食薄膜和涂层的某些功能和非可食包装薄膜相同，如阻隔水分、气体和溶质的功能。事实上，控制食品的水分含量和水分活度（A_w），可取得食品的微生物和生理化学稳定以及感官性能。食品表面如涂一层高阻湿性的可食涂层（如蜡），可降低食品与环境间的水汽交换。非单一食品或混合食品的各组分含有不同的水分活度（如比萨饼、有水果块的糕点和有干水果的谷类早餐食品等），减少组分之间的水分交换很重要，可以明显地保持某些组分的脆性和软的组织。一些新鲜或冷冻食品（如分切肉和海产品）可以在表面涂水分阻隔或水分吸附材料（如含水胶体）以减少表面脱水。一些油炸食品油的渗透（如裹面包屑的鱼或肉，炸薯条和香蕉），可用对脂肪高阻隔性的亲水性材料的涂层来阻止脂肪渗透。与此相同，冻肉、浸在盐水里的海产品和果蔬脱水时会发生溶质渗透，可涂上不渗透溶质的薄膜，使溶质渗透缓慢降低。可将一些与可食薄膜结合的特殊添加剂（如抗霉菌、抗氧化、香料、营养和着色等添加剂）阻留在薄膜中，使食品表面得到局部较高的作用效果，从而降低添加剂的使用浓度。此外，可食薄膜可使食品结构加强和防止黏在一起（特别是挤出加工和冷冻食品）。用可食薄膜封装或胶囊包装的各种配料和添加剂，易在食品混合物中分散（如用于加工糕点的乳化剂）或加工脱水即食食品（如汤料和饮料）。表 9－12 为可食薄膜或涂层的应用。

表 9－12　可食薄膜或涂层的应用

目的	主要性能要求	应用
阻隔水分和氧	适合做涂层	鲜鱼，干酪，肉和肉制品
表面干燥	氧和水分渗透率低（可加入抗氧化剂）	中等湿度的食品
缓和食品表面由微生物引起的腐败	湿的薄膜	干食品，杏仁，胡桃，饼干，薄片食品，新鲜或干的水果
保持非单一食品组分的 A_w 差异	可与抗菌剂结合	冷冻食品
控制非单一食品的溶质、色素和风味物质的渗透	对水分高阻隔性	新鲜和冷冻食品

续表

目的	主要性能要求	应用
防吸收盐水、糖浆脱水或油炸食品油的渗透	对溶质和脂肪高阻隔性	中等适度的食品
单个食品的保护	表面不黏，力学和阻隔性能自好	方块干酪，干的和中等湿度的水果，冰糕
使表面不黏或不油黏	表面干而不黏	大块干酪，干的产品，油炸食品，冷冻食品
防止小块食品黏结	光滑有光泽、均匀	有糖衣的焙烤食品，糖果，新鲜或干的水果
改善食品的香味、风味和色泽	阻隔性良好	中等湿度的水果，干食品

资料来源：摘自参考文献 [8]。

3. 可食薄膜和涂层的配料

可食薄膜和涂层的配料至少有一种成分能构成充分连续和凝聚的基质，这种基质通常由聚合物或混合物组成，构成连续的晶体或非晶体结构（亲水性聚合物，脂肪，糖）。直接用作涂层的薄膜与两种作用力有关：一种是材料分子间的作用力（凝聚）；另一种是涂层与载体（食品）结构的黏附力。材料分子间的凝聚程度构成薄膜的阻隔性能和力学性能，通过降低柔韧性、孔隙率和气体与溶质的渗透率可得到明显的高凝聚结构。凝聚程度取决于薄膜材料的化学结构、增塑剂和交联剂的存在，溶剂的性质和稀释度、应用方法、除去溶剂的过程，薄膜的厚度。有序极性的长分子链聚合物以晶体形式析出得到的凝聚性最高。制备时平均稀释，可使聚合物分子的伸长与溶解之间妥善处理，从而得到好的初始黏度。薄膜凝聚性的增加与薄膜的厚度成比例，凝聚性增加到某极限值时保持恒定。聚合物分子过早不流动而凝聚不足，显示为溶剂的蒸发速度或温度过度。涂层通常采用热涂布法黏附到食品上。

4. 可食薄膜或涂层的成形技术

采用喷雾、涂布、降膜和浸渍等方法，随后沥干、离心或流化干燥，可使液态的可食薄膜粘附在食品上成型。某些可食薄膜如褐藻酸盐，则要用交联剂作第二阶段处理促使薄膜成形。沥干法要在加热时进行以降低黏度，然后通过振动筛或离心或强制通风干燥。涂层的固定可用冷却或干燥方法。商业化生产希望用快速冷却，但要调节冷却的温度或干燥的条件，使薄膜牢固地粘附，冷却速度不能太快，防止薄膜厚度不均匀起皱纹或撕裂。可食薄膜的涂布要求技术熟练、经验丰富。

不以食品为载体的薄膜成型可采用非可食薄膜成型的通用技术，如挤塑、模塑或辗压等方法成型。用干燥转鼓干燥成型溶液的薄膜成型法得到广泛的应用。实验室薄膜成型可用水银床法很方便地除去溶剂。

（二）可降解包装

可降解包装按照它的降解机理可分为生物降解材料和非生物降解材料两大类（图 9 – 12）。目前，在包装领域中应用价值较大的可降解材料有光降解塑料、生物降解塑料和光/生物双降解塑料。

- 可降解材料
  - 生物降解材料
    - 合成性生物降解材料
      - 微生物合成型
      - 合成高分子型
      - 掺合型
    - 光/生物双降解材料
    - 天然高分子降解材料
    - 可食性降解材料
  - 非生物降解材料
    - 光降解
    - 热降解
    - 氧化降解
    - 水降解
    - 溶剂降解
    - 机械降解
    - 放射线降解
    - 超声波降解
    - 化学降解

图9－12　可降解材料分类

资料来源：摘自参考文献［34］。

1. 光降解塑料

被光照射后能发生降解的塑料称为光降解塑料。光降解的塑料制品一旦埋入土中，失去光照，降解过程则停止。光降解塑料的生产工艺简单、成本低，缺点是降解过程中受环境条件影响大。目前，光降解塑料主要是合成型与添加型两种。国外主要用于饮料瓶、购物袋、地膜等，国内以添加型为主，仅用于地膜与一次性新型快餐盒。光降解本身受地理、天气制约大，很难达到较准的时控性，且为不完全降解。

2. 生物降解塑料

生物可降解高分子材料在环境中可由微生物酶活性降解，如细菌、真菌酶和藻类。它们的高分子链由非酶过程打断，如化学水解。生物降解将它们转换为二氧化碳、甲烷、水、生物量、腐殖酸物质以及其他自然物质。生物可降解高分子材料自然也就由生物过程的循环利用。生物降解塑料主要的种类有淀粉基改性的不完全降解高分子材料和可完全降解的聚乳酸和聚羟基脂肪酸酯高分子材料。

3. 光/生物双降解塑料

光/生物降解塑料是利用光降解机理和生物降解机理相结合的方法制得的一类塑料，克服了因光线不足而降解困难和生物塑料加工复杂、成本高的缺陷。它以光降解为基础，添加热氧化剂和生物诱发剂等使不直接接受光作用的部分材料继续降解，从而使大分子断裂，降解为可被微生物吞噬的低分子化合物碎片。部分材料掺有诱发光化学反应的可控光降解剂，它使塑料在规定的诱导期之前不被降解，具有理想的可控光分解曲线，在诱导期内力学性能保持在80%以上，达到试用期以后，力学性能迅速下降。光/生物降解高分子材料可分为淀粉型和非淀粉型两种。

（三）纸包装

绿色包装被理解为在生命周期内完全安全无污染的包装，纸包装无疑成为最环保的包装材质。纸制品包装使用后可再次回收利用，少量废弃物在大自然环境中可以自然分解，对自然环境没有不利影响，对治理由于塑料造成的白色污染能起到积极的替代作用。以纸和纸板为基材的纸型包装，具有低成本、节省资源、易于机械加工、更环保、无污染、便于回收、再生利用等优点。无论是用于运输包装的纸箱，还是用于销售产品的外包装的纸盒、纸袋，都是以纸材为首选。随着造纸技术的发展和环保意识的增强，传统单一的纸材料正向复合多元化的方向发展。复合材料纸、功能型专用纸和无污染的植物纤维纸不断被开发，纸材的功能和适用性今非昔比。

国内外正在研究和开发的纸包装材料有纸包装薄膜、一次性纸制品容器、可食性纸制品等。在一些工业发达国家，纸浆模塑制品在工业产品包装领域所占比重已高达70%，其中绝大部分使用的原料为废纸纸浆模塑制品，可用作部分复印机上包装盒材料。这种模型制品是把纸浆做成商品形状后固化的，使用的原料为100%的废纸，容易回收利用。

二、绿色包装结构设计

绿色包装是未来包装设计的发展潮流，其基本内容和要求主要体现在：环保型包装材料的选择，包装空间小型化设计，包装设计的“绿色化”审美理念，节约型消费的适度包装等方面。绿色包装设计是绿色产品设计的重要内容之一，“绿色包装设计”是以环境和资源友好型为核心概念的包装设计过程，已经逐步成为当前包装设计的主流。包装结构是包装设计中的重要环节，它对包装设计的艺术性和实用性起着重要的作用。因此，从包装结构的环保性设计着手，将会有利于设计并生产出具有环保功能的绿色包装设计作品和成品。

包装结构的优化设计对实行包装减量化和包装重复利用等方面有着重要意义，在材料功效最大化的情况下，多从包装的结构出发，运用绿色工艺手段，精心构思，巧折妙叠，对商品包装进行结构优化和装饰美化，设计出的包装要节约材料，降低成本，减少污染，降低消耗，避免过度包装和夸大包装，创造出能够可持续发展的生态化、人性化的“绿色包装”。绿色包装结构的主要设计原则可归纳如下。

（1）避免过分包装　过分包装不仅对消费者没有作用，还会造成资源浪费和环境污染。一般情况下产品包装层次为1～2层，常见的为两层，即内包装和外包装，有的中间夹一层，也有用一层包装的。在进行包装设计时应考虑避免“过分包装”，如减少包装体积、质量、减少包装层数、采用薄形化包装等。

（2）“化零为整”包装　对一些产品尽量散装或加大包装容积，对产品进行“化零为整”包装。

（3）设计可循环重用和重新填装的包装　重用和重新填装可以提高产品包装的使用寿命，从而减少其废弃对环境的影响。

在绿色包装的推行中，设计的作用是非常重大的。在运输包装设计方面，我们要优化包装结构，研究如何在结构设计上体现安全、环保、优化的理念，应用可适应性、易重用性、易回收性的包装结构，并提高运输空间的使用率。在销售包装设计方面，我们要重点打击过度包装与虚假包装，多用优良的创意设计而不是靠堆砌贵重材料来满足市场需要。我们要研究如何根据商品特性，通过文字、图形、色彩等元素的搭配来增加艺术含量，巧妙地在提高商品自身价值的同时，又体现绿色消费理念。比如，可采取优美、健康、环保主题的图形和画面，用艺术的魅力感召消费者，传播绿色消费文化。从商品包装的设计策划开始，就考虑包装使用后的废弃物易于可回收循环重复使用，做到零废料、零污染，避免给自然生态环境带来影响，从而降低由包装产生的二氧化碳排放。一个生物组织为美国黄石国家公园咖啡馆设计了新材料的纸杯。这是一种用玉米加工而成的塑料。只要稍微加热就会立刻分解掉。利乐经过长期的包装研发努力，利乐包中纸板的使用量已经减少了18%；铝箔的厚度也已经减少了30%；利乐包装提倡包装“废而不弃”。在完成包装的功能后，能够将所有的利乐包装都可以回收再利用，做成文具、桌椅、建筑材料等。

第九节　防伪包装技术

假冒伪劣产品，可以说是市场上的一个毒瘤，它不仅大幅度降低了被假冒企业的直接经济效益，更危及了消费者的切身利益。面对仿冒，大多数企业都在试图将多种防伪技术组合应用于产品包装，以减少其被仿造的可能性，提高防伪效果。防伪包装应满足以下三个基本要求，即难仿制性、易识别性和防伪成本适中。防伪包装主要有两种类型，一种采用一次性包装，包装物一旦开启即被破坏，无法再次使用；另一种不但采用一次性包装，而且在包装物上还附有或包含防伪标识或防伪信息。第一种情况只能确保包装内的商品不被调换，但不能保证包装内的商品就是真品，除非这种包装根本无法仿造。第二种情况如果能够确保防伪标识无法仿造而且包装物不是各种袋类，则不但能够确保包装内的商品不被调换，还能够保证包装内的商品就是真品。一般而言，一种真正的防伪包装，必须既能够确保包装内的商品不被调换，又能够保证包装内的商品就是真品。

防伪包装技术是指以包装达到防伪目的的技术。常用的防伪包装技术有包装结构防伪、油墨防伪技术、印刷防伪技术、包装材料防伪技术、条码技术、激光打印及激光光刻技术、激光全息图技术等。

1. 包装结构防伪

包装结构防伪是指通过特殊的包装结构设计，使包装具有不易仿制的特点，从而达到防伪的目的。包装结构防伪应用在包装容器中较多，例如，许多酒瓶都应用了包装结构防伪，设计出结构特别、工艺复杂的外形，特别是在瓶口的设计，多采用特殊单向保护阀门结构，酒只能够被倒出，不能够被倒灌，可有效防止酒瓶被造假者利用，并且不易仿制，大大增加了造假者仿制的困难程度。还有一些包装结构防伪是设计在瓶盖部位，例如，“黑狮”啤酒的瓶盖设计，就将传统的皇冠盖与易拉盖结合到一起，开启时不需借助其他工具，只需用手拉起易拉环就能开启啤酒，这种设计既方便了消费者的使用，又增加了一定的防伪效果。

2. 油墨防伪技术

防伪油墨是在油墨连结料中加入非凡性能的防伪材料，经非凡工艺加工而成的特种印刷油墨。其具体实施主要以油墨印刷方式印在票证、产品商标和包装上。这类防伪技术的特点是实施简单、成本低、隐蔽性好、色彩鲜艳、检验方便、重视性强，是各国纸币、票证和商标的首选防伪技术。防伪油墨的类型主要有：紫外荧光油墨、日光激发变色防伪油墨、热敏防伪油墨、磁性油墨、生化反应油墨等，缺点是消费者不易识别。

3. 印刷防伪技术

印刷工艺防伪技术包括多色接线印刷技术、双面对印技术、凹版印刷技术等。

（1）多色接线印刷技术　印刷花纹的同一线条上出现两种以上颜色时，其变色的接线处无露白，无错位现象。这种接线印刷技术既可用胶印也可采用凸版或凹版印刷实现。

（2）双面对印技术　印刷图案的正背面的部分图案组成一个完整的新图案。

（3）凹版印刷技术　雕刻凹版版面线条细腻具有防伪功能，凹版印出的图案可呈三维图像，立体感强，层次也分明，用手触摸有凹凸感。雕刻凹版印刷技术是一种传统的防伪技术，多用于造币行业，现已广泛应用于产品的包装印刷中。

此外，在包装印刷中也经常采用平凸合印与多工序合印达到防伪的目的。总之，印刷工序越复杂、印刷难度越大的包装印刷品，其防伪效果就越好。

4. 包装材料防伪技术

包装材料防伪技术是指利用包装材料的特殊功能使产品得到保护，防止假冒。该方法与包装材料本身的制造方法有很大关系。很多包装材料是通过多次组合或多层复合才得到特殊功能的，而有的材料是天然的，只是由于产地及使用场合不同而表现出特有的功能。根据情况的不同，包装材料防伪技术的种类也不同，包括天然材质防伪、合成材质防伪以及组合材质防伪。其中，组合材质防伪又包括双层组合防伪、三层组合防伪和多层组合防伪。需要注意的是，在选择材料后进行加工时，其组合技术必须有一定的难度和保密性，同时又要有相应的稳定性。

5. 条码技术

商品条码是商品的一种代码，是人类为了以计算机对商品进行有效管理而设计的。如果我们能够合理地使用商品技术，包括合理地选择条码的载体，合理地选择印刷的方法及印刷机器，合理地选择印刷的位置等；那么就有可能使得商品条码技术具有防伪作用。目前普遍认为具有防伪功能的条码只有两种，一种是隐形条码覆盖式隐式条码、光化学处理的隐形条码和隐形油墨印刷的隐形条码；另一种是金属条码。

6. 激光全息

全息是指全部信息。全息术就是利用光的干涉原理，将物体发射的特定光波以干涉条纹的形式记录下来而成图像；此图像记录了物体的全部信息，故称全息图。当光照到全息图上时，由于光的衍射，而观察到再现的物体像。由于激光是很好的相干光源，可用激光记录，激光再现，故称为激光全息。现国内外所采用的是白光再现全息技术，主要是利用它们均可在日光或普通白炽灯照射下即可再现的特点。它又分为模压全息和反射全息两大类。

思考题

1. 简述绿色包装结构的主要设计原则。
2. 论述可降解包装的降解机理及类型。
3. 举例说明活性包装的应用。
4. 简述信息型智能包装在食品工业中的应用。
5. 微波食品包装的基本要求是什么？
6. 论述无菌包装的特点及过程。
7. 封入脱氧剂包装的特点是什么？
8. 影响气调效果的因素有哪些？
9. 食品气调包装常用气体有哪几种？
10. 食品防潮包装设计方法有哪些？
11. 气调包装有几种类型？

参考文献

［1］杨福鑫．食品包装学［M］．北京：印刷工业出版社，2012．

［2］徐文达．食品软包装新技术：气调包装，活性包装和智能包装［M］．上海：上海科学技术出版社，2009．

［3］孙企达．真空冷却气调保鲜技术及应用［M］．北京：化学工业出版社，2004．

［4］高德．实用食品包装技术［M］．北京：化学工业出版社，2004．

［5］李代明．食品包装学［M］．北京：中国计量出版社，2008．

［6］高愿军，熊卫东．食品包装［M］．北京：化学工业出版社，2005．

［7］Raija Ahvenainen 主编．崔建云，任发政，郑丽敏等主译．现代食品包装技术［M］．北京：中国农业大学出版社，2006．

［8］徐文达．食品软包装材料与技术［M］．北京：机械工业出版社，2003．

［9］蒋海鹏．食品智能包装体系的研究进展分析［J］．科技创业家，2014，(4)：214．

［10］张改梅．智能包装技术及其应用领域［J］．印刷技术，2007，(29)：19－22．

［11］陈新．智能包装技术特点研究［J］．包装工程，2004，25（3）：40－42．

［12］胡兴军，林燕．智能包装的分类应用及前景［J］．塑料包装，2010，20（2）：33－36．

［13］宋宝丰．信息型智能包装技术的研发［J］．包装世界，2008，(3)：20－21．

［14］吴丹，陈健初，王衍彬．食品智能包装体系［J］．食品工业，2004，(5)：38－40．

［15］沈力，胥义，占锦川，等．智能化标签在食品包装中的应用及研究进展．食品工业科技，2014，10：http://www.cnki.net/kcms/detail/11.1759.TS.20141024.1426.030.html．

［16］刘东红，吕飞，叶兴乾．食品智能包装体系的研究进展［J］．农业工程学报，2007，23（8）：286－290．

［17］孙媛媛．食品新鲜度指示型智能包装的研究与应用［J］．包装学报，2012，4（3）：16－20．

［18］孙聚杰．食品智能包装［J］．上海包装，2012，(12)：31－36．

［19］信息型智能包装技术新进展［J］．中国包装工业，2008，(6)：40－41．

［20］许文才，李东立．智能包装技术的发展与应用［J］．印刷工业，2009（4）：11－14．

［21］刘东，王建华．信息型智能包装技术及其应用［J］．网印工业，2014，6：47－51．

［22］刘莹．智能包装的定义及分类研究［J］．科技传播，2013，11：232－233．

［23］黄光荣．食品活性包装［J］．杭州应用工程技术学院学报，2001，13（1）：22－25．

［24］袁晓林，李艳．活性包装材料与技术探讨［J］．包装工程，2006，27（3）：30－33．

［25］吕飞，叶兴乾，李俊，等．食品活性包装研究进展［J］．中国食品学报，2007，7（4）：138－143．

［26］吴光斌，吴永沛．食品活性包装的现状及研究进展［J］．集美大学学报（自然科学版），2004，9（2）：131－137．

［27］李亚娜，冯启路，贺庆辉．食品活性包装［J］．中国包装，2008，28（4）：69－71．

［28］杨福馨．活性包装技术研究与分析［J］．广东印刷，2003，2：66－67．

［29］侯小波，孙振清，何延昆．食品安全视角下绿色包装研究［J］．食品研究与开发，2014，35（18）：160－162．

［30］刘言松，曹巨江．我国绿色包装研究进展［J］．包装与食品机械，2014，32（1）：60－64.

［31］绿色包装在我国的发展现状［J］．中国包装，2012，(9)：20－21.

［32］姜思远，苏晓燕，吴艳玲．浅谈绿色包装材料的发展［J］．内蒙古石油化工，2014，(23)：32－34.

［33］付吉灿．绿色包装趋势分析与对策研究［J］．印刷质量与标准化，2014，(4)：12－15.

［34］陈景华．可降解性包装材料的降解机理及其应用［J］．出版与印刷，2003（1）：38－40.

［35］朱俊．包装材料的减排新途径——可降解塑料［J］．上海包装，2013，10：38－40.

［36］查琳琳．生物可降解高分子材料在食品包装中的应用［J］．塑料制造，2010（10）：83－86.

［37］刘希真，孙运金，仝其根，等．可降解包装材料的应用及发展综述［J］．中国包装工业 2014，(24)：3－5，7.

［38］绿色包装成为发展趋势纸包装有更大的发展空间［J］．纸和造纸，2013，32(12)：75.

［39］吴伟，陶德良，贺全国．绿色包装材料和技术的应用及展望［J］．包装工程，2007，28（3)：30－33.

［40］李景顺．当前绿色包装设计问题探究［J］．设计，2014（1）：185－186.

［41］袁静．基于绿色包装理念的绿色包装设计［J］．艺术与设计（理论），2010，(6)：58－60.

［42］张军．绿色包装结构设计在绿色包装设计中的作用［J］．艺术与设计（理论），2009，(8)：92－93.

［43］朱守会，程丽英，赵得成．绿色包装结构创新设计中的折叠艺术［J］．中国包装，2014，(11)：27－30.

［44］王冰迪，许或青，李铁彬．从芬兰包装业可回收系统谈绿色包装结构设计原则［J］．包装工程，2009，30（7)：167－168，171.

［45］钟周，袁聪，胡立芸．绿色包装设计的理念，现状及方法研究［J］．美与时代：创意（上)，2014，(2)：61－62.

［46］陈金明．论集约化与可循环的绿色包装设计［J］．上海包装，2014，10：44－47.

［47］王军．防伪包装技术的发展［J］．印刷质量与标准化，2008（9)：24－26.

［48］李阳．防伪包装技术及其发展趋势［J］．河南科技，2011，(6)：58.

［49］韩春阳，孙炳新，李冰．我国食品与药品防伪包装现状及发展趋势［J］．包装工程，2009，30（5)：93－95.

［50］包装防伪技术的发展趋势．中国品牌与防伪．2009，(8)：63－65.

［51］李荣．包装印刷中防伪技术的应用研究［J］．科技创新导报，2011（19)：126.

［52］陈志强，王鑫．防伪印刷包装技术及其发展［J］．印刷技术，2009（4)：51－53.

［53］印重山．包装防伪技术的三大类别［J］．中国防伪报道，2013（9)：106－109.

［54］董淑雯．我国包装防伪技术发展现状与趋势［J］．印刷质量与标准化，2010（12）：14－19.

［55］骆扬．食品可食膜包装的应用前景分析［J］．中国包装工业，2014，(8)：7－8.

第十章

各类食品包装技术及设备

CHAPTER 10

第一节　乳制品包装

一、乳制品的性质

（一）乳及乳制品分类

1. 乳粉类

以乳为原料，经过巴氏杀菌、真空浓缩、喷雾干燥而制成的粉末状产品，一般水分含量在4%以下。乳粉类产品常见的品种有：全脂乳粉、全脂和糖乳粉、脱脂乳粉、婴儿配方乳粉。

2. 液态乳

以牛乳为原料，经标准化、均质、杀菌，基本保持了牛乳原有风味和营养物质。液态乳根据杀菌工艺和包装特点分为消毒牛乳、超高温灭菌乳。

3. 酸乳

以新鲜牛乳为原料，经巴氏杀菌后，接入乳酸菌种，保温发酵而成。根据原料及工艺，酸乳可按脂肪高低分为全脂、低脂、脱脂酸乳；按组织状态分为凝固型、搅拌型酸乳。

4. 炼乳

分为淡炼乳和甜炼乳。将原料牛乳标准化，经真空浓缩蒸发，使乳固体浓缩2.5倍，装入铁罐密封并用高温灭菌为淡炼乳。以蔗糖为防腐剂，装罐密封后不进行杀菌的叫作甜炼乳。

5. 干酪

干酪是用皱胃酶或胃蛋白酶将原料乳凝聚，再将凝块进行加工、成型和发酵成熟而制成的一种乳制品。干酪的营养价值很高，其中含有丰富的蛋白质、脂肪和钙、磷、硫等盐类以及多种维生素，消化吸收率也很高。

6. 奶油

牛乳含脂肪3%以上，通过离心机，可以分离成脱脂乳与稀奶油。稀奶油含脂肪35% ~ 40%，稀奶油是液态的，可以直接食用或制做甜点，最主要的用途是做冰淇淋。将稀奶油进一步搅烂、压炼，可获得固态的奶油。其脂肪含量为80%，有加盐和不加盐之分，用做涂抹面包和食品工业原料。

（二）乳制品性质

乳挤出后，在贮存和运输中，由于用具、环境的污染，温度适宜，微生物很快在其中繁殖。乳一般情况下由于细菌繁殖导致酸化（因产生乳酸）产生凝结，或由于蛋白质分解发酵而败坏。多数细菌在环境温度为10～37℃时繁殖最快，乳中微生物活性的下限温度是0～1℃，上限约为70℃。因此在挤奶或加工后，应立即降至10℃以下，但是对于直接销售用的液态鲜乳，由于乳冷冻后会引起滋味和物理结构的变化，因此不能进行冷冻贮存及运输。

氧化以及光辐射对乳的维生素等营养成分及味道也有影响。在光线的作用下乳会产生光照效应，日光能破坏乳中的核黄素和维生素C，乳中的抗坏血酸、维生素A、维生素A原、胡萝卜素及维生素B_1和维生素B_2等成分也会被光线分解。与蛋白质相比，乳脂肪不易败解，但在一定条件下也会败坏产生异味和气体。因此，乳是一种复杂而不稳定的液态食物，不仅在室温下，即使处于冷藏下也会发生多种自发变化。

二、乳制品包装要求

包装对食品的保护性、方便性、便于货架展示、提高品牌价值等的功能，在乳品包装上获得了充分体现。乳品包装已经直接影响到乳品的品质和市场销售，乳品市场的竞争在一定程度上已经演化为乳品包装的竞争

（一）引起鲜乳败坏的因素主要为

（1）微生物的影响　受到微生物污染后会出现酸败、发臭、发黏、结块、变色。

（2）光线照射　乳脂肪在日光照射下，会迅速褪色并产生强烈的刺激味，这是由于不饱和脂肪酸氧化分解形成羟基、羧基类的物质，这会造成乳脂肪的酸败，酸败的速度取决于光照的强度及光的波长。

（3）温度影响　对乳制品应控制低温储藏，避免高温加热。冷冻会使鲜乳发生凝聚、分层、引起异味，破坏了乳品的物理结构。

（二）乳制品包装的要求

根据乳制品的特性。结合现代营销观念，乳制品包装的要求可以归纳如下。

（1）卫生、安全　这是食品包装最基本的要求。乳品包装材料，包括印刷油墨、复合胶黏剂、吹塑粒子和添加剂、溶剂、涂层等都必须符合食品包装安全卫生性能。采用适合的加工方法及有效的包装可以防止微生物的侵染，并杜绝有毒、有害物质的污染，保证产品的卫生安全。

（2）保护制品的营养成分及组织状态　通过合理的包装，可保证制品营养成分及组织状态的相对稳定。密封包装可防止乳粉吸潮或内存物的水分蒸发，还可阻断外来物的污染。凝固型酸奶的包装要具备防震功能。冰淇淋的包装要防止组织变形。

（3）方便消费者　从产品的开启到食用说明，从营养成分到贮藏期限，所有包装上的说明及标示都是为使消费者食用更方便、更放心。比如易拉罐的拉扣、利乐包上的吸管插孔，任何一种包装上的更新都显示着这一发展趋势。

（4）方便批发、零售　制品从生产者到消费者手中必须经过这一途径，所有的包装，包括材料、规格等，必须适合批发、零售的要求。

（5）具有一定商业价值　现代包装从包装设计初始即将其产品定位、市场评估作为调查的

一项重要内容，首先，产品的包装可展示其内容物的档次，高档的制品其包装精美，给消费者卫生安全的感觉；其次，产品的包装要赢得消费者的好感，从颜色、图案等方面吸引消费者注意，增强其市场竞争力，起到良好的广告效应。

（6）满足环保要求 由于社会愈发关注环境污染，现代包装开始考虑环保要求。使用后的包装材料应能重新利用，或能采用适当的方法销毁，或能自然降解（包括微生物降解和光降解等），不会对环境带来污染。

三、 乳制品包装分类及形式

乳品包装的多样性使得超市货架琳琅满目，下面就从各种不同角度对乳品包装进行分类：按包装形式可分为盒包装、杯包装、袋包装、瓶包装；按包装系统及材料生产厂家的不同，可分为利乐包、屋顶包、康美包、埃卡杯、百利包、芬包、爱克林新鲜壶、怡乐包、好利包、万客包等；按包装的档次分为高档包装：无菌砖、屋顶包、埃卡杯、怡乐包；中档包装：无菌枕、芬包、爱克林爱克包、高阻隔百利包；低档包装：普通黑白膜、单层塑料；按照包装材料分为纸铝塑复合材料、纸塑复合材料、铝塑复合材料、金属材料、玻璃材料、塑料共挤膜、塑料容器。

（一）液态乳包装

液态奶制品包括巴氏消毒乳、超高温灭菌乳及调味乳等，是乳制品市场最主要的品种，消费层次最广，引导了乳品市场的方向。液态乳包装品种繁多，常见的包装形式如下。

（1）无菌砖 包括变形的三角形、斧形、方柱形、圆柱形、多角形等，最典型的产品为利乐砖与康美包，为多层纸铝塑复合材料结构，鲜奶在超高温瞬时灭菌后进行灌装。产品能最大限度地保留营养和风味，安全性好，保质期长，常温储存，便于长途运输。

（2）屋顶盒 典型产品为国际纸业生产的新鲜屋，为纸塑结构。屋顶型纸盒包装有其独特的设计、材质及结构，可有效阻隔氧气和水分，对光线同样有良好的阻隔性；可保持盒内牛乳的鲜度，有效保存牛乳中丰富的维生素 A 和维生素 B。近年来，随着国内冷链系统不断完善，屋顶型保鲜包装系统在中国市场的销售量有了很大程度的提升。屋顶盒保质期 7～10d，需冷藏，可微波炉直接加热，卫生及环保性好，货架展示效果好，便于开启和倒取。纸铝塑结构的屋顶盒性能与无菌砖类似。

（3）无菌枕 典型产品为利乐枕、泉林无菌枕等，为纸铝塑多层复合结构，产品保质期长，安全卫生，成本相对较低，适合家庭消费，无需冷藏，分销过程节省运输成本。

（4）无菌杯 塑料杯无菌包装形式有塑料片卷材热成型杯和预制杯两种。热成型杯有法国的 Erca、美国的 Therform 和 Bosh 等公司生产的无菌包装系统。预制杯有 Metal Box 公司的 Fresh Fill 无菌包装系统。法国 Erca 公司有 NAS（Neutral Aseptic System）和 FAS（Flash Aseptic System）两种塑料杯无菌包装系统，前者用于中性或低酸性食品，后者用于高酸性食品。NAS 塑料杯无菌包装系统与其他塑料杯无菌包装系统的不同之处是采用无菌复合塑料片卷材，复合塑料片上有一层可剥离的无菌保护膜，塑料杯热成型后不需要再杀菌。但 FAS 塑料杯无菌包装系统用于高酸性食品包装，复合塑料片上没有无菌保护膜，塑料杯热成型后需要热辐射杀菌，以达到无菌包装要求。该塑料杯无菌包装系统的生产线集成化，自动化程度高，是国际上公认的先进的塑料杯无菌包装生产线。

（5）爱克林立式包（新鲜壶） 爱克林立式包为瑞典爱克林（Ecolean）公司的产品。产品设计新颖独特，并且是一种环保型保鲜包装，阻隔性好，易于回收，印刷适性好，可微波炉直接加热，成本较低。

（6）百利包　百利包（PrePak）是以法国百利公司无菌包装系统生产的包装。其结构为多层无菌复合膜，有三层黑白膜，也有高阻隔5层、7层共挤膜及铝塑复合膜，材料不同其保质期30～180d不等。百利包安全卫生、方便，价格适中，占据很大的消费市场。

（7）芬包　芬包是（FinnPak）芬兰Elester公司无菌包装系统生产的包装。芬包材料为多层黑白膜，也采用铝塑复合膜，保质期长，价格适中。

（8）复合塑膜袋　此种包装品种多，性能各异，占据了主要的中低端乳品包装市场。百利包、芬包、万容包等均是此类产品。三层黑白膜包装袋，价格低，保质期短；五层黑白膜包装袋，价格较高，保质期达90d；K涂共挤膜包装袋，价格适中，保质期长；镀铝复合膜袋，价格较低，保质期长；干式复合膜袋，其内层共挤膜性质决定其保质期，包装印刷精美。

（9）纸杯　纸杯（新鲜杯）包装可以取代瓶装、袋装产品，更卫生。特点是美观时尚，容量较小，适合一次喝完；材料易吸收，撕去盖膜，可微波加热；10℃以下可保存5d，是一种保鲜包装。

（10）塑杯　除多层高阻隔无菌杯之外，塑杯材质为PP杯和PS杯。这些材料都是属于易于回收利用的环保型材料。PP杯柔性好、耐100℃高温、重量轻，适宜于巴氏消毒乳及各种乳饮料包装；PS杯刚性较好，挺括高雅，表面光洁度好，油墨印刷附着力强，耐低温、冷冻性能优异（－30℃），适宜于各种冷藏的乳制品、冰淇淋等包装。

（11）玻璃瓶　玻璃瓶是传统的液体乳包装，具有环保、能重复使用、成本较低的特点。但是不便携带、分量重、易漏、破碎。

（12）塑料瓶　是一种可以用于三类乳制品（巴氏无菌乳、UHT乳和灭菌乳）的包装材料。塑料瓶有多层共挤和单层材质两种结构的HDPE瓶以及BOPP瓶，塑瓶易携带、保质期长、易储存。

（13）塑桶　塑桶是大容量包装，适合家庭消费。桶装乳档次较高，与无菌砖相比，具有价格优势。巴氏消毒保证了牛乳原有的口味，是一种有前景的包装。

（二）酸乳包装

由于酸乳成品中含有大量的保加利亚乳杆菌和嗜热链球菌等活性乳酸菌，为保证乳酸菌的活性，需要低温贮藏，因此要求包装材料必须具备一定的耐低温性能。酸乳根据生产工艺分为发酵酸乳和灭菌发酵酸乳。根据产品的组织状态可分为凝固型酸乳和搅拌型酸乳。

常见酸乳的包装形式及材料如下。

（1）联杯包装　有四联杯、六联杯、十二联杯等，联杯包装包括杯身和标签，杯身材料为PS片材吸塑成型，盖膜材料为铝塑复合膜，环标签有纸张膜内贴标签和收缩膜标签。在灌装过程中，PS片材塑杯成型、贴标、灌装、压盖膜和打印日期一次完成。为了适应市场需要，也采取了一些别具一格的包装形式，如子母型双杯、儿童型联杯、多口味联杯包装、联杯加分层灌装及儿童棒装等。

（2）塑料瓶　塑料瓶包装一种为BOPP包装，BOPP瓶具有优异的耐高温性，耐热温度超过100℃，可经受超高温瞬时杀菌，也可以进行二次高温灭菌，瓶子不变形，且其质轻、高透明、耐低温性也好，适合北方低温气候环境下使用，不易破碎；另一种HDPE瓶包装，相对成本较低，塑瓶包装采用收缩标签或贴标来装潢。

（3）玻璃瓶　玻璃瓶是传统发酵酸乳的典型包装形式，包装回收不便，难清洗。

（4）屋顶包 包装采用屋顶包包装的酸乳需低温储存。

（5）其他包装 灭菌发酵酸乳可采用无菌砖、无菌枕、无菌杯等包装，常温下可保质6个月以上。爱克林壶形包装有手杯，方便倒取，倒完不残留。另外，大塑桶家庭装酸乳也是一种趋势。

（三）粉状乳制品的包装

乳粉是市场上最主要的固态乳制品，乳粉品种繁多，因原料组成、加工方法和辅料及添加剂的不同而异。有全脂乳粉、脱脂乳粉、奶油粉、乳清粉以及酪乳粉、奶酪粉、冰淇淋粉等，其共同特点都是通过干燥制成的粉末状产品。

乳粉包装形式及材料。

1. 复合软包装

复合软包装乳粉形式多样，规格灵活，有四边封袋、立体袋、背封折帮袋等多种形式，是乳粉包装最主要方式之一。常见的软包装结构有 PET/Al/LDPE、PET/VMPET/LDPE、BOPP/VMPE/LDPE 和 PET/Al/Ny/PE。

2. 金属罐包装

金属罐主要是铝合金及马口铁材料，具有极好的阻隔性，货架效果档次较高，乳粉装罐后抽真空，充以99%以上纯度的氮气密封。

3. 多层复合纸袋包装

采用高阻隔性的材料与纸张复合，可制成多种袋形。常用材料结构为 PVDC/纸/Al/PE、纸/PVDC/PE、纸/PVDC/VMPET/PE 等。

乳粉制品保存的要点是防止受潮和氧化，阻止细菌的繁殖，避免紫外光的照射。包装一般采用防潮包装材料，如涂铝 BOPP/PE、K 涂纸/Al/PE、BOPP/Al/PE、纸/PVDC/PE 等复合材料，也可采用真空充氮包装，如使用金属罐充氮包装等。

（四）干酪、奶油包装

1. 干酪

干酪包装主要是防止发霉和酸败，其次是保持水分以维持其组织柔韧且免于失重。干酪在熔融状态下进行包装，抽真空并充氮气，这样保存时间较长，但要求包装材料能够耐高温，避免熔融干酪注入时变型。用聚丙烯片材压制成型的硬盒耐高温性能好，在120℃以上时能保持强度，适用于干酪的熔融灌装。新鲜干酪的软包装要用复合材料，常用的有 PET/PVDE/PE、PET/PE、BOPP/PVDE/PE、Ny/PVDE/PE 以及复合铝箔和涂塑纸制品，多采用真空包装。短时间存放的干酪可用单层薄膜包装，价格便宜，常用的有 PE、PET、EVA、PP，多采用热收缩包装。

2. 奶油

根据其含量不同，一般分为稀奶油和奶油两种。可以直接加工制成可口的风味食品，如甜奶油、酸奶油、掼奶油、花色奶油和黄油。奶油中脂肪含量很高，极易发生氧化变质，也很容易吸收周围环境中的异味，要求包装材料有优良的阻气性，不透氧、保香性等。奶油一般的包装可采用羊皮纸、防油纸、铝箔/硫酸纸或铝箔/防油纸复合材料进行裹包。要求较高的采用涂塑纸板或铝箔复合材料制成的小盒、PVC、PS、ABS 等片材热成型盒、共挤塑料盒和纸/塑复合材料盒等包装。

（1）复合软包装 采用羊皮纸、防油纸、铝箔/硫酸纸、铝箔/防油纸等材料包装，较低温度下（2～10℃）可储存9～12个月。

（2）盒装 涂塑纸板盒加盖材包装及 PVC、PP、PS、ABS 等压制的塑盒加盖材包装，保质期12个月以上。

（3）金属罐　分量大，一般为工业包装采用。

（五）其他乳制品包装

1. 牛乳饮品包装

牛乳饮品有中性乳饮料和酸性乳饮料。酸性乳饮料又分为发酵型和调配型酸乳饮料。牛乳饮品包装与液态乳包装相同，主要有以下几类。

（1）多层复合软塑包装袋。

（2）塑料瓶　以HDPE瓶为主，PET瓶、BOPP瓶的应用发展较快。

（3）复合膜包装　采用PA/EVOH/PE、PT/PVDC/PE、BOPP/PVDC/PE、PA/PVDC/PE等结构的复合材料，进行真空包装，并放置除氧剂包装或充CO_2包装。

（4）单层塑膜　采用PE、PA、PVC等单层膜包装，保质期短。

2. 炼乳包装

炼乳加工时由于所用的原料和添加的辅料不同，可以分为加糖炼乳（甜炼乳）、淡炼乳、脱脂炼乳、半脱脂炼乳、花色炼乳、强化炼乳和调制炼乳等。炼乳对包装的要求是防止霉菌等微生物污染，阻隔性高，防止氧化。

（1）金属罐包装　装罐室及容器等应进行严格的消毒，用真空封罐机封口，尽可能地排除顶隙的空气。甜炼乳的贮藏温度不宜高于15℃，淡炼乳经过超高温瞬时杀菌后，能在常温下贮存，保质期为1年左右。

（2）软管包装　复合软管具有使用方便、便于携带的特点，而多层复合工艺又提供了阻隔性，如PE/PET/Al/PE结构，因此发展速度很快。

3. 冰淇淋包装

冰淇淋必须在冷冻条件下保存，冷库（或冰柜）的温度应保持在－15℃左右。在此温度下，绝大多数微生物的生长繁殖受到抑制，生化反应也不能进行。所以，冰淇淋的包装主要是解决储藏、运输及销售过程中的二次污染问题，包装要求不高。同时，由于冷饮食品大都在0℃左右储存和销售，因此包装物本身需具备低温性，在低温下仍能保持良好的韧性、不断裂。此外还要求具有耐油性和透明性。

冰淇淋包装主要有以下几类：

（1）纸类　纸盒、纸筒。

（2）复合膜类　BOPP/珠光膜、亚光BOPP/珠光膜、BOPP/CPP等结构材料。

（3）塑料盒及塑料杯类　容量有单人消费和家庭消费量包装。

四、乳类制品包装设备

（一）乳品设备特点

乳品生产设备是按乳品生产工艺要求而设计制造的。设备首先应满足操作维护简便、价格合理及高效、节能、安全等要求；另外，还应参照《乳品设备安全卫生》（GB 12073—1989）及商业部标准《食品机械通用技术条件　基本技术要求》（SB/T 222—2007）；同时还应满足以下几点要求。

①结构简单，表面光洁，无死角，不积存物料，便于拆卸，方便清洗和消毒。

②与物料接触部分不得使用有毒或有损健康的材料，如铜、铁及镀锌件等。

③残存的牛乳发酵后产生的乳酸对设备有较强的腐蚀作用，且设备在生产过程中需接触大量的水和汽，清洗设备还经常使用酸和碱性洗涤液，所以，必须选用防锈、耐腐蚀、耐酸碱的材料。

④传动部分与工作部分应分开或隔离，并具有良好的密封性，应防止物料流入电机、电器及传动部分，更应防止润滑油及水混入物料造成污染。

⑤电机及电器设备要采用防潮式，有时要用防爆式。

（二）乳品包装设备

乳品工业包装机械大体上可分为两大类：灌装封口机械和成品包装机械。灌装封口机械包括清洗机械、装料机械、封口机械。成品包装机械包括贴标签机，装箱、封箱及捆扎机。

1. 无菌包装设备

目前消毒牛乳的包装分为消毒包装和无菌包装两类，无菌包装以其独特的优势在乳品工业中迅猛的发展。液体自动灌装机即袋成型—充填—封口包装机，是将卷筒状的挠性包装材料制成袋筒、计量、充填、封口、切断等多功能自动连续完成的机器。根据包装形式可分为枕形袋包装机、三封形袋包装机、四封形袋包装机、砖形袋包装机、屋形袋包装机、角形自立袋包装机等多种类型。由于无菌包装技术的关键是要保证无菌，所以它的基本原理是以一定方式杀死微生物，并防止微生物再污染。在近二三十年间，无菌包装技术的研究取得了很大的进展，它不仅应用于乳品工业，也应用于其他领域。

（1）盒装乳无菌包装设备　瑞典利乐（Testa Pak）公司首先在1961年推出了卷材纸盒包装机，其采用经过消毒的多层复合材料（聚乙烯、纸、铝箔等材料复合而成）作为包装材料，在无菌条件下进行灌装。

包装材料经转向辊进入无菌腔。依靠三件成型元件形成纸筒，纸筒在纵向加热元件上密封。图10－1显示了纵向密封的原理。从图中可以看出，密封塑带（LS带）朝向食品且封在内侧包装材料两边搭接部位上。无菌制品通过进料管进入纸筒，如图10－2所示，纸筒中制品的液位由浮筒控制。每个包装产品的产生及封口均在物料液位以下进行，从而获得内容物完全充满的包装。产品移行靠夹持装置。纸盒的横封利用高频感应加热原理，即利用周期约200ms的短暂高频脉冲，加热包装覆材内的铝箔层，以熔化内部的PE（聚乙烯）层，在封口压力下被黏到一起。因而所需加热和冷却的时间就成为机器生产能力的限制性因素。

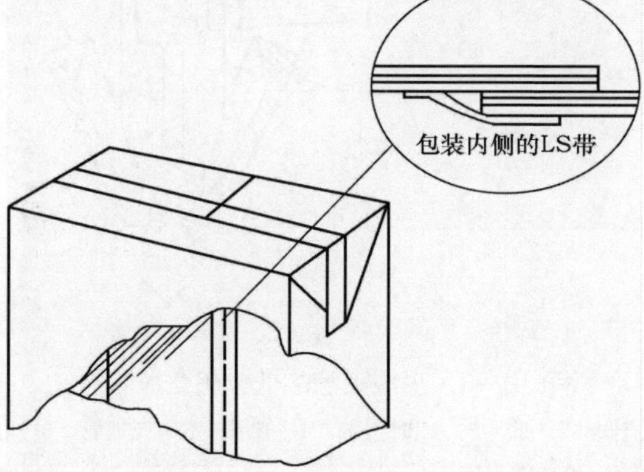

图10－1　利乐包（TB/TBA型机器）纵向密封原理示意图

资料来源：摘自参考文献［3］。

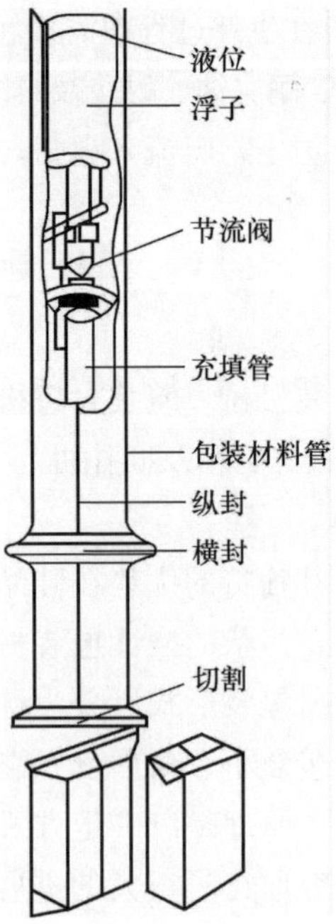

图 10 -2　充填管示意图
资料来源：摘自参考文献［3］。

带顶隙包装可充填高黏度的产品，也可充填带颗粒或纤维产品。对这类物料的充填，包装产品的顶隙是不可少的。包装过程中，产品按预先的流量进入纸管。如图 10 -3 所示，引入包装内部顶隙的无菌空气或惰性气体的纸管可借助于特殊密封环从无菌腔中割离出来。密封环对密封后的包装略施轻高压，使之最后成型。这种装置只对单个包装的顶隙填充惰性气体，所以不会由于填充过量气体而造成浪费。

割离出来的单个包装被送至最后的折叠机上，用电加热空气，进行包装物顶部和底部的折叠并将其封到包装上。完成了小包装的产品到下道工序进行大包装。

（2）袋装乳无菌包装过程　图 10 -4 为全自动塑料袋包装袋成型流程图。其为典型的三面封合型充填包装机。袋经过紫外线杀菌后经过导辊进入领式成型器折叠，在薄膜向前运动过程中，沿成型器的对称三角形边一折为二，电热纵封装置在 200°C 下将薄膜热合成圆筒。当薄膜继续向前运动过程中，电热横封口切断装置进行封口切断，牛乳通过注液管进入已经成型的塑料袋中。当一次灌装完成后，塑料袋下行一个工位，横封再次起作用，将塑料袋密封、切断，同时完成下一个塑料的封底。

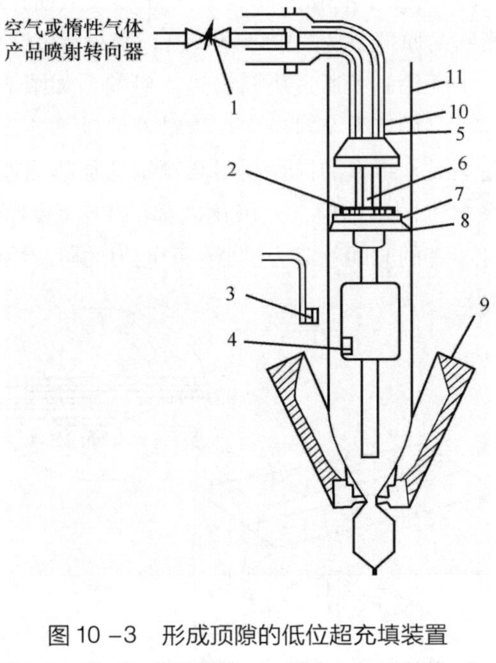

图 10 -3　形成顶隙的低位超充填装置

1—恒流阀　2—膜　3—超时报警　4—磁头　5—充填管　6—顶隙管
7—夹持器　8—密封圈　9—夹具　10—喷射分流管　11—包装材料管
资料来源：摘自参考文献［3］。

图 10 - 5 所示为百利包 AS_2 型包装机工作流程图。卷筒上的薄膜展开后，经过 25% 过氧化氢池 18 ~ 45s 的浸渍消毒，再经过刮板消除过氧化氢的处理，最后经过无菌热空气对薄膜表面烘干。由于吸风机、初级空气过滤器、电加热器和超微细菌过滤器的作用，机器的整个无菌密封室内充满无菌热空气，并保持少量正压，以防止外界大气的混入，使灌装、密封均在无菌状态下进行。空气通过初级过滤器由吸风机吸入，然后进入电加热室加热到 45°C 以上，再经过细菌过滤器除菌。

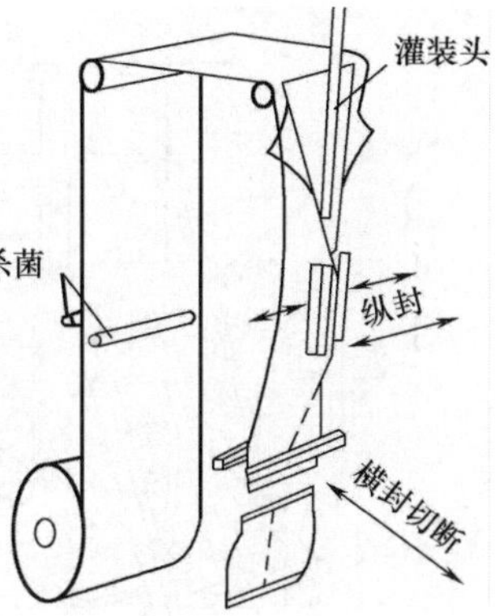

图 10 -4　全自动牛乳塑料袋包装机的包装袋成型流程图

资料来源：摘自参考文献 [3]。

(3) TBA/19 利乐无菌包装机　利乐无菌灌装机可安全温和地灌装产品。产品是在一封闭及预灭菌的系统中被输至灌装机上，然后在无菌条件下计量充填入在该机内自动成型及灭菌的包装盒中。

包装盒采用纸、铝箔及聚乙烯制成的复合层材料，以形成一有效阻挡层来防止原料的二次污染，并防止光和氧的侵入，保证产品品质。在复合材料成型成包装盒前，其整个表面均需用过氧化氢来消毒灭菌。

灌装在一个利用无菌空气所产生的正压无菌环境下进行，机器中用来进行灌装的无菌区域很小，而且只有少量移动部件，这些因素使得设备的密封性、卫生性更好。

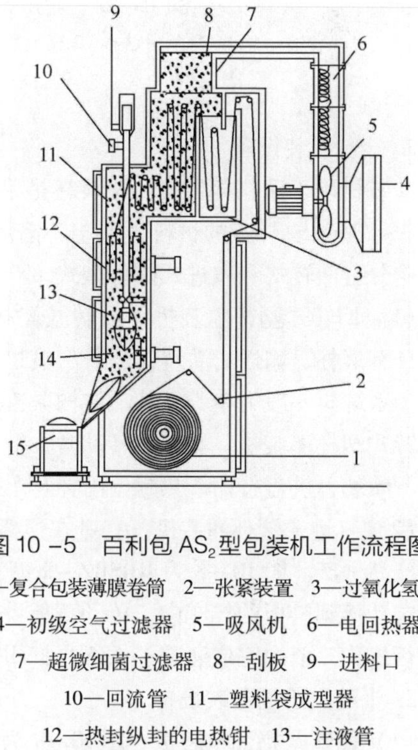

图 10 -5　百利包 AS_2 型包装机工作流程图

1—复合包装薄膜卷筒　2—张紧装置　3—过氧化氢池　4—初级空气过滤器　5—吸风机　6—电回热器　7—超微细菌过滤器　8—刮板　9—进料口　10—回流管　11—塑料袋成型器　12—热封纵封的电热钳　13—注液管　14—横向封口和切断　15—成品输送带

资料来源：摘自参考文献 [3]。

包装盒在液体填入的情况下进行封口，所以可完全灌满，内容物得到充分的保护以防止氧化，同时，包装材料经过计算可以达到有效利用及经济合算。图 10 - 6 所示为利乐公司 TBA/19 型液体乳无菌灌装机，包装材料通过卷轴 1 进料，既便于操作人员使用，又能提高生产效率。TBA/19 采用了 TPIH 系统代替原来以热空气将 LS 封条封合到包装材料上，机器中附有两个 LS 封条附贴器 2，有特大型和普通型两种尺码，并能提供自动黏合。TBA/19 专门设计了充填系统 3，能够将产品的流速并将其所受的压力保持稳定。为了更加有效利用空间，平台 4 设计的更为宽阔。TBA/19 的操作控制台 5 简单，便于操作。双出料的夹槽 6 可以使产品稳定地送到链条式输送带上，TBA/19 采用一个压缩器，能大大减少耗水量，而压缩器、分离器和擦洗器都装置在一个伺服单元 7 内，降低了操作时设备的噪声水平。

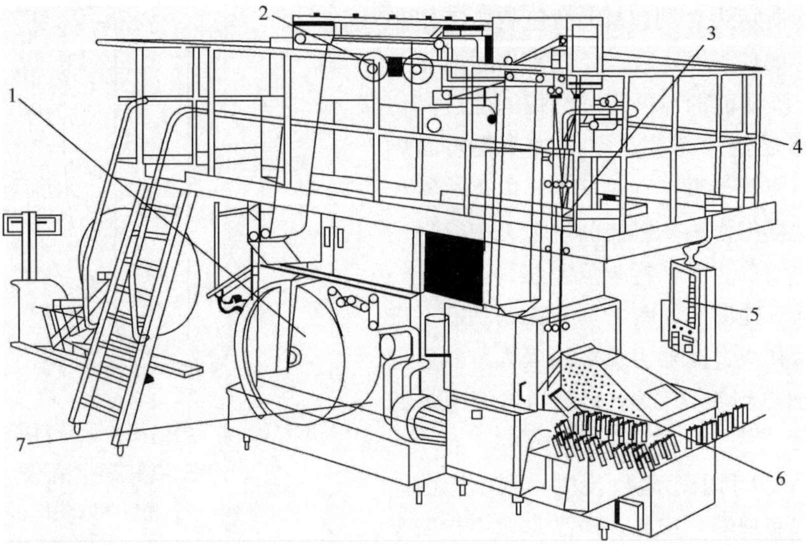

图 10－6　利乐公司 TBA/19 型液体乳无菌灌装机

1—卷轴　2—LS 封条附贴器　3 充填系统　4—平台　5—操作控制台　6—夹槽　7—伺服单元

资料来源：摘自参考文献［3］。

2. 酸乳灌装设备

灌装机用于塑料杯包装。塑料杯是采用 PP、PS 等食品包装材料，经吸塑成型。杯的容量为 150～200mL。杯盖的材料为纸塑、铝箔塑等复合材料，厚度为 0.05～0.08mm。塑杯灌装机按结构分有回转式和直进式两种型式。

（1）回转式塑杯灌装机　回转式塑杯灌装机适用于酸乳及其他液态、稠状饮料的塑杯灌装。具有落杯、输送、灌装、放盖、热封、打印、拨杯等功能，还具有较完善的自动控制及安全保护系统。一般为单头灌装。结构紧凑，占地小。有自动和半自动两种类型。图 10－7 为自动回转式塑杯灌装机。当转盘转动时，塑杯自动落入转盘的杯座内，转盘把杯子依次带入空杯检测、灌装、供盖打印、热封、出杯 6 个工位，由出杯装置把封装好的杯子输送到收集台上。

（2）直进式塑杯灌装机　直进式塑杯灌装机灌装效率很高，可实现多头灌装，适于较大批量的产品生产。图 10－8 为 RBSRZ－2 型直进式塑杯自动灌装机。其工作原理是：落杯机构使塑杯自动落到链板的杯座内，传动链板将塑杯传送到各工位。凸轮轴上设置的多片凸轮分别驱动执行机构，依次完成灌装、供纸、打印、热封、切纸、出杯、余纸回收等工序。

3. 干酪、奶油包装设备

（1）回转式奶油包装机　图 10－9 为回转式奶油包装机示意图。其回转圆盘具有 8 个工位，全部自动化作业，具有日期打印功能；占地面积小。卷筒包装纸先被切成纸片，再送入转盘成型工序成型；奶油注入料斗后被螺旋向下挤压，通过定量给料器，以固定的容积送入工作转盘，注入纸盒包装。包装制品的形状和尺寸可通过更换模具进行调整。

（2）直进式奶油包装机　直进式奶油包装机（图 10－10）用于生产 50～100g 纸盒包装奶油。其特点是采用双螺旋挤压送料，使奶油质地均匀无气泡。卷筒纸 5 先切成纸片，再进入冲头 3 冲成纸盒，奶油输送到料槽 7 内，由精压螺旋 9 输送并挤压排除空气，经注料管 6 以间歇定量排出，并由摆杆送入盒内，在输送过程中完成折边、包装和压平工序。

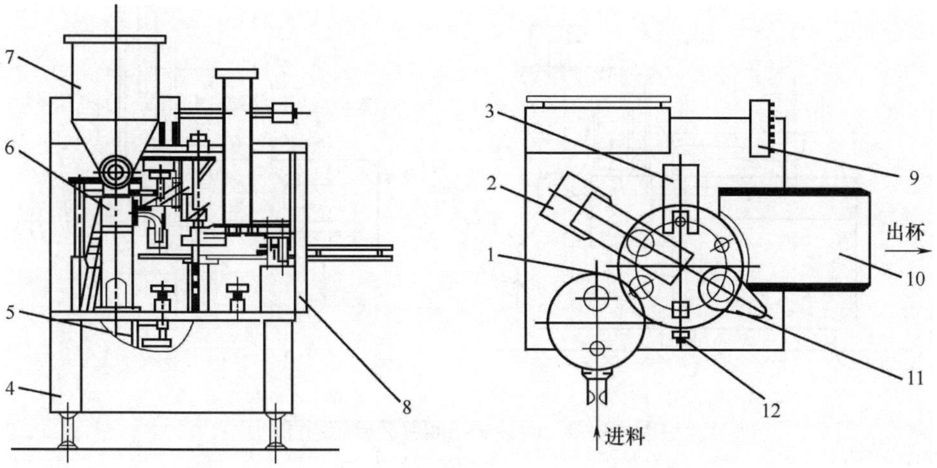

图 10 –7　利乐公司 TBA/19 型液体乳无菌灌装机

1—转盘　2—供盖打印　3—热封装置　4—机架　5—传动装置　6—灌装装置　7—储料装置

8—机罩　9—电控箱　10—出杯装置　11—供杯装置　12—空杯检测装置

资料来源：摘自参考文献［3］。

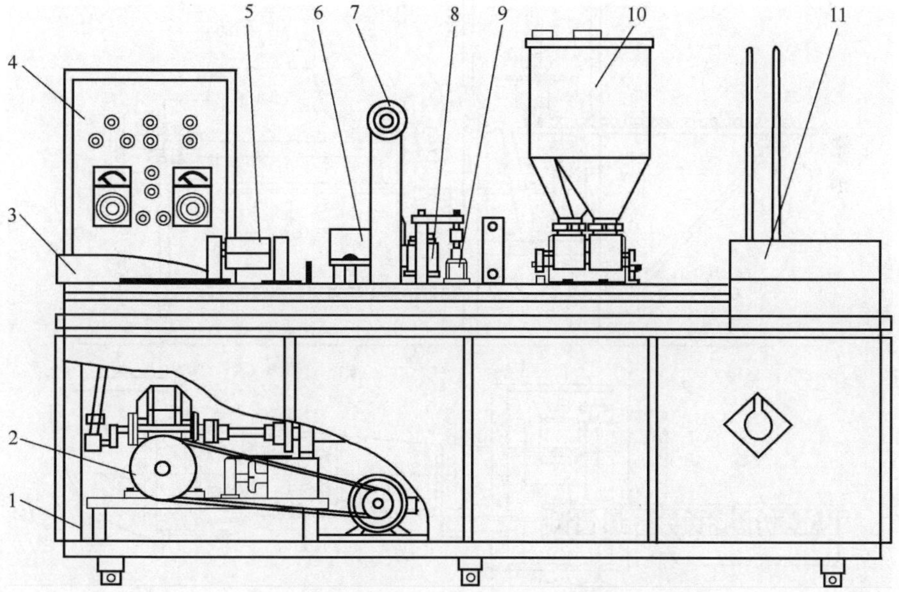

图 10 –8　RBSRZ –2 型直进式塑杯自动灌装机

1—机架　2—传动系统　3—出杯滑道　4—电气箱　5—出纸辊

6—切纸机构　7—纸辊　8—热封机构　9—打印机构　10—灌装机构　11—落杯机构

资料来源：摘自参考文献［3］。

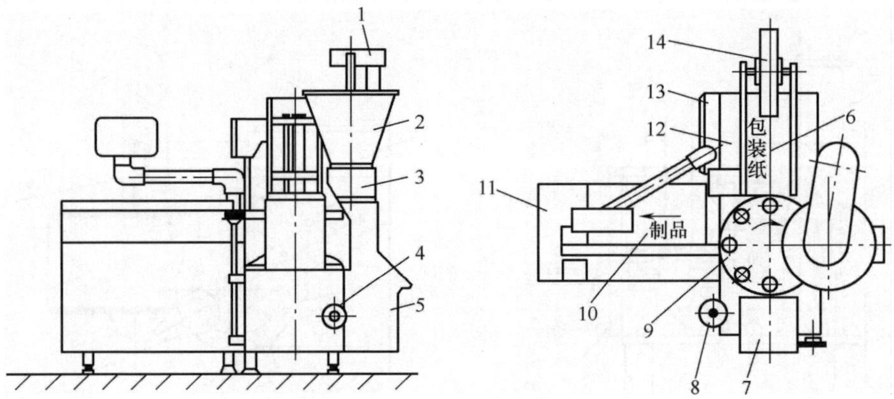

图 10 -9　回转式奶油包装机示意图

1—搅拌器　2—料斗　3—定量给料器　4—调节手轮　5—传动装置　6—包装纸供给器　7—调料器
8—重量调整装置　9—转盘　10—输送带　11—收集台　12—电动机　13—电气箱　14—卷筒纸
资料来源：摘自参考文献［3］。

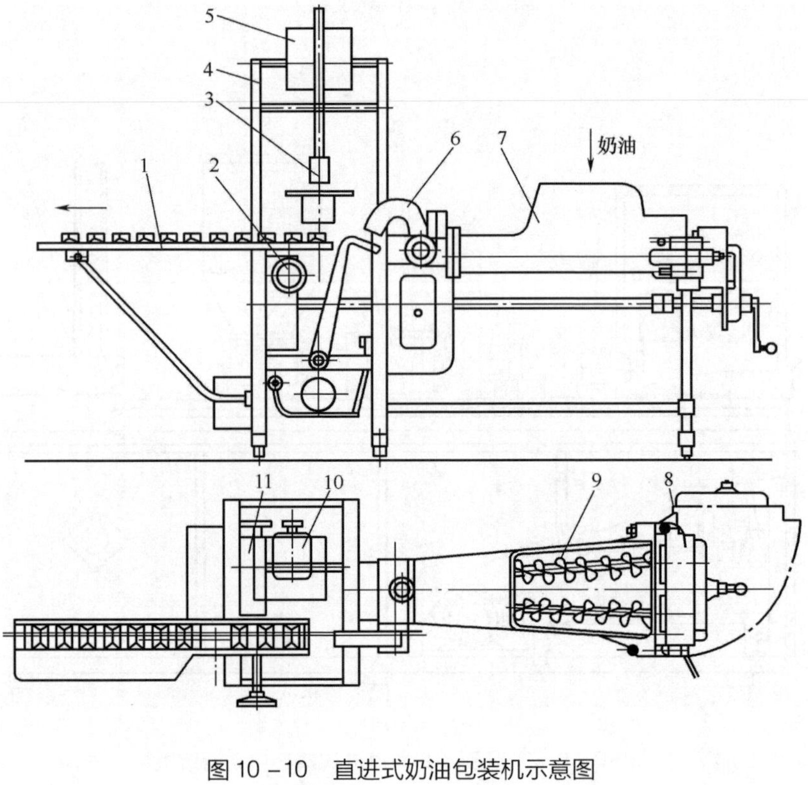

图 10 -10　直进式奶油包装机示意图

1—输送带　2—调速手轮　3—冲头　4—机架　5—卷筒纸
6—注料管　7—料槽　8—齿轮箱　9—精压螺旋　10—电动机　11—变速器
资料来源：摘自参考文献［3］。

（3）软管包装设备　该设备适用于炼乳、奶油等膏糊状物料的金属软管、PE 塑料软管充填封尾包装。其特点是结构紧凑，体积小，速度可调，用途广，计量准确，封尾牢固，能实现无管不充填自动控制。图 10－11 为 BR－50 型软管充填封尾包装机。该机由料斗、注射泵、封尾装置、充填装置等部件组成。

4. 乳粉包装设备

（1）半自动塑袋乳粉包装机　半自动塑袋乳粉包装机需要与塑料袋热合封口机配套使用，较手工包装有称量准确、劳动强度低、操作方便及卫生可靠等优点。包装材料采用聚乙烯薄膜，其防潮性好，但透气性大；如使用聚偏二氯乙烯薄膜较好，采用复合塑料薄膜更佳。图 10－12 为 RBRF01 型半自动型袋乳粉包装机。乳粉通过输送器供料至料斗，螺杆转动时物料进入螺杆的螺旋空间，并沿导管下移，至出口落入被真空或人工张开的塑料袋中，经封口机热封后完成产品包装。螺杆 1 每转一周就排出一个螺距容积的物料，使每袋计量准确一致。

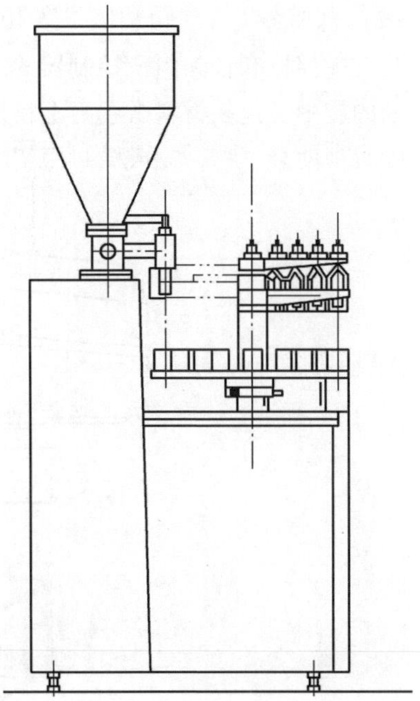

图 10－11　BR－50 型软管充填封尾包装机

资料来源：摘自参考文献［3］。

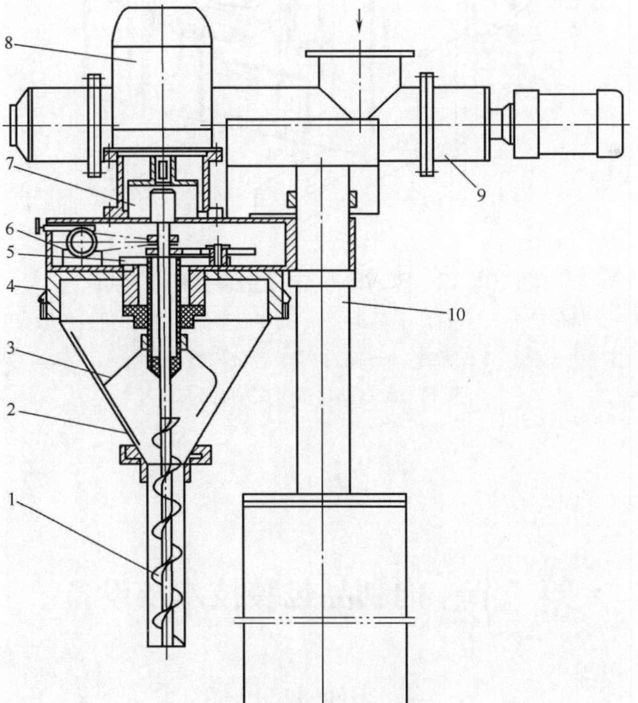

图 10－12　RBRF01 型半自动型袋乳粉包装机

1—计量螺杆　2—料斗　3—搅拌器　4—斗帽　5—齿轮变速机构　6—行星摩擦无级变速机构

7—电磁离合器　8—多速电动机　9—螺旋输送器　10—支架

资料来源：摘自参考文献［3］。

（2）自动塑袋乳粉包装机　图 10－13 为 ROVEMA 自动塑袋乳粉包装机。物料经上料螺旋落入具有搅拌器和音叉料位控制器的漏斗形料斗 2 内，并由计量螺杆推动沿导管而下，充填到已制成的袋中。包装材料由卷筒上料架，经色标定位光电管定位到成型架制袋，经竖封后进料，步进橡胶带使袋下移，完成横封后切断。

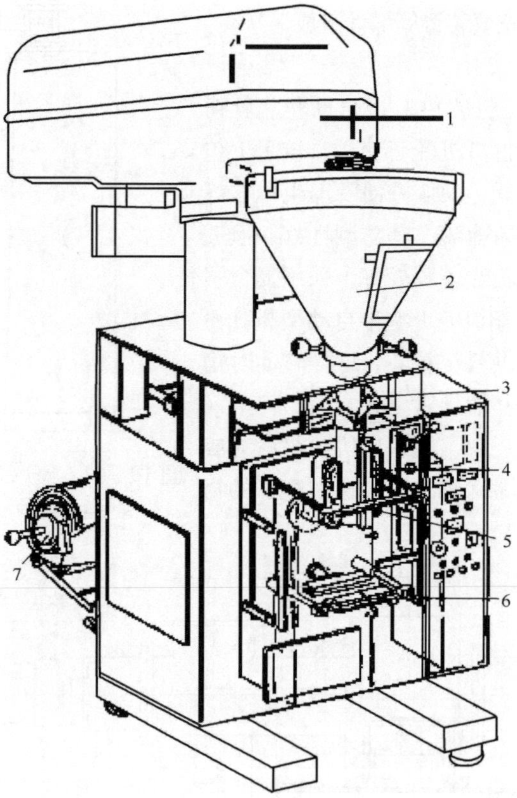

图 10－13　ROVEMA 自动塑袋乳粉包装机

1—计量传动头　2—漏斗形料斗　3—翻领成型器　4—步进拉膜橡胶带

5—竖封　6—横封　7—包装材料卷筒

资料来源：摘自参考文献［3］。

第二节　肉制品包装技术及设备

一、肉制品性质

（一）肉制品的分类

由于不同国家和地区的地理环境、气候条件、物产、经济发展、民族、宗教信仰、饮食习惯和嗜好等因素千差万别，导致肉制品的种类五花八门。尽管目前在国际上没有统一的分类标准，但是根据肉类制品的产品特征和加工工艺，可以将肉制品分为10大类。

（1）香肠制品（sausage）　是指切碎或斩碎的肉与辅料混合，并灌入肠衣内加工制成的肉制品。主要包括中式香肠、发酵香肠、熏煮香肠和生鲜肠等。

（2）火腿制品（ham）　是指用大块肉为原料加工而成的肉制品。包括干腌火腿、熏煮火腿、压缩火腿等。

（3）腌腊制品（cured product）　是肉经腌制、酱渍、晾晒或烘烤等工艺制成的生肉制品，食用前需经熟制加工。腌腊制品包括咸肉、腊肉、酱封肉和风干肉等。

（4）酱卤制品（sauce pickled product）　是指原料肉加调味料和香辛料，水煮而成的熟肉类制品。主要产品包括白煮肉、酱卤肉、糟肉等。

（5）熏烧烤制品（smoked and roasted product）　是指经腌制或熟制后的肉，以熏烟、高温气体或固体、明火等为介质热加工制成的一类熟肉制品。包括熏烤类和烧烤类产品。

（6）干制品（dried meat product）　是指瘦肉经熟制、干燥工艺或调味后直接干燥热加工而制成的熟肉制品。主要产品包括肉干、肉松和肉脯类。

（7）油炸制品（deep fried product）　是指调味或挂糊后的肉（生品、熟制品），经高温油炸或浇淋而制成的熟肉制品。根据制品油炸时的状态分为挂糊炸肉、清炸肉制品两类。

（8）调理肉制品（prepared meat product）　是以畜禽肉为主要原料加工配制而成的、经简便处理即可食用的肉制品。调理肉制品按其加工方式和运销贮存特性，分为低温调理类和常温调理类。低温调理类又包括冻藏和冷藏制品。

（9）罐藏制品（canned meat product）　罐藏制品包括硬罐头和软罐头两类。软罐头加工原理及工艺方法类似硬罐头，但用的是软质包装材料，所以得此名。

（10）其他制品　包括肉糕类产品和肉冻类产品。肉糕类产品是以肉为主要原料，添加辅料和配料（大多添加各种蔬菜）后加工制成的肉制品。肉冻类产品是以肉为主要原料，以食用明胶为黏结剂加工制成的凝冻状的肉制品。

另外，根据历史渊源可将肉制品分为中式肉制品和西式肉制品，根据热加工温度可分为高温肉制品和低温肉制品。中式肉制品包括腌腊制品、酱卤制品、熏烧烤制品、干制品、其他肉制品五大类。西式肉制品是指由国外传入的工艺加工生产的肉制品，主要包括培根、香肠制品和火腿制品三大类。高温肉制品是指经100℃以上高温加工的肉制品，低温肉制品是指在75℃左右温度条件下加工的肉制品。

（二）肉制品的性质

肉制品的质量判断通常在采购和食用时进行，主要根据制品的鲜度，色调、风味、保水性和组织结构。通常以理化变化和微生物变化两方面来综合判断。

1. 理化变化

主要由空气、光和压力所造成。

（1）光线影响　肉制品在阳光照射下，鲜红色会褪色变成褐色。因制品的鲜红色是由肉中肌红蛋白和亚硝酸盐反应产生的—NO作用，生成热变性亚硝基肌红蛋白。在光的作用下，会使结合的—NO游离而形成血色素（红色）。

（2）空气影响　制品接触空气中氧后，同血色素反应生成褐色的高铁血色素。肉制品特有的芳香味主要在脂肪内，当脂肪被氧化后，就会失去芳香味而产生哈败味，并形成过氧化物破坏了必需脂肪酸和维生素，使制品最终失去风味和营养。

（3）压力影响　肉制品的蛋白质和添加辅料中均含有水分，此水分易受环境变化而移动。一般内部水分向表面移动，而表面水分随四周环境的水蒸汽压差而移动。所以包装时由于包装材料的收缩性，特别在真空减压条件下包装，会使制品内水分向表面移动而使水分贮留在包装材料和制品间，这是造成微生物繁殖的根源，所以要注意包装容器内的压力。同时压力对组织结构和风味也有影响。

2. 微生物变化

微生物的增殖在肉类制品中取决于水分含量和温度。通常食品水分含量在40%时，细菌和酵母菌均能发育，而含水量在40%以下时，其发育受阻，但青霉菌仍可发育，霉菌当在一定适宜条件下繁殖后，无论环境变化仍可生存。

肉及肉制品营养丰富，除了少数发酵产品和干制品以外，肉及肉制品的水分含量均很高（60%～80%），有利于微生物的生长繁殖。因此，为了保证产品的安全性、实用性和可流通性，必须根据产品的不同特点，选择不同的包装形式进行包装。

二、肉制品包装要求

（一）肉制品包装目的

肉类制品是富含营养物质并有一定水分的食品，在加工及贮存、流通过程中，微生物极易污染和繁殖。为了保证食品质量的安全性、较长的货架期和消费者的健康，在肉制品行业中广泛地使用包装技术及材料。随着人们生活水平的提高及包装材料工业的发展，对食品包装要求越来越高，不仅要求产品质量好、富有营养价值，而且要求包装美观、食用方便，并能有较长的保存期，因此包装已经成为食品工业所不可缺少的环节。

对肉制品包装的目的主要有。

1. 确保肉品品质、延长保质期

包装虽然无法改变肉品的品质。但是通过正确及适当的包装可以避免微生物或者外界的污染、肉品的氧化和酸败、水分的流失等造成品质降低，进而确保产品的品质。

2. 使食品具有特殊的形状和美丽的装潢艺术，可提高销售量

针对消费者的需求来选择肉品的包装材料和形式，不仅可以吸引消费者，同时也能提高产品的附加值和竞争力。

3. 便于运输流通

肉制品从生产厂家到消费者手中的过程，需经历运输、保管、装卸、销售等环节，经过包装可以保护肉品免于碰撞损坏，同时也使肉品易于搬运和管理。

所以肉制品包装是生产、运输和销售环节中不可缺少的一环，直接和产品质量，经济效益有关。

（二）肉制品包装要求

1. 生鲜肉

生鲜肉的包装主要是保鲜，为达到相应的质量指标，包装时应达到如下要求。

①能保护生鲜肉不受微生物等外界环境污染物的污染；

②能防止生鲜肉水分蒸发，保持包装内部环境较高的相对湿度，使生鲜肉不致干燥脱水；

③包装材料应有适当的气体透过率、透氧率可维持细胞的最低生命活动且保持生鲜肉颜色，而又不致使生鲜肉遭受氧化而败坏；

④包装材料能隔绝外界异味的侵入。

生鲜肉常用的包装方式是将生鲜肉放入以纸浆模塑或聚苯乙烯发泡或聚苯乙烯薄片通过热成型制成的不透明或透明的浅盘里，表面覆盖一层透明的塑料薄膜。

2. 冷冻肉

冷冻肉在冷冻冷藏中常出现的质量问题是干耗、脂肪氧化以及色泽变化。因此，用于冷冻肉包装的材料应具备较强的耐低温性、较低的透气性及水蒸气透过率低。常用的包装方式有收缩包装、充气包装和真空包装等。

3. 加工肉制品

加工肉制品包括腌腊制品、酱卤制品、熏烤制品、干制品、香肠制品和罐藏肉制品等。它们对包装的共同要求是要有良好的隔氧性、较小的透湿性、可阻隔光线的透射性，以及良好的包装操作工艺性。除罐藏外，肉制品常用的包装方法包括薄膜裹包、真空包装和充气包装等。

（三）肉品包装材料特性

肉品包装材料的种类相当复杂，从天然材料演变为合成材料或者复合材料。无论哪种包装材料，都应具有下列各项特性。

1. 品质的保护性

（1）阻隔性　选择包装材料时，必须注意水分、水蒸气、气体、光、芳香物质、热的透过性。

（2）耐冲击性　如材料的耐震动和冲击性、材料的堆积强度等。

（3）稳定性　如材料的耐热性、耐寒性以及略化、老化和尺寸的稳定性等。

2. 加工适应性

（1）机械性　如抗拉强度、延伸度、拉裂强度等。

（2）印刷性　如材料的耐磨性及印刷精度等。

（3）热封性　包括热封温度、压力、时间等。

3. 方便性

（1）产品运送的方便性　如输送或者搬运的方便性、机械搬运性等。

（2）消费的方便性　如开封的方便性、开封后的保存性和再包装的性能等。

4. 废弃物处理性

选择应以易于处理不致污染环境或易于再回收利用为原则。

5. 商品性

（1）标准化　如重量、尺寸单位的标准化。

（2）标示　适于标示内容，如品牌、特色、制造商及使用上的注意事项等。

（3）展示性　如材料的透明度、图案的效果、产品的展示效果等。

6. 经济性

原材料价格及生产性等。

7. 节省资源性

包装材料的回收再利用性能等。

三、 肉制品的包装分类及形式

（一） 鲜肉的包装

鲜肉品质泛指肉色、风味、多汁性、柔嫩度、肌肉组织等，其中又以肉色为判断品质最简易、最重要的指标。鲜肉的包装应选择透氧率良好的包装材料，但这种包装材料仅适用于鲜肉的短期贮存，因为鲜肉放置于空气中时间过长仍会变为褐色，同时也增加微生物的滋长和脂肪的氧化酸败，实际生产中常见的鲜肉包装有以下几种方式。

1. 塑料薄膜包装

（1）低密度聚乙烯薄膜　低密度聚乙烯薄膜曾被用于新鲜肉类的包装。但由于低密度聚乙烯的水蒸气透过率低会造成包装松弛；当厚度减薄时，强度不足，而且浊度大，透明度不好。因此，低密度聚乙烯薄膜包装生肉并不理想，应用不太广泛。

（2）聚氯乙烯　对于新鲜肉类的包装，目前应用最为广泛的是增塑的聚氯乙烯透明薄膜。这种薄膜的优点很多，例如成本低、透光度高、光泽性好并且具有自黏性。所以它的透氧率适宜，并富有弹性，裹包后薄膜能紧贴着肉的表面，得到满意的销售外观。但聚氯乙烯薄膜尚存在着一些缺点，如增塑剂问题、耐寒性不足、低温下会发脆等。

（3）乙烯－醋酸乙烯共聚物　目前正在推广使用乙烯－醋酸乙烯共聚物（EVA）薄膜代替聚氯乙烯薄膜用以裹包生鲜肉类。EVA 薄膜的透明度和热封性优于聚氯乙烯薄膜，其耐寒性（低温脆性）更是它突出的优点，同时 EVA 薄膜不包含增塑剂及有毒性的单体成分。从今后的发展趋势看，聚氯乙烯将会逐渐被 EVA 取代。

（4）热收缩薄膜　近年来，在新鲜肉类的包装领域里又开拓了新型的热收缩包装薄膜。常用的热收缩薄膜有聚氯乙烯、聚乙烯、聚丙烯和聚酯等品种。生鲜的分切肉类形状都是不规则的，采用收缩曲膜裹包的不规则外形的肉块，贴合性好，干净而又整洁，包装的操作工艺简便。

2. 真空包装

真空包装是指抽取包装内的空气并配合氧气透过率极低的包装材料，使外界的氧气无法渗透入内，降低了鲜肉氧化、酸败的速率以确保鲜肉的新鲜度。但是抽真空包装之后，由于阻断了氧气，肉品都会呈暗红色，有损外观。拆除包装后，冷却肉遇氧气又回复成鲜红的颜色，因此真空包装一般用于贮存时间较长而又要求高品质的酒店及一些大卖场等。真空包装所使用的材料，除了防氧气透过性及收缩性良好的聚偏二氯化乙烯（PVDC）外，还有聚酯、聚酰胺，或者尼龙、聚酯薄膜和聚乙烯多层等材料。其中聚偏二氯化乙烯的防止氧气和水蒸气的透过性为各种膜料之冠，然而最大的缺点是不能耐热封。聚酯具有很强的张力强度、软性；尼龙的防止氧气透过率较好，耐热、耐寒性好，机械性也很强，但水蒸气透过率大，且价格昂贵，所以多以多层复合的形式作为鲜肉真空包装的材料。

3. 气调包装

气调包装也称充气包装，就是将包装袋内的空气抽去后再充入一定比例的氮气、二氧化碳气体和氧气，使氧气渗入的可能性降低至最低限度，以抑制微生物的生长繁殖，进而延长了产品的保鲜期。冷鲜肉采用气调包装还可以保持肉的颜色。

4. 真空热缩包装

大块肉的包装还可以采用真空热缩包装，这种包装形式的好处在于既能有效减少破袋率，又能消除抽真空包装的汁液渗出现象。真空热缩的处理既抑制了冷却肉表面需氧菌的繁殖，又能预防冷却肉的二次污染，有效延长货架期，相比气调包装，运输方便、包装费用低廉。

（二）冷冻肉的包装

冷冻肉包装材料除了要能防止氧气和水蒸气透过以避免脂肪的氧化酸败外，还必须能适应温度急剧的变化，随着冻结或解冻操作而收缩或膨胀。

1. 铝箔

可与其他材料复合成柔软性的包装材料用于包装冷冻食品，同时也可以加工成各种形状的半硬式包装容器来包装肉品或即食食品。其防水蒸气透过与气体透过性极好，但收缩性和热封性较差。

2. 塑胶膜复合材料

如尼龙与聚乙烯，聚乙烯与聚酯薄膜、低密度的聚乙烯、涂聚偏二氯化乙烯的聚丙烯等多层复合包装材料，常用于包装汉堡、牛排等，再装入涂蜡的纸箱后冷冻保存。

（三）加工肉制品的包装

为了维持加工肉制品的品质，肉制品的包装材料选择要考虑其生产加工、贮存及食用方式的特性。加工肉制品的包装材料很多，常用的包装材料可分为天然肠衣、人造肠衣及其他包装材料。

1. 天然肠衣

天然肠衣主要由猪、牛、羊的小肠、大肠、膀胱等加工而成，以猪肠衣和羊肠衣两种最常用。选择时可以根据产品品质和大小特性。加工后的天然肠衣分为盐渍和干制两种。天然肠衣的优点是具有良好的韧性和坚实度，能够承受加工中的张力及热处理，而且具有收缩和膨胀的性能。缺点是粗细不均、成本高、来源有限，不适合大规模自动化生产。

2. 人造肠衣

人造肠衣包括胶原肠衣、纤维素肠衣和塑料肠衣。人造肠衣的优点是规格统一、加工方便、适合规模化大生产、可保存制品风味、延长保质期、减少干耗等。目前，在世界范围内已大量使用人造肠衣。

（1）胶原肠衣　用动物胶做原料制成，具有透气性好、可以烟熏、规格统一、卫生、比天然肠衣结实、可大量生产等特点。胶原肠衣又可分为可食和不可食两种。可食的适合制作熏煮香肠类产品，不可食的主要用做风干类香肠。

（2）纤维素肠衣　纤维素肠衣是用短棉绒、纸浆作为原料制成的无缝筒状薄膜，具有韧性、收缩性和着色性，规格统一，卫生、透气，可以烟熏，表面可以印刷。这种肠衣小口径的主要用于熏烤无肠衣灌肠及小灌肠，熏煮后，冷水喷淋冷却，去掉肠衣再经过二次包装后销售；大口径的纤维素肠衣可以生产加工烟熏风味的火腿，熏煮冷却后不需要去掉肠衣，直接进行二次包装即可。

（3）塑料肠衣　塑料肠衣是以聚乙烯、聚丙烯、聚偏二氯乙烯、聚酯塑料、聚酰胺等为原料制成的单层或多层复合的筒状或片状肠衣。其特点是无味无臭，阻氧、阻水性能非常高，具有一定的热收缩性，可满足不同的热加工要求，机械灌装性能好，安全卫生。这类肠衣被广泛应用于高温蒸煮火腿肠类及低温火腿类产品的包装。

3. 其他包装材料

（1）铝箔　适用于传统肉制品的高温灭菌包装，具有较长的保质期。

（2）收缩袋　采用多层复合材料，阻氧、阻水性能比较高，具有热封性、收缩性、印刷性能，采用真空包装的形式，可以提高产品的货架期。

(3) 拉伸膜　拉伸膜包装材料具有以下特点：拉伸强度高、纵横延伸率高、抗戳穿、防撕裂性能好、紧固性强，同时拉伸膜机械化程度高，特别适合肉制品的二次包装。

随着社会经济的发展及消费者对生活品质的追求，肉品包装与人们日常生活的关系日益密切，因此肉品包装材料与包装技术有着广阔的市场前景。

四、 肉类制品包装设备

(一) 真空/充气包装机

将物品装入包装容器，抽出容器内部的空气，达到预定的真空度后进行热合封口的机器，称为真空包装机。将物品装入包装容器后，用氮、二氧化碳等气体置换容器内的空气，并完成封口工序的机器，称为充气包装机。用抽真空的方式置换气体的充气包装机也称为真空充气包装机。实际上，绝大多数真空包装机都带有充气功能，所以通常也把以上机器统称为真空包装机。

真空包装机机型众多，功能各异，按基本型号可分为两类，即吸管插入式和真空腔室式。从真空腔结构来分类，可分为台式、传送带式及回转式。

1. 台式真空包装机

台式真空包装机外形结构及原理如图 10-14 和图 10-15 所示，台式真空包装机有单室式、双室式和多室式，常用单室式和双室式。其中双室式真空包装机的两个真空室共用一套抽真空系统，可交替工作，即一个真空室抽真空、封口，另一个同时放置包装袋，使辅助时间与抽真空时间重合，大大提高了包装效率。

台式真空包装机的特点是结构紧凑，外形美观，安装方便；真空度较高，绝大多数真空包装机都采用这一型式，是我国真空包装机行业的主导产品；需人工充填装袋，大多也靠人工计量及放袋取袋，因此其生产率不高。

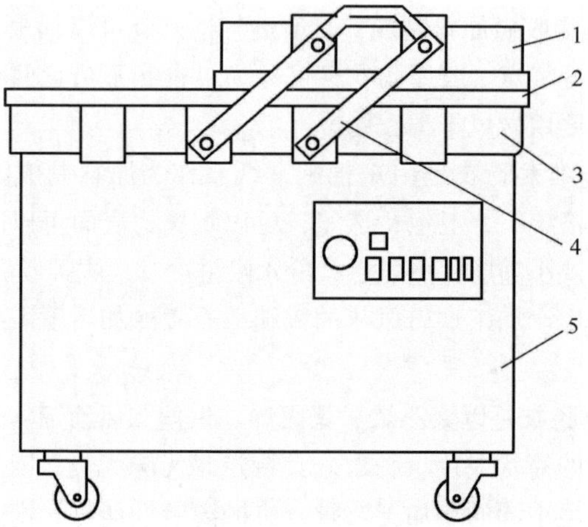

图 10-14　台式真空包装机外形

1—上工作室　2—密封圈　3—下工作室　4—摇杆　5—控制面板

资料来源：摘自参考文献 [6]。

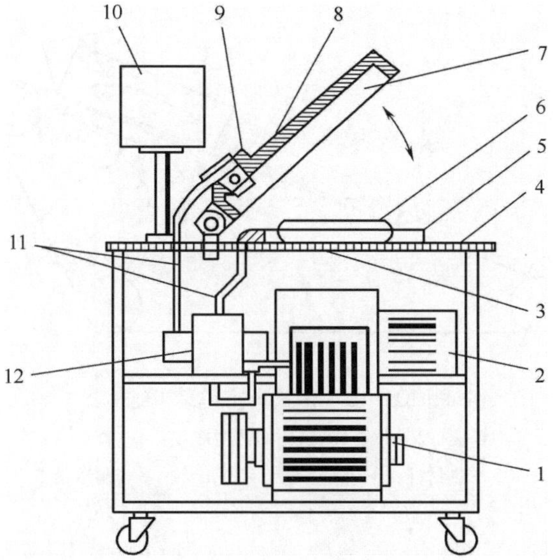

图 10－15　真空包装机原理图

1—真空泵　2—变压器　3—加热器　4—台板　5—盛物盘　6—包装制品
7—真空室盖　8—压紧器　9—小气室　10—控制系统　11—管道　12—转换阀
资料来源：摘自参考文献［6］。

2. 传送带式真空包装机

传送带式真空包装机是一种自动化程度和生产效率较高的机型，由传动系统、真空室、充气系统、电气系统、水冷及水洗装置、输送带、机身等组成，真空泵安装在机外。传动系统和电气系统安装在机身两侧的箱体内。操作时只需将被包装物品按袋排放在输送带上，便可自动完成循环。抽气、充气、封口、冷却时间、封口温度均可预选，既可以按程序自动操作，又可以单循环操作。其输送带可作一定角度的调整，使被包装物品在倾斜状态下完成包装工作，所以特别适用于粉状、糊状及有汁液的包装物品，在倾斜状态下包装物品不易溢出袋外。带式真空包装机只有一个真空室，但其真空室可以做得较大，热封条尺寸也较长，因此可以用来包装尺寸较大的物品，也适用于小袋大批量的包装作业。带式真空包装机可同时放入几个包装袋抽真空并热封，其封口装置内采用水冷却，封口平整牢固，冷却快，设有喷淋水管，便于清洗，其热封质量通常优于台式真空包装机。

如图 10－16 所示为带式真空包装机的结构，它利用输送带作为包装机的工作台和输送装置。输送带可作步进运动，包装袋置于输送带的托架 1 上，随输送带进入真空室盖 4 位置停止，真空室盖 4 在输送带上方，活动平台 6 在输送带下方，真空室盖 4 自动放下，活动平台 6 在凸轮 7 作用下抬起，与真空室盖 4 合拢形成真空室，随后进行抽真空和热封操作；操作完毕，活动平台降下而真空室盖升起，输送带步进将包装袋送出机外。输送带上有使包装袋定位的托架，只要将盛有包装物品的包装袋排放在输送带上，便可自动完成以上循环。

3. 热成型真空包装机

热成型真空包装机是将“热成型—充填封口机”与“真空/充气包装机”二者结合起来而形成的一种高效、自动、连续生产的多功能真空包装机，简称热成型真空包装机。其基本结构主要包括包装材料供送装置、热成型装置、充填装置、槽孔开切装置、抽真空封口装置、无氧

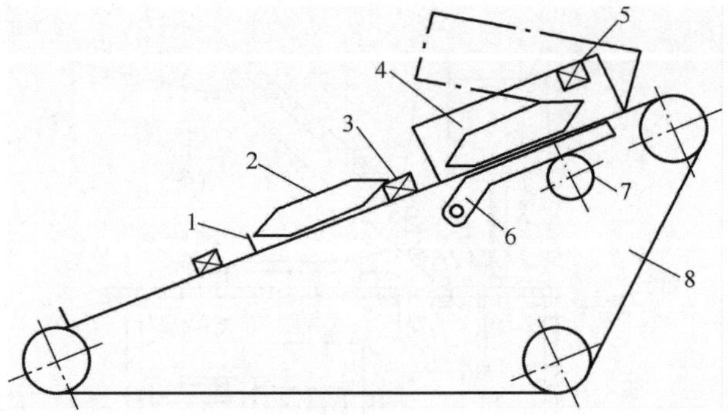

图 10－16　带式真空包装机结构

1—托架　2—包装袋　3—耐热橡胶垫　4—真空室盖
5—热封杆　6—活动平台　7—凸轮　8—输送带
资料来源：摘自参考文献［6］。

气冲洗装置、成品切割装置和控制系统等。如图 10－17 所示为该机型的结构。工作过程如下：底膜从底膜卷 9 被输送链夹持送入机内，在热成型装置 1 中加热软化并拉伸成盒型包装容器；成型盒在充填部位 2 充填包装物，然后被从盖膜卷 4 引出的盖膜覆盖，进入真空热封室 3 实施抽真空或抽真空一充气，再热封；完成热封的盒带步进经封口冷却装置 5、横向切割刀 6 和纵向切割刀 7 将数排塑料盒分割成单件送出机外，同时底膜两侧边料脱离输送链送出机外卷收。

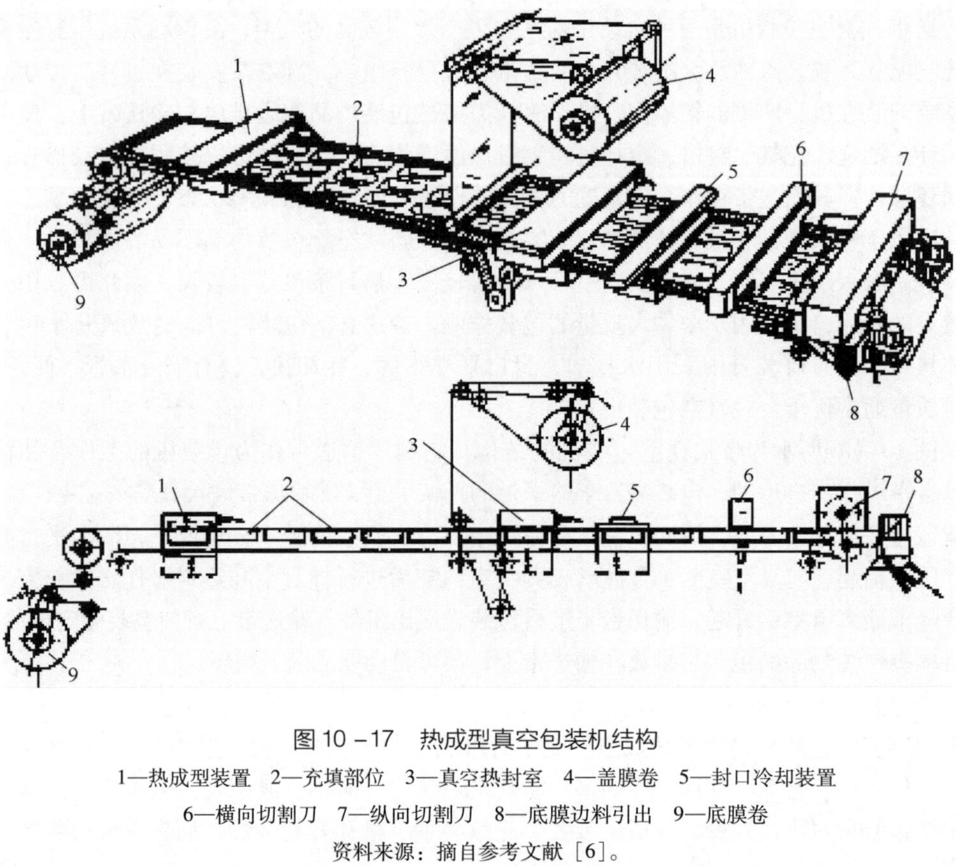

图 10－17　热成型真空包装机结构

1—热成型装置　2—充填部位　3—真空热封室　4—盖膜卷　5—封口冷却装置
6—横向切割刀　7—纵向切割刀　8—底膜边料引出　9—底膜卷
资料来源：摘自参考文献［6］。

4. 充气包装机

真空充气包装，又称气体置换包装，是在真空后再充入按一定比例混合的 2～3 种气体，适用范围远远大于真空包装，除包装后需要高温杀菌的食品或为了减少体积的包装必须采用真空包装外，其余采用真空包装的食品均可以真空充气包装替代，而许多不宜采用真空包装的食品也可采用真空充气包装。

如图 10－18 所示为充气包装机结构。推袋器 4 的作用是将袋口压住，以保证充气后的封口质量。目前国内各企业的保鲜真空充气包装机，虽然外形各不相同，但工作原理只有两种：一种是半密封状态下工作的冲洗补偿式，另一种是全密封状态下工作的真空置换式。

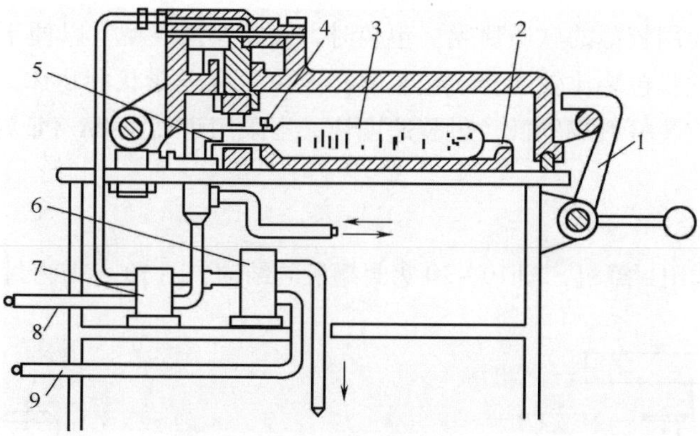

图 10－18　充气包装机结构

1—锁紧钩　2—盛物盘　3—包装制品　4—推袋器　5—充气嘴　6—阀

7—充气转换阀　8—惰性气体进气管　9—压缩气体进气管

资料来源：摘自参考文献［6］。

（二）热成型—充填—封口机

热成型—充填—封口包装又称拉伸膜包装，是在加热条件下，对热塑性片状包装材料进行深冲，形成包装容器，在装填物料后再以薄膜或片材进行封口的包装方式。完成这种包装工作的机器为热成型—充填—封口机，又称拉伸膜包装机。

热成型包装的形式多种多样，如图 10－19 所示为较常用的托盘包装、泡罩包装、贴体包装和软膜预成型包装。

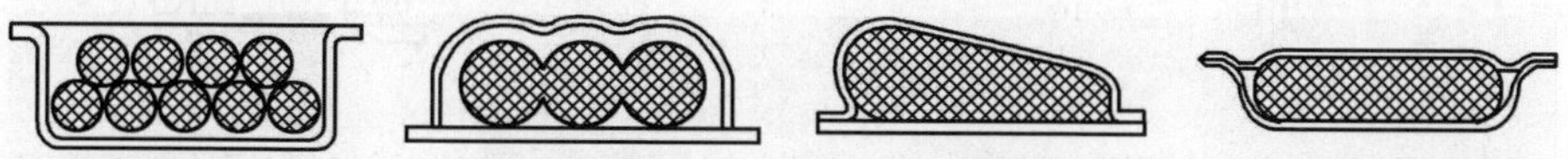

图 10－19　常用包装形式

资料来源：摘自参考文献［6］。

1. 托盘包装

先将一定尺寸的塑料片材在成型模具中经过加热成型、冷却定型后脱离模具，形成为包装物品的装填容器，充填物料后用软质上膜封合。比较适合流体、半流体、软体物料及易碎物料的包装。

2. 泡罩包装

将塑料片材拉伸成与包装物外形轮廓相似的泡罩，使用有热封性能的纸板或复合薄膜为上膜进行封合。这种包装不抽真空，以透明的仿形泡罩和印刷精美的底板衬托出物品的美观，普遍适用于儿童小食品、药品、玩具、日用品等的包装。

3. 贴体包装

使用浅盘或涂布黏合剂的纸板作为底板，上膜使用较薄的软质膜，如同包装物的一层表皮，包装后底板托盘形状不变。常适用于鲜肉、熏鱼片的包装。

4. 软膜预成型

底膜与上膜均使用较薄的软质薄膜。包装时，底膜经预成型，以便于装填物料，可进行真空或充气包装。软膜包装比较适合于包装那些能保持一定形状的物体，如香肠、火腿、面包等食品。特点是包装材料成本低，包装速度快。当采用耐高温PA/PE材料时可作高温灭菌处理。

（三）封罐设备

封罐设备可以选用封罐机，图10－20为封罐机的结构，图10－21为封口压头的结构。

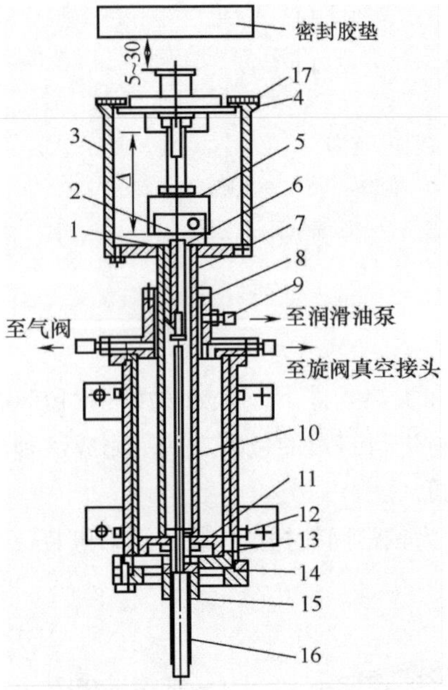

图10－20　封罐机的结构

1—泡沫软垫　2—调整圈　3—铁筒　4—支承轴焊合　5—弹簧组合　6—滑动芯轴　7—滑动轴衬套　8—气缸盖衬套　9—螺栓　10—送进轴焊合　11—活塞　12—活塞胶垫　13—螺母　14—缓冲垫　15—梯形螺母　16—调节杆　17—刹车胶片

资料来源：摘自参考文献［6］。

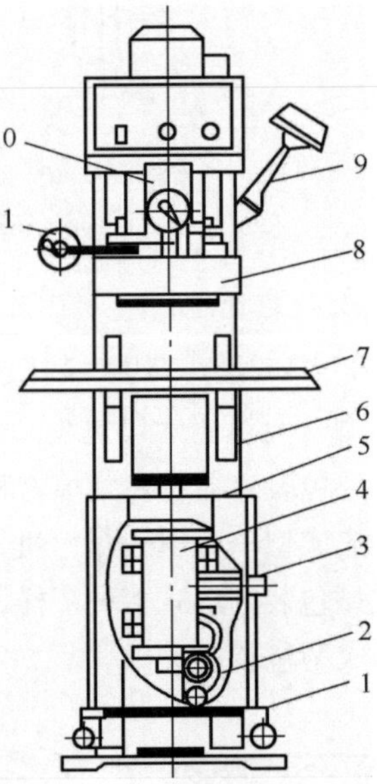

图10－21　封口压头的结构

1—脚踏杆　2—旋阁部件　3—润滑油泵　4—送进部件　5—工作台案　6—调整螺栓　7—工作台　8—密封盘　9—照明灯　10—主轴套　11—气筒部件

资料来源：摘自参考文献［6］。

由图 10－21 可知，封罐主要由输送部分、气动系统、工作台、密封盘以及主轴组成。当工作时，运动部分在气动系统的作用下带动压头移动，与罐体接触后，进行抽真空操作，然后进行卷边封口。

（四）灌肠机

自动灌肠机（充填结扎挂肠机）将肉糜，由物料泵以恒定的压力送入灌肠机的计量泵，通过灌肠管，灌入肠衣里，再由拧肠机构以等距离拧出规定尺寸的肠段（香肠成型），最后由挂肠机构以等量一串串挂起来。如图 10－22 所示为 DB－2A 自动灌肠机结构。

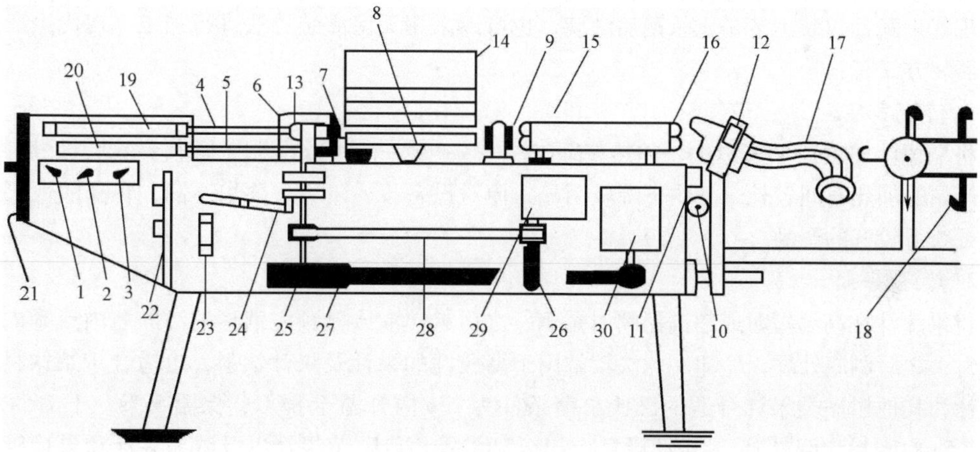

图 10－22 DB－2A 自动灌肠机结构示意图

1—主电钮 2—电机手动电钮 3—复位开关 4—灌肠管 5—随动杆 6—计量泵 7—重量控制旋钮 8—肠衣夹板 9—拧肠夹头 10—手控开关 11—紧急停车开关 12—计量泵启动开关 13—灌肠管座 14—肠衣料斗 15—拧肠装置 16—拧肠链 17—挠肠筒 18—挂钩输送链 19—灌肠气缸 20—随动杆气缸 21—控制箱门 22—控制板 23—计量泵离合器气缸 24—计量泵离合器 25—主传动轴 26—从动轴及弹簧 27—主传动带 28—第二级带传动 29—减速箱 30—电动机

资料来源：摘自参考文献［6］。

工作时，设备由两种能源驱动。由压缩空气气缸分别驱动计量泵离合器 24、灌肠管 4、随动杆 5 和肠衣夹板（肠衣定心装置）8。由电动机分别驱动计量泵 6、拧肠夹头 9、拧肠装置 15、挠肠筒 17 及挂钩输送链 18。

整个工作程序由电气开关、继电器及电磁阀进行控制。设备具有两挡速度：一挡是固定的，另一挡是可调的。计量泵的转速是固定的，所以输出的肉糜量也是固定的。通过控制肠衣的送料速度（可调）控制每节肠的重量。重量控制旋钮 7 可使拧肠夹头 9、拧肠装置 15、挠肠筒 17 及输送链 18 同步增速或减速，以与每节香肠所要求的重量相匹配。

第三节　果蔬类食品包装

一、 果蔬汁的包装

（一） 果蔬汁的灌装

现代果蔬汁包装工艺是先杀菌后灌装，也可以采用无菌灌装方法进行加工。现代生产上的杀菌灌装方式有：

1. 传统灌装法

将果蔬汁加热到85℃以上，趁热装罐（瓶），密封，在适当的温度下进行杀菌，之后冷却。此法产品的加热时间较长，品质下降较明显，但对设备投入不大，要求不高，在高酸性果汁中有时可获得较好的产品。

2. 热灌装

将果蔬汁在高温短时或超高温瞬时杀菌，之后趁热灌入已预先消毒的洁净瓶内或罐内，趁热密封，之后倒瓶处理，冷却。此法较常用于高酸性的果汁及果汁饮料，也适合于茶饮料。对于橙汁和其他柑橘类果汁合适的巴氏杀菌条件为17s内升温至88℃，保温5.7s，于7.5s内装罐，7.5s内密封，倒置15s，转动罐身冷却至38℃；橙汁、苹果汁以及浓缩果汁和果怡等可以在88～93℃下杀菌40s，再降温至85℃；橙汁超高温瞬时杀菌可以在107～116℃下2～3s内完成。目前较通用的果汁灌装条件为杀菌135℃、3～5s，85℃以上热灌装，倒瓶10～20s，冷却到38℃。

3. 无菌灌装

无菌灌装包括产品的杀菌和无菌充填密封两部分，为了保证充填和密封时的无菌状态，还须进行机器、充填室等的杀菌和空气的无菌处理。

（1）产品的杀菌　果蔬汁用高温短时杀菌，从而保持营养成分和色泽、风味。在 $pH<4.5$ 的果汁中，采用85～95℃下10～15s，$pH>4.5$ 的产品则用135～150℃ 2～3s的工艺。

（2）无菌包装容器及杀菌　容器依次有①复合纸容器；②塑料容器：先制成容器后杀菌罐装或同时成形杀菌罐装两种；③复合塑料薄膜袋；④金属罐：马口铁、铝和易开盖罐；⑤玻璃瓶。包装容器的杀菌可采用 H_2O_2、乙醇、乙烯化氧、紫外线、放射线（γ、β）、超声波、加热法等，也可以几种方法联合在一起使用。

（3）周围环境的无菌　必须保持连接处、阀门、热交换器、均质机、泵等的密封性和保持整个系统的正压。操作结束后用CIP装置，加0.5%～2%的氢氧化钠热溶液循环洗涤，稀氯化氢中和，然后用热蒸汽杀菌。无菌室必须用高效空气滤菌器处理，达到一定的卫生标准。

（二） 果蔬汁的包装材料

传统的直接饮用果蔬汁采用金属罐或玻璃瓶，无菌包装则采用纸塑复合材料，近十年来，由于PET瓶特别是耐高温PET瓶的开发，使其在果蔬汁的应用上有了广泛的前景（表10－1）。PET（polyethylene terephthalate）又称聚酯塑料，是对苯二甲酸乙二醇酯塑料的简称。它具有优良的阻气、水、油及异味功能；有良好的刚性、气密性和耐压性，同时价格低廉，可回收，符合环保和"绿色"的要求。但普通 PET 瓶在耐酸碱和耐高温上有一定的缺陷，在 60℃以上的温度时瓶颈部会发生收缩和软化，体积缩小，形状畸变。因此用在非碳酸化饮料中必须与超高温杀菌和无菌灌装结合才有可能，但这一工艺设备昂贵，在发展中国家较难普遍推广。为此 20 世纪 90 年代初在普通的 PET 瓶中改变其加工工艺为双向拉伸，增加瓶的用料量，使 PET 瓶的耐温性提高到 95℃左右，这样可以广泛地应用在热灌装饮料中。新的两步法工艺生产的聚丙烯（BOPP）瓶亦具有类似的优良性能，有可能耐更高温度，且降低成本，因此这两种包装将有可能大量应用于果蔬汁中。

表 10－1　　各种果蔬汁包装材料的比较

性能	马口铁罐	玻璃瓶	PET 瓶	纸塑复合材料
重量	较重	重	轻	轻
密封性	好	好	好	好
透光性	不透光	透光	透光	不透光
化学反应	可能	不可能	不可能	不可能
可回收性	不能	能	能	能
成本	高	高	低	低

资料来源：摘自参考文献［10］。

二、　果干制品的包装

（一）包装前处理

1. 回软

回软也称均湿或水分平衡。干制结束后产品所含的水分并非均匀一致，且在其内部分布也不均匀，常需均湿处理，使干制品变软，便于后续处理。回软的方法是在产品干燥后，剔除过湿、过大、过小、结块及细屑，堆集起来或放于较大的密闭容器中进行短暂储藏，以便使水分在干制品相互间进行扩散和重新分布，最后达到均匀一致的要求。

2. 分级

为了使产品符合标准，便于包装，干制品要进行筛选分级。干制品常用振动筛等分级设备进行筛选分级，剔除块片、颗粒、大小不合标准的产品，以提高商品质量。一般筛下物另作他用，碎屑物多被列为损耗。大小合格的产品还需进一步在移动速度为 3～7m/min 的输送带上进行人工挑选，剔除杂质和变色、残缺或不良成品，并经磁铁吸除金属杂质。

3. 压块

果蔬干制后，体积膨松，容积很大，不利包装和运输。因此，在包装前要经过压缩处理，一般称为压块。压块可使产品体积缩小 3～7 倍。脱水果蔬的压块，必须同时使用水、热与压力，方能获得好的结果。在产品不受损伤的情况下压缩成块，大大缩小了体积，有效地节省了包装材料、装运和储藏容积及搬运费用；另外产品紧密后还可降低包装袋内氧气含量，有利于防止氧化变质。

在脱水的最后阶段，品温为 60～65℃，若在脱水后不等它冷却立即压块，即可不重新加温。否则，为了减少破碎率，压块之前常用蒸汽加热 20～30s，促使软化以便压块。热蒸汽喷过后必须立即压块，若放置较久，又将变脆而易碎。喷蒸汽后压块产品的水分可能超过预定标准，从而影响保藏性。所以，压块后还需再进行干燥。大规模生产时，脱水果蔬从干燥机中取出后不经回软，立即趁热压块。干压块可用螺旋压榨机，机内另附特制的压块模型，也可用专门的水压机或油压机。压块一般用的压力为 $70kg/cm^2$，维持 1 ~ 3min。制品含水量低时，所施加的压力要加大。

（二）包装

1. 包装容器

常用的包装材料和容器有金属罐、木箱、纸箱、聚乙烯袋、复合薄膜袋等。一般内包装多用有防潮作用的材料，如聚乙烯、聚丙烯、复合薄膜、防潮纸等；外包装多用起支撑保护及遮光作用的金属罐、木箱、纸箱等。干制品的包装应在低温、干燥、通风良好的环境中进行，最好能进行空气调节并将相对湿度维持在 30% 以下，与工厂其他部门相距应尽可能远些。门、窗应装有窗纱，以防止室外灰尘和害虫侵入。干制品的包装应能达到下列要求：

①防止干制品吸湿回潮以免结块和长霉，在 90% 相对湿度中，每年水分增加量不超过 2%；

②防止外界空气、灰尘、虫、鼠和微生物以及气味等入侵，能遮盖外界光线；

③在储藏、搬运和销售过程中耐久牢固，能维护容器原有特性，包装容器从 30 ~ 100cm 高处落下 120 ~ 200 次而不会破损，在高温、高湿、浸水或雨淋的情况下不会破烂；

④与产品接触的包装材料应符合食品卫生要求，并且不会导致食品变性、变质；

⑤包装的大小、形状和外观应有利于商品的推销，食品包装的费用应做到低廉处理。

2. 包装方法

纸箱和纸盒是干制品常用的包装容器。干制品用纸箱或纸盒包装时还衬有防潮包装材料如涂蜡纸、羊皮纸以及具有热封性的高密度聚乙烯塑料袋。纸盒还可用彩印纸、蜡纸、纤维膜或铝箔作为外包装。但纸盒储藏搬运时易受害虫侵扰，且不防潮（即透湿）。使用纸箱作为容器容量可从 4 ~ 5kg 到 22 ~ 25kg，纸盒的容量一般在 4 ~ 5kg 以下。若包装干制品专供零售，其容量可以更小一些。国外常用折叠式纸盒作小包装用容器。

金属罐是包装干制品较为理想的容器。它具有密封、防潮和防虫以及牢固耐久的特点，并能避免在真空状态下发生破裂。装满后干制品对罐壁能起支撑作用，所以能在高真空状态下进行密封，以利于防止氧化变质和防灭害虫。金属罐假封后还可用常压蒸汽加热 6 ~ 8min，将罐内大部分空气排除后再行密封，冷却后虽不能达到完全真空，也能形成较高真空状态。因此，果蔬干制品容器最好采用拉环式易开罐，果蔬粉最好采用完全密封的铁罐或玻璃罐包装。

零售干制品常用涂料玻璃纸袋以及塑料薄膜袋和复合薄膜袋进行真空包装或惰性气体（氮、二氧化碳）包装，使氧的含量降到 2% 以下，可提高维生素的稳定性和降低贮藏期间营养物质的损失。

许多干制品（特别是粉末状）包装时常附装干燥剂、吸氧剂等。常用的干燥剂是生石灰，它在相对湿度较低（1% ~5%）的条件下仍具有较高的吸湿力。石灰的用量为干制品的 10% ~ 20%。吸氧剂（又称脱氧剂）是能除去密封体系中的游离氧气或溶存氧气的物质，可防止干制品在储藏过程中氧化败坏、发霉，一般在食品包装密封过程中，同时封入。常见的吸氧剂有铁粉、葡萄糖酸氧化酶、次亚硫酸铜、氢氧化钙等。

三、 果酱类食品的包装

果酱类食品的包装大多用玻璃瓶或防酸涂料马口铁罐为包装容器，容器使用前必须彻底洗刷干净。铁罐以 95 ~ 100℃的热水或蒸汽消毒 3 ~ 5min，玻璃罐用 95 ~ 100℃的蒸汽消毒 5 ~ 10min，而后倒罐沥水。装罐时，保持罐温在 40℃以上。胶圈经水浸泡脱酸后使用。罐盖以沸水消毒 3 ~ 5min。果丹皮、丹糕等干态制品采用玻璃纸包装。果糕类制品包装时内层用糯米纸，外层用塑料糖果纸。果酱、果膏、果冻出锅后，应及时快速装罐密封，一般要求每锅酱分装完毕不超过 30min，密封时的酱体温度不低于 80 ~ 90℃，封罐后应立即杀菌冷却。

果酱在加热浓缩过程中，微生物绝大多数被杀死，加上果酱高糖高酸对微生物也有很强的抑制作用，一般装罐密封后，残留于果酱中的微生物是难以繁殖危害的。对于工艺卫生条件好的生产厂家，可在封罐后倒置数分钟，利用酱体的余热进行罐盖消毒，然后直接入库，不用杀菌，即可保存 1 ~ 2 年。但为了安全，在封罐后可进行杀菌处理（5 ~ 10min/100℃）。

马口铁罐包装的可在杀菌结束后迅速用冷水冷却至常温，但玻璃罐（或瓶）包装的宜分段降温冷却（85℃热水中冷却 10min，60℃水中冷却 10min，冷水中冷却至常温）。然后用干布擦去罐（瓶）外的水分和污物，送入库房保存。

第四节 饮料类食品的包装

一、饮用水的包装

瓶装水包装的形式和大小可以多种多样，它可为消费者在不同零售渠道中提供选择。包装大小通常为 20 ~ 2000mL，有时也使用 3L 或 5L 的容器。虽然瓶子或其他容器是水包装的主体，但在密封方面也要将其作为一个不可缺少的部分仔细考虑。

（一）瓶身的材料

1. 玻璃

在所有的包装材料中，玻璃最适用于水的包装，因其化学性质稳定，不会影响水的质量、气味和味道；玻璃通常是一种透明的材料，因而可增加水本身的澄清度；玻璃的刚性和强度使其能够有效地运行于高速的装瓶生产线上；更重要的一点是，它很清洁、卫生。玻璃不具有通透性，并且在所有的包装材料中，它保留碳酸的能力最好，因而能延长产品的货架期。玻璃适合于非充气水和充气水的包装，它能够重新密封和回收利用，因而是一种高品质的包装材料。

在所有用于制造瓶子的材料中，玻璃的质量最大，这是它的一个弱点。另外，由于它容易破碎，因此在灌装、输送和消费者使用时都必须小心处理。虽然玻璃的强度高，但是在遭受撞击时其强度会被削弱，如果装的是碳酸化的水，这种强度的削弱在以后有可能导致玻璃瓶发生自爆。玻璃是可以回收利用的，很大一部分的碎玻璃（占 85% 左右）的使用有利于促进玻璃瓶子的再生产，从而减少了整个瓶子生产过程中的消耗。

2. 聚对苯二甲酸乙二醇酯（PET）

PET 常被用于瓶装水的包装。PET 是一种质量很轻且透明性好的材料，它可同时用于非充气水和充气水的包装。然而，碳酸会通过瓶壁慢慢损失，会影响产品的货架期。另外，如果瓶子材料中的乙醛含量超过 4mg/kg，产品的感官质量也会受到影响。PET 瓶子可以重新密封，不易破碎，并且可以再回收利用。尽管塑料的再加工仍然处于发展的阶段，PET 还是可以再回收利用的，其最大的障碍是缺乏收集设备。人们正在研究能使回收的 PET 再用于食品接触的技术。目前再加工的 PET 材料大多数作为制造衣服、睡袋和刷子的原料，也用于制造热成型包装和胶卷等。

3. 聚氯乙烯（PVC）

PVC 材料质量轻，且成本相对较低。PVC 瓶不易破碎，可以重新密封和回收利用。然而，PVC 瓶不像玻璃瓶和 PET 瓶那样透明，它只有半透明性。PVC 瓶主要用于包装非充气水。由吹塑制得的瓶子强度比较高，因而这种材料可用于包装低度碳酸化的水（含 3 倍体积的 CO_2）。对非充气水在货架期间的微生物指标的检测表明：装在 PVC 瓶内的产品的总活菌数（TVCs）比装在玻璃瓶或 PET 瓶内的同类产品的总活菌数要高，但这并不会影响水的味道和质量。

4. 金属罐

在水包装市场中，由金属材料制造的易拉罐的使用比例很小。使用易拉罐的好处是：它们质量轻，容易处理和回收利用，可以很好地保留住碳酸，并且可以在自动售货机上使用。其不足之处是看不到产品。易拉罐具有不可重新密封的弊端，所以最适合一次性使用。此外，用于灌装水产品的厂房及设备的投资非常高。铝比铁更适用于易拉罐的制造，因为它在感官和腐蚀性方面都比较好。铁和铝罐的内表面都涂有一层环氧树脂，以保护产品与水之间不直接接触。

5. 纸

与易拉罐相比，纸盒包装水的比例更小。它只能用于非充气水产品的包装。纸盒通常是一种多层材料，纸层为包装提供硬度，铝层用于阻隔气体，上下的聚乙烯层保证包装不透水。这种包装质量轻，容易操作，而且占地面积小。虽然在复合层技术上已取得很大的进展，但纸盒仍有可能影响到水的味道，从而限制了产品的保存期。

6. 聚碳酸酯

聚碳酸酯经常被用于制造大容量的瓶子，并与水冷却器配合使用。这种瓶子质量轻，不易破碎，可以回收再利用。然而，为了促进瓶子的再使用，需要有适当的瓶子收集系统，以及非常完善的瓶子清洗操作程序。在对所包装的水的活菌总数的影响方面，聚碳酸酯瓶与 PVC 瓶的作用相似。

7. 高密度聚乙烯（HDPE）

一些国家采用 HDPE 材料来包装水，它具有质量轻、成本低、结实及可回收的特点。HDPE 的缺点包括：不是一种透明材料；不能用于碳酸化水的包装；可能影响到水的感官特性。最新开发的 HDPE 瓶可用于充气水及其他饮料的包装。

（二）瓶盖的材料

各种包装形式在履行其所有功能方面均依赖于一个有效的、适当的密封系统，瓶子或容器与密封处必须相互兼容、协调。与瓶子一样，用于瓶盖的材料无论在感官、物理或化学方面都必须不能对产品水造成影响。同样，水和盖子之间也必须相互匹配，以保证密封材料及其功能不受影响。整体和特定移动试验以及感官评估数据可以为密封的适宜性提供证据。密封口的大小也十分重要，直径越小的密封口与产品的接触面越少，这对于小容量的瓶子尤其重要。

用于瓶盖制造的材料可以是金属，如铝或铝合金、镀锡马口铁；也可以是塑料，如聚丙烯（PP）、低密度聚氯乙烯（LDPE）和高密度聚氯乙烯（HDPE）等。瓶盖可以是单件式的（只适用于塑料），也可以是双件式的。金属瓶盖通常有一个塑料内衬；双件式塑料盖子有一个具有弹性的可压缩内衬，通常由 PVC 或 PE 制成。金属瓶盖主要由适当装饰和油漆过的整块金属片通过冲压而成。冠状金属瓶盖通常采用镀锡马口铁制成，因为它具有高强度和高硬度的特性。相反，螺旋式瓶盖需要软度，因此采用铝材更合适。

二、 碳酸饮料包装

传统的碳酸饮料包装是玻璃瓶及金属听罐，但目前塑料容器包装已经占到碳酸饮料包装的半数以上。

玻璃瓶的容量一般在1000mL以下，设备投资少，材料具有造型灵活、透明、美观、多彩晶莹的装饰效果，其化学稳定性高而且可以多次周转使用，但也存在着机械强度低、易碎、盛装单位物品质量大、费用高、运输不便、温差大时容易爆裂的缺点，因此近年来已经被各种塑料包装取代。

马口铁易拉罐分为三片罐及类似于铝质易拉罐的冲拔拉伸型二片罐。由于二片罐对马口铁材质的冲压、拉伸性能以及制罐设备都有特殊的要求，目前应用不太广泛。马口铁易拉罐三片罐的优点是：灌装、杀菌设备投资费用相对较低；饮料加工技术要求不高；相溶性好，节省了设备投资费用；产品货架期长。铝质易拉罐主要规格为常见的350mL罐，其灌装、杀菌设备费用稍高于三片罐，但包装材料的价格略低，而且材料的回收再造性好，产品保质期可达一年以上。

现在，阻隔性、透明性、强度均优良的塑料包装，已逐步取代玻璃瓶和金属罐。PET即用聚对苯二甲酸乙二醇酯制成的饱和线性热塑性塑料瓶，材质轻，强度高，无色透明，表面光泽度高，呈玻璃状外观，可塑性和力学性能好，无毒无味，而且材料费用适中。但PET瓶在耐酸碱和耐温方面还有许多缺陷，如瓶子在60℃以上，发生颈部软化和体积收缩。双轴定向的HDPE瓶是又一种包装碳酸饮料的材料，HDPE原料价格比PET便宜，而且质量轻，密度比PET小，因而在保质期低于2个月的碳酸饮料包装中可使用双轴定向HDPE瓶代替PET原料瓶。

为了进一步提高阻隔性，最近又开发了以下生产方法。

①生产共挤出复合瓶时，使用高阻隔性树脂EVAL、PVDC或PAN，再加上适当的相容剂，使用共挤出或共注射吹制拉伸技术，生产出多层次含高阻隔性材料的容器，使这种容器在包装碳酸饮料时有3个月以上的使用期；

②使用高阻隔性PVDC或EVAL树脂，做成溶液胶进行塑料瓶的内或外或内外涂布的方法来提高塑料瓶的阻隔性；

③使用真空蒸镀氧化硅的方法提高塑料瓶的阻隔性。可以用化学蒸镀法、物理蒸镀法进行，在塑料瓶上镀一层氧化硅，是目前最新的技术；

④使用芳香族聚酰胺MXD6材料以及液晶聚合物材料生产包装用容器。虽然有良好的阻隔性，但是，目前由于原料树脂的价格很贵，还不能在工业生产上大规模采用，即使能用高温水蒸气消毒后重新使用多次，价格也仍昂贵。

碳酸饮料包装由于要求有良好的耐压力强度，因而不适于使用软塑包装材料。

三、 非碳酸饮料包装

由于非碳酸饮料不需要耐压力，因而除了塑料瓶装外，还可大量使用软塑包装材料包装，一般使用热充灌杀菌包装，热充灌温度为87.7℃。使用的热包装材料可以是各种聚乙烯、聚丙烯、聚苯乙烯和PVC，也可以是价格较高的PET材料。无论是瓶状塑料容器还是纸/塑复合软包装材料，都应注意到内层材料的无嗅无味性，尽量采用低嗅的 PE 材料，防止在果汁中产生异味。橘子汁中含有大量维生素 C，而维生素 C 对氧比较敏感，因而要选择透氧性小的包材包装果汁饮料，以期有更好的保护功能。

为了降低包装成本，可以充分使用再生塑料粒子。可以在塑料瓶或软塑包装袋的外层或中间层材料中使用再生塑料，而在内层同内容物接触层使用新料生产，例如，使用共挤出吹塑、挤拉吹或注拉吹法生产废 HDPE/新 HDPE、废 PET/新 PET，还可生产 HDPE/黏结性树脂/再生料 PE 或 PP/EVAL 的高阻隔性共挤吹塑瓶，使用共挤出片材经热成型或压空成型杯、盘、碟状后用于各种高酸性果汁饮料包装也已十分盛行，例如，PP/黏结性树脂/EVAL/黏结性树脂/PP 共挤出片材经热成型后可以热充灌杀菌后的高酸性果汁饮料，可达 3 个月的常温保存期。使用含铝箔的铝/塑/纸多层高阻隔软包装，也可无菌包装果汁饮料，有一年以上的常温保质期。

非碳酸类饮料也可以用无菌复合铝纸包。目前主要有瑞典利乐拉伐公司的利乐包装及 PKL 包装系统公司的康美包，利乐包主要规格有利乐传统（无菌）包、利乐砖型（无菌）包、利乐屋型包、利乐王及利乐罐五种，容量从 125～2000mL 不等。康美包主要规格有 Cb5、Cb6、Cb7 三种系列，容量为 150～1100mL 共 20 种常用规格。无菌复合铝纸包装的设备一次性投资费用很高，但包装材料费用便宜，只相当于马口铁罐的 50% 左右，而且包装材料质轻，成品贮存占用空间小，运输费用低。

第五节 其他食品包装

一、粮谷类食品包装

粮谷作物类主要是指大米、小麦、玉米、大麦、荞麦、高粱等，以粮谷类为主要原料制成的食品形式多样，统称粮谷食品。常见的粮谷食品有饼干、面包、方便面（米）、方便粥以及一些谷物膨化食品。为防止粮谷类变质，包装时应考虑的主要问题是防潮、防虫和防陈化。对于精米、面粉、小米等粮食加工品，过去一般采用棉布袋包装。随着粮食生产经营的改革，粮食小包装已是大势所趋，可用聚乙烯、聚丙烯等单层薄膜包装。对于较高档的品种，也有采用多层复合材料等包装。包装方法也由普通充填包装改用真空充气包装。

（一）面包的包装

面包通常采用软包装材料裹包。主要包装材料有如下几种。

1. 蜡纸

蜡纸是最经济的包装材料，在自动裹包机上也有足够的挺度，封合容易，能有效防止水分的散失。其缺点是透明度不好，而且折痕容易造成漏气，引起面包水分散失和发干。目前我国仍有相当数量面包采用蜡纸裹包。

2. 玻璃纸

涂塑玻璃纸的应用解决了防潮性和热封的问题。玻璃纸的包装成本比蜡纸高很多，比较适合高档面包的包装。

3. 塑料薄膜

用于包装面包的塑料薄膜有很多种。聚乙烯薄膜包装成本比玻璃纸低30%左右，但是，厚度较薄的薄膜机械操作工艺性较差。聚丙烯薄膜透明度低于聚乙烯，而且挺度较理想，机械操作工艺性能也好。不过，单纯的聚丙烯在-17.7℃时就会脆裂、而且热封困难。聚乙烯、聚丙烯、聚乙烯三层共挤材料的出现满足了面包的需要。

目前，大约90%的面包是采用聚乙烯塑料袋包装的。这种包装可反复使用方便，面包的货架期较长，而且不需要捆扎，可采用热封或者塑料涂膜的金属丝扎住袋口，也可采用聚丙烯塑料袋扭结袋口。还有一些是采用铝箔/纸复合材料或者铝箔/聚乙烯复合材料，这类包装材料不透明，但可以保户面包中维生素 B_1 免受损失。面包还可以采用收缩包装和泡罩包装，收缩包装用聚乙烯收缩薄膜将面包裹紧，但泡罩包装成本较高。

（二）面条、方便面（米）的包装

1. 面条

现制现卖的面条称为潮面（切面），不易保存，一般不加包装。需要加包装的是干面条，即挂面、通心粉等。干面条包装可采用聚乙烯、聚丙烯和双向拉伸聚丙烯薄膜涂覆聚乙烯制作的包装袋。这种包装袋透明性好，防潮性能优良，印刷色泽鲜艳，包装效果好，但价格高。

2. 方便面（米）

方便面（米）的包装主要是防潮、防油脂酸败，应采用与干面条同样的薄膜包装，或者多层复合材料包装。采用发泡聚苯乙烯或聚乙烯钙塑片材制成的广口塑料碗盛装方便面，再以铝箔复合材料封口的包装，应用已经很普遍。

3. 快餐饭盒

制作快餐饭盒材料有发泡聚苯乙烯和聚乙烯钙塑板材。聚乙烯泡沫片经过固相热成型、制成盒状，可盛放饭菜、热饭不变形，在常温下能保温3~4h，是生产快餐饭盒的主要材料。

（三）饼干的包装

饼干的包装除金属罐盒和纸盒外，通常采用防潮玻璃纸、BOPP/PE、铝箔复合薄膜等，用PVDC涂塑的玻璃纸具有优异的防潮和隔氧性能，且可以热封，表面光泽好，耐戳穿性能好，是很理想的包装材料；BOPP/PE比较经济，只是对自动包装机的工艺适应性稍差一些；此外，PVDC涂塑纸张也是很好的包装材料；采用铝箔复合材料包装，则在潮湿的空气条件下也能满足货架寿命的要求；密封的金属罐、盒，一般用于礼品饼干包装；所有这些包装材料都可使饼干的货架寿命得到有效延长。

二、豆制食品包装

豆制品泛指以豆类为原料制作的食品。豆制食品营养丰富，味道鲜美，是人们喜爱的日常食品。

（一）豆制食品的包装要求

豆制食品的包装主要从防霉变和防氧化方面考虑。

1. 防霉

以豆类为原料制作的豆制食品在适宜的温度条件下霉变时，会产生黄曲霉素。黄曲霉素是由黄曲霉菌及寄生曲霉菌中的一些菌株所产生的一种有毒物质。因此，在对豆制食品进行包装时应尽量防止霉变发生，抑制黄曲霉毒素的产生。

2. 防氧化

豆制食品中的脂肪含量比较高。氧能使脂肪发生氧化褐变反应，脂肪氧化产生的过氧化物，不但可以使豆制食品失去其食品价值，而且会产生异味，产生有毒物质，氧还能使豆制品中的维生素和多种氨基酸失去营养价值。因此，在对豆制品包装时应该尽量降低包装内氧的含量，可采用真空包装或充气包装。

3. 遮光

光线会促使豆制品中脂肪的氧化，而且使褐变反应加快，使其发生氧化性酸败。另外，光线会引起豆制食品中含量丰富的蛋白质变性。光线吸收越多，食品变质就越快、越严重，为防止光线对豆制食品的影响，应减少或避免光线直接照射。

另外，温度和湿度对豆制食品影响也很大。在适当的温度和湿度下，豆制食品会发生霉变，产生有害物质，如黄曲霉素等。过高的温度会使豆制食品的腐败速度加快，食品受潮后也会促使微生物的繁殖，助长油脂氧化分解，促使褐变反应和色素氧化等。

（二） 豆制食品的包装材料

1. 陶瓷

陶瓷对温度的剧变不太敏感，遮光性能好，化学稳定性好，耐酸、耐碱、阻隔性较好，而且刚性好，不变形，不老化，抗压性能好，特别适用于腐乳、霉豆腐的大件包装。

2. 玻璃器皿

玻璃是腐乳、豆豉包装所广泛采用的一种包装材料，玻璃的气密性、防潮性、防水性、保香性等展示性能极为优异，完全无毒、无味。但是，玻璃器皿的运输费用较大，且易碎，导致其用量增长较慢。

3. 塑料包装材料

塑料也是豆制食品广泛采用的一种包装材料。如豆腐干、百叶等豆制食品的短期贮存可以用低压（高密度）聚乙烯薄膜包装来实现，高密度聚乙烯薄膜坚韧耐撕、耐热和耐油性优良、无味、无毒、防潮、透气性好，可作蒸煮袋。塑料是豆制品包装的主要发展材料之一。

4. 复合包装材料

复合材料在豆制食品包装中占有很重要的位置，如需要贮存较长时间（3 个月左右）的高水分豆制品的包装常需要用复合薄膜包装。常用的复合薄膜有：PET/PE、PE/Ny/PE；豆豉、腐竹等含水分很低的豆制品，如果长期贮存一般选用 PET/PE、KBOPP/PE、BOPP/Al/PE 等高性能复合薄膜材料，复合材料良好的性能还特别适用于豆制食品的真空包装和充气包装。

另外，用得比较少的包装材料还有金属罐等，用于制作罐头食品。

三、 油脂类食品包装

油脂的包装主要是防止氧化酸败，因此包装要做到密闭、隔绝空气、避光，其中首要的是隔绝空气。

1. 烹调油

烹调油包括豆油、菜籽油、花生油、芝麻油和色拉油等。传统上，烹调油均采用玻璃瓶包装，近年来逐渐被塑料包装容器所取代，常用容器有 PVC、PET、PS 瓶和 PE 注塑容器。美国食品与药物管理局规定，PVC 塑料瓶的最高使用温度不得超过 65. 5℃。聚丙烯改性的 PVC 塑料瓶刚度比纯 PVC 的更高，耐热性也有所提高，也可用于盛装食用油。油脂的新型包装材料和容器正在开发之中。纸/PE/离子型树脂复合材料制成的容器热封性好，又耐油脂；Ny（或CPP）/Al/离子型树脂可用作盒中衬袋包装油脂，也可制成自立袋。熬炼好的动物油脂为了避免污染，使消费者打开包装即可食用，在熬好后，稍加冷却，就用聚酯复合薄膜封袋，或者直接将其注入聚丙烯薄壁容器，使其在容器内凝结。这两种包装都能使内容物隔绝空气及其他污染物，有较长的货架寿命。油脂的大容量包装都是用铁桶。

2. 花生酱、芝麻酱等含油食品

花生酱、芝麻酱等都是油脂含量较高的食品，容易氧化而引起酸败，并产生蛤喇味。这类食品传统包装方法是采用玻璃瓶、罐包装，并加入适量的抗氧化剂。花生酱和芝麻酱等含油食品的现代包装广泛采用塑料薄膜和吸塑成型容器包装，并辅之以真空和充气包装技术，可有效地抑制内装的食品发生氧化酸败。在选用包装材料时，应注意环境温度、湿度对材料透气性能的影响，如花生酱和芝麻酱的充氮包装，在环境湿度为50%时，可以采用PT/PE薄膜包装，若在环境湿度为80%时，因PT/PE膜的透气率随之增高，因而不宜选用，此时应选用KON/PE、KOPP。

四、蛋类食品包装

（一）鲜蛋的保鲜包装技术

1. 运输保护型包装技术

运输保护型包装技术主要是利用包装结构实现其在装运过程中的整体外观保护。现代包装中，已广泛使用下列三种包装技术。

（1）纸浆模塑蛋托盘包装　这种方法是将纸浆通过模具（真空吸附）制成鲜蛋外形尺寸大小的凹凸托盘，而将鲜蛋固定并托起。使鲜蛋能定位和卡紧。包装时，一层层托起鲜蛋的托盘放置于瓦楞纸箱中，装入的鲜蛋数量与纸箱的长宽高尺寸、纸浆模塑托盘中凹凸布置及堆放层数有关。

（2）套袋式缓冲网袋包装　就像水果（如苹果等）一样，为了提高蛋与蛋之间的缓冲性和透气性，可在每个蛋外表套上一个起缓冲作用的网袋，这种网袋多以发泡聚苯乙烯制成。这是一种理想的保护性缓冲包装。

（3）充气双层软质袋包装　这是一种利用塑料薄膜制成的包装袋，它由两层材料不连续地复合而成，可制成平板式也可制成小袋式，使用时，先将鲜蛋装入袋中，或袋的平面上，然后从袋的进气口充气，使之将蛋因气体的挤压而固定。在运输和搬运时，具有很好的吸震性。这种充气式包装还可制成专用的禽蛋包装袋和组合包装箱。

2. 石灰水缸（容器）内保鲜包装

这是一种民间的保鲜包装与贮藏方法，在我国有很久的历史。石灰水的配制方法，是使用生石灰1.5kg与清水9kg混合，搅拌，使生石灰充分分解于水中，静放使之沉淀，然后取其上面的澄清液注入洁净的存器内，将照光透视选择的鲜蛋，徐徐放入石灰水存器内。

3. 巴氏杀菌保鲜贮藏

这种方法是先将鲜蛋和包装容器一起通过巴氏杀菌后，再进行包装，包装完后再进行一次杀菌，然后发行或入库。巴氏杀菌处理过的鲜蛋，可以防止蛋内水分及二氧化碳的损失与外界微生物的入侵。巴氏杀菌的处理，先将鲜蛋放入特制的铁丝筐内，以每筐放蛋100~200枚为宜，然后将框内的蛋沉入95~100℃的热水中，浸泡5~7s后，立即取出，待蛋壳表面水分干燥，蛋温降低，即可进行贮存。

4. 充氮保鲜包装

该方法是在包装蛋的容器中充入氮气，相当于气调保鲜包装。具体操作时，也可在贮藏库中充入氮气（定期）。

（二）蛋黄酱的保鲜包装

蛋黄酱是用食醋、蛋黄、调味品以及60%～70%的色拉油乳化制成的。因此，酸性强，微生物不易繁殖。但是，因为油脂多，所以从保持品质上看，油脂氧化问题是值得考虑的。以前使用玻璃容器（现在只占10%），而现在多使用塑料容器。塑料容器以前用聚乙烯制容器，而现在则使用多层复合塑料成型容器。聚乙烯容器盛装的蛋黄酱的保存期限为3～4个月，而多层塑料成型容器装的蛋黄酱，共保存期限则接近玻璃容器，即使在25℃下贮藏6个月，油脂POV（过氧化物值）的上升也是比较慢的。

思考题

1. 常用的乳品包装形式有哪些？
2. 乳制品包装的要求是什么？
3. 肉制品包装的要求是什么？
4. 真空/充气包装机分为哪几类？
5. 简述果干制品的包装技术。
6. 简述饮用水的包装技术。
7. 简述面条、方便面（米）的包装技术。
8. 豆制食品的包装要求有哪些？

参考文献

[1] 高德. 实用食品包装技术［M］. 北京：化学工业出版社，2004.
[2] 章建浩. 食品包装技术［M］. 北京：中国轻工业出版社，2009.
[3] 张裕中. 食品制造成套装备［M］. 北京：中国轻工业出版社，2010.
[4] 周光宏. 肉品加工学［M］. 北京：中国农业出版社，2008.
[5] 南庆贤. 实用肉品加工技术［M］. 北京：农业出版社，1988.
[6] 魏庆葆. 食品机械与设备［M］. 北京：化学工业出版社，2008.
[7] 张琳. 食品包装［M］. 北京：印刷工业出版社，2010.
[8] 成亚宁，程文新，王华芳，张君丽. 浅析肉品包装材料与包装技术，肉类工业，2006(8)：13－15.
[9] 杨福馨. 农产品保鲜包装技术［M］. 北京：化学工业出版社，2004.
[10] 叶兴乾. 果品蔬菜加工工艺学［M］. 北京：中国农业出版社，2004.
[11] 尹明安. 果品蔬菜加工工艺学［M］. 北京：化学工业出版社，2010.
[12]（美）郭明若. 瓶装水加工技术［M］. 北京：中国轻工业出版社，2006.

第十一章

CHAPTER 11

食品包装标准与法规

第一节　食品包装设计的相关知识

随着现代食品工业的高速发展，市场上商品琳琅满目，竞争越加激烈。而产品间的竞争不仅是质量和价格的竞争，更是以产品文化为特征的品牌竞争。消费者在对同类产品进行筛选时往往会受其感情色彩的影响而选择信誉度更高的知名品牌，从而知名品牌持续占据大部分市场份额，为企业带来巨大的社会效益与经济效益。企业的成功之道主要归功于其整体运作思想，特别强调反映其企业经营理念的产品形象，而产品形象的核心就是包装形象。食品作为涉及人类生存与安全的产品，其包装的形象更具现实意义。

食品包装设计（Food Packaging Design）是指根据被包装食品的特性、包装目的和要求，制定包装方案、选择包装材料、设计包装图案的过程。在进行商品包装设计时，该商品的特性、用途、销售与使用对象、流通方式，以及材料、印刷和制造工艺、品牌、经济成本、环保等因素都是设计者需要考虑的问题。因此，包装设计是指包装的全盘策划。

食品作为商品进行包装的根本目的：首先是通过一定的技术和手段使食品以更加完美的状态传递给消费者；其次是采用一切包装设计美化商品、促进销售。因此，包装设计最根本的特征就是技术与艺术的紧密结合。包装设计者必须综合考虑技术、社会、消费定位等因素，使食品包装在实用性、审美性、经济性和社会性方面得到有机结合和完美统一。

食品专业的技术和管理人员必须很好地掌握食品包装设计的相关知识，才能对食品包装提出具体的构思和要求，判别和选择科学合理的包装方案，并能对包装的设计和改进提出具体的指导性意见，配合专业设计人员完成设计，使包装产品以其独特的商品形象展示其内在价值，在市场竞争中吸引更多的消费者。

本节主要介绍食品包装设计要素及其标示设计规范的相关知识。

一、食品包装设计要素

包装设计是一个综合性的设计体系，一般来说，包装设计包括三大部分内容：包装造型设计、包装结构设计和包装装潢设计。在包装设计策划阶段，应充分考虑到以下几方面的因素。

1. 市场因素

最终消费人群及其年龄、性别；消费人群隶属的收入阶层、社会或文化背景、种族、地区等；消费地域是内销还是外销。

2. 尺寸大小

包装的尺寸对消费者是否便利；对购买数量和使用过程有何影响。

3. 陈列效果

包装商品是陈列在自选市场的货架上还是商店柜台或橱窗中；包装商品的形状、大小是否适于大量陈列，单一陈列时是否有足够吸引力；包装的哪一面是正面，每一面是否需要传递产品的信息；是否需要辅助物品陈列或采用展示包装。

4. 统一形象

包装上所有应该表现的特征是否都在正确的位置并加以适当的强调；商标品牌的位置和文字是否明显而不易误认，并使消费者产生良好的印象；商品与本企业其他产品包装的关系如何，是否需要采用系列包装；包装是否能表现该企业的品牌特色、产品的品质及企业信誉。

5. 竞争能力

商品的材料形态、尺寸、色彩及其设计与其他同类商品有何差异；商品以何种方式与同类商品竞争；商品的性质适合传统的包装方式，还是别出心裁的包装设计；研究其他同类商品的包装特点，利用造型、色彩对比，突出自身。

6. 资料显示

相关法规要求标注的资料是否已注明；内销及外销包装的说明资料是否注明；商品的介绍文字是否精练、易被理解；装潢插图能否引起顾客的兴趣；是否需预留空白位置以供经销商使用。

7. 吸引力

包装的色彩、装潢设计是否符合市场需求；能否胜过竞争对手；近看或远看，单一陈列或大量陈列效果如何；是否有纪念价值，能否引起某种回忆；能否切合消费者特定场合的心理需求；包装是否有足够的自我推销能力；是否需要其他广告支持。

当包装的基本计划成熟时，就可以着手进行包装的视觉传达设计。

（一）包装造型设计

包装造型设计指应用艺术手段，使选用的包装材料具有实用功能，符合美学原则的三维的立体设计。盛装食品的容器主要有瓶、罐、盒、管、盘、杯、筒、篓等，作为包装设计重要组成部分的包装容器造型设计要求科学、美观、经济、适销。其设计要素如下。

1. 包装容器造型与空间

包装设计空间由物体大小和距离来确定，包装容器造型除了其本身所应有的容量空间外，还应考虑组合空间、环境空间。容量空间是依据其所包装的内容物来确定，组合空间是容器相互排列所占据的空间，环境空间则是容器本身的形体与其周围环境而形成的空间，当容器在货柜上陈列时，环境空间尤为重要。现代包装设计已从三维空间（长、宽、高）发展到六维空间（即长、宽、高、时间、环境、感觉）。

2. 包装容器与形体

容器形体的线型和比例是决定其形体美观与否的重要因素，而容器形体的变化则是强化容器设计的个性。

（1）线型　从立体造型来说，形就是体，体即是形，不存在线的概念。线在包装容器造型上只表现为面与面之间的转折线和界限轮廓线，所以许多容器从不同角度观察，便会有不同的线型。容器的形体离不了方、圆，体现在线型上就成为直线与曲线的结合，设计时要使之成为既对比又协调的有机整体。

（2）比例　是指容器各部分之间的尺寸关系，包括上下、左右、主体与附件、整体与局部之间的尺寸关系。容器的各个组成部分（如瓶的口、颈、肩、腰、腹、底）比例的恰当安排，直接体现出容器的形体美。设计比例时应根据容器的体积容量、功能效用和视觉效果来确定。

（3）变化　容器的形体有球体、圆柱体、圆锥体、立方体、方柱体、方锥体六种基本几何形体，形体的“变化”就是相对这几种基本形体而言，以基本形体为基础块，用切割、组合、模拟等方法构成富于变化、充满生机的形体。

3. 包装造型与材料

材料对食品包装的造型也起着重要作用。不同材料有不同的功能和肌质感，有的透明（玻璃、塑料等），有的圆浑古雅（陶瓷），有的质朴（木材），有的光洁富丽（金属），有的华贵（丝绸、皮革等）。即使同种材料，工艺不同也会有不同的功能、肌理，玻璃既可制成单面透明的镜面玻璃，还可制成亚光效果的磨砂玻璃等。因此，设计时要注意及时采用新材料、新技术，充分利用材料特点和科学原理进行设计。选用食品包装材料时，要综合考虑科学（卫生、阻气、防潮、遮光、耐挤压等）、美观、经济、适销等多种因素，选择最佳包装材料。

4. 包装造型与人体工程学

人体工程学（Human Engineering）是一门“研究人在某种工作环境中的解剖学、生理学和心理学等方面的各种因素；研究人、机器、环境的相互作用；研究人在工作中、生活中和休假时怎样统一考虑工作效率、人的健康、安全和舒适等问题的科学”。食品包装设计的人体工程学问题主要涉及手与食品的接触过程。能否通过手的各种动作方便、舒适而愉快地接触、拿取容器。

容器直径是由所要盛装的容量决定的，但最小不应小于2.5cm，否则就失去盛装物体的作用；当直径超过9cm时，拿取物品不方便且易滑落；如果容器直径超过手所能承受的范围，就要考虑在容器适当部位留有方便手握、拿取及开启旋拧盖的部位。盖的直径和长度及受力有关，要考虑到手掌及指尖的抓握运动。需用很大力的容器，就要将手指全部放上，容器的长度要比手的宽度长；不需要用很大力的容器，只需把必要的手指放上，或用手掌托起，因而长度可短些。由于年龄层次的差别，握力大小也不同，所以在设计包装容器时，应充分考虑年龄对象这一要素。

（二）包装结构设计

包装结构设计是根据被包装食品的特征，环境因素和用户需求等，选择适宜的材料，采用适宜的技术方法，科学地设计出结构合理、性能可靠的容器的过程。包装结构设计必须熟悉材料性能，根据包装力学原理和专业技术要求来设计，以保证包装具有足够强度来抵抗各种外界因素（挤压碰撞、光、电、水、气、微生物、昆虫等）的侵扰，使内部产品在流通、贮藏及销售过程中保持完好。包装结构设计同样要求科学、经济、美观、适销，以结构设计为主的外包装也不应忽视美观问题。

包装容器的结构可分为骨架结构、板式结构（如箱、盒）、薄壳结构（如瓶、罐、桶）、薄膜结构、编织结构（如麻袋、塑料纺织袋、网袋）等，其中以板式结构应用最广泛，尤以纸盒最为典型。包装容器封口方式多样，如螺旋、卡口、撕拉、层合等。

纸盒是结构变化最多且最易实现的销售包装，在抗冲击、抗挤压、抗震和防潮等方面没有运输包装那样的要求，其结构可以根据不同商品的特点和要求，采用适当的尺寸、适合的材料、美观的造型来相对安全地保护商品。纸盒的种类和式样很多，但差别大部分在于结构形式、开口方式和封口方式等。

包装设计中，包装造型与结构的关系尤为密切，包装结构的可变性较小、而外观造型表现手法多，同一结构往往可设计成多种不同的外观造型，特别是纸容器，其结构与造型是一体的。因此，在进行包装造型设计时，一般不要以造型为基础来变更结构，而应以结构为基础来变更造型，只有在必要时，才对结构做适当调整。

（三）包装装潢设计

包装装潢设计是指由图形设计、色彩设计、文字设计、编排构成设计、商标设计等方面组成的总体设计。它是产品转换为商品的环节，同时也是直接包裹产品和提升商品价值的装饰艺术；它的功效在于保护商品、美化商品和宣传商品。

包装装潢设计就其本质而言，是将商品的信息通过一定的形象或符号表现出来，传递给消费者，导致一系列行为，从而达到销售的目的。包装装潢设计的表现形式主要是在了解商品、市场竞争和受众期望的基础上，发挥创造力和直觉想象力，运用联想、想象、抽象等方法，组织和加工已有的内容和素材来制作包装设计。

包装装潢设计的形象要素通常由以下几个元素组成：造型、结构、文字、图形、色彩、材料等要素；在销售环节上主要有主体产品、市场竞争、经济发展、消费心理等要素组成。

1. 包装装潢设计的特征

（1）展示产品的不同特征、效用　人们按产品的特性、功能、价格，将它们分为不同的类别。例如，酒类产品，有白酒、黄酒、啤酒、果酒等，又有高中低档之分，不同种类的商品，包装装潢设计的创意表现手法也不同；因此，它所传达的商品意念也不尽相同，其性质和意味就会不一样。这就要求设计者必须明确产品所针对的消费者，也就是说要明确产品所针对的顾客和潜在顾客。包装装潢设计的意图直接关系到企业产品形象的好坏，设计元素的选择和应用是包装装潢设计的关键之所在。

（2）设计赋予产品包装新的内涵　好的设计应赋予产品内涵，例如水彩笔用透明塑料袋包装是为了便于分辨颜色；橘子汁的包装应能够“看到”酸甜的味道。这些表现出来的价值、功能和味道等，就是赋予了产品包装新的内涵。

（3）具有保护产品和引导消费的双重功效　产品是为人服务的，在现代商品市场竞争中，设计的核心是人的需求，人的需求又会受到社会发展、经济条件、社会文化氛围的影响。因此，在现代消费市场中，要想使产品能够顺利地投放市场，不仅要做好包装的形象设计，更应该去了解消费者的爱好。因此，及时调查，发现新需求，进行设计思考是十分必要的。包装装潢设计是联结生产者和消费者的纽带，在促进生产、加速流通、引导消费、陶冶情操等方面发挥着重要的作用。

各种不同的商品都有它自己的特点，商品的特点是由商品的形象、性能、用途、销售对象等多种因素所决定的。它有内销与外销之别，有低档、中档、高档之分。不同类型的商品对包装装潢有不同的要求。

包装装潢设计必须主题突出，这是因为包装装潢的时空局限性所决定的。包装装潢设计是表现在极为有限的方寸之地上的。在销售过程中也只能在有限的瞬间与消费者接触。为确定设计的主题，必须从提高商品市场竞争力的基本要求出发，对该商品的生产、销售和消费等各方面的资料进行分析、研究，包括：商标的形象和品牌的含义、商品的特性和商品的产地和原料、商品的行销地区和消费者的特点，与同类商品比较在包装装潢上的特殊要求等。只有尽可能多地了解有关资料，才能较为恰当地选取设计的主题。

2. 包装装潢设计的评判标准

包装设计最主要的功能是保护商品，其次是美化商品和传达信息，值得注意的是，对现代消费来讲后两种功能已经越来越显示出重要性，而包装装潢设计的作用正在于此。

(1) 引起关注　注意是人的认识心理活动过程的一种特征，是人对所认识事物的指向和集中。从心理学研究分析，一件包装的装潢设计要想使消费者注意并能理解、领会、形成牢固的记忆，是和作用于人的眼、耳感觉器官的包装中的文字、色彩、图形以及声音等条件的新奇性特征分不开的。商品包装的文、图、色对消费者来说，都是一种“视觉元素”的刺激物，而这些刺激物必须具备一定的新奇形象特征才能引起消费者的注意。

(2) 情感与联想　设计师对包装做到醒目并不太困难，但要做到体现商品文化内涵和需求点是设计过程中最为关键的。在商品包装装潢设计元素中，色彩冲击力最强，商品包装所使用的色彩，会使消费者产生联想，诱发各种情感，使购买心理发生变化。但使用色彩来激发人的情感时应遵循一定的规律。心理学研究认为，在绘制食品包装时，不用或少用蓝、绿色彩，而用橙色则使人联想到丰收、成熟从而引起顾客的食欲，促使购买的行动。

(3) 记忆和识别　心理学认为记忆是人对过去经历过的事物的重现。记忆是心理认识过程的重要环节。成功的包装装潢设计不仅可以使消费者记住商品，同时还能引导消费者识别品牌。

3. 包装装潢设计的原则

包装装潢设计须注重满足现代人的精神需要，人们在购买物品时更加注重对外观款式的选择。所以，在当今经济迅速发展的社会背景下，包装装潢设计必须发挥其促销作用，必须在最短的时间内，把所盛装商品的有关信息迅速而准确地告诉消费者，并且使消费者很乐意地接受。那么，设计师就应明白要从哪些方面入手、注意什么、了解设计过程中应遵循哪些基本原则等。我们不能单纯从美学角度去考虑，而必须从商业角度出发，全面调整思维结构。包装设计要想具有挑战性、竞争力和吸引力，设计时应考虑以下三条基本原则：

(1) 形象鲜明　形象鲜明是指设计师所设计的商品包装别致、独特，与众不同，具有个性，能吸引消费者，引起消费者的注意。当消费者步入琳琅满目的自选商场时，在眼花缭乱的商品面前往往会不知所措。几乎每件包装都在呼喊它们是最好的，当还不能确定所选的商品时，消费者的视线便会下意识地落在某些形象比较鲜明的个体上，此时就会产生一种生理上的关注和注视，在第一时间里，这种形象鲜明的商品或多或少地给消费者留下了较深的印象。好的包装绝对会产生瞬间效应，也就是第一印象，这样就有可能激起消费者进一步关注，引发一系列的消费行动。因此，包装装潢设计要防止雷同，要以自身特有的形象，与同类商品区分开来，脱颖而出。设计师在对设计的商品包装定位前必须做一番市场考察，针对销售环境提出自己最理想的形象鲜明的包装设计方案。

(2) 以人为本　具有独特鲜明形象的商品能引起消费者的注意，但消费者并不一定马上购买。消费者总是要经过一番比较，挑选出最合乎心愿的商品。促成消费者产生购买行为的因素很多，包括价格、性能、品牌、颜色、字体或者某个图案等因素。但这些因素上升到本质的高度，都要求体现为以人为本。我们知道，不同阶层、年龄、职业、收入、性别的人在购物时的选择是不同的，有物质上的，有精神上的，也有两者都需要。如小朋友总是喜欢色彩鲜艳、形象可爱的商品，年轻人喜欢时尚的商品，而老年人则偏爱稳重、大方、经济的商品。这说明一般情况下消费者在购买行动中往往会认同自己心理上的各种需要。因此，当我们开始设计包装时，应花足够的时间和精力去了解所搜集到的各种信息资料，了解分析所面对的消费对象心理状态的共同特征，制定详尽的设计策略。当然，最终的目的是要使最后摆在货架上的商品就是消费者喜欢的商品包装形象，这样才真正体现了以人为本的设计原则和精神。

(3) 信息清晰　包装传递给人们的信息应是真实、可信的，是诚而不欺的。“诚”与“实”应该贯穿包装的全部。它所传递的所有信息，所追求的风格格调，所反映的个性性格，乃至它可能具有的幽默感，只有准确清晰，才能在市场上获取消费者的“以诚相待”。这一点无一例外地体现在那些获得金奖、银奖和优质奖的产品上。如果传达的信息不实，消费者只会望而却步，敬而远之。因此，包装商品在流通中必须准确清晰地告诉消费者里面是什么产品、品牌、价格和数量、产自何处、成分和使用方法等等，消费者会在了解这些信息的基础上，以自己的心理反应去选择它。因此，我们在着手包装设计时，必须把握鲜明的形象、清晰的信息、以人为本这三条基本的原则，在商品与消费者之间架起一座人性化的桥梁。

4. 包装装潢设计的表现方法

(1) 形象表现法　直观、概括、夸张、特写、图解等手法都是为了更好地表现主体形象。直观使主体形象更真切，概括使主体形象更单纯，夸张使主体形象更生动，特写使主体形象更突出，图解使主体形象更简明。总之，它们都是使主体形象得到更充分的表现。在实际运用中，这几种手法往往可以结合使用。例如，直观与图解相结合、概括与夸张相结合等。

(2) 意象表现法　意象表现法是比较内在的表现方法。即画面上不出现要表现的对象本身，而借助于其他有关事物，通过联想、想象等来感受该对象。

一般而言，包装装潢设计的视觉表现总离不开文字、图形、色彩三大要素。包装设计的过程实质上就是将这三方面的要素进行创造性的安排。通常在商业性的包装设计里，设计多将营销的策略落实为视觉的具体表现。在符合总体策略的前提下，设计具有相对独立的创意空间和审美价值。设计师在文字、图像、色彩中的任一项上的创意发挥都可能成为画面的视觉特点，而当其同时又与目标受众的兴趣点相吻合时，设计的商业价值就得以实现。

5. 包装装潢设计的构思

设计的灵魂是“构思”，是设计者把对所要设计产品的全部理解、以往经验、知识、技巧经过思维结合之后的衍生物，是知识、长期实践和“灵感”的总和。构思的核心在于考虑表现什么和如何表现两个问题。回答这两个问题即要解决以下四点：表现重点、表现角度、表现手法和表现形式。如同作战一样，重点是攻击目标，角度是突破口，手法是战术，形式则是武器，其中任何一个环节处理不好都会前功尽弃。

(1) 表现重点　重点是指表现内容的集中点。包装设计在有限画面内进行，这是空间上的局限性。同时，包装在销售中又是在短暂的时间内为购买者认识，这是时间上的局限性。这种时空限制要求包装设计不能盲目求全，面面俱到，什么都放上去等于什么都没有。

重点的确定要对商品、消费、销售三方面的有关资料进行比较和选择，选择的基本点是有利于提高销售。重点的选择主要包括商标品牌、商品本身和消费对象三个方面。一些具有知名商标或品牌的产品可以用商标或品牌为表现重点，一些具有某种较突出特色的产品或新产品的包装则可以用产品本身作为重点，一些对使用者针对性强的商品包装可以以消费者为表现重点。总之不论如何表现，都要以传达明确的内容和信息为重点。确定表现重点实际上就是解决包装定位设计的问题。

（2）表现角度　表现角度是确定表现形式后的深化，即找到主攻目标后还要有具体确定的突破口。如以商标、品牌为表现重点，是表现形象还是表现品牌所具有的某种含义？如果以商品本身为表现重点，是表现商品外在形象、表现商品的某种内在属性，或是表现商品的地域特色？是表现其组成成分还是表现其功能效用？事物都有不同的认识角度，在表现上集中于一个角度，这将有益于表现的鲜明性。

（3）表现手法　就像表现重点与表现角度好比目标与突破口一样，表现手法是一个战术问题。表现的重点和角度主要是解决表现什么，这只是解决了问题的一半。好的表现手法和表现形式是设计的生机所在。

不论如何表现，都是要表现内容及其特点。从广义看：任何事物都必须具有自身的特殊性，任何事物都必须与其他某些事物有一定的关联。这样，要表现一种事物，表现一个对象，就有两种基本手法：一种是直接表现该对象的一定特征，另一种是间接地借助于该对象的一定特征，间接地借助该相关的其他事物来表现事物。前者称为直接表现，后者称为间接表现或借助表现。

①直接表现。直接表现是一种开门见山、直接传达商品信息的表现手法。其特点是直接、客观地突出商品本身，包括表现其外观形态或用途、用法等。最常用的方法是运用摄影图片或开窗来表现。

除了客观地直接表现外，还有以下一些运用辅助性方式的直接表现手法，如衬托、对比、归纳、夸张、特写等。

②间接表现。间接表现是比较内在的表现手法。即画面上不出现表现的对象本身，而借助于其他有关事物来表现该对象。这种手法具有更加宽广的表现，在构思上往往用于表现内容物的某种属性或牌号、意念等。

就产品来说，有的东西很难进行直接表现，如调味品、酒、保健品等，这就需要用间接表现法来处理。同时许多可以直接表现的产品，为了求得新颖、独特、多变的表现效果，也往往从间接表现上求新、求变。间接表现的常用手法是比喻、联想、象征和装饰。

（4）表现形式　表现的形式与手法都是解决如何表现的问题，形式是外在的武器，是设计表达的具体语言，是设计的视觉传达。表现形式一般归纳为写实、抽象及两者结合的几种，通常可概括为摄影、插图两大类。

摄影具有画面逼真的效果，能直观、快速、高度准确地传递信息，最大限度地表达物体的质感、空间感，唤起消费者浓厚的兴趣和信任，以产生强烈的购买欲望在超级市场，消费者往往看不到商品本身，只能依靠包装来判断商品的优劣，摄影画面可突出商品形象，一目了然，给人以真实可靠与高质量的感觉。但由于受拍摄限制，很难与同类产品的包装拉开距离。

插图是通过设计师手工绘制的画面，在创造艺术形象的随意性和艺术的取舍与强调上具有独特优势，既可精细地写实描绘，又可夸张、概括地写意描绘和装饰，也可用抽象的表现手法，还可运用幽默漫画的手法表现某种商品，有助于表达商品的特定主题和追求包装的个性特色，具有多样变通性，这是摄影手法所不能代替的。插图既能表达生活中不可能见到或很少见到的情景，如海市蜃楼、太空、科学幻想、古代风情、神话故事等，还适合表现一些商品形象不很美观或不好表现的商品，不论抽象插图、具象插图，还是装饰、卡通与漫画，都具有构思自由、构图独特、发挥想象、强调个性的表现能力，获得千差万别的视觉效果。

表现形式具体可考虑以下几方面：主体图形与非主体图形如何设计，用照片还是绘画，抽象、具象还是抽象与具象结合，写实还是写意，归纳、简化还是夸张，用卡通、漫画还是装饰，是否采用一定的工艺形式，面积大小如何等。

另外色彩总的基调如何，各部分色块的色相、明度、纯度如何把握，不同色块相互关系如何，不同色彩的面积变化如何，品牌与商品名字体如何设计，字体的大小如何，商标、主体文字与主体图形的位置编排如何处理，形、色、字各部分相互构成关系如何，以一种什么样的编排来进行构成，是否要加以辅助性的装饰处理，在使用金、银等光泽色和肌理、质地变化方面如何考虑等。这些都是要在表现形式考虑的全过程中加以具体推敲，在包装设计时要结合实际情况灵活运用以上这些表现形式。

6. 包装装潢设计的心理策略

（1）色彩协调搭配的设计策略　消费者在接触商品，尤其是与商品有一定空间距离时，首先进入视线的是色彩。因此，商品包装采用何种颜色，会直接影响消费者的视觉感受。包装色彩搭配的协调性强调，色彩设计既要与商品的特性及使用环境相互协调配合，又要与消费者的心理习惯相符。

黑色包装具有重量感和压力感，运用到音响、电视等商品上，会使人更加确信商品的精密和优质。白色、粉红色、淡蓝色、淡绿色包装用于化妆品会给人以柔和自然、品质高贵的感觉。红色是一种温暖热烈的色彩，用于结婚礼品包装，可以增加喜庆气氛。而对比较笨重的物品配以浅色包装，可以减轻重量感，显得轻巧一些。当然，包装颜色的选用还应注意到风俗习惯中的禁忌。例如，对中国人来说，喜庆的商品用白色或黑色包装就不适宜。

（2）符合商品性能的设计策略　许多商品由于物理、化学性质不同，其存在状态也不同。根据商品的形态和性能设计商品包装，是必须遵守的设计原则之一。例如，易燃、易爆、剧毒的液体商品，包装不仅要封闭、安全，还应在包装上做出明显的标记。总之，包装设计应符合商品性能，强调包装的科学性、实用性和安全性，给商品提供可靠的保护，给消费者以安全感。

（3）便利消费者的设计策略　商品的包装装潢必须为消费者提供方便，便于消费者观察、挑选、购买和携带。因此，采用“开窗式”“透明式”和“半透明式”包装会给消费者直观、鲜明、真实的心理体验。这种包装在食品类商品中应用得最为广泛。此外，将若干相关联的商品组合在一起进行包装，也会给消费者带来方便。例如，化妆套盒内包括口红、粉饼、胭脂、眼影等常用化妆品，并附有小镜子和化妆刷，便于消费者外出时随身携带，深受女性消费者青睐。

（4）商品系列化的包装设计策略　系列化设计，是指企业对其生产的各种品质相近的产品，采用同种包装材料以及相似的形态、图案、色彩等，给消费者一个统一的印象。这种设计可以强化消费者对产品系列的认识，促进对其系列产品的连带购买。“统一”食品集团生产的“统一”牌方便面，不同风味的品种之间包装色彩图案在基调一致的基础上稍有差别，使消费者能迅速辨别出该品牌的系列产品。系列化的包装设计可以使商品拥有统一的视觉识别形象，也有利于消费者通过产品形象加深对企业形象的认识。

（5）具有针对性的设计策略　消费者因收入水平、生活方式、消费习惯及购买目的不同，对商品包装也有不同的要求。有的追求豪华高档，有的喜爱朴实无华，有的则注重简易廉价。

因此，包装设计应强调对特定消费者群的针对性。具体包括以下几方面。

①礼品包装策略。如果商品多被用于送礼，则包装装潢要设计精美考究，显示商品的高雅、贵重、喜庆、华丽等不同情调，供不同购买目的和品位的消费者挑选。

②简易包装策略。这是一种低成本、设计简单的包装装潢。要求经济实惠、价格低廉，以便满足消费者日常生活节约实用的心理要求。青岛生产的一种“钙奶饼干”以单层纸作为包装，并配以“省钱省在包装上”的广告宣传，迎合了众多讲求实惠、生活节俭的消费者心理，占领了一部分市场。

③类似包装策略。企业将所生产经营的不同产品，在包装上采用相同的图案、色彩或其他共同特征，使顾客很容易发现是同一个企业的产品。例如，日本三洋家电公司，其家电产品的包装都是蓝色的。类似包装策略的优点是：可以壮大企业声势，扩大企业影响，特别是新产品初次上市时，可以用企业的信誉消除顾客对新产品的不信任感，使产品尽快打开销路。可以节省设计和印刷费用，从而降低包装成本。有利于介绍新产品。类似包装策略适用于同一品质的商品，否则，不仅使低档产品的包装费用提高，而且会使优质产品蒙受不必要的损失。

④等级包装策略。企业对不同等级的产品，按产品的特征，在设计上采取不同的风格、不同的色调和不同的材料进行包装。如在销售茶叶时，一、二级茶叶可以听装；三、四级茶叶可以盒装；五、六级茶叶可以塑料袋装；其他碎茶或茶末可以散装等。北京京华牌茶叶就是通过不同色彩的包装来区分茶叶的等级的。这种策略的优点是不至于因某一商品营销的失败而影响其他商品的市场声誉，方便顾客选购，不足是设计的成本较高。

⑤配套包装策略。把使用时相互有关联的几种商品放在同一个包装容器内，一同出售。例如，家用药箱、配色画笔、文房四宝、盒装点心等。这种包装策略的好处是：便于顾客购买和使用；也有利于带动多种产品销售；特别是有利于新产品的推销，如把新产品与其他旧产品放在一起销售，可以使顾客在不知不觉中接受新观念、新设计，从而习惯于新产品的使用。这种包装策略主要适用于小商品，且不能把毫不相干的商品搭配在一起，否则，必然会影响销售。

⑥双重用途包装策略。企业在进行产品包装时，要注意即使原包装的产品用完之后，空的包装容器还可以有其他用途。例如，盛装咖啡、水果罐头的瓶子可作茶杯用，装衣服的袋子作手提袋等。这种包装策略一方面可以引起顾客的购买兴趣；另一方面还能使刻有商标的容器发挥广告宣传作用，吸引顾客重复购买。但是，这类包装成本一般较高，实际上包装已成为一种产品。

⑦附赠品包装策略。目前，这是市场上比较流行的包装策略。如儿童市场上玩具、糖果等商品附赠连环画、认字图；化妆品包装中附有赠券、奖券，中奖后可得奖品；像美厨双胞胎的促销销售十分火爆，其原因是双胞胎包装中含有“美厨粮票”，价值若干，在一定期限内用其可购买美厨双胞胎，可以当作等值货币使用。附赠品包装策略成本较高，容易影响产品在价格上的竞争力。

⑧改变包装策略。又称创新包装策略。产品包装上的改变，正如产品本身的改进一样，对于扩展销路同样具有重要意义。例如，中国沿海一家食品厂生产的一种海鲜罐头，市场销售一直较为平缓，库存积压较多。厂家经过一番调查发现，主要是产品的品位不够，于是经营者在广泛征求意见的基础上，别出心裁地推出了一种“谜语罐头”：在罐头盖上印上丰富多彩的谜语，并注明谜底在罐头内，吃完便可知晓谜底，独特的包装品位和情趣，迎合了人们求知好奇的心理，虽然还是原来的罐头，销路却大大增加。

⑨透明包装策略。通过透明的包装材料，能看见部分或全部内装商品的实际形态，透视商

品的新鲜度和色彩，增添商品的风采，使顾客放心地选购。透明包装是一种备受消费者欢迎的包装，有着广阔的发展前景。

⑩附带标示语包装策略。它同时是一种宣传策略。标示语有提示性的，如写上“新鲜”“软”等字样；还有解释性标示语，如日本快速面袋上标明“无漂白”，德国的速溶咖啡袋上标明“无咖啡因”，法国的花生油瓶上标明“不含黄曲霉素”，中国的某些粮食、蔬菜、水果的包装物上标明“最佳生态环境生产”“绿色产品”等，都能够消除消费者对产品所含成分的顾虑。

⑪不同容器包装策略。这是根据消费者的使用习惯，按照产品的质量、数量设计不同的包装。例如，瑞士出口美国的雀巢速溶咖啡，为适应一部分主妇每周购物一次的习惯，采用大号包装；为适应另一部分主妇每天购物的习惯，采用 4 盎司、2 盎司的小包装，起到了很好的促销作用。

⑫错觉包装策略。利用人们对外界事物的观察错觉，进行产品的包装。例如，两个容量相同的饮料包装，扁形的看起来就比圆形的大些、多些。笨重物体的包装采用浅淡的颜色会使人感到轻巧一些。这是利用人们的视觉误差设计包装的心理策略之一。

二、食品包装标示设计规范

（一）品牌标志（LOGO）

品牌标志与品牌名称都是构成完整的品牌概念的要素。品牌标志自身能够创造品牌认知、品牌联想和消费者的品牌偏好，进而影响品牌体现的质量与顾客的品牌忠诚度。

品牌标志是一种“视觉语言”。它通过一定的图案、颜色来向消费者传输某种信息，以达到识别品牌、促进销售的目的。

品牌标志自身能够创造品牌认知、品牌联想和消费者的品牌偏好，进而影响品牌体现的品质与顾客的品牌忠诚度。品牌标识是现在经济发展的产物，它不同于古代的印记。现在品牌标识承受着企业的无形资产，是企业综合信心传递的媒介。品牌标识作为企业形象统一战略（Corporate Identity System，CIS）的最重要组成部分，在企业形象传递过程中，是应用最广泛、出现频率最高，同时也是最关键的元素。企业强大的整体实力，完善的管理机制、优质的产品和服务，都被涵盖在这些标志中，通过不断的、反复的刻画，深深的留在消费者心中。因此，在品牌标志设计中，我们除了最基本的平面设计和创意要求外，还必须考虑营销因素和消费者的认知、情感心理。

LOGO 设计需遵循以下原则。

①简洁、明快；

②在黑色和白色底色下均为良好显示；

③在小尺寸下能良好的显示；

④在众多情况下能良好显示（如产品包装上、广告上等）；

⑤作为公司的市场营销和品牌管理，能充分展示公司的沟通意图；

⑥便于制作成三维造型（立体）。

（二）商品标识

商标标识是表明某具体个人或企业所生产或提供的商品或服务的显著标志，是能将自己的商品与他人的商品区别开的可视性标志（包括文学、图形、字母、数字、三维标志和颜色组合，以及上述要素组合），可申请商标注册，多数情况下不经注册即可使用、但不受法律保护。“®”标识附在商标右上角时，表明该商标已经在国家商标局注册；“TM”标识附在商标右上角时，表示商品没有注册或没有注册完成的。

（三）食品包装标签

食品标签，是指在食品包装容器上或附于食品包装容器上的一切副签、吊牌、文字、图形、符号等说明物。标签的基本功能：食品名称、配料表、净含量及固形物含量、厂名、批号、日期标志等。它是对食品质量特性、安全特性、食用、饮用说明的描述。

《食品标识管理规定》：食品标签的汉字必须是合格规范的汉字，不得使用不规范的简化字和淘汰的异体字；标签上必须标识文字和数字的高度不得小于 1. 8mm；净含量与食品名称必须标注在包装物或包装器的同一展示面。

（四）食品包装的其他标识

1. QS 认证

QS 认证是“质量安全”（Quality Safety）的英文缩写，带有 QS 标志表明该产品已经过国家的批准生产销售。所有的食品生产企业必须经过强制性的检验，合格且在最小销售单元的食品包装上标注食品生产许可证编号并加印食品质量安全市场准入标志（“QS”标志）后才能出厂销售。没有食品质量安全市场准入标志的，不得出厂销售。

2. 绿色食品标志

绿色食品标志是一个质量证明商标，属知识产权范畴，受《中华人民共和国商标法》保护。这种政府授权专门机构管理绿色食品标志，是一种将技术手段和法律手段有机结合起来的生产组织和管理行为，而不是一种自发的民间自我保护行为。

绿色食品在中国是对无污染的安全、优质、营养类食品的总称。是指按特定生产方式生产，并经国家有关的专门机构认定，准许使用绿色食品标志的无污染、无公害、安全、优质、营养型的食品。

绿色食品（Green food）标志由特定的图形来表示。绿色食品标志图形由三部分构成：上方的太阳、下方的叶片和中间的蓓蕾，象征自然生态。标志图形为正圆形，意为保护、安全。颜色为绿色，象征着生命、农业、环保。

为了推动绿色食品事业的法杖，1993 年 11 月，经国家人事部批准成立中国绿色食品的发展中心，为绿色食品的具体管理部门。并先后在全国 29 个省市，自治区成立了绿色食品管理机构，开展绿色食品的质量检验和绿色食品标志实用的审核工作。

3. 有机食品标志

有机食品（Organic Food）也叫生态或生物食品。有机食品是国际上对无污染天然食品比较统一的提法。有机食品通常来自于有机农业生产体系，根据国际有机农业生产要求和相应的标准生产加工的。除有机食品外，国际上还把一些派生的产品如有机化妆品、纺织品、林产品或有机食品生产而提供的生产资料，包括生物农药、有机肥料等，经认证后统称有机产品。食品必须经过有机认证之后，才能在包装上印制有机食品标志。

4. 保健食品标识

凡声称具有保健功能的食品必须经卫生部审查确认。研制者应向所在地的省级卫生行政部门提出申请。经初审同意后，报卫生部审批，卫生部对审查合格的保健品发给《保健食品批准证书》，才允许使用卫生部规定的保健食品标志。

保健食品标识和产品说明书的文字、图形、符号必须清晰、醒目、直观，易于辨认和识读。背景和底色应采用对比色。保健食品标志和食品的说明书的文字、图形、符号必须牢固、持久。不得在流通和使用过程中变得模糊甚至脱落，必须以规范的汉字为主要文字，可以同时使用汉语拼音，少数民族文字或外文，但必须与汉字内容有直接的对应关系，并书写正确。所有实用的汉语拼音或外国文字不得大于相应的汉字。

图 11 -1　主要食品包装标识

第二节　国际食品包装标准、法规

食品是供人类直接食用、关系人类生命安全与健康的特殊商品。因此，食品包装既要符合一般商品包装的标准与法规，更要符合食品卫生与安全有关的标准与法规。

法规（Law）是法律、法令、条例、规则、章程等法定文件的总称，是国家机关制定的规范性文件。标准（Standard）“是对重复性事物和概念所做的统一规定，它以科学、技术和实践经验的综合为基础，经过有关方面协商一致，由主管机构批准，以特定的形式发布，作为共同遵守的准则和依据”。操作规范（Practice）是指有权部门为保证本部门的生产、工作能够安全、稳定、有效运转而制定的，相关人员在操作设备或办理业务时必须遵循的程序或步骤。食品包装标准（food packaging standard）就是对食品的包装材料、包装方式、包装标志、包装技术要求等方面做出的规定。

制定法规、标准及操作规范是为了便于所有有关成员之间相互交流，减少差异，提高质量，保证安全，促进自由贸易及实施操作。纵观国际上现行的食品法规与标准，其中都含有食品包装的要求，食品包装标准与法规同食品标准法规密不可分，两者都有十分具体的要求，但最基本的核心问题都是保证食品质量与安全。

一、国际性标准化组织的食品包装标准

（一）国际标准化组织（ISO）

国际标准化组织（International Standards Organization，ISO）是世界上最大、最具权威的标准化机构，成立于 1946 年 10 月 14 日，现有 157 个成员国。我国于 1978 年 8 月被接纳为 ISO 成员国。

ISO 的宗旨是在全世界范围内促进标准化工作的开展，以便国际物资交流和相互服务，并

在知识、科学技术和经济领域开展合作。ISO 与世界贸易组织（World Trade Organization，WTO）有非常紧密的关系。WTO 委托 ISO 负责贸易技术壁垒协定中有关标准通报工作，同时，WTO 等一些国际组织也参加 ISO 的合格评定委员会（Committee on Conformity Assessment，CASCO）的工作。

ISO 涉及食品包装的技术委员会共有 11 个，如表 11－1 所示。

表 11－1　　ISO 涉及食品包装的技术委员会

代号	涉及食品相关领域名称	秘书处所在国
TC 6	纸、纸板和纸浆（Paper，board and pulp）	加拿大
TC 34	食品技术委员会（Food）	匈牙利
TC 51	单件货物搬运用托盘（Pallet for unit load method of material handling）	英国
TC 52	薄壁金属容器（Light gauge metal container）	法国
TC 61	塑料（Plastic）	美国
TC 63	玻璃容器（Glass container）	英国
TC 79	轻金属及其合金（Light metal and their alloy）	法国
TC 104	货运集装箱（Freight container）	美国
TC 166	接触食品的陶瓷器皿、玻璃器皿和玻璃陶瓷器皿（Ceramic ware，glass ware and glass ceramic ware in contact with food）	美国
TC 122	包装（Packaging）	土耳其
TC 204	运输信息和管理系统（Intelligent transport system）	美国

（1）食品技术委员会（ISO/TC34）　下设油料种子和果实、水果和蔬菜制品、谷物和豆类、乳和乳制品、肉和肉制品、香料和调味品、茶、微生物、动物饲料、动物和植物油脂、感官分析、脱水和干制水果和蔬菜、新鲜水果和蔬菜以及咖啡 14 个分技术委员会。截至 2003 年年底，ISO/TC34 制定的主要食品包装标准如表 11－2 所示。

表 11－2　　ISO/TC34 制定的主要食品包装标准

标准号	中文名称	英文名称
ISO 6661:1983	新鲜水果和蔬菜——陆地运输工具平行六面体包装排列	Fresh fruits and vegetables—Arrangement of parallelepipedic packages in land transport vehicles
ISO 9884—1:1994	茶叶袋——规范——第一部分：用货盘装运和集装箱运输的茶叶推荐包装	Tea sacks—Specification—Part1：Reference sack for palletized and containerized transport of tea
ISO 9884—2:1999	茶叶袋——规范——第二部分：用货盘装运和集装箱运输的茶叶包装操作规范	Tea sacks—Specification—Part 2：Performance specification for sacks palletized and containerized transport of tea
ISO 7558:1988	水果和蔬菜预包装导则	Guide to the prepacking of fruits and vegetables

（2）薄壁金属容器技术委员会（ISO/TC52） 下设3个分技术委员会，制定的主要包装标准如表11-3所示。

表11-3 ISO/TC52制定的主要食品包装标准

标准号	中文标准名称	英文标准名称
ISO 90—1:1997	薄壁金属容器——尺寸和容量的定义与确定第一部分：顶开式罐	Light gauge metal containers—Definitions and determination of dimensions and capacities—Part1：Open - top cans
ISO 90—2:1997	薄壁金属容器——尺寸和容量的定义与确定第二部分：一般用途的容器	Light gauge metal containers—Definitions and determination of dimensions and capacities—Part2：General use containers
ISO 1361:1997	薄壁金属容器——顶开式罐——内径	Light—gauge metal containers—Round open - top cans—Internal diameters

（3）玻璃容器技术委员会（ISO/TC63） 下设2个工作组负责标准的起草工作，制定的主要包装标准如表11-4所示。

表11-4 ISO/TC63制定的主要食品包装标准

标准号	标准名称	英文标准名称
ISO 8106:1985	玻璃容器——重量法确定容积——试验方法	Glass containers—Determination of capacity by gravimetric method—Test method
ISO 8113:2004	玻璃容器——抗垂直冲击强度——试验方法	Glass containers—Resistance to vertical load—Test method

（4）集装箱技术委员会（ISO/TC104） 下设2个工作组和3个分技术委员会，共制定了33个标准，与食品包装相关的主要标准如表11-5所示。

表11-5 ISO/TC104制定的主要食品包装标准

标准号	标准名称	英文标准名称
ISO 668:1995	系列1货物集装箱——分类、尺寸和重量系列	Series 1 freight containers—Classification, dimensions and ratings
ISO 1161:1984	系列1货物集装箱——角装配——装配说明	Series 1 freight containers Corner fittings—Specification
ISO 1496—1:1990	系列1货物集装箱——规格与试验 第1部分：通用货物集装箱	Series 1 freight containers—Specification and testing Part 1：General cargo containers for general purposes
ISO 1496—2:2008	系列1货物集装箱——规格与试验 第2部分：保温集装箱	Series 1 freight containers—Specification and testing Part 2：Thermal containers

续表

标准号	标准名称	英文标准名称
ISO 1496—3:1995	系列 1 货物集装箱——规格与试验 第 3 部分：液体、气体和加压干燥散料罐式集装箱	Series 1 freight containers—Specifications and testing Part 3：Tank containers for liquids and gasses and pressurized dry bulk
ISO 1496—5:1991	系列 1 货物集装箱——规格与试验 第 5 部分：空运集装箱	Series 1 freight containers—Specification and testing Part 5：Platform and platform – based containers
ISO 3874:1997	系列 1 货物集装箱——装卸与保护	Series 1 freight containers—Handling and securing

（5）包装技术委员会（ISO/TC122）　下设 5 个工作组与 1 个分技术委员会，制定的部分包装标准如表 11 – 6 所示。

表 11 –6　ISO/TC122 制定的主要食品包装标准

标准号	标准名称	英文标准名称
ISO 2206:1987	包装——完整的已充填运输包装件试验部位的标示方法	Packaging—Complete，filled transport packages—Identification of parts when testing
ISO 2233:2000	包装——完整的已充填运输包装件和单元组合——测试条件	Packaging—Complete，filled transport packages and unit loads – Conditioning for testing
ISO 2234:2000	包装——完整的已充填运输包装件和单元组合——静载堆垛试验	Packaging – Complete，filled transport packages and unit loads—Stacking tests using a static load
ISO 2248:1985	包装——完整的已充填运输包装件和单元组合——垂直冲击跌落试验	Packaging—Complete，filled transport packages—Vertical impact test by dropping
IS02244:2000	包装——完整的已充填运输包装件和单元组合——水平冲击试验	Packaging—Complete，filled transport packages and unit loads—Horizontal impact tests
ISO 2247:2000	包装——完整的已充填运输包装件和单元组合——固定低频振动试验	Packaging—complete，filled transport packages and unit loads—Vibration tests at fixed low frequency
ISO 2873:2000	包装——完整的已充填运输包装件和单元组合——减压试验	Packaging—Complete，filled transport packages and unit loads—Low pressure test
ISO 2875:2000	包装——完整的已充填运输包装件和单元组合——水喷淋试验	Packaging—Complete，filled transport packages and unit loads—Water – spray test
ISO 2876:1985	包装——完整的已充填运输包装件和单元组合——滚动试验	Packaging—Complete，filled transport packages and unit loads—Rolling test

续表

标准号	标准名称	英文标准名称
ISO 4178—1:1980	完整的已充填运输包装件——流通试验——应记录的信息	Complete, filled transport packages—Distribution trials—Information to be recorded
ISO 4180—1:1980	完整的已充填运输包装件——性能试验程序编制的总则——一般原理	Complete, filled transport packages—General rules for the compilation of performance test schedules—Part1: General principles
ISO 16394:2000	包装——航运、运输和标签用条码和二维码	Packaging - Bar code and two - dimensional symbols for shipping, transport and receiving labels

（6）接触食品的陶瓷器皿、玻璃器皿和玻璃陶瓷器皿技术委员会（ISO/TC166） 下设2个工作组和1个分技术委员会，共制定了6个与食品包装相关的标准，制定的部分包装标准如表11－7所示。

表11－7 ISO/TC166制定的食品包装标准

标准号	中文标准名称	英文标准名称
ISO 6486—1:1999	与食品接触的陶瓷容器、玻璃—陶瓷容器与玻璃餐具~铅和镉的释放——第1部分：测试方法	Ceramic ware, glass - ceramic ware and glass dinnerware in contact with food—Release of lead and cadmium—Part1: Test method
ISO 6486—2:1999	与食品接触的陶瓷容器、玻璃—陶瓷容器与玻璃餐具——铅和镉的释放——第2部分；允许限量	Ceramic ware, glass - ceramic ware and glass dinnerware in contact with food—Release of lead and cadmium—Part2: Permissible limits
ISO 7086—1:2000	与食品接触的玻璃盘——铅和镉的释放——第1部分：测试方法	G1ass hollowware in contact with food—Release of lead and cadmium—Part1: Test method
ISO 7086—2:2000	与食品接触的玻璃盘——铅和镉的释放——第2部分：允许限量	Glass hollowware in contact with food—Release of lead and cadmium—Part2: Permissible limits
ISO 8391—1:1986	与食品接触的陶瓷炊具——铅和镉的释放——第1部分：测试方法	Ceramic cookware in contact with food—Release of lead and cadmium—Part1: Method of test
ISO 8391—2:1986	与食品接触的陶瓷炊具——铅和镉的释放——第2部分：允许限量	Ceramic cookware in contact with food—Release of lead and cadmium—Part2: Permissible limits

（二） 食品法典委员会（CAC）

国际食品法典委员会（Codex Alimentarius Commission，CAC）是由联合国粮农组织（FAO）和世界卫生组织（WHO）共同建立，以保障消费者的健康和确保食品贸易公平为宗旨的一个制定国际食品标准的政府间组织。自1961年第11届粮农组织大会和1963年第16届世界卫生大会分别通过了创建CAC的决议以来，已有173个成员国和1个成员国组织（欧盟）加入该组织，覆盖全球99%的人口。CAC下设秘书处、执行委员会、6个地区协调委员会，21个专业委员会（包括10个综合主题委员会、11个商品委员会）和1个政府间特别工作组。

国际食品法典是一套食品安全和质量的国际标准、食品加工规范和准则，旨在保护消费者的健康并消除国际贸易中不平等的行为，分为13卷。所有国际食品法典标准都主要在其各下属委员会中讨论和制定，然后经CAC大会审议后通过。CAC标准都是以科学为基础，并在获得所有成员国的一致同意的基础上制定出来的。CAC成员国参照和遵循这些标准，既可以避免重复性工作又可以节省大量人力和财力，而且有效地减少国际食品贸易摩擦，促进贸易的公平和公正。

截至2001年年底，CAC共制定了314项食品标准，CAC食品安全标准体系框架由两大类标准构成：一类是由一般专题分委员会制定的各种通用的技术标准、法规和良好规范；另一类是由各商品分委员会制定的某特定食品或某类别食品的商品标准。其中食品标签及包装、食品添加剂标准由一般专题分委员会制定。

截至2008年底，CAC制定的食品包装标准共有11项，如表11－8所示。

表11－8　CAC制定的食品包装标准

标准号	中文标准名称	英文标准名称
Codex Stall—1:1985 (Rev. 6—2008)	预先包装食品的标签标准	General Standard for the Labelling of Prepackaged Foods
Codex Stan—107:1981	食品添加剂等销售时的标签标准	General Standard for the Labelling of Food Additives when sold as such
Codex Stan—146:1985	特殊膳食使用预先包装食品的标签标准	Standard for Labelling of and Claims for Prepackaged Foods for Special Dietary Use
Codex Stan—180:1991	特殊药用食品的标签标准	Standard for Labelling of and Claims for Foods for Special Medical Purposes
Codex Stan—227:2001	瓶装/包装饮用水（除天然矿泉水）的一般标准	General Standard for Bottled/Packaged Drinking Waters (Other Than Natural Mineral Waters)
CAC GL51:2003	罐装水果包装材质的准则	Guidelines for Packing Media for Canned Fruits
CAC RCP47:2001	散装和半包装食品运输卫生操作规范	Code of Hygienic Practice for the Transport of Food in Bulk and Semi—Packed Food
CAC GL6:1991	食品和包装材料中氯乙烯单体和丙烯腈残留的推荐值	Guideline Levels for Vinyl Chloride Monomer and Acrylonitrile in Food and Packaging Material
CAC GL1－1979, Rev. 1991	产品宣称通用导则	General Guidelines on Claims

续表

标准号	中文标准名称	英文标准名称
CAC GL2－1985，Rev. 1—1993，Amended 2006，Rev. 2—2006）	营养标签导则	Guidelines on Nutrition Labelling
CAC GL32:1999（Rev. 12001，Rev. 22008）	有机食品生产、加工、标签及销售导则	Guidelines for the Production, Processing, Labelling and Marketing of Organically Produced Foods

二、发达国家和地区食品包装标准和法规

（一）欧盟

欧洲联盟（European Union）成立于1991年12月，是由28个会员国构成的政治和经济共同体，总部设在比利时首都布鲁塞尔。欧盟通过一个标准化的法律制度，朝着建立更广泛的共同市场而发展，各成员国的国家法令正在适应欧盟模式或被欧盟法令所代替。这样可以消除成员国对诸如食品成分、生产条件、运输、包装和标签等法律条款规定的差异，形成真正意义上的市场一体化。

欧盟食品包装法规和标准更注重包装材料的安全性问题。

1. 欧盟有关包装法令和法规的运作模式

欧洲标准化委员会（European Committee for Standardization，CEN）成立于1961年，它的成员国有欧盟和欧洲自由贸易区（European Free Trade Area，EFTA）国家，这些国家都是ISO的正式会员。CEN的目标是提供欧盟和欧洲自由贸易区的自愿性技术标准，促进自由贸易，提高企业和消费者之间的安全性，促进环境保护、开发研究和公共采购。欧盟和欧洲自由贸易区与CEN关系密切，欧盟委员会和欧洲贸易委员会已接受了参照欧洲标准制定的法规中规定的技术要求原则。欧洲标准一旦被称为欧盟指令（EECDirective），则这项标准在所有欧盟国家中就成了强制性的标准。CEN与ISO不同，它要求所有批准欧洲标准的国家不得做任何修改发表为该国国家标准。

（1）欧盟主要机构及操作方式　审议和通过有关指令的主要机构是欧盟部长理事会和执行委员会，其他机构还有欧洲议会、经济和社会委员会、欧洲法院。部长理事会由每个成员国各派一名代表组成，有关食品法规事务通常由各成员国农业和卫生部长参加部长理事会，颁布的法规通常要求理事会一致通过。执行委员会负责起草法规，并保证法规的正确实施。部长理事会和执行委员会均由欧盟其他机构协助工作，最主要的是欧洲议会及经济和社会委员会。

对食品的协调工作，通常是通过横向和垂直指令来完成。横向指令影响所有食品，全面涉及标签、添加剂、包装材料以及包装的质量或容量等问题，目前即将或已实施的指令包括索赔、酸、碱、盐、调味品、食品包装材料等方面。垂直指令处理特殊问题，现行垂直指令包括巧克力制品、蜂蜜、食糖、罐头、咖啡、果汁等方面，其他的还有软饮料、婴儿牛奶、番茄制品、酪蛋白等食品指令。

在食品领域，执行委员会草拟一项指令建议，需向欧盟食品科学委员会及同业工会、消费者组织等专业团体咨询，并在考虑欧洲议会、经济和社会委员会的意见后才决定向部长理事会

递交推荐指令。指令一经通过，即在欧盟官方刊物上发表并送交每个成员国，要求成员国在限定期限内（通常2年）修订其国家法令。

（2）欧盟食品科学委员会　食品科学委员会（Food Science Commission，FSC）是欧盟较重要的机构之一，它向执行委员会提供有关因食品引起的消费者的健康和安全问题，尤其是有关食品的成分、可能改变食品的加工方法、食品添加剂、加工辅助手段的使用及存在污染物质等问题。

FSC由15名独立的委员组成，他们在医学、毒理学、营养学和化学方面造诣很深。为考虑一些专门问题还可成立分委员会，在形成指令过程中要经过大范围的专家评价。由于消费者越来越要求确保食品、食品添加剂及食品包装的卫生与安全，这将推动执行委员会更多地发挥食品科学委员会的作用。

2. 欧盟食品包装有关标准和法令

欧盟食品包装标准主要有食品运输包装大袋标准10项，如表11－9所示。

表11－9　CEN制定的食品包装大袋标准

标准号	标准名称	英文标准名称
EN765:1994	食品运输大袋——用聚烯烃纤维取代单一聚丙烯加工袋	Sacks for the transport of food aid—Sacks made of women polyolefin fabric other than polypropylene only
EN766:1994	食品运输大袋——麻制袋	Sacks for the transport of food aid—Sacks made of jute fabric
EN767:1994	食品运输大袋——聚烯烃/麻制袋	Sacks for the transport of food aid—Sacks made of woven jute/polyolefin fabric
EN768:1994	食品运输大袋——棉线织物袋	Sacks for the transport of food aid—Sacks made of lined cotton fabric
EN769:1994	食品运输大袋——棉线/聚烯烃纤维袋	Sacks for the transport of food aid—Sacks made of woven cotton/polyolefin fabric
EN770:1994	食品运输大袋——纸袋	Sacks for the transport of food aid—Paper sacks
EN787:1994	食品运输大袋——聚乙烯薄膜袋	Sacks for the transport of food aid—Sacks made of polyethylene film
EN788:1994	食品运输大袋——复合材料管状袋	Sacks for the transport of food aid—Tubular sacks made of composite film
EN1086:1995	食品运输大袋——根据包装产品选择袋型和线型的推荐	Sacks for the transport of foodaid—Recommendations on the selection of type of sack and the liner in relation to the product to be packed
EN277:1995	食品运输大袋——聚丙烯	Sacks for the transport of food aid—Sacks made of woven polypropylene fabric

与食品接触器具和材料标准15项，其中纸、纸浆和纸板技术委员会标准1项，与食品接触器具技术委员会标准14项，如表11－10所示。

表 11－10　　CEN 与食品接触器具和材料的标准

标准号	标准名称	标准英文名称
EN13676:2001	与食品接触的聚合物涂布纸和纸板——针孔检测	Polymer coated paper and board intended for food contact—Detection of pinholes
EN1186—3:2002	与食品接触的材料和制品——塑料——第 3 部分：模拟浸泡试验方法测定水性食品中的总迁移量	Materials and articles in contact with foodstuffs—Plastics—Part3：Test methods for overall migration into aqueous food simulants by total immersion
EN1186—5:2002	与食品接触的材料和制品——塑料——第 5 部分：单元模拟试验方法测定水性食品中的总迁移量	Materials and articles in contact with foodstuffs—Plastics—Part5：Test methods for overall migration into aqueous food simulants by cell
EN1186—7:2002	与食品接触的材料和制品——塑料——第 7 部分：袋式模拟试验方法测定水性食品中的总迁移量	Materials and articles in contact with foodstuffs—Plastics—Part7：Test methods for overall migration into aqueous food simulants using a pouch
EN1186—9:2002	与食品接触的材料和制品——塑料——第 9 部分：充填模拟试验方法测定水性食品中的总迁移量	Materials and articles in contact with foodstuffs—Plastics—Part9：Test methods for overall migration into aqueous food simulants by article filling
EN14233:2002	与食品接触的材料和制品——塑料——通过测定微波或烘箱加热时塑料和食物界面处的塑料制品温度来选择合适的迁移量检测温度	Materials and articles in contact with foodstuffs—Plastics Determination of temperature of plastics materials and articles at the plastics/food interface during microwave and conventional oven heating in order to select the appropriate temperature for migration testing
EN1186—15:2002	与食品接触的材料和制品——塑料——第 15 部分：使用异辛烷和/或 95% 乙醇快速提取模拟的替代试验方法测定脂肪食品中的迁移量	Materials and articles in contact with foodstuffs—Plastics—Part15：Alternative test methods to migration into fatty food simulants by rapid extraction into iso－octane and/or95% ethanol
EN13130—1:2004	与食品接触的材料和制品——塑料物质的限制——第 1 部分：物质从塑拟物中迁移量的试料向食品和食品模拟物中迁移量的试验方法和塑料中物质的测定以及食品模拟物暴露条件选择的指南	Materials and articles in contact with foodstuffs—Plastics substances subject to limitation—Part1：Guide to test methods for the specific migration of substances from plastics to foods and food simulants and the determination of substances in plastics and the selection of conditions of exposure to food simulants

续表

标准号	标准名称	标准英文名称
EN13130—7:2004	与食品接触的材料和制品——塑料物质的限制——第 7 部分：食品模拟物中单乙二醇和二甘醇的测定	Materials and articles in contact with food-stuffs—Plastics substances subject to limitation—Part7：Determination of monoethylene glycol and diethylene glycol in food simulants
EN131302:2004	与食品接触的材料和制品——塑料物质的限制——第 2 部分：食品模拟物中对苯二甲酸的测定	Materials and articles in contact with food-stuffs—Plastics substances subject to limitation—Part2：Determination of terephthalic acid in food simulants
EN131305:2004	与食品接触的材料和制品——塑料物质的限制——第 5 部分：食品模拟物中偏氯乙烯的测定	Materials and articles in contact with food-stuffs—Plastics substances subject to limitation—Part5：Determination of vinylidene chloride in food simulants
ENl31303:2004	与食品接触的材料和制品——塑料物质的限制第 3 部分：食品和食品模拟物中丙烯腈的测定	Materials and articles in contact with food-stuffs—Plastics substances subject to limitation—Part3：Determination of acrylonitrile in food and food simulants
	与食品接触的材料和制品——陶瓷器皿、玻璃器皿、玻璃陶瓷器皿或塑料厨具耐微波加热性的试验方法	Materials and articles in contact with foodstuffs—Test method for the resistance to microwave heating of ceramic，glass，glassceramic or plastics cookware
EN15136:2006	与食品接触的材料和制品——某些环氧衍生物的限制——食品模拟物中 BADGE、BFDGE 及其氢氧和含氯衍生物的测定	Materials and articles in contact with food-stuffs—Certain epoxy derivatives subject to limitation—Determination of BADGE，BFDGE and their hydroxy and chlorinated derivatives in food simulants
ENISO8442—1:1997/AC:1999	与食品接触的材料和制品——刀叉和凹形餐具——第 l 部分：准备食物用刀具的要求（IS08442—1：1997）	Materials and articles in contact with food-stuffs—Cutlery and table hollowware—Part1：Requirements for cutlery for the preparation of food（IS08442—1：1997）

3. 食品接触指令

“食品接触材料”涉及食品包装、餐具、厨具、食品加工机械、食品用小家电等产品，包括这些产品中能与食品接触的材料，如塑料、橡胶、金属、纸和纸板、玻璃陶瓷、竹木和纺织品等，以及用于这些产品和材料的着色剂、印刷油墨、黏结剂等辅助材料。在与食品接触的过程中，材料中的某些化学成分可能迁移到食品中而随之被摄入人体，影响到人类健康。因此，控制食品接触材料的安全卫生质量，是保证食品安全的一项重要内容。欧盟等经济发达国家和地区已对食品安全建立了较为全面而严密的法规体系和市场准入制度。还专门为与食品接触的各类材料和制品发布了一系列《政策综述》，通常包括决议和技术文件，决议包含对某类食品接触材料的规范，技术文件主要是关于决议的使用指南，以及生产时允许使用的化学物质及其限量指标清单，各种材料及产品的良好生产规范（GMP），检测方法及测试条件指南等。目前有7个食品接触指令在欧盟国家中实施，如表11-11所示。

表11-11　欧盟实施的食品接触指令

指令名称	主要内容
指令76/893/EEC	适用于与食品接触或可能接触的材料，这些材料不应危害人类的健康，在食品中不应发生不能被接受的质量变化；用于接触食品的容器上必须有某些标记，如用英文标明“用于食品”，或者使用一种符号；当包装不直接出售给零售商使用权，可以附上文件
指令78/142/EEC	用于控制塑料材料和食品中氯乙烯单体的数量，要求包装容器中氯乙烯单体的极限含量为1mg/kg，食品中为10μg/kg
指令80/766/EEC	规定了测试塑料材料中氯乙烯单体含量的分析方法
指令80/432/EEC	规定了测试食品中氯乙烯单体含量的分析方法
指令80/590/EEC	规定用于食品包装上的标识符号
指令82/711/EEC	规定可使用的塑料材料的名单、特定迁移量和对食品质量的影响
指令82/229/EEC	关于再生纤维素薄膜的指令，包括两个肯定的名单：涂布薄膜名单和不涂布薄膜名单

4. 食品标签指令

《食品标签说明及广告法规的指令》（79/112/EEC）于1983年12月在欧盟成员国强制执行。指令的基本原则：所用标签必须使购买者对食品的本性、特性、性质、成分、数量、耐久性、来源或出处、制造方法或生产不发生误解，禁止把食品不具有的性质说成具有，或将所有类似食品也具有的特性说成是这种食品所特有的。标签指令要求在食品标签上表明下列项目：包装产品的名称；生产者或销售者的名称或企业名称和地址；如不提供信息会使消费者对食品来源发生误解时，需注明产地；如不提供情况就不能正确使用食品时，需要说明用途。欧盟成员国可以保留国内要求：即表明国内生产的工厂或包装中心；成员国对度量方面也可以制定更多的条款，而大部分成员国有这种要求。

欧盟食品标签法规体系包括横向法规和纵向法规，横向法规规定了适用于多种食品的标签通用要求；纵向法规针对的是各种特定食品的标签法规，如巧克力产品、牛肉、葡萄酒等。欧盟食品标签法规体系包括横向法规和纵向法规分别见表11-12，表11-13。

表11-12　欧盟食品标签横向法规

指令号	指令中文名称	指令英文名称
2000/13/EC	关于食品标签、说明和广告宣传的成员国相似法案	On the approximation of the laws of the Member States relating to the labelling, presentation and advertising of foodstuffs

续表

指令号	指令中文名称	指令英文名称
2001/101/EC	关于食品标签、说明和广告宣传的成员国相似法案的修订指令	Amending Directive 2000/13/EC of the European Parliament and of the Council on the approximation of the laws of the Member States relating to the labelling, presentation and advertising of foodstuffs
2003/89/EC	修订 2000/13/EC 关于标明食品配料的指令	Amending Directive 2000/13/EC as regards indication of the ingredients present in foodstuffs
2006/142/EC	修订指令 2000/13/EC 附件第Ⅲa 的列出在所有情况下必须出现在食品标签上的配料的委员会指令	Amending Annex Ⅲa of Directive 2000/13/EC of the European Parliament and of the Council listing the ingredients which must under all circumstances appear on the labelling of foodstuffs
90/496/EEC	关于食品营养标签的指令	on nutrition labelling for foodstuffs
1924/2006/EC	关于食品的营养和保健声称的欧洲议会和欧盟理事会条例	On nutrition and health claims made on foods
2008/5/EC	关于强制额外食品标识指令	Concerning the compulsory indication on the labelling of certain foodstuffs of particulars other than those provided for in Directive 2000/13/EC of the European Parliament and of the Council
79/112/EEC	关于最终出售给消费者的食品的食品标签、说明和广告宣传的成员国相似法案	On the approximation of the laws of the Member States relating to the labelling, presentation and advertising of foodstuffs for sale to the ultimate consumer

表 11－13　欧盟食品标签纵向法规

指令号	指令中文名称	指令英文名称
（EC）No 2002/67	关于含奎宁及咖啡因的食品标识规定	On the labelling of foodstuffs containing quinine, and of foodstuffs containing caffeine
（EC）No 608/2004	关于添加植物甾醇类、植物甾醇酯、植物甾烷醇和/或植物甾烷醇酯的食品和食品配料标签的法规	Concerning the labelling of foods and food ingredients with added phytosterols, phytosterol esters, phytostanols and/or phytostanol esters
（EC）No 41/2009	关于麸质不耐受人群可用食品的成分和标签	Concerning the composition and labelling of foodstuffs suitable for people intolerant to gluten
（EC）No 1760/2000	建立识别和登记活牛以及牛和牛肉产品标签体系并废除 EC 820/97	Establishing a system for the identification and registration of bovine animals and regarding the labelling of beef and beef products and repealing Council Regulation（EC）No 820/97

续表

指令号	指令中文名称	指令英文名称
(EC) No 1825/2000	关于牛肉和牛肉制品标签申请的欧盟议会及理事会条例(EC) No 1760/2000 的实施细则	laying down detailed rules for the application of Regulation (EC) No 1760/2000 of the European Parliament and of the Council as regards the labelling of beef and beef products
(EC) No 820/97	建立识别和登记活牛以及牛和牛肉产品标签体系	Establishing a system for the identification and registration of bovine animals and regarding the labelling of beef and beef products
(EEC) No 1601/91	加香葡萄酒、加香葡萄酒饮料和加香葡萄鸡尾酒的定义、说明和宣传的通用规定	General rules on the definition, description and presentation of aromatized wines, aromatized wine – based drinks and aromatized wine – product cocktails
(EC) No 110/2008	关于烈性酒的定义、说明、宣传、标签和地理标志保护	On the definition, description, presentation, labelling and the protection of geographicalindications of spirit drinks and repealing Council Regulation (EEC) No 1576/89
(EC) No 2001/112	关于人类消费的果汁及类似产品的理事会指令	Relating to fruit juices and certain similar products intended for human consumption
(EC) No 2009/106	修订关于人类消费的果汁及类似产品的理事会指令 2001/112/EC	Amending Council Directive 2001/112/EC relating to fruit juices and certain similar products intended for human consumption
(EC) No 2001/113	关于供人类食用的水果果酱、果冻、柑橘酱和甜栗子酱的理事会指令	Relating to fruit jams, jellies and marmalades and sweetened chestnut purée intended for human consumption
(EC) 2000/36	关于供人类食用可可和巧克力产品的欧洲议会和欧洲理事会指令	Relating to cocoa and chocolate products intended for human consumption
(EC) No 1999/4	关于咖啡提取物和菊苣提取物的欧洲议会和欧盟理事会指令	Relating to coffee extracts and chicory extracts
(EC) No 2001/111	关于某些供人类使用的糖类	Relating to certain sugars intended for human consumption
(EC) No 2001/110	关于蜂蜜的理事会指令	Relating to honey
(EC) No 2001/114	关于供人类食用的某些部分或完全脱水保存乳品的理事会指令	Relating to certain partly or wholly dehydrated preserved milk for human consumption

续表

指令号	指令中文名称	指令英文名称
(EC) No 1139/98	关于对某些转基因物质食品进行强制性标签，指令 79/112/EEC 中规定食品除外	Concerning the compulsory indication of the labelling of certain foodstuffs produced from genetically modified organisms of particulars other than those provided for in Directive 79/112/EEC
(EC) No 1830/2003	关于转基因生物体的可溯性和标签及由转基因生物体生产的食品和饲料产品的可溯性，并对指令 2001/18/EC 进行修改	Concerning the traceability and labelling of genetically modified organisms and the traceability of food and feed products produced from genetically modified organisms and amending
(EC) No 1829/2003	转基因食品和饲料	On genetically modified food and feed
(EC) No 50/2000	关于食品或食品配料中添加含有转基因成分的添加剂和调味料的标签要求	On the labelling of foodstuffs and food ingredients containing additives and flavourings that have been genetically modified or have been produced from genetically modified organisms
(EEC) No 2092/91	农产品的有机生产及其在农产品和食品上的标识	On organic production of agricultural products and indications referring thereto on agricultural products and foodstuffs
(EC) No 834/2007	关于有机生产及有机产品标签并撤销法规	On organic production and labelling of organic products and repealing Regulation (EEC) No 2092/91
(EC) No 889/2008	为关于有机生产、标签和控制的有机生产及有机产品的标签的理事会条例（EC）No 834/2007 制定实施细则	laying down detailed rules for the implementation of Council Regulation (EC) No 834/2007 on organic production and labelling of organic products with regard to organic production, labelling and control
(EU) No 344/2011	修订条例（EC）No 889/2008 并为关于有机生产、标签和控制的有机生产及有机产品的标签的理事会条例（EC）No 834/2007 制定实施细则	Amending Regulation (EC) No 889/2008 laying down detailed rules for the implementation of Council Regulation (EC) No 834/2007 on organic production and labelling of organic products with regard to organic production, labelling and control

5. 环境指令

有关环境方面的指令，如空气污染、水质、有毒废料、废料处理等指令，对包装有间接影响。与环境指令直接有关的是能源和回收，尤其是一个关于饮料容器的推荐指令，这一指令鼓励采用可回收的多程容器，通过促使消费者退回多程容器，也可通过对单程容器征收押金或税款来达到目的。这一指令无疑对玻璃容器比对纸类包装和金属包装更有利。关于“过分包装”，可用英国包装委员会参照日本提出的良好零售包装规范制定的消费品包装规范来衡量，任何有关各方认为一个具体包装违反了消费品包装规范中的有关准则，可认为是“过度包装”并向英国包装委员会投诉。

（二）美国

美国的食品与药品包装法规，是针对现实的和潜在的食品与药品安全性危机的一种对策而逐渐发展和完善的，为此美国政府依法建立了食品与药物管理局（Federal Food，Drug and Cosmetic Act，FDA）作为监督执行的权威机构。

1. FDA 有关食品包装法规

1958 年以前，食品包装只需符合有关伪劣商品的法律条款：如果食品在不符合卫生要求的情况下包装，或者由于包装容器含有某种有损人体健康的有害物质而致使产品受污染，则可以认为该产品掺假；如果产品包装容器的制造、加工和充填是故意想使购买者误认为某种品牌产品，则可认为该产品是假冒商品。其实这是远远不够的，因此，美国的食品添加剂修正案规定：包装材料的组成部分与直接添加到食品中去的食品添加剂一样，必须符合食品添加剂有关规定，并实行事前报批制度。因此，包装材料的组成成分如果未经 FDA 所公布的食品添加剂法令认可，不得使用。

（1）包装材料按食品添加剂法令处理的情况　食品添加剂的法律定义是决定包装材料的组成成分，以及其他与食品接触的物质是否需要受法令制约的出发点。

SEC. 409. ［21USC 348］对食品添加剂的定义："某种物质在使用之后能够或有理由证明，可能会通过直接或间接的途径成为食品的组分，或者能够及有理由证明会直接或间接地影响食品特色，而又未经有资格的专家通过科学的方法或凭经验确认其在拟议中的使用场合下是安全的，则可认为该物质是食品添加剂（包括所使用的包装材料和容器）。"

根据这个定义，与食品接触的包装材料中只有 3 种物质不属于食品添加剂，可以不受 FDA 所颁布的法规限制。

①有理由证明不可能成为食品组分的物质；

②其安全性已经得到普通认定的物质（GRAS）；

③事先已被核准使用的物质。

此外，法律条款本身虽未明确指明，但按照法律惯例及 FDA 的解释，家庭用各种食物器皿均获准不受食品添加剂法规的限制。FDA 根据法律也已经确认，凡由功能性阻隔材料与食品隔开而不与食品接触的物质，也不属于食品添加剂，因而在使用时可以不受任何法律的限制。

关系到食品包装材料法律地位最重要的，也是最易引起争议的问题是未经批准的物质是否可以用作食品的成分。食品添加剂法第 170.3（e）节对此说明如下："必须清楚包装容器和包装材料生产过程中所使用的物质，是否可能直接或间接地成为该包装容器或包装材料所包装的食品的组成成分。如果包装材料中的成分不会转移到食品上，不会成为食品成分时，该物质不应被视为食品添加剂。"

实际上，与食品接触并预料将成为食品组分的物质，必须超过某个最低含量限值时，才可以被认为是食品添加剂。这个观点虽在有关法律条款上已有所体现，但不论是联邦法院还是 FDA，至今未能确定出准确而可靠的最低含量限值，因此，没有可用于确定某一特定物质是否符合法律条款的法定衡量标准，这一直是包装工业的一个问题。

（2）食品添加剂申请　如果已经确认某种物质是一种良好的添加剂，不涉及违禁或特殊处理的问题，则可提出食品添加剂申请书。申请书中必须提交按照预期的最大饮食摄入量考虑时该食品添加剂安全性的详尽数据；还须包括与食品添加剂有关的一切数据资料，如添加剂的化学名称和成分、正确使用条件、使用方法、添加剂的标注、添加剂成为产品组分后对产品理化和技术特性影响的准确数据、最终产品中所需的添加量、添加剂在食品中含量的实用测定方法、有关添加剂安全性研究报告等。

关于添加剂的安全性试验，如果估计每日摄入量（EDI）小于0.05mg/kg，FDA通常只要求进行急性毒性试验，如果新添加剂的EDI大于0.05mg/kg时，则要求进行包括两个物种的妊娠期亚急性毒性试验；若EDI超过1~2mg/kg，则需进行长期食用试验，包括一个为期2年的食用研究和一个为期3年以上的试用期，这种长期研究费用一般在125万~150万美元，可见，作为食品添加剂处理的新食品包装材料的研究开发费用在美国是昂贵的。

FDA将以申请书中所提出的食品添加剂的数据为依据，确定包装材料在预定使用场合下的安全性。添加剂准备使用的场合、添加剂在人和动物食用过程中的累积性影响，以及其他安全性因素均是FDA评价包装材料安全性必须考虑的因素。法律规定FDA在收到申请书之日起的90d内，必须做出批准使用或驳回申请的决定，并以法令形式予以公布。

包装材料一经批准，它就必须遵守食品法中关于与食品接触的材料的良好操作规范（Good Manufacturers Practice，GMP）进行生产。该规定的主要内容包括与食品接触的包装材料组分、用量不应超过为实现所希望的物理特性和技术特性所必需的数量；所用原料的纯度应适合于预定的用途；同时应符合食品、药品、化妆品法中有关不宜食用的食品方面的规定。包装材料制造商和食品厂商常常会对食品包装材料法规产生误解，特别是对法典第201节中有关某种包装材料或包装材料中的某种成分不是食品添加剂的规定产生误解，这些公司往往只敢购买经FDA和美国农业部（USDA）正式认可的包装材料。实际上，如果某种物质不是食品添加剂，也就不必由FDA按法律程序予以正式批准。必须指出，在市场上合法销售的产品，一般不属于食品添加剂，但如果发生纠纷，最终必须由FDA确认。

2. USDA有关食品包装法规

虽然美国FDA对食品与包装具有一般性的权力，但USDA对肉类、家禽等食品的管理具有国会所赋予的主要司法权。

（1）食品包装材料法规对于包装　美国农业部通常倾向于对接受联邦政府检查的肉类、家禽加工厂中使用的包装材料的用途运用法律的手段实施管理，检查管理按下列3项原则操作。

①由包装材料供货方提交信用卡或保证书，明确声明其产品符合联邦食品、药品、化妆品法和有关食品添加剂的法规。

②供货方必须提交USDA食品安全检查处签发的化学成分认证书。

③上述USDA的认证书只有随同供货方的信用卡或保证书一同递交方可视为有效。

法规规定包装材料检查员、巡回监督员、地区监督员必须要求供货厂商提交信用卡或保证书。对于与食品直接接触的包装材料，供货厂商应该提交适当形式的信用卡或保证书，而对于与食品不直接接触的包装材料，如不作为内包装用的运输包装箱、贴在封存食品罐头盒或其他包装容器壁上的标签，则可不必提交具有法律约束力的保证书。此外，肉类和家禽加工过程中所使用的包装原料用包装不必提交任何形式的保证书，同样地，如抗氧化剂、黏合剂、调味料的包装材料也可不必提交信用卡或保证书。

（2）包装材料的着色剂　关于着色剂在食品包装材料中的使用，在1983年10月由FDA颁布的有关着色剂管理法规中，未提出一份可用于接受联邦政府检查的经正式认可的着色剂参考名单。因此，肉类和家禽制造厂商必须向包装材料供应商问明所用的着色剂是否已被FDA所批准。有些着色剂只经过 USDA 批准而未经 FDA 批准，而根据 USDA 的现行法规，只有 USDA 批准是不够的。

从 1984 年起，FDA 要求着色剂制造商填写正式的申请书报批，而这个批准过程可能需要 18 个月 ~2 年。由着色剂制造商提出的申请书中，还要提交一份着色剂的抽提量或通过各种途径的转移量不超过 0.001mg/kg 的分析报告。

3. 美国及其他国际组织有关包装标准

除了 FDA 和 USDA 外，还有一些由专业团体、国家和国际包装制造者协会、政府代理机构制定的标准，如表 11－14、表 11－15 所示。

表 11－14　　国际其他标准组织及标准实例

标准组织名称	标准类型
美国纸箱协会（FBA）	纸箱标准
美国材料与试验学会（ASTM）	包装和包装材料的检验方法
美国纸张和纸浆工业技术协会（TAPPI）	材料的检验方法和纸基包装材料标准
欧洲瓦楞纸箱制造商协会（FEFCO）	纸箱标准
欧洲实心纸板箱制度商协会（ASSCO）	国际纸箱编码；纸板检验方法、纸箱检验法
国际制瓶技术中心（CETIE）	啤酒、酒类等玻璃瓶的标准

表 11－15　　ASTM 包装标准部分目录

标准号	标准名称	中译名
D646—96（2007）	Standard Test Method for Grammage of Paper and Paperboard（Mass Per Unit Area）	纸张及纸板基本质量的标准试验方法（单位面积质量）
D645/D645M—97（2007）	Standard Test Method for Thickness of Paper and Paperboard	纸与纸板厚度的标准试验方法
D828—97（2002）	Standard Test Method for Tensile Properties of Paper and Paperboard Using Constant——Rate of Elongation Apparatus	纸和纸板抗扯裂强度的标准试验方法——使用常量伸长率仪器
D2020—92（2003）	Standard Test Method for Mildew（Fungus）Resist—anee of Paper and Paperboard	纸和纸板耐霉变（真菌）的标准试验方法
D829—97（2002）	Standard Test Method for Wet Tensile Breaking Strength of Paper and Paper Products	纸和纸制品湿抗拉断裂强度标准试验方法
D726—94（2003）	Standard Test Method for Resistance of Nonporous Paper to Passage of Air	无孔纸透气阻力标准试验方法
D3652/D3652M—01（2006）	Standard Test Method for Thickness of Pressure—Sensitive Tapes	压敏胶带厚度的标准试验方法
D3654/D3654M—06	Standard Test Method for Shear Adhesion of Pressure—Sensitive Tapes	压敏胶带剪切黏附强度的标准试验方法

续表

标准号	标准名称	中译名
D3759/D3759M—05	Standard Test Method for Tensile Strength and Elongation of Pressure—Sensitive Tapes	压敏胶带的拉伸强度和伸长率的标准试验方法
D3816/D3816M—96（2007）	Standard Test Method for Water Penetration Rate of Pressure —Sensitive Tapes	压敏胶带透水率的标准试验方法
D642—00（2005）el	Standard Test Method for Determining Compressive Resistance of Shipping Containers, Components, and Unit Loads	运输包装容器、组件和单位载重的压力测定标准试验方法
D5276—98（2004）	Standard Test Method for Drop Test of Loaded Containers by Free Fall	载物容器自由跌落测试的标准试验方法
D880—92（2008）	Standard Test Method for Impact Testing for Shipping Containers and Systems	运输容器和系统斜面冲击测试的标准试验方法
D3078—02（2008）	Standard Test Method for Determination of Leaks in Flexible Packaging by Bubble Emission	气泡排放法测定软包装件泄漏性能的标准试验方法
D999—08	Standard Test Method for Vibration Testing of Shipping Containers	运输容器振动测定的标准试验方法
D4279—95（2003）	Standard Test Method for Water Vapor Transmission of Shipping Containers—Constant and Cycle Methods	运输容器水蒸气透过性的标准试验方法——常量与循环法
D3103—07el	Standard Test Method for Thermal Insulation Performance of Distribution Packages	包装件绝热性能的标准试验方法
D3951—98（2004）	Standard Practice for Commercial Packaging	商业包装标准操作规范
D3475—08	Standard Classification of Child—Resistant Packages	儿童安全包装标准分类

（三）日本

1. 日本现行 JAS 标准制度

日本的农业标准化管理制度，是基于日本农林水产省制定的《关于农林物质标准化及质量标识正确化的法律》（简称 JAS）所建立的对日本农林产品及其加工产品进行标准化管理的制度。任何在日本市场上销售的农林产品及其加工品（包括食品）都必须接受 JAS 制度的监管，遵守 JAS 制度的管理规定。

JAS 法包括“农林物质标准化”和“质量标志标准化”两大内容，由此构成 JAS 制度的两个重要基石。基石之一是 JAS 标准制度，即日本农林水产省制定 JAS 标准，农林水产品自愿接受日本农林水产省监管部门的检查，若符合 JAS 标准，则允许粘贴 JAS 标志的管理制度。

JAS 制度的另一个重要基石是标准化的质量标志制度。该制度要求所有生产商、加工商和经销商按照日本农林水产省制定的质量标志标准为其产品标注正确的标签，以便消费者容易识别，放心地选购食品。

（1）JAS 标准的制定　由农林水产大臣指定需制定 JAS 标准的物品目录，利益相关方可向农林水产大臣申请制定某一 JAS 标准，由“农林物质规格调查委员会”审议批准是否制定该标准。JAS 调查委员会由来自消费、生产和流通各环节的代表和专家组成。JAS 标准复审时应考虑到国际标准（食品法典标准）的发展趋势以及生产、贸易、应用和消费各方面的现状及未来发展方向。

（2）JAS 标准覆盖的产品种类　JAS 法所指的农产品种类包括酒精、饮料、药品以外的门类：①食品、饮料和油脂。②农业、林业、家畜和水产品以及以此为原料的加工品。所有属于这两大门类的农产品都包括在 JAS 标准系统中，不管它是国产的还是进口的。至 2004 年 1 月，JAS 标准已经为 81 类产品制定了 292 个标准。

（3）JAS 标准的内容　JAS 标准包括质量标准（如等级、成分）和生产技术操作规程。一项 JAS 质量标准有四个内容：本标准的适用范围、所用术语定义、标准本体（包括质量标准和标签标准）、检测方法。质量标准也称质量要求，包括外观特性等感观指标，以及所含成分的理化指标、净重（或容积）、包装条件、准予使用的原配料等。标签标准即标签上应当含有的内容，产品名称、成分、净重（容积）、生产日期、有效期、贮存说明、进口商名称、地址、原产国等，至于字体大小、印刷颜色、何处断开另起一行等，标准都作了明确规定。此外，标签标准还规定了某些不得列入的内容，以免给消费者造成误解和混乱。

根据原料或加工方法是否有特色的质量标准分为普通 JAS 和特别 JAS 两类。主要关于生产技术方法的 JAS 标准一般被称为“特定 JAS 标准”。截止 2004 年 1 月，日本农林水产省已经对 7 类产品制定了 12 个特别 JAS 标准，包括土鸡肉、有机农产品、有机农产品加工食品等。

（4）JAS 标准的合格评定　JAS 标准是自愿性标准，生产商和制造商可以自己决定是否参加认证活动。经确认满足 JAS 规格的产品，可以标注 JAS 标志。加上 JAS 标志的产品，说明其具有一定的质量水准。没有 JAS 标志的产品仍可以在市场上销售，不过，日本的消费者更信赖和喜欢经过合格评定的产品，而经过认证的企业也更具有市场竞争力。

①申请合格单位评定的途径。农产品可以通过两种途径进行合格评定：由注册认证机构进行第三方认证；由经注册认可机构或农林水产大臣认可的生产商和制造商自我声明，加贴 JAS 标志。

②合格评定方法。日本规定了每种农产品按照 JAS 标准认证检查的方法。农产品通过产品取样分析确定，与特定 JAS 标准有关的生产过程认证通过检查生产记录确定。

消费者选购产品或业务人员办理业务时，确认产品是否符合以 JAS 规格为标准的方法有两种，一种是到备案机构咨询，该备案机构应是国家认可的检查机构。另一种方法由备案认定机构认可其资质的“事业单位”进行检查，备案认定机构是国家承认的认证机构。

2. 质量标志制度

为给日本国民提供充分的商品选购的信息，日本农林水产省建立了质量标志制度，要求制造商和销售商对生产和流通的商品标注正确的质量标签。

（1）食品标签制度　根据规定，在日本市场上销售的各类蔬菜水果、肉类、水产类等食品，必须加贴标签，其中应提供产品名称、产地、生产日期、保质期等多方面的信息。一般来讲，食品标签应包含如下信息。

①消费指导信息。在日本市场上，鱼类等水产品和蔬菜等生鲜食品必须标明产地和品牌等信息。其中鱼类等水产品的信息提供，根据日本农林水产省“水产品内容提示指导方针”的规定，应在上市过程中加贴标签。除商品种类和产地外，消费者一般还关心该产品是否属于养殖品、天然品、解冻品等具体细节，其中进口产品要求标明原产国名和具体产地名。对蔬菜等生鲜食品的要求是，进口产品必须标明产品名称、原产国等内容。尽管日本官方尚未要求所有进口蔬菜标注上述内容，但目前的市场发展趋势是，各蔬菜商店对所有进口蔬菜都主动注明上述内容，以此招徕顾客。

②安全保障信息。追求消费安全是日本食品消费的大趋势。对从中国进口的食品，日本市场最关心的是添加剂的使用。根据规定，新鲜食品和加工食品均需标注使用的添加剂。对于有外包装的加工食品，使用的添加剂无论是天然的或合成的，均需详细注明。日本要求对鸡蛋、牛奶、小麦、荞麦、花生等食品需注明所含的过敏性物质，即使对加工工艺中使用过、成品前已消失的及其采用国际标准过敏性物质也需注明。另外，日本消费者对肉食产品安全信息的提供也极为重视，特别要求在进口的肉食产品上提供产地、有无污染、保质期、安全处理等信息。

③营养含量信息。在日本，除要求食品标签能提供其食品的营养成分含量外，还要求注明是否属于天然食品、有机食品、转基因食品等。对果汁成分等标注要清楚，如使用浓缩果汁加水再还原而成的果汁，要注明“浓缩还原”的字样；直接用果汁加工而成的饮料，则注上“纯果汁”字样；加入糖分的果汁则注明“加糖”字样。对橘汁、苹果汁、柠檬汁、柚子汁、葡萄汁和菠萝汁等8种果汁饮料，禁止使用“天然果汁”的字样，并要求上述饮料必须在外包装上标明“浓缩还原”和“直接饮用”字样。据预测，今后消费者对各类食品的维生素含量、热量等信息也将越来越重视。

④原产地信息。根据规定，日本市场上销售的新鲜食品和加工食品，均须标注原产国名。酸梅、腌菜、烧烤鳗鱼、袋装冷冻蔬菜和蔬菜罐头等产品，包装上均须注明其原料的原产地。对进口畜产品进行屠宰加工后再出口的，在屠宰加工国停留一定时间后，方可认定屠宰国为原产地，停留时间规定为牛3个月、猪2个月，其他家畜1个月。水产品方面，鱼群活动经由的国家为原产地，但金枪鱼等活动海域较大的鱼类，可不标注国家，但必须标注捕获水域名称。

（2）质量标签标准　质量标志制度对加工食品、易腐食品和转基因食品三大门类产品规定了标签要求。所有用于通常消费的容器或包装的加工食品和易腐食品都必须标注标签，除非所生产和加工的食品和饮料是直接提供给消费者或者由自动售卖装置直接提供给消费者的。

①加工食品的标签标准。质量标志标准要求包装容器中的加工食品都要标注食品的名称、配料、含量、最佳食用期、保存方法、制造商名称和地址等。2004年4月1日后针对制造、加工或进口食品的标签标准已经执行。无论产品是否粘贴有JAS标志都要求有质量标签。为便于日本的消费者容易辨识选购，进口食品的标签必须用日语表示。标签要求粘贴在容器或包装的醒目地方。

②易腐食品的标签标准。易腐食品分农产品、动物产品和水产品三大类产品，各类产品的标签要求各不相同。需要说明的是日本《食品卫生法》中对食品标签也作出一些规定，其与JAS法中要求的食品质量标志标准的要求同等重要，并不矛盾。JAS法所规定的质量标签要求

是为了满足消费者选购商品的需要，而食品卫生法对食品标签的要求则是为了保证消费者食品安全的需要。

③转基因食品的标签标准。转基因大豆（包括青豆和豆苗）、玉米、马铃薯、油菜籽和棉籽以及以其为原料的加工食品必须遵照转基因食品的标签要求标注质量标签。

转基因农产品及其加工食品的标签管理规定基于 JAS 修正案，始于 2001 年 4 月，对大豆、玉米、马铃薯、油菜籽和棉籽五类产品及 30 组以其为原料且能检测出改良的 DNA 或表达的蛋白质的加工食品的标签作出规定，规定的要点如下。

以转基因产品为原料的加工食品，经加工后依然保留有改良 DNA 或其表达蛋白质的必须在标签上标明"转基因"或"转基因，未分离"字样。

加工食品或非转基因农产品及其加工食品，由于加工过程中转基因成分除去或降解，经最新的广泛使用的技术方法检测不含有改良 DNA 及其表达蛋白质的，不必要标示为基因改良产品。然而，商家也可以自愿标示该产品为非转基因产品。

对于转基因大豆，由于其油酸含量很高，在成分和营养价值上和传统大豆相差显著，则依据 JAS 法，无论其制品中能否测出改良 DNA 和其表达的蛋白质，该商品均应标出"高油酸转基因产品"或"混有高油酸转基因大豆"的及其采用国际标准字样。

此外，截至目前没有出现转基因的农产品，如大米和小麦等，不必标明为"非转基因产品"。

3. 食品的规格及标准

由卫生大臣从公众卫生的观点出发，可以制定供销售食品或添加剂的生产、加工、使用、烹调及保存方法的标准，以及供销售食品或添加剂的成分规格。根据上述规定制定了标准或规格后，即不得以不符合标准的方法生产、加工、使用、烹调或保存食品或使用添加剂。不得销售或进口以不符合标准的方法生产、加工的食品或添加剂。也不得生产、进口、加工、使用、烹调、保存或销售不符合其规格的食品或添加剂。

一般食品的规格标准，包括：①成分规格。不得含有抗生素，不得含有化学合成的抗菌素，但经卫生大臣确认不会损害人体健康的，不在此限。②加工及调制标准。不得对食品照射放射线，但在食品加工工序或为加工工序的管理而照射时，食品的吸收射线量在标准要求以下，以及有特殊规定者，不在此限。③保存标准。以直接接触非供饮用冰块保存食品时，使用的冰块，大肠菌群呈阴性；不得使用抗生素；不得以保存使用为目的，对食品进行放射线照射。

第三节 中国食品包装标准与法规

一、食品包装标准

根据《中华人民共和国标准化法》规定，我国标准分为国家标准、行业标准、地方标准和企业标准 4 个等级。

国家标准是对全国技术经济发展有重大而必须在全国范围内统一的标准。国家标准是我国标准体系中的主体，一经发布实施，与国家标准重复或矛盾的行业标准、地方标准即行废止。

行业标准是指全国性的各行业范围内统一的标准。行业标准由国务院有关行政主管部门制定，并报国务院标准化行政主管部门备案。在公布国家标准后，该项行业标准即行废止。

地方标准是指在某个省、自治区、直辖市范围内需要统一的标准。地方标准由省、自治区、直辖市标准化行政主管部门制定，并报送国务院标准化行政主管部门和国务院有关行政主管部门备案。在公布国家标准或者行业标准后，该项地方标准即行废止。

企业标准是指由企业制定的产品标准和为企业内需要协调统一的技术要求和管理、工作要求所制定的标准，是企业组织生产经营活动的依据。企业的产品标准须报当地政府标准化行政主管部门和有关行政主管部门备案。已有国家标准或行业标准的，国家鼓励企业制定严于国家标准或行业标准的企业标准，在企业内部适用。

（一）食品包装国家标准

我国的食品包装国家标准大致可分为四类：食品包装材料标准、食品包装材料试验方法标准、食品包装容器标准和食品包装标签标志标准。

1. 包装材料和容器技术规格的性能指标

主要规定了食品包装材料和容器的有关技术规格的性能指标，包括原国家标准局、国家技术监督局、国内贸易部发布的标准。材料和容器主要指纸类、塑料、塑料复合、金属、玻璃等包装材料，还包括包装机械。

2. 食品包装用材料和容器卫生标准

与包装直接或间接接触食品，所用材料和容器的卫生与安全对于食品的质量与安全有着直接的影响。我国制定的食品包装材料及容器的国家标准包括纸、塑料、涂覆材料等的卫生标准。

3. 食品包装用材料和容器卫生标准的分析方法

由国家技术监督局批准实施的食品包装材料及容器卫生标准分析方法共有 24 个国家标准。

4. 食品标签标准

食品标签是指在食品包装容器上或附在食品包装容器上的一切标签、吊牌、文字图形、符号及其他说明内容。标签具有引导和指导消费的功能，能够对商品进行识别。食品标签的所有内容，不得以错误的、引起误解的或欺骗性的方式描述或介绍食品，也不得以直接或间接暗示性的语言、图形、符号导致消费者将食品或食品的某一性质与另一产品混淆。此外，食品标签的所有内容，必须通俗易懂、准确、科学。食品标签是依法保护消费者合法权益的重要途径。

1987 年 5 月，我国首次颁布《食品标签通用标准》，1994 年发布修订后的《食品标签通用标准》。1995 年 6 月国家技术监督局颁布《查处食品标签违法行为规定》，同年又发出“关于加强进口预包装食品标签管理的通知”，并要求所有进口预包装食品都要有中文标签。1996 年国家经贸委、卫生部、国家技术监督局三部门联合签发了《关于检查进口预包装食品标签的通知》，要求同年 9 月 1 日起，凡是从各口岸进口的预包装食品都需符合我国有关食品标签强制性国家标准，进口预包装食品的中文标签需经国家技术监督局、中华人民共和国卫生检疫局审核备案。标签须有食品名称、净含量、原产国家或地区名称等。这一系列举措旨在保证食品市场合法正常竞争，保护合法经营企业和广大消费者的权益。

食品包装国家标准如表 11 - 16 所示。

表 11 -16　　食品包装国家标准

序号	标准号	标准名称
1	GB/T 3302—2009	日用陶瓷器包装、标志、运输、贮存规则
2	GB/T 3532—2009	日用瓷器
3	GB/T 4456—2008	包装用聚乙烯吹塑薄膜
4	GB 4544—1996	啤酒瓶
5	GB/T 4768—2008	防霉包装
6	GB 4803—1994	食品容器、包装材料用聚氯乙烯树脂卫生标准
7	GB 4804—1984	搪瓷食具容器卫生标准
8	GB 4805—1984	食品罐头内壁环氧酚醛涂料卫生标准
9	GB 4806. 1—1994	食品用橡胶制品卫生标准
10	GB 4806. 2—1994	橡胶奶嘴卫生标准
11	GB 4808—1984	食品用高压锅密封圈卫生标准
12	GB/T 4879—1999	防锈包装
13	GB 5369—2008	船用饮水舱涂料通用技术条件
14	GB/T 5737—1995	食品塑料周转箱
15	GB/T 5738—1995	瓶装酒、饮料塑料周转箱
16	GB 7105—1986	食品容器过氯乙烯内壁涂料卫生标准
17	GB 7189—1994	食品用石蜡
18	GB 8058—2008	陶瓷烹调器铅镉溶出量允许极限和检测方法
19	GB/T 8946—1998	塑料编织袋
20	GB/T 8947—1998	复合塑料编织袋
21	GB 9106—2001	包装容器 铝易开盖两片罐
22	GB 9680—1988	食品容器漆酚涂料卫生标准
23	GB 9681—1988	食品包装用聚氯乙烯成型品卫生标准
24	GB 9682—1988	食品罐头内壁脱膜涂料卫生标准
25	GB 9683—1988	复合食品包装袋卫生标准
26	GB 9684—1988	不锈钢食具容器卫生标准
27	GB 9685—2008	食品容器、包装材料用添加剂使用卫生标准
28	GB 9686—1988	食品容器内壁聚酰胺环氧树脂涂料卫生标准
29	GB 9687—1988	食品包装用聚乙烯成型品卫生标准
30	GB 9688—1988	食品包装用聚丙烯成型品卫生标准
31	GB 9689—1988	食品包装用聚苯乙烯成型品卫生标准
32	GB 9690—2009	食品容器，包装材料用三聚氰胺 - 甲醛成型品卫生标准
33	GB 9691—1988	食品包装用聚乙烯树脂卫生标准

续表

序号	标准号	标准名称
34	GB 9692—1988	食品包装用聚苯乙烯树脂卫生标准
35	GB 9693—1988	食品包装用聚丙烯树脂卫生标准
36	GB/T10002. 1—2006	给水用硬聚氯乙烯（PVC－U）管材
37	GB/T 10002. 2—2006	给水用硬聚氯乙烯（PVC－U）管件
38	GB/T 10003—2008	普通用途双向拉伸聚丙烯薄膜
39	GB/T 10004—2008	包装用塑料复合膜、袋干法复合、挤出复合
40	GB/T 10440—2008	圆柱形复合罐
41	GB 10442—1989	夹链自封袋
42	GB 10457—2009	聚乙烯自粘保鲜膜
43	GB/T 10811—2002	釉下（中）彩日用瓷器
44	GB/T 10812—2002	玲珑日用瓷器
45	GB/T 10813. 4—1989	食用青瓷包装容器
46	GB 10814—2009	建白高级日用细瓷器
47	GB/T 10815—2002	日用精陶器
48	GB 10816—2008	紫砂陶器
49	GB 11333—1989	铝制食具容器卫生标准
50	GB 11676—1989	食品容器有机硅防粘涂料卫生标准
51	GB 11677—1989	水基改性环氧易拉罐内壁涂料卫生标准
52	GB 11678—1989	食品容器内壁聚四氟乙烯涂料卫生标准
53	GB 11680—1989	食品包装用原纸卫生标准
54	GB/T 12025—1989	高密度聚乙烯吹塑薄膜
55	GB/T 12026—2000	热封型双向拉伸聚丙烯薄膜
56	GB 12651—2003	与食品接触的陶瓷制品铅镉溶出量允许极限
57	GB/T 12670—2008	聚丙烯（PP）树脂
58	GB/T 12671—2008	聚苯乙烯（PS）树脂
59	GB 13113—1991	食品容器及包装材料用聚对苯二甲酸乙二醇酯成型品卫生标准
60	GB 13114—1991	食品容器及包装材料用聚对苯二甲酸乙二醇酯树脂卫生标准
61	GB 13115—1991	食品容器及包装材料用不饱和聚酯树脂及其玻璃钢制品卫生标准
62	GB 13116—1991	食品容器及包装材料用聚碳酸酯树脂卫生标准
63	GB 13121—1991	陶瓷食具容器卫生标准
64	GB/T 13252—2008	包装容器 钢提桶
65	GB 13454—1992	氨基模塑料
66	GB 13484—1992	接触食物搪瓷制品

续表

序号	标准号	标准名称
67	GB 13508—1992	聚乙烯吹塑桶
68	GB/T 13521—1992	冠形瓶盖
69	GB/T 13522—2008	骨质瓷器
70	GB/T 13523—1992	铜红釉瓷器
71	GB/T 13607—1992	苹果，柑橘包装
72	GB 13623—2003	铝压力锅安全及性能要求
73	GB/T 13663—2000	给水用聚乙烯（PE）管材
74	GB/T 13663. 2—2005	给水用聚乙烯（PE）管道系统第 2 部分：管件
75	GB/T 13879—1992	贮奶罐
76	GB 14147 - 1993	陶瓷包装容器铅镉溶出量允许极限
77	GB/T 14150—1993	粤彩瓷器
78	GB/T 14251—1993	镀锡薄钢板圆形罐头容器技术条件
79	GB/T 14354—2008	玻璃纤维增强不饱和聚酯树脂食品容器
80	GB/T 14803—1993	包装容器 扭断式防盗瓶盖
81	GB 14930. 1—1994	食品工具、设备用洗涤剂卫生标准
82	GB 14930. 2—1994	食品工具、设备用洗涤消毒剂卫生标准
83	GB 14934—1994	食（饮）具消毒卫生标准
84	GB 14936—1994	硅藻土卫生标准
85	GB 14942—1994	食品容器、包装材料用聚碳酸酯成型品卫生标准
86	GB 14944—1994	食品包装用聚氯乙烯瓶盖垫片及粒料卫生标准
87	GB 14967—1994	胶原蛋白肠衣卫生标准
88	GB 15066—2004	不锈钢压力锅
89	GB 15204—1994	食品容器包装材料用偏氯乙烯 - 氯乙烯共聚树脂卫生标准
90	GB/T 15267—1994	食品包装用聚氯乙烯硬片、膜
91	GB 16331—1996	食品包装材料用尼龙 6 树脂卫生标准
92	GB 16332—1996	食品包装材料用尼龙成型品卫生标准
93	GB/T 16719—2008	双向拉伸聚苯乙烯（BOPS）片材
94	GB 16798—1997	食品机械安全卫生
95	GB/T 16958—2008	包装用双向拉伸聚酯薄膜
96	GB/T 17030—2008	食品包装用聚偏二氯乙烯（PVDC）片状肠衣膜
97	GB 17326—1998	食品容器、包装材料用橡胶改性的丙烯腈 - 丁二烯 - 苯乙烯成型品卫生标准
98	GB 17327—1998	食品容器包装材料用丙烯腈 - 苯乙烯成型品卫生标准

续表

序号	标准号	标准名称
99	GB/T 17343—1998	包装容器 方桶
100	GB/T 17374—2008	食用植物油销售包装
101	GB/T 17590—2008	铝易开盖三片罐
102	GB 17762—1999	耐热玻璃器具的安全与卫生要求
103	GB/T 17876—1999	包装容器 塑料防盗瓶盖
104	GB 17931—2003	瓶用聚对苯二甲酸乙二醇酯（PET）树脂
105	GB 18006. 1—2009	塑料一次性餐饮具通用技术要求
106	GB 18192—2008	液体食品无菌包装用纸基复合材料
107	GB 18454—2001	液体食品无菌包装用复合袋
108	GB 18706—2008	液体食品保鲜包装用纸基复合材料
109	GB/T 18742. 1—2002	冷热水用聚丙烯管道系统 第1部分：总则
110	GB/T 18742. 2—2002	冷热水用聚丙烯管道系统 第2部分：管材
111	GB/T 18742. 3—2002	冷热水用聚丙烯管道系统 第3部分：管件
112	GB/T 18991—2003	冷热水系统用热塑性塑料管材和管件
113	GB/T 18992. 1—2003	冷热水用交联聚乙烯（PE－X）管道系统　第1部分：总则
114	GB/T 18992. 2—2003	冷热水用交联聚乙烯（PE－X）管道系统　第2部分：管材
115	GB/T 18993. 1—2003	冷热水用氯化聚氯乙烯（PVC－C）管道系统　第1部分：总则
116	GB/T 18993. 2—2003	冷热水用氯化聚氯乙烯（PVC－C）管道系统　第2部分：管材
117	GB/T 18993. 2—2003	冷热水用氯化聚氯乙烯（PVC－C）管道系统　第3部分：管件
118	GB/T 18993. 3—2003	冷热水用氯化聚氯乙烯（PVC－C）管道系统　第1分：总则
119	GB 19305—2003	植物纤维类食品容器卫生标准
120	GB/T 19473. 1—2004	冷热水用聚丁烯（PB）管道系统　第1部分：总则
121	GB/T 19473. 2—2004	冷热水用聚丁烯（PB）管道系统　第2部分：总则
122	GB/T 19473. 3—2004	冷热水用聚丁烯（PB）管道系统　第3部分：总则
123	GB 19741—2005	液体食品包装用塑料复合膜、袋
124	GB 19778—2005	包装玻璃容器 铅，镉，砷，锑溶出允许限量
125	GB/T 19787—2005	聚烯烃热收缩薄膜
126	GB 19790. 1—2005	一次性筷子　第1部分：木筷
127	GB 19790. 2—2005	一次性筷子　第2部分：竹筷
128	GB/T 20218—2006	双向拉伸聚酰胺（尼龙）薄膜
129	GB/T 21302—2007	包装用复合膜袋通则
130	GB 21660—2008	塑料购物袋的环保、安全和标识通用技术要求
131	GB 21661—2008	塑料购物袋

续表

序号	标准号	标准名称
132	GB/T 21998—2008	地理标志产品 德化白瓷
133	GB/T 23778—2009	酒类及其他食品包装用软木塞
134	GB/T 191—2008	包装储运图示标志

（二）食品包装行业标准

我国食品包装行业标准分为包装业、轻工业、商业、包装业、进出口商检、交通、民航、汽车、铁路运输、水产、烟草、供销等11类，主要介绍以下几种。

1. 包装行业标准

包装行业食品包装相关标准如表11－17所示。

表11－17　包装行业食品包装标准

序号	标准号	标准名称
1	BB/T 0002—2008	双向拉伸聚丙烯珠光薄膜
2	BB/T 0003—1994	耐高温蒸煮膜，袋
3	BB/T 0012—2008	聚偏二氯乙烯（PVDC）涂布薄膜
4	BB/T 0013—1999	软塑折叠包装容器
5	BB/T 0014—1999	夹链自封袋
6	BB/T 0015—1999	纸浆模塑蛋托盘
7	BB/T 0018—2000	包装容器 葡萄酒瓶
8	BB/T 0019—2000	包装容器 方罐与扁圆罐
9	BB/T 0025—2004	30/25mm 塑料防盗瓶盖
10	BB/T 0030—2004	包装用镀铝薄膜
11	BB/T 0032—2006	纸管
12	BB/T 0034—2006	包装容器 扭断式铝防盗瓶盖
13	BB/T 0039—2006	商品零售包装袋
14	BB/T 0041—2007	包装用多层共挤阻隔膜通则
15	BB/T 0043—2007	塑料物流周转箱
16	BB/T 0048—2007	组合式防伪瓶盖

2. 轻工行业标准

轻工行业食品包装相关标准如表11－18所示。

表11－18　轻工行业标准

序号	标准号	标准名称
1	QB/T 1011—1991	单面涂布白纸板
2	QB 1014—1991	食品包装纸

续表

序号	标准号	标准名称
3	QB/T 1125—2000	未拉伸聚乙烯，聚丙烯薄膜
4	QB/T 1128—1991	单向拉伸高密度聚乙烯薄膜
5	QB/T 1222—1991	普通陶器 缸类
6	QB/T 1231—1991	液体包装用聚乙烯吹塑薄膜
7	QB 1233—1991	钢塑复合桶
8	QB/T 1259—1991	聚乙烯气垫薄膜
9	QB/T 1649—1992	聚苯乙烯泡沫塑料包装材料
10	QB/T 1868—2004	聚对苯二甲醇乙二醇酯（PET）碳酸饮料瓶
11	QB/T 1869—1993	高抗冲聚苯乙烯挤出板材
12	QB/T 1870—1993	塑料菜板
13	QB 1956—1994	聚丙烯吹塑薄膜
14	QB/T 1930—2006	给水用低密度聚乙烯管材
15	QB 1999—1994	密胺塑料餐具
16	QB 2142—1995	碳酸饮料玻璃瓶
17	QB/T 2188—1995	高发泡聚乙烯挤出片材
18	QB 2197—1996	榨菜包装用复合膜，袋
19	QB/T 2294—2006	纸杯
20	QB/T 2297—1997	微波炉用玻璃托盘
21	QB/T 2341—1997	纸餐盒
22	QB 2357—1998	聚酯（PET）无汽饮料瓶
23	QB 2388—1998	食品包装容器用聚氯乙烯粒料
24	QB 2437—1999	啤酒计量杯
25	QB/T 2579—2002	普通陶瓷烹调器
26	QB/T 2580—2002	精细陶瓷烹调器
27	QB/T 3562—1999	500mL 冠形瓶口白酒瓶
28	QB/T 3563—1999	500mL 罐头瓶
29	QB/T 2471—2000	聚丙烯（PP）挤出片材
30	QB/T 2455. 1—1999	陶瓷颜料
31	QB/T 2456—1999	陶瓷贴花纸
32	QB 2460－1999	聚碳酸酯（PC）饮用水罐
33	QB/T 2461—1999	包装用降解聚乙烯薄膜
34	QB/T 2490—2000	聚乙烯（PE）挤出板材
35	QB/T 2665—2004	热灌装用聚对苯二甲酸乙二醇酯（PET）瓶
36	QB/T 2681—2004	食品工业用不锈钢薄壁容器

续表

序号	标准号	标准名称
37	QB/T 2763—2006	涂覆镀锡（或镀铬）薄钢板
38	QB/T 2818—2006	聚烯烃注塑包装桶
39	QB/T 2892—2007	给水用聚乙烯（PE）柔性承插式管件
40	QB/T 2894—2007	丙烯腈—丁二烯—苯乙烯（ABS）色母料
41	QB/T 2933—2008	双层口杯
42	QB/T 3531—1999	液体食品复合软包装材料
43	QB/T 3558—1999	机吹玻璃杯
44	QB/T 3516—1999	牛皮纸
45	QB/T 3559—1999	机压玻璃杯
46	QB/T 3560—1999	人工吹制玻璃杯
47	QB/T 3632—1999	聚氯乙烯热收缩薄膜，套管
48	QB/T 3650—1999	甲基丙烯酸甲酯共聚模塑料
49	QB/T 3732. 3—1999	普通陶器包装坛类
50	QB/T 3808—1999	复合塑料编织布
51	QB/T 2818—2006	聚烯烃注塑包装桶
52	QB/T 2898—2007	餐用纸制品
53	QB/T 1710—1993	食品羊皮纸
54	QB/T 1458—2005	非热封型茶叶滤纸
55	QB/T 2595—2003	热封型茶叶滤纸
56	QB/T 2691—2005	半透明纸
57	QB/T 1016—2006	鸡皮纸
58	QB 1013—2005	玻璃纸
59	QB/T 2933—2008	双层口杯

3. 化工行业标准

化工行业食品包装相关标准如表 11 – 19 所示。

表 11 – 19　中国化工行业标准

序号	标准号	标准名称
1	HG 2167—1991	聚三氟氯乙烯树脂
2	HG 2943—1997	日用压力锅橡胶密封圈
3	HG 2944—1997	食品容器橡胶垫片
4	HG 2945—1997	食品容器橡胶垫圈
5	HG 2946—1997	橡胶乳头
6	HG 2947—1997	铝背水壶橡胶密封垫片

4. 商业行业标准

商业行业食品包装相关标准如表 11－20 所示。

表 11－20　　中国商业行业标准

序号	标准号	标准名称
1	SB/T 10381—2005	抽油软包装卤肉制品
2	SB/T 10447—2007	水果和蔬菜 气调贮藏原则与技术
3	SB/T 10448—2007	热带水果和蔬菜包装与运输操作规程
4	SB/T 229—2007	食品机械通用技术条件　产品包装技术要求
5	SB/T 231—2007	食品机械通用技术条件　产品的标志、运输与贮存

5. 商检行业标准

商检行业食品包装相关标准如表 11－21 所示。

表 11－21　　食品包装商检行业标准

序号	标准号	标准名称
1	SN/T 0400. 1—2005	进出口罐头食品检验规程　第 1 部分：总则
2	SN/T 0400. 2—2005	进出口罐头食品检验规程　第 2 部分：原辅材料
3	SN/T 0400. 3—2005	进出口罐头食品检验规程　第 3 部分：加工卫生
4	SN/T 0400. 4—2005	进出口罐头食品检验规程　第 4 部分：容器
5	SN/T0400. 7—2005	进出口罐头食品检验规程　第 7 部分：成品
6	SN/T 0400. 8—2005	进出口罐头食品检验规程　第 8 部分：包装
7	SN/T 0400. 12—2005	进出口罐头食品检验规程　第 12 部分：口岸检验
8	SN/T 0400. 10—2002	出口罐头食品检验规程　蒸煮袋食品
9	SN/T 2499—2010	中型食品包装容器安全检验技术要求
10	SN/T 1504. 1—2005	食品容器、包装用塑料原料　第 1 部分：聚丙烯均聚物中酚类抗氧化剂和芥酰胺爽滑剂的测定方法 液相色谱法
11	SN/T 1504. 2—2005	食品容器、包装用塑料原料　第 2 部分：线性低密度聚乙烯中酚类抗氧化剂和芥酰胺爽滑剂
12	SN/T 1504. 3—2005	食品容器、包装用塑料原料　第 3 部分：乙烯聚合物和乙烯－醋酸乙烯酯（EVA）共聚物中丁基－羟基甲苯（BHT）的测定　气相色谱法
13	SN/T 1504. 4—2005	食品容器、包装用塑料原料　第 4 部分：高密度聚乙烯中酚类抗氧化剂的测定 液相色谱法
14	SN/T 1504. 5—2005	食品容器、包装用塑料原料　第 5 部分：聚烯烃中杂质元素含量的测定 X 射线荧光光谱法
15	SN/T 1880. 1—2007	进出口食品包装卫生规范　第 1 部分：通则
16	SN/T 1880. 2—2007	进出口食品包装卫生规范　第 2 部分：聚对苯二甲酸乙二醇酯包装

续表

序号	标准号	标准名称
17	SN/T 1880.3—2007	进出口食品包装卫生规范　第3部分：软包装
18	SN/T 1880.4—2007	进出口食品包装卫生规范　第4部分：一次性包装
19	SN/T 1880.5—2007	进出口食品包装卫生规范　第5部分：金属包装
20	SN/T 1888.1—2007	进出口辐照食品包装容器及材料卫生标准　第1部分：聚丙烯树脂
21	SN/T 1888.2—2007	进出口辐照食品包装容器及材料卫生标准　第2部分：聚丙烯成型品
22	SN/T 1888.3—2007	进出口辐照食品包装容器及材料卫生标准　第3部分：尼龙成型品
23	SN/T 1888.4—2007	进出口辐照食品包装容器及材料卫生标准　第4部分：聚乙烯成型品
24	SN/T 1888.5—2007	进出口辐照食品包装容器及材料卫生标准　第5部分：聚氯乙烯成型品
25	SN/T 1888.6—2007	进出口辐照食品包装容器及材料卫生标准　第6部分：聚苯乙烯树脂
26	SN/T 1888.7—2007	进出口辐照食品包装容器及材料卫生标准　第7部分：聚苯乙烯成型品
27	SN/T 1888.8—2007	进出口辐照食品包装容器及材料卫生标准　第8部分：偏氯乙烯-氯乙烯共聚树脂
28	SN/T 1888.9—2007	进出口辐照食品包装容器及材料卫生标准　第9部分：聚氯乙烯树脂
29	SN/T 1888.10—2007	进出口辐照食品包装容器及材料卫生标准　第10部分：聚碳酸酯树脂
30	SN/T 1888.11—2007	出口辐照食品包装容器及材料卫生标准　第11部分：聚对苯二甲酸乙二醇酯树脂
31	SN/T 1888.12—2007	进出口辐照食品包装容器及材料卫生标准　第12部分：玻璃制品
32	SN/T 1888.13—2007	进出口辐照食品包装容器及材料卫生标准　第13部分：聚对苯二甲酸乙二醇酯成型品
33	SN/T 1891.1—2007	进出口微波食品包装容器及包装材料卫生标准　第1部分：聚丙烯成型品
34	SN/T 1891.2—2007	进出口微波食品包装容器及包装材料卫生标准　第2部分：三聚氰胺成型品
35	SN/T 1891.3—2007	进出口微波食品包装容器及包装材料卫生标准　第3部分：聚乙烯成型品
36	SN/T 1891.4—2007	进出口微波食品包装容器及包装材料卫生标准　第4部分：聚氯乙烯成型品

续表

序号	标准号	标准名称
37	SN/T 1891.5—2007	进出口微波食品包装容器及包装材料卫生标准　第5部分：聚苯乙烯成型品
38	SN/T 1891.6—2007	进出口微波食品包装容器及包装材料卫生标准　第6部分：玻璃制品
39	SN/T 1891.7—2007	进出口微波食品包装容器及包装材料卫生标准　第7部分：偏氯乙烯-氯乙烯共聚树脂
40	SN/T 1891.8—2007	进出口微波食品包装容器及包装材料卫生标准　第8部分：聚碳酸酯树脂
41	SN/T 1891.9—2007	进出口微波食品包装容器及包装材料卫生标准　第9部分：聚对苯二甲酸乙二醇酯树脂
42	SN/T 1891.10—2007	进出口微波食品包装容器及包装材料卫生标准　第10部分：聚苯乙烯树脂
43	SN/T 1891.11—2007	进出口微波食品包装容器及包装材料卫生标准　第11部分：聚丙烯树脂
44	SN/T 1891.12—2007	进出口微波食品包装容器及包装材料卫生标准　第12部分：聚对苯二甲酸乙二醇酯成型品
45	SN/T 1886—2007	进出口水果和蔬菜预包装指南
46	SN/T 1892.2—2007	进出口食品包装场所与人员卫生规范　第2部分：包装人员
47	SN/T 0715—1997	出口冷冻食品类商品运输包装检验规程

6. 食品包装其他行业标准

表11-22　食品包装其他行业标准

序号	标准号	标准名称
1	GH/T 1015—1999	蜂蜜包装钢桶
2	HJ/T 202—2005	环境标志产品技术要求 一次性餐饮具
3	JC 586—1995	热固化玻璃纤维增强食品容器
4	LS/T 3802—1988	粮食包装 面粉袋
5	LY 1061—1992	竹质卫生筷
6	NY/T 1056—2006	绿色食品贮藏运输准则
7	YS/T 435—2000	易拉罐罐体用铝合金带材
8	ZBX 08001—1987	食用淀粉包装、标志、运输、贮存标准
9	SH/T 1750—2005	冷热水管道系统用无规共聚聚丙烯（PP-R）专用料
10	SH/T 1758—2007	给水管道系统用聚乙烯（PE）专用料
11	SH 1590—1994	苯乙烯-丁二烯系列抗冲击苯乙烯（SB）树脂

二、 食品包装法规

随着我国经济发展和国际贸易的需要，我国相继制定、修订并颁布实施了许多与食品包装相关的标准和法规，已形成了一套与国际接轨的食品包装法规和标准体系，为我国进入 WTO 后的规范管理奠定了基础。

1.《中华人民共和国食品安全法》有关食品包装的规定

为保证食品安全，保障公众身体健康和生命安全，制定本法，自 2009 年 6 月 1 日起施行，《中华人民共和国食品卫生法》同时废止。2015 年 10 月 1 日起施行修订后的《中华人民共和国食品安全法》，修订版明确了用于食品的包装材料、容器、洗涤剂、消毒剂和用于食品生产经营的工具、设备（以下称食品相关产品）的生产经营应当遵守本法；

食品生产经营应当符合食品安全标准，并具有与生产经营的食品品种、数量相适应的食品原料处理和食品加工、包装、贮存等场所，保持该场所环境整洁，并与有毒、有害场所以及其他污染源保持规定的距离；食品生产经营人员应当保持个人卫生，生产经营食品时，应当将手洗净，穿戴清洁的工作衣、帽等；销售无包装的直接入口食品时，应当使用无毒、清洁的容器、售货工具和设备；

生产食品相关产品应当符合法律、法规和食品安全国家标准。对直接接触食品的包装材料等具有较高风险的食品相关产品，按照国家有关工业产品生产许可证管理的规定实施生产许可。质量监督部门应当加强对食品相关产品生产活动的监督管理。禁止生产经营被包装材料、容器、运输工具等污染的食品、食品添加剂；无标签的预包装食品、食品添加剂；直接入口的食品应当使用无毒、清洁的包装材料、餐具、饮具和容器；消毒后的餐具、饮具应当在独立包装上标注单位名称、地址、联系方式、消毒日期以及使用期限等内容；进入市场销售的食用农产品在包装、保鲜、贮存、运输中使用保鲜剂、防腐剂等食品添加剂和包装材料等食品相关产品，应当符合食品安全国家标准。食品经营者销售散装食品，应当在散装食品的容器、外包装上标明食品的名称、生产日期或者生产批号、保质期以及生产经营者名称、地址、联系方式等内容；生产经营转基因食品应当按照规定显著标示。

预包装食品的包装上应当有标签。标签应当标明下列事项：（1）名称、规格、净含量、生产日期；（2）成分或者配料表；（3）生产者的名称、地址、联系方式；（4）保质期；（5）产品标准代号；（6）贮存条件；（7）所使用的食品添加剂在国家标准中的通用名称；（8）生产许可证编号；（9）法律、法规或者食品安全标准规定应当标明的其他事项。专供婴幼儿和其他特定人群的主辅食品，其标签还应当标明主要营养成分及其含量。食品安全国家标准对标签标注事项另有规定的，从其规定。

食品添加剂应当有标签、说明书和包装。标签、说明书应当载明本法规定的事项，以及食品添加剂的使用范围、用量、使用方法，并在标签上载明" 食品添加剂" 字样。食品和食品添加剂的标签、说明书，不得含有虚假内容，不得涉及疾病预防、治疗功能。生产经营者对其提供的标签、说明书的内容负责。食品和食品添加剂的标签、说明书应当清楚、明显，生产日期、保质期等事项应当显著标注，容易辨识。食品和食品添加剂与其标签、说明书的内容不符的，不得上市销售。

食品经营者应当按照食品标签标示的警示标志、警示说明或者注意事项的要求销售食品。进口的预包装食品、食品添加剂应当有中文标签；依法应当有说明书的，还应当有中文说明书。

标签、说明书应当符合本法以及我国其他有关法律、行政法规的规定和食品安全国家标准的要求，并载明食品的原产地以及境内代理商的名称、地址、联系方式。预包装食品没有中文标签、中文说明书或者标签、说明书不符合本条规定的，不得进口。

2.《中华人民共和国产品质量法》有关食品包装的规定

为了加强对产品质量的监督管理，提高产品质量水平，明确产品质量责任，保护消费者的合法权益，维护社会经济秩序，制定了本法，在中华人民共和国境内从事产品生产、销售活动，必须遵守本法，自1993年9月1日起施行。

法律规定：国家参照国际先进的产品标准和技术要求，推行产品质量认证制度。企业根据自愿原则可以向国务院产品质量监督部门认可的或者国务院产品质量监督部门授权的部门认可的认证机构申请产品质量认证。经认证合格的，由认证机构颁发产品质量认证证书，准许企业在产品或者其包装上使用产品质量认证标志。

生产者应当对其生产的产品质量负责，在产品或者其包装上注明采用的产品标准，以产品说明、实物样品等方式表明的质量状况。

产品或者其包装上的标识必须真实，并符合下列要求：（1）有产品质量检验合格证明；（2）有中文标明的产品名称、生产厂厂名和厂址；（3）根据产品的特点和使用要求，需要标明产品规格、等级、所含主要成分的名称和含量的，用中文相应予以标明；需要事先让消费者知晓的，应当在外包装上标明，或者预先向消费者提供有关资料；（4）限期使用的产品，应当在显著位置清晰地标明生产日期和安全使用期或者失效日期；（5）使用不当，容易造成产品本身损坏或者可能危及人身、财产安全的产品，应当有警示标志或者中文警示说明。裸装的食品和其他根据产品的特点难以附加标识的裸装产品，可以不附加产品标识。产品标识不符合本法规定的，责令改正；有包装的产品标识不符合本法规定，情节严重的，责令停止生产、销售，并处违法生产、销售产品货值金额百分之三十以下的罚款；有违法所得的，并处没收违法所得。

易碎、易燃、易爆、有毒、有腐蚀性、有放射性等危险物品以及储运中不能倒置和其他有特殊要求的产品，其包装质量必须符合相应要求，依照国家有关规定作出警示标志或者中文警示说明，标明储运注意事项。

生产者不得生产国家明令淘汰的产品，不得伪造产地，不得伪造或者冒用他人的厂名、厂址，不得伪造或者冒用认证标志等质量标志。售出的产品有下列情形之一的，销售者应当负责修理、更换、退货；给购买产品的消费者造成损失的，销售者应当赔偿损失：（1）不具备产品应当具备的使用性能而事先未作说明的；（2）不符合在产品或者其包装上注明采用的产品标准的。

3.《食品包装用原纸卫生管理办法》

自1990年11月26日起实施。食品包装用原纸不得采用社会回收废纸作为原料，禁止添加荧光增白剂等有害助剂。食品包装用石蜡应采用食品用石蜡，不得使用工业级石蜡。用于食品包装用原纸的印刷油墨、颜料应符合食品卫生要求，油墨颜料不得印刷在接触食品面。生产食品包装用原纸的企业，须经食品卫生监督机构认可。食品包装用原纸必须有符合卫生要求的外包装，并标明食品用纸的标志及产地、厂名、生产日期等。

4.《中华人民共和国固体废物污染环境防治法》有关食品包装的规定

自2005年4月1日起施行。生产、销售、进口依法被列入强制回收目录的产品和包装物的企业，必须按照国家有关规定对该产品和包装物进行回收。收集、贮存、运输、处置危险废物的场所、设施、设备和容器、包装物及其他物品转作他用时，必须经过消除污染的处理，方可使用。

5.《中华人民共和国进出口商品检验法》

自1989年8月1日起施行。为出口危险货物生产包装容器的企业，必须申请商检机构进行包装容器的性能鉴定；生产出口危险货物的企业，必须申请商检机构进行包装容器的使用鉴定。对装运出口易腐烂变质食品的船舱和集装箱，承运人或者装箱单位必须在装货前申请检验。

6.《中华人民共和国进出口商品检验法实施条例》

于1992年10月23日颁布。商检机构对进出口商品实施检验的内容包括：商品的质量、规格、数量、重量、包装以及是否符合安全、卫生要求。

7.《中华人民共和国进出境动植物检疫法》

自1992年4月1日起施行。进出境的动植物产品和其他检疫物的装载容器、包装物，依法实施检疫。改换包装或者原未拼装后来拼装的，货主或者其代理人应当重新报检。对过境植物、动植物产品和其他检疫物，口岸动植物检疫机关检查运输工具或者包装，经检疫合格的，准予过境。

8.《中华人民共和国进出境动植物检疫法实施条例》

于1996年12月2日发布。动植物性包装物、铺垫材料进境时，货主或者其代理人应当及时向口岸动植物检疫机关申报；动植物检疫机关可以根据具体情况对申报物实施检疫。动物产品：检查有无腐败变质现象，容器、包装是否完好。植物、植物产品：检查货物和包装物有无病虫害，并按照规定采取样品。动植物性包装物、铺垫材料：检查是否携带病虫害、混藏杂草种子、沾带土壤，并按照规定采取样品。其他检疫物：检查包装是否完好及是否被病虫害污染，发现破损或者被病虫害污染时，需及时处理。

9.《中华人民共和国清洁生产促进法》

自2003年1月1日起施行。产品和包装物的设计，应当考虑其在生命周期中对人类健康和环境的影响，优先选择无毒、无害、易于降解或者便于回收利用的方案。生产、销售被列入强制回收目录的产品和包装物的企业，必须在产品报废和包装物使用后对该产品和包装物进行回收。

10.《中华人民共和国反不正当竞争法》

经营者不得采用不正当手段从事市场交易，损害竞争对手：擅自使用知名商品特有的名称、包装、装潢，或者使用与知名商品近似的名称、包装、装潢，造成和他人的知名商品相混淆，使购买者误认为是该知名商品。

11.《定量包装商品生产企业计量保证能力评价规定》

2001年4月6日发布。生产定量包装商品必须有包含产品净含量要求的产品标准。净含量要求必须符合《定量包装商品计量监督规定》中的要求。企业必须在商品包装上明确标注定量包装商品的净含量。用于包装定量包装商品的材料应满足定量包装商品计量准确性的要求，并应能防止商品在包装（分装）和运输过程中的渗漏和破损。

12.《进出口食品包装备案要求》

国家质检总局对出口食品包装生产企业和进口食品包装的进口商实行备案制度，由各直属检验检疫局负责对辖区相关企业实施备案登记。

13.《进出口食品包装容器、包装材料实施检验监管工作管理规定》

2006 年 8 月 1 号起实施。进口食品包装的安全、卫生检验检疫等工作将由收货人报检时申报的目的地检验检疫机构检验和监管，合格后方可用于包装、盛放食品。出口食品包装的生产原料（包括助剂等）及产品的企业，须符合相应的安全卫生技术法规强制性要求，不得使用不符合安全卫生要求或有毒有害材料生产与食品直接接触的包装产品。生产出口食品包装的企业应向出入境检验检疫机构申请备案。

三、食品包装技术规范

技术规范（TechniquePractice）是产品和工艺过程的技术规定及说明。在食品包装技术中，涉及食品、包装材料和包装工艺，包括 5 种技术规范，即：食品技术规范、包装材料规范、包装工艺规范、包装成品规范及质量保证（Quality Assurance，QA）规范。

（一）食品技术规范

食品极易腐败变质，食品工艺过程中的技术规范和质量控制（Quality Controlling，QC）对食品包装成品的质量保证（QA）非常关键。因此，世界各国食品管理监督机构及食品制造企业制定了一系列食品技术规范和标准，来控制包装食品的卫生安全和风味质量，其中最为重要的一类是食品卫生规范。

在食品技术法规体系中，GMP 和 HACCP 得到 FAO/WHO 的食品法典委员会（CAC）的确认，并作为国际规范和食品卫生基本准则推荐给 CAC 各成员国，在我国也迅速得到实施。

1. 食品良好操作规范（Good Manufacturing Practice）

GMP 是美国 FDA 首创的一种保障产品质量的管理规范。1963 年 FDA 首先制定了医药品的 GMP，1969 年公布了“食品制造、加工、包装、贮存的良好制造规范”，一般称为“食品良好操作规范”。食品良好操作规范，是一种具有专业的质量保证体系和制造业管理体系。政府以法规形式，对所有食品生产企业制定了一个通用的良好操作规范，所有企业在生产食品时都应自主地采用该操作规范。同时政府还针对各种主要类别的食品生产企业制定一系列的 GMP，各类食品厂也应自觉地遵守它的 GMP。食品 GMP 要求食品加工的原料、加工的环境和设施、加工贮存的工艺和技术、加工的人员等的管理都符合良好操作规范，防止食品污染，减少事故发生，确保食品安全和稳定。

自 20 世纪 80 年代以来，已建立了 19 个食品企业卫生规范和良好生产规范，极大地提高了我国食品企业的整体生产水平和管理水平。

2. 危害分析和关键控制点（Hazard Analysis and Critical Control Point）

1997 年，联合国粮农组织与世界卫生组织（FAO/WHO）所属的国际食品法典委员会（CAC）制定和公布了《HACCP 体系及其应用准则》，并推荐其作为世界各国食品生产企业的安全质量管理准则。

国际标准 CAC/RCP－1《食品卫生通则 1997 修订 3 版》对 HACCP 的定义为：鉴别、评价和控制对食品安全至关重要的危害的一种体系。国标 GB/T 15091—1994《食品工业基本术语》对 HACCP 的定义为：生产（加工）安全食品的一种控制手段；对原料、关键生产工序及影响产品安全的人为因素进行分析，确定加工过程中的关键环节，建立、完善监控程序和监控标准，采取规范的纠正措施。

在 HACCP 中，有七条原则作为体系的实施基础，它们分别是：

（1）进行危害分析和提出预防措施（Conduct Hazard Analysis and Preventive Measures）

（2）确定关键控制点（Identify Critical Control Point）

（3）建立关键界限（Establish Critical Limits）

（4）关键控制点的监控（CCP Monitoring）

（5）纠正措施（Corrective Actions）

（6）记录保持程序（Record - keeping Procedures）

（7）验证程序（Verification Procedures）

需要指出的是，HACCP 不是一个单独运作的系统。在美国的食品安全体系中，HACCP 是建立在 GMP 和 SSOP 基础之上的，并与之构成一个完备的食品安全体系。HACCP 更重视食品企业经营活动的各个环节的分析和控制，使之与食品安全相关联。例如，从经营活动之初的原料采购、运输到原料产品的储藏，到生产加工与返工和再加工、包装、仓库储放，到最后成品的交货和运输，整个经营过程中的每个环节都要经过物理、化学和生物三个方面的危害分析（Hazard Analysis），并制定关键控制点（Critical Control Points）。危害分析与关键点控制，涉及企业生产活动的各个方面，如采购与销售、仓储运输、生产、质量检验等，为的是在经营活动可能产生的各个环节保障食品的安全。另外 HACCP 还要求企业有一套召回机制，由企业的管理层组成一个小组，必须要有相关人员担任总协调员（HACCP Coordinator）对可能的问题产品实施紧急召回，最大限度保护消费者的利益。

（二）包装材料规范

包装材料规范实质上就是包装材料的质量保证规范，其基本作用是向有关部门提出各种包装方面的要求，使材料生产厂能够按要求制造材料，从而使材料买卖两方达成订货，以便买方使用包装材料实现预定要求，且质检部门检查包装材料是否符合规范质量要求。

包装材料规范中质量指标的规定常常是最困难的，因为未做出进一步说明的“质量”是一个抽象的概念，常可作多个不同解释。买卖双方事先必须对包装材料的质量指标有共向的理解和认可，因此必须将“质量”从抽象的概念转化成具体的指标，步骤如下。

（1）将包装材料各种必要和重要的质量指标列表　将需要尽量避免的包装材料缺陷也列入表格。

（2）根据表中所列缺陷的重要性或严重程度进行分级　通常分成重要的、主要的、次要的 3 个级别。

（3）确定所提供包装材料每千件所允许的缺陷数目　这也称做质量合格标准（AQL），已确定的材料商业合格标限不在此列。

（4）确定抽样和检查验收步骤　以便确定给定批次包装材料是否符合质量指标。

质量指标、缺陷及其严重程度以及 AQL 都是从具体的项目上规定材料质量，抽样和检验方法等规定了怎样测定对规范的符合性，这些内容通常都简明地列在包装材料的规范中，使买卖双方都能清楚地知道质量要求及其确定方法。因此，包装材料规范的内容应包括包装件的构成、件能、表面处理，并根据质量指标的分类表简要地参考质量保证规范。

（三）包装工艺规范

包装工艺是根据产品的包装要求而制定的一系列明细的包装制造过程工艺，以控制产品在包装过程的实际操作生产，达到实现产品批量化，综合应用包装设计、包装材料、包装机械等要素并最终将包装材料转化为包装容器的工艺技术。包装工艺规范应包括产品和包装材料，按规定的方式将其结合成可供销售的包装产品，然后在流通过程中保护内包装产品，并在销售和消费时得到消费者的认可几个方面。包装工艺规范主要内容如下：

（1）容量 即为每个包装中的产品数量，容量是规范的重要内容，数量过多或过少均属不合规范。

（2）产品的状态条件 如温度、物理外形或固形物含量等。

（3）包装材料 操作时材料的准备状态，必要时需将包装材料制成容器以供产品充填。

（4）包装速度 是控制成本和质量的重要因素，包装速度取决于采用的工艺装备的自动化程度。

（5）包装步骤说明 是指选定生产线的操作规程。

（6）规定质量控制要求 指包装过程的质量要求和控制方法。

（四）包装成品规范

如果产品、包装材料和包装工艺过程在规定的质量指标范围之内，可以认为包装成品规范是不必要的，但事实并非如此。从质量的意义上，控制以上三项指标即能获得最佳，而一般却难以达到。因此，实际操作过程中质量控制是从最终产品所要求的质量规范开始，回过头来确定产品和包装的质量参数，以及得到合乎要求的最终产品工艺过程，所以需要制定包装成品规范。

包装成品规范是以用户的观点考察产品与包装的结合体，是用户用来衡量包装成品和生产厂商的重要技术指标，其中包括保证产品最终性能特色和商品形象要求。包装成品的检验尽可能是非破坏性的，这样可减少成品率的出厂成本。另外，所有产品在其流通和销售过程中都会遇到诸如堆码、装卸、冲击、振动等因素的影响。在包装生产过程中不要求这方面的测试控制，但作为包装成品规范，则应考虑这方面的特定要求。一般地，在包装件的设计过程中，结构规范就是以这些性能测试作为依据。

（五）质量保证规范

质量保证（QualityAssurance，QA）指为使人们确信某一产品、过程或服务的质量所必须的全部有计划有组织的活动。也可以说是为了提供产品能够满足质量要求，而在质量体系中实施并根据需要进行证实的全部有计划和有系统的活动。为达到质量要求所采取的作业技术和活动称为质量控制（QualityControl，QC）。这就是说，质量控制是为了通过监视质量形成过程，消除质量环上所有阶段引起不合格或不满意效果的因素。以达到质量要求，获取经济效益，而采用的各种质量作业技术和活动。

质量保证就是按照一定的标准生产产品的承诺、规范、标准。由国家质量技术监督局，提供产品质量技术标准，即生产配方、成分组成，包装及包装容量多少、运输及贮存中注意的问题，产品要注明生产日期、厂家名称、地址等，经国家质量技术监督局批准这个标准后，公司才能生产产品。国家质量技术监督局就会按这个标准检测生产出来的产品是否符合标准要求，以保证产品的质量符合社会大众的要求。

显然，质量保证一般适用于有合同的场合，其主要目的是使用户确信产品或服务能满足规定的质量要求。如果给定的质量要求不能完全反映用户的需要，则质量保证也不可能完善。质量控制和质量保证是采取措施，以确保有缺陷的产品或服务的生产和设计符合性能要求。其中质量控制包括的原材料、部件、产品和组件的质量监管，与生产相关的服务和管理，生产和检验流程。

包装技术规范所考虑的目标就是质量控制与保证，其作用在于监督产品、包装材料、工艺及成品符合法规和标准，而质量保证规范的职能是保证规范体系的存在和实施。实际上，规范的阐明还包括了与法规要求和公司政策有关的质量指标和变量，为质量控制的组织和实施而确保对规范的符合性，以及有效传达对规范操作的修正。

质量保证的职能是将有关法定要求和公司对包装成品质量的目标要求，转化成沿着采购和接收包装材料、制造和包装产品、二次或三次包装或流通的成品等一系列工艺过程中设立检测点，并且对其进行管理。

在质量管理体系中，QA 小组根据规范种类、缺陷等级、批量鉴定、生产样品保留、测试方法和标准、QC 人员的培训等制定政策。QA 在制定抽样计划、特种问题处理及对 QC 活动的检查方面，也作为 QC 的一个方法。有关产品/包装的总体质量指标通常由 QA 颁布，QA 组织再对企业的 QC 人员进行新的 QA 方法培训，并核对企业的测试设备和技术熟练程度。QA 的方法和步骤由 QA 职能部门编写颁布，并将规范体系和质量控制联系起来，使法规要求和公司的质量对策协调起来。

思考题

1. 食品作为商品进行包装的根本目的是什么？
2. 在包装设计应考虑哪几方面的因素？
3. 包装装潢设计的基本特征有哪些？应从哪些方面对食品包装装潢设计进行构思？
4. 如何根据消费者的心理进行食品包装装潢设计？
5. 食品包装设计主要包括哪几个部分？分别对其进行简要说明。
6. 食品包装的常见标识有哪几种？
7. 我国食品包装标准主要有哪几类？如何执行？
8. 食品法典委员会制定的食品包装标准主要涉及哪些方面？
9. ISO 涉及食品包装的技术委员会主要工作是什么？
10. 我国食品包装标准分为哪几个级别？
11. 论述发达国家的食品包装标准及法律法规现状和特点。
12. 论述中国食品包装标准与法规的现状和特点。

参考文献

[1] 章建浩. 食品包装学［M］. 北京：中国农业出版社，2009.
[2] 包装造型与装潢设计基础［M］. 北京：印刷工业出版社，2000.
[3] 陈永常. 图文处理与印刷设计［M］. 北京：中国轻工业出版社，2008.
[4] 伊张伟，熊文飞，何芳. 包装造型与装潢设计［M］. 北京：化学工业出版社，2006.
[5] 马新宇，李春晓. 包装设计基础［M］. 上海：上海远东出版社，2007.
[6] 朱和平. 现代包装设计理论及应用研究［M］. 北京：人民出版社，2008.
[7] 冯丽云. 营销心理学［M］. 北京：经济管理出版社，2004.
[8] 章建浩. 食品包装大全［M］. 北京：中国轻工业出版社，2000.